Peter Schulz & Edwin Naroska

Digitale Systeme mit FPGAs entwickeln

Über die Autoren

Edwin Naroska und Peter Schulz haben zeitgleich Elektrotechnik an der Universität Dortmund studiert. Sie verband das gemeinsame Interesse an der Rechner- und Digitaltechnik. Beide führten ihre Diplomarbeiten auf dem Gebiet der Assozativspeicher neuronaler Architektur durch.

Edwin Naroska promovierte und habilitierte an der Universität Dortmund auf dem Gebiet der eingebetteten Systeme. Der Schwerpunkt seiner Forschungsarbeiten lag dabei auf der Verifikation von komplexen Schaltungen sowie dem Entwurf energieeffizienter digitaler Schaltungen. Im Jahr 2005 wechselt er an das Fraunhofer Institut für Mikroelektronische Schaltungen und Systeme (Duisburg) und arbeitete dort im inHaus-Zentrum an der Entwicklung von technischen Assistenzsystemen, die älteren Menschen ein selbständiges Leben in den „eigenen vier Wänden" ermöglichen.

Im Jahr 2009 wechselte Prof. Dr. Naroska an die Hochschule Ingolstadt und 2012 schließlich an die Hochschule Niederrhein in Krefeld. Dort entwirft er assistive Systeme, die z.B. geistig eingeschränkte Menschen bei der Nutzung des Öffentlichen Nahverkehrs unterstützen. Dazu werden unterschiedlichste mobile Technologien (wie z.B. RFID, Bluetooth, Bildverarbeitung, etc.) miteinander zu mobilen Lösungen kombiniert.

Peter Schulz promovierte an der Universität der Bundeswehr in Hamburg auf dem Gebiet der Echtzeit-Messdatenverarbeitung, wo er Signalprozessoren und FPGAs zu Parallelrechnerarchitekturen zusammenführte. Nachdem er zwei Jahre als Entwicklungs- und Applikationsingenieur in der Mikroprozessorbranche verbracht hatte, wechselte er für ca. vier Jahre in die Schiffszulieferindustrie, wo er u.a. die Entwicklung FPGA-basierter Kommunikationsbaugruppen leitete. Anschließend wechselte er noch für zwei Jahre als Abteilungsleiter in die Luftfahrtbranche. 2004 folgte er dem Ruf auf eine Professur für *Prozessoren und Kommunikationscontroller* in Verbindung mit den *Grundlagen der Mess- und Elektrotechnik* an die Fachhochschule Dortmund. Zusätzlich lehrt er verschiedene hardwareorientierte Fächer in den Bereichen Mikroelektronik und Eingebettete Systeme. Neben seiner Lehrtätigkeit beschäftigt sich Prof. Dr. Schulz derzeit mit dem Entwurf von *Systems on Chip* und *Systems on Programmable Chip* u.a. zur Sensordatenfusion in Robotern. Weitere Themen sind Industriesteuerungen und Rechnerkonzepte für sicherheitskritische Echtzeitanwendungen.

Heute kooperieren Schulz und Naroska bei der Erstellung von Lehrmaterialien auf dem Gebiet der digitalen Systeme, insbesondere im Bereich der Enwurfsmethodik für FPGAs mit Hardwarebeschreibungssprachen.

Digitale Systeme mit FPGAs entwickeln

Vom Gatter zum Prozessor mit VHDL

Peter Schulz   Edwin Naroska

Elektor-Verlag, Aachen
2016: Elektor Verlag GmbH, Aachen.

Korrektorat: Tanja Feder
Druck: WILCO, Amersfoort (NL)
Printed in the Netherlands
ISBN 978-3-89576-310-6
Elektor-Verlag GmbH, Aachen
www.elektor.de

Dieses Buch ist unseren Ehefrauen
Barbara und Melanie
und unseren Kindern
Alexandra, Chrissy, Daniel und Dunja
gewidmet.

Vorwort

Die Digitalisierung von Arbeits- und Lebenswelten erleben wir! Die Autoren erfahren das seit ihrer Schulzeit, wo Computer langsam begannen, allgemein bekannt zu werden. In der Arbeitswelt ersetzten Bürocomputer die Schreibmaschinen und die ersten Heimcomputer hielten Einzug in die private Lebenswelt. Dass diese Computer schon digitale Systeme *an sich* sind, war den meisten Menschen nicht bewusst und zunehmend gab es auch Programmierer, für die der Computer *nur* eine abstrakte Rechenmaschine war, von der sie nicht wussten, wie sie schaltungstechnisch aufgebaut war. In der industriellen Steuerungstechnik löste seinerzeit die speicherprogrammierbare Steuerung (SPS) die „Programmierung" per Lötkolben und Schraubendreher ab, wie es im Schaltschrank mit Relais und Schützen mal üblich war. Obwohl die SPS eigentlich ein Computer war, wurde bei der Programmiermethodik die Abstraktion in eine andere Richtung getrieben: Der Steuerungstechniker konnte seine SPS weiterhin mit der Methodik des Funktions- oder Kontaktplans programmieren, vielleicht nicht wissend, dass seine digitalen Schaltnetze nur noch durch ein Computerprogramm nachgebildet wurden. Im privaten Bereich mag die elektronische Digitaluhr der erste augenfällige Vertreter eines digitalen Zeitalters gewesen sein. Bastler jener Zeit waren bemüht und auch in der Lage, so etwas im Eigenbau zu realisieren. Digitale Schaltungen konnten daheim mit TTL- oder CMOS-Bausteinen auf Steckbrett oder Lochrasterplatine realisiert werden.

Im Zuge der Miniaturisierung der Halbleiterstrukturen und dem damit einhergehenden explosionsartigen Zuwachs an Funktionalität von integrierten Schaltungen bedeutet heute Digitalisierung den Einsatz preiswerter und leistungsfähiger Mikrocontroller sowohl in der industriellen Steuerungstechnik als auch in der Unterhaltungselektronik. Die Softwareentwicklungsmethoden werden immer abstrakter und die Abhängigkeit von Prozessoren und Betriebssystemen schwindet zunehmend. Elektronikwissen benötigt man scheinbar nur noch für den Anschluss von Sensoren, Aktuatoren, Bedien- und Anzeigeelementen. Der Mikrocontroller als „System on Chip" ist oft der einzige digitale Baustein einer Applikation und enthält somit das komplette digitale System. Die Erstellung einer Applikation ist damit ein Softwarethema.

Wozu nun dieses Buch? Was macht es interessant, sich heute noch mit dem Entwurf digitaler Systeme zu beschäftigen? Die Halbleiterbranche hat uns nicht nur immer preiswertere und leistungsfähigere Mikrocontroller beschert, sondern auch noch eine andere, hochintegrierte Bausteinart: FPGAs, „Field Programmable Gate Arrays". Ein FPGA ist augenscheinlich auch *nur* ein anderer Chip, den man programmieren muss, um eine Anwendung zu implementieren. Aber ein FPGA ist kein Prozessor. Die Programmiermethodik basiert auf einer *Hardwarebeschreibungssprache* (HDL). Damit halten Entwicklungsmethoden in die digitale Schaltungstechnik Einzug, die eine große Ähnlichkeit zu den Methoden der Softwareentwicklung aufweisen.

Steigen Sie ein in unseren Zug, der Sie über mehrere Lernstationen zum Endbahnhof „Designer von *Systems on Programmable Chip*" bringt.

Inhaltsverzeichnis

Kapitel 1

Einleitung

Dieses Buch ist ein Kurs, ein Kursbuch sozusagen. Es ist getragen von dem Gedanken der schrittweisen Führung der Leserinnen und Leser über sechs Stationen, hier Teile genannt, von den Grundlagen der Digitaltechnik über die Entwurfsmethodik digitaler Systeme bis hin zur Schaltungstechnik moderner programmierbarer Logikbausteine. Je nach Vorwissen steigen Sie an der passenden Station in unseren Zug ein. Je nach gewünschter Vertiefung wählen Sie Ihren Teil als Zielbahnhof.

- Schülerinnen und Schüler technischer Gymnasien oder berufsbildender Schulen nutzen den ersten Grundlagenteil zur Verfestigung ihres Schulwissens und können nach dem zweiten Grundlagenteil schon einfache Schaltungen programmieren.
- Studentinnen und Studenten aus MINT-Studiengängen höherer Semester steigen direkt in den zweiten Grundlagenteil ein.
- Ingenieure und Informatiker, die sich schon sehr gut in Digitaltechnik auskennen, nutzen das Tutorial im Teil II als Einstieg und setzen ihr Selbststudium ab Teil IV fort.
- Maker picken sich das heraus, was sie für die Realisierung ihrer Projekte benötigen.

Teil I

Praktische und theoretische Übungen durchziehen das gesamte Buch vom ersten Teil an. Deshalb beginnt der Teil **Grundlagen der Digitaltechnik 1** zunächst mit der Vorstellung der zu verwendenden FPGA-Hardware sowie einer Installationsanleitung für die zu verwendende Entwicklungssoftware (Kapitel **Materialien zum Buch**). Das ausgesuchte FPGA-Board **HWD-XP2-USB** muss separat zum Buch käuflich erworben werden. Sie können es hier bestellen: https://www.elektor.de/evaluation-board-hwd-xp2-usb. Es wurde unter didaktischen Gesichtspunkten entwickelt und wird an Fachhochschulen und auch an Schulen in der Lehre eingesetzt. Die dazu passende FPGA-Entwicklungsumgebung ist nach derzeitigem Stand kostenlos lizensierbar. Sie ist per Download von der Internetseite des FPGA-Anbieters *Lattice Semiconductor* zu beziehen.

Danach folgt der eigentliche Inhalt dieses Teils. Dabei werden die zentralen Grundlagen der Digitaltechnik eingeführt und anhand von einfachen Beispielen erläutert. Mit Hilfe von vorbereiteten Schaltungen für das FPGA-Board wird das theoretische Wissen praktisch erprobt und ersten Erfahrungen mit dem Entwicklungssystem werden gesammelt. Thematisch führt das Kapitel **Boolesche Logik** zunächst in die boolesche Algebra, die die Grundlagen der gesamten Digitaltechnik bildet, ein. Es werden verschiedene Arten solcher booleschen Gleichungen aufgezeigt und der Umgang mit den Gleichungen geübt. Im nächsten Schritt wenden wir uns dann dem „Rechnen" in der digitalen Welt zu. Tatsächlich haben die meisten der heutigen Anwendungen – insbesondere die in der Signalverarbeitung – etwas mit mathematischen Operationen zu tun. Daher ist es wichtig zu wissen, wie in der digitalen Welt Zahlen dargestellt werden können und wie man damit rechnet.

Teil II

Im Teil **Grundlagen der Digitaltechnik 2** wird die Grundlage für die Durchführung der praktischen Übungen mit dem FPGA-Board gelegt. Das Kapitel **Das erste FPGA-Projekt** ist im Grunde ein **Tutorial** für das Board mitsamt der Entwicklungssoftware *Diamond*. Bezüglich der Digitaltechnikgrundlagen befassen wir uns in diesem Buchteil mit der FPGA-basierten Realisierung einfacher digitaler Schaltungen. Aus den Grundlagen des ersten Teiles leiten wir zunächst die Grundprinzipien für Schaltnetze ab. Schaltnetze besitzen keine inneren Zustände und reagieren auf identische Eingangsvektoren immer mit denselben Ausgabevektoren. Danach erweitern wir die Schaltnetze um innere Zustände und kommen somit zu den Schaltwerken, auch sequentielle Schaltungen genannt. Deren Basis sind die digitalen Speicherelemente (Flip-Flops). Am Ende des Buchteiles wird dann noch ein einfacher Automat realisiert.

Methodisch tritt zu den drei bisher eingeführten Darstellungsarten der Digitaltechnik (boolesche Gleichungen, Wahrheitstabellen und auf Symbolen basierende Schaltbilder) ab diesem Buchteil die Hardwarebeschreibungssprache VHDL hinzu. Die Grundlagen der Digitaltechnik werden damit soweit behandelt, dass Sie in der Lage sind, einfache VHDL-Modelle zu erstellen. Diese werden im Rahmen der praktischen Übungen in FPGA-Konfigurationen „übersetzt", um sie auf das FPGA-Board zu laden.

Teil III

Es folgt der Buchteil **Komponenten Digitaler Systeme**, womit nicht mehr nur die zuvor kennengelernten Grundfunktionen gemeint sind. Es geht vielmehr um daraus zusammengesetzte Standardschaltungen, die dann einen *Baukasten* zur weiteren Verwendung bei der Erarbeitung von Lösungsansätzen für Aufgabenstellungen der Digitaltechnik bilden. Eine mögliche Herangehensweise an diese Aufgabenstellungen ist die Unterteilung des digitalen Systems in **Datenpfad** und **Kontrollpfad**. Im Datenpfad befinden sich Verbindungsstrukturen für Daten wie Multiplexer, Demultiplexer und Datenbusse. Sie führen die Daten zwischen Verarbeitungskomponenten (z.B. Rechenschaltungen), Datenspeichern und Registern. Im Kontrollpfad sorgen Ablaufsteuerungen (z.B. Timer und Sequenzer) für die räumlich und zeitlich korrekte Beeinflussung der Datenpfade. Für Multiplexer und Demultiplexer werden Auswahladressen bereitgestellt. Rechenwerke erhalten Befehle über die auszuführenden Operationen.

Dieser dritte Teil des Buches dient aber auch dazu, Ihren bisher erworbenen Wissenstand in VHDL zu erweitern. Es werden weitere Datentypen eingeführt und davon abgeleitete Vektoren, welche insbesondere für die Verwendung im Datenpfad prädestiniert sind. Praktische Übungen mit dem FPGA-Board runden auch diesen Buchteil ab.

Teil IV

In der Mitte des Buches angekommen, haben Sie die Elemente der Digitaltechnik schon sehr ausführlich kennengelernt und die Arbeit mit dem FPGA-Board hat Ihnen hoffentlich schnell Erfolgserlebnisse gebracht. Die praktischen Übungen hatten allerdings noch einen „Trial and Error“ Charakter. Das entspricht nicht unbedingt einer professionellen Arbeitsweise. Mit dem Buchteil **Hardwarebeschreibung mit VHDL auf RTL-Ebene** geben wir einen Einblick in eine systematische Arbeitsweise, die auf der Anwendung der Simulationsmethode basiert.

In der Praxis hat es sich erwiesen, dass man mit der herkömmlichen Methode, Schaltungen aus Grundkomponenten aufzubauen, die dann Schritt für Schritt zu größeren Modulen miteinander verdrahtet werden, an Grenzen stößt, sobald diese Schaltungen eine gewisse Komplexität überschreiten. Gleichzeitig hatte sich die Technologie so stark weiter entwickelt, so dass man prinzipiell über immer mehr und mehr Grundkomponenten in einem einzelnen Baustein verfügt, die man ja auch nutzen will und soll.

Der Entwurf mit einer Hardwarebeschreibungssprache wie VHDL, die Sie in der ersten Hälfte des Buches kennengelernt haben, ist die wichtigste Methode zur Beherrschung hoch komplexer Schaltungen. Ein programmierbarer Logikbaustein ist jedoch nicht in der Lage, diese Sprache direkt auszuführen. „Programme“ in dieser Sprache werden mit einem so genannten *Synthese-Werkzeug* automatisch in entsprechende Hardware-Komponenten übersetzt. Die sich daraus ergebende Hardwarestruktur ist dann vielleicht nicht so effizient umgesetzt wie eine „von Hand“ entworfene Schaltung, aber man ist dank der Hochsprache in der Lage, viel kompliziertere Entwürfe in kürzerer Zeit durchzuführen.

Es werden die zentralen Konzepte des Entwurfes digitaler Schaltungen mit der Hardware-Beschreibungssprache VHDL jetzt systematisch eingeführt. Zunächst werden dazu die grundlegenden Eigenschaften der VHDL-Simulation vorgestellt, da die Arbeit von Synthesewerkzeugen auf diesen Prinzipien basiert. Danach wird die zurzeit vorherrschende Schaltungsmethodik, die der synchronen Schaltungen, vorgestellt und erläutert. Diese synchronen Schaltungskonzepte bilden die Grundlagen für VHDL-Entwürfe auf der sog. **Register-Transfer-Ebene**. Danach vermittelt dieser Buchteil, nach welchen Regeln Synthesewerkzeuge aus einer VHDL-Beschreibung auf Register-Transfer-Ebene passende Hardware generieren. Diese Regeln bilden den Kern moderner Entwurfsmethodiken. Sie zu erklären und ihre Anwendung anhand von Beispielen zu trainieren ist daher das zentrale Ziel dieses Buchabschnittes.

Teil V

Der fünfte Buchteil mit dem Titel **Ein FPGA-Projekt step-by-step** widmet sich zunächst den Möglichkeiten, mit denen man Entwicklungsabläufe in VHDL optimal gestalten kann. Entwicklungsprojekte werden selten von Grund auf neu erzeugt, sondern enthalten oft viele eigene Komponenten aus früheren Projekten oder von extern eingekauftes *geistiges Eigentum* (sog.

IP-Cores). Das verspricht den Entwicklungsaufwand und vor allen Dingen die Entwicklungszeit zu reduzieren, ohne Abstriche bei der Funktionalität der Gesamtschaltung machen zu müssen. Bereits erstellte Module in nachfolgenden Projekten wiederzuverwenden, ist in der Software-Entwicklung seit vielen Jahren verbreitet. Deswegen hat man auch in VHDL Sprachkonstrukte aufgenommen, die speziell die Wiederverwendung bereits vorhandener Komponenten unterstützen. Die Wiederverwendbarkeit bereits vorhandener Module mit einer exakt gleichen Ausprägung ist eher die Ausnahme, wenn deren Funktionalitäten etwas komplexer sind. VHDL bietet dazu die Möglichkeit, Komponenten parametrierbar zu entwerfen. So kann eine Rechenschaltung beispielsweise für eine beliebige Wortbreite der Operanden ausgelegt werden.

Damit ist dann das benötigte Know-How zum Entwurf von komplexen Schaltungen vorhanden und wir werden zum Abschluss des fünften Buchabschnittes dann Schritt für Schritt einen kleinen **Prozessor** entwerfen. Sie werden dadurch die elementaren Architekturmerkmale eines Mikroprozessors kennenlernen: Daten- und Programmspeicher, Registersatz, Befehlsdekoder und eine arithmetisch-logische Einheit (ALU). Der fertige Prozessor wird simuliert und auf dem Entwicklungsboard getestet.

Teil VI

Vom inneren Aufbau eines FPGA war bis dahin nicht viel die Rede. Alles in den ersten fünf Teilen Gelernte funktioniert so ziemlich auf jedem FPGA, solange es genügend Ressourcen bereithält. Sie konnten im fünften Teil ja sogar einen Prozessor bauen, ohne etwas über den schaltungstechnischen Aufbau von FPGAs oder ihr genaues Zusammenspiel im System zu wissen. Die funktionale Simulation kommt ganz ohne Technologieinformationen aus und die Synthese- und Implementierungswerkzeuge haben das Expertenwissen zur Zieltechnologie eingebaut. Trotzdem ist es interessant und für kritische Projekte vielleicht auch wichtig, etwas über den inneren Aufbau der FPGAs zu erfahren. Genau mit diesen Dingen wollen wir uns zum Abschluss des Buches beschäftigen.

Die Ausführungen zur **FPGA-Architektur** im gleichnamigen sechsten und damit letzten Buchteil wechseln zwischen allgemeinen Betrachtungen und konkreten Beschreibungen des verwendeten FPGAs von *Lattice Semiconductor*. Zunächst geht es um die elementare Grundfunktion in jedem FPGA: die **Logikzelle**. Bei den sog. SRAM-basierten FPGAs der meisten Hersteller sind die Logikzellen nach demselben Grundprinzip aufgebaut: dem der *look-up-table*. Wir schauen aber auch über den Tellerrand zu den FPGAs, die Multiplexer als zentrales Logikelement enthalten. Weitere Elemente, ohne die ein FPGA nicht denkbar wäre, sind die **Verbindungsressourcen**, mit denen Logikzellen zu höheren Einheiten verbunden werden. Und ohne **Ein-/Ausgabeschaltungen** könnte ein FPGA natürlich im übergeordneten System nichts bewirken.

Neben den zuvor beschriebenen und offensichtlich notwendigen Elementen enthalten moderne FPGAs eine Vielzahl von Sonderfunktionen, von denen wir hier nur eine gewisse Auswahl bringen wollen: Schaltungen für Taktmanagement, dedizierte Speicherblöcke und Rechenschaltungen für die digitale Signalverarbeitung (DSP).

Die praktischen Beispiele dieses Buchteiles führen über Experimente zur Schaltungssynthese zu besonderen Einsichten in die FPGA-Architektur. Dazu gehört dann auch die Auswertung entsprechender Protokolldateien.

Übungen und Praktische Aufgaben sowie die Homepage zum Buch

Für die im Buch gestellten Aufgaben stehen auf der Downloadseite Übungsblätter zum Ausdruck bereits. Somit müssen Sie keine Lösungen in Ihr Buch hineinschreiben. Außerdem finden Sie dort VHDL-Quelltexte, Zusatzmaterialien und ggf. auch Berichtigungen von Druckfehlern.

Gestalterische Elemente

Das Buch präsentiert viele Abbildungen, Tabellen, Listen und sonstige Elemente, die das Lernen des Stoffgebietes unterstützen sollen. Die wichtigsten sollen an dieser Stelle erläutert werden.

Fotografische Aufnahmen

Neben der Gesamtablichtung des FPGA-Boards werden immer wieder Ausschnitte dieses Bildes verwendet. Zu Beginn des ersten Teils dienen die Darstellungen der Erläuterung der Bestandteile des Boards. Teilweise wird dabei mit überlagertem Text gearbeitet. Beispielhaft zeigt der folgende Bildausschnitt „unseren FPGA“:

Abgegrenzte Texteinschübe

An manchen Stellen erachten es die Autoren für sinnvoll, besondere Hinweise oder längere Erklärungen, die den normalen Textfluss unterbrechen würden, in besondere Texteinschübe zu verlagern. Diese erkennen Sie an dem etwas schmaleren Absatzlayout und einer Umrandung. Beispiel:

> An dieser Stelle sei darauf hingewiesen, dass der Buchtext von den Autoren in LaTeX gesetzt worden ist. Texteinschübe werden dabei mittels einer sog. FrameBox realisiert.

An einigen Stellen sind auch Aufgabenstellungen, Zusammenfassungen etc. als Texteinschub organisiert worden.

Marginalien

Immer wieder wurde der Buchtext mit Marginalien versehen. Sie sind grau hinterlegt und greifen Stichworte aus dem laufenden Text auf, um sie weitergehend zu erläutern. Marginalie: Randnotiz

Schaubilder

Der größte Teil der im Buch abgedruckten Schaubilder wurde durch die Autoren selbst erstellt. Wo dies nicht der Fall ist, werden die Bildquellen genannt. Schaubilder verdeutlichen die im Text erklärten Zusammenhänge. Beispiel:

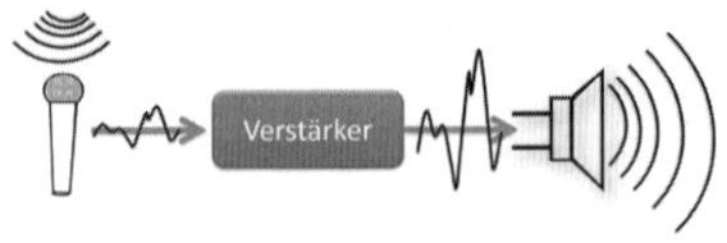

Boolesche Gleichungen

Die Schreibweise von booleschen Gleichungen in diesem Buch ist wie folgt: Für die UND-Funktion wird das Symbol $\wedge$ und für die ODER-Funktion das Symbol $\vee$ verwendet. Invertierungen werden mit einem Überstrich (Beispiel: $\overline{A}$) gekennzeichnet. Beispiel:

$$\overline{Y} = (\overline{X_1} \wedge X_2 \wedge \overline{X_3}) \vee (\overline{X_2} \wedge \overline{X_3}).$$

Wahrheitstabellen

X_1	X_2	Y_a	Y_b
0	0	1	0
0	1	1	1
1	0	1	1
1	1	0	1

Wahrheitstabellen sind, neben booleschen Gleichungen, eine weitere Möglichkeit, die Funktion einer digitalen Schaltung als Zusammenhang zwischen Eingang und Ausgang darzustellen. Obenstehend sehen Sie das im Buch übliche Layout dafür. Auf der linken Seite stehen die Eingangs- und auf der rechten Seite die Ausgangsgrößen. Die Trennung zwischen linker und rechter Seite erfolgt üblicherweise mit einem senkrechten Doppelstrich. Ferner gibt es eine Kopfzeile, die die Bezeichner der Eingangs- und Ausgangsgrößen auflistet. Die Kopfzeile ist vom Rest der Tabelle durch einen waagerechten Doppelstrich abgesetzt.

Kennzeichnung von Übungen

Praktische und theoretische Übungen werden am Rand mit Symbolen gekennzeichnet. Wenn etwas mit dem FPGA-Board oder der Entwicklungssoftware zu tun ist, dann zeigt dies das Symbol eines Schraubenschlüssels an.

Theoretische Übungen werden durch ein Bleistiftsymbol angezeigt. Dabei sind meistens Eintragungen in Tabellen durchzuführen.

Bildcollagen zur Aufgabenbeschreibung

Diese Art der Darstellung dient der Erläuterung praktischer Übungen. In ihnen ist die schematische Darstellung der zu erstellenden Schaltung mit Bildausschnitten des FPGA-Boards und Overlay-Texten kombiniert.

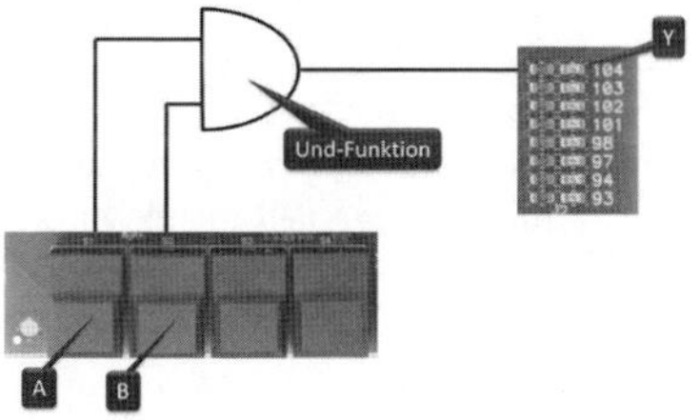

Damit wird bildhaft die Zuordnung von Bedien- und Anzeigeelementen zur Schaltung spezifiziert. Das hilft dann auch bei der Durchführung der abschließenden Tests.

Wenn die 7-Segmentanzeige bei einer Übung verwendet werden soll, dann wird gelegentlich eine rote Einfärbung der betreffenden Segmente auf einem Foto der Anzeige dargestellt. Somit ist eine schnelle Ergebniskontrolle möglich.

Gatter-Schaltbilder

Für Schaltbilder mit digitalen Gattern werden in diesem Buch überwiegend Symbole in Anlehnung an das sog. ANSI-System verwendet. Der Grund dafür liegt in der Tatsache, dass auch die FPGA-Entwicklungswerkzeuge überwiegend ANSI-Schaltsymbole verwenden.

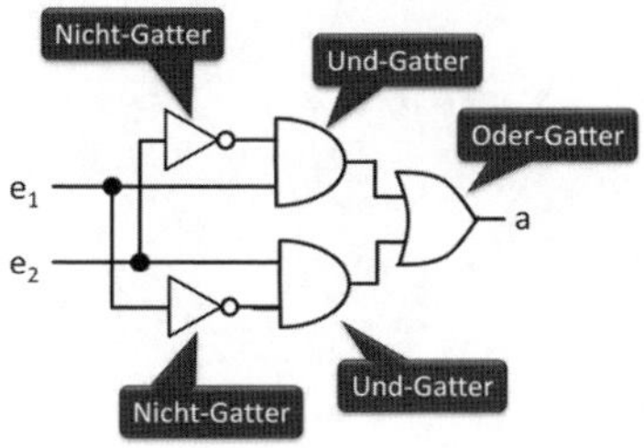

Screenshots

Screenshots durchziehen das Buch und unterstreichen damit seinen Tutorial- und Kurscharakter. Sie helfen bei der Bedienung der Entwicklungswerkzeuge bei der Durchführung der praktischen Übungen. Oftmals sind die Screenshots mit Text-Overlays versehen und weisen somit exakt auf die anzuwendenden Buttons und Menuepunkte hin.

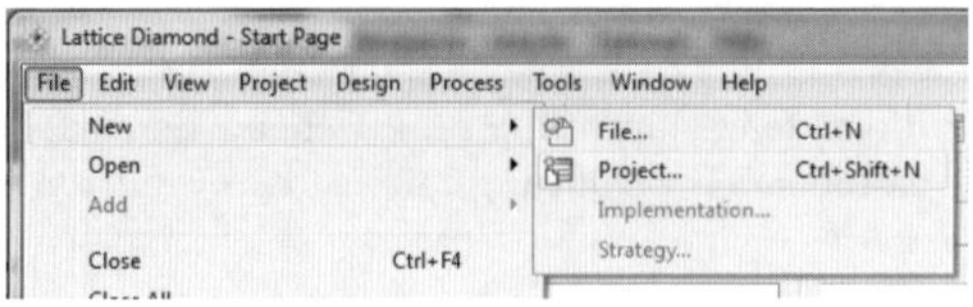

Die gezeigten Screenshots wurden mit der Version 3.3 des *Diamond*-Softwarepaketes erstellt. Bei Verwendung anderer Versionen kann die Darstellung davon abweichen.

Quelltextbereiche

VHDL-Quelltexte, aber auch andere Design- und Reportdateien, werden vollständig oder auszugsweise in grau unterlegten *Listing*-Blöcken dargestellt. Die dargestellten Zeilennummern gehören nicht zum Quelltext und ermöglichen die Referenzierung besprochener Code-Abschnitte vom beschreibenden Text aus.

```
-- Mit zwei Minuszeichen wird eine Kommentarzeile eingeleitet.
-- Kommentare erscheinen blass gedruckt
-- Ausserhalb des grauen Kastens werden Zeilennummern angezeigt.
-- Die Zeilennummern sind nicht Bestandteil des Quelltextes,
-- also bitte nicht mit abtippen.
-- Unterhalb dieser Zeile befindet sich VHDL-Code

entity UND_Gatter is
  port (A , B : in bit;
        Y : out bit);
end entity UND_Gatter;

architecture bool_ausdruck of UND_Gatter is
begin
  Y <= A and B;
end architecture bool_ausdruck;

-- Schluesselworte der VHDL-Sprache sind in gruen bzw. grau gedruckt
```

FPGA-Board Schaltplanauszüge

An manchen Stellen im Buch werden Schaltplanauszüge des FPGA-Boards gezeigt. Das soll bei der Identifizierung der zu verwendenden FPGA-Anschlüsse helfen. Auch hier wird gelegentlich von Text-Overlays Gebrauch gemacht.

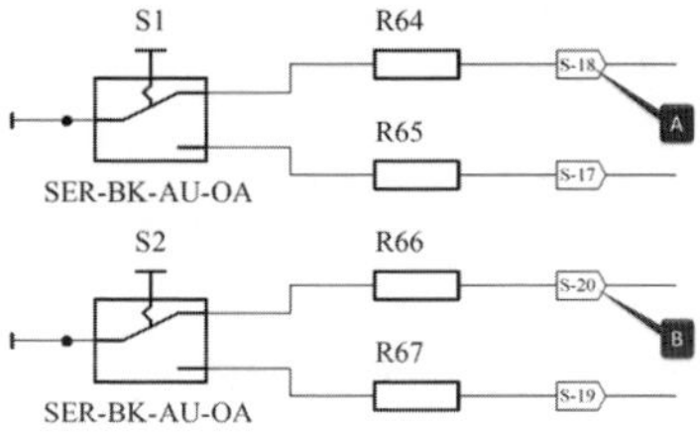

Datenblattauszüge

Insbesondere im Teil VI wird intensiv auf die Datenblätter und Handbücher zum FPGA-Baustein hingewiesen. Die ausgewählten Tabellen und Abbildungen dienen beispielhaft dazu, den Umgang mit diesen Quellen zu üben. Für ein erfolgreiches eigenes Projekt empfiehlt sich die direkte Auseinandersetzung mit den Originalunterlagen der Hersteller. Nur wenn Sie immer die neueste Version eines Datenblattes verwenden, können Sie sicher sein, ein Produkt korrekt zu entwickeln.

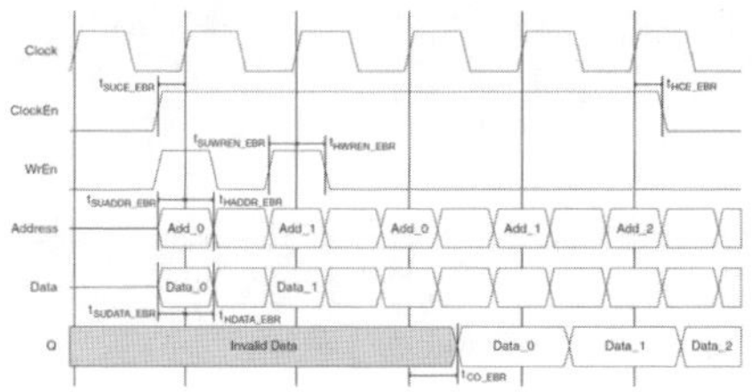

Teil I

Grundlagen der Digitaltechnik 1

Hinweise

An den in diesem Buch verwendeten Abbildungen besitzen Dritte Rechte.

- Die fotografischen Aufnahmen des FPGA-Boards **HWD-XP2-USB** sowie dessen Schaltpläne wurden bereitgestellt von:

  Dipl.-Ing. Jens Kroeger, Dr. Bockemüller-Ring 35, D-38173 Sickte

- Es wurden Zeichnungen, Bilder und Tabellen aus Datenbüchern, Handbüchern und Applikationsschriften verwendet. Die genannten Unterlagen sind Eigentum von:

  LATTICE SEMICONDUCTOR CORPORATION, 5555 Northeast Moore Court, Hillsboro, Oregon 97124, U.S.A.

- Es wurden Screen-Shots der Software **Diamond** verwendet. Diamond ist Eigentum von:

  LATTICE SEMICONDUCTOR CORPORATION, 5555 Northeast Moore Court, Hillsboro, Oregon 97124, U.S.A.

- Es wurden Screen-Shots der Software **Active-HDL Lattice Edition** verwendet. Active-HDL ist Eigentum von:

  Aldec Inc., 2260 Corporate Circle Henderson, NV 89074, USA

- Es wurden Screen-Shots der Software **Synplify Pro for Lattice** verwendet. Synplify Pro ist Eigentum von:

  Synopsys Inc., 690 East Middlefield Road, Mountain View, CA 94043, USA

- Es wurden Zeichnungen, Bilder, Tabellen und VHDL-Quelltexte verwendet, die bereits anderweitig veröffentlicht sein können von:

  Prof. Dr.-Ing. Edwin Naroska, Fachhochschule Niederrhein

  Prof. Dr.-Ing. Peter Schulz, Fachhochschule Dortmund

Kapitel 2

Materialien zum Buch

Um die Übungen in diesem Buch praktisch nachvollziehen zu können, benötigen Sie das FPGA-Board **HWD-XP2-USB** mitsamt USB-Kabel, das Sie hier bestellen können: https://www.elektor.de/evaluation-board-hwd-xp2-usb. Mit dem USB-Kabel wird das FPGA-Board an den PC angeschlossen. Über das USB-Kabel erfolgen sowohl die Stromversorgung als auch die FPGA-Programmierung. Die notwendige Programmiersoftware wird muss separat von der Internetseite des FPGA-Anbieters Lattice Semiconductor heruntergeladen, lizensiert und installiert werden. Es ist eine Registrierung erforderlich, aber für die Nutzung der Programmiersoftware fallen, soweit zum Zeitpunkt der Erstellung dieses Buches bekannt, keine Kosten an.

2.1 Das FPGA-Board

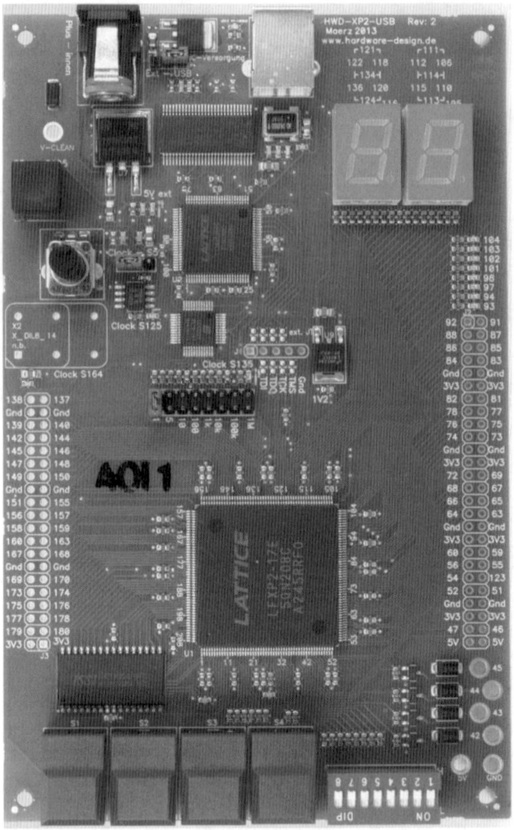

Abbildung 2.1: Das FPGA-Board

Das für dieses Buch ausgesuchte FPGA-Board wurde unter didaktischen Gesichtspunkten entwickelt. Es hat folgende Eigenschaften:

- zweilagige Leiterplatte im Europakartenformat (160 mm x 100 mm)
- FPGA: Lattice XP2-17
  - TQFP-208 Gehäuse
  - Konfigurationsspeicher im Flash on Chip
- 128kx8 Bit externes RAM
- Konfiguration über USB

- Spannungsversorgung
  - via USB oder separat
  - on-board Spannungsregler (1,2V und 3,3V) für die Integrierten Schaltkreise
- Taktversorgung
  - 24 MHz-Oszillator
  - sowie daraus abgeleitet diverse Festfrequenzen
  - regelbarer NE555 Oszillator
  - Einzelschrittbetrieb mit Taster
  - Oszillator im DIL-8 oder DIL-14 Gehäuse nachrüstbar
- Bedien- und Anzeigeelemente
  - 4 entprellte Taster mit Umschaltkontakten
  - 8-fach DIP-Schalter
  - 2 7-Segment-Anzeigen
  - 8 Leuchtdioden
- Erweiterungsmöglichkeiten
  - 40-poliger Erweiterungsstecker (Brevia-kompatibel)
  - 52-poliger Erweiterungsstecker
    * bestückbar mit Stift- oder Buchsenleiste
    * bestückbar mit PMOD-Buchsen

2.1.1 Beschreibung der Komponenten

In diesem Kapitel wird das FPGA-Board in seinen Einzelheiten erklärt.

FPGA

Abbildung 2.2: Lattice XP2-17

Kern des FPGA-Boards ist natürlich der FPGA-Baustein. Es handelt sich hier um ein FPGA aus der XP2-Familie von Lattice Semiconductor. Es enthält 17.000 kombinatorische LUT-Elemente (LUT: look up table). Eine LUT kann für bis zu 4 binäre Variable jede beliebige boolesche Funktion realisieren. Die LUT-Elemente können mit ca. 12.000 D-Flip-Flops kombiniert werden. Die Besonderheit der XP2-Famile besteht darin, dass der Konfigurationsspeicher für die FPGA-Logik in demselben IC-Gehäuse mit untergebracht ist. Weitere Informationen entnehmen Sie bitte dem Datenblatt "LatticeXP2^{TM} Family Data Sheet", welches Sie von der Internetseite www.latticesemi.com beziehen können.

Stromversorgung

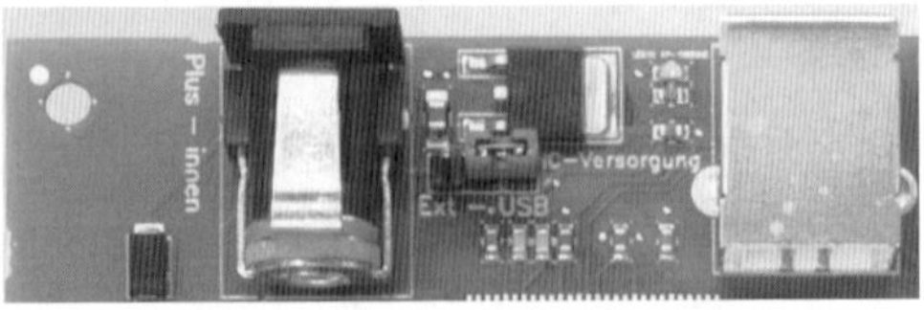

Abbildung 2.3: Stromversorgungsschaltung

An der Oberkante links befindet sich die Stromversorgungsschaltung. Für die Stromversorgung des FPGA-Boards existieren zwei Möglichkeiten. Für diesen einführenden Teil genügt es, die Stromverorgung über den USB-Anschluss Ihres PCs zu beziehen. Dazu muss sich die Steckbrücke (siehe Abbildung 2.3) in der rechten Position befinden. Soll das Board im fertig programmierten Zustand ohne angeschlossenen PC verwendet werden oder sollen Erweiterungen mit versorgt werden, so kann mit der linken Steckbrücke die alternative Versorgung ausgewählt werden. Über Stromversorgungsbuchse können die benötigten 7V-12V aus einem entsprechenden Netzteil herangeführt werden. Dabei muss der Pluspol auf den Innenkontakt der Stromversorgungsbuchse liegen. Auf dem Board befinden sich Regler für 1,2 V und 3,3 V. Dabei bilden die 1,2V die Versorgung für den Kern des FPGA. Die 3,3V werden für die FPGA Ein-/Ausgabestufen und alle weiteren Komponenten verwendet.

Taktversorgung

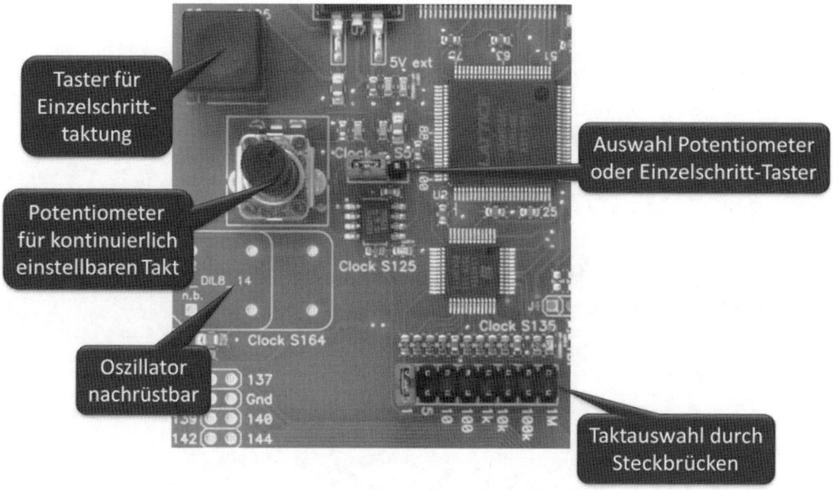

Abbildung 2.4: Taktschaltung

Etwas unterhalb der Stromversorgungsschaltung befindet sich die Taktversorgung, die mit vielfältigen Varianten aufwartet. Insgesamt sind vier verschiedene und gleichzeitig verwendbare Taktsignale an das FPGA herangeführt:

- CLOCK-S53 ist ein 24 MHz Taktsignal aus dem On-Board-Oszillator und ist an Pin 53 des FPGA angeschlossen.
- CLOCK-S135 ist aus dem o.g. 24 MHz Takt abgeleitet. Über eine Steckbrücke kann eine der folgenden Frequenzen ausgewählt werden:
  - 1 Hz
  - 5 Hz
  - 10 Hz
  - 100 Hz
  - 1 kHz
  - 10 kHz

  – 100 kHz
  – 1 MHz

  Die ausgewählte Frequenz liegt dann an Pin 135 des FPGA an. Mit diesem Taktsignal kann die Betriebsfrequenz einer Schaltung sehr schnell und ohne Umprogrammieren verändert werden. Das ist sehr bequem, wenn z.B. getaktete Vorgänge detailliert beobachtet werden sollen.

- CLOCK-S125 wird mit einem NE555-Timer erzeugt. Das Signal liegt an Pin 125 des FPGA an. Es gibt zwei Betriebsarten:
  – Steckbrücke links: Die Frequenz im Bereich von ca. 2 Hz bis ca. 20 Hz wird über das Potentiometer eingestellt. Durch die kontinuierliche Einstellmöglichkeit liefert dieses Taktsignal ein wertvolles Testsignal auch für asynchrone Vorgänge. Der Taster neben dem Potentiometer bietet in dieser Betriebsart die Möglichkeit, den Takt manuell zu unterbrechen
  – Steckbrücke rechts: der NE555-Timer stoppt. Der Taster dient jetzt dazu, einzelne Taktimpulse prellfrei auszulösen.
- CLOCK-S164 gehört zu dem nachrüstbaren Oszillator im DIL-8 oder DIL-14 Gehäuse. Es ist am FPGA-Pin 164 angeschlossen.

7-Segment-Anzeige

Abbildung 2.5: 7-Segment-Anzeige

Das FPGA-Board ist mit einer 2-stelligen 7-Segment-Anzeige ausgestattet. Die LEDs für die Segmente und den Dezimalpunkt sind dabei einzeln durch FPGA-Logik über Vorwiderstände ansteuerbar. Der Bestückungsdruck oberhalb der Anzeige dokumentiert die Zuordnung der FPGA-Anschlüsse (PIN) zu den einzelnen Segmenten.

LED-Anzeige

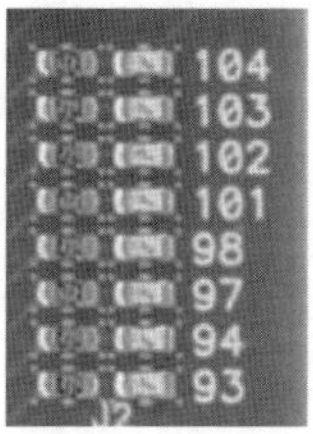

Abbildung 2.6: 8-bit LED-Anzeige

An der rechten Board-Kante befindet sich in der Nähe der 7-Segment-Anzeige eine 8-bit LED-Anzeige mit roten LEDs. Rechts neben jeder LED zeigt der Bestückungsaufdruck die zugehörige FPGA-Pin-Nr an.

Eingabetaster

Abbildung 2.7: 4 Eingabetaster

An der Unterkante des Boards befinden sich vier Eingabetaster. Sie sind von links nach rechts mit S1 bis S4 bezeichnet. Die Taster verfügen über Umschaltkontakte und belegen jeweils zwei FPGA-Anschlüsse. Dadurch lässt sich eine einfache Entprellung mittels RS-Flip-Flop vornehmen.

DIL-Schalter

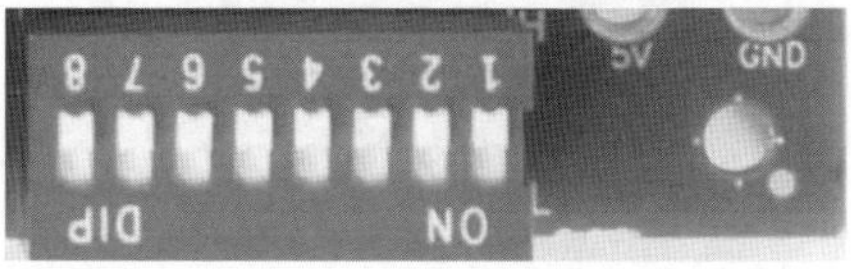

Abbildung 2.8: 8-fach DIL-Schalter

Rechts neben den Tastern befindet sich ein 8-fach DIL-Schalter. Dieser Schalter steht absichtlich Kopf. Das erklärt sich folgendermaßen: im eingeschalteten Zustand liefert der Schalter L-Pegel an das FPGA, im geöffneten Zustand wird über einen Pull-Up-Widerstand ein H-Pegel an das FPGA geliefert. Der DIL-Schalter wurde nun so platziert, daß die untere Schalterstellung einem L-Pegel und die obere Schalterstellung einem H-Pegel entspricht. Somit folgt der Schalter der Assoziation: "unten L - oben H".

SRAM

Abbildung 2.9: 128 kByte SRAM

Oberhalb der Eingabetasten befindet sich ein separater SRAM-Baustein. Zwar beinhaltet auch das FPGA selbst 15 RAM-Blöcke mit insgesamt ca. 276 kBit Speicherinhalt, diese sind jedoch zu klein um anspruchsvollere Programme für Soft-Core-Prozessoren zu realisieren.

Hochstromtreiber

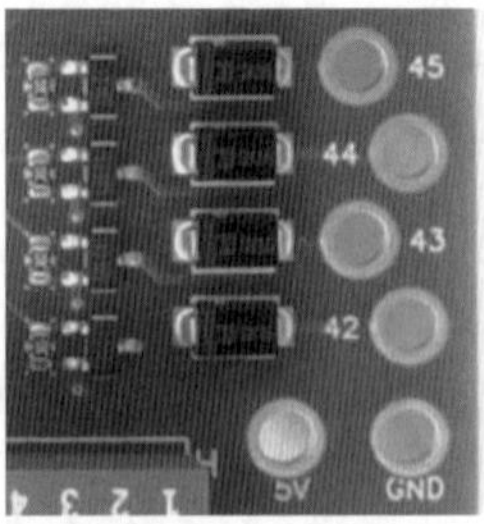

Abbildung 2.10: 4 Leistungsausgänge

Unten rechts befinden sich Open-Drain Leistungstransistoren. Über die nachträglich bestückbaren Hochstromstecker können größere Lasten geschaltet werden.

Erweiterungsstecker J3

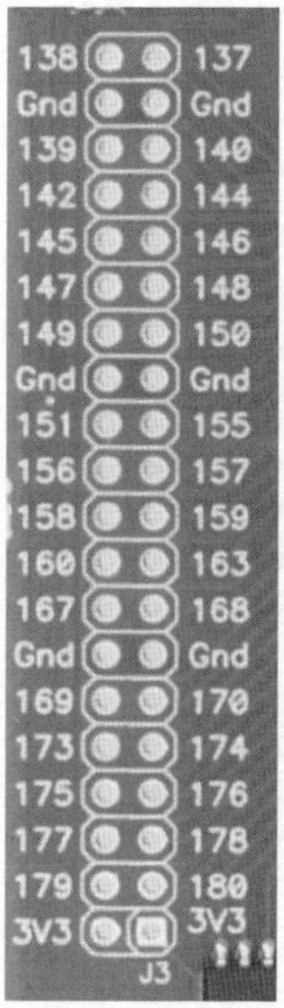

Abbildung 2.11: J3 "Brevia-Stecker"

An der linken Boardkante befindet sich die Anschlussmöglichkeit für eine 40-polige Stift- bzw. Buchsenleiste. Wird hier eine Stiftleiste bestückt, so ist dieser Anschluss kompatibel zu den sog. Brevia-Boards von Lattice. Neben der Auswahl, ob Stift oder Buchse, kommen auch noch gewinkelte oder gerade Varianten in Frage. Der Bestückungsdruck weist hier nicht die Pin-Nummern der Stecker aus sondern die angeschlossenen FPGA-Pin-Nummern sowie die Versorgungsanschlüsse.

Erweiterungsstecker J2

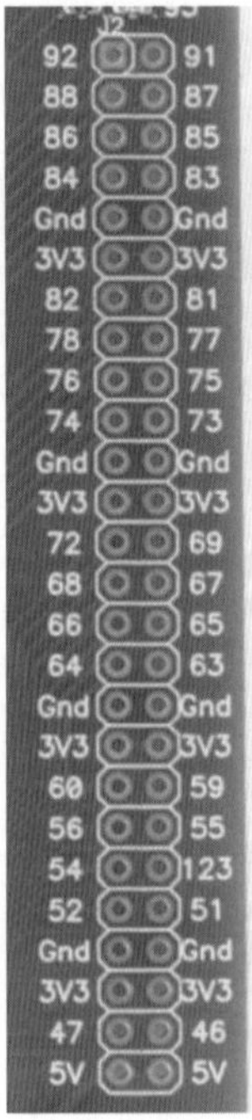

Abbildung 2.12: J2 "PMOD-Stecker"

An der rechten Boardkante befindet sich die Anschlussmöglichkeit für eine 52-polige Stift- bzw. Buchsenleiste. Mit gewinkelten Buchsenleisten in 2x6-polig erhalten Sie die Möglichkeit, direkt PMOD-Module anzuschließen. Elektrisch sind 4 12-polige PMOD-Verbinder vorhanden. Die Platzierung weicht jedoch von der PMOD-Empfehlung ab, so dass mechanisch zwei PMOD-Module direkt über gewinkelte Buchsen und zwei bis vier weitere indirekt über gerade Stifte via Adapterkabel (bei vielen PMODs mitgeliefert) angeschlossen werden können. Der Bestückungsdruck weist hier nicht die Pin-Nummern der Stecker aus sondern die angeschlossenen FPGA-Pin-Nummern sowie die Versorgungsanschlüsse.

JTAG-Option

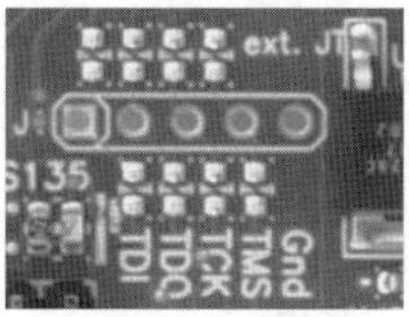

Abbildung 2.13: JTAG-Option

Für unsere Zwecke werden hier keine Veränderungen vorgenommen.

Sollten Sie später einmal einen separaten JTAG-Adapter zur Programmierung des Boards verwenden, so können Sie an dieser Stelle Signale auftrennen und einen JTAG-Stecker einlöten.

2.2 Die Entwicklungssoftware "Diamond"

Vorbemerkung

Internetseiten verändern sich ständig. Die gewohnten Inhalte sind zwar fast immer noch erreichbar, aber der Weg dorthin unterliegt Schwankungen. Um Sie nicht unnötig zu verwirren, verzichten wir deshalb darauf, für die Zugriffe auf www.latticesemi.com hier Screenshots abzubilden.

Für die Beschäftigung mit den ersten Lehrinhalten wird die Diamond-Software noch nicht benötigt. Sie können die Installation jetzt oder später durchführen. Das FPGA-Board enthält eine Vorprogrammierung. Sollte diese Vorprogrammierung gelöscht oder überschieben worden sein, so können Sie die Installation von Diamond jetzt durchführen und anschließend das FPGA-Board mit der Basis-Konfiguration programmieren.

Installationsanleitung

Ihr PC-System sollte für die Projekte in diesem Buch mindestens folgende Anforderungen erfüllen:

- Intel-Pentium (mit SSE3) oder kompatibel
- Windows 7 (32- oder 64-bit), Windows 8 (32- oder 64-bit)
- 6 GB freien Festplattenplatz,
- Netzwerkanschluss (Lizensierung über MAC-Adresse)
- Grafikanzeige 1024x768 Pixel
- Microsoft Mouse oder kompatibel
- Web-Browser mit Javascript

- Adobe Acrobat Reader (5.0 oder höher)
- Microsoft Internet Explorer (8 oder höher)
- Hauptspeicher (für die Verwendung der XP2-Familie)
  - 1 GB RAM (32-bit Windows/Linux)
  - 2 GB RAM (64-bit Windows/Linux)

Zu dem Zeitpunkt, an dem Sie die Arbeit mit diesem Buch beginnen, existiert mit Sicherheit schon eine neuere Version von Diamond. Die grundsätzliche Vorgehensweise bei der Entwicklung von FPGA-Schaltungen sollte davon nicht berührt sein. Die Darstellung der Entwicklungsoberfläche könnte jedoch von der in diesem Buch abweichen. Auch die Mindestanforderungen an Ihren PC oder Ihr Betriebssystem könnten verändert sein.

Möchten Sie die Projekte exakt so durchführen, wie sie hier beschrieben sind, dann können Sie die hier zugrunde liegende Version 3.3 möglicherweise immer noch aus dem Softwarearchiv der Lattice Internetseite beziehen.

Registrierung (Lattice Account)

Derzeit steht der Download der Diamond-Software nur registrierten Nutzern zur Verfügung. Dazu müssen Sie zunächst via www.latticesemi.com einen "Lattice Account" anlegen. Wenn Sie sich dann mit diesem Account auf der Internetseite einloggen, stehen Ihnen alle benötigten Dateien zum Download zur Verfügung.

Download der Diamond Software

Von der Startseite www.latticesemi.com aus navigieren Sie (typischerweise via "Products") zur Download-Seite für „Design Software" geführt. Alternativ suchen Sie für ältere Versionen das „Software Archive". Dann entscheiden Sie sich je nach Ihrem Betriebssystem für die 32- oder 64-Bit-Version von Linux oder Windows.

Wählen Sie zunächst das für Sie zutreffende „Installation Guide" aus, welches als PDF-Datei vorliegt. Das ist insbesondere wichtig, wenn Sie eine andere Version als 3.3 installieren, da der Installationsverlauf sich anders darstellen könnte.

Sie wählen also eine der folgenden vier Dateien aus:

- Diamond 32-bit for Windows
- Diamond 64-bit for Windows
- Diamond 32-bit for Linux
- Diamond 64-bit for Linux

Es erscheint eine Lizensierungsvereinbarung. Wenn Sie diese positiv beantworten, startet der Download der Installationsdatei. Jetzt sollten Sie viel Geduld haben, denn es sind ca. 1,5 GB zu laden.

Zum Zeitpunkt der Erstellung dieses Buches gibt es die Simulationssoftware **Active HDL Lattice Edition** nur mit der Windows-Version von Diamond. Für die Linux-Version steht demnach kein Simulationssystem bereit. Deshalb wird dringend empfohlen, die Projekte mit der Windows-Version zu bearbeiten. Ansonsten können keine Simulationsübungen durchgeführt werden.

Hinweis: Die folgende Installationsanleitung beschreibt die Vorgehensweise unter Windows. Unter Linux kann diese davon abweichen.

Installation

Die Installationsdatei liegt zunächst in komprimierter Form vor und muss erst entpackt werden. Im entpackten Zustand ist die Datei dann ausführbar. Für die Installation benötigen Sie unter Windows Administratorrechte. Die Installation läuft nun für die Version 3.3 in folgenden Schritten ab:

- Schließen Sie alle Applikationen.
- Starten Sie die (bereits entpackte) Installationsdatei, z.B. **3.3.0.109_Diamond_x64**.
- Es öffnet sich die "Welcome To Lattice Semiconductor Diamond Setup" Dialogbox.
- Klicken Sie auf Next: Es erscheint der **License Agreement** Dialog.
- Lesen Sie die Lizenzvereinbarung. Falls Sie ihr zustimmen wollen, klicken Sie auf **Yes**. Es öffnet sich eine Dialogbox zur Festlegung des Ordners, in dem die Software installiert werden soll. Ohne Zustimmung zu der Lizenzvereinbarung ist keine Installation möglich.
- Der Standardzielordner für die Installation ist **C:\lscc**. Über **Browse** kann dieser Pfad verändert werden. Es wird aber empfohlen, den vorgeschlagenen Pfad zu übernehmen.
- Mit **Next** gelangen Sie zu den Produkteinstellungen.
- Es können jetzt die zu installierenden Komponenten an- bzw. abgewählt werden. Für die praktischen Übungen in diesem Buch sollten Sie alle Komponenten auswählen (Voreinstellung), da z.B. bei Fehlen der **Active-HDL Lattice Edition** keine VHDL-Simulationen durchgeführt werden könnten. Müssen Sie mit Ihrem Festplattenspeicher sparsam umgehen, so können Sie die Auswahl der zu unterstützenden FPGA-Bausteine einschränken. Dazu wählen Sie **FPGA** an und klicken auf **Change**. Unter der FPGA-Produktoption können FPGA-Bausteinfamilien ausgewählt werden. Wenn Sie Diamond ausschließlich für das in diesem Buch vorgestellte FPGA-Board verwenden wollen, dann können Sie sich auf die Unterstützung der XP2-Familie beschränken. Viele der größeren FPGAs werden durch die kostenlose Lizenz sowieso nicht unterstützt.
- Durch Anklicken von **Next** gelangen Sie in eine Dialogbox mit der Sie den Namen des Programmordners wählen können, der dann unter C:\lscc bzw. dem von Ihnen ausgewählten Installationspfad angelegt wird. Es wird empfohlen, den vorgeschlagenen Ordnernamen zu übernehmen.

- Da Sie **Active-HDL Lattice Edition** ausgewählt haben, erfolgt jetzt die Frage nach der Lizenzoption dafür.
- Wählen Sie **Node Lock License** und klicken Sie **Next**.
- In der jetzt erscheinenden Dialogbox werden Sie gefragt, ob Sie einen **shortcut** auf dem Desktop wünschen. Empfehlung hier: **Yes**.

Es werden Treiberprogramme für die Programmierkabel benötigt. Für die weitere Installation benötigen Sie auf Ihrem PC Administrator-Rechte.

- Drei verschiedene Treiber sind in der **Programmer Download Parallel/USB Port Driver** Dialogbox zur Installation vorgesehen:
  - Parallel Port Driver
  - USB Port Driver (Dieser Treiber ist mit unserem FPGA-Board kompatibel)
  - FTDI USB Driver
- Wählen Sie **Yes** und klicken Sie **Next**. Es werden alle Treiber installiert (Sie haben hier keine Auswahl!).
- Mit der nächsten Dialogbox kann der eigentliche Installationsvorgang gestartet werden. Sie haben Gelegenheit die Diamond-Einstellungen zu überprüfen. Klicken Sie **Next**.
- Haben Sie jetzt einige Minuten Geduld. Um der Langeweile zu begegnen, zeigt das Installationsprogramm eine kleine "Dia-Show" als Vorgeschmack.
- Abschließend erscheint die **InstallShield Wizard Complete** Dialogbox. Lesen Sie die Hinweise und klicken Sie **Finish**.

Hinweise

Schließen Sie das Installationsfenster **nicht** manuell. Es wird automatisch geschlossen, wenn der Installationsvorgang abgeschlossen ist.

Bevor Sie Diamond zum erstem mal ausprobieren können, muss Ihr Computer neu gestartet werden.

Lizensierung

Um die Diamond-Software nutzen zu können, benötigen Sie eine Lizenz, die auf der physikalischen Adresse der Ethernet-Adapter LAN-Verbindung Ihres PC basiert. Die physikalische Adresse finden Sie heraus, indem Sie beispielsweise in der Eingabeaufforderung das Kommando **ipconfig -all** eingeben.

Loggen Sie sich auf der Internetseite von Lattice Semiconductor mit Ihrem Lattice Account ein und navigieren Sie zur Lizensierung (aktuell via Support). Der Lizenztyp, den Sie benötigen, wird aktuell mit **Diamond Free Software Licensing** bezeichnet. In der sog. **Software License Request Form** geben Sie die o.g. physikalische Adresse ein, bestätigen ggf., dass Sie nicht Mitarbeiter der Firmen Cadence, Mentor oder Magma sind und klicken dann auf **generate license**. Eine Lizenzdatei wird erzeugt und an Ihre e-mail Adresse geschickt.

Kopieren Sie die per e-mail erhaltene Lizenzdatei in das **license**-Unterverzeichnis Ihrer Diamond-Installation.

Die Verwendung der Diamond-Software wird an jeweils passender Stelle erklärt.

2.3 Übungsblätter

Durch das gesamte Buch hindurch sind immer wieder Aufgaben zu lösen. Teilweise sind Lösungsfelder zum Eintragen vorgesehen. Sie müssen natürlich nicht in Ihr schönes Buch schreiben, sondern können die Übungsblätter auch zum Ausdruck von der zu diesem Buch gehörenden Web-Seite downloaden.

Kapitel 3

Aufbau von Teil I: „Grundlagen der Digitaltechnik 1“

Im ersten Teil werden die zentralen Grundlagen der Digitaltechnik eingeführt und anhand von einfachen Beispielen erläutert. Mit Hilfe von vorbereiteten Schaltungen für das Entwicklungs-Board wird das theoretische Wissen praktisch erprobt und ersten Erfahrungen mit dem Entwicklungssystem gesammelt.

Algebra: Theorie über Eigenschaften von Rechenoperationen

Thematisch führt der erste Teil dieses Buches in die boolesche Algebra, die die Grundlagen der gesamten Digitaltechnik bildet, ein. Basis der booleschen Algebra sind „boolesche Gleichungen“. Aus solchen Gleichungen werden später letztlich die digitale Schaltungen erzeugt: sie spielen also eine zentrale Rolle in der Digitaltechnik. Daher werden in dem ersten Buchabschnitt auch verschiedenen Arten solche boolesche Gleichungen zu Beschreiben aufgezeigt und der Umgang mit den Gleichungen geübt.

Digitale Zahlen: der Motor vieler Anwendungen!

Ausgehend von den booleschen Gleichungen können wir uns dann dem nächsten Schritt, dem „Rechnen“ in der digitalen Welt, zuwenden. Tatsächlich haben die meisten der heutigen Anwendungen – insbesondere die in der Signalverarbeitung – etwas mit mathematischen Operationen zu tun. Das was man früher analog mit Hilfe von Verstärkern, Widerständen, Kondensatoren und Spulen gemacht hat, wird heute zunehmend mit Hilfe von mathematischen Operationen digital realisiert. Daher ist es wichtig zu wissen, wie in der digitalen Welt Zahlen dargestellt werden können und wie man damit rechnet.

Kapitel 4

Boolesche Logik

4.1 Analog versus digital

Unsere Welt ist analog!

Wir leben in einer „analogen“ Welt! Mit unseren Sinnesorganen nehmen wir unsere Umgebung in vielfältiger Weise wahr. Licht, Schall, Kraft, all diese physikalischen Größen können beliebig ausgeprägt bzw. stark werden. Sensoren erlauben es uns, diese Größen technisch zu erfassen und in „Information“ zu übersetzen. Als Träger der Information verwendet man gerne elektrische Größen (im Wesentlichen Strom und Spannung), da man heute auf eine Vielzahl von existierenden elektrische/elektronischen Komponenten und Konzepte zurückgreifen kann, um elektrische Größen zu verarbeiten. Eine der wichtigsten Aufgaben ist es natürlich Informationen zu übertragen: der „Sender“ möchte dabei Informationen zu einem „Empfänger“ über einen „Übertragungskanal“ übermitteln.

Ein typisches Beispiel für einen Übertragungskanal ist in der nachfolgenden Abbildung zu sehen: Ein Mikrophon wandelt die Schalldruckänderungen in eine elektrische Spannung um, die dann von einem Leistungsverstärker verstärkt und schließlich auf einem Lautsprecher wieder in Schall umgewandelt wird.

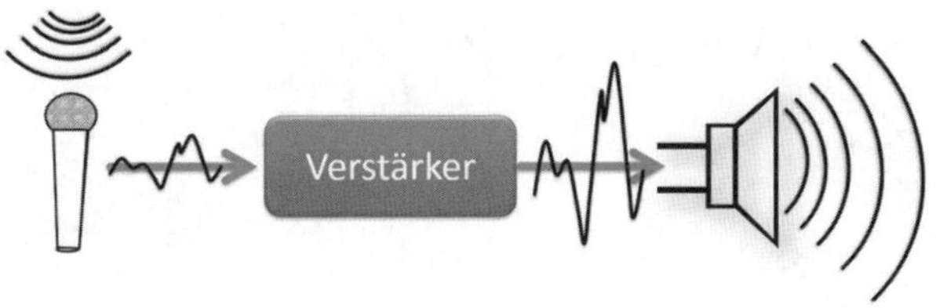

Def. Proportional: doppeltes Einangssignal erzeugt doppeltes Ausgangssignal.

Alle Komponenten in diesem Übertragungssystem sind analog. Daher spricht man hier auch von einem „analogen Übertragungskanal“: Das Mikrofon erzeugt eine Ausgangsspannung, deren Wert proportional zum Schalldruck ist. Der Verstärker macht aus der „kleinen“ Eingangsspannung eine „große“ Ausgangsspannung, wobei auch hier (im Idealfall) die aktuelle Ausgangsspannung proportional zur aktuellen Eingangsspannung ist. Der Lautsprecher wandelt die elektrische Spannung wieder in einen proportionalen Schalldruck um. In einem *idealen* System sind alle Werte proportional zueinander, so dass der Schall aus dem Lautsprecher derselbe ist wie der, den das Mikrophone aufgenommen hat – nur stärker.

Und genau hier beginnt das Problem: Keine der Komponenten arbeitet ideal. Alle fügen dem ursprünglichen Signal verfälschende Anteile hinzu. Wesentlich sind dabei zwei „Störeffekte“:

- Alle Komponenten rauschen! Selbst eine einfach Signalleitung fügt dem eigentlichen Nutzsignal etwas Rauschen hinzu. Noch schlimmer ist es mit aktiven Komponenten wie z.B. Signalverstärkern oder Filtern. Dieses Rauschen kann man nicht vermeiden, man kann nur versuchen es zu reduzieren.

  Rauschen ist ein zufälliges Signal, dessen Verlauf nicht vorhergesagt werden kann. In Leitungen und Bauelementen wird es durch physikalische Effekte wie z.B. die Wärmebewegungen der Atome und Elektronen erzeugt. Die Wirkung der physikalischen Effekte ist nicht vorhersagbar, deswegen kann man Rauschen auch nicht kompensieren.

- Alle Komponenten haben Nichtlinearitäten! Das Bedeutet, dass – spätestens wenn man ganz genau hinschaut – das Ausgangssignal nicht ganz proportional zum Eingangssignal ist. Einen kleinen, manchmal minimalen Unterschied gibt es immer.

Analoge Signale sind anfällig für Rauschen und Verzerrungen.

Rauschen und Verzerrungen überlagern das „Nutzsignal“, so dass – abhängig von der Stärke der Effekte – das originale Nutzsignal bis zur Unkenntlichkeit verändert werden kann. Ist das Nutzsignal beliebig geformt (wie es z.B. näherungsweise bei Musiksignalen angenommen werden kann), dann kann man die Rausch- und Verzerrungseffekte nachträglich nicht mehr aus dem Signal entfernen. Ohne Wissen des Originalsignals kann man nicht mehr entscheiden, welcher Anteil dem Original entspricht und welcher durch Rauschen oder Verzerrungen verursacht worden ist. Diese unerwünschten Signalanteile machen sich bei einem Audiosystem dann z.B als Störgeräusche bzw. Rauschen bemerkbar.

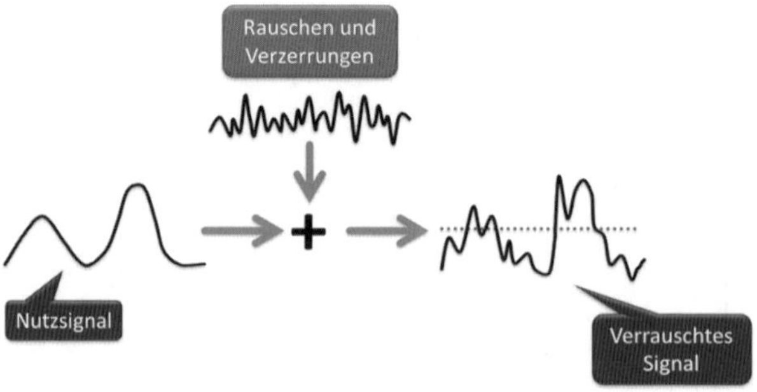

Ist hingegen das Nutzsignal in seiner Form stark eingeschränkt, so kann der Empfänger dieses Wissen nutzen, um die störenden Effekte zu reduzieren oder sogar (in Grenzen) komplett zu entfernen.

Digital: Nur zwei erlaubte Signalpegel Low und High.

Besonders gut funktioniert dieser Ansatz, wenn es sich um „digitale“ Nutzsignale handelt. Dabei haben sich Sender und Empfänger darauf geeinigt, dass es nur zwei „erlaubte“ Signalpegel gibt: einen niedrigen – meist Low-Pegel genannt – und einen hohen – oft als High-Pegel bezeichnet. Der Sender erzeugt dabei ein Signal, dass nur zwischen diesen beiden Pegeln wechselt.

Auch ein solches Nutzsignal wird zwar durch Rauschen und Verzerrungen verändert, allerdings lässt sich aus dem „verschmutzten“ Signal das Originalsignal einfach rekonstruieren.

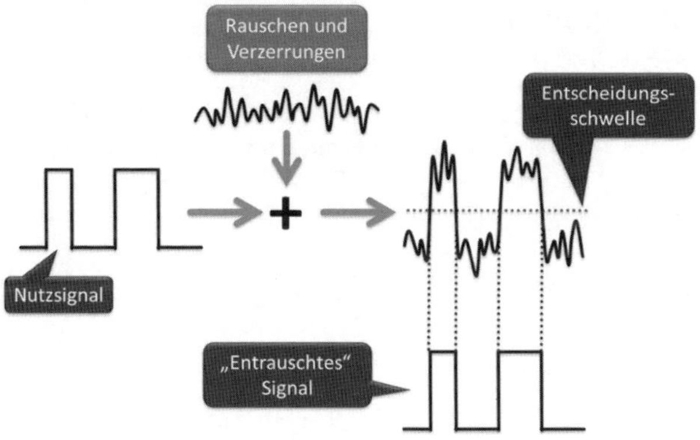

Dazu führt man eine Entscheidungsschwelle (ungefähr) in der Mitte des Signalbereichs ein. Liegt das Signal oberhalb der Schwelle, so wird angenommen, dass der Sender einen High-Pegel gesendet hat. Liegt es darunter, so geht man davon aus, dass ein Low-Pegel übertragen wurde. Als Ergebnis erhält man ein „entrauschtes" Signal, dass identisch zum Originalsignal ist.

Aber auch dieses Verfahren hat seine Grenzen: wird das Rauschen so stark, dass es die Entscheidungsschwelle überschreitet, so können auch hier Übertragungsfehler auftreten. Dieser spezielle Fall ist in Abbildung 4.1 zu sehen. Hier wird der Rauschwert an einer Stelle so groß, dass das empfangene Signal die Entscheidungsschwelle überschreitet. Das wird durch den Empfänger als ein Pegelwechsel interpretiert.

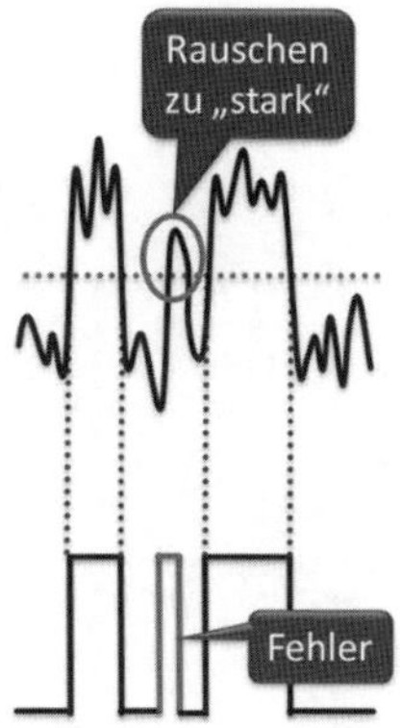

Abbildung 4.1: Fehlerhafte Übertragung durch zu starkes Rauschen

Um dieses Problem zu lösen, können sich Sender und Empfänger z.B. darauf einigen, Pegelwechsel nur zu bestimmten Zeitpunkten zuzulassen bzw. einen Mindestabstand für zwei Signalwechsel einzuführen. Jeder Wechsel zwischen diesen Zeitpunkten wird dann vom Empfänger als Fehler interpretiert und entsprechend ignoriert. Ist das Rauschen nicht zu stark, so kann man also das Originalsignal hingegen aus dem verrauschen und verzerrten Empfangssignal weitgehend rekonstruieren und damit auch die ursprüngliche versendete Information zurück gewinnen.

Zusammenfassung:
Wird ein *analoges* Signal von einem Sender zu einem Empfänger über einen Übertragungskanal übertragen, so fügt der Kanal dem originalen Signal Rauschen und Verzerrungen hinzu. Diese ungewollten Anteile können auf Empfängerseite nicht (vollständig) aus dem Signal entfernt werden.
Bei einer *digitalen* Übertragung haben sich Sender und Empfänger auf die Nutzung von nur zwei erlaubten Signalpegeln geeinigt. Dadurch kann der Empfänger eine Entscheidungsschwelle zwischen die beiden Signalpegel legen: alle empfangenen Signale oberhalb der Schwelle werden dem größeren und alle darunter dem kleineren Pegel zugeordnet. Als Ergebnis erhält man ein „entrauschtes" Signal.

4.2 Boolesche Algebra

Wahr oder falsch, das ist hier die Frage!

Ist das Licht im Badezimmer noch an? Klingelt das Telefon? Die Erde dreht sich um die Sonne. Viele Fragen oder Aussagen des täglichen Lebens können mit „Ja“ oder „Nein“, mit „wahr“ oder „falsch“ beantwortet werden. So einfach wie am Ende die Antwort ist, so kompliziert ist es aber manchmal auf diese Antwort zu kommen. Oft gibt es eine Vielzahl an Faktoren, die eine Aussage beeinflussen können. Das soll an der einfachen Beispielfrage „Soll ich die Heizung in meiner Wohnung einschalten?“ gezeigt werden.

Um diese Frage (gewissenhaft) zu beantworten, können z.B. die folgenden Randbedingungen eine Rolle spielen:

- Ist die Wohnung im Moment warm?
- Sind die Fenster zu? (selbstverständlich wollen wir nur die Wohnung, nicht aber die Umwelt heizen)
- Ist es Tag? (oder Nacht)

Möchten wir die Umwelt schonen, dann sollten wir natürlich die Wohnung nur heizen, wenn die folgenden vier Bedingungen erfüllt sind:

- Die Wohnung kalt ist *und*
- die Fenster zu sind *und*
- es Tag ist.

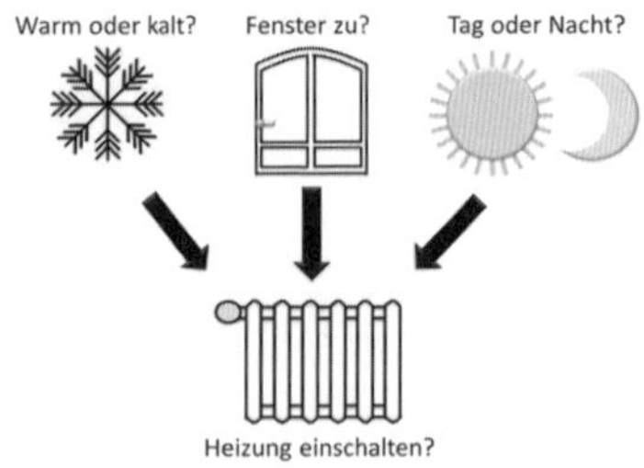

Abbildung 4.2: Einflussfaktoren auf die Entscheidung „Wohnung heizen“

Wie man sieht, sind an die Entscheidung „Wohnung heizen“ drei Bedingungen geknüpft, die alle gleichzeitig erfüllt sein müssen, damit wir – ruhigen Gewissens – die Heizung einschalten können. Jede der Bedingungen kann für sich genommen wahr oder falsch sein. Aber nur wenn alle Bedingungen wahr sind, wird also die Heizung eingeschaltet.

In der Mathematik schreibt man solche Aussagen gerne etwas kompakter. Dazu verknüpft man die drei Bedingungen zu einer sogenannten booleschen Funktion, deren Ergebnis – hier also die Entscheidung „Wohnung heizen“ – wiederum wahr oder falsch sein kann:

$$Heizen = (Wohnung\ ist\ kalt)und(Fenster\ sind\ zu)und(Es\ ist\ Tag). \tag{4.1}$$

Damit haben wir unsere erste boolesche Gleichung formuliert. In den Klammern sind dabei die verschiedenen Teilbedingungen angegeben. Nur wenn alle diese Teilbedingungen wahr sind, ist das Gesamtergebnis – also die Rechte Seite der Gleichung – wahr und wir können dem entsprechend „heizen“.

In dem Beispiel haben wir gefragt, wann geheizt werden soll. Man könnte sich natürlich auch die umgekehrte Fragen stellen, nämlich wann *nicht* geheizt werden soll. Entsprechend den obigen Überlegungen wird die Wohnung *nicht* geheizt, falls

- die Wohnung warm ist (d.h. nicht kalt) oder

- ein Fenster geöffnet ist (d.h. nicht zu) oder
- es Nacht ist (nicht Tag).

Ist nur einer der Teilbedingungen erfüllt, so werden wir die Heizung also *nicht* anstellen. Auch das kann man natürlich kompakter formulieren:

$$Nicht\ Heizen = (Wohnung\ ist\ warm) oder (Fenster\ ist\ offen) oder (Es\ ist\ Nacht). \quad (4.2)$$

Vergleicht man das Ergebnis mit Gleichung 4.1, so fällt auf, dass die verschiedenen Bedingungen jeweils in negierter Form vorkommen und die Verknüpfungen zwischen den Klammern jetzt „Oder“ sind. Alternativ könnte man, anstatt die Bedingungen neu zu formulieren, die ursprünglichen Bedingungen aus Gleichung 4.1 wiederverwenden:

$$Nicht\ Heizen = \overline{(Wohnung\ ist\ kalt)} oder \overline{(Fenster\ sind\ zu)} oder \overline{(Es\ ist\ Tag)}.$$

Der „Strich“ über einer Bedingung bedeutet dabei, dass man den invertierten Wahrheitswert der Bedingung benutzt. Das bedeutet, $\overline{(Wohnung\ ist\ kalt)}$ ist wahr genau dann, wenn die Aussage die „Wohnung ist kalt“ falsch ist, oder – anders gesagt – die Wohnung *nicht* kalt ist.

Mathematiker mögen es meist noch etwas kompakter. Das beginnt damit, dass man dem Wert „wahr“ eine 1 und „falsch“ eine 0 zuordnet. Zusätzlich ersetzt man die verschiedenen Klammerterme einfach durch Buchstaben (oder Buchstabenfolgen) und die „oder“-Verknüpfung durch das Symbol $\vee$. Somit könnte die Gleichung z.B. wie folgt aussehen:

„Und“ wird als $\wedge$, „Oder“ als $\vee$ geschrieben.

$$N = \overline{A} \vee \overline{B} \vee \overline{C}, \quad (4.3)$$

wobei dann N „nicht heizen“, A „Wohnung ist kalt’", B „Fenster sind zu“ und D „Es ist Tag“ entsprechen. Die Variablen auf der rechten Seite werden dabei oft auch als Eingangsvariablen, die auf der linken Seite als Ausgangsvariable bezeichnet. Die Linie über dem Buchstaben zeigt auch hier, dass der inverse Wahrheitswert der Variablen verwendet werden soll. Diese Schreibweise ist abstrakter und der direkte Bezug zu unserem ursprünglichen Problem geht etwas verloren. Andererseits ist diese Darstellung deutlich kompakter und wir werden später Techniken kennenlernen, mit denen wir solche Gleichungen bearbeiten können, um sie z.B. zu vereinfachen – später mehr dazu.

Wollen wir also wissen, ob für den konkreten Fall „Wohnung ist kalt“ = 1 (also wahr), „Fenster sind zu“ = 0 (also falsch) und „Es ist Tag“ = 1 (also wahr) *nicht* geheizt wird, dann brauchen wir nur die entsprechenden Wahrheitswerte in die boolesche Gleichung 4.3 einzusetzen:

Die logische Inversion (Negation) macht aus einer 0 eine 1 und aus einer 1 eine 0.

$$N = \overline{A} \vee \overline{B} \vee \overline{C} = \overline{1} \vee \overline{0} \vee \overline{1}.$$

Ab dieser Stelle müssen wir nur noch „mechanisch“ die Gleichung auswerten. Als erstes wenden wir die Inversions-Operatoren an. Die machen aus einer 0 eine 1 und aus einer 1 eine 0:

$$N = \overline{1} \vee \overline{0} \vee \overline{1} = 0 \vee 1 \vee 0 = 1.$$

Das Ergebnis der Oder-Verknüpfung der drei Werte ist dabei 1 (= wahr), wenn mindestens einer der Werte 1 ist (wir werden später noch mehr über die Oder-Verknüpfung lernen). Daher ist das Gesamtergebnis $N = 1$ und die Wohnung wird nicht geheizt.

Zusammenfassung:
Die boolesche Algebra ist die Lehre vom Rechnen mit einer zweiwertigen (binären) Werten. Daher gibt es als Werte auch nur 0 oder 1, oft auch als „falsch“ oder „wahr“ bezeichnet.
Basierend auf den Werte 0 und 1 lassen sich nun einfache Operationen wie „Negation“, „Und“ und “Oder"definieren.

4.2.1 Wahrheitstabellen

A	B	C	H
0	0	0	0
0	0	1	0
0	1	0	0
0	1	1	0
1	0	0	0
1	**0**	**1**	**0**
1	1	0	0
1	1	1	1

Abbildung 4.3: Wahrheitstabelle für die Funktion „heizen“

Im vorhergehenden Kapitel haben wir unsere erste boolesche Gleichung kennen gelernt. Boolesche Gleichungen sind eine sehr kompakte Form, die dahinter stehende boolesche Funktion zu beschreiben, aber nicht die einzige. Eine Alternative Darstellungsform sind Tabellen.

Die Tabelle 4.3 stellt die „Heizen“-Funktion aus Gleichung 4.1 dar. Dabei zeigt jede *Zeile* in der Tabelle eine mögliche Kombinationen der Wahrheitswerte von A, B und C sowie den dazugehörigen Wahrheitswert für H. Insgesamt gibt es acht unterschiedliche Möglichkeiten die drei Werte A, B und C mit 0 oder 1 zu belegen, so dass unsere Tabelle auch acht Zeilen hat. Wie auch schon durch die boolesche Gleichung festgelegt, ist der Ausgang H dabei nur dort 1, wo alle Eingangswerte 1 sind (siehe letzte Spalte in 4.3).

Tabellen und boolesche Gleichungen sind gleichberechtigte Möglichkeiten eine boolesche Funktion zu beschreiben. Komplizierte Gleichungen sind dabei oft schwer zu durchschauen, wohingegen Tabellen nur für eine kleine Anzahl von Eingangsvariablen praktikabel sind. Letzteres liegt daran, dass die Zeilenanzahl einer Tabelle exponentiell mit der Anzahl der Variablen wächst: jede zusätzliche Eingangsvariable verdoppelt die Zeilenzahl. Während man für 2 Variablen nur 4 Zeilen benötigt, sind es für 5 schon 32 und für 20 bereits über eine Million Zeilen.

Zeilenanzahl einer Wahrheitsbabelle ist 2^n, mit n = Anzahl Eingangsvariablen.

Auf der anderen Seite können wir uns mit Tabellen – wenn Sie denn nicht zu groß sind – schnell einen Überblick über die boolesche Funktion machen. Wollen wir z.B. wissen, ob für den konkreten Fall „Wohnung ist kalt“ = wahr – also $A = 1$ –, „Fenster sind zu“ = falsch – also $B = 0$ – und „Es ist Tag“ = wahr – also $C = 1$ – geheizt wird, dann brauchen wir nur die entsprechende Zeile in der Tabelle herauszusuchen und die Ausgangsvariable abzufragen. Für dieses Beispiel ist die sechste Zeile zuständig (fett geschrieben) und das Ergebnis ist $H = 0$ (also Heizung ist aus).

Wahrheitstabellen sind übrigens auch ein einfacher Weg eine neue boolesche Funktion zu beschreiben.

Zusammenfassung:
Wahrheitstabellen sind die einfachste Form eine boolesche Funktion zu beschreiben. In der Tabelle ist dabei jeder möglichen Kombination von Eingangswerten eindeutig ein Ausgangswert zugeordnet.

4.2.2 Boolesche Grundfunktionen mit zwei Eingängen

So wie es in der Mathematik die Grundrechenarten $+$, $-$, $*$ und / gibt, existieren in der booleschen Logik ebenfalls ein Satz von grundlegenden Funktionen, aus denen sich alle anderen zusammensetzen lassen. Ein paar von diesen Basisfunktionen haben wir schon kennen gelernt: Die Inversionsoperation (auch Negation genannt) sowie die Und- und Oder-Verknüpfungen.

Boolesche Grundfunktionen werden oft auch „Gatter" genannt.

Alle Grundfunktionen haben einen Ausgang und einen bzw. zwei Eingänge. Bei den Eingängen beschränkt man sich dabei meist auf die jeweils minimale sinnvolle Anzahl, da man zusätzliche Eingänge relativ einfach erzeugen kann – dazu aber später mehr. Wie wir gerade gelernt haben, kann man boolesche Funktionen als Tabelle beschreiben und das gilt natürlich auch für die Grundfunktionen. Hier also die bisher kennen gelernten Funktionen als Tabelle:

A	*not*
0	1
1	0

A	B	*und*
0	0	0
0	1	0
1	0	0
1	1	1

A	B	*oder*
0	0	0
0	1	1
1	0	1
1	1	1

Die *not* Funktion (auch Inversion oder Negation genannt) besitzt dabei nur einen Eingang und invertiert den Eingangswahrheitswert. Die Und- und Oder-Verknüpfungen besitzen dagegen zwei Eingänge. Der Ausgang der Und-Verknüpfung ist dabei immer dann 1, wenn alle Eingänge 1 sind, wohingegen bei der Oder-Verknüpfung der Ausgang 1 wird, sobald mindestens einer der Eingänge 1 wird.

Ausgestattet mit diesen Grundfunktionen können wir uns alle anderen Funktionen „zusammenbauen" (Genau genommen reichen sogar *not* und *oder* bzw. *not* und *und*). In der Praxis verwendet man aber trotzdem noch einige zusätzliche Grundfunktionen. Tabelle 4.1 zeigt die wesentlichen Grundfunktionen in der Übersicht. Sie enthält neben zusätzlichen Informationen wie den mathematischen Symbolen auch die entsprechenden Wahrheitstabellen. Die Spalten A und B sind dabei die Eingänge, die Spalte Y der Ausgang der Funktionen.

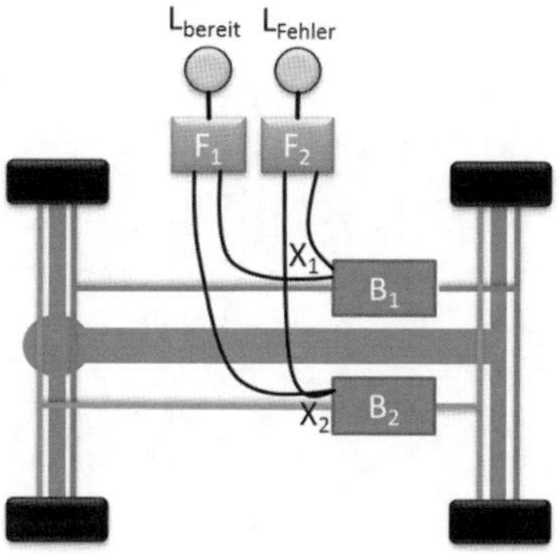

Abbildung 4.4: Doppelt ausgelegtes Fahrzeugbremssystem mit zwei Statusanzeigen

Als Anwendungsbeispiel betrachten wir die Aufgabe die boolesche Logik zur Ansteuerung einer Kontrollanzeige für ein redundant ausgelegtes Bremssystem eines Fahrzeugs zu entwerfen (siehe Abbildung 4.4). Das Fahrzeug ist mit zwei unabhängig voneinander operierenden Bremssystemen B_1 und B_2 ausgestattet, die selbständig und regelmäßig ihre Funktionsbereitschaft überprüfen. Jedes Bremssystem hat dazu einen Ausgang X, der anzeigt, ob das Gerät eine Störung hat ($X = 1$) oder betriebsbereit ist ($X = 0$). Diese Signale sollen nun miteinander verknüpft werden, um zwei Lampen anzusteuern. Die Lampe L_{bereit} soll leuchten, wenn mindestens eines der Bremssysteme bereit ist, während die zweite L_{Fehler} leuchten soll, wenn mindestens eines der Bremssysteme defekt ist. Unsere Aufgabe ist es nun zwei passende Funktionen F_1 und F_2 zu entwerfen, die basierend auf den Eingangswerten X_1 und X_2 die Lampen ansteuern.

Die Tabelle 4.5 zeigt die Wertetabelle für die beiden Signallampen. Dabei wurde angenommen, dass eine Lampe bei einem Wert von 0 aus ist und bei 1 leuchtet. Der Übersichtlichkeit halber wurden beide Ausgangswerte L_{bereit} und L_{Fehler} in *einer* Tabelle zusammengefasst. Das geht hier ohne Probleme, weil beide Funktionen dieselben Eingangsvariablen besitzen.

	A	B	Y	Beschreibung	Math. Symbole	Bemerkungen
oder	0 0 1 1	0 1 0 1	0 1 1 1	Ist 1, wenn mindestens ein Eingang 1 ist	$\vee$, $+$	Wird im englischsprachigen Raum auch als „or" bezeichnet
und	0 0 1 1	0 1 0 1	0 0 0 1	Ist nur 1, wenn alle Eingänge 1 sind	$\wedge$, $\cdot$	Wird im englischsprachigen Raum auch als „and" bezeichnet
nor	0 0 1 1	0 1 0 1	1 0 0 0	Ist nur 1, wenn alle Eingänge 0 sind		**nor** $\rightarrow$ not **or** $\rightarrow$ dasselbe wie ein invertiertes „oder"
nand	0 0 1 1	0 1 0 1	1 1 1 0	Ist nur 0, wenn alle Eingänge 1 sind		**nand** $\rightarrow$ not **and** $\rightarrow$ dasselbe wie ein invertiertes „und"
Äqui-valenz	0 0 1 1	0 1 0 1	1 0 0 1	Ist 1, wenn Eingänge gleich sind	$\equiv$, $=$	dasselbe wie eine invertierte „Antivalenz"
Anti-valenz	0 0 1 1	0 1 0 1	0 1 1 0	Ist 1, wenn Eingänge verschieden sind	$\not\equiv$, $\neq$, $\oplus$	dasselbe wie eine invertierte „Äquivalenz"

Tabelle 4.1: Gebräuchliche boolesche Grundfunktionen mit 2 Eingängen

Wie fülle ich solch eine Tabelle auf? Dafür gibt es mehrere Wege, ein systematischer Ansatz ist zunächst alle Kombinationen der Eingangsvariablen aufzuschreiben. Danach werden für jede einzelne Kombination von Eingangswerten (also für jede Zeile in der Tabelle) die dazugehörigen Ausgangswerte bestimmt. In der ersten Zeile in der Tabelle sind z.B. $X_1 = 0$ und $X_2 = 0$, was bedeutet, dass beide Bremssysteme betriebsbereit sind. Für diesen Fall muss daher die Lampe L_{bereit} leuchten (=1, da ja mindestens ein System bereit ist) und L_{Fehler} aus sein (=0, da keines der Systeme einen Fehler aufweist). Der Tabelle ist nun zu entnehmen, dass z.B. L_{bereit} nur dann 0 ist, wenn beide Bremssysteme einen Fehler melden. Dahingegen ist L_{Fehler} 1 sobald eines der Systeme einen Fehler meldet.

Die Wahrheitstabelle für die beiden Funktionen haben wir also gefunden. Als nächstes versuchen wir jetzt herausfinden, ob und welche booleschen Grundfunktionen diesen Werten entsprechen. Dazu vergleichen wir die Tabelle für A, B und L_{bereit} sowie A, B und L_{Fehler} mit den Funktionen aus Tabelle 4.1. Und? Haben sie die Funktionen gefunden?

X_1	X_2	L_{bereit}	L_{Fehler}
0	0	1	0
0	1	1	1
1	0	1	1
1	1	0	1

Abbildung 4.5: Wahrheitstabelle für das Beispiel „Fahrzeugbremssystem“

L_{bereit} kann aus den Eingängen über eine *nand*-Operation gewonnen werden. L_{Fehler} ist das Ergebnis einer *oder*-Verknüpfung zwischen X_1 und X_2.

4.2.3 Übung zu Funktionen mit zwei Eingängen

Damit wir erste Erfahrungen im Umgang mit booleschen Funktionen mit zwei Eingängen sammeln können, werden wir das Entwicklungs-Board in Betrieb nehmen. Im Auslieferungszustand ist bereits ein einfaches Grunddesign einprogrammiert, mit dem wir verschiedenen Funktionen austesten können. Die großen roten Eingabetaster dienen uns dabei als Eingänge unser booleschen Funktion. Solange eine Taste gedrückt wird, ist der entsprechende Eingang 1, ansonsten 0. Der Ausgang der Funktion kann man auf der rechten Siebensegmentanzeige beobachten. Ist der Ausgang logisch 0, dann wir auch auf der Anzeige eine 0, ansonsten eine 1 angezeigt:

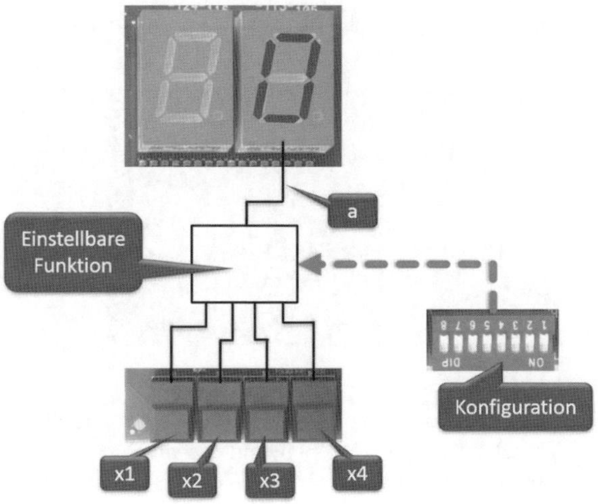

Mit Hilfe der Schiebeschalter (DIL-Schalter) wird die boolesche Funktion (Konfiguration) eingestellt.

Um das Board in Betrieb zu nehmen, gehen Sie bitte wie folgt vor:

1. Bringen Sie alle Schiebeschalter (= DIL-Schalter, Konfiguration) auf dem Board in die Ausgangsposition, d.h. bewegen Sie die Schalter in Richtung Rand des Boards (Achtung: das ist genau entgegengesetzt zu den im Bild gezeigten Schalterstellungen).

2. Starten Sie ihren Rechner und verbinden Sie jetzt das FPGA-Board und Ihren PC mit dem mitgelieferten USB-Kabel. Wenn Sie den Anschluss erstmalig herstellen, könnte es einen Moment dauern, bis die Treiber installiert sind. Die grüne LED neben der USB-Buchse leuchtet und zeigt damit an, dass das FPGA-Board mit Spannung versorgt wird.

   Der PC wird hier zunächst nur dazu benutzt, um das Board über USB mit Energie zu versorgen. Daher ist es nicht erforderlich, dass Sie ein Programm auf dem PC starten. Sobald Sie das Board mit dem PC verbunden haben, wird etwa eine Sekunde lang folgendes Symbol auf der Siebensegmentanzeige angezeigt:

   Nachdem es verschwunden ist, wird für *zwei Sekunde lang* eine zweistellige Zahlen auf den Anzeigen angezeigt. Diese Zahl entspricht der über die DIL-Schalter ausgewählten booleschen Funktion. Sind alle Schalter in Richtung des Platinenrands geschoben worden, dann sollten zwei Nullen für zwei Sekunden lang zu sehen sein.

   Danach wird der Ausgang der booleschen Funktion (also 0 oder 1) auf der *rechten* Anzeige dargestellt, die linke Anzeige erlischt:

Achtung: Sollte diese Startsequenz nicht zu sehen sein, dann wurde die Flash-Programmierung des Boards überschrieben und Sie müssen das Board manuell in den Auslieferungszustand zurückversetzen. In Kapitel 4.5 ist beschrieben, wie Sie das durchführen können.

3. Stellen Sie mit Hilfe der Schiebeschalter eine boolesche Funktion ein. Die Zuordnung der Schalter zu der jeweiligen Funktion ist wie folgt:

Schiebeschalter (DIL-Schalter)	Funktions-nummer	Funktion	a
0000 0000	00	Oder	$x_1 \vee x_2$
0000 0001	01	Und	$x_1 \wedge x_2$
0000 0010	02	Nor	$\overline{x_1 \vee x_2}$
0000 0011	03	Nand	$\overline{x_1 \wedge x_2}$
0000 0100	04	Xnor	$x_1 \equiv x_2$
0000 0101	05	Xor	$x_1 \not\equiv x_2$

Der linke Schiebeschalter (mit der Nummer 8) ist hierbei der linken Ziffer und der rechte (mit der Nummer 1) der rechten Ziffer zugeordnet. Eine „0“ steht dabei für die Schalterstellung nach unten (also in Richtung des Platinenrands), eine „1“ repräsentiert hingegen die Schalterstellung in Richtung der Platinenmitte.

Verändern Sie die Schiebeschalter, dann wird die dazugehörige Funktionsnummer (siehe Tabelle) für zwei Sekunden lang angezeigt, bevor die Siebensegmenanzeige wieder automatisch den Ausgang der booleschen Funktion darstellt. Sollten Sie eine ungültige Konfiguration eingestellt haben, dann erscheint das folgende Symbol auf der Anzeige:

Stellen Sie als erstes die Oder-Funktion ein (alle Schiebeschalter in Richtung des Platinenrands) und warten Sie, bis nur noch die rechte Anzeige leuchtet. Drücken Sie nun die Taster x_1 und/oder x_2. Halten Sie eine Taste gedrückt, um den entsprechenden Eingang auf 1 zu setzen. Sobald Sie eine der Tasten gedrückt halten, sollte daher eine 1 am Ausgang der Funktion und damit auf der Anzeige erscheinen – so wie wir es von einer Oder-Verknüpfung erwarten. Beobachten Sie die Siebensegmentanzeige. Verhält sich der Ausgang wie erwartet?

Bitte beachten Sie, dass die Taster x_2 und x_3 zunächst keine Funktion haben.

4. Probieren Sie die anderen booleschen Funktionen aus, indem Sie die Schiebeschalter entsprechend einstellen und die Taster betätigen. Bitte beachten Sie, dass der entsprechende Eingang der booleschen Funktion nur dann 1 ist, wenn Sie die Taste *gedrückt halten.*

4.2.4 Boolesche Grundfunktionen mit N Eingängen

Wie man sich leicht vorstellen kann, sind zwei Eingänge nicht für alle Anwendungsfälle ausreichend. Was machen wir z.B., wenn in dem Beispiel „Fahrzeugbremssystem“ nicht zwei sondern drei unabhängige Bremssysteme X_1, X_2 und X_3 zum Einsatz kommen sollen?

Eine passende boolesche Funktion ist der Wahrheitstabelle 4.6 zu entnehmen. L_{bereit} ist dabei analog zum vorhergehenden Beispiel nur 0, wenn alle Bremssysteme einen Fehler signalisieren. L_{Fehler} ist 1, sobald mindestens ein Bremssystem ein Problem meldet. Man kann leicht erkennen, dass die Funktionsbeschreibungen identisch zu denen des 2-Fach-Bremssystems sind. Schaut man sich die Spalte „Beschreibung“ in der Tabelle 4.1 an, so sind diese bereits so allgemein formuliert, dass man sie für eine beliebige Anzahl von Eingangsvariablen anwenden kann. Zwei Ausnahmen bilden lediglich die „Äquivalenz“- und „Antivalenz“-Funktionen. Bei der Antivalenzfunktion können ja offensichtlich bei mehr als zwei Eingänge nie „alle Eingänge verschieden sein“ (ein Eingang kann ja nur entweder 0 oder 1 sein)! Hier hat man aber schließlich eine allgemeinere Formulierung der Bedingung gefunden, die sogar für beliebig viele Eingänge (≥ 2) funktioniert: die Antivalenzfunktion ist nur dann 1, wenn eine ungerade Anzahl von Eingängen den Wert 0 hat. Die Äquivalenz-Funktion ist schließlich als das inverse (negierte) zur Antivalenz definiert: sie ist nur dann 1, wenn eine gerade Anzahl von Eingängen den Wert 1 haben.

X_1	X_2	X_3	L_{bereit}	L_{Fehler}
0	0	0	1	0
0	0	1	1	1
0	1	0	1	1
0	1	1	1	1
1	0	0	1	1
1	0	1	1	1
1	1	0	1	1
1	1	1	0	1

Abbildung 4.6: Wahrheitstabelle für das Beispiel „Fahrzeugbremssystem“ mit drei Bremsen

Tabelle 4.2 fast die wesentlichen booleschen Funktionen für 2 und mehr Eingänge noch einmal kompakt zusammen. Die Eingänge sind als A_1 bis A_N bezeichnet, wobei N für die Anzahl an Eingängen steht.

4.2.5 Übung zu Funktionen mit vier Eingängen

Als nächstes können Sie ein paar Funktionen mit mehr als zwei Eingängen selbst ausprobieren. Dazu ist im Auslieferungszustand des Entwicklungs-Boards ein entsprechendes Design programmiert worden. Die Bedienung des Designs ist genauso wie in Kapitel 4.2.3 beschrieben, allerdings sind jetzt alle vier Eingangstaster aktiv.

Um das Board in Betrieb zu nehmen, gehen Sie bitte zunächst wie in Kapitel 4.2.3 beschrieben vor. Ist das Design aktiv, dann können Sie folgende Funktionen auswählen:

Schiebeschalter (DIL-Schalter)	Funktionsnummer	Funktion	a
0001 0000	10	Oder	$x_1 \vee x_2 \vee x_3 \vee x_4$
0010 0000	20	Und	$x_1 \wedge x_2 \wedge x_3 \wedge x_4$
0011 0000	30	Nor	$\overline{x_1 \vee x_2 \vee x_3 \vee x_4}$
0100 0000	40	Nand	$\overline{x_1 \wedge x_2 \wedge x_3 \wedge x_4}$
0101 0000	50	Xnor	$x_1 \equiv x_2 \equiv x_3 \equiv x_4$
0110 0000	60	Xor	$x_1 \not\equiv x_2 \not\equiv x_3 \not\equiv x_4$

Der linke Schiebeschalter (mit der Nummer 8) ist hierbei der linken Ziffer und der rechte (mit der Nummer 1) der rechten Ziffer zugeordnet. Eine „0“ steht dabei für die Schalterstellung nach

	A_N	…	A_2	A_1	Y	Beschreibung	Math. Symbole	Bemerkungen
oder	0	…	0	0	0	Ist 1, wenn mindestens ein Eingang 1 ist	∨, +	Wird im englischsprachigen Raum auch als „or“ bezeichnet
	0	…	0	1	1			
	0	…	1	0	1			
	0	…	1	1	1			
	⋮		⋮	⋮	⋮			
	1	…	1	1	1			
und	0	…	0	0	0	Ist nur 1, wenn alle Eingänge 1 sind	∧, ·	Wird im englischsprachigen Raum auch als „and“ bezeichnet
	0	…	0	1	0			
	0	…	1	0	0			
	0	…	1	1	0			
	⋮		⋮	⋮	⋮			
	1	…	1	1	1			
nor	0	…	0	0	1	Ist nur 1, wenn alle Eingänge 0 sind		**nor** → **not or** → dasselbe wie ein invertiertes „oder“
	0	…	0	1	0			
	0	…	1	0	0			
	0	…	1	1	0			
	⋮		⋮	⋮	⋮			
	1	…	1	1	0			
nand	0	…	0	0	1	Ist nur 0, wenn alle Eingänge 1 sind		**nand** → **not and** → dasselbe wie ein invertiertes „und“
	0	…	0	1	1			
	0	…	1	0	1			
	0	…	1	1	1			
	⋮		⋮	⋮	⋮			
	1	…	1	1	0			
Äquivalenz	0	…	0	0	1	Ist 1, wenn eine *gerade* Anzahl von Eingängen den Wert 1 hat	≡, =	dasselbe wie eine invertierte „Antivalenz“
	0	…	0	1	0			
	0	…	1	0	0			
	0	…	1	1	1			
	⋮		⋮	⋮	⋮			
	1	…	1	1	1			
Antivalenz	0	…	0	0	0	Ist 1, wenn eine *ungerade* Anzahl von Eingängen den Wert 1 hat	≢, ≠, ⊕	dasselbe wie eine invertierte „Äquivalenz“
	0	…	0	1	1			
	0	…	1	0	1			
	0	…	1	1	0			
	⋮		⋮	⋮	⋮			
	1	…	1	1	0			

Tabelle 4.2: Gebräuchliche boolesche Grundfunktionen mit N Eingängen

unten (also in Richtung des Platinenrands), eine „1“ repräsentiert hingegen die Schalterstellung in Richtung der Platinenmitte.

Verändern Sie die Schiebeschalter, dann wird die dazugehörige Funktionsnummer (siehe Tabelle) für zwei Sekunden lang angezeigt, bevor die Siebensegmenanzeige wieder automatisch den Ausgang der booleschen Funktion darstellt. Sollten Sie eine ungültige Konfiguration eingestellt haben, dann erscheint das folgende Symbol auf der Anzeige:

Stellen Sie als erstes die Oder-Funktion für vier Eingänge ein (siehe Tabelle) und warten Sie, bis nur noch die rechte Anzeige leuchtet. Drücken Sie nun die Taster x_1, x_2, x_3 und/oder x_4. Halten Sie eine Taste gedrückt, um den entsprechenden Eingang auf 1 zu setzen. Sobald Sie eine der Tasten gedrückt halten, sollte daher eine 1 am Ausgang der Funktion und damit auf der Anzeige erscheinen – so wie wir es von einer Oder-Verknüpfung erwarten. Beobachten Sie die Siebensegmentanzeige. Verhält sich der Ausgang wie erwartet?

Testen Sie nun die anderen booleschen Funktionen.

4.2.6 Zusammengesetzte boolesche Funktionen

Mit den Grundfunktionen, die wir in Kapitel 4.2.2 und 4.2.4 kennen gelernt haben, können eine ganze Reihe von Wahrheitstabellen realisiert werden. Das gilt aber nicht für alle denkbaren Tabellen!

Schon das einfache Beispiel aus Tabelle 4.7 kann nicht direkt mit nur *einer* der Grundfunktionen erzeugt werden, wie eine Suche in der Y-Spalte der Tabelle 4.1 nach dem vorgegebenen Muster ergibt.

X_1	X_2	Y
0	0	1
0	1	0
1	0	1
1	1	1

Abbildung 4.7: Wahrheittabelle, die nicht einer der Grundfunktionen entspricht

Aber vielleicht kann man ja die Ausgänge von einer der Tabellen erweitern, um die gewünschte Zielfunktion zu erzeugen? Nehmen wir z.B. die Äquivalenzfunktion als Ausgangsbasis, da sie schon in zwei Zeilen ihrer Wertetabelle die passenden Einsen für den Ausgangswert Y enthält (für $X_1 = 0$, $X_2 = 0$ und $X_1 = 1$ und $X_2 = 1$). Die entsprechenden Zeilen sind in der Tabelle 4.7 grau unterlegt. Es fehlt also nur noch in der Zeile für $X_1 = 1$, $X_2 = 0$ eine Eins in der Ausgangsspalte der Äquivalenzfunktion. Die zu erzeugen ist aber gar nicht mehr so schwer: die fehlende Eins bekommen wir indem wir den Wert X_1 mit dem Ausgang der Äquivalenzfunktion „ver-odern“: Die „Äquivalenz“-Funktion liefert also für die Eingangskombination $X_1 = 0{,}X_2 = 0$ und $X_1 = 1{,}X_2 = 1$ eine 1 am Ausgang. Ver-odert man diese Funktion mit X_1, so ergibt sich das gewünschte Ausgangsmuster. Dabei schadet es nicht, dass für den Fall $X_1 = 1$, $X_2 = 1$ sowohl die Äquivalenzfunktion als auch X_1 eine 1 am Ausgang beitragen:

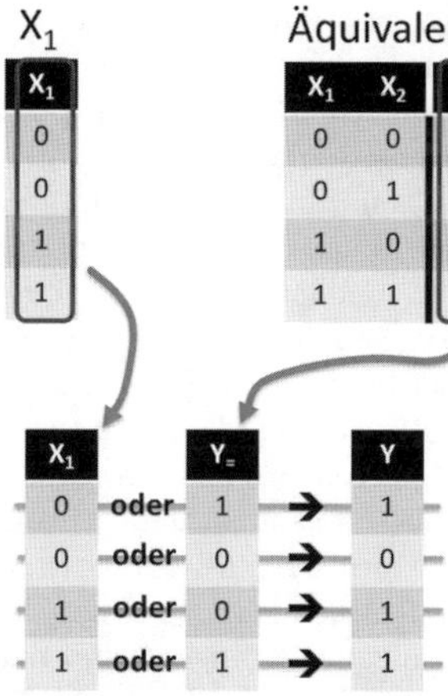

Somit haben wir hier also die Eingangswerte X_1 und X_2 einmal miteinander „äquivalenz"-verknüpft, und das Ergebnis nochmal mit X_1 „ver-odert".

Und tatsächlich kann man jede beliebige Wahrheitstabelle über eine Verknüpfung von geeigneten Grundfunktionen nachbilden, auch wenn eventuell viele Grundfunktionen dafür verwendet werden müssen.

Natürlich kann man analog die Funktion auch als boolesche Gleichung formulieren. Für unser Beispiel ergibt sich:

$$Y = (X_1 \equiv X_2) \vee X_1 \tag{4.4}$$

Dabei repräsentiert die erste Klammer die „Äquivalenz"-Verknüpfung. Der Operator $\vee$ verknüpft schließlich das Ergebnis der Klammer mit X_1. Entspricht die Gleichung aber tatsächlich der Wahrheitstabelle? Das kann man sehr einfach überprüfen, indem man Y für alle möglichen Kombinationen von X_1 und X_2 ausrechnet und mit den Werten in der Wahrheitstabelle vergleicht:

$$\begin{aligned}
Y(X_1 = 0, X_2 = 0) &= (0 \equiv 0) \vee 0 \rightarrow 1 \vee 0 \rightarrow 1 \\
Y(X_1 = 0, X_2 = 1) &= (0 \equiv 1) \vee 0 \rightarrow 0 \vee 0 \rightarrow 0 \\
Y(X_1 = 1, X_2 = 0) &= (1 \equiv 0) \vee 1 \rightarrow 0 \vee 1 \rightarrow 1 \\
Y(X_1 = 1, X_2 = 1) &= (1 \equiv 1) \vee 1 \rightarrow 1 \vee 1 \rightarrow 1
\end{aligned}$$

Bitte beachten Sie, dass zuerst die Klammer mit der Äquivalenzfunktion ausgerechnet werden muss, bevor die Oder-Verknüpfung gebildet wird. Anderenfalls bekommt man zum Teil abweichende Ergebnisse!

Klammern sind die einfachste Art und Weise in mathematischen Ausdrücken die Reihenfolge zu steuern, in der die verschiedenen Teile ausgerechnet und miteinander verknüpft werden sollen. Aus der „normalen" Algebra kennen wir das ja schon. Zusätzlich kann man auch Regeln wie z.B. „Punkt vor Strichrechnung“ definieren, um sich die eine oder andere Klammer zu sparen. Damit wird z.B. eindeutig festgelegt, dass die Formel $4*5+3$ den Wert $20+3=23$ ergibt (und nicht etwa $4*(5+3)=4*8=32$). In der booleschen Mathematik haben sich solche Regeln aber nicht überall durchgesetzt. Deswegen verwenden wir hier in nicht eindeutigen Fällen immer Klammern, um die Auswertungsreihenfolge festzulegen.

Wir verwenden hier Klammern, um Auswertungsreihenfolge in booleschen Ausdrücken zu steuern.

Leider sind komplexe booleschen Gleichungen – insbesondere wenn sie viele Klammern enthalten – nicht immer einfach zu überblicken. Deswegen hat man für die Grundfunktionen graphische Symbole erfunden, die man auf „einem Blatt Papier“ zu größeren Funktionen verdrahten kann. Jedem Grundgattertyp (und, oder, etc.) wird dabei ein eigenes unverwechselbares Symbol zugewiesen, so dass man es einfach in einer Zeichnung identifizieren kann. In der Abbildung 4.8 ist z.B. das Symbol für ein „Und“ zu sehen. Das Symbol „verknüpft“ dabei die Werte auf seinen Eingängen miteinander und erzeugt das Ergebnis auf der Ausgangsleitung. Meist werden die Eingänge dabei links gezeichnet und die Ausgänge rechts. Allerdings kann das auch durchaus variieren, wobei aber Eingänge und Ausgänge im Allgemeinen auf unterschiedlichen Seiten des Symbols platziert werden. Durch zusätzliche Eingangsleitungen kann man schließlich auch sehr einfach Gatter mit mehr als zwei Eingängen generieren.

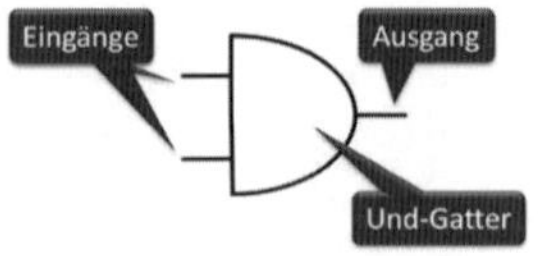

Abbildung 4.8: Graphisches Symbol für ein Und-Gatter

Basierend auf diesen graphischen Grundelementen können nun komplexere Schaltungen erzeugt werden indem man Operatoren auf einem Blatt platziert und die Aus- und Eingänge mit Linien verbindet. Eine Linie (Verbindungsleitung) definiert dabei den Informationsfluss von einem Ausgang zu einem oder auch mehreren Eingängen. Ein Beispiel für eine solche Verschaltung ist in nachfolgenden Abbildung zu sehen:

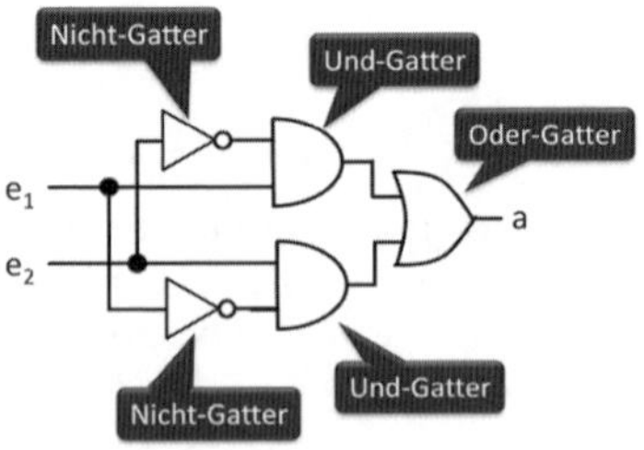

Die graphischen Symbole werden oft auch als „Gatter“ im allgemeinen und als „Und-Gatter“, „Oder-Gatter“, usw. im speziellen bezeichnet. Die hier gezeigte Schaltung besteht dabei aus zwei Nicht-Gattern, zwei Und-Gattern und einem Oder-Gatter. Sie verknüpft zwei Eingänge e_1 und e_2 und erzeugt daraus den Ausgang a. Beachten Sie, dass es neben e_1, e_2 und a noch weitere „interne“ Verbindungsleitungen zwischen den jeweiligen Ein- und Ausgängen der Gatter benötigt werden. Die Schaltung ist übrigens eine Realisierung der xor-Funktion.

Tabelle 4.3 zeigt nun verschiedene gebräuchliche Symbole für die Grundgatter. Leider haben sich über die Jahre verschiedene Symbole in unterschiedlichen Teilen der Welt durchgesetzt. Da zur Zeit ein großer Teil der Halbleitertechnologie und damit der technischen Unterlagen in den USA bzw. Asien entwickelt werden, nutzen wir im folgenden die US-Symbole.

Um Schaltungen etwas übersichtlicher zeichnen zu können, werden Inverter oft mit nachfolgenden Gatter-Eingängen „fusioniert“, indem man die Eingänge der nachfolgenden Gatter mit einem Kreis versieht:

	nicht	und	nand	oder	nor	Äquiva-lenz	Antivalenz
Math. (1)	¬	$*$		$+$		$=$	$\neq$
Math. (2)	$\overline{}$	$\wedge$	$\overline{\wedge}$	$\vee$	$\overline{\vee}$		$\oplus$
Neues Symbol	1	&	&	≥1	≥1	=	=1
Altes Symbol	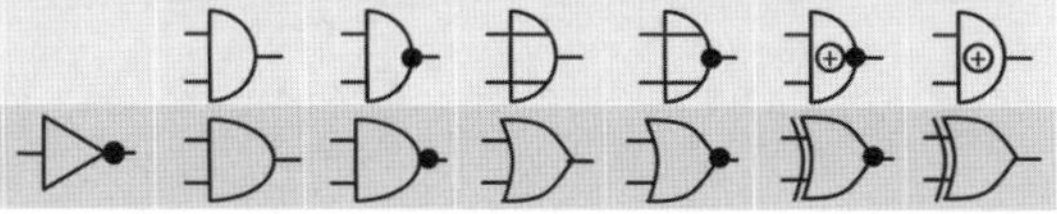						
US Symbol							

Tabelle 4.3: Gattersymbole

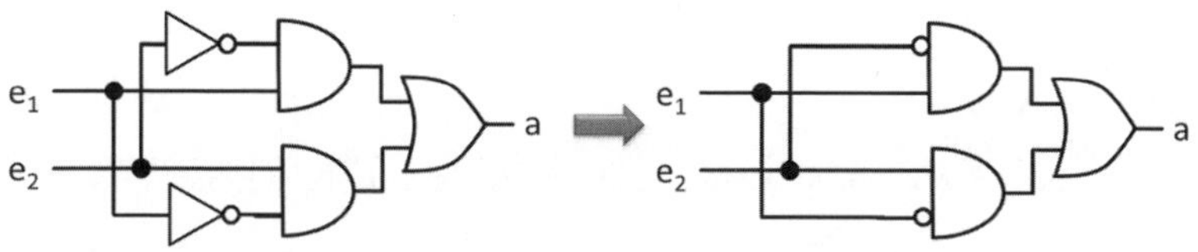

Mit Hilfe der graphischen Symbole lassen sich also komplexe Funktionen relativ übersichtlich darstellen. Die Priorisierung der Operationen findet dabei implizit durch die Verdrahtung statt. „Klammern“ wie bei der mathematischen Darstellung boolescher Funktionen sind daher in der graphischen Darstellung nicht notwendig.

4.2.7 Rechnen mit booleschen Werten

So wie es in der normalen Algebra eine Vielzahl von Rechenregeln gibt, mit denen sich Gleichungen vereinfachen lassen, so gibt es auch in der booleschen Algebra einige „Tricks“, die dem Entwickler nützlich sein können. Meist ist es aber so, dass Transformationen von booleschen Gleichungen nur noch sehr selten von „Hand“ durchgeführt werden. Vielmehr wird dies automatisch von der entsprechenden Entwurfswerkzeugen erledigt. Eine manuelle Optimierung von booleschen Gleichungen verbietet sich oft schon aufgrund der Vielzahl von Eingangsvariablen, mit denen operiert wird. Hier können automatisierte (software-basierte) Verfahren ihre Stärke ausspielen und Lösungen erarbeiten, auf die man von Hand nie oder nur sehr schwer kommen könnte. Trotzdem ist es nützlich einmal hinter die „Kulissen“ zu schauen, um die Entwurfswerkzeuge bei ihrer Arbeit besser unterstützen zu können. Daher werden wir uns im folgenden ein paar grundlegende boolesche Rechenregeln anschauen. Diese Rechenregeln werden dabei basierend auf den Grundoperationen „Nicht“, „Und“ sowie „Oder“ definiert, da sich alle andern Operationen aus diesen Grundoperationen ableiten lassen.

Wir werden hier zum größten Teil darauf verzichten, die Gesetze mathematisch zu beweisen. In dem meisten Fällen kann man den Nachweis durch aufstellen von entsprechenden Wahrheitstabellen führen.

Kommutativgesetz

Das Kommutativgesetz nutzen wir schon beim herkömmlichen Rechnen mit Zahlen. Das Gesetz besagt, dass die Reihenfolge, in der Operanden angewendet werden, bei den Grundoperationen keine Rolle spielt. Das bedeutet also, dass wir bei den Grundoperationen die Operanden beliebig vertauschen können, ohne das Ergebnis der Operation zu verändern:

$$\begin{aligned} X_1 \vee X_2 &= X_2 \vee X_1 \\ X_1 \wedge X_2 &= X_2 \wedge X_1 \\ X_1 \equiv X_2 &= X_2 \equiv X_1 \\ \ldots &= \ldots \end{aligned}$$

Das gilbt übrigens auch für Grundfunktionen mit mehr als zwei Eingangswerten!

Assoziativgesetz

Die Grundoperationen „Und“ sowie „Oder“ sind assoziativ, d.h. es gelten

$$\begin{aligned} (X_1 \vee X_2) \vee X_3 &= X_1 \vee (X_2 \vee X_3) &= X_1 \vee X_2 \vee X_3 \\ (X_1 \wedge X_2) \wedge X_3 &= X_1 \wedge (X_2 \wedge X_3) &= X_1 \wedge X_2 \wedge X_3 \end{aligned}$$

Da es keine Rolle spielt, welcher Teilausdruck zuerst verarbeitet wird, lässt man die Klammern oft einfach ganz weg. Praktisch bedeutet dies, dass man die Operanden in solchen Und- bzw. Oder-Ketten beliebig umsortieren kann.

Distributivgesetz

Das Assoziativgesetz bezog sich auf eine Kette von gleichen Operatoren („Und“ oder „Oder“). Das Distributivgesetz betrifft nun Mischformen davon. Die Grundoperationen „Und“ sowie „Oder“ sind distributiv, d.h. es gelten

$$\begin{aligned} X_1 \vee (X_2 \wedge X_3) &= (X_1 \vee X_2) \wedge (X_1 \vee X_3) \\ X_1 \wedge (X_2 \vee X_3) &= (X_1 \wedge X_2) \vee (X_1 \wedge X_3) \end{aligned}$$

Das Gesetzt funktioniert also so ähnlich wie aus „ausmultiplizieren“ von Klammertermen in der normalen Algebra.

Beweisen kann man dieses Gesetzt indem man eine Tabelle aufstellt, die alle möglichen Kombinationen von drei Variablen enthält und jeweils die linke und rechte Seite der Gleichung berechnet. Beispielhaft sei dies hier für die Gleichung $X_1 \vee (X_2 \wedge X_3) = (X_1 \vee X_2) \wedge (X_1 \vee X_3)$ gemacht.

X_1	X_2	X_3	$A = X_2 \wedge X_3$	$X_1 \vee A$	$B = A_1 \vee X_2$	$C = C_1 \vee X_3$	$A \wedge C$
0	0	0	0	0	0	0	0
0	0	1	0	0	0	1	0
0	1	0	0	0	1	0	0
0	1	1	1	1	1	1	1
1	0	0	0	1	1	1	1
1	0	1	0	1	1	1	1
1	1	0	0	1	1	1	1
1	1	1	0	1	1	1	1

Die linke grau unterlegte Spalte zeigt dabei das Ergebnis, dass man erhält, wenn man die linke Seite der Gleichung (also $X_1 \vee (X_2 \wedge X_3)$) ausrechnet. Die rechte graue Spalte hingegen zeigt das Ergebnis, wenn man über die rechte Seite der Gleichung ($(X_1 \vee X_2) \wedge (X_1 \vee X_3)$) geht. Ein Vergleich der Spalten zeigt, dass sie die rechte und linke Seite der Gleichung dieselben Ergebnisse liefern. Damit ist das Gesetzt bewiesen.

Absorptionsgesetze

Besonders nützlich bei der Vereinfachung von booleschen Gleichungen sind die Absorptionsgesetze. Dabei macht man sich zu Nutze, dass jede Variable letztlich nur die Werte 0 oder 1 annehmen kann:

$$\begin{aligned}
X_1 \vee (X_1 \wedge X_2) &= X_1 \\
X_1 \wedge (X_1 \vee X_2) &= X_1 \\
X_1 \vee (\overline{X_1} \wedge X_2) &= X_1 \vee X_2 \\
X_1 \wedge (\overline{X_1} \vee X_2) &= X_1 \wedge X_2
\end{aligned}$$

DeMorgansche Gesetz

Etwas ungewöhnlicher als die bisher gezeigten Gesetze ist die DeMorgansche Regel. Sie bezieht sich ganz allgemein auf beliebige boolsche Funktionen mit N Variablen, die als Operatoren neben der Inversion nur „Oder“- und „Und“-Funktionen verwendet: $f(X_1, X_2 \cdots X_N, \vee, \wedge)$. Für eine solche Funktion gilt die Beziehung:

$$\overline{f(X_1, X_2, \cdots X_N, \vee, \wedge)} = f(\overline{X_1}, \overline{X_2}, \cdots \overline{X_N}, \wedge, \vee) \tag{4.5}$$

Möchte man eine solche Funktion mit „Und“- und „Oder“-Operatoren negieren, dann kann man anstatt das Funktionsergebnis zu negieren, einfach alle Variablen negieren und die „Und“- und „Oder“-Operatoren vertauschen.

Das sieht auf den ersten Blick sehr abstrakt aus, aber mit einem Beispiel wird die Regel schnell klarer. Nehmen wir als Beispiel die Funktion $Y = (X_1 \vee \overline{X_2} \vee X_3) \wedge (X_2 \vee X_3)$. Nach der DeMorganschen Regel bekommen wir dann $\overline{Y}$, wenn wir alle Variablen negieren und die Operatoren vertauschen ($\vee \rightarrow \wedge$, $\wedge \rightarrow \vee$):

$$\overline{Y} = (\overline{X_1} \wedge X_2 \wedge \overline{X_3}) \vee (\overline{X_2} \wedge \overline{X_3}).$$

Weitere nützliche Regeln

Daneben gibt es noch einige weitere nützliche Regeln, die im folgenden kurz skizziert werden sollen. Tatsächlich sind diese Regeln nicht wirklich überraschend, trotzdem ist es sinnvoll sich die Regeln einmal vor Augen zu führen.

Keine Überraschung ist zu erwarten, wenn man eine Variable mit sich selbst, 0 oder auch 1 ver-undet oder ver-odert:

$$\begin{aligned}
X_1 \vee X_1 &= X_1 \\
X_1 \wedge X_1 &= X_1 \\
X_1 \vee 0 &= X_1 \\
X_1 \wedge 1 &= X_1 \\
X_1 \wedge 0 &= 0 \\
X_1 \vee 1 &= 1 \\
\overline{\overline{X_1}} &= X_1
\end{aligned}$$

Bei aufwändigeren Vereinfachungen boolescher Gleichungen können zudem folgende Beziehungen nützlich sein:

$$\begin{aligned}
X_1 \vee \overline{X_1} &= 1 \\
X_1 \wedge \overline{X_1} &= 0
\end{aligned}$$

4.2.8 Übungen zu booleschen Gleichungen

Die nachfolgen Aufgaben trainieren den Umgang mit booleschen Gleichungen. Bitte beachten Sie, dass der Schwierigkeitsgrad der Aufgaben mit der Aufgabennummer ansteigt. Die weiter hinten angeordneten Aufgaben sind dabei eher „Knobelaufgaben“.

1. Vervollständigen Sie die nachfolgende Wahrheitstabelle so, dass immer dann eine 1 in der Ergebnisspalte ist, wenn in der entsprechenden Zeile entweder eine oder zwei der Eingangsvariablen 1 sind (und die anderen dem entsprechend 0). Versuchen Sie anschließend eine boolesche Gleichung für die Tabelle zu finden.

x_1	x_2	x_3	y
0	0	0	0
0	0	1	1
0	1	0	
0	1	1	
1	0	0	
1	0	1	
1	1	0	
1	1	1	

2. Berechnen Sie das Ergebnis der folgenden Gleichungen. Bitte beachten Sie, dass dabei manchmal eine 0 oder eine 1 herauskommt (aber nicht immer):

(a) $0 \vee 1 =$
(b) $0 \wedge 1 =$
(c) $e_1 \wedge 1 =$
(d) $e_1 \vee 1 =$
(e) $e_1 \wedge 0 =$
(f) $e_1 \vee 0 =$
(g) $e_1 \vee \overline{e_1} =$
(h) $e_1 \wedge \overline{e_1} =$
(i) $\overline{\overline{e_1} \vee e_1} =$
(j) $\overline{e_1 \wedge \overline{e_1}} =$

3. Vereinfachen Sie folgende Gleichungen:

(a) $(\overline{e_1} \vee e_2) \wedge e_1 =$
(b) $(\overline{e_1} \wedge e_2) \vee e_1 =$
(c) $(e_1 \vee e_2) \wedge e_1 =$
(d) $(e_1 \wedge e_2) \vee e_1 =$
(e) $\overline{e_1} \vee \overline{e_2} \vee \overline{e_3} \vee (\overline{e_1} \wedge \overline{e_2} \wedge \overline{e_3}) =$
(f) $(\overline{e_1} \wedge \overline{e_2}) \vee e_1 \vee e_3 \vee (\overline{e_1 \wedge e_2}) =$

4.3 Normalformen

Wir haben gelernt, dass man zur Beschreibung einer booleschen Funktion gleichermaßen Wahrheitstabellen oder booleschen Gleichungen verwenden kann. Aus einer booleschen Gleichung die dazugehörige Wahrheitstabelle zu generieren ist relativ einfach: Man setzt einfach alle möglichen Wertekombinationen für die Eingangsvariablen ein, berechnet das Ergebnis der Gleichung und füllt damit die Tabelle. Dieser Weg funktioniert immer. Gibt es aber auch eine systematische Möglichkeit, aus jeder Wahrheitstabelle eine dazu passende boolesche Gleichung zu erzeugen? Der gute Teil der Antwort ist: ja. Der vielleicht weniger gute Teil ist: Es gibt sogar mehrere, und das Ergebnis ist daher nicht eindeutig. Das bedeutet, zu einer Wahrheitstabelle gibt es mehrere (viele) boolesche Gleichungen!

Die einfachste Art und Weise, boolesche Gleichungen aus Wahrheitstabellen zu erzeugen, nutzen die sogenannten disjunktiven und konjunktiven Normalformen. Damit kann man rein „mechanisch“ ohne viel Nachdenken passende Gleichungen generieren – für beliebig viele Eingangsvariablen.

4.3.1 Disjunktive Normalform

Disjunktion = Veroderung

Bei der disjunktiven Normalform werden nur die Zeilen in der Wahrheitstabelle betrachtet, in denen die Ergebnisspalte 1 ist. Jede dieser Zeilen wird dann für sich genommen in einen booleschen Klammerterm umgewandelt und die Klammerterme schließlich verodert – daher stammt auch der Begriff *disjunktiven* Normalform. Jeder der Klammerterme wiederum verundet *alle* Eingangsvariablen. Die Eingangsvariablen tauchen dabei entweder in invertierter oder nicht invertierter Form in den Klammertermen auf.

Zeile	x_1	x_2	y		Klammerterme
1	0	0	1		$(\overline{x_1} \wedge \overline{x_2})$
2	0	1	0	$\Longrightarrow$	
3	1	0	1		$(\overline{x_1} \wedge x_2)$
4	1	1	1		$(x_1 \wedge x_2)$

Abbildung 4.9: Umwandlung einer Beispieltabelle mit zwei Eingangsvariablen in die disjunktiven Normalform

Die nachfolgende Abbildung zeigt dieses Vorgehen anhand einer Tabelle mit drei Eingangsvariablen (x_1, x_2, x_3):

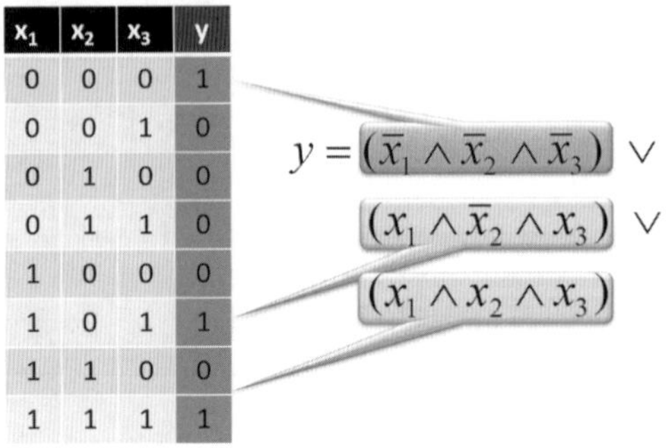

x_1	x_2	x_3	y
0	0	0	1
0	0	1	0
0	1	0	0
0	1	1	0
1	0	0	0
1	0	1	1
1	1	0	0
1	1	1	1

In jedem Klammerterm kommen *alle* Eingangsvariablen vor!

In der Tabelle kommen nur drei Zeilen vor, in denen der Ausgang $y = 1$ ist. Daher hat die boolesche Gleichung auch genau drei Klammerterme. In jedem Klammerterm werden alle Eingangsvariablen miteinander verundet, wobei die jeweilige Eingangsvariable entweder invertiert oder nicht invertiert vorkommen kann. Invertiert wird eine Variable x_i dabei genau dann, wenn in der entsprechenden Zeile $x_i = 0$ ist. Ansonsten wird sie nicht invertiert.

Als Beispiel betrachten wir hier einmal den mittleren Klammerterm, der den Fall $x_1 = 1$, $x_2 = 0$ und $x_3 = 1$ abgedeckt. In dem Klammerterm kommen daher x_1 und x_3 nicht invertiert und x_2 invertiert vor: $(x_1 \wedge \overline{x_2} \wedge x_3)$.

Jeder Klammerterm repräsentiert eine Zeile in der Tabelle und die Variablen werden so verundet, dass bei Anlegen des entsprechenden Eingangsmusters der Klammerterm 1 ergibt. D.h. ein Klammerterm ist nur für *eine* Zeile in der Tabelle „zuständig“.

Um das Verfahren etwas einzuüben, versuchen wir mal die einfache Wahrheitstabelle aus Abbildung 4.9 (links) nach diesem Muster in eine boolesche Funktion umzuwandeln. Das eben gezeigte Verfahren funktioniert für beliebig viele Eingangsvariablen – also auch für zwei. Die Tabelle hat drei Einsen in der Ergebnisspalte (y). Somit müssen für die Zeilen 1 (oberste Zeile), 3 und 4 geeignete Klammerterme generiert werden. Die Abbildung zeigt diese Umwandlung ausgehend von der Wahrheitstabelle (links in der Abbildung), wobei die entsprechenden Klammerterme auf der rechten Seite zu sehen sind.

Als letztes müssen schließlich die Klammerterme nur noch miteinander zu einer Gleichung ver-odert werden:

$$y = (\overline{x_1} \wedge \overline{x_2}) \vee (\overline{x_1} \wedge x_2) \vee (x_1 \wedge x_2)$$

Zu einer Wahrheitstabelle gibt es i.A. mehrere boolesche Gleichungen.

Ist Ihnen etwas aufgefallen? Die Wahrheitstabelle kennen wir schon! Wir haben Sie bereits im Kapitel 4.2.6 als Beispiel genutzt. Dort haben wir als Ergebnis die Gleichung $y = (x_1 \equiv x_2) \vee x_1$ bekommen. Da beide Ergebnisse dieselbe Wahrheitstabelle widerspiegeln, gibt es zu einer Tabelle offensichtlich mehrere Lösungen. Typischer Weise präferiert man dabei die einfacheren Lösungen, wobei „einfach“ ein unscharfer Begriff ist. Meist ist damit die Anzahl an Operatoren in einem Ausdruck gemeint. Was das hier diskutierte Beispiel betrifft, so geht es aber sogar noch einfacher, wie wir bald sehen werden.

Zusammenfassung:
Die disjunktiven Normalform betrachtet nur die Zeilen in denen in der Ergebnisspalte der Wahrheitstabelle eine 1 steht. Jede dieser Zeilen bildet einen Klammerterm. Jeder Klammerterm besteht aus einer Verundung *aller* Eingangsvariablen, wobei eine Eingangsvariable negiert wird, wenn der dazugehörige Zeilenwert in der Wahrheitstabelle 0 ist. Ansonsten wird die Eingangsvariable nicht negiert.
Schließlich werden alle Klammerterme verodert.

4.3.2 Konjunktive Normalform

Konjunktion = Verundung

Bei der konjunktiven Normalform sind im Vergleich zur disjunktiven Normalform alle Operatoren vertauscht. D.h., dort wo ein „und“ war ist jetzt ein „oder“ und umgekehrt. Allerdings reicht es nicht einfach nur die Operatoren zu vertauschen, um von einer Form zu anderen zu gelangen. Vielmehr werden bei der konjunktiven Normalformen nur die Zeilen in der Wahrheitstabelle betrachtet, in denen die Ergebnisspalte eine 0 hat – im Gegensatz zur disjunktiven Normalform, dort waren die Einsen in der Ergebnisspalte relevant. Jede dieser Zeilen wird dann auch hier für sich genommen in einen booleschen Klammerterm umgewandelt und die Klammerterme schließlich aber verundet – daher stammt konsequenter Weise auch der Begriff *konjunktive* Normalform. Jeder der Klammerterme wiederum verodert *alle* Eingangsvariablen.

Die nachfolgende Abbildung zeigt dieses Vorgehen anhand derselben Tabelle aus dem vorhergehenden Kapitel:

x_1	x_2	x_3	y
0	0	0	1
0	0	1	0
0	1	0	0
0	1	1	0
1	0	0	0
1	0	1	1
1	1	0	0
1	1	1	1

$$y = (x_1 \vee x_2 \vee \overline{x}_3) \wedge (x_1 \vee \overline{x}_2 \vee x_3) \wedge (x_1 \vee \overline{x}_2 \vee \overline{x}_3) \wedge (\overline{x}_1 \vee x_2 \vee x_3) \wedge (\overline{x}_1 \vee \overline{x}_2 \vee x_3)$$

In der Tabelle kommen fünf Zeilen vor, in denen der Ausgang $y = 0$ ist, was dem entsprechend auch fünf Klammerterme zur Folge hat. Aber nicht nur die Anzahl der Klammerterme ist im Vergleich zur disjunktiven Normalform unterschiedlich: Invertiert wird eine Variable x_i dabei nur dann, wenn in der entsprechenden Zeile $x_i = 1$ ist – Achtung: bei der disjunktiven Normalform wurde bei $x_i = 0$ invertiert.

Aber versuchen wir doch einfach nochmal das Verfahren auf die Tabelle in 4.9 anzuwenden. Da hier nur eine Zeile mit einem Ausgangswert 0 gibt, wird die Normalform dem entsprechend auch nur aus einem einzigen Klammerterm bestehen:

Zeile	x_1	x_2	y		Klammerterme
1	0	0	1		
2	0	1	0	$\Longrightarrow$	$(x_1 \vee \overline{x_2})$
3	1	0	1		
4	1	1	1		

Somit bekommen wir als Ergebnis: $y = x_1 \vee \overline{x_2}$. Damit haben wir also eine dritte alternative Lösung erzeugt. Hier nochmal alle Lösungen in der Übersicht:

$$\begin{aligned} y &= (x_1 \equiv x_2) \vee x_1 \\ y &= (\overline{x_1} \wedge \overline{x_2}) \vee (\overline{x_1} \wedge x_2) \vee (x_1 \wedge x_2) \\ y &= x_1 \vee \overline{x_2} \end{aligned}$$

Beachten Sie, dass alle Gleichungen äquivalent zueinander sind. D.h. wir können uns eine beliebige von ihnen aussuchen, um sie z.B. als Schaltung zu realisieren. Im Normalfall wird man die letzte Lösung bevorzugen, da sie mit nur einem einzigen Operator und einer Inversion auskommt.

Zusammenfassung:
Die konjunktive Normalform betrachtet nur die Zeilen in denen in der Ergebnisspalte der Wahrheitstabelle eine 0 steht. Jede dieser Zeilen bildet einen Klammerterm. Jeder Klammerterm besteht aus einer Veroderung aller Eingangsvariablen, wobei eine Eingangsvariable negiert wird, wenn der dazugehörige Zeilenwert in der Wahrheittabelle 1 ist. Ansonsten wird die Eingangsvariable nicht negiert.
Abschließend werden alle Klammerterme verundet.

4.3.3 Vergleich der Normalformen

Die beiden Normalformen sind äquivalent zueinander, d.h. wir können uns eine beliebige aussuchen, um eine Wahrheitstabelle in eine Gleichung umzuwandeln. Um die Unterschiede nochmal deutlich zu machen, sind in der folgenden Abbildung beide Formen für ein und dieselbe Beispieltabelle gezeigt:

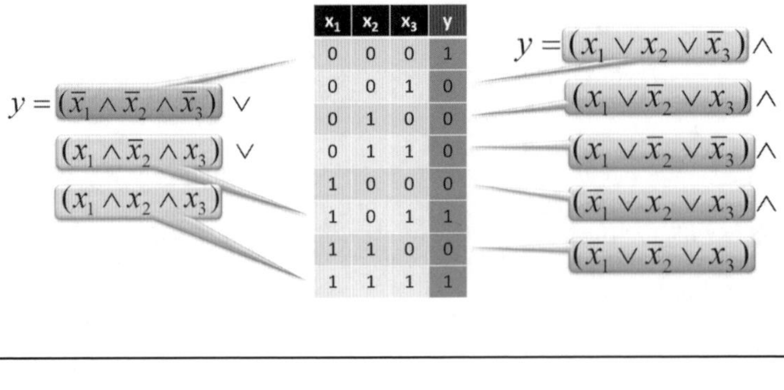

Im direkten Vergleich fällt auf, dass die Normalformen durchaus eine unterschiedliche Anzahl von Termen haben können. Das passiert immer dann, wenn die Anzahl der Einsen und Nullen in der Ergebnisspalte verschieden sind. In den meisten Fällen wird man daher die Normalformen wählen, die weniger Klammerterme generiert: die disjunktive Normalform ist günstiger, wenn es mehr Nullen als Einsen und die konjunktive Normalform ist besser, wenn es mehr Einen als Nullen in der Ergebnisspalte gibt.

Disjunktive und konjunktive Normalformen haben i.A. unterschiedlich viele Klammerterme.

Zusammenfassung:
Die beiden Normalformen sind äquivalent zueinander. Die disjunktive Normalform ist günstiger, wenn es mehr Nullen als Einsen in der Ergebnisspalte der Wahrheitstabelle gibt. Die konjunktive Normalform bietet sich an, wenn es dagegen mehr Einsen als Nullen gibt.

4.3.4 Übungen zu Normalformen

Die nachfolgenden Übungen sollen den Umgang mit Normalformen trainieren.

1. Berechnen Sie basierend auf der folgenden Wahrheitstabelle (siehe auch Tabelle 4.1) die disjunktive und konjunktive Normalform für die Äquivalenzfunktion.

x_1	x_2	$y = (x_1 \equiv x_2)$
0	0	1
0	1	0
1	0	0
1	1	1

2. Erstellen Sie eine Wahrheitstabelle mit drei Eingangsvariablen, deren Ausgangswert genau dann 1 ist, wenn genau zwei der Eingangsvariablen 1 und eine 0 sind. Ermitteln Sie für diese Tabelle die disjunktive Normalform.

3. Ermitteln sie für die folgende Wahrheitstabelle die dazugehörige disjunktive Normalform. Bitte beachten Sie, dass die Tabelle nicht vollständig ist, sondern nur die Zeilen gezeigt sind, für die $a = 1$ gilt.

e_3	e_2	e_1	e_0	a
0	0	0	0	1
1	0	0	1	1
1	0	1	0	1
1	1	0	1	1
1	1	0	0	1
0	1	0	1	1
1	1	1	0	1
0	1	1	1	1

4. Vervollständigen Sie die Tabelle aus der vorhergehenden Aufgabe und bilden Sie nun die konjunktive Normalform.

5. Stellen Sie zunächst für die folgende boolesche Gleichung die Wahrheitstabelle auf und ermitteln dann daraus die konjunktive Normalform.

$$y = (\overline{e_1} \wedge e_2 \wedge \overline{e_3}) \vee (\overline{e_1} \wedge e_2 \wedge e_3) \vee (\overline{e_1} \wedge \overline{e_2} \wedge e_3)$$

4.4 Binärzahlen

Wie in Kapitel 4.1 ausgeführt wurde, basieren viele der technischen Systeme, die uns umgeben auf der digitalen Verarbeitung von Signalen. Bei der Manipulation von Signalen spielt die Darstellung und Verarbeitung von Zahlen eine wichtige Rolle. Zahlen und das Rechnen mit Zahlen kennen wir natürlich schon seit unserer Schulzeit. Alles basiert dabei auf den zehn Ziffern 0, 1, bis 9. Wie aber rechnet man in der digitalen Welt? Um das zu verstehen, müssen wir uns zunächst unsere gewohnte Art und Weise mit Zahlen zu hantieren etwas genauer anschauen.

4.4.1 Das Stellenwertsystem

Die Art und Weise, mit der wir heute Zahlen darstellen, ist nicht die einzige mögliche. Tatsächlich hat es in der Geschichte durchaus andere Konzepte, wie z.B. das römische Zahlensystem gegeben. Trotzdem hat sich unser System – was man übrigens „Stellenwertsystem" nennt – durchgesetzt. Aber warum? Und was sind die wichtigen Unterschiede zu z.B. den römischen Zahlen?

Zunächst verwenden wir zehn verschiedenen Zahlensymbole 0, 1, 2, ... 9 als Ziffern. Die *Basis* des Zahlensystems bilden also 10 Ziffern – man spricht daher von einem Zahlensystem mit der Basis 10. Betrachten wir als nächstes mal die Beispielzahl 14903:

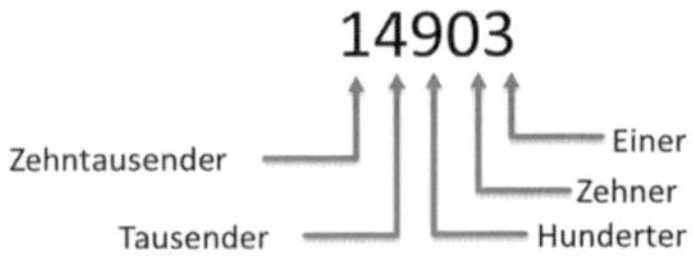

Das Stellenwertsystem ist die Basis unserer Mathematik.

Die Zahl besteht offensichtlich aus fünf Ziffern. Durch aneinanderreihen von mehreren Ziffern lassen sich Ziffernfolgen – das sind die eigentlichen Zahlen – bilden. Soweit ist das noch keine Überraschung, dieses Konzept nutzen andere Zahlensysteme auch. Was aber entscheidend ist, ist dass jeder Ziffer in der Zahl eine Wertigkeit zugeordnet ist. Die am weitesten rechts stehende Zahl sind dabei die „Einer", dann kommen die „Zehner", die „Hunderter" usw. Letztlich seht hinter der Zahl also eigentlich eine kleine Formel:

$$14903 = 1 \cdot 10000 + 4 \cdot 1000 + 9 \cdot 100 + 0 \cdot 10 + 3.$$

Eine Ziffer links hat also eine andere Bedeutung als eine Ziffer rechts in der Zahl (daher kommt im übrigen auch der Name „Stellenwertsystem"). Eine Ziffer hat dabei im Vergleich zu ihrem rechten Nachbarn einen um den Faktor 10 größeres Gewicht. Der Faktor 10 entsteht dabei durch die Anzahl der Zahlensymbole.

Nun schreiben es die Mathematiker alles gerne etwas kompakter und ersetzen daher z.B. die 10000 durch 10^4, was eine Kurzform von $10 \cdot 10 \cdot 10 \cdot 10$ ist. Damit wird unsere „Zahlenformel" zu

$$14903 = 1 \cdot 10^4 + 4 \cdot 10^3 + 9 \cdot 10^2 + 0 \cdot 10^1 + 3 \cdot 10^0.$$

Achtung, es gilt $10^0 = 1$.

Der Vorteil dieser Zahlendarstellung ist, dass man beliebig große Zahlen damit erzeugen kann – einfach indem man bei Bedarf weitere Stellen hinzufügt. Des weiteren kann man mit solchen Zahlen ganz einfach rechnen. Die Addition erfolgt z.B. Stelle für Stelle beginnend mit der niederwertigsten (rechten) Ziffer:

$$\begin{array}{cccccc} & 1 & 4 & 9 & 0 & 3 \\ + & & 2 & 3 & 2 & 8 \\ & & {\scriptstyle 1} & & {\scriptstyle 1} & \\ \hline & 1 & 7 & 2 & 3 & 1 \end{array}$$

Besonders interessant in diesem Beispiel sind dabei diejenigen Stellen, an denen ein Überlauf in die nächste Stelle erzeugt wurde (die Überläufe sind hier durch eine kleine 1 gekennzeichnet).

Das binäre Zahlensystem ist wie auch unser Dezimalsystem ein Stellenwertsystem.

Aber warum verschwenden wir hier soviel Zeit damit, banales Wissen aus der Grundschulzeit aufzuwärmen? Tatsächlich ist das Stellenwertsystem viel universeller als man zunächst denkt! Die Darstellung und vor allen Dingen auch das Rechnen funktioniert nicht nur mit Zahlen, die auf den 10 Zahlensymbolen 0 bis 9 basieren, sondern z.B. auch mit wenn wir nur zwei Zahlensymbole 0 und 1 zur Verfügung haben!

Wenn wir nur zwei Zahlensymbole zur Verfügung haben, dann sehen Zahlen z.B. so aus:

$$11101000110111$$

also einfach nur eine Folge von Nullen und Einsen. Zahlen basierend auf den Symbolen 0 und 1 nennt man daher auch Binärzahlen (binär = zwei) oder auch Zahlen zur Basis 2. Nun stellt sich natürlich die Frage, welchen Zahlenwert die Ziffernfolge oben bildet. Das ist eigentlich ganz einfach, wir müssen lediglich das Prinzip des Stellenwertsystems auf Binärzahlen übertragen.

Bei Dezimalzahlen wuchs das Gewicht jeder Stelle um den Faktor 10 (wegen den 10 Zahlensymbolen), bei Binärzahlen muss dieser Faktor daher 2 sein, da wir ja zwei Zahlensymbole haben. Damit ergibt sich:

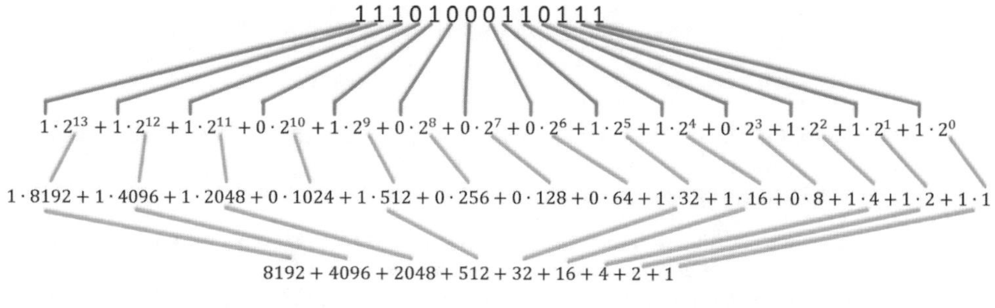

In der letzten und vorletzten Zeile sind dabei die Zweierpotenzen (2^0, 2^1 bis 2^{13}) ausgerechnet worden. Als Summe ergibt sich schließlich:

$$11101000110111\,|_2 = (8192 + 4096 + 2048 + 512 + 32 + 16 + 4 + 2 + 1)|_{10} = 14903\,|_{10}.$$

Der senkrechte Strich mit der tiefgestellten Zahl zeigt dabei die jeweilige Basis des verwendeten Zahlensystems, also $|_2$ für eine Binärzahl und $|_{10}$ für eine Zahl im Dezimalformat. Wenn man sich

Potenz	Formel	Dezimalwert
0	2^0	1
1	2^1	2
2	2^2	4
3	2^3	8
4	2^4	16
5	2^5	32
6	2^6	64
7	2^7	128
8	2^8	256
9	2^9	512
10	2^{10}	1024

Potenz	Formel	Dezimalwert
11	2^{11}	2048
12	2^{12}	4096
13	2^{13}	8192
14	2^{14}	16384
15	2^{15}	32768
16	2^{16}	65536
17	2^{17}	131.072
18	2^{18}	262.144
19	2^{19}	524.288
20	2^{20}	1.048.576
21	2^{21}	2.097.152

Tabelle 4.4: Zweierpotenzen von 2^0 bis 2^{21}

N	Wertebereich
1	0 ... 1
2	0 ... 3
3	0 ... 7
4	0 ... 15
5	0 ... 31
6	0 ... 63
7	0 ... 127
8	0 ... 255
9	0 ... 511
10	0 ... 1023
11	0 ... 2047

N	Wertebereich
12	0 ... 4095
13	0 ... 8191
14	0 ... 16383
15	0 ... 32787
16	0 ... 65535
17	0 ... 131.071
18	0 ... 262.143
19	0 ... 524.287
20	0 ... 1.048.575
21	0 ... 2.097.151
22	0 ... 4.194.303

Tabelle 4.5: Wertebereich für ganze binäre Zahlen mit N Stellen

das Gewicht einer Stelle im Binärsystem anschaut, dann so fällt auf, dass es sich im Gegensatz zu den von uns gewohnten 10er-Potenzen (10, 100, 1000, 10000, ...) um relativ „krumme" Zahlen handelt. Tabelle 4.4 zeigt die Zweiterpotenzen von 2^0 bis 2^{21}.

Im Binärsystem sind die Gewichte 2er-Potenzen.

Trotz dieser zunächst ungewöhnlich erscheinenden Gewichte lassen sich beliebige Zahlenwerte damit darstellen, man muss nur ausreichend Ziffern zur Verfügung stellen. Die Zahl 14903 benötigt z.B. im Dezimalsystem lediglich 5 Ziffern, während wir im Binärsystem dafür 14 Ziffern brauchen.

Eine interessante Frage ist da natürlich, welche Zahlen mit einer bestimmten Anzahl von Stellen dargestellt werden können. Ohne einen Beweis soll hier nur die Formel für die maximale, mit N Stellen darstellbare Zahl angegeben werden: $Z_{max} = 2^N - 1$. Die kleinste Zahl ist dabei immer 0, so dass also mit N Stellen Zahlen im Bereich von $0 \ldots 2^N - 1$ darstellbar sind. Die Tabelle 4.5 zeigt den Wertebereich für binäre Zahlen mit 1 bis 22 Stellen.

Zusammenfassung:
Das Stellenwertsystem ordnet jeder Ziffer einer Zahl ein Gewicht (Wert) zu. Jede Ziffer hat dabei einen um den Faktor b größeres Gewicht wie ihr rechter Nachbar. Die am weitesten rechts stehende Ziffer hat das Gewicht 1. Der Wert b wird Basis des Zahlensystems genannt und bezeichnet die Anzahl der Ziffernsymbole. Im Dezimalsystem ist b daher 10, während im Binärsystem $b = 2$ gilt.
Das Stellenwertsystem hat zwei wesentliche Vorteile: man kann beliebig große Zahlen damit darstellen und es gibt einfache Rechenregel mit denen arithmetische Operationen wie Addition, Subtraktion und Multiplikation durchgeführt werden können.

4.4.2 Umwandlung zwischen Binär und Dezimal

Die erste Herausforderung, die wir dabei zu lösen haben, ist die Umwandlung von Zahlen zwischen „unserem" Dezimalsystem und Binärzahlen.

Binär nach dezimal

Die Umrechnung einer Binär- in eine Dezimalzahl haben wir im Grunde schon im vorangegangenen Abschnitt besprochen. Das Verfahren beruht einfach darauf, dass wir die einzelnen binären Stellen mit den entsprechenden Gewichten multiplizieren und dann alles addieren. Dazu nochmal ein paar Beispiele.

Als erstes betrachten wir die Umwandlung der binären Zahl 10110111. Von Hand geht es am einfachsten, wenn man sich über die Stellen die entsprechenden Gewichte schreibt. Dabei startet man rechts mit dem Gewicht 1 und verdoppelt den Wert mit jedem Schritt nach links:

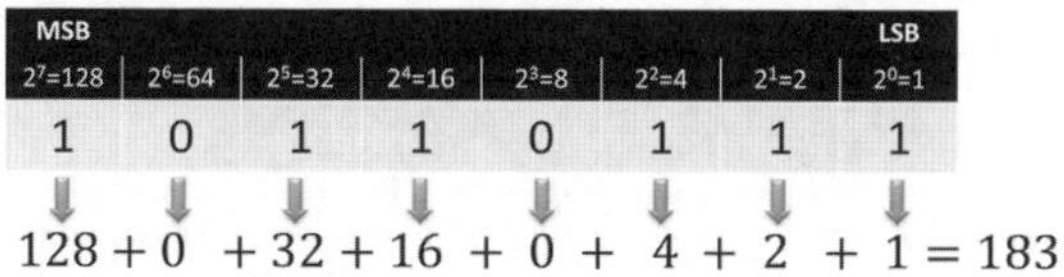

Dann müssen nur noch die Gewichte summiert werden, bei denen die dazugehörige Ziffer 1 ist. Die am weitesten rechts stehende Bit-Stelle wird dabei als LSB (Least Significant Bit = das niederwertigste Bit) und die linke Bit-Stelle als MSB (Most Significant Mit = das höchstwertige Bit) bezeichnet.

LSB: niederwertigste Bit; MSB: höchstwertigste Bit

Das Verfahren funktioniert natürlich für beliebig breite Binärzahlen:

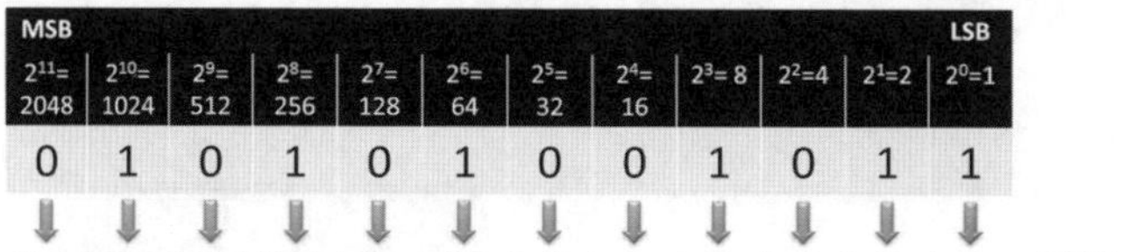

Dezimal nach binär

Die umgekehrte Umwandlungsrichtung ist etwas aufwändiger. Dafür gibt es auch eine verschiedenen Verfahren, von denen wir nur eines der gebräuchlichsten, die sogenannte „Restwertmethode“ anschauen. Bei der Restwertmethode wird wiederholt eine ganzzahlige Division durch 2 durchgeführt, wobei die Reste der Divisionen unser gesuchtes Bit-Muster ergeben.

Im Detail läuft das Verfahren wie folgt ab: Zunächst erzeugen wir eine Tabelle mit drei Spalten: In der ersten Spalte wird die zu dividierende Zahl eingetragen, in der zweiten das ganzzahlige Ergebnis der Division durch 2 und in der dritten der Rest der Division. Das ganze soll beispielhaft für die Umwandlung der Zahl 13 gezeigt werden:

Umzuwandelnde Zahl

Rest der Division

Z	*Z* div 2	*Z* mod 2
13	6	1

Ganzzahliges Divisionsergebnis

Die umzuwandelnde Zahl wird in das linke obere Feld der Tabelle eingetragen. Die Division von 13 durch 2 ergibt 6 Rest 1, was in die zweite und dritte Spalten der Tabelle eingetragen wird. Im nächsten Schritt wird das ganzzahlige Divisionsergebnis in die erste Spalte der nächste Zeile eingetragen und die Divisions/Rest-Operationen wiederholt:

Z	*Z* div 2	*Z* mod 2
13	6	1
6	3	0

Im folgenden Schritt wird 3 durch 2 dividiert, was 1 Rest 1 ergibt:

Z	*Z* div 2	*Z* mod 2
13	6	1
6	3	0
3	1	1

Das ganze Verfahren wird solange fortgesetzt, bis das Divisionsergebnis 0 ist. Die gewandelte Binärzahl ergibt sich schließlich aus den Nullen und Einsen in der rechten Spalte, wobei das LSB in der obersten und das MSB in der untersten Zeile der Tabelle zu finden ist:

Z	*Z* div 2	*Z* mod 2
13	6	1
6	3	0
3	1	1
1	0	1
		========
		1101

Gewandelte Zahl ergibt sich aus letzter Spalte

Das Ergebnis der Umwandlung ist also in diesem Fall 1101.

Die Abbildung 4.10 zeigt die Umwandlung der Dezimalzahl 235 nach demselben Verfahren.

Z	Z div 2	Z mod 2
235	117	1
117	58	1
58	29	0
29	14	1
14	7	0
7	3	1
3	1	1
1	0	1
		============
		11101011

Abbildung 4.10: Umwandlung der Zahl 235 per Restwertmethode

Dezimal	Binär				
	16	8	4	2	1
0	0	0	0	0	0
1	0	0	0	0	1
2	0	0	0	1	0
3	0	0	0	1	1
4	0	0	1	0	0
5	0	0	1	0	1
6	0	0	1	1	0
7	0	0	1	1	1
8	0	1	0	0	0
9	0	1	0	0	1
10	0	1	0	1	0
11	0	1	0	1	1
12	0	1	1	0	0
13	0	1	1	0	1
14	0	1	1	1	0
15	0	1	1	1	1
16	1	0	0	0	0
17	1	0	0	0	1
...			...		

Tabelle 4.6: Binäre Zählsequenz

Zählsequenzen

Die Bit-Stellen einer Zählsequenz alternieren mit einer von Stelle zur Stelle verdoppelnden Periode.

Interessant ist an dieser Stelle die Frage, wie eigentlich Zählsequenzen im binären aussehen. Tabelle 4.6 zeigt eine solche Sequenz ausschnittsweise von 0 bis 17. Um das dahinter liegende Muster zu verdeutlichen, wurden in der Tabelle alle Einsen grau hinterlegt. Wie man leicht erkennt, ist jede Spalte eine Folge von wechselnden Nullen und Einsen. Jede Spalte hat dabei eine doppelt so lange Periode wie ihre rechte Nachbarspalte. Das LSB wechselt in jeder Zeile den Wert, während das Bit links davon nur in jeder zweiten Zeile den Wert verändert, das nächste dann jede vierte Zeile, usw.

Bei näherem Hinsehen kommt einem das Muster vielleicht bekannt vor. Tatsächlich haben wir solche Zählsequenzen schon in den vorangegangenen Kapiteln genutzt, um alle möglichen Muster für die Eingangsvariablen von Wahrheitstabellen zu erzeugen. Mit etwas Übung kann man solche Sequenzen ohne Mühe niederschreiben und so sicherstellen, dass auch *alle* möglichen Bitmuster abdeckt sind und keines mehrfach auftaucht.

4.4.3 Übungen zur Zahlenumwandlung

Die nachfolgenden Aufgaben sollen Ihnen helfen, die Umwandlungsverfahren zu trainieren.

1. Wandeln Sie folgende Binärzahlen in Dezimalwerte um

(a)

Gewichte	8	4	2	1	
	0	1	1	1	=

(b)

Gewichte	8	4	2	1	
	1	0	0	0	=

(c)

Gewichte	128	64	32	16	8	4	2	1	
	1	1	0	1	0	1	1	1	=

(d)

Gewichte	128	64	32	16	8	4	2	1	
	1	0	1	0	1	0	1	0	=

(e)

Gewichte	128	64	32	16	8	4	2	1	
	0	1	1	0	1	0	1	1	=

(f) 00100100 =

(g) 1011001101011 =

(h) 1100110011101101001 =

(i) 10001100111011010011110001 =

2. Wandeln Sie die folgenden Dezimalwerte in entsprechende Binärzahlen um. Verwenden Sie dabei nur so viele Bit-Stellen wie mindestens für die Darstellung der Zahl benötigt werden:

   (a) 15
   (b) 21
   (c) 10
   (d) 4
   (e) 255
   (f) 1000
   (g) 10000
   (h) 16523

3. Erstellen Sie die binäre Zählsequenz von 0 bis 31. Beachten Sie, dass dafür 5 Bits benötigt werden.

4.4.4 Weitere Übung zur Zahlenumwandlung

Um die Zahlenumwandlung weiter zu trainieren, nutzen wir als nächstes das Entwicklungs-Board. Im Auslieferungszustand befindet sich ein vorprogrammierte Design auf dem Board, mit dem wir 4 Bit große Zahlen in Dezimalwerte umwandeln können. Die großen roten Eingabetaster werden dabei zur Eingabe der Binärzahl genutzt, während die dezimalen Zahlenwerte auf der Siebensegmentanzeige zu sehen sind. Solange eine Eingangstaste gedrückt wird, ist der entsprechende Eingang 1, ansonsten 0. Die Dezimalzahl wird auf der Siebensegmentanzeige dargestellt:

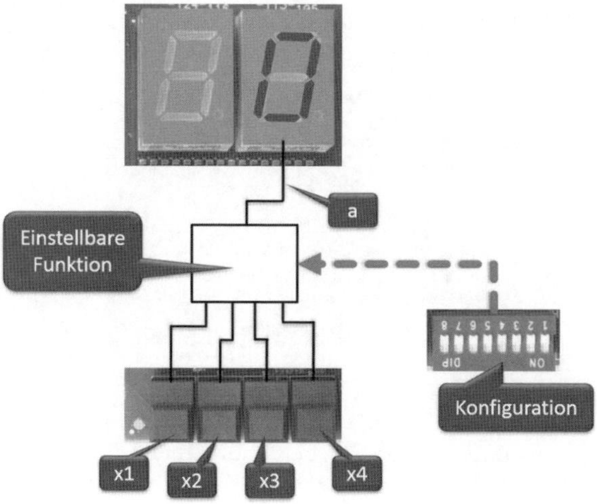

Bitte beachten Sie, dass links (x_1) das MSB und rechts (x_4) das LSB der umzuwandelnden Zahl angegeben werden! Mit Hilfe der Schiebeschalter (DIL-Schalter) wird die gewünschte Funktion (Konfiguration) eingestellt.

Um die Funktion in Betrieb zu nehmen, gehen Sie bitte wie folgt vor:

1. Bringen Sie alle Schiebeschalter (= DIL-Schalter, Konfiguration) auf dem Board in die Ausgangsposition, d.h. bewegen Sie die Schalter in Richtung Rand des Boards (Achtung: das ist genau entgegengesetzt zu den im Bild gezeigten Schalterstellungen).

2. Starten Sie Ihren Rechner und verbinden Sie jetzt das FPGA-Board und Ihren PC mit dem mitgelieferten USB-Kabel. Wenn Sie den Anschluss erstmalig herstellen, könnte es einen Moment dauern, bis die Treiber installiert sind. Die grüne LED neben der USB-Buchse leuchtet und zeigt damit an, dass das FPGA-Board mit Spannung versorgt wird.

   Der PC wird hier zunächst nur dazu benutzt, um das Board über USB mit Energie zu versorgen. Daher ist es nicht erforderlich, dass Sie ein Programm auf dem PC starten. Sobald Sie das Board mit dem PC verbunden haben, wird etwa eine Sekunde lang folgendes Symbol auf der Siebensegmentanzeige angezeigt:

   Nachdem es verschwunden ist, wird für *zwei Sekunde lang* eine zweistellige Zahlen auf den Anzeigen angezeigt. Diese Zahl entspricht der über die DIL-Schalter ausgewählten Funktion. Sind alle Schalter in Richtung des Platinenrands geschoben worden, dann sollten zwei Nullen für zwei Sekunden lang angezeigt werden.

   Danach wird die gewandelte Dezimalzahl auf der Siebensegmentanzeige dargestellt:

Achtung: Sollte diese Startsequenz nicht zu sehen sein, dann wurde die Flash-Programmierung des Boards überschrieben und Sie müssen das Board manuell in den Auslieferungszustand zurückversetzen. In Kapitel 4.5 ist beschrieben, wie Sie das durchführen können.

3. Stellen Sie mit Hilfe der Schiebeschalter die Umwandlungsfunktion binär → dezimal ein. Die Zuordnung der Schalter zu der Funktion ist wie folgt:

Schiebeschalter (DIL-Schalter)	Funktions-nummer	Funktion
0000 0111	07	binär → dezimal

Der linke Schiebeschalter (mit der Nummer 8) ist hierbei der linken Ziffer und der rechte (mit der Nummer 1) der rechten Ziffer zugeordnet. Eine „0" steht dabei für die Schalterstellung nach unten (also in Richtung des Platinenrands), eine „1" repräsentiert hingegen die Schalterstellung in Richtung der Platinenmitte.

Verändern Sie die Schiebeschalter, dann wird die dazugehörige Funktionsnummer (siehe Tabelle) für zwei Sekunden lang angezeigt, bevor die Siebensegmenanzeige wieder automatisch den Ausgang der Funktion darstellt. Sollten Sie eine ungültige Konfiguration eingestellt haben, dann erscheint das folgende Symbol auf der Anzeige:

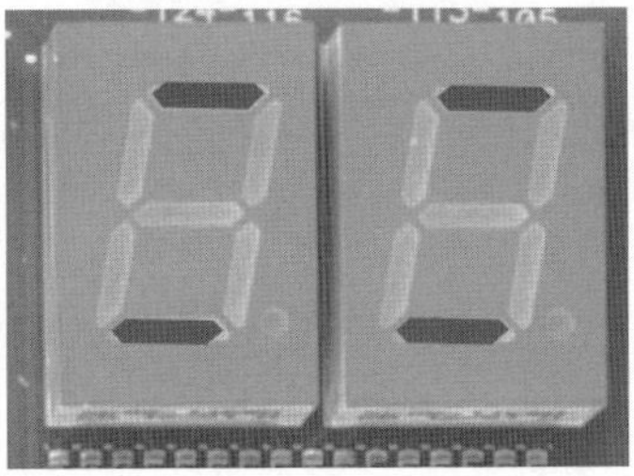

Drücken Sie nun die Taster x_1, x_2, x_3 und/oder x_4 um eine binäre Zahl einzugeben. Halten Sie eine Taste gedrückt, um das entsprechende Eingangsbit auf 1 zu setzen. Beachten Sie, dass x_1 das MSB und x_4 das LSB der einzugebenden Zahl sind. Beobachten Sie die Siebensegmentanzeige. Verhält sich der Ausgang wie erwartet?

4. Versuchen Sie eine Zählsequenz von 0 bis 15 mit Hilfe der Eingangstaster einzugeben.

4.4.5 Binäre Addition

Binäre Zahlen zur Verfügung zu haben, ist an sich schon eine sehr nützliche Sache, aber wirklich brauchbar wird ein Zahlensystem erst wenn man damit auch gut rechnen kann. Die erste arithmetische Operation die wir dazu betrachten wollen, ist natürlich die Addition. Das dezimale Stellenwertsystem hat uns ja in die Lage versetzt, sehr einfach beliebig große Zahlen addieren zu können (etwas, was im Übrigen nicht für alle Zahlendarstellungen gilt!). Da unsere Binärzahlen ebenfalls zu den Stellenwertsystemen gehören, können wir diese in der Grundschule gelernten Verfahren einfach in die binäre Welt übertragen. Das wollen wir an einem einfachen Beispiel trainieren.

Die Aufgabe sei, 6 und 7 binär zu addieren. Der erste Schritt ist, die Dezimalzahlen ins Binärformat zu übertragen: Dies ergibt 0110 für die Zahl 6 und 0111 für die 7. Die folgende Abbildung zeigt die Ausgangssituation für unsere Addition:

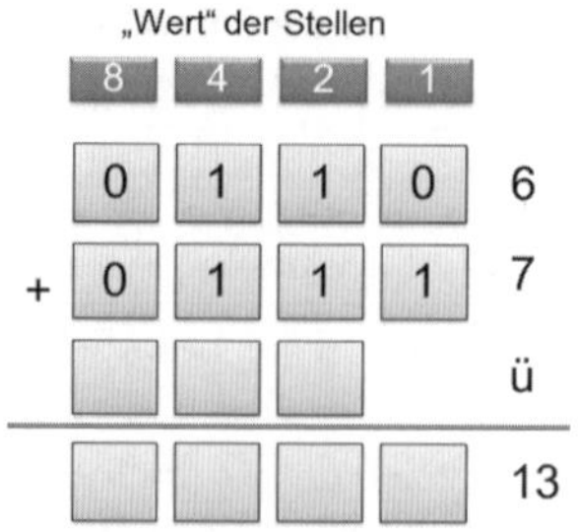

Um die Wirkung der einzelnen Additionsschritte besser verfolgen zu können, ist in der obersten Zeile der Wert der Bit-Stellen aufgeführt.

Wie in der Schule gelernt, beginnen wir mit der rechten Ziffer (also dem LSB). $0+1$ ergibt dabei 1. Das Ergebnis 1 ist mit einer Bit-Stelle darstellbar, somit ergibt sich kein Übertrag in die nächstes Stelle und wir erhalten:

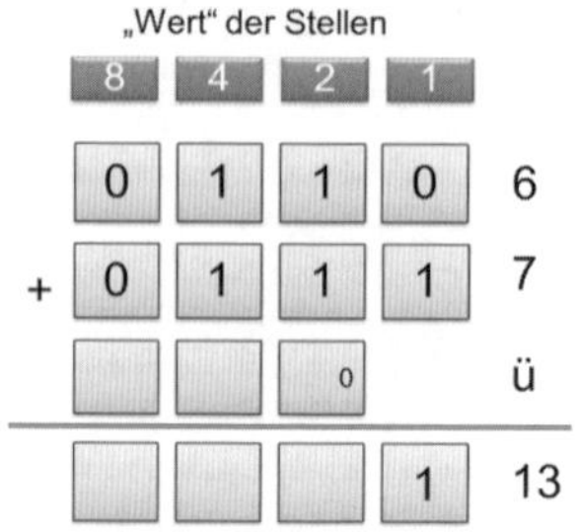

Die binäre Addition funktioniert wie die dezimale, nur mit weniger Ziffern.

In der nächsten Stelle sind drei Werte zu addieren $1+1+0$, wobei die 0 der Übertragswert aus der vorhergehenden Stelle ist. Das Ergebnis der Addition ist $1+1+0=2$ (im Dezimalsystem gerechnet). Eine 2 ist nun im Binärsystem *nicht* mit einer Stelle darstellbar: $2|_{10} = 10|_2$. D.h. wir bekommen eine 0 in der entsprechenden Stelle und einen Übertrag 1 in die nachfolgende Stelle. Im *Dezimalsystem* entsteht ein Übertrag nur, wenn die Summe größer oder gleich Zehn ergibt. Im binären ist es also so ähnlich, nur dass die Übertragsgrenze hier bereits bei 2 erreicht ist.

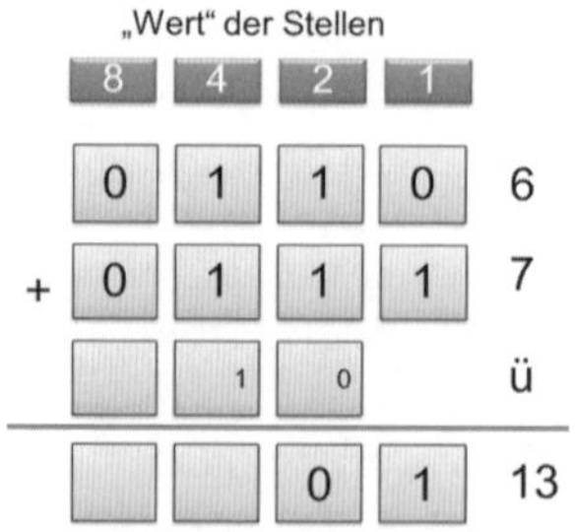

In der nächsten Stelle (mit dem Gewicht 4) wird $1+1+1$ addiert, was als Ergebnis dezimal eine 3 und somit binär 11 ergibt. Konsequenter Weise ergibt dies eine 1 für die aktuelle Stelle und einen Übertrag 1 in die nachfolgende Bit-Stelle.

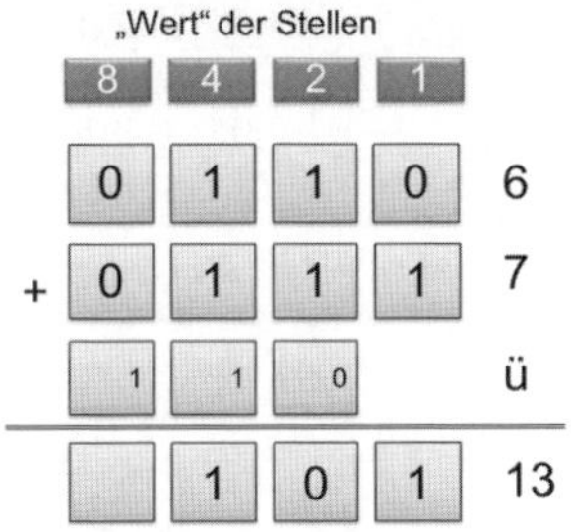

In der letzten Stelle wird schließlich $0 + 0 + 1$ berechnet, was als Ergebnis eine 1 liefert. Somit bekommen wir als Endergebnis:

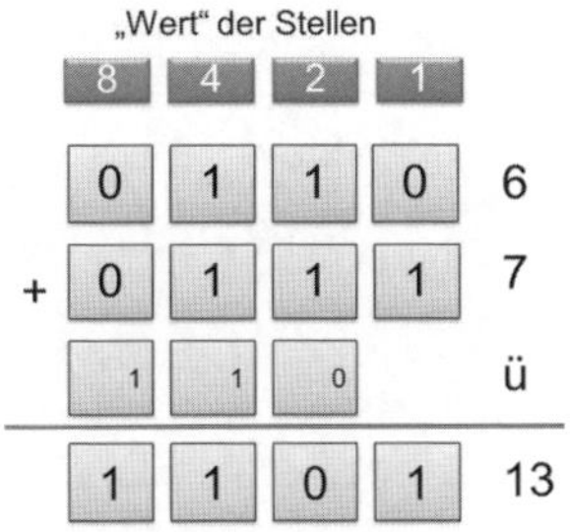

Und tatsächlich, wenn wir das Bit-Muster des Ergebnisses in eine Dezimalzahl umwandeln, bekommen wir 13 – wie für eine Addition von 6 und 7 auch zu erwarten ist.

Zusammenfassung:
Die binäre Addition von zwei Zahlen läuft also exakt genau so ab, wie wir es vom Dezimalsystem gewohnt sind: Wir addieren mit dem LSB beginnend Stelle für Stelle. Erzielen wir bei einer Stelle ein Ergebnis größer oder gleich 2, dann erhalten wird den Stellenwert indem vom Ergebnis 2 subtrahiert wird. Zusätzlich wird ein Übertrag mit dem Wert 1 für die nächste Stelle generiert.

4.4.6 Übungen zur binären Addition

Die binäre Addition soll mit Hilfe einiger weiterer Beispiele trainiert werden. Zunächst werden dabei einige Aufgaben komplett mit Lösung gezeigt. Versuchen Sie die Rechnungen nachzuvollziehen (Achtung: die Rechnungen zeigen nicht die Übertrags-Bits!). Anschließend bekommen Sie Gelegenheit, ein paar Additionen selbständig durchzuführen. Überprüfen Sie die Ergebnisse, indem Sie die resultierenden Binärwerte in Dezimalzahlen zurückwandeln und mit den erwarteten Summenwerten vergleichen.

- $5 + 10 = 15$

Gewichte	8	4	2	1	
	0	1	0	1	= 5
+	1	0	1	0	= 10
	1	1	1	1	= 15

- $3 + 7 = 10$

Gewichte	8	4	2	1	
	0	0	1	1	= 3
+	0	1	1	1	= 7
	1	0	1	0	= 10

- $197 + 125 = 322$

Gewichte	256	128	64	32	16	8	4	2	1	
	0	1	1	0	0	0	1	0	1	= 197
+	0	0	1	1	1	1	1	0	1	= 125
	1	0	1	0	0	0	0	1	0	= 322

- $439 + 61 = 500$

Gewichte	256	128	64	32	16	8	4	2	1	
	1	1	0	1	1	0	1	1	1	= 439
+	0	0	0	1	1	1	1	0	1	= 61
	1	1	1	1	1	0	1	0	0	= 500

Bitte ergänzen Sie in den nachfolgenden Tabellen um die fehlenden Einträge und überprüfen Sie Ihre Ergebnisse, indem Sie die Summenwerte in Dezimalzahlen zurückwandeln und mit den erwarteten Ergebnissen vergleichen.

- $8 + 6 = 14$

Gewichte	8	4	2	1	
	1	0	0	0	= 8
+	0	1	1	0	= 6
					= 14

- $11 + 3 = 14$

Gewichte	8	4	2	1	
					= 11
+					= 3
					= 14

- $55 + 31 = 86$

Gewichte	64	32	16	8	4	2	1	
	0	1	1	0	1	1	1	= 55
+								= 31
								= 86

- 177 + 100 = 277

Gewichte	256	128	64	32	16	8	4	2	1	
										= 177
+										= 100
										= 277

- 307+? = 511

Gewichte	256	128	64	32	16	8	4	2	1	
	1	0	0	1	1	0	0	1	1	= 307
+										=
	1	1	1	1	1	1	1	1	1	= 511

Überläufe

Nicht alle Additionen laufen so problemlos ab wie die in den vorangegangen Beispielen. Betrachten wir dazu einmal die Addition von zwei 4-Bit breiten Zahlen, und zwar 6 + 11:

Gewichte		8	4	2	1	
		0	1	1	0	= 6
+	$_1$	1_1	0_1	1	1	= 11
		0	0	0	1	= 1

Betrachten man lediglich die unteren 4 Bits des Ergebnisses, so ist der Summenwert offensichtlich nicht korrekt. Die Summe müsste eigentlich 17 ergeben, wir erhalten aber nur den Wert 1. Was ist passiert? Nun, das Ergebnis kann mit 4 Bits nicht dargestellt werden (siehe dazu auch Tabelle 4.5). Die maximale mit 4 Bit-Stellen darstellbare Zahl ist 15 und damit kleiner als unser Summenwert 17. Wenn man genau hinschaut, so kann man auch erkennen, dass etwas „schief gelaufen“ ist: Die Addition hat einen Überlauf in die 5te – eigentlich nicht mehr vorhandene Bit-Stelle – erzeugt!

Eine anschauliche Möglichkeit Überläufe zu visualisieren, ist der Zahlenkreis. In Abbildung 4.11 ist ein Zahlenkreis für 4-Bit große Zahlen zu sehen. Eine Zählsequenz wird dabei durch Umlaufen des Kreises in Uhrzeigerichtung erzeugt. Beim Übergang von 1111 nach 0000 findet dabei ein Überlauf statt.

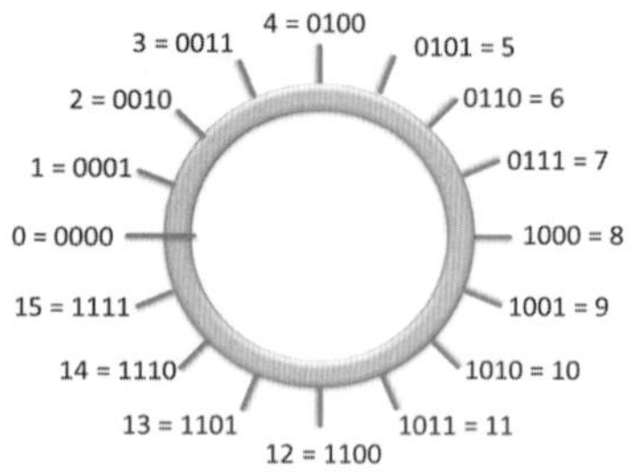

Abbildung 4.11: Der Zahlenkreis für 4 Bit

Auf dem Zahlenkreis können nun Additionen ganz einfach veranschaulicht werden: Jede Zahl ist dabei eine Bogensegment von entsprechender Länge und die Addition wird letztlich auf das Aneinanderreihen der Segmente zurückgeführt:

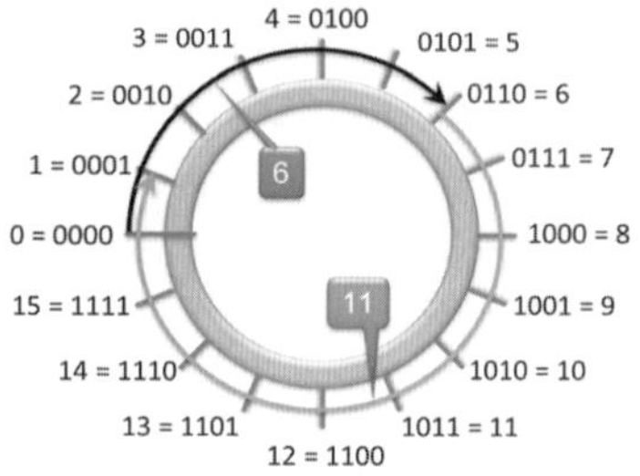

Abbildung 4.12: Addition von 6 und 11 auf dem Zahlenkreis

Das Ergebnis der Addition beträgt in diesem Fall (6 + 11). Aufgrund des Überlaufs also 1, was ja angesichts des Zahlenkreises nun ganz logisch erscheint. Zahlen größer als 15 sind nun mal mit 4 Bit nicht darstellbar. Bei der Addition von Dezimalzahlen sind wir es gewohnt dynamisch zusätzliche Stellen zu schaffen, falls man mit den vorhandenen nicht auskommt. Was für den Menschen kein Problem ist, kann eine Schaltung aber nicht so ohne weiteres machen. Im Normalfall ist eine Schaltung für eine bestimmte feste Anzahl von Bit-Stellen ausgelegt. Dynamisch zusätzliche Stellen zu schaffen ist nicht möglich.

Das hat weit reichende Konsequenzen für den Entwurf von Rechenschaltungen. Bei jeder mathematischen Operation muss sich der Designer fragen, ob die zur Verfügung stehende Bit-Auflösung (also die Anzahl der Bit-Stellen) ausreicht, um das Ergebnis bzw. die Operation durchzuführen. Wird mit zu wenigen Bits gerechnet, dann können „Überläufe“ entstehen und das Ergebnis ist falsch. Diese Gefahr lauert übrigens nicht nur beim Entwurf digitaler Rechenschaltungen! Auch bei der herkömmlichen Programmierung (z.B. in C oder Java) muss man bei der Verwendung von ganzzahligen Variablen Vorsicht walten lassen: ganzzahlige Variablen haben eine feste Auflösung (z.B. 8, 16, 32 oder 64 Bits), so dass bei entsprechender Wahl der Operanden die arithmetischen Operationen leicht Überläufe produzieren können.

Obwohl das Additionsergebnis im Falle eines Überlaufs nicht korrekt ist, kann man aus dem Ergebnis aber durchaus nützliche Informationen gewinnen. Tatsächlich ist das Ergebnis nämlich nicht komplett falsch, es fehlen nur die oberen Bits. Die unteren Bits sind hingegen korrekt. Interessiert man sich also z.b. nur für die unteren Bit-Stellen des Ergebnisses, dann braucht man die oberen gar nicht zu berechnen.

Die berechneten Summen-Bits stimmen auch bei Überläufen!

Warum ist das so? Das liegt an der Reihenfolge, in der die Bit-Stellen bei der Addition bearbeitet werden. Man beginnt immer mit der niederwertigsten Stelle (LSB) und arbeitet sich dann Stelle für Stelle bis zur höherwertigen durch. Eine einmal berechnete Bit-Stelle wird dabei im Nachhinein nicht mehr verändert! Damit ist klar, dass sich z.B. die LSB-Bits (abhängig von den konkreten Zahlenwerten) auf alle anderen Bits auswirken können. Umgekehrt ist dies hingegen nicht möglich! Wenn wir z.B. die dritte Bit-Stelle berechnen, so hat die keine Auswirkung (egal wie die Zahlenwerte sind) auf die ersten beiden Stellen! Somit ist klar: Im Falle eines Überlaufs sind die unteren (berechneten) Bits in jedem Fall korrekt. Es fehlen einfach nur ein oder mehrere Bits links vom MSB.

Zusammenfassung:
Überall dort, wo mit einer festen Anzahl von Bit-Stellen gerechnet wird, können bei arithmetischen Operationen Überläufe entstehen. Das passiert immer dann, wenn das Ergebnis mit den zur Verfügung stehenden Bit-Stellen nicht dargestellt werden kann.
Trotzdem kann das Ergebnis einer übergelaufenen Addition nützlich sein: die berechneten Bit-Stellen sind nämlich in jedem Falle korrekt! Es fehlen einfach nur ein oder mehrere Bits links vom MSB.
Ist man also z.B. nur an den unteren 4 Bits einer Summe interessiert, dann braucht man auch die Bits oberhalb der 4-ten Stelle nicht zu berechnen, egal wie viele Zahlen summiert werden sollen!

4.4.7 Halb- und Volladdierer

Nun wissen wir, wie die binäre Addition abläuft. Daher können wir uns nun als nächstes der Frage zuwenden, wie wir eine Addition technisch (also als Schaltung) realisieren können.

Die binäre Addition arbeitet genauso wie eine Addition im Dezimalsystem: Es wird Stelle für Stelle, beginnend mit der niederwertigsten abgearbeitet. Betrachten wir daher den Ablauf für eine Bit-Stelle – sagen wir einmal für die zweite Bitstelle (Gewicht 2) – einmal isoliert: als Eingangswerte haben wir die beiden Summanden-Bits der zweiten Bit-Stelle und den Übertragseingang aus der vorhergehenden Stelle (erste Bit-Stelle). Das Ergebnis ist ein Summen-Bit für die zweite Bit-Stelle sowie ein Übertrags-Bit in die nächste (dritte) Stelle. Somit haben wir also drei Ein- und zwei Ausgänge. Die nachfolgende Abbildung zeigt die Bearbeitung der zweiten Bit-Stelle (Gewicht 2) anhand eines einfachen Beispiels:

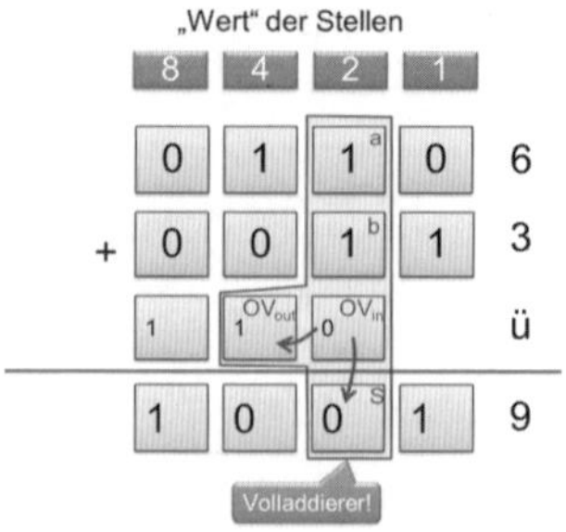

Die Regeln für die Ausgänge Summen-Bit (S) sowie Übertrags-Bit (OV_{out}) können direkt aus unseren Rechenregeln abgeleitet werden:

- Sind alle Eingänge 0, dann ist das Summen-Bit S und der Übertrag OV_{out} ebenfalls 0.
- Ist genau einer der Eingänge 1, dann ist das Summen-Bit S 1 und wir haben keinen Übertrag ($OV_{out} = 0$).
- Sind zwei der Eingänge 1, dann ist das Summen-Bit S 0 und der Übertrag OV_{out} in die nächste Stelle ist 1.
- Sind alle Eingänge 1, dann sind Summen-Bit S und der Übertrag OV_{out} ebenfalls 1.

Damit lässt sich direkt die Wahrheitstabelle für die beiden Ausgänge ausfüllen:

OV_{in}	a	b	OV_{out}	S
0	0	0	0	0
0	0	1	0	1
0	1	0	0	1
0	1	1	1	0
1	0	0	0	1
1	0	1	1	0
1	1	0	1	0
1	1	1	1	1

Als nächsten Schritt werden wir nun versuchen für die beiden Ausgangsfunktionen S und OV_{out} passende Gleichungen abzuleiten. Schaut man sich die Spalte für das Summen-Bit S an, so sieht man das Summen-Bit ja immer dann 1 ist, wenn eine ungerade Anzahl von Eingängen 1 sind. Ein Blick in die Tabelle 4.2 liefert auch prompt die dazu passende boolesche Grundfunktion: die Antivalenz:

$$S = a \not\equiv b \not\equiv OV_{in}. \tag{4.6}$$

Der Übertrags-Ausgang OV_{out} ist nicht so einfach zu generieren. Aber eine naheliegende Idee ist einfach zu überprüfen, ob mindestens zwei Eingänge 1 sind. Immer wenn mindestens zwei Eingänge 1 sind, dann entsteht nämlich laut der Wahrheitstabelle ein Übertrag. Also müssen wir einfach nur alle möglichen Paare der drei Eingangssignale mit einer Und-Verknüpfung überprüfen. Sind bei mindestens einem der Paare die beide Signale 1, dann haben wir einen Übertrag:

$$OV_{out} = (a \wedge b) \vee (a \wedge OV_{in}) \vee (b \wedge OV_{in}). \tag{4.7}$$

Aufgrund der großen Bedeutung dieser beiden Funktionen, werden sie meist zu einem Baustein zusammengefasst und als „Volladdierer“ (Abkürzung „VA“ oder auch im englischen „Full-adder“ und abgekürzt „FA“) bezeichnet.

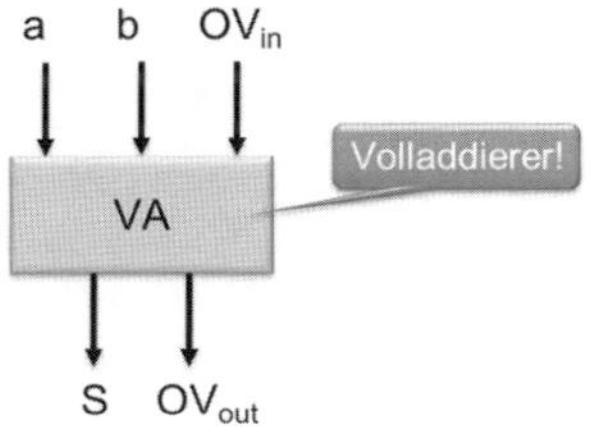

Damit haben wir die Funktion des VA aus den Abläufen während der Addition hergeleitet. Daneben gibt es aber noch eine weitere alternative Interpretation der Volladdiererfunktion. Um diese etwas andere Deutung zu verstehen, erweitern wir die Wahrheitstabelle um eine zusätzliche Spalte, die die Anzahl der Einsen unter den Eingängen zählt:

OV_{in}	a	b	Anzahl Einsen	OV_{out}	S
0	0	0	0	0	0
0	0	1	1	0	1
0	1	0	1	0	1
0	1	1	2	1	0
1	0	0	1	0	1
1	0	1	2	1	0
1	1	0	2	1	0
1	1	1	3	1	1

Wenn man die Werte in der neuen Spalte mit OV_{out} und S vergleicht, dann kann man leicht sehen, dass man die Ausgangs-Bits auch als eine 2-Bit Zahl interpretieren kann. Die Zahl gibt hierbei die Anzahl der Eingänge an, die den Wert 1 haben. Dabei ist OV_{out} das MSB und S das LSB dieser 2-Bit-Zahl. Damit wird auch sofort klar, dass die Eingänge eines Volladdierers beliebig vertauscht werden können (d.h. man kann also z.B. OV_{in} und a vertauschen, ohne dass das die Ausgabe des Volladdierers verändert).

Ein Volladdierer zählt, wie viele seiner drei Eingänge 1 sind.

Nun ist ein Volladdierer für sich gesehen leider nur von begrenztem Nutzen, da man damit ja lediglich eine einzige Stelle verarbeiten kann. In den allermeisten Fällen wird das aber nicht ausreichen, wir benötigen eher Addierer für mit 4, 8, 16 oder noch mehr Bit-Stellen. Hat man aber einen Volladdierer zur Verfügung, dann lassen sich daraus sehr einfach Addierer für beliebig große Zahlen zusammenbauen, indem man einfach eine entsprechende Anzahl an VA-Bausteinen miteinander „verdrahtet“.

Das nachfolgende Beispiel zeigt einen Addierer für zwei 4-Bit-große Zahlen a und b. a, b und S bestehen dabei aus jeweils 4 Bits, wobei der Index 0 für das LSB und der Index 3 für das MSB stehen (d.h. a = $(a_3a_2a_1a_0)$, b = $(b_3b_2b_1b_0)$ und S = $(S_3S_2S_1S_0)$:

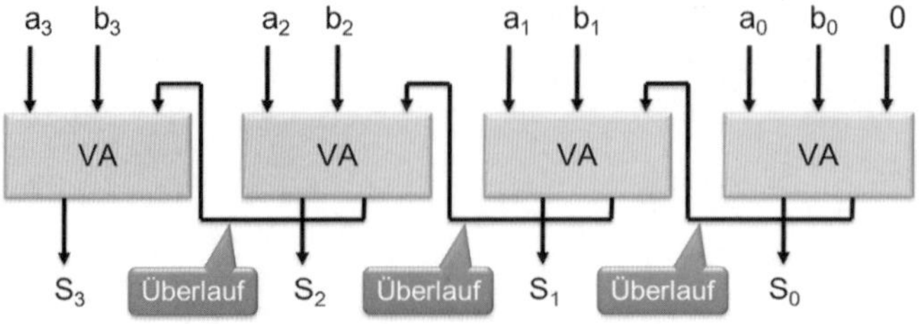

Der Übertragseingang der LSB-Stelle ist fest auf 0 gesetzt (es ist ja keine vorhergehende Bit-Stelle vorhanden, die einen Übertrag erzeugen könnte). Der Übertragsausgang der letzten (MSB) Stelle wird hier nicht benötigt und kann daher weggelassen werden.

Jeder „Kasten“ in der Schaltung steht stellvertretend für die beiden Gleichungen 4.6 und 4.7, so dass das gesamte Bild also 8 Gleichungen repräsentiert (wenn man die nicht benötigte Gleichung für den Übertrag in die Stelle nach dem MSB einmal mitzählt). Für das oben gezeigte Beispiel sind dies hier also die Gleichungen:

$$\begin{aligned}
S_0 &= a_0 \not\equiv b_0 \not\equiv 0 \\
OV_{out,0} &= (a_0 \wedge b_0) \vee (a_0 \wedge 0) \vee (b_0 \wedge 0) \\
S_1 &= a_1 \not\equiv b_1 \not\equiv OV_{out,0} \\
OV_{out,1} &= (a_1 \wedge b_1) \vee (a_1 \wedge OV_{out,0}) \vee (b_1 \wedge OV_{out,0}) \\
S_2 &= a_2 \not\equiv b_2 \not\equiv OV_{out,1} \\
OV_{out,2} &= (a_2 \wedge b_2) \vee (a_2 \wedge OV_{out,1}) \vee (b_2 \wedge OV_{out,1}) \\
S_3 &= a_3 \not\equiv b_3 \not\equiv OV_{out,1} \\
OV_{out,3} &= (a_3 \wedge b_3) \vee (a_3 \wedge OV_{out,2}) \vee (b_3 \wedge OV_{out,2})
\end{aligned}$$

Bitte beachten Sie, dass die ersten beiden Gleichungen vereinfacht werden können, da der Übertragseingang für das LSB fest auf dem Wert 0 liegt. Lässt man den nicht benötigten Eingang des Volladdieres gleich weg, so ergeben sich folgende Gleichungen für das LSB:

$$\begin{aligned}
S_0 &= a_0 \not\equiv b_0 \\
OV_{out,0} &= a_0 \wedge b_0
\end{aligned}$$

Ein Halbaddierer zählt, wie viele seiner zwei Eingänge 1 sind.

Diese „optimierte“ Version des Volladdierers hat sogar einen eigenen Namen bekommen: man nennt sie Halbaddierer (oder auch abgekürzt „HA“, im englischen „Half-Adder“). Damit wird dann ein 4-Bit-Addierer wie folgt aussehen:

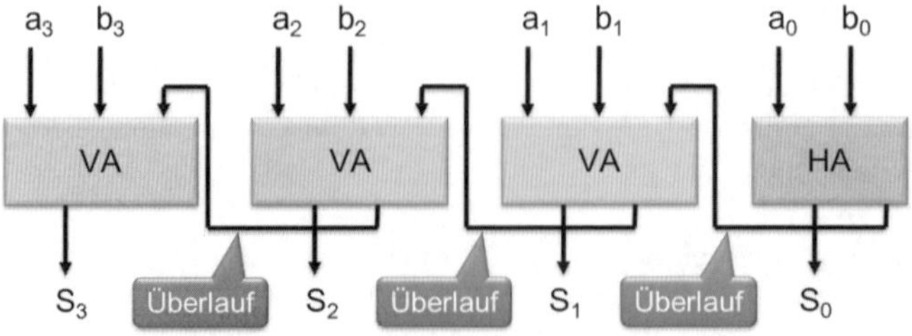

Spätestens an dieser Stelle sieht man deutlich den Vorteil der graphischen Darstellung im Vergleich zu den booleschen Gleichungen oder gar einer entsprechenden Wahrheitstabelle. Während man das Diagramm mit etwas Übung relativ einfach überschauen und verstehen kann, sind die reinen booleschen Gleichungen doch sehr schwer zu interpretieren.

Zusammenfassung:
Ein Volladdierer (VA) ist eine Komponente mit drei Eingangs- und zwei Ausgangs-Bits. Der Volladdierer zählt dabei die Anzahl der Einsen an den Eingängen und stellt diesen Zählwert als 2-Bit breite Zahl dar. Mehrere Volladdierer können miteinander verkettet werden, um Addierer für beliebig breite binären Zahlen zu bilden.
Ein Halbaddierer ist eine vereinfachte Version eines Volladdierers, bei der der Übertrags-Eingang fest auf 0 gesetzt worden ist. Daher besitzt der Baustein nur zwei Eingänge. Die Anzahl der Ausgänge ist identisch zu denen eines Volladdierers (also zwei Ausgänge).

4.4.8 Negative Zahlen

Wir wissen jetzt, wie man binäre Zahlen addieren kann. Damit taucht natürlich sofort die Frage auf wie man denn subtrahiert. Diese Frage stellen wir zunächst etwas zurück und wenden uns statt dessen einer verwandten Problemstellung zu: wie kann man negative Zahlen darstellen? Wir werden später sehen, dass uns die Antwort zu dieser Frage automatisch zur „Subtraktion" führen wird.

Letztlich gibt es mehrere Möglichkeiten, negative Zahlen im Binärsystem darzustellen. Die naheliegende Lösung ist einfach das bei den Dezimalzahlen verwendete Konzept zu übernehmen: die negative Zahl setzt sich aus einem Vorzeichen (Minuszeichen) und dem Betrag der Zahl zusammen. So kann man das im Binärsystem auch machen: das linke Bit würde dann als Vorzeichen interpretiert werden, die restlichen Bits bilden den Betrag der Zahl. Diese Lösung ist naheliegend und einfach, hat aber zwei Nachteile:

Der Betrag einer Zahl x ist $-x$, wenn $x < 0$ ist, ansonsten x.

- Es gibt zwei Möglichkeiten die 0 darzustellen: einmal mit dem Vorzeichenbit gleich 1 (also $100\ldots0$) und einmal dem Vorzeichenbit gleich 0 (also $000\ldots0$).
- Unsere Additionsmodul würde für negative Zahlen nicht funktionieren (probieren Sie es einfach mal aus und addieren Sie -3 + 4 nach dem gewohnten Additionsschema).

Aus diesen Gründen hat sich eine andere, auf den ersten Blick etwas ungewöhnliche Art durchgesetzt, um negative Zahlen darzustellen: das Zweierkomplement. Bevor wir uns die mathematischen Hintergründe etwas näher anschauen, hier zunächst die Regel, wie man aus einer Zahl die negative Zweierkomplementdarstellung gewinnt:

1. Alle Bits der Zahl negieren. Das Ergebnis wird auch das „Einerkomplement" der Zahl genannt.
2. Eine 1 zum Einerkomplement addieren. Das Ergebnis dieses Schrittes ist dann das Zweierkomplement der Zahl.

Probieren wir es doch einfach mal an der Zahl 3 aus. Im Binärformat (4 Bit Auflösung) ist die 3 wie folgt kodiert:

Gewichte	8	4	2	1	
	0	0	1	1	= 3

Als erstes müssen wir alle Bits negieren (invertieren):

Gewichte	8	4	2	1	
	1	1	0	0	= 12

Und jetzt noch eine 1 addieren, um das Zweierkomplement der Zahl 3 zu bekommen:

Gewichte	8	4	2	1	
	1	1	0	0	= 12
+	0	0	0	1	= 1
	1	1	0	1	= 13 bzw. -3

Das Zweierkomplement, also der negative Wert von 0011, ist jetzt 1101. Aber was hilft uns das auch weiter? Um das zu ergründen, lassen Sie uns doch einfach mal eine 5 zu der Zahl addieren. Das Ergebnis sollte ja -3 + 5 = 2 ergeben. Als Besonderheit beschränkten wir uns bei der Rechnung nur auf die vier unteren Bits:

Gewichte	8	4	2	1	
	1	1	0	1	= -3 bzw. 12
+ (1)	0_1	1_1	0_1	1	= 5
	0	0	1	0	= 13 = 2

Bitte beachten Sie, dass wir uns hier gezielt nur auf die unteren 4 Bits beschränken, also den Übertrag in die fünfte Bit-Stelle ignorieren. Verblüffender Weise kommt dabei tatsächlich das gewünschte Ergebnis 0010 = 2 heraus! D.h. unsere herkömmliche binäre Addition scheint auch im Falle von negativen Zahlen zu funktionieren!

Was allerdings noch nicht passt, sind die Gewichte in der Zahlendarstellung. Nutzt man das herkömmliche Verfahren zur Umwandlung der Bitfolge 1101 in eine Dezimalzahl, so kommt leider 13 und nicht -3 heraus. Aber eine kleine Modifikation an dem linken Gewicht bringt die Darstellung wieder ins Lot:

Gewichte	-8	4	2	1	
	1	1	0	1	= -3

Das höherwertigste Gewicht ist mit einem negativen Vorzeichen versehen worden. Alle anderen Gewichte sind unverändert. Wenn wir nun basierend auf dieser neuen Gewichtskonfiguration den Dezimalwert von 1101 ausrechnen, bekommen wir:

$$1101\ |_2 = 1 \cdot (-8) + 1 \cdot 4 + 0 \cdot 2 + 1 \cdot 1 = -8 + 4 + 1 = -3.$$

Es kommt also dabei die gewünschte Dezimalzahl einschließlich dem negativen Vorzeichen heraus.

Basierend auf diesen Gewichten werden wir nun als nächstes untersuchen, welche Zahlenwerte man jetzt mit einer solchen 4-Bit-Zahl im Zweierkomplementformat darstellen kann. Fangen wir dazu mit der negativsten (also mathematisch kleinsten) Zahl an. Die bekommen wir, wenn das linkte Bit gesetzt ist (nur dann bekommen wir überhaupt irgendetwas negatives). Alle anderen Bits sind 0, da wir ansonsten etwas positives zu der -8 addieren würden. Somit ergibt sich:

$$Min_{4Bit} = 1 \cdot (-8) + 0 \cdot 4 + 0 \cdot 2 + 0 \cdot 1 = -8.$$

N	Wertebereich
1	$-1 \ldots 0$
2	$-2 \ldots 1$
3	$-4 \ldots 3$
4	$-8 \ldots 7$
5	$-16 \ldots 15$
6	$-32 \ldots 31$
7	$-64 \ldots 63$
8	$-128 \ldots 127$
9	$-256 \ldots 255$
10	$-512 \ldots 511$
11	$-1024 \ldots 1023$
12	$-2048 \ldots 2047$
13	$-4096 \ldots 4095$
14	$-8192 \ldots 8191$
15	$-16383 \ldots 16382$
16	$-32768 \ldots 32767$
17	$-65536 \ldots 65535$
18	$-131.072 \ldots 131.071$
19	$-262.144 \ldots 262.143$
20	$-524.288 \ldots 524.287$
21	$-1.048.576 \ldots 1.048.575$
22	$-2.097.152 \ldots 2.097.151$

Tabelle 4.7: Wertebereich für ganze binäre Zahlen im Zweierkomplementformat mit N Stellen

Um den maximal möglichen Wert mit 4 Bits im Zweierkomplementformat zu bekommen, muss das linke Bit 0 sein (sonst würden wir 8 „abziehen“ und die Summe damit kleiner machen). Alle anderen Bits müssen gesetzt sein und wir bekommen:

$$Max_{4Bit} = 0 \cdot (-8) + 1 \cdot 4 + 1 \cdot 2 + 1 \cdot 1 = 4 + 2 + 1 = 7.$$

Damit ergibt sich also offensichtlich ein leicht „asymmetrischer“ Wertebereich von -8 bis 7. Zur Erinnerung: bei vorzeichenlosen Zahlen kann man mit 4 Bit Werte von 0 bis 15 darstellen. D.h., wir haben in beiden Fällen 16 Zahlen, nur der Start- und Endwert der Wertebereiche ist verschoben.

Lassen Sie uns nun die wesentlichen Eigenschaften einer N Bit breiten Zweierkomplementzahl zusammenfassen:

- Das Gewicht des linken Bits (MSB) bekommt ein negatives Vorzeichen. Alle anderen Gewichte bleiben unverändert.

- Eine Addition kann nach dem bisherigen Verfahren durchgeführt werden. Eventuelle Überträge in die Stelle nach dem MSB (also die Stelle *links* vom negativen Gewicht) werden allerdings ignoriert.

- der mit N Bits darstellbare Wertebereich ist leicht asymmetrisch und beträgt -2^{N-1} bis $2^{N-1} - 1$. Tabelle 4.7 zeigt die Wertebereiche für 1 bis 22 Bit breite Zahlen.

- Die kleinste (negative) Zahl hat das Bit-Muster $100 \cdots 00 = -2^{N-1}$, die größte (positive) Zahl ist $011 \cdots 11 = 2^{N-1} - 1$.

- Das Bit-Muster für -1 ist $111 \cdots 11$.

In dem Beispiel oben haben wir eine 3 in eine -3 umgewandelt, was als Ergebnis das Bit-Muster 1101 ergab. Aber geht das eigentlich auch umgekehrt? Können wir also die -3 mit demselben Verfahren in eine 3 umwandeln? Versuchen wir es einfach mal:

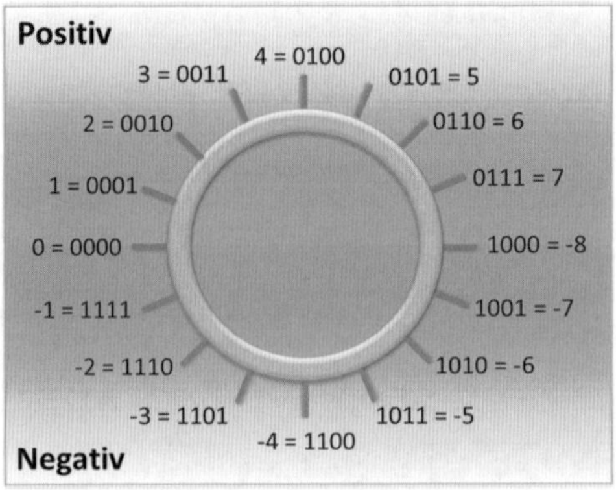

Abbildung 4.13: Zahlenkreis im Zweierkomplement

Gewichte	-8	4	2	1	
	1	1	0	1	= -3
	0	0	1	0	= Negation von 3
+				1	= 1
	0	0	1	1	= 3

Die Zweierkomplementumwandlung funktioniert unabhängig vom aktuellen Vorzeichen.

Ja, es funktioniert! Wir können also mit dem Verfahren beliebig das Vorzeichen einer Zahl herumdrehen, unabhängig davon wie das Vorzeichen vorher war.

Zahlenkreis im Zweierkomplement

Wenn man eine Addition mit negativen Zahlen durchführt, dann gibt es einen nicht verwendeten Übertrag in die Stelle nach dem MSB. Das Zweierkomplementformat nutzt also eigentlich die Einschränkung auf eine *feste* Anzahl von Bit-Stellen aus, um negative Zahlen darzustellen. Diese besondere Eigenschaft soll anhand des Zahlenkreises nochmal etwas genauer untersucht werden. Abbildung 4.13 zeigt den Zahlenkreis für 4-Bit große Zweierkomplementzahlen.

Die obere und untere Hälfte des Kreises zeigt dabei den positiven und negativen Wertebereich. Auch im Zweierkomplementformat kann ein Überlauf passieren – das ist eigentlich aber nicht wirklich überraschend, da wir ja auch hier nur mit einer festen Anzahl von Stellen operieren. Im Gegensatz zu den vorzeichenlosen Zahlen findet ein Überlauf aber beim Übergang von 0111 (=7) zu 1000 (=-8) statt. Addieren man zu einer 7 also eine 2, so ist das Ergebnis nicht wie erwartet 9 sondern -7. Das kann man sehr einfach am Zahlenkreis sehen, indem man von der 7 (=0111) ausgehend zwei Schritte (entsprechend einer Addition von 2) in Uhrzeigerrichtung weiterläuft.

Der Übergang an der linken Seite des Zahlenkreises ist hingegen mathematisch korrekt: addiert man z.B. zu 1111 ($= -1$) den Wert 0010 ($= 2$), so ist das Ergebnis 0001 ($= 1$).

Tabelle 4.8 zeigt die Zählsequenz für 4 Bit wobei die Binärzahl einmal als vorzeichenbehaftet und einmal als vorzeichenlos betrachtet worden ist. Wie man deutlich erkennen kann, haben alle negativen Zahlen das linke (MSB) gesetzt. Man kann dieses Bit also auch als eine Art „Vorzeichen“ interpretieren, wobei eine 1 auf eine negative Zahl hinweist.

Vorzeichen		Binärzahl			
mit	ohne	(-)8	4	2	1
0	0	0	0	0	0
1	1	0	0	0	1
2	2	0	0	1	0
3	3	0	0	1	1
4	4	0	1	0	0
5	5	0	1	0	1
6	6	0	1	1	0
7	7	0	1	1	1
-8	8	1	0	0	0
-7	9	1	0	0	1
-6	10	1	0	1	0
-5	11	1	0	1	1
-4	12	1	1	0	0
-3	13	1	1	0	1
-2	14	1	1	1	0
-1	15	1	1	1	1

Tabelle 4.8: Zählsequenz für 4 Bit mit und ohne Interpretation des Vorzeichens

Interessant ist, dass für die Zahlen zwischen 0 und 7 die Interpretation bei beiden Betrachtungen gleich ist. Erst ab dem Bitmuster 1000 weicht die Bedeutung ab: Als vorzeichenlose Zahl betrachtet entspricht das Bit-Muster 1000 einer dezimalen 8, während es im Zweierkomplementformat als -8 angesehen wird.

Zusammenfassung:
Die gebräuchlichste Darstellung von vorzeichenbehafteten Binärahlen ist das Zweierkomplementformat. Diese Format ist dem von vorzeichenlosen Zahlen sehr ähnlich: Im Vergleich zu vorzeichenlosen Zahlen weicht im Zweierkomplementformat nur das Gewicht des linken (MSB) Bits ab: das linke Bit bekommt das negative Gewicht -2^{N-1} (statt 2^{N-1}), wobei N die Anzahl der Bit-Stellen der Zahl ist. Alle anderen Gewichte verändern sich nicht.
Der Wertebereich im Zweierkomplementformat ist leicht asymmetrisch: Er beträgt $-2^{N-1} \ldots - 2, -1, 0, 1, 2, \ldots (2^{N-1} - 1)$. Am MSB der Zahl kann man dabei direkt das Vorzeichen ablesen. Ist es 0, dann ist die Zahl größer oder gleich 0. Ist es 1, dann ist die Zahl negativ.
Im Zweierkomplementformat wird das Vorzeichen einer Zahl X umgedreht, indem man alles Bits von X invertiert und eine 1 addiert. Das funktioniert unabhängig vom aktuellen Vorzeichen von X.
Die Addition von Zahlen im Zweierkomplementformat ist identisch zu denen von vorzeichenlosen Zahlen, wobei eventuelle Überläufe in die Stelle links vom MSB ignoriert werden.

4.4.9 Binäre Subtraktion

Um eine Subtraktion durchzuführen, brauchen wir eigentlich gar nicht mehr viel zu machen. Im Grunde genommen haben wir das Problem nämlich schon gelöst, als wir die negativen Zahlen eingeführt haben: Die Subtraktion kann letztlich auf eine Addition zurückgeführt werden, bei dem das Vorzeichen des zweiten Summanden negiert wird: $A - B = A + (-B)$.

Binäre Subtraktion = Addition des negativen Werts

Wie man das Vorzeichen negieren kann, haben wir gerade gelernt: Alle Bits negieren und dann eine 1 addieren. Aber probieren wir das einfach mal aus und führen folgende Operation mit 4 Bit-Stellen durch: $6 - 2$. Damit wir das machen können, müssen wir also das Bit-Muster von -2 ermitteln:

Gewichte	-8	4	2	1	
	0	0	1	0	= 2
	1	1	0	1	= Negation von 2
+	0	0	0	1	= 1
	1	1	1	0	= -2

Jetzt kann die eigentliche Subtraktion durchgeführt werden (Achtung: Ein eventueller Übertrag in die Stelle links vom MSB wird ignoriert):

Gewichte		-8	4	2	1	
		0	1	1	0	= 6
+	$_1$	1_1	1_1	1	0	= -2
		0	1	0	0	= 4

Um das ganze etwas zu beschleunigen, kann man die beiden Schritte „Bildung des Zweierkomplements“ und Addition der beiden Zahlen abkürzen:

Gewichte		-8	4	2	1	
		0	1	1	0	= 6
		1	1	0	1	= Negation von 2
+	$_1$	$_1$	$_1$	$_1$	1	= 1
		0	1	0	0	= 2

Dabei wird anstatt zuerst das Zweierkomplement zu bilden, direkt der negierte Wert von 2 (also 1110) zusammen mit der zusätzlichen 1 zum ersten Summanden addiert. Um deutlich zu machen, dass der dritte Summand in der Addition nur eine 1 ist, wurden die führenden Nullen weggelassen.

Basierend auf diesem Konzept, können wir nun sehr einfach ein Modul zu Subtraktion von zwei Zahlen entwerfen:

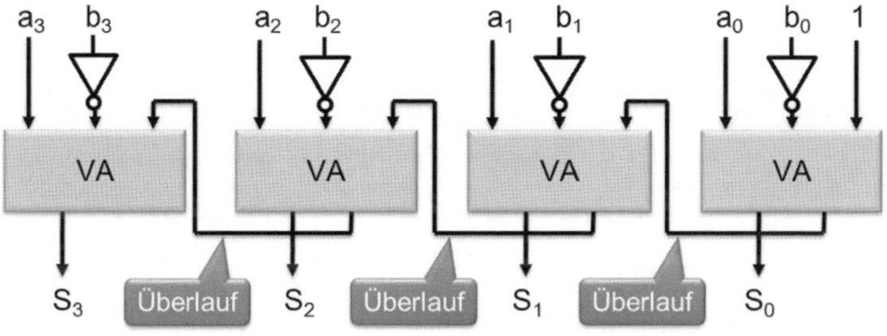

Abbildung 4.14: Subtrahierer

Fällt Ihnen etwas aus? Wir haben nur *eine* Kette von Volladdierern verwendet, obwohl doch eigentlich drei Zahlen (A, das negierte Bit-Muster von B und den Wert 1) addiert werden müssen! Die Lösung ist gar nicht kompliziert: Da wir als drittes nur den Wert 0001 addieren müssen, haben wir einfach den ursprünglich ungenutzten Übertragseingang des rechten Volladdierers dazu verwendet diese 1 zu addieren. So einfach ist es also, einem Addierer die Subtraktion „beizubringen“!

Wir haben jetzt also einem Addierer das Subtrahieren beigebracht. Dazu haben wir aber das Zweierkomplementformat genutzt, das ja im Vergleich zur vorzeichenlosen Darstellung einen verschobenen Wertebereich hat (bei 4-Bit Zahlen also $-8\dots7$ im Vergleich zu $0\dots15$). Was ist aber jetzt zu tun, wenn man z.B. $15 - 4 = 11$ berechnen will? Weder der erste Ausgangswert noch das Ergebnis passen ja in den Wertebereich des 4-Bit Zweierkomplementformats. Aber, vielleicht probieren wir es einfach trotzdem mal:

A − B = A + (invertiert B) + 1

Gewichte		8	4	2	1	
		1	1	1	1	= 15
		1	0	1	1	= Negation von 4
+	$_1$	$_1$	$_1$	$_1$	1	= 1
		1	0	1	1	= 11

Und das Ergebnis ist erstaunlicher Weise völlig richtig! Woran liegt das? Nun, die Begründung haben wir im Grunde genommen schon in Kapitel 4.4.5 kennen gelernt: Die unteren Bits des Ergebnisses sind in jedem Fall richtig. Eventuell fehlen ein paar höherwertige Bits, aber das ist alles. Wenn wir also sicher sind, dass das Ergebnis mit den zur Verfügung stehenden Bits dargestellt werden kann oder wenn man die oberen Bits kennt oder sie nicht interessieren, dann reichen die unteren (niederwertigen) Bits völlig aus.

4.4.10 Übungen zum Zweierkomplement

Die nachfolgenden Übungen sollen den Umgang mit dem Zweierkomplement trainieren. Anschließend folgen einige Aufgaben zur Subtraktion mit Hilfe des Zweierkomplements.

1. Wandeln die die folgenden Zahlen in das Zweierkomplement um. Testen Sie, ob das Ergebnis korrekt ist, indem Sie die resultierende Binärzahlen in die entsprechenden Dezimalwerte zurückwandeln.

(a)

Gewichte	-8	4	2	1	
	0	1	0	1	= 5
					= 5 invertiert
+				1	= +1
					=

(b)

Gewichte	-128	64	32	16	8	4	2	1	
	0	0	1	0	1	0	1	0	=
									= invertiert
+								1	= +1
									=

(c)

Gewichte	-128	64	32	16	8	4	2	1	
	0	1	1	1	1	1	1	1	=
									= invertiert
+								1	= +1
									=

(d)

Gewichte	-128	64	32	16	8	4	2	1	
	1	0	0	0	0	0	0	1	=
									= invertiert
+								1	= +1
									=

2. Führen Sie mit Hilfe des Zweierkomplements folgende Subtraktionen durch

   (a) $7 - 4 = 3$
   Wandeln Sie dazu zunächst die 4 ins binäre Zweierkomplement um:

Gewichte	-8	4	2	1	
					= 4
					= 4 invertiert
+				1	= +1
					= -4

   Jetzt kann die Subtraktion durchgeführt werden:

Gewichte	-8	4	2	1	
					= 7
+					= -4
					=

(b) $5 - 6 = -1$

Wandeln Sie dazu zunächst die 6 ins binäre Zweierkomplement um:

Gewichte	-8	4	2	1	
					= 6
					= 6 invertiert
+				1	= +1
					= -6

Jetzt kann die Subtraktion durchgeführt werden:

Gewichte	-8	4	2	1	
					= 5
+					= -6
					=

(c) $-4 - 3 = -7$

Wandeln Sie dazu zunächst die 4 ins binäre Zweierkomplement um:

Gewichte	-8	4	2	1	
					= 4
					= 4 invertiert
+				1	= +1
					= -4

Wandeln Sie jetzt die 3 ins binäre Zweierkomplement um:

Gewichte	-8	4	2	1	
					= 3
					= 3 invertiert
+				1	= +1
					= -3

Jetzt kann die Subtraktion durchgeführt werden:

Gewichte	-8	4	2	1	
					= -3
+					= -4
					=

(d) $10 - 5 = 5$

Verwenden Sie auch für diese Subtraktion lediglich 4 Bit-Stellen. Bitte beachten Sie, dass der Wert 10 eigentlich mit 4 Bit-Stellen im Zweierkomplementformat *nicht* dargestellt werden kann. Führen Sie die Operationen trotzdem durch! Wandeln Sie dazu zunächst die 5 ins binäre Zweierkomplement um:

Gewichte	-8	4	2	1	
					= 5
					= 5 invertiert
+				1	= +1
					= -5

Jetzt kann die Subtraktion durchgeführt werden. Kodieren Sie die 10 dabei so, also ob das MSB das Gewicht 8 und nicht -8 hätte!

Gewichte	-8	4	2	1	
					= 10
+					= -5
					=

Wenn Sie alles richtig gemacht haben, dann werden Sie sehen, dass das Ergebnis tatsächlich korrekt ist!

(e) $97 - 103 = -6$

Verwenden Sie für die Operationen 8 Bit-Stellen. Wandeln Sie zunächst den Wert 103 in das binäre Zweierkomplement um.

Gewichte	-128	64	32	16	8	4	2	1	
									= 103
									= invertiert
+								1	= +1
									= -103

Jetzt kann die Subtraktion durchgeführt werden:

Gewichte	-128	64	32	16	8	4	2	1	
									= 97
+									= -103
									=

(f) $-34 - 55 = 89$

Verwenden Sie für die Operationen 8 Bit-Stellen. Wandeln Sie zunächst den Wert 34 in das binäre Zweierkomplement um.

Gewichte	-128	64	32	16	8	4	2	1	
									= 34
									= invertiert
+								1	= +1
									= -34

Wandeln Sie als nächstes den Wert 55 ins Zweierkomplement um.

Gewichte	-128	64	32	16	8	4	2	1	
									= 55
									= invertiert
+								1	= +1
									= -55

Jetzt kann die Subtraktion durchgeführt werden:

Gewichte	-128	64	32	16	8	4	2	1	
									= -34
+									= -55
									=

4.4.11 Weitere Übung zum Zweierkomplement

Um den Umgang mit Zweierkomplementzahlen zu trainieren, können wir ebenfalls das Entwicklungs-Board nutzen. Im Auslieferungszustand ist auf dem Board ein Design vorinstalliert, mit dem wir 4 Bit große Zweierkomplementzahlen in Dezimalwerte umwandeln können. Die großen roten Eingabetaster werden dabei zur Eingabe der Binärzahl genutzt, während die dezimalen Zahlenwerte auf der Siebensegmentanzeige zu sehen sind. Solange eine Eingangstaste gedrückt wird, ist der entsprechende Eingang 1, ansonsten 0. Die gewandelte Zahl ist auf der Siebensegmentanzeige zu sehen:

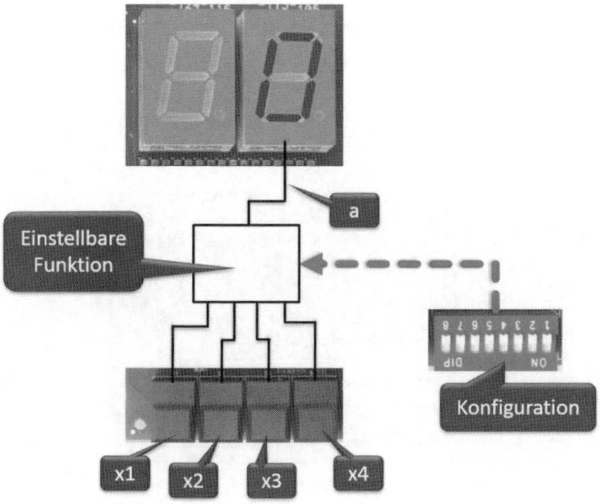

Bitte beachten Sie, dass links (x_1) das MSB und rechts (x_4) das LSB der umzuwandelnden Zahl angegeben werden! Mit Hilfe der Schiebeschalter (DIL-Schalter) wird die gewünschte Funktion (Konfiguration) eingestellt.

Um die Funktion in Betrieb zu nehmen, gehen Sie bitte wie folgt vor:

1. Bringen Sie alle Schiebeschalter (= DIL-Schalter, Konfiguration) auf dem Board in die Ausgangsposition, d.h. bewegen Sie die Schalter in Richtung Rand des Boards (Achtung: das ist genau entgegengesetzt zu den im Bild gezeigten Schalterstellungen).

2. Starten Sie ihren Rechner und verbinden Sie jetzt das FPGA-Board und Ihren PC mit dem mitgelieferten USB-Kabel. Wenn Sie den Anschluss erstmalig herstellen, könnte es einen Moment dauern, bis die Treiber installiert sind. Die grüne LED neben der USB-Buchse leuchtet und zeigt damit an, dass das FPGA-Board mit Spannung versorgt wird.

   Der PC wird hier zunächst nur dazu benutzt, um das Board über USB mit Energie zu versorgen. Daher ist es nicht erforderlich, dass Sie ein Programm auf dem PC starten. Sobald Sie das Board mit dem PC verbunden haben, wird etwa eine Sekunde lang folgendes Symbol auf der Siebensegmentanzeige angezeigt:

Nachdem es verschwunden ist, ist für *zwei Sekunde lang* eine zweistellige Zahlen auf den Anzeigen zu sehen. Diese Zahl entspricht der über die DIL-Schalter ausgewählten Funktion. Sind alle Schalter in Richtung des Platinenrands geschoben worden, dann sollten zwei Nullen für zwei Sekunden lang angezeigt werden.

Danach wird die gewandelte Zahl sowie gegebenenfalls ein negatives Vorzeichen dargestellt:

Achtung: Sollte diese Startsequenz nicht zu sehen sein, dann wurde die Flash-Programmierung des Boards überschrieben und Sie müssen das Board manuell in den Auslieferungszustand zurückversetzen. In Kapitel 4.5 ist beschrieben, wie Sie das durchführen können.

3. Stellen Sie mit Hilfe der Schiebeschalter die Umwandlungsfunktion zweierkompl. → dezimal ein. Die Zuordnung der Schalter zu der Funktion ist wie folgt:

Schiebeschalter (DIL-Schalter)	Funktions-nummer	Funktion
0000 1001	09	zweierkompl. → dezimal

Der linke Schiebeschalter (mit der Nummer 8) ist hierbei der linken Ziffer und der rechte (mit der Nummer 1) der rechten Ziffer zugeordnet. Eine „0“ steht dabei für die Schalterstellung nach unten (also in Richtung des Platinenrands), eine „1“ repräsentiert hingegen die Schalterstellung in Richtung der Platinenmitte.

Verändern Sie die Schiebeschalter, dann wird die dazugehörige Funktionsnummer (siehe Tabelle) für zwei Sekunden lang angezeigt, bevor die Siebensegmenanzeige wieder automatisch den Ausgang der Funktion darstellt. Sollten Sie eine ungültige Konfiguration eingestellt haben, dann erscheint das folgende Symbol auf der Anzeige:

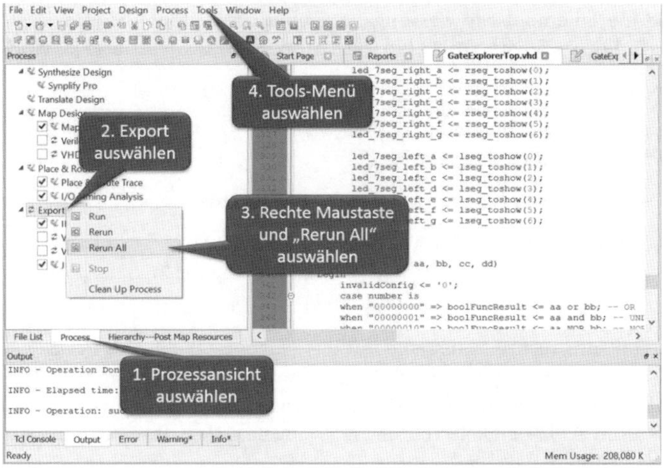

Abbildung 4.15: Die ersten Schritte um das Entwicklungs-Board in den Auslieferungszustand zu bringen

Drücken Sie nun die Taster x_1, x_2, x_3 und/oder x_4 um eine binäre Zahl einzugeben. Halten Sie eine Taste gedrückt, um das entsprechende Eingangsbit auf 1 zu setzen. Beachten Sie, dass x_1 das MSB und x_4 das LSB der einzugebenden Zahl sind. Beobachten Sie die Siebensegmentanzeige. Verhält sich der Ausgang wie erwartet?

4. Versuchen Sie eine Zählsequenz von -8 bis 7 mit Hilfe der Eingangstaster einzugeben.

4.5 Das Entwicklungs-Board in den Auslieferungszustand bringen

Eventuell wird es im Laufe der praktischen Übungen irgendwann notwendig werden, das Board in den Auslieferungszustand zurück zu setzen. Das kann z.B. notwendig werden, wenn Sie aus versehen (oder auch absichtlich) ein Design in den Flash-Speicher des Boards geschrieben haben sollten und nun nochmal die praktischen Übungen z.B. aus Kapitel 4.2.3 durchführen möchten.

Um das Board in den Auslieferungszustand zu bringen, finden Sie im Begleitmaterial ein entsprechendes Diamond-Projekt. Gehen Sie bitte wie folgt vor, um es auf das Board zu laden:

1. Starten Sie die Diamond-Entwicklungsumgebung und öffnen Sie im Begleitmaterial im Verzeichnis **DigiSysFpga\Teil1\GateExplorer** die Projektdatei **GateExplorer.ldf**.

2. Aktivieren sie im linken mittleren Teilfenster in der Diamond-Oberfläche die die Prozessansicht (siehe Abbildung 4.15 Schritt 1).

3. Selektieren Sie dann mit der linken Maustaste das „Export"-Feld (siehe Abbildung 4.15 Schritt 2).

4. Klicken Sie mit der rechte Maustaste auf das „Export"-Feld, um in das Kontextmenü zu gelangen (siehe Abbildung 4.15 Schritt 3) und wählen Sie dann mit der linken Maustaste „Rerun All". Das startet den Übersetzungprozess. Bitte haben Sie etwas Gedul. Dieser Vorgang kann in Abhängigkeit von der Leistungsfähigkeit ihres Rechners einige Minuten in Anspruch nehmen.

5. Ist der Übersetzungvorgang beendet (im Ausgabefenster unten sollte „Done: completed successfully" zu sehen sein), dann kann das Design auf das Board geladen werden. Wählen Sie das „Tools"-Menü aus der Diamond-IDE aus (siehe Abbildung 4.15 Schritt 4) und starten das Programmierwerkzeug:

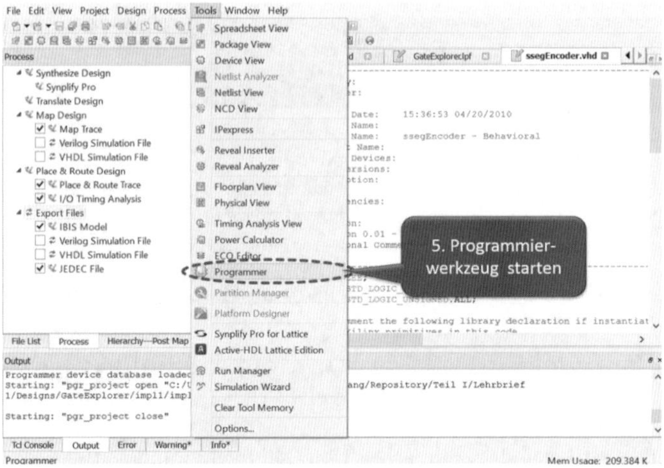

6. In dem jetzt erscheinenden Dialog („Programmer: Getting Started") wählen Sie bitte „Create a new blank project" aus und quittieren Sie die Auswahl mit „OK":

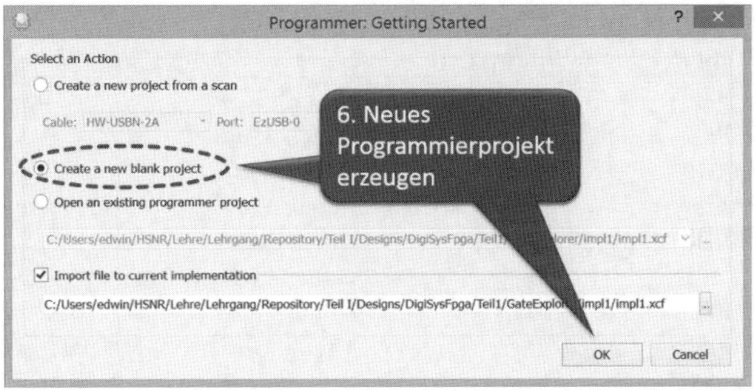

7. Verbinden Sie jetzt das FPGA-Board und Ihren PC mit dem mitgelieferten USB-Kabel. Wenn Sie den Anschluss erstmalig herstellen, könnte es einen Moment dauern, bis die Treiber installiert sind. Die grüne LED neben der USB-Buchse leuchtet und zeigt damit an, dass das FPGA-Board mit Spannung versorgt wird.

8. Aktivieren Sie als nächstes im Programmierwerkzeug „Detect Cable“. Als Ergebnis sollten Sie eine Meldung der Art „INFO - Detected HW-USBN-2A cable at port EzUSB-0“ in der Consolen-Ausgabe sehen.

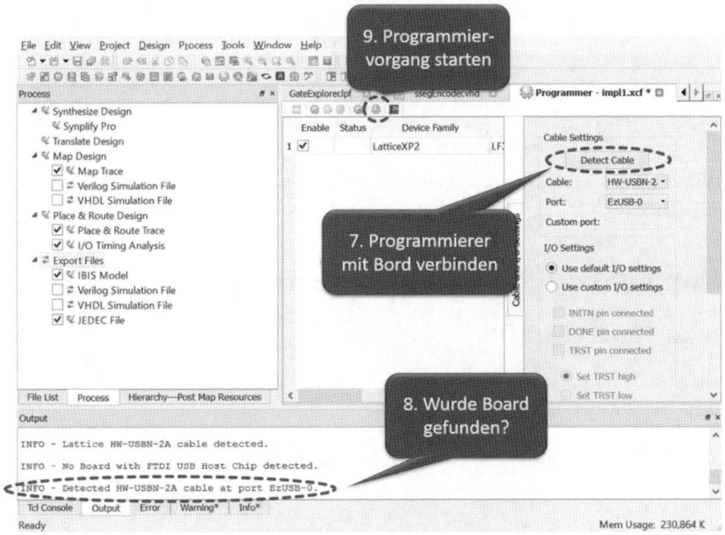

Konnte kein Entwicklungs-Board gefunden werden, dann entfernen Sie das USB-Kabel wieder, verbinden Sie das Board nochmals und wiederholen diesen Arbeitsschritt.

9. Als Ergebnis sollte die Programmiervorgang jetzt durchgeführt werden. Bitte haben Sie etwas Geduld, dieser Arbeitsschritt benötigt ca. 20 Sekunden. Ist die Programmierung erfolgreich, so können Sie das am grün unterlegten „PASS“-Status im Programmierwerkzeug erkennen:

Schiebeschalter (DIL-Schalter)	Funktions-nummer	Funktion	a
0000 0000	00	2-fach Oder	$x_1 \vee x_2$
0000 0001	01	2-fach Und	$x_1 \wedge x_2$
0000 0010	02	2-fach Nor	$\overline{x_1 \vee x_2}$
0000 0011	03	2-fach Nand	$\overline{x_1 \wedge x_2}$
0000 0100	04	2-fach Xnor	$x_1 \equiv x_2$
0000 0101	05	2-fach Xor	$x_1 \not\equiv x_2$
0001 0000	10	4-fach Oder	$x_1 \vee x_2 \vee x_3 \vee x_4$
0010 0000	20	4-fach Und	$x_1 \wedge x_2 \wedge x_3 \wedge x_4$
0011 0000	30	4-fach Nor	$\overline{x_1 \vee x_2 \vee x_3 \vee x_4}$
0100 0000	40	4-fach Nand	$\overline{x_1 \wedge x_2 \wedge x_3 \wedge x_4}$
0101 0000	50	4-fach Xnor	$x_1 \equiv x_2 \equiv x_3 \equiv x_4$
0110 0000	60	4-fach Xor	$x_1 \not\equiv x_2 \not\equiv x_3 \not\equiv x_4$
0000 0111	07	binär $\rightarrow$ dezimal	
0000 1000	07	binär $\rightarrow$ hexadezimal	
0000 1001	09	zweierkompl. $\rightarrow$ dezimal	

Tabelle 4.9: Funktion des im Auslieferungszustand vorprogrammierten Designs

10. Der Vorgang ist nun abgeschlossen und Sie können die programmierte Anwendung jetzt nutzen. Tabelle 4.9 zeigt alle im Design enthaltenen Funktionen in der Übersicht.

4.6 Lösungen zu den Übungsaufgaben

Lösungen zu Kapitel 4.3.4

1. Disjunktive Normalform: $y = (\overline{x_1} \wedge \overline{x_2}) \vee (x_1 \wedge x_2)$.
   Konjunktive Normalform: $y = (x_1 \vee \overline{x_2}) \wedge (\overline{x_1} \vee x_2)$.

2. Aus der Aufgabenstellung ergibt sich die nachfolgende Wahrheitstabelle:

x_1	x_2	x_3	y
0	0	0	0
0	0	1	0
0	1	0	0
0	1	1	1
1	0	0	0
1	0	1	1
1	1	0	1
1	1	1	0

Daraus ergibt sich die folgende boolesche Funktion in disjunktiver Normalform:

$$y = (x_1 \land \overline{x_2} \land \overline{x_3}) \lor (\overline{x_1} \land x_2 \land \overline{x_3}) \lor (\overline{x_1} \land \overline{x_2} \land x_3).$$

3. Für die nicht in der Tabelle gezeigten Eingangswertekombinationen ist ja laut Aufgabenstellung $a = 0$. Somit wird die disjunktive Normalform zu:

$$\begin{aligned} a = \; & (\overline{e_1} \land \overline{e_2} \land \overline{e_3} \land \overline{e_4}) \lor (e_1 \land \overline{e_2} \land \overline{e_3} \land e_4) \lor (e_1 \land \overline{e_2} \land e_3 \land \overline{e_4}) \lor \\ & (e_1 \land e_2 \land \overline{e_3} \land e_4) \lor (e_1 \land e_2 \land \overline{e_3} \land \overline{e_4}) \lor (\overline{e_1} \land e_2 \land \overline{e_3} \land e_4) \lor \\ & (e_1 \land e_2 \land e_3 \land \overline{e_4}) \lor (\overline{e_1} \land e_2 \land e_3 \land e_4). \end{aligned}$$

4. Die vollständige Tabelle lautet:

e_1	e_2	e_3	e_4	a
0	0	0	0	1
0	0	0	1	0
0	0	1	0	0
0	0	1	1	0
0	1	0	0	0
0	1	0	1	1
0	1	1	0	0
0	1	1	1	1
1	0	0	0	0
1	0	0	1	1
1	0	1	0	1
1	0	1	1	0
1	1	0	0	1
1	1	0	1	1
1	1	1	0	1
1	1	1	1	0

Um die konjunktive Normalform aufzustellen, müssen jetzt die Zeilen betrachtet werden, für die der Ausgangswert a gleich 0 ist (in der Tabelle grau markiert):

$$\begin{aligned} a = \; & (e_1 \lor e_2 \lor e_3 \lor \overline{e_4}) \land (e_1 \lor e_2 \lor \overline{e_3} \lor e_4) \land (e_1 \lor e_2 \lor \overline{e_3} \lor \overline{e_4}) \land \\ & (e_1 \lor \overline{e_2} \lor e_3 \lor e_4) \land (e_1 \lor \overline{e_2} \lor \overline{e_3} \lor e_4) \land (\overline{e_1} \lor e_2 \lor e_3 \lor e_4) \land \\ & (\overline{e_1} \lor e_2 \lor \overline{e_3} \lor \overline{e_4}) \land (\overline{e_1} \lor \overline{e_2} \lor \overline{e_3} \lor \overline{e_4}). \end{aligned}$$

5. Aus der booleschen Funktion ergibt sich die Folgende Wahrheitstabelle:

e_1	e_2	e_3	y
0	0	0	0
0	0	1	1
0	1	0	1
0	1	1	1
1	0	0	0
1	0	1	0
1	1	0	0
1	1	1	0

Daraus ergibt sich die konjunktive Normalform:

$$y = (e_1 \vee e_2 \vee e_3) \wedge (\overline{e_1} \vee e_2 \vee e_3) \wedge (\overline{e_1} \vee e_2 \vee \overline{e_3}) \wedge (\overline{e_1} \vee \overline{e_2} \vee e_3) \wedge (\overline{e_1} \vee \overline{e_2} \vee \overline{e_3}).$$

Lösungen zu Kapitel 4.4.3

1. Wandeln Sie folgende Binärzahlen in Dezimalwerte um

(a)

Gewichte	8	4	2	1	
	0	1	1	1	= 7

(b)

Gewichte	8	4	2	1	
	1	0	0	0	= 8

(c)

Gewichte	128	64	32	16	8	4	2	1	
	1	1	0	1	0	1	1	1	= 215

(d)

Gewichte	128	64	32	16	8	4	2	1	
	1	0	1	0	1	0	1	0	= 170

(e)

Gewichte	128	64	32	16	8	4	2	1	
	0	1	1	0	1	0	1	1	= 107

(f) 00100100 = 36

(g) 1011001101011 = 5739

(h) 1100110011101101001 = 419689

(i) 1000110011101101001110001 = 18471537

2. Wandeln Sie die folgenden Dezimalwerte in entsprechende Binärzahlen um. Verwenden Sie dabei nur so viele Bit-Stellen wie mindestens für die Darstellung der Zahl benötigt werden:

(a) 15 = 1111

(b) 21 = 10101

(c) 10 = 1010

(d) 4 = 100

(e) 255 = 11111111

(f) 1000 = 1111101000

(g) 10000 = 10011100010000

(h) 16523 = 100000010001011

3. Die Nachfolgende Tabelle zeigt die binäre Zählsequenz 0 bis 31:

16	8	4	2	1	Dezimal
0	0	0	0	0	0
0	0	0	0	1	1
0	0	0	1	0	2
0	0	0	1	1	3
0	0	1	0	0	4
0	0	1	0	1	5
0	0	1	1	0	6
0	0	1	1	1	7
0	1	0	0	0	8
0	1	0	0	1	9
0	1	0	1	0	10
0	1	0	1	1	11
0	1	1	0	0	12
0	1	1	0	1	13
0	1	1	1	0	14
0	1	1	1	1	15
1	0	0	0	0	16
1	0	0	0	1	17
1	0	0	1	0	18
1	0	0	1	1	19
1	0	1	0	0	20
1	0	1	0	1	21
1	0	1	1	0	22
1	0	1	1	1	23
1	1	0	0	0	24
1	1	0	0	1	25
1	1	0	1	0	26
1	1	0	1	1	27
1	1	1	0	0	28
1	1	1	0	1	29
1	1	1	1	0	30
1	1	1	1	1	31

Lösungen zu Kapitel 4.4.6

- $8 + 6 = 14$

Gewichte	8	4	2	1	
	1	0	0	0	= 8
+	0	1	1	0	= 6
	1	1	1	0	= 14

- $11 + 3 = 14$

Gewichte	8	4	2	1	
	1	0	1	1	= 11
+	0	0	1	1	= 3
	1	1	1	0	= 14

- $55 + 31 = 86$

Gewichte	64	32	16	8	4	2	1	
	0	1	1	0	1	1	1	= 55
+	0	0	1	1	1	1	1	= 31
	1	0	1	0	1	1	0	= 86

- $177 + 100 = 277$

Gewichte	256	128	64	32	16	8	4	2	1	
	0	1	0	1	1	0	0	0	1	= 177
+	0	0	1	1	0	0	1	0	0	= 100
	1	0	0	0	1	0	1	0	1	= 277

- $307 + ? = 511$

Gewichte	256	128	64	32	16	8	4	2	1	
	1	0	0	1	1	0	0	1	1	= 307
+	0	1	1	0	0	1	1	0	0	= 204
	1	1	1	1	1	1	1	1	1	= 511

Lösungen zu Kapitel 4.4.10

1. Wandeln die die folgenden Zahlen in das Zweierkomplement um. Testen Sie, ob das Ergebnis korrekt ist, indem Sie die berechneten Binärzahlen in den entsprechenden Dezimalwerte zurückwandeln.

   (a)

Gewichte	-8	4	2	1	
	0	1	0	1	= 5
	1	0	1	0	= 5 invertiert
+				1	= +1
	1	0	1	1	$= -8 + 2 + 1 = -5$

   (b)

Gewichte	-128	64	32	16	8	4	2	1	
	0	0	1	0	1	0	1	0	= 42
	1	1	0	1	0	1	0	1	= invertiert
+								1	= +1
	1	1	0	1	0	1	1	0	$= -128 + 64 + 16 + 4 + 2 = -42$

(c)

Gewichte	-128	64	32	16	8	4	2	1	
		0	1	1	1	1	1	1	1 = 127
		1	0	0	0	0	0	0	0 = invertiert
+								1	= +1
		1	0	0	0	0	0	0	1 = $-128+1=-127$

(d)

Gewichte	-128	64	32	16	8	4	2	1	
	1	0	0	0	0	0	0	1	$= -127$
	0	1	1	1	1	1	1	0	= invertiert
+								1	= +1
	0	1	1	1	1	1	1	1	= 127

2. Führen Sie mit Hilfe des Zweierkomplements folgende Subtraktionen durch:

   (a) $7 - 4 = 3$
   Zunächst wird die 4 ins binäre Zweierkomplement umgewandelt:

Gewichte	-8	4	2	1	
	0	1	0	0	= 4
	1	0	1	1	= 4 invertiert
+				1	= +1
	1	1	0	0	= -4

   Jetzt kann die Subtraktion durchgeführt werden:

Gewichte	-8	4	2	1	
	0	1	1	1	= 7
+	1	1	0	0	= -4
	0	0	1	1	= 3

   (b) $5 - 6 = -4$
   Als erstes wird die 6 ins binäre Zweierkomplement umgewandelt:

Gewichte	-8	4	2	1	
	0	1	1	0	= 6
	1	0	0	1	= 6 invertiert
+				1	= +1
	1	0	1	0	= -6

   Jetzt kann die Subtraktion durchgeführt werden:

Gewichte	-8	4	2	1	
	0	1	0	1	= 5
+	1	0	1	0	= -6
	1	1	1	1	$= -1$

   (c) $-4 - 3 = -7$
   Umwandlung der 4 ins binäre Zweierkomplement:

Gewichte	-8	4	2	1	
	0	1	0	0	= 4
	1	0	1	1	= 4 invertiert
+				1	= +1
	1	1	0	0	= -4

Umwandlung der 3 ins binäre Zweierkomplement:

Gewichte	-8	4	2	1	
	0	0	1	1	= 3
	1	1	0	0	= 3 invertiert
+				1	= +1
	1	1	0	1	= -3

Jetzt kann die Subtraktion durchgeführt werden:

Gewichte	-8	4	2	1	
	1	1	0	1	= -3
+	1	1	0	0	= -4
	1	0	0	1	= -7

(d) $10 - 5 = 5$

Für diese Subtraktion stehen laut Aufgabenstellung lediglich 4 Bit-Stellen zur Verfügung, obwohl der Wert 10 eigentlich mit 4 Bit-Stellen im Zweierkomplementformat *nicht* dargestellt werden kann! Zunächst wird die 5 ins binäre Zweierkomplement umgewandelt:

Gewichte	-8	4	2	1	
	0	1	0	1	= 5
	1	0	1	0	= 5 invertiert
+				1	= +1
	1	0	1	1	= -5

Jetzt kann die Subtraktion durchgeführt werden. Die 10 wird dabei so kodiert, als ob das MSB das Gewicht 8 und nicht -8 hätte!

Gewichte	-8	4	2	1	
	1	0	1	0	= 10
+	1	0	1	1	= -5
	0	1	0	1	= 5

Und tatsächlich, das Ergebnis ist korrekt! Das liegt daran, dass das Ergebnis der Operation wieder im mit 4 Bit im Zweierkomplementformat darstellbaren Wertebereich liegt.

(e) $97 - 103 = -6$

Hier sollen 8 Bit-Stellen genutzt werden. Als erstes wandeln wir 103 in das binäre Zweierkomplement um:

Gewichte	-128	64	32	16	8	4	2	1	
	0	1	1	0	0	1	1	1	= 103
	1	0	0	1	1	0	0	0	= invertiert
+								1	= +1
	1	0	0	1	1	0	0	1	= -103

Jetzt kann die Subtraktion durchgeführt werden:

Gewichte	-128	64	32	16	8	4	2	1	
	0	1	1	0	0	0	0	1	= 97
+	1	0	0	1	1	0	0	1	= -103
	1	1	1	1	1	0	1	0	= -6

(f) $-34 - 55 = 89$

Auch hier wurden 8 Bit-Stellen genutzt. 34 im Zweierkomplement sind:

Gewichte	-128	64	32	16	8	4	2	1	
	0	0	1	0	0	0	1	0	= 34
	1	1	0	1	1	1	0	1	= invertiert
+								1	= +1
	1	1	0	1	1	1	1	0	= -34

55 im Zweierkomplement sind:

Gewichte	-128	64	32	16	8	4	2	1	
	0	0	1	1	0	1	1	1	= 55
	1	1	0	0	1	0	0	0	= invertiert
+								1	= +1
	1	1	0	0	1	0	0	1	= -55

Jetzt kann die Subtraktion durchgeführt werden:

Gewichte	-128	64	32	16	8	4	2	1	
	1	1	0	1	1	1	1	0	= -34
+	1	1	0	0	1	0	0	1	= -55
	1	0	1	0	0	1	1	1	= -89

Teil II

Grundlagen der Digitaltechnik 2

Kapitel 5

Aufbau von Teil II: „Grundlagen der Digitaltechnik 2“

Nachdem der erste Teil die mathematische Sichtweise der Digitaltechnik präsentiert hat, wollen wir uns im zweiten Teil mit der technischen Realisierung digitaler Schaltungen befassen.

Aus den Grundlagen des ersten Teiles leiten wir zunächst die Grundprinzipien für Schaltnetze ab. Schaltnetze, auch kombinatorische Schaltungen genannt, reagieren auf identische Eingangsvektoren immer mit demselben Ausgabevektor. Dies liegt daran, dass Schaltnetze keine inneren Zustände besitzen.

Schaltnetz: digitale Schaltung ohne Gedächtnis

Um für digitale Schaltungen innere Zustände realisieren zu können, bedarf es der Möglichkeit, digitale Informationen speichern zu können. Dementsprechend werden im zweiten Teil zunächst die digitalen Speicherelemente vorgestellt.

Im dritten Teil kombinieren wir Schaltnetze mit Speicherelementen und erhalten damit Schaltwerke. Diese werden auch sequentielle Schaltungen genannt.

Schaltwerk: digitale Schaltung mit Gedächtnis

Neben die bisher eingeführten Darstellungsarten (boolesche Gleichungen, Wahrheitstabellen und Schaltungssymbole) tritt ab diesem Buchteil die Hardwarebeschreibungssprache VHDL hinzu. Die systematische Einführung in den Entwurf mit VHDL erfolgt jedoch erst im vierten Teil dieses Buches.

Im Rahmen der praktischen Übungen sind ab jetzt auch eigene Schaltungen einzugeben und auf das FPGA-Board zu laden.

Kapitel 6

Darstellung und Beschreibung von Gatterlogik

6.1 Grundgatter

Mit Teil 1 wurden bereits einige wesentliche Beschreibungsformen für Gatterlogik eingeführt. Am Beispiel eines UND-Gatters erfolgt hier zunächst eine kurze Wiederholung. Formel 6.1 gibt die mathematische Beschreibung der UND-Funktion der Eingangsgrößen A und B in Form einer booleschen Gleichung wider. Die boolesche Gleichung ist als mathematisches Konstrukt völlig losgelöst von jeglicher technischen Realisierung. So hat beispielsweise jede Variable einen unendlichen Fan-out, kann also für beliebig viele weitere Funktionen als Eingabewert dienen. Ferner fehlen in der booleschen Algebra Definitionen bzgl. Zeit und Ort bzw. Anordnung.

$$Y = (A \wedge B) \tag{6.1}$$

Abbildung 6.1 zeigt das graphische Symbol eines UND-Gatters. Graphische Symbole sagen über ein Gatter mathematisch nichts aus. Sie sind eingeführt worden, um Verknüpfungen mehrerer Gatter untereinander anschaulich zu machen. Die Darstellung der Verknüpfung mehrerer Gatter entspricht dann einem Schaltplan. Sofern die graphischen Symbole konkreten Bauelementen entsprechen, bildet der Schaltplan eine Konstruktionsvorschrift für die Realisierung einer Verdrahtung. In den Datenblättern der Bauelemente dienen graphische Symbole auch dazu, den räumlichen Zusammenhang zwischen booleschen Variablen und Bauteileanschlüssen herzustellen.

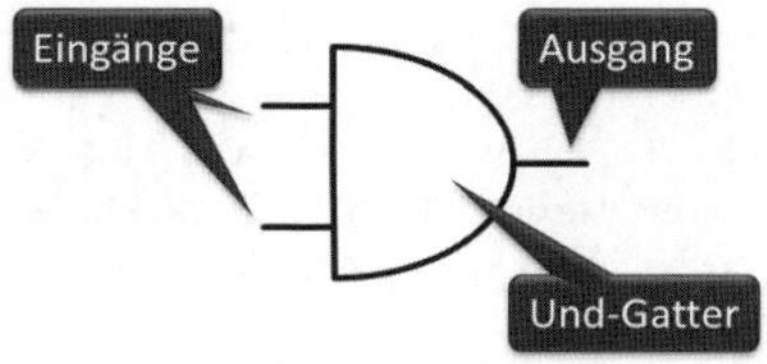

Abbildung 6.1: Graphisches Symbol eines UND-Gatters

Die dritte in Teil 1 vorgestellte Beschreibungsform, ist die der Wahrheitstabelle. Abbildung

6.2 zeigt die Wahrheitstabelle des UND-Gatters. Wahrheitstabellen kann man als eine numerische Auswertung einer booleschen Funktion verstehen, wobei generell alle Eingangskombinationen zu berücksichtigen sind. Wahrheitstabellen stellen auch eine Art Prüfliste dar, anhand derer man die Funktion einer Schaltung systematisch überprüfen kann.

A	B	Y
0	0	0
0	1	0
1	0	0
1	1	1

Abbildung 6.2: *Wahrheitstabelle des UND-Gatters*

Alle bisher aufgeführten Varianten zur Beschreibung von Gatterlogik finden Berücksichtigung bei diversen Entwicklungsmethoden in der Digitaltechnik. So finden sich in den Datenblättern von Standard-ICs (z.B. TTL- oder CMOS-Schaltkreise) zuweilen alle drei Beschreibungsformen: Symbole, boolesche Funktionen und Wahrheitstabellen. Die drei Beschreibungsformen ergänzen sich. Der Leiterplattenkonstrukteur wird sich an den graphischen Symbolen orientieren, der Schaltungsentwickler an der booleschen Funktion und bei der Fehlersuche spielt dann die Wahrheitstabelle die wichtigere Rolle.

Standard-Logikschaltkreise wurden zunächst ergänzt und später weitgehend abgelöst durch einfache programmierbare Logikschaltkreise, den sog. PLDs, PALs bzw. GALs. Beim Logikentwurf dominiert hier die Verwendung der booleschen Algebra in Form von sog. PAL-Assembler-Sprachen. Es wird dabei mit textbasierten Quelldateien gearbeitet.

In der modernen Digitaltechnik, wo es um den Entwurf komplexer Schaltungen geht, zeigen die etablierten Methoden ihre Schwächen. Zieltechnologien für digitale Systeme sind Applikationspezifische Integrierte Schaltkreise (ASIC) sowie Field Programmable Gate Arrays (FPGA). Angesichts von Schaltungen mit Gattern in Millionenzahl sind Schaltpläne, die auf mehrere tausend Seiten verteilt sein müssten, nicht mehr sinnvoll erstellbar. Wahrheitstabellen würden zu riesigen, mehrseitigen Listen werden. Auch PAL-Assembler-Quelltexte weisen nicht die notwendige Dichte auf, um derartig große Systeme zu beherrschen.

HDL: Hardware Description Language

Als vierte Beschreibungsform haben sich die sog. Hardwarebeschreibungssprachen (HDL) etabliert. Mit ihrer Hilfe lässt sich im Entwurfsprozess durch Abstraktion die Komplexität der Schaltung beherrschen. Verbreitet sind die Hardwarebeschreibungssprachen VHDL und Verilog. VHDL ist Gegenstand der Projekte in diesem Buch und deshalb sollen bereits die einfachen digitalen Funktionen hier als VHDL-Realisierung vorgestellt werden.

6.1.1 Eine kurze Einführung in VHDL

VHDL: VHSIC Hardware Description Language

VHSIC: Very High Speed Integrated Circuit

Eine systematische Einführung in VHDL liefert der Teil 4. Bis dahin werden wir die Sprache jedoch schon intensiv verwenden, so dass ab jetzt schon an einigen Stellen Erklärungen dazu erfolgen werden. VHDL ist eine Sprache zur Beschreibung von digitalen Schaltkreisen. Sie dient folgenden Einsatzzwecken:

- Beschreibung und Dokumentation von digitalen Schaltungen
  - funktional
  - strukturell
- VHDL ist für die Ausführung mit einem Simulator kompilierbar.
- Aus einer Untermenge des VHDL-Sprachumfangs können Schaltungen in Form von Netzlisten mit Grundgattern und Flip-Flops generiert werden.

VHDL-Beschreibungen sind Textdateien (Typ *.vhd oder *.vhdl) und als solche schon mal zur Dokumentation geeignet. VHDL-Dateien können nicht ausgeführt und auch nicht interpretiert werden. Jedoch kann der Quelltext kompiliert und anschließend in einem Simulator ausgeführt werden. Einen weiteren Verarbeitungsschritt für den Quelltext, der separat zur Kompilation für einen Simulator abläuft, stellt die sog. Synthese dar. Dabei wird der Quelltext analysiert und in eine Struktur elementarer Grundfunktionen übersetzt. Die Synthese funktioniert nur mit bestimmten Sprachkonstruktionen. Während jeglicher fehlerfreier VHDL-Text simulierbar ist, so gelten für die Synthetisierbarkeit relativ starke Einschränkungen und Regeln.

Anhand von Beispielen sollen im Folgenden digitale Schaltungskonzepte unter Verwendung von VHDL erläutert werden.

6.1.2 VHDL-Beschreibung für ein UND-Gatter

Betrachten wir zunächst einmal, wie ein einfaches Gatter in der Hardwarebeschreibungssprache VHDL beschrieben wird. Die Sprache erlaubt die Strukturierung von Schaltungen in Modulen. Somit kann man für das UND-Gatter ein Modul vorsehen. Das folgende Listing zeigt den Inhalt eines VHDL-Moduls, welches die Funktion eines UND-Gatters beschreibt.

VHDL-Schlüsselworte sind grün bzw. grau dargestellt.

```
1 entity UND_Gatter is
2   port (A , B : in bit;
3         Y : out bit);
4 end entity UND_Gatter;
5
6 architecture bool_ausdruck of UND_Gatter is
7 begin
8   Y <= A and B;
9 end architecture bool_ausdruck;
```

Zunächst einmal fällt auf, dass das Modul in zwei Blöcke gegliedert ist: Die Zeilen 1-4 enthalten die sog. **entity** und die Zeilen 6-9 die sog. **architecture**. Mit der **entity** wird die Schnittstelle des Moduls *UND_Gatter* zur Außenwelt definiert. Dazu dient hier die sog. **port**-Liste. Sie enthält die Namen der "Modul-Anschlüsse" jeweils zusammen mit ihrer Flussrichtung und ihrem Datentypen. Bei den "Anschlüssen" handelt es sich um **Signale**. Hier sind die Signale A und B

Signale kann man sich als Drähte vorstellen, die Informationen tragen.

als Eingänge (**in**) sowie das Signal *Y* als Ausgang (**out**) definiert worden. Ist unser UND-Gatter das einzige Modul in unserem Entwurf, so werden bei einer FPGA- oder ASIC-Realisierung die Signale in der **port**-Liste tatsächlich zu externen Anschlüssen. Abb. 6.3 soll dies verdeutlichen. Die Signale in der **port**-Liste sind noch mit dem Parameter **bit** versehen. Dabei handelt es sich um eine Typ-Zuweisung. VHDL ist eine streng typorientierte Sprache. So muss für jedes Signal ein Datentyp definiert sein. Der hier zugewiesene Typ **bit** kann die Werte '1' oder '0' annehmen.

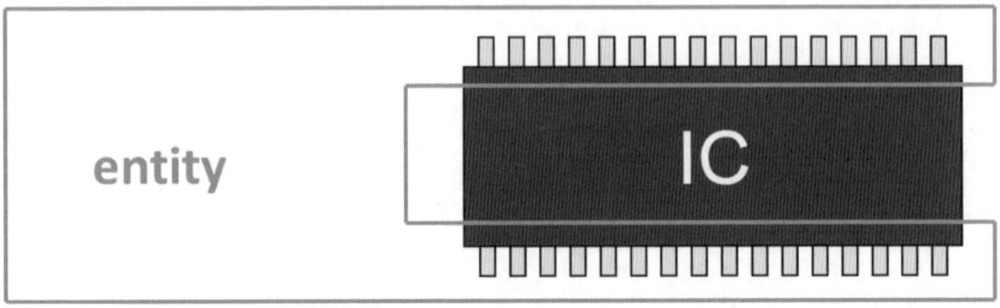

Abbildung 6.3: Top-Level-**entity**

Manche VHDL-Werkzeuge verlangen, dass der Dateiname eines Moduls mit seinem **entity**-Namen übereinstimmt.

Erläuterung entity:
Die Deklaration einer **entity** dient dazu, das Modul als Komponente in anderen VHDL-Texten instantiieren zu können. Für **alle** Instanzen eines Moduls werden bei der Synthese auch Hardwareressourcen belegt. Die **entity** ist somit **nicht** vergleichbar mit einer Funktion oder einem Unterprogramm in einer Software-Programmiersprache, da dort nur einmal Programmspeicher zugewiesen wird, der von mehreren Stellen her aufgerufen werden kann.

Erläuterung Datentypen:
Warum soll es in einer digitalen Hardwarebeschreibungssprache überhaupt andere Datenwerte als '1' oder '0' geben? In VHDL gibt es weitere Datentypen, um einerseits den Abstraktionsgrad zu erhöhen, indem man beispielsweise mit Gruppierungen von **bit** oder auch mit Integerzahlen arbeitet. Andererseits sollen (vereinfacht) auch physikalische Eigenschaften, wie beispielsweise hochohmige Ausgänge bei Tristate-Treibern modelliert werden können, wie es bei der Typfamilie **std_logic** der Fall ist.

Es sei noch anzumerken, dass *UND_Gatter* der Name der beschriebenen **entity** ist. Dieser **entity**-Name muss im gesamten Entwurf, der aus sehr vielen Modulen bestehen kann, eindeutig sein.

Boolesche Operationen gehören zum Sprachumfang von VHDL.

Kommen wir nun zum zweiten Block des Moduls, der sog. **architecture**. Auch diesem Block wird ein Name zugeordnet, der hier mit *bool_ausdruck* gewählt wurde. In derselben Zeile wird hinter dem Schlüsselwort **of** der Name der **entity** angegeben, zu der diese **architecture** gehört. Zwischen **begin** und **end architecture** stehen die Anweisungen, die das Verhalten des Moduls beschreiben (hier nur eine Zeile). Mit '<=' erfolgt eine Signalzuweisung. Dabei steht links das Ziel der Zuweisung (hier das Signal *Y*) und rechts die Quelle. Das Ziel kann man sich vorstellen als ein Stück Draht welches durch die Quelle einen Spannungswert aufgeprägt bekommt. Die Quelle stellt in diesem Sinne einen aktiv treibenden Gatterausgang dar.

Wie die Quelle sich verhält, geht aus der Formulierung der rechten Seite hervor. In diesem Fall handelt es sich um den booleschen Ausdruck **and**. In diesem booleschen Ausdruck stehen die Signale *A* und *B* als Operanden. Ziel und Operanden sind hier Signale, die in der **entity** als "Anschlüsse" definiert worden sind. Die dort festgelegte Signalflussrichtung ist bei der Verwendung der Signale in Zuweisungen von Bedeutung: **out**-Signale dürfen nur auf der linken Seite einer Signalzuweisung stehen, **in**-Signale nur auf der rechten Seite. Innerhalb einer **architecture** können auch interne Signale definiert sein. Diese können dann Ziel oder Quelle von Zuweisungen gleichermassen sein.

Die Aufteilung eines Modules in **entity** und **architecture** sei nochmal anhand der Abbildungen 6.3 und 6.4 erläutert: Der nach außen sichtbare Teil des Moduls sind seine "Anschlüsse" und die sind in der **entity** definiert. Die **architecture** beschreibt die, nach außen hin nicht sichtbare, Funktion des Moduls ("Innenschaltung").

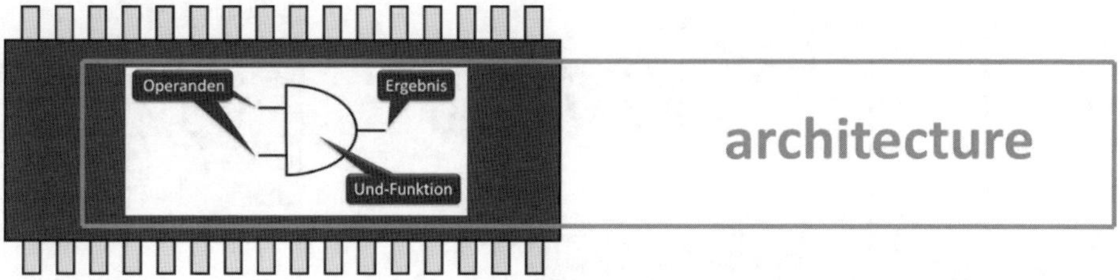

Abbildung 6.4: **architecture**

Analysieren wir nun einmal das Modul *UND_Gatter* aus den Blickwinkeln der verschiedenen Einsatzzwecke:

- **Beschreibung und Dokumentation**
  - Durch die Verwendung eines booleschen Ausdrucks wurde hier die funktionale Beschreibungsform gewählt.
  - Die **entity**-Deklaration erlaubt die Verwendung des Moduls in übergeordneten strukturellen Beschreibungen.
- Das Modul wird für die Verwendung mit dem **Simulator** kompiliert. Die boolesche Funktion wird dabei durch Programmcode nachgebildet. Im Simulator wird für das Modul eine Umgebung nachgebildet, die die Eingangssignale stimuliert und das Ausgabesignal, z.B. als Zeitliniendiagramm darstellt. Grundsätzlich wird der Programmcode des Moduls immer wiederkehrend, entsprechend der zeitlichen Abläufe innerhalb der Simulation, ausgeführt.
- Das **Synthesewerkzeug** erkennt den booleschen Ausdruck und wird daraus die Verwendung des Grundgatters UND aus einer sog. "Primitive-Library" ableiten.

6.1.3 Das erste FPGA-Projekt

Sofern noch nicht geschehen, müssen Sie jetzt zunächst die Entwurfssoftware **Diamond** von Lattice Semiconductor installieren, wie es im ersten Teil beschrieben ist.

Mit dem in 6.1.2 angegebenen VHDL-Code wollen wir nun ein erstes Tutorial zu Lattice Diamond durchführen. Die Eingangsgrößen **A** und **B** sollen, wie in Abb. 6.5 gezeigt, durch die Taster **S1** und **S2** gebildet werden. Der Ausgabewert **Y** soll auf der LED mit der Bezeichnung 104 angezeigt werden (Die 104 steht hier für die Nummer des FPGA-Anschlusses, der mit dieser LED verknüpft ist).

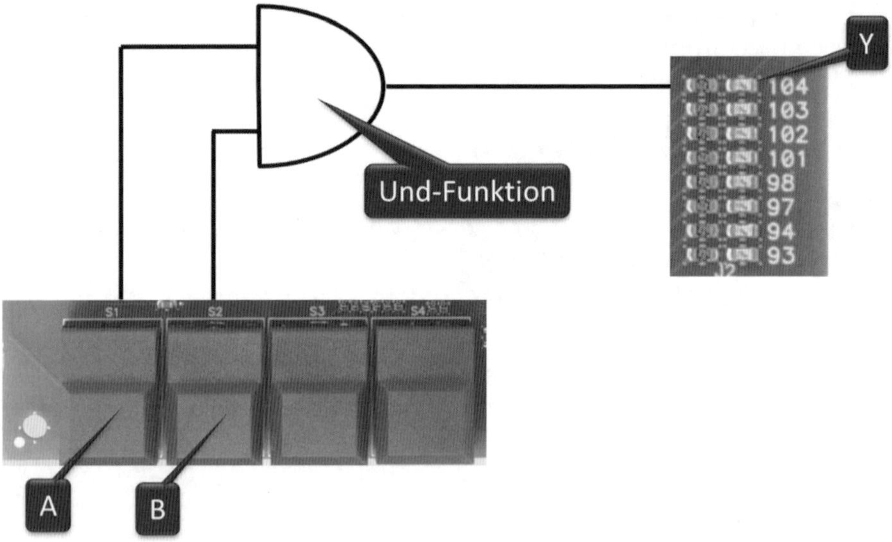

Abbildung 6.5: *Aufgabenstellung*

Das Verhalten der Bedien- und Anzeigeelemente ist folgendermassen spezifiziert:

- Eine gedrückte Taste soll einer logischen 1 entsprechen.
- Eine leuchtende LED soll einer logischen 1 entsprechen.

Um die Aufgabe korrekt umsetzen zu können, müssen wir zunächst einen Blick in den Schaltplan werfen und analysieren, wie die Bedienelemente an den FPGA-Baustein angeschlossen sind.

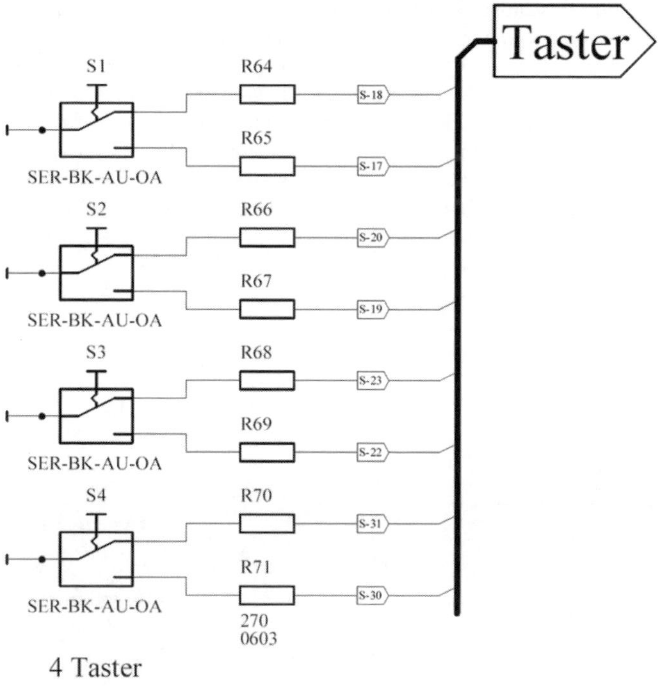

Abbildung 6.6: *Schaltplanauszug Tastengruppe*

Abb. 6.6 zeigt die Beschaltung der Tastengruppe. Jeder Taster verfügt über Umschaltkontakte. Der gemeinsame Anschluss liegt auf Massepotential (0V). Die Schaltkontakte sind über 270 Ohm Schutzwiderstände an die FPGA-Anschlüsse geführt. (Die Schutzwiderstände vermeiden Kurzschlüsse, falls die Tastenanschlüsse versehentlich als Ausgang programmiert werden.) Der jeweils geschaltete Kontakt führt das 0V-Potential an den jeweiligen FPGA-Anschluss. Der jeweils ungeschaltete Kontakt führt grundsätzlich zu einem undefinierten Potential an dem jeweiligen FPGA-Eingang. Dies Situation ist zu vermeiden, weshalb die FPGA-Eingänge über einen sog. Pull-Up-Widerstand mit der positiven Betriebsspannung verbunden sein müssen. Es sind keine Pull-Up-Widerstände auf dem FPGA-Board eingebaut, aber die FPGA-Anschlüsse verfügen intern darüber. Dies ist bei der Konfiguration des FPGAs entsprechend zu berücksichtigen, wobei für die *Lattice XP2-Familie* Pull-Up standardmässig durch die *Diamond-Software* eingestellt wird. Damit steht bei offenem Tastkontakt die volle Betriebsspannung als Eingangspotential zur Verfügung und der FPGA-Eingang erkennt sicher eine logische 1. Bei geschlossenem Tastkontakt bilden der FPGA-interne Pull-Up-Widerstand und der am Taster vorgesehene Schutzwiderstand einen Spannungsteiler zwischen Betriebsspannung und Massepotential. Da die Schutzwiderstände mit 270 Ohm deutlich niederohmiger sind als die FPGA-internen Pull-Up-Widerstände, liegt der Spannungsteilerpegel deutlich unter der Schwellspannung (bei CMOS ist das die halbe Betriebsspannung) des FPGA-Eingangs und es wird sicher eine logische 0 erkannt.

Schutzwiderstände vermeiden Kurzschlüsse, falls auf GND liegende Anschlüsse versehentlich als Ausgang programmiert werden.

Abb. 6.7 zeigt die Beschaltung der Leuchtdiodengruppe. Die Leuchtdioden liegen mit ihrer Anode an 3,3 V Betriebsspannung. Die Vorwiderstände sind mit 270 Ohm so bemessen, dass die Diodenschwellspannung überschritten wird und ein ausreichend hoher Strom für ein Leuchten der LEDs sorgt. Dazu muss der FPGA-Ausgang 0-Pegel ausgeben. Der FPGA-Ausgang ist, gemessen an den LED-Vorwiderständen, sehr niederohmig und kann den LED-Strom aufnehmen. Wird ein FPGA-Ausgang mit einer logischen 1 angesteuert, liegt die dann noch an der jeweiligen LED vorhandene Potentialdifferenz unterhalb der Diodenschwellspannung und die LED bleibt dunkel. Somit haben wir hier also eine negative Logik zu berücksichtigen: Bei logisch 1 ist die LED aus, bei logisch 0 ist die LED an. Für unser erstes Projekt bedeutet dies, dass wir dem UND-Gatter noch einen Inverter nachschalten müssen.

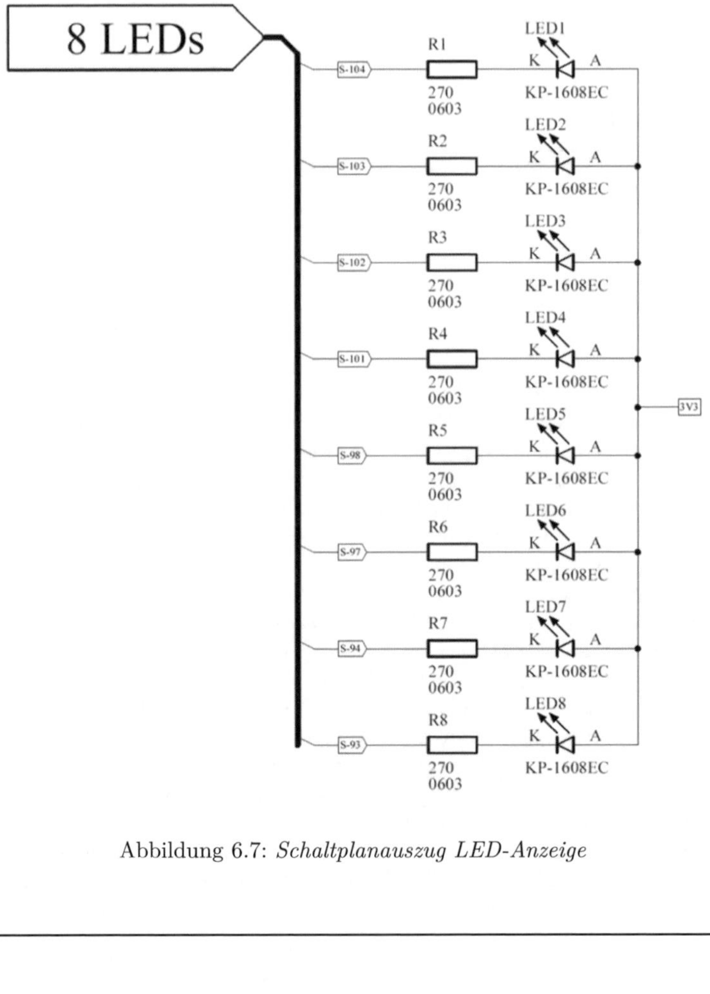

Abbildung 6.7: *Schaltplanauszug LED-Anzeige*

Vorbereitung vor dem Start von Diamond

Sofern noch nicht geschehen, legen Sie bitte ein Projektverzeichnis mit dem Namen **C:\DigiSysFPGA\Teil2\UND** an. Wenn Sie einen anderen Laufwerksbuchstaben als **C:** verwenden, müssen Sie das im Folgenden selbständig berücksichtigen.

Bei Ihrem ersten FPGA-Projekt werden Sie wie bei einem Tutorial durch die Bedienung von *Diamond* geführt. Für andere Versionen als **Diamond 3.3** können die Menue-Struktur sowie die Dialogfenster inhaltlich und von ihrer Position her von dem hier gezeigten Erscheinungsbild abweichen. In Zweifelsfällen müssen Sie zunächst versuchen, über die Hilfefunktionen der *Diamond*-Umgebung weiterzukommen.

Die Pfadangaben in den Screenshots können abweichen.

Diamond öffnen und ein Projekt anlegen

Sie starten Diamond beispielsweise über das Startmenue oder ein entsprechendes Desktop-Symbol. Es erscheint ein Startbildschirm, der so ähnlich aussehen mag wie in Abb. 6.10 gezeigt.

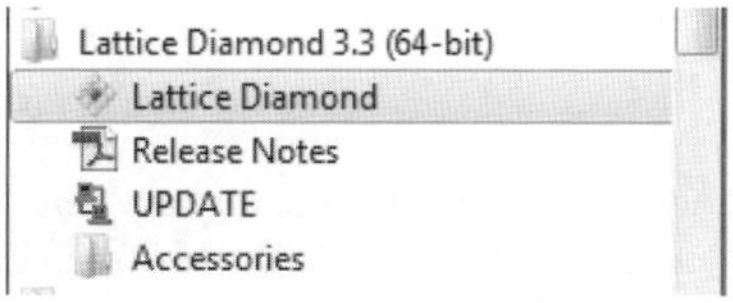

Abbildung 6.8: *Start von Diamond via Startmenue*

Abbildung 6.9: *Start von Diamond über das Desktop-Symbol*

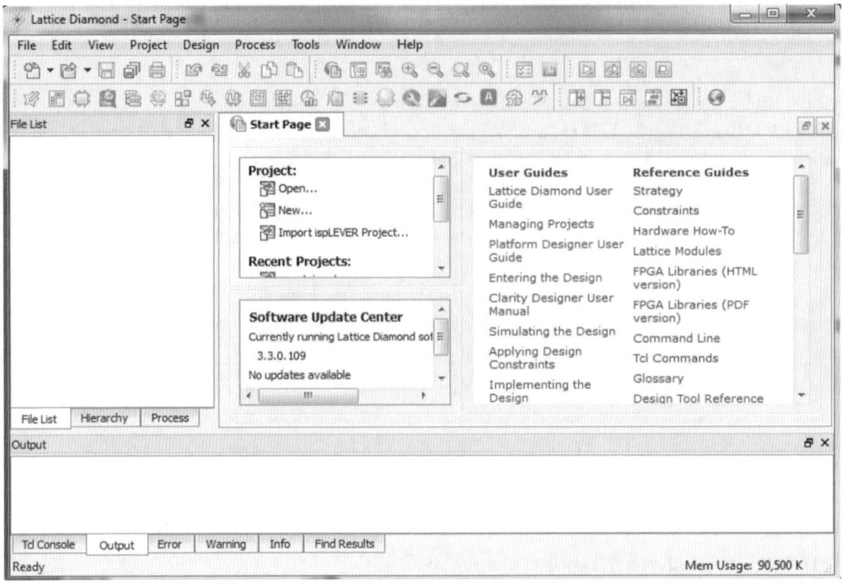

Abbildung 6.10: *Startfenster von Diamond*

Nun müssen Sie zunächst ein neues Projekt anlegen. Dazu gehen Sie über das “File-Menue“, wie in Abb. 6.11 gezeigt. Es öffnet sich ein Dialogfenster mit dem Hinweis, dass der sog. *wizard* Sie durch das Anlegen des Projektes führt (Abb. 6.12). Klicken Sie auf **Next**.

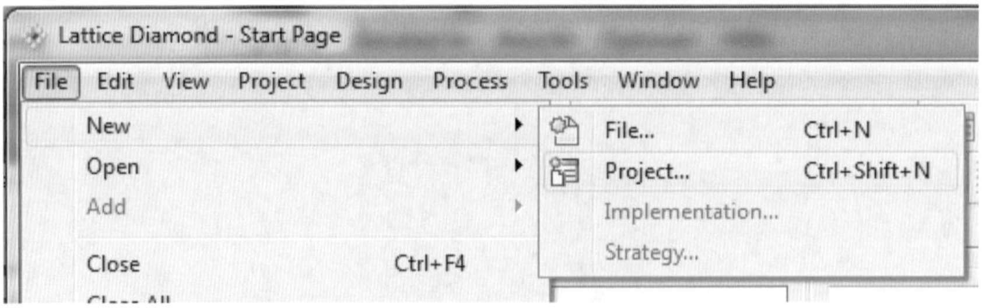

Abbildung 6.11: *Ein neues Projekt anlegen*

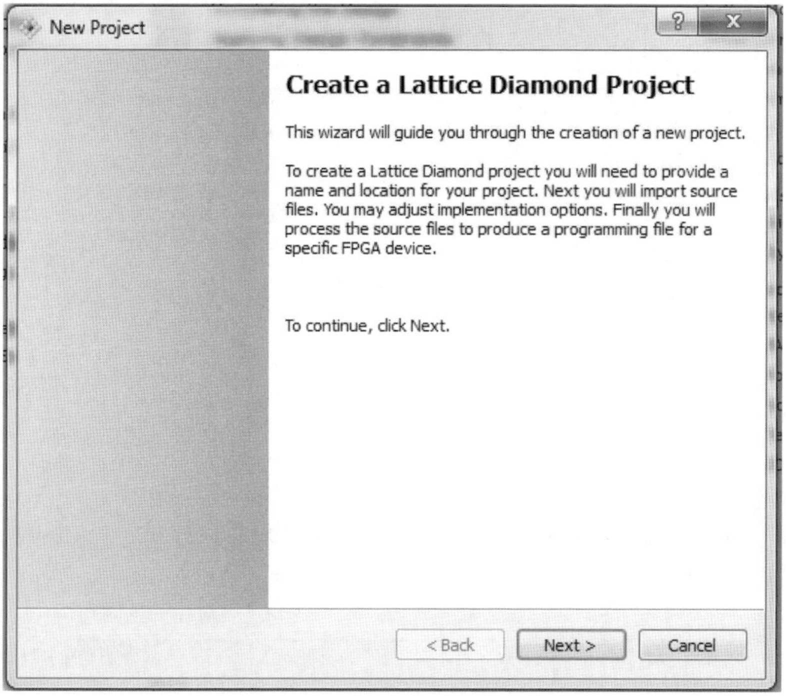

Abbildung 6.12: *Der "wizard" startet*

Das folgende Dialogfenster (Abb. 6.13) enthält zwei Bereiche. Im Bereich *Project* werden Sie nun aufgefordert, einen Projektnamen und einen Speicherort (*Location*) zu wählen. Als Namen geben Sie **UND_Gatter** ein. Der bereits eingetragene Projektordner entspricht vermutlich nicht dem zuvor angelegten Pfad, so dass Sie diesen via **Browse** auswählen müssen. Im zweiten Bereich (*Implementation*) müssen wir nichts ändern. Klicken Sie auf **Next**.

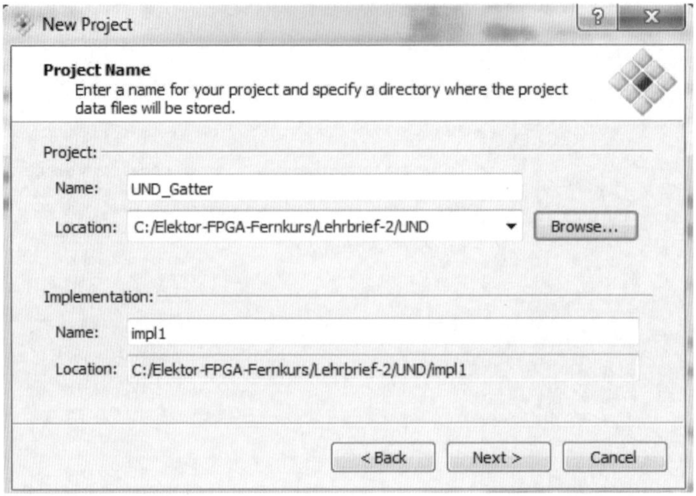

Abbildung 6.13: *Projektname und Projekt-Pfad festlegen* **C:\DigiSysFPGA\Teil2\UND**

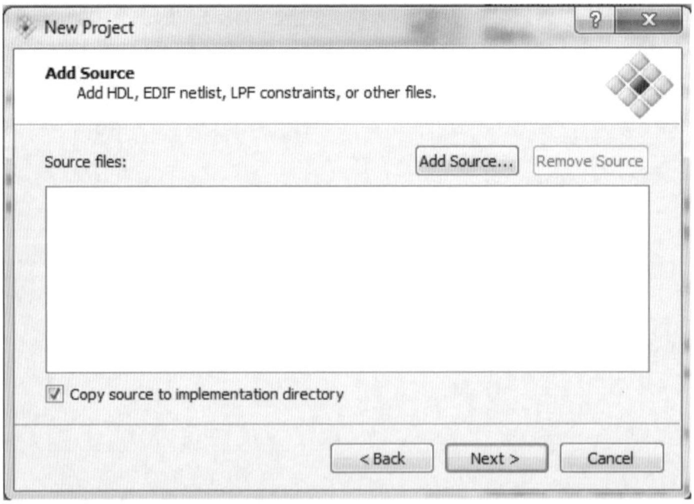

Abbildung 6.14: *Dialog zum Hinzufügen von Quelldateien*

Das nächste Dialogfenster (Abb. 6.14) ermöglicht die Angabe eventuell bereits vorhandener Quelldateien (*Source files*). Da wir in dieser Übung den Quelltext selbst erstellen wollen, ist hier nichts einzutragen. Klicken Sie auf **Next**.

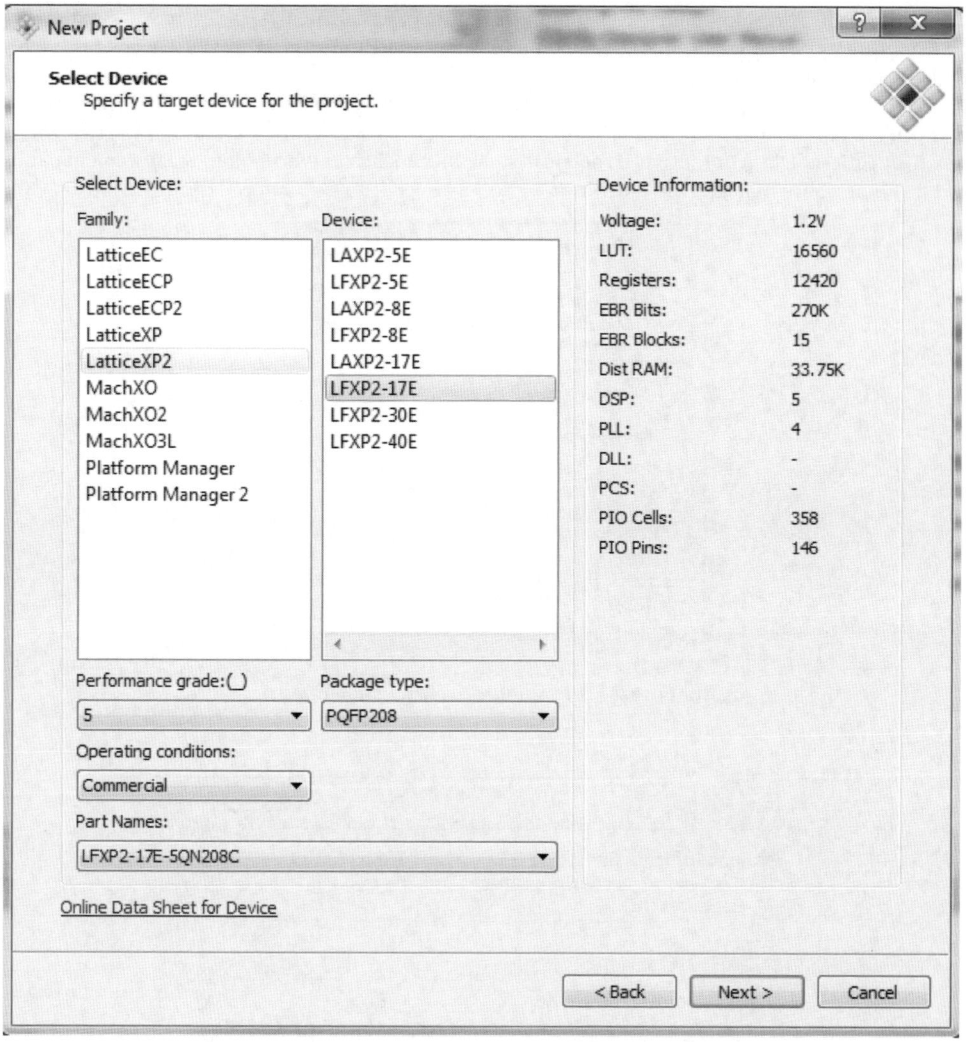

Abbildung 6.15: *Bausteinauswahl*

Das *Select Device* Dialogfenster (Abb. 6.15 scheint auf den ersten Blick sehr viele Einstellungen zu verlangen. Es sind jedoch nur vier Angaben zu machen, um den Baustein unseres FPGA-Boards eindeutig festzulegen. Im Bereich *Family* wählen wir **LatticeXP2**. Bei *Device* wählen wir **LFXP2-17E**. Den *Performance grade* stellen wir auf **5** und den *Package type* mit **PQFP208**. FERTIG!

Die nächsten beiden Auswahlfelder *Operating conditions* sowie *Part Names* werden aufgrund der vier gerade vorgenommenen Einstellungen automatisch aktualisiert. Die rechte Spalte im Dialogfenster gibt einige Kenndaten des ausgewählten FPGAs an. Unten ist ein *Link* zum Online-Datenblatt anwählbar. Klicken Sie auf **Next**.

Es folgt ein Dialogfenster zur Auswahl des Synthesewerkzeuges (Abb. 6.16. Hier sollte **Synplify Pro** voreingestellt sein. Dieses Werkzeug ist als sog. OEM-Variante in Lattice Diamond integriert. Die Alternative **Precision** steht hier nicht zur Verfügung, auch wenn sie anwählbar sein sollte. Klicken Sie auf **Next**.

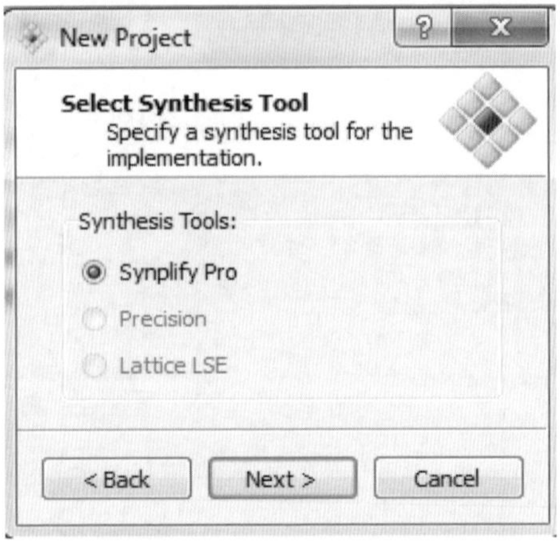

Abbildung 6.16: *Synthesewerkzeug auswählen*

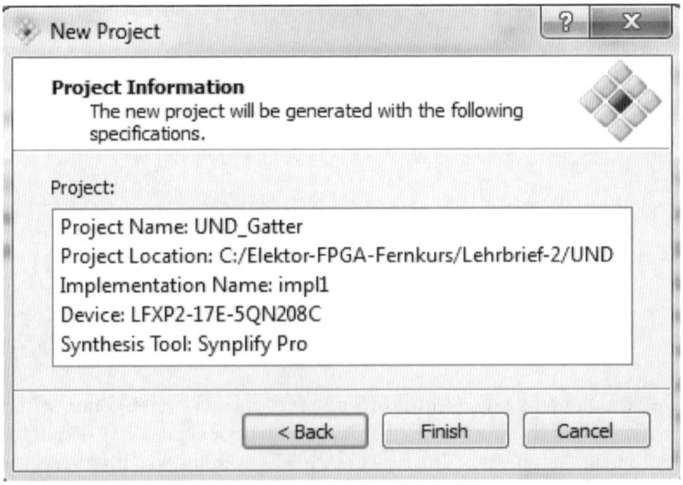

Abbildung 6.17: *Abschluss der Projekteinstellungen*

Der *wizard* schließt die Projekteinstellung jetzt zunächst ab und präsentiert dazu eine Zusammenfassung der Informationen (Abb. 6.17). Sollte mit Ausnahme der Pfadangabe etwas nicht so aufgelistet sein, wie hier dargestellt, gelangt man über **Back** nochmal zurück, um Angaben zu korrigieren. Ansonsten klicken Sie **Finish**. Es erscheint die Diamond-Oberläche mit eingeblendetem Reiter *Reports* (Abb. 6.18).

Abbildung 6.18: *Zurück an der Diamond-Oberfläche*

Es schadet jetzt nicht, das Projekt einmal abzuspeichern. Dazu öffnen Sie das Menue *File* und klicken auf **Save Project** wie in Abb. 6.19 gezeigt. Das Projekt kann bei einem Neustart von Diamond wieder eingelesen werden, z.B. auch sehr bequem über die Auflistung *Recent Projects* unter dem Reiter *Start Page.*

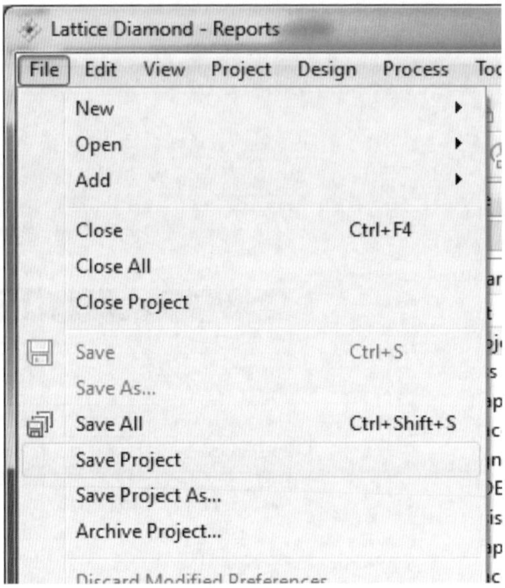

Abbildung 6.19: *Ein Projekt sichern*

Den VHDL-Quelltext eingeben

Nachdem Sie das Projekt jetzt erfolgreich angelegt haben, folgt die Eingabe des VHDL-Codes für das UND-Gatter. Öffnen Sie dazu den *New File* Dialog über die Menueleiste wie in Abb. 6.20 gezeigt.

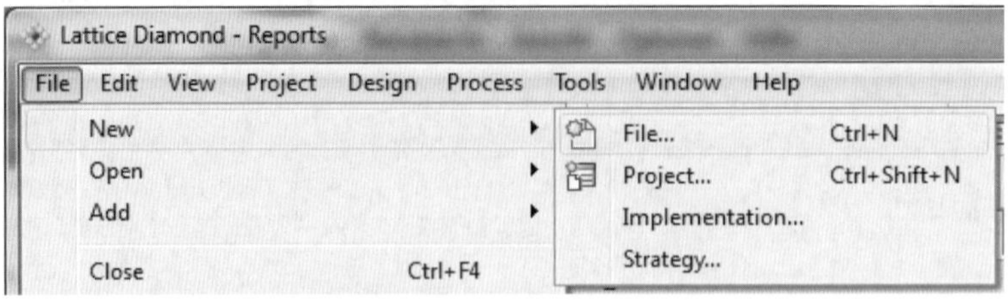

Abbildung 6.20: *So wird das Anlegen neuer Dateien gestartet.*

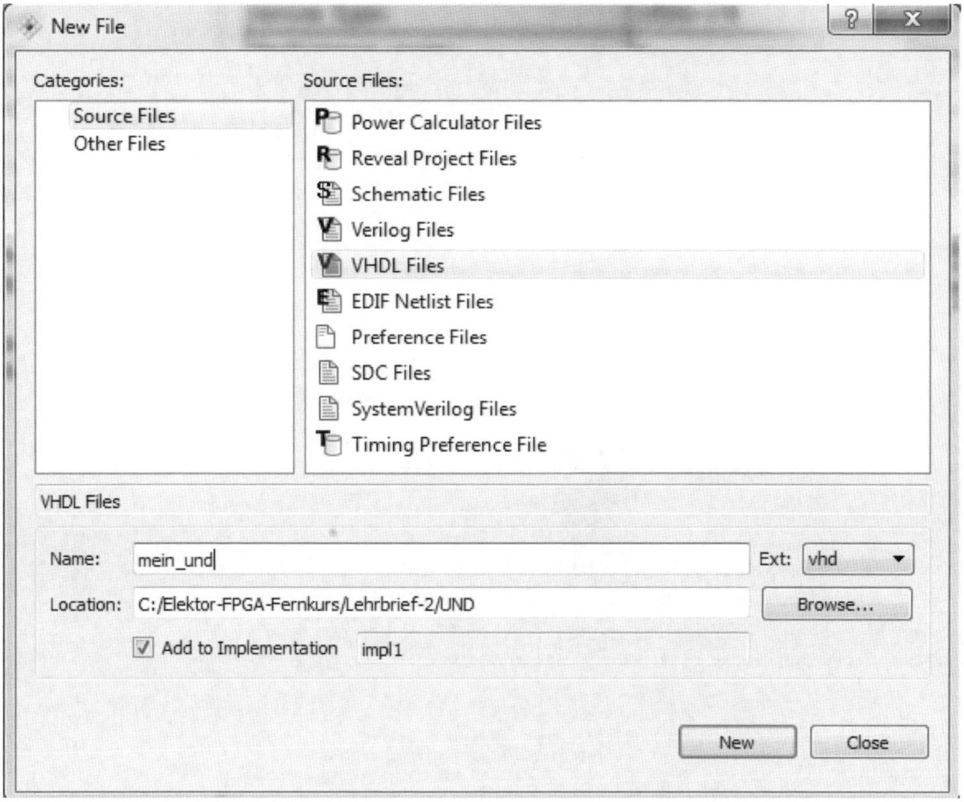

Abbildung 6.21: *Der Dialog für neue Dateien*

Im Dialog für neue Dateien (Abb. 6.21) wählen Sie zunächst unter *Categories* den Punkt **Source Files** aus. Dann wählen Sie unter *Source Files* den Punkt **VHDL Files** aus. Weiter unten dann im Feld *Name* geben den Dateinamen für das UND-Gatter an, hier **mein_und**. VHDL-Dateien können verschiedene Endkennungen (*Ext.*) haben. Hier wählen Sie **vhd**, falls es nicht schon voreingestellt ist. Unter *Location* wird der Speicherort angegeben, an dem die Datei erzeugt werden soll. Wir belassen die vorgeschlagene Einstellung **C:\DigiSysFPGA\Teil2\UND**. Der Haken für *Add to Implementation impl1* soll gesetzt sein. Klicken Sie **New**.

Abbildung 6.22: *Zurück an der Diamond-Oberfläche mit geöffnetem Editor-Bereich*

Die Diamond-Oberfläche (Abb. 6.22) sollte jetzt links die aktualisierte *File List*, in der der Name der neuen VHDL-Datei auftaucht, zeigen. Falls nicht, dann wählen Sie den Reiter *File List* aus (mittig links). Im Bereich rechts unterhalb der Toolbar ist ein Reiter aktiviert, der auch den Namen der neuen VHDL-Datei trägt. Das leere Feld darunter ist der Editor-Bereich. Dort ist jetzt der VHDL-Text des UND-Gatters einzugeben. Der untere Teil (*Output*) der Diamond-Oberfläche enthält Rückmeldungen zu den ausgeführten Aktionen. Es erscheinen dort auch einige Warnmeldungen (WARNING - (VBSR-1011) ...), die im Moment ignoriert werden können.

Geben Sie nun den VHDL-Code des UND-Gatters ein. Anschließend speichern Sie die Datei über das *File*-Menue ab.

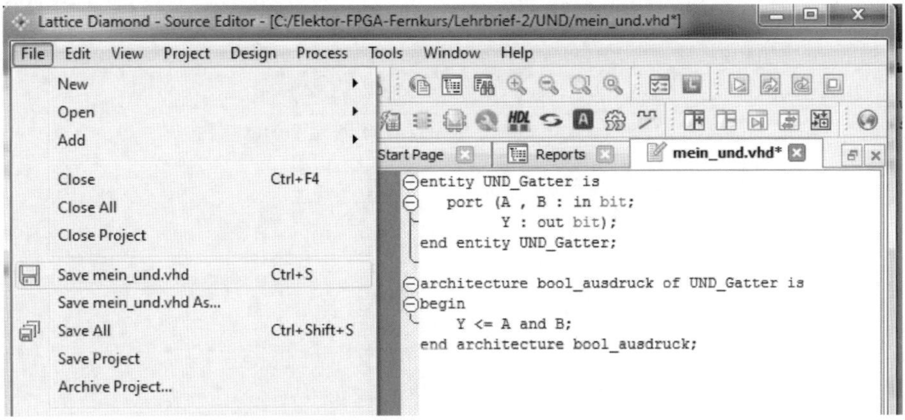

Abbildung 6.23: *Den eingegebenen VHDL-Quelltext abspeichern*

Um zu überprüfen, ob der VHDL-Text verarbeitet werden kann, werden wir jetzt testweise eine Synthese starten. Dazu wechseln Sie bitte im linken Arbeitsbereich vom Reiter *File List* auf den Reiter *Process* (Abb. 6.24). Führen sie einen Doppelklick auf **Synthesize Design** aus.

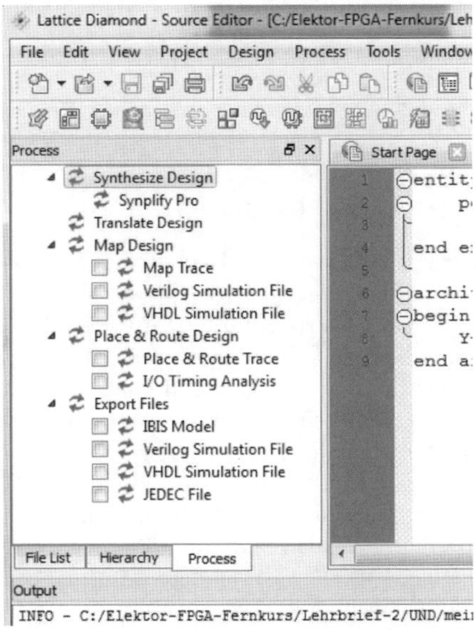

Abbildung 6.24: *Die Prozessansicht*

Nach einigen Sekunden ist die Synthese abgeschlossen, was man bei Erfolg an den grünen Häkchen in der Prozessansicht (Abb. 6.25) und im *Output*-Bereich am gemeldeten Text sehen kann (Abb. 6.26).

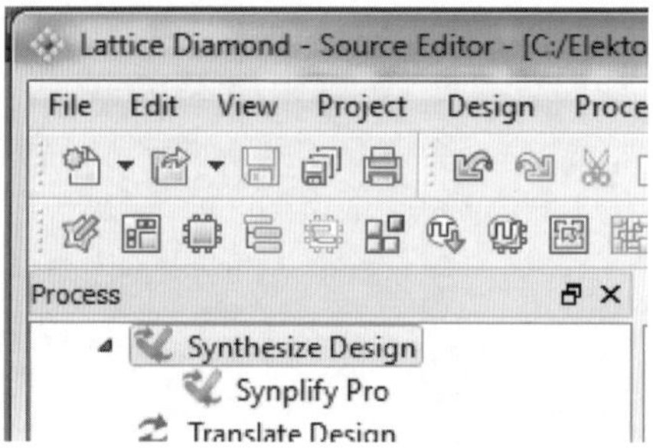

Abbildung 6.25: *Erfolgreiche Synthese in der Process-Ansicht*

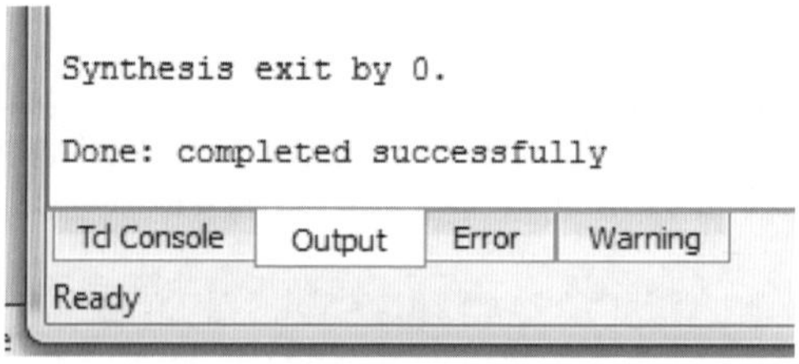

Abbildung 6.26: *Erfolgreiche Synthese im Meldebereich*

Die Verbindung mit der Außenwelt definieren

Das Syntheseergebnis hat gezeigt, dass Sie erfolgreich aus einer VHDL-Beschreibung eine FPGA-Innenschaltung erzeugen können (**Synthese**). Diese ist jedoch noch nicht auf bestimmte Elemente des FPGAs zugeordnet worden (**Implementierung**). Zu diesen Elementen gehören beispielsweise die konkreten Logikzellen, die die Funktion des UND-Gatters realisieren sollen. Diese Festlegung ist im Moment für Sie nicht kritisch und kann *Diamond* überlassen werden. Die im Moment wichtigen FPGA-Elemente sind die Ein- und Ausgabeschaltkreise für die in der **port**-Liste der **entity** definierten Signale. Das FPGA-Board, mit dem Sie hier arbeiten, ist ja fixiert, was die Verschaltung der FPGA-Anschlüsse mit den anderen Board-Komponenten angeht. Das betrifft die Pin-Zuordnung der Anschlüsse und die elektrischen Eigenschaften. Die Sprache VHDL an sich kennt keine Konstrukte dafür. Über Syntheseattribute können ggf. sog. „Pin Assignments“ formuliert werden. Die notwendigen Informationen sollten aber besser anderweitig bereitgestellt werden. Diese Informationen, *constraints* oder *preferences*, werden dann separat angegeben. Dazu kann man in der Entwicklungsoberfläche ein Werkzeug benutzen oder eine passende Datei erstellen. Für *Diamond* haben diese Dateien die Endung **.lpf** und das steht für *logic preference file*. In Abb. 6.18 kann man unter dem Reiter *Reports - UND_Gatter project* *summary* sehen, dass die Datei **UND_Gatter.lpf** schon angelegt worden ist.

Diese Datei sollen Sie jetzt öffnen. Sie können dabei über das Menue *File - File Open* gehen, schneller geht es aber über die *File List* im linken Arbeitsbereich (Abb. 6.27). Führen Sie einen Doppelklick auf dem Eintrag **UND_Gatter.lpf** aus. Es öffnet sich im rechten Arbeitsbereich ein Reiter mit der Bezeichung **UND_Gatter.lpf** und darunter ein Editorfenster. Es stehen dort schon einige Anweisungen (*BLOCK*-Anweisungen), die wir zunächst unbeachtet stehen lassen (Abb. 6.28).

Einige **lpf**-Parameter sind "case sensitive". => In **lpf**-Dateien Großschreibung beachten!

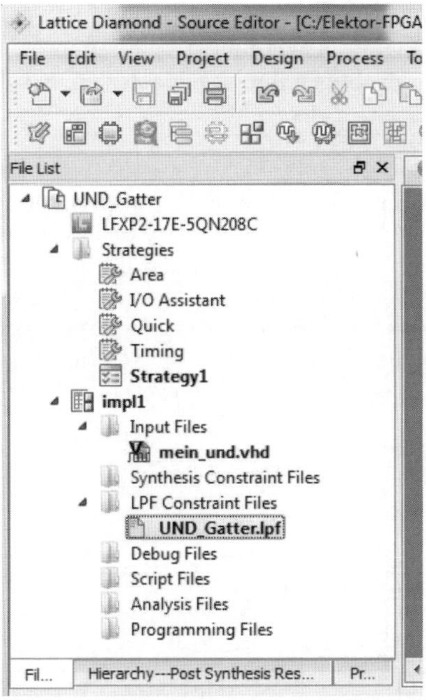

Abbildung 6.27: *UND_Gatter.lpf in der File-List-Ansicht*

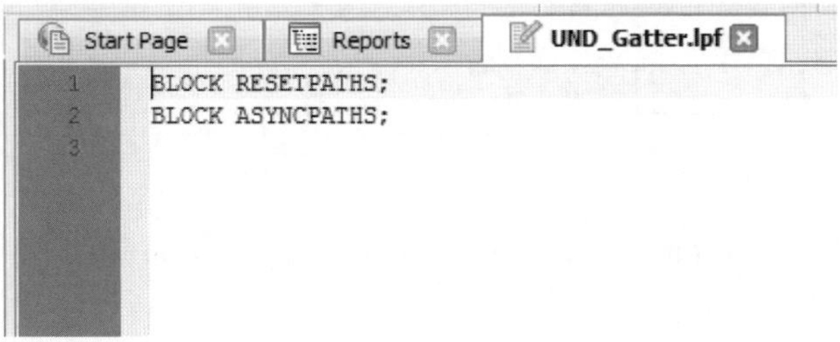

Abbildung 6.28: *Die im Projekt bereits angelegte Datei UND_Gatter.lpf*

Unterhalb der *BLOCK*-Anweisungen beginnen Sie dann mit Ihren eigenen Eintragungen. Zunächst geben Sie ein:

```
IOBUF ALLPORTS IO_TYPE=LVCMOS33;
```

Hiermit wird pauschal für alle Signalanschlüsse des FPGA-Bausteins der elektrische Logikstandard festgelegt. *IOBUF* steht für *input/output buffer. LVCMOS33* steht für den Logikstandard *Low Voltage CMOS bezogen auf die Spannungsebene 3,3 V.*

Schauen Sie sich noch einmal Abb. 6.5 auf Seite 122 an. Daraus geht hervor, dass das Ausgangssignal **Y** mit der LED an **Anschluss 104** verknüpft sein soll. Um *Diamond* diese Verknüpfung bekannt zu machen, tragen Sie folgende Zeile in den Editor ein:

```
LOCATE COMP “Y“ SITE “104“;
```

Mit *LOCATE COMP* werden Komponenten platziert. Die Komponente ist hier *Y*. Bisher kannten Sie *Y* nur als ein Signal, welches in der **entity** deklariert wurde. In dieser Übung stellt das Modul *UND_Gatter* den sog. *Top-Level* dar, womit die Signale in der **port**-Liste der **entity** zu Ein- und Ausgabesignalen des FPGA-Bausteins werden. Für Ausgabesignale sind im FPGA sog. *output buffer* als Komponenten vorgesehen und für Eingabesignale sind es die sog. *input buffer*. Mit *SITE* werden dann die *buffer* für den angegebenen Anschluss (hier: **104**) zugeordnet, ohne dass die Richtung *input* oder *output* explizit angegeben werden muss. Die Richtung ergibt sich aus der **entity**.

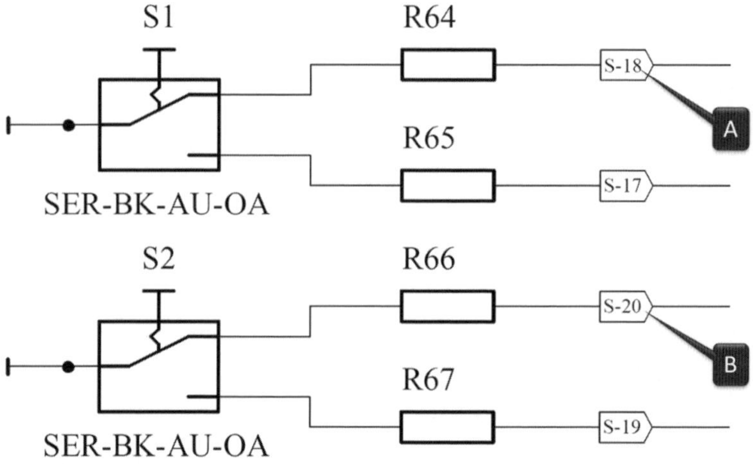

Abbildung 6.29: *Die beiden Taster für die Eingangssignale*

Nun fehlen noch die Eingänge. Abb. 6.29 zeigt die gewählte Zuordnung. Die Signale *A* und *B* werden mit den *normal geschlossenen* Schaltkontakten verknüpft. Geben Sie somit ein:

```
LOCATE COMP "A" SITE "18";
LOCATE COMP "B" SITE "20";
```

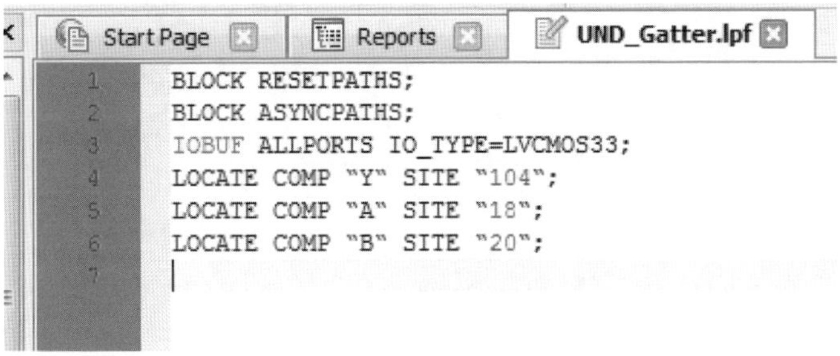

Abbildung 6.30: *Die vollständige **lpf**-Datei*

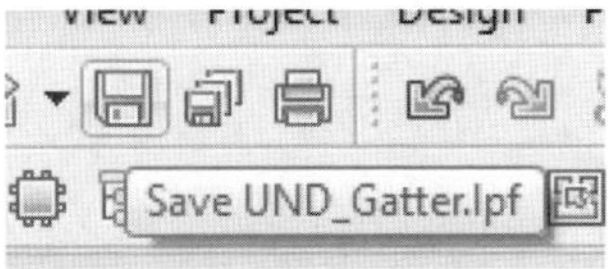

Abbildung 6.31: *Datei speichern via Save-Button*

Die *lpf*-Datei sollte jetzt so aussehen wie in Abb. 6.30. Speichern Sie die Datei über das *File Menue* oder den *Save Button.*

Die Prozesskette anstoßen

Den ersten Prozessschritt, die Synthese, hatten Sie ja bereits durchgeführt. Wir setzen den Prozess jetzt fort, indem wir den Übersetzungsprozess *Translate* per Doppelklick in der Prozessansicht starten. Nach einem kurzen Augenblick ist der Vorgang abgeschlossen. *Translate* erzeugt aus dem Syntheseergebnis eine sog. *Native Generic Database (*.ngd)*-Datei. Diese interne Datenbank ist eine Binärdatei und enthält eine oder mehrere übersetzte Netzlisten. Wenn alles richtig eingegeben wurde, erhalten Sie jetzt ein grünes Häkchen als Markierung auf *Translate.*

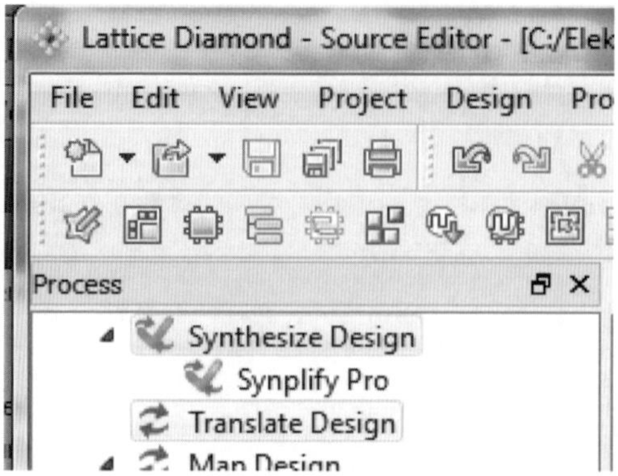

Abbildung 6.32: *Aufruf der Übersetzung*

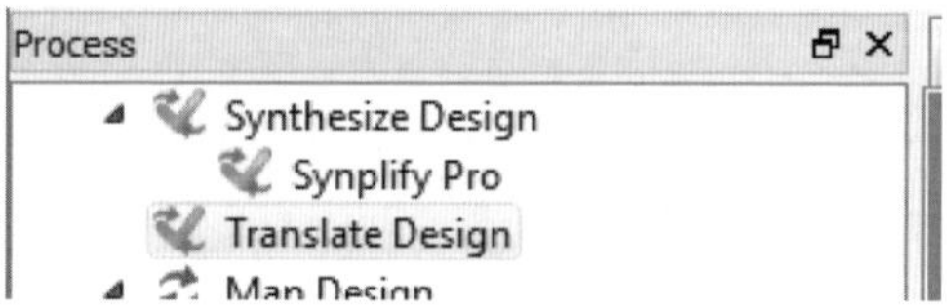

Abbildung 6.33: *Übersetzung erfolgreich.*

Die bisher abgelaufenen Prozessschritte waren noch technologieunabhängig, d.h. es wurden noch keine konkreten Ressourcen des FPGA-Bausteins belegt. Für das sog. *Mapping* werden die bisher entstandene *.ngd*-Datei und die von uns eingegebene *.lpf*-Datei ausgewertet und eine Zuordnung von allgemeinen Schaltungsfunktionen auf konkrete Typen von Schaltungselementen hergestellt. Diesen Vorgang kann man mit dem Aufstellen einer Stückliste vergleichen.

Die Optionen der einzelnen Prozessschritte lassen sich ein- und ausblenden.

Die Optionen des nächsten Prozessschrittes *Map Design* lassen wir unberücksichtigt. Führen Sie einen Doppelklick auf *Map Design* aus. Nach wenigen Augenblicken ist das *Mapping abgeschlossen und Map Design* bekommt in der *Process*-Ansicht einen grünen Haken.

Abbildung 6.34: *Ohne die Auswahl von Optionen geht es mit dem MAP-Prozessschritt weiter.*

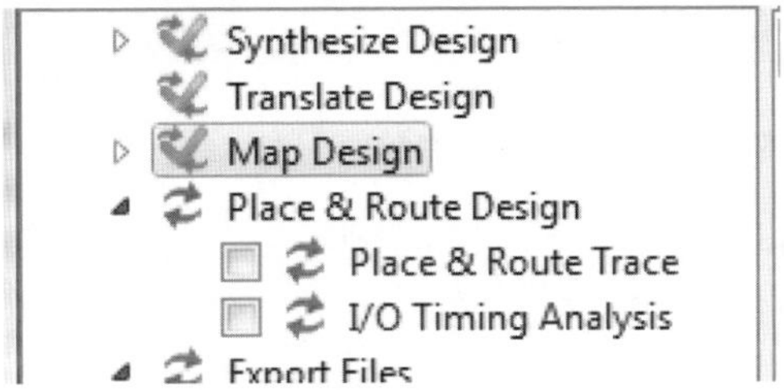

Abbildung 6.35: *Auch Place & Route wird zunächst ohne Optionen gestartet.*

Den *Place & Route Design*-Prozessschritt kann man in etwa mit dem Layouten einer Leiterplatte vergleichen: Aus der Stückliste werden Bauteil für Bauteil entnommen und auf der Fläche platziert. Anschließend erfolgt die Verdrahtung (das *Routing*) anhand der Netzliste. Konkret im FPGA intern bedeutet das, dass bestimmte Schaltungselemente zugeordnet werden (quasi über ihre "Hausnummer" auf dem Chip) und beim *Routing* werden bereits vorhandene Verbindungswege konfiguriert (das kann man mit dem Stellen von Weichen vergleichen). Das *Place & Route Design* wird auch jetzt zunächst ohne besondere Optionen per Doppelklick gestartet. Nach kurzer Zeit ist auch dieser Prozessschritt abgeschlossen und auf grün gesetzt.

Bei großen FPGA-Entwürfen ist der Place & Route Prozessteil der langwierigste.

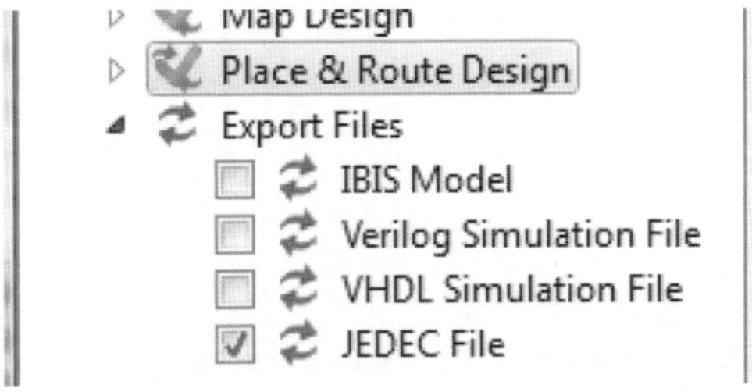

Abbildung 6.36: *Für den Export der Konfiguration benötigen wir die JEDEC-Option. Dazu setzen Sie bitte mit einem Mausklick ein Häkchen in die Auswahlbox vor* ***JEDEC File****.*

Nach Durchlauf des *Place & Route Design*-Prozessschrittes liegt die Konfiguration des FPGA-Bausteins fest. Es lassen sich nun für verschiedene Zwecke Dateien daraus ableiten. Das wird über die Optionen des letzten Prozessschrittes *Export Files* gesteuert. Im Moment ist es für uns nur interessant, die Programmierdatei (*JEDEC File*) für den FPGA-Baustein zu generieren.

Setzen Sie also das Häkchen bei **JEDEC File** und führen Sie einen Doppelklick auf *Export Files* aus. Nach erfolgreichem Durchlauf der Prozesskette liegt nun eine Programmierdatei im JEDEC-Format vor. Mit dieser Datei kann jetzt das FPGA programmiert werden.

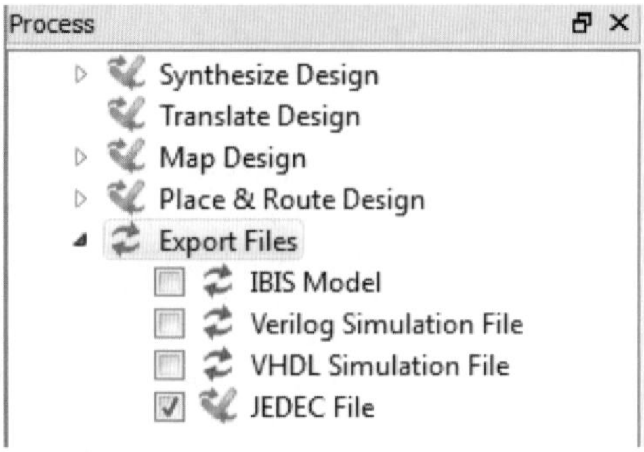

Abbildung 6.37: *Mit der Erzeugung der JEDEC-Datei ist der Entwurf zunächst abgeschlossen.*

Das FPGA programmieren und die Schaltung testen

Verbinden Sie jetzt das FPGA-Board und Ihren PC mit dem USB-Kabel welches dem Board beiliegt. Wenn Sie den Anschluss erstmalig herstellen, könnte es einen Moment dauern, bis Treiber installiert sind. Die grüne LED neben der USB-Buchse leuchtet und zeigt damit an, dass das FPGA-Board mit Spannung versorgt wird.

Starten Sie jetzt von Diamond aus das "Programmer-Tool" wie in Abb. 6.38 gezeigt.

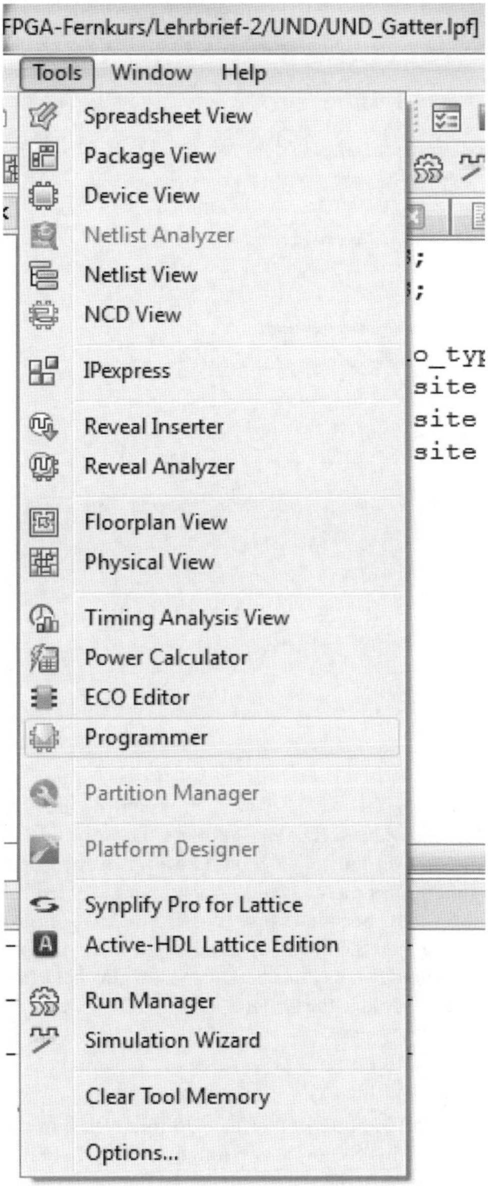

Abbildung 6.38: *Aufruf des Programmer-Tools*

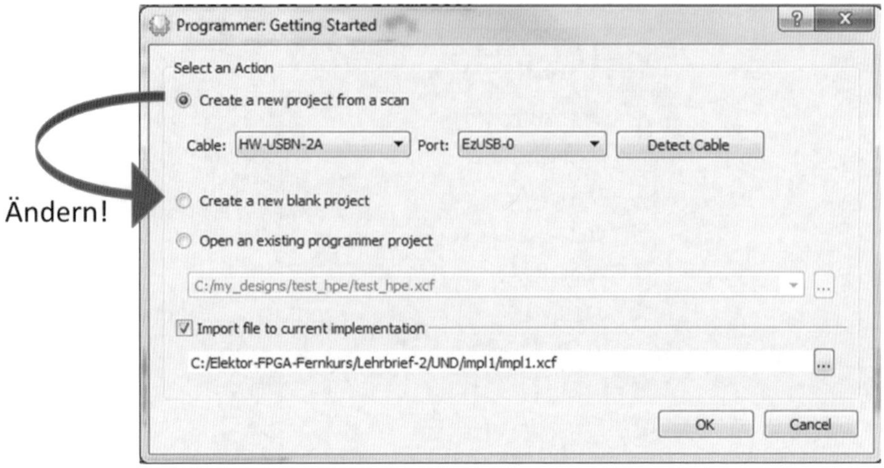

Abbildung 6.39: *Dieser Dialog erscheint in jedem Projekt nur beim erstmaligen Aufruf des Programmers.*

Der dann erscheinende Dialog (Abb. 6.39) wird in einem neuen Projekt beim erstmaligen Aufruf des Programmers gezeigt. Dieser Dialog definiert u.a., ob die Programmiererkonfiguration in einer .xcf-Datei abgelegt werden soll. Ab dem zweiten Aufruf des Programmers existiert eine .xcf-Datei, was dazu führt, dass dieser Dialog übersprungen wird. Möchte man diesen Dialog erneut ausführen, so kann man beispielsweise in der *File List* unter *Programming Files* die *.xcf*-Datei deaktivieren. Dazu gehen Sie mit dem Mauszeiger über diesen Dateinamen, betätigen die rechte Maustaste und wählen *Set as Inactive* aus. Das gleiche wird bewirkt, wenn Sie die Datei mittels *Remove* aus dem Projekt entfernen.

Wenn Sie im Dialog *Getting Started* mit der Standardoption weiterfahren wird ein sog. *scan* ausgeführt der zu einer Warnmeldung führt.

Ändern Sie in diesem Dialog die ausgewählte Option auf **Create a new Blank Project** und klicken dann erst auf **OK**. In der Diamond-Oberfläche öffnet sich nun unter einem neuen Reiter der Programmierer. Dieser zeigt eine Symbolleiste und zwei Arbeitsbereiche: Links befindet sich die Aktionsliste des Programmierers, die jetzt nur einen Eintrag zeigen sollte. Rechts befindet sich der Einstellbereich für die Programmierhardware ("Cable"). Das verwendete FPGA-Board enthält bereits den sog. JTAG-Adapter zur Programmierung. Dieser ist kompatibel zum sog. Lattice USB-Kabel. Die **Cable Settings**, die in Abb. 6.40 dargestellt sind, entsprechen diesem JTAG-Adapter und sollten auch so voreingestellt sein. Andernfalls sollten Sie einmal die **Detect Cable** Schaltfläche anklicken. Danach sollten sich die "Cable Settings" wie gewünscht darstellen.

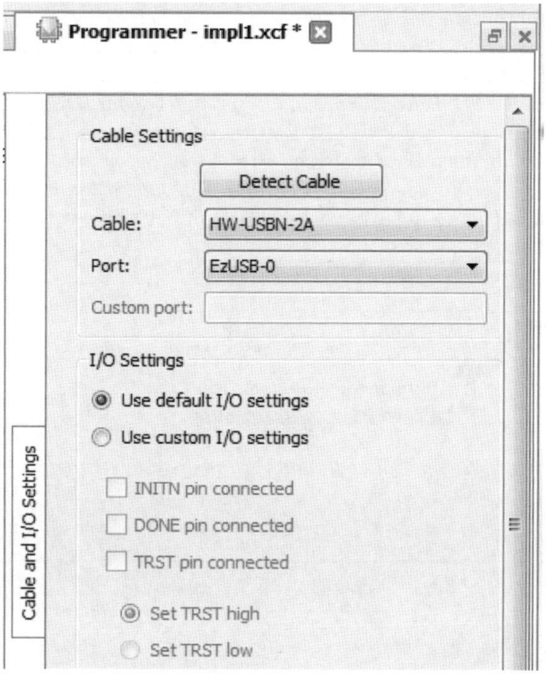

Abbildung 6.40: *Wenn die* ***Cable Settings*** *anders aussehen als hier, klicken Sie einmal auf* ***Detect Cable****.*

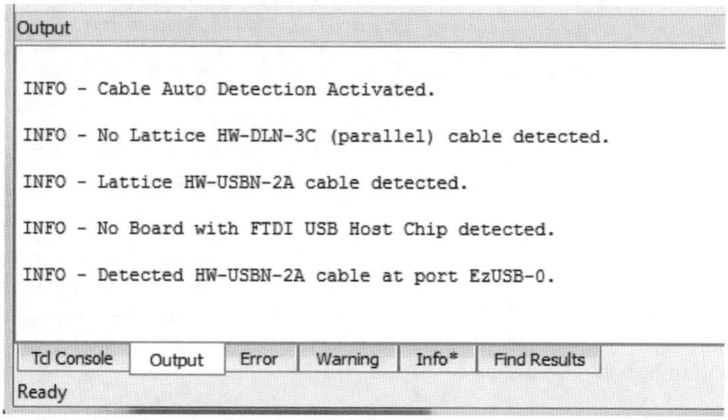

Abbildung 6.41: *Ergebnismeldung von* ***Detect Cable*** *- drei Möglichkeiten werden geprüft.*

Im *Flash*-Modus ist die Programmierung nichtflüchtig, so dass das FPGA nach dem Einschalten sofort wieder konfiguriert ist.

Unterhalb der Symbolleiste des Programmierers befindet sich die Aktionsliste, die genau einen Eintrag enthalten sollte. In der Spalte *Operation* steht die Anweisung, was der Programmierer ausführen soll, wenn die Zeile aktiviert ist (Häkchen in der Spalte *Enable*). Standardmässig wird hier *FLASH Erase,Program, Verify* eingetragen. Diese Einstellung dient der nicht-flüchtigen Programmierung des FPGA-Bausteins in seinem FLASH-Bereich. Da bei der Bearbeitung der in diesem Buch beschriebenen Projekte sehr viel programmiert wird, soll der SRAM-Programmierung der Vorzug gegeben werden. Der *Operation*-Eintrag lässt sich ändern, indem ein Doppelklick auf ihm ausgeführt wird. Dann öffnet sich ein Dialogfenster.

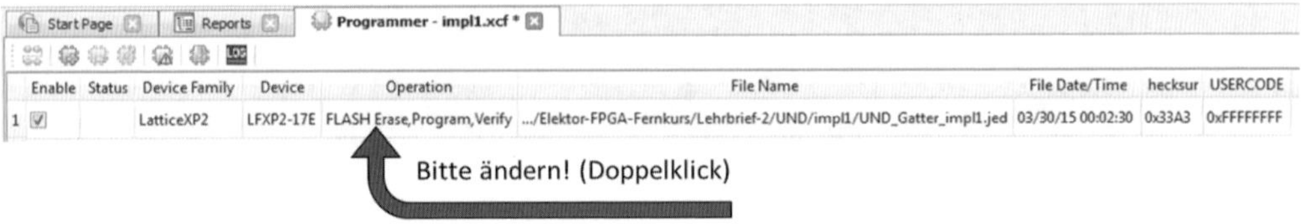

Abbildung 6.42: *Symbolleiste und Aktionsliste des Programmierers*

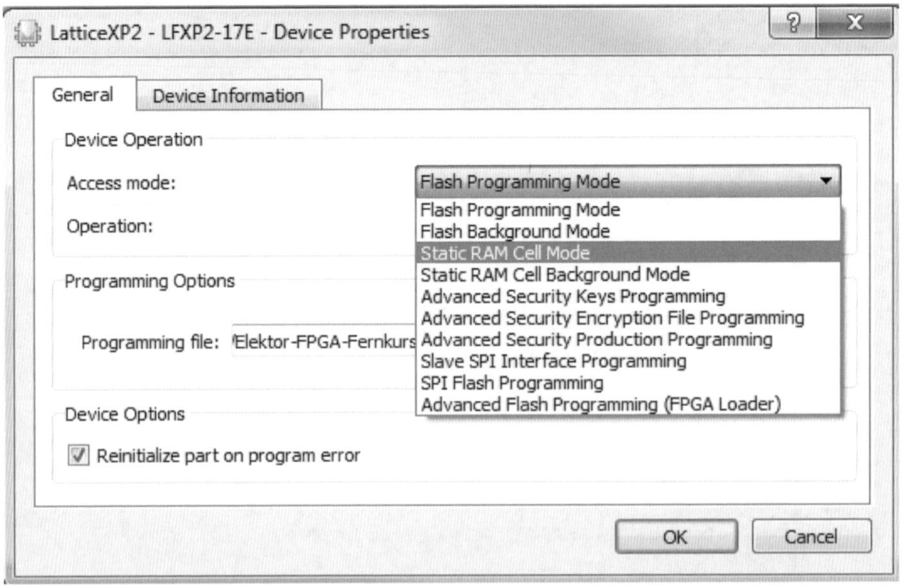

Abbildung 6.43: *Den **Access Mode** von Flash auf Static RAM ändern.*

Mit diesem Dialogfenster (Abb. 6.43) wird die Operation der angewählten Aktion eingestellt. Den *Access Mode* ändern Sie, indem Sie den aktuell eingestellten Modus anklicken und damit die Auswahlliste öffnen. Sobald Sie dann *Static RAM Cell Mode* ausgewählt haben, sollte auch die korrekte Operation automatisch eingestellt sein (Abb. 6.44). Als nächstes können Sie in diesem Dialogfenster prüfen, ob die richtige, zum Projekt gehörende Programmierdatei eingestellt worden ist. Die *Device Options* unten lassen wir zunächst unverändert. Nach Klicken auf OK sollte dann die Aktionsliste aussehen wie in Abb. 6.45.

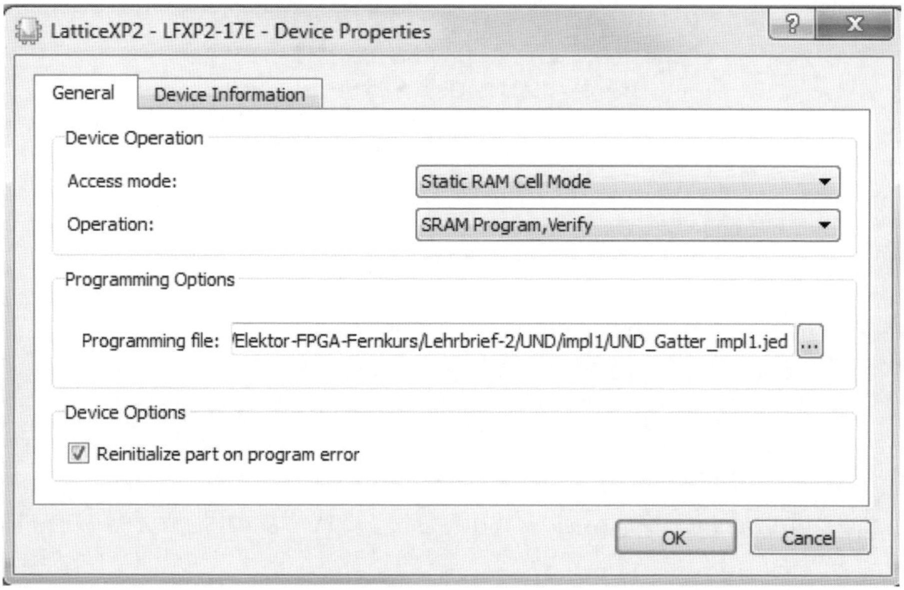

Abbildung 6.44: *Sobald der* ***Access Mode*** *auf* ***Static RAM*** *eingestellt ist, sollte auch die korrekte Operation* ***SRAM Program, Verify*** *automatisch ausgewählt worden sein.*

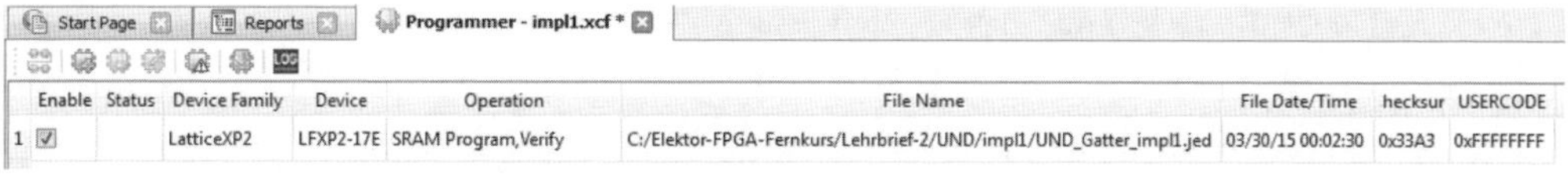

Abbildung 6.45: *Die benötigte Operation* ***SRAM Program, Verify*** *ist jetzt eingestellt!*

Jetzt kann die eigentliche Programmierung des FPGA-Bausteins erfolgen. Dazu klicken Sie auf das *Program*-Symbol in der Programmer-Symbolleiste. Haben Sie jetzt bitte ca. eine halbe Minute Geduld. Die erfolgreiche Programmierung wird dann in der Aktionsliste in einem grünen Textfeld mit dem Inhalt **PASS** angezeigt.

Abbildung 6.46: *Die Programmierung über die Symbolleiste starten.*

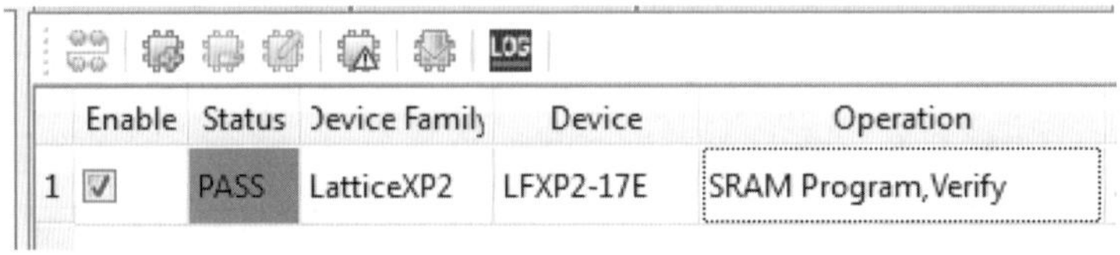

Abbildung 6.47: *Die Programmierung war erfolgreich, wenn der Status auf **PASS** gesetzt ist!*

Jetzt sollte sich das UND-Gatter im FPGA befinden. Probieren Sie die Tasten S1 und S2 aus und beobachten Sie dabei die dem Ausgang Y zugeordnete LED (neben dem Bestückungsdrucktext *104*). Verhält sich die Schaltung wie ein UND-Gatter? Wenn Sie sich nicht sicher sind, führen Sie einen systematischen Test anhand der folgenden Wahrheitstabelle durch. Dazu gehen Sie Tabelleneintrag für Tabelleneintrag vor und betätigen die Tasten entsprechend. Notieren Sie dabei in der linken Tabelle den jeweiligen Zustand der LED, ob sie **an** oder **aus** ist. Anschließend interpretieren Sie Ihre Ergebnisse und füllen die rechte Tabelle mit Einsen und Nullen (**1** oder **0**) aus. Stimmt das Ergebnis mit Abb. 6.2 überein?

S1	S2	*LED*
gelöst	gelöst	
gelöst	gedrückt	
gedrückt	gelöst	
gedrückt	gedrückt	

A	B	*Y*

Abbildung 6.48: *Prüfliste des UND-Gatters, tragen Sie in die LED-Spalte ein, ob die LED **an** oder **aus** ist. In der rechten Tabelle arbeiten Sie mit **1**- und **0**-Werten.*

Gibt es eine Schwierigkeit? Solange die LED-Anzeige der letzten Zeile sich von der in den anderen drei Zeilen unterscheidet, ist das Ergebnis in Ordnung! Vielleicht erscheint Ihnen die rechte Tabelle eher wie die eines NAND-Gatters. Wenn ja, woran könnte das liegen? Des Rätsels Lösung liegt in der Art und Weise, wie die LEDs an das FPGA angeschlossen sind. Nur wenn der Ausgang auf **LOW**, also **0**, geschaltet wird, kann eine LED leuchten. Es liegt also bei unserem UND-Gatter, bezogen auf den Zustand der LED, am Ausgang eine negative Logik vor. Wenn Sie eine leuchtende LED lieber als logische **1** sehen wollen, so erscheint Ihnen das UND-Gatter wie ein NAND-Gatter. Um die LEDs auf positive Logik zu "trimmen", müssen wir ihnen einen Inverter voranschalten. Das können wir im vorliegenden VHDL-Quelltext auf die Schnelle dadurch erreichen, dass wir die Invertierung in den booleschen Ausdruck mit eintragen. Systematisch ist das hier etwas unklug, weil dabei das UND-Gatter faktisch zu einem NAND-Gater verändert wird, aber darüber wird jetzt mal hinweg gesehen.

```
1 entity UND_Gatter is
2    port (A , B : in bit;
3          Y : out bit);
4 end entity UND_Gatter;
5
6 architecture bool_ausdruck of UND_Gatter is
7 begin
8   Y <= not (A and B);
9 end architecture bool_ausdruck;
```

Hinweis zu Zeile 8: Die Invertierung **not** muss auf der rechten Seite der Zuweisung stehen.

not *Y <= (A* **and** *B);*

wäre *keine gültige* VHDL-Notation.

Wählen Sie jetzt also das Editorfenster mit *mein_und.vhd* an und verändern Sie den VHDL-Text entsprechend dem hier gezeigten Listing. Speichern Sie die Datei. Dadurch verschwinden in der *Process*-Ansicht im linken Arbeitsbereich sämtliche grüne Häkchen. Die Veränderung des Quelltextes zwingt uns also nun dazu, alle Prozessschritte erneut durchzuführen. Dazu genügt auch ein Doppelklick auf den letzten Prozessschritt *JEDEC File*. Danach werden auch alle anderen, für diesen Prozessschritt notwendigen Schritte durchgeführt.

Anschließend starten Sie den Programmer. Da dies nicht mehr der erste Aufruf des Programmers ist, sind auch keine Einstellungen mehr vorzunehmen. Nach ca. einer halben Minute ist das veränderte UND-Gatter im FPGA programmiert und Sie können den Test erneut durchführen.

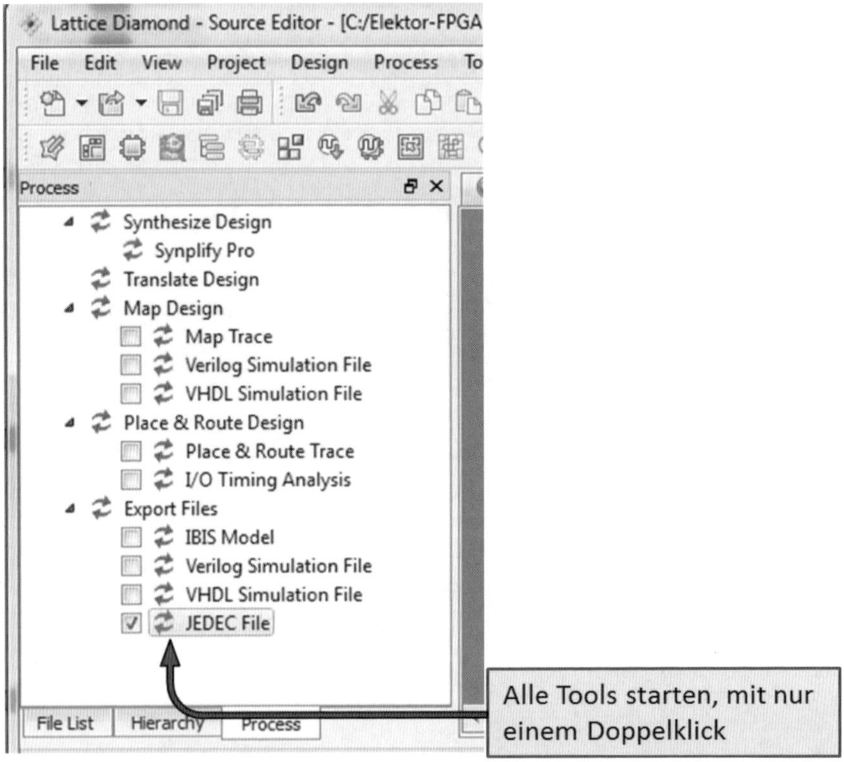

Abbildung 6.49: *Wiederholung des Prozessdurchlaufes*

S1	S2	*LED*
gelöst	gelöst	
gelöst	gedrückt	
gedrückt	gelöst	
gedrückt	gedrückt	

A	B	*Y*

Abbildung 6.50: *Führen Sie den Test erneut durch.*

Zur weiteren Übung erzeugen Sie jetzt ein zweites Projekt namens ODER_Gatter. Kopieren sie die Inhalte von UND_Gatter.vhd in eine neue Datei und modifizieren Sie alles was notwendig ist, um ein ODER-Gatter zu erzeugen. Führen Sie damit alle bisher erlernten Projektschritte nochmal selbständig durch. Anschließend testen Sie Ihr ODER-Gatter mit dem FPGA-Board.

6.1.4 Zeitgenaue Modellierung realer Gatter

In 6.1.2 wurde das UND-Gatter mittels eines booleschen Ausdrucks beschrieben. Dadurch entstand ein Modell ohne Zeitbezug, d.h. eine Änderung am Eingang wirkt verzugslos auf den Ausgang. Für den anschließenden FPGA-Entwurfsprozess ist diese Beschreibungsform nicht nur unschädlich sondern notwendig. Das klingt zunächst vielleicht paradox, denn natürlich hat die FPGA-Realisierung des UND-Gatters auch eine Verzögerungszeit. Diese ergibt sich zwangsläufig aus der Technologie, ist aber keine Vorgabe.

Eine Hardwarebeschreibungssprache hat nicht nur den Zweck, noch zu realisierende Schaltungen zu konstruieren, sondern auch bestehende Bauelemente möglichst realistisch nachzubilden. Nehmen wir beispielsweise ein UND-Gatter aus einer TTL-Bausteinfamilie. Dem Datenblatt können wir Schaltzeiten entnehmen. Ein VHDL-Modell dieses Bausteins müsste dann diese Schaltzeiten enthalten. Dazu betrachten wir folgendes Listing:

```
1 entity UND_Gatter is
2   port (A , B : in bit;
3         Y : out bit);
4 end entity UND_Gatter;
5
6 architecture timing_model of UND_Gatter is
7 begin
8   Y <= A and B after 5 ns;
9 end architecture timing_model;
```

Hier enthält die Signalzuweisung in Zeile 8 das Schlüsselwort **after** und einen mit der Zeiteinheit **ns** versehenen Zahlenwert. Die Formulierung bewirkt, dass das Ergebnis der booleschen Verknüpfung mit einer Verzögerung von 5 Nanosekunden auf das Signal *Y* zugewiesen wird. Außerdem werden Impulse kleiner 5 ns unterdrückt ("verschluckt").

Zeitangaben in VHDL sind nicht synthetisierbar.

Der Versuch, diese Beschreibung durch den FPGA-Prozess durchzubringen, würde scheitern, denn Verzögerungszeiten sind nicht synthetisierbar. Wir können also mit **after** einer zu implementierenden Schaltung keine Vorgaben bzgl. ihrer Verzögerungszeiten machen! Das hier beschriebene Modell kann aber sehr wohl mit einem Simulator korrekt verarbeitet werden.

6.2 Kombinierte Gatter

Sie haben jetzt eine Vorstellung davon erhalten, wie einzelne Gatter mit einer Hardwarebeschreibungssprache modelliert werden können. Über ihre **entity**-Deklaration können diese Grundgatter in anderen VHDL-Beschreibungen instantiiert und verknüpft werden. Wir sprechen dann von einer **strukturellen** Beschreibungsform. Die strukturelle Beschreibung ist im Grunde eine in VHDL-Syntax formulierte Netzliste. Man könnte eine komplette FPGA-Schaltung mittels struktureller Beschreibung aus Gatter-Instanzen aufbauen. Das ist allerdings wenig sinnvoll, denn der

Vorteil einer produktiveren Entwicklung auf höheren Ebenen wäre damit dahin. Modelliert man jedoch eine aus einzelnen TTL- oder CMOS-Schaltkreisen zusammengesetzte Schaltung, so ist man auf Timing-gerechte VHDL-Module für einzelne Gatter angewiesen, mit deren Instanzen man dann in eine strukturelle Beschreibung geht.

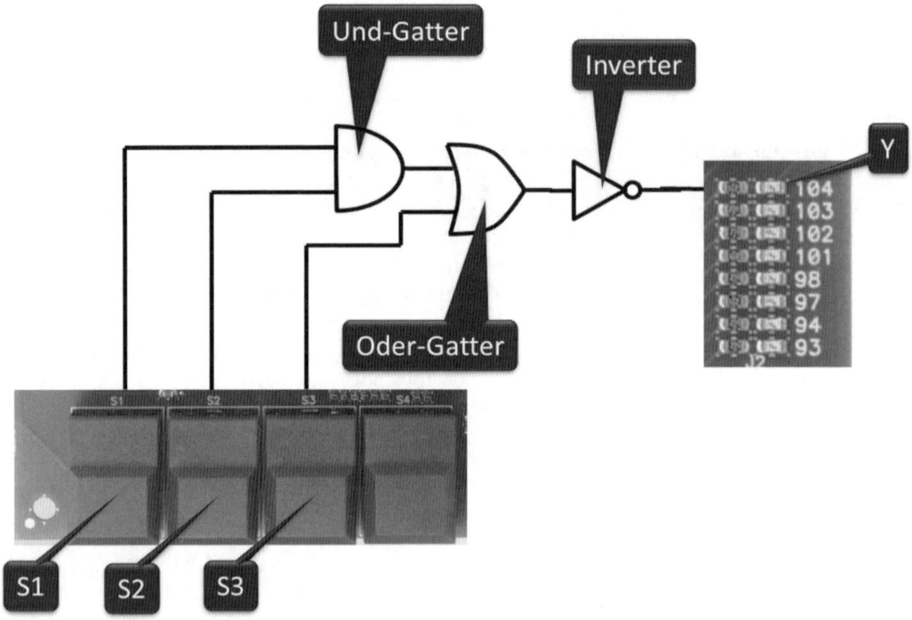

Abbildung 6.51: *FPGA-Projekt mit kombinierten Gattern*

Ein einfaches Beispiel mit kombinierten Gattern soll der Erläuterung der Instanziierung von Komponenten im Rahmen einer strukturellen Beschreibung erläutern. Die in Abb. 6.51 gezeigte Schaltung sollen Sie jetzt umsetzen. Die dafür notwendigen VHDL-Modelle für UND- und ODER-Gatter haben Sie bereits im vorangegangenen Projekt erstellt. Denken Sie allerdings daran, die Invertierungen wieder rückgängig zu machen, denn Sie verwenden die beiden Gatter ja nicht mehr direkt an einer LED. Den Inverter müssen Sie neu erzeugen. Der Vollständigkeit halber werden die drei Komponenten hier noch einmal aufgelistet:

Mit "--" werden in VHDL Kommentarzeilen eingeleitet.

```
-- Kommentar: dies ist der Inhalt der Datei mein_und.vhd
entity UND_Gatter is
  port (A , B : in bit;
        Y : out bit);
end entity UND_Gatter;

architecture bool_ausdruck of UND_Gatter is
```

```
begin
  Y <= A and B;
end architecture bool_ausdruck;
```

```
-- Kommentar: dies ist der Inhalt der Datei mein_oder.vhd
entity ODER_Gatter is
   port (A , B : in bit;
         Y : out bit);
end entity ODER_Gatter;

architecture bool_ausdruck of ODER_Gatter is
begin
  Y <= A or B;
end architecture bool_ausdruck;
```

```
-- Kommentar: dies ist der Inhalt der Datei mein_inverter.vhd
entity INVERTER is
   port (A : in bit;
         Y : out bit);
end entity INVERTER;

architecture bool_ausdruck of INVERTER is
begin
  Y <= not A;
end architecture bool_ausdruck;
```

Modul: Kombination aus **entity** und **architecture**

Neu ist hier die Verwendung von Kommentaren im Quelltext. Alles was hinter einem doppelten Bindestrich "- -" steht, wird als Kommentar angesehen und somit sowohl bei der Simulation als auch bei der Synthese ignoriert. Sie werden sich vielleicht daran stören, dass insgesamt die Signale A, B und Y mehrfach vorkommen. Das ist unproblematisch, weil in der **entity** und **architecture** deklarierte Signale nur lokal im Modul bekannt sind und somit ein und dieselben Signalnamen in allen Modulen vorkommen dürfen. Globale Signale sind in VHDL nicht vorgesehen. Wie man den Kommentaren entnehmen kann, befindet sich jedes Modul in einer eigenen Datei.

Die drei zuvor aufgelisteten Module stellen an sich noch keine Schaltung dar. Sie sind einzelne Komponenten, die erst zusammengefügt werden müssen. Das geschieht als strukturelle Beschreibung wiederum in einer VHDL-Datei. Diese Datei bildet dann ein übergeordnetes Modul, welches seinerseits wieder über **entity** und **architecture** verfügt. In diesem Modul werden die Ein- und Ausgänge der Gesamtschaltung in der **entity** definiert. Somit stellt diese VHDL-Datei das sog. Top-Level-Modul dar. Innerhalb seiner **architecture** werden dann die weiteren Komponenten verschaltet.

```
1 -- Kommentar: dies ist der Inhalt der Datei projekt_2.vhd
2 entity projekt_2 is
3    port (S1, S2, S3 : in bit;
4          Y : out bit);
5 end entity projekt_2;
6
7 architecture strukturell of projekt_2 is
8
9 -- Deklaration der zu verwendenden Komponenten
10 component UND_Gatter
11    port (A , B : in bit;
12          Y : out bit);
13 end component UND_Gatter;
14
15 component ODER_Gatter
16    port (A , B : in bit;
17          Y : out bit);
18 end component ODER_Gatter;
19
20 component INVERTER
21    port (A : in bit;
22          Y : out bit);
23 end component INVERTER;
24
25 -- Deklaration interner Signale
26 signal und_ergebnis, oder_ergebnis: bit;
27
28 begin
29 -- strukturelle Beschreibung
30 GATTER1:  UND_Gatter
31    port map(A => S1,
32             B => S2,
33             Y => und_ergebnis);
34
35 GATTER2:  ODER_Gatter
36    port map(A => und_ergebnis,
37             B => S3,
38             Y => oder_ergebnis);
39
40 GATTER3:  INVERTER
41    port map(A => oder_ergebnis,
42             Y => Y);
43
44 end strukturell;
```

Die **entity** (Zeilen 2 bis 5) enthält hier genau die Signale, die für die Verbindungen zu den Bedien- und Anzeigeelementen benötigt werden. Beachten Sie bitte die zur ersten Übung abweichenden Signalnamen für den Anschluss der Tasten. Die **architecture** enthält einen Deklarationsteil, in dem ab Zeile 10 zunächst die benötigten Komponenten aufgelistet werden. Dazu dient die **component**-Anweisung. Sie entspricht vom Aufbau her der **entity**-Anweisung, nur dass das Schlüsselwort **entity** durch **component** ersetzt wird und dass das Schlüsselwort **is** hinter dem **entity**-Namen entfällt. So etwas wie eine *include*-Anweisung, wie man sie aus Software-Programmiersprachen kennt, ist für die Komponentendeklaration nicht notwendig. Alle **Entities** der zu einem Projekt zugehörigen Module sind im Gesamtdesign bekannt. Für die Verschaltung der Komponenten kommt man nicht mit den in der **entity** definierten Signalen aus. Wie man in Abb. 6.52 erkennen kann, existieren von außen nicht zugängliche, also interne Signale. Der Deklarationsteil der **architecture** enthält dementsprechend auch noch die Definition interner Signale (Zeile 26: *und_ergebnis, oder_ergebnis*). Der Anweisungsblock der **architecture** (ab Zeile 28) beschreibt nun die Verschaltung der Komponenten über interne und externe Signale. Dazu werden die Komponenten instantiiert, indem für jede Instanz ein eindeutiger Bezeichner (hier GATTER1, GATTER2, GATTER3) gewählt wird, gefolgt von dem Namen der **entity** der ausgewählten Komponente. Die eigentliche Verschaltung wird über die **port map**-Anweisung beschrieben. Die **port map**-Anweisung enthält Zuweisungen der in der jeweiligen **entity** definierten **port**-Signale mit den in der Top-Level-Ebene bekannten Signalen. Der Operator => steht für die sog. *named association*. Beispiel: bei der Instanziierung des *UND_Gatters* bewirkt *B => S2* (Zeile 32), dass der *UND_Gatter*-Anschluss *B* mit dem Tastensignal *S2*, welches ein Top-Level-Signal ist, verknüpft wird. Etwas verwirrend mag die *INVERTER*-Verknüpfung *Y => Y* in Zeile 42 erscheinen. Das liegt daran, dass ein Top-Level-Signal *Y* existiert und gleichzeitig die Komponente *INVERTER* diesen Anschlussnamen besitzt.

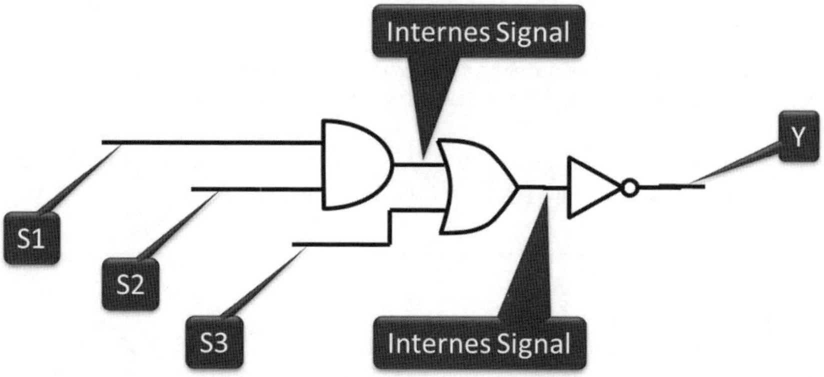

Abbildung 6.52: *Von außen nicht sichtbare Signale*

Einschub: Erläuterung Top-Level

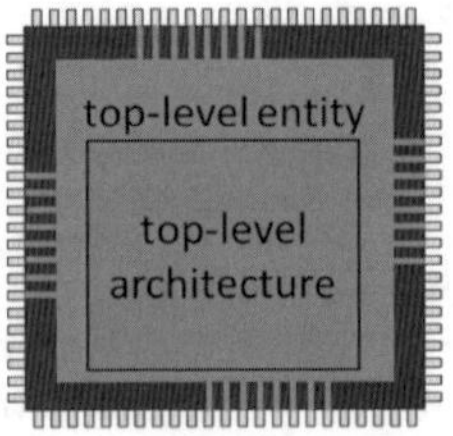

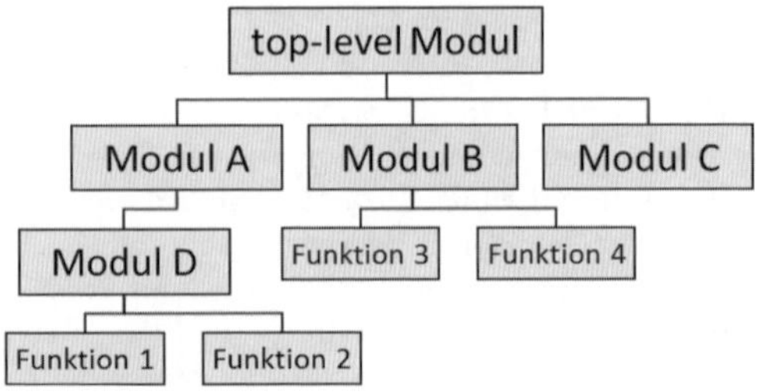

HDL-Beschreibung als Top-Level:

- Im hierarchischen Entwurf kann eine VHDL- oder Verilog-Beschreibung als Top-Level dienen.
- Über die Top-Level-Beschreibung werden weitere HDL-Module verknüpft (strukturelle HDL-Beschreibung).
- Die im Top-Level definierten Interface-Ports werden standardmässig zu FPGA-Anschlüssen.
  - Die I/O-Konfiguration wird jedoch nicht in HDL festgelegt, sondern in Steuerdateien.
- Viele Entwurfswerkzeuge bieten die Möglichkeit, für den Top-Level-Entwurf mit der Schaltplaneingabe zu arbeiten.
  - Diese Schaltpläne bzw. Blockschaltbilder können dann in eine strukturierte HDL-Beschreibung übersetzt werden bzw. werden intern direkt als HDL-Netzliste abgelegt.
  - Für die Blöcke, die im Schaltplan verwendet werden, wird das Anschlussbild aus der zugehörigen **entity** abgeleitet, entweder manuell oder automatisch.
  - Für Spezialressourcen des FPGA oder der externen Hardware steht eine Bibliothek aus Block-Symbolen zur Verfügung.

Legen Sie jetzt einen neuen Projektordner
C:\DigiSysFPGA\Teil2\UND_ODER_NICHT an. Starten Sie in Diamond den *new project wizard* und geben Sie dem Projekt den Namen **mein_kombi_gatter**. Die bereits existierenden Dateien für das UND- und das ODER-Gatter können Sie importieren, indem Sie nun im *Add Source Dialog* (Abb. 6.53) **Add Source** anwählen. Wiederholen Sie innerhalb dieses Dialoges *Add Source* solange, bis Ihre Dateiliste komplett ist. Achten Sie darauf, dass das Häk-

chen bei *Copy source to implementation directory* gesetzt ist, damit Sie bei Änderungen nicht versehentlich die Ursprungsprojekte dieser Dateien verändern. Anpassungen werden in unserem Fall bei den importierten VHDL-Dateien notwendig, wenn diese noch die „LED-Invertierung“ beinhalten. Außerdem muss die importierte *.lpf*-Datei geändert werden, weil wir jetzt andere Top-Level **port**-Namen haben als im ersten Projekt. Die weiteren Schritte für das Anlegen des neuen Projektes verlaufen wie gehabt.

Ein „Schönheitsfehler“ besteht darin, dass die *.lpf*-Datei zunächst ihren Namen aus dem UND_Gatter-Projekt behalten hat. Innerhalb von Diamond kann man diesen Dateinamen nicht ändern. Dazu könnte man die *.lpf*-Datei unter einem anderen Namen speichern und neu dem Projekt hinzufügen, wobei man die alte *.lpf*-Datei entfernen müsste. Ein anderer Weg wäre es, die *.lpf*-Datei eines anderen Projektes nicht hinzuzufügen, sondern **nur** deren Inhalte in eine neue *.lpf*-Datei hineinzukopieren.

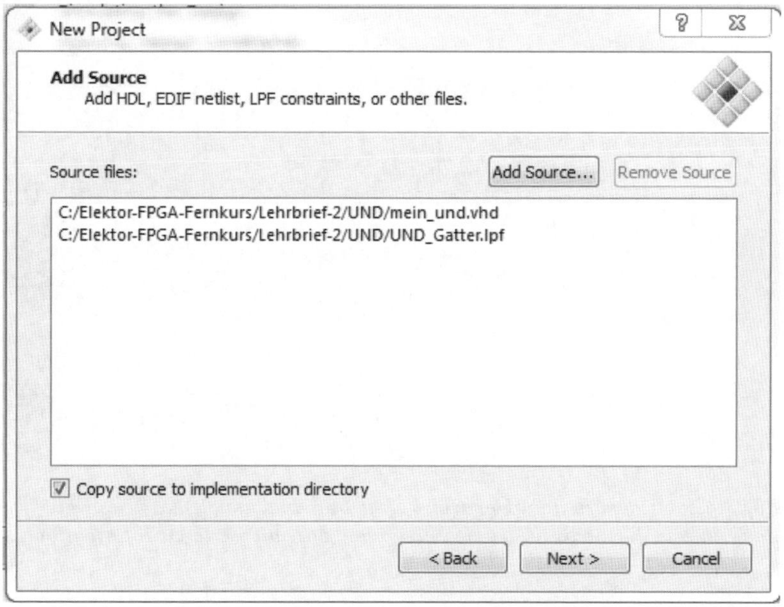

Abbildung 6.53: *Bereits vorhandene Module können als Kopie übernommen werden. Bitte beachten Sie, dass das Häkchen in der Auswahlbox vor* ***Copy source to implementation directory*** *gesetzt ist!*

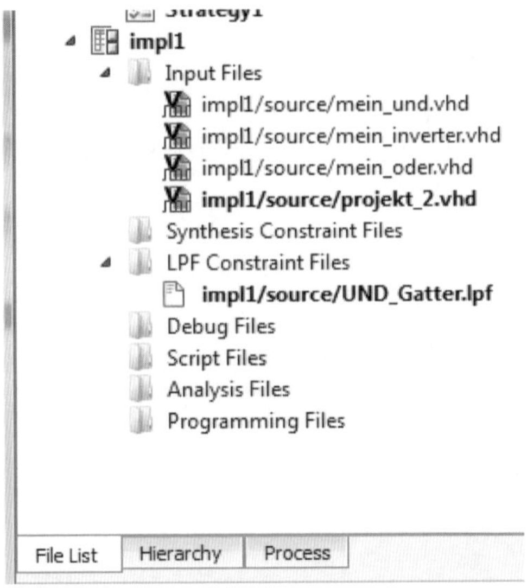

Abbildung 6.54: *Liste der importierten und erstellten Dateien*

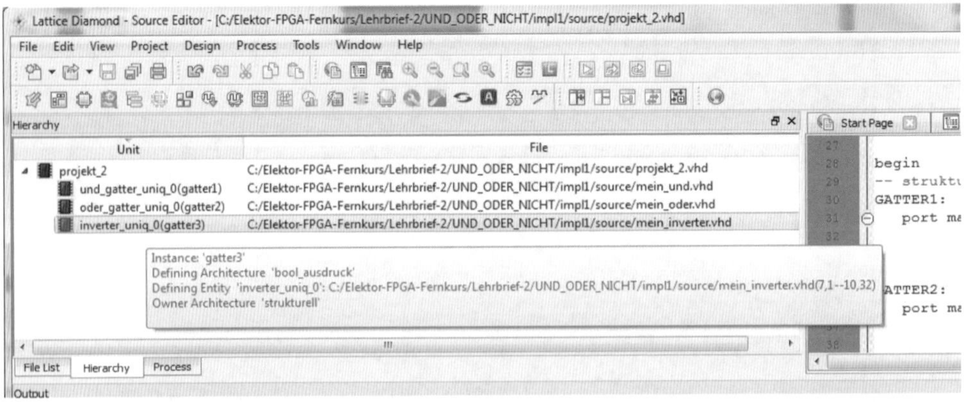

Abbildung 6.55: *Hinter dem Reiter* ***Hierarchy*** *zeigt Diamond die Struktur des Entwurfes. Führt man die Maus auf ein Element, öffnet sich eine grau Box mit weiteren Informationen.*

Sobald alle Quelldateien importiert bzw. erstellt worden sind, erscheint die *File List* wie in Abb. 6.54. Wechseln Sie einmal in die *Hierarchy*-Ansicht. Allein durch das Importieren bzw. Anlegen von Qelldateien werden diese auf ihre Abhängigkeiten untereinander untersucht. Durch die strukturelle VHDL-Beschreibung entsteht eine Hierarchie, die in der *Hierarchy*-Ansicht dargestellt wird, und zwar anhand der **entity**-Namen und nicht der Dateinamen. Sollte die Hierarchie nicht korrekt angezeigt werden, führen Sie einen Rechtsklick auf der Top-Level-**entity** aus. Es erscheint ein Menue, in dem Sie das Kommando **Set as Top-Level Unit** auswählen.

Vergessen Sie nicht, die *.lpf*-Datei zu editieren:

```
BLOCK RESETPATHS;
BLOCK ASYNCPATHS;
IOBUF ALLPORTS IO_TYPE=LVCMOS33;
LOCATE COMP "Y" SITE "104";
LOCATE COMP "S1" SITE "18";
LOCATE COMP "S2" SITE "20";
LOCATE COMP "S3" SITE "23";
```

Führen Sie jetzt alle Prozessschritte, wie gehabt, durch und starten Sie den Programmer. Beim erstmaligen Start erscheint wieder der *Programmer: Getting Started*-Dialog. Da sich der FPGA-Baustein und das -Board nicht geändert haben, können wir dieses Mal die Option wählen, eine bereits vorhandene *.xcf*-Datei als Muster zu verwenden (*Open an existing Programmer Project*). Im zugehörigen Dateiauswahlfenster werden sämtliche Lattice-FPGA-Projekte Ihres Rechners angeboten. Zusätzlich kann man über *Browse...* noch weitere *.xcf*-Dateien suchen. Das Häkchen bei *Import file to current implementation* sollte gesetzt werden, damit Sie projektspezifische Einstellungen "gefahrlos" abspeichern können. Eine Tücke steckt noch in dieser Verfahrensweise: mit den importierten Programmer-Einstellungen alter Projekte wird auch auf die Konfigurationsdatei dieses alten Projektes referenziert. Das müssen Sie natürlich im Programmer-Bereich verändern. Speichern Sie die *.xcf*-Datei und starten Sie die Programmierung.

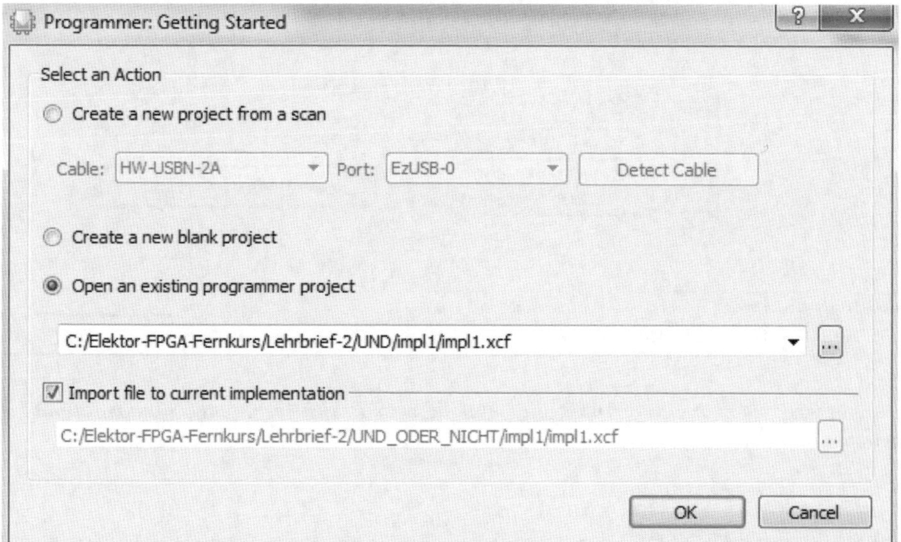

Abbildung 6.56: *Ableitung der Programmer-Einstellungen aus einem vorhandenen Projekt* **C:\DigiSysFPGA\Teil2\UND\impl1\impl1.xcf** ...

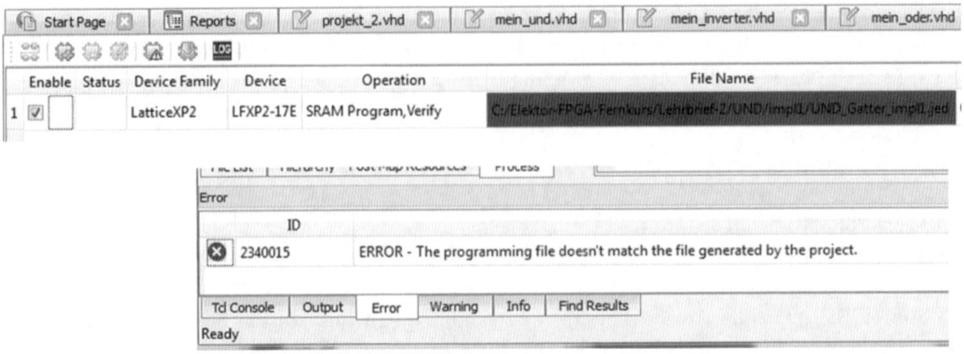

Abbildung 6.57: *... um dann festzustellen, dass damit eine falsche Programmierdatei geladen wird. Aber zumindest ist schon einmal die korrekte Programmier-Operation ausgewählt worden.*

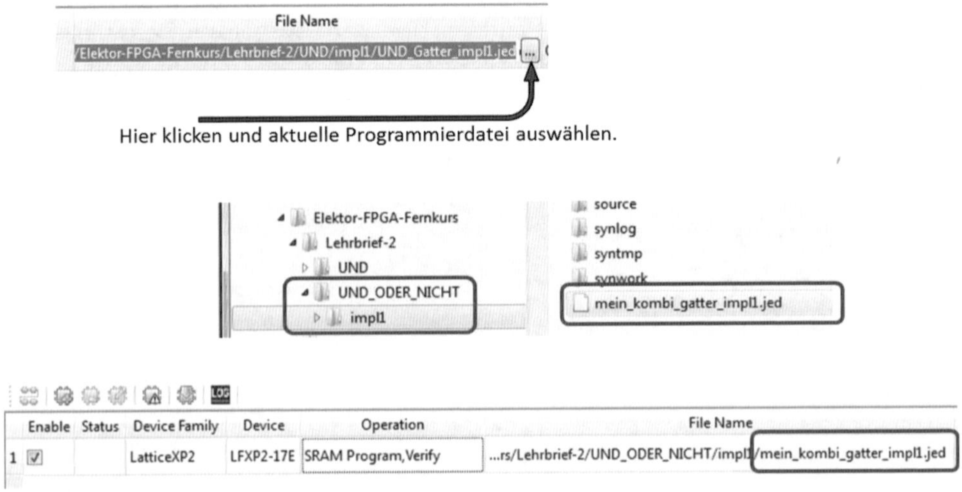

Abbildung 6.58: *Jetzt muss nur noch die aktuelle, zum Projekt gehörende Konfigurationsdatei eingetragen werden.*

Nach ca. einer halben Minute ist das Board programmiert und Sie können die Schaltung testen. Füllen Sie dazu die Wahrheitstabelle aus. Durch den Inverter können wir den Ausgang jetzt in positiver Logik interpretieren, d.h. die LED leuchtet bei 1 und ist bei 0 aus. Das bedeutet dann aber auch, dass die Schaltung, logisch gesehen, nur aus der Kombination von UND- mit ODER-Gatter besteht.

S1	S2	S3	Y
0	0	0	
0	0	1	
0	1	0	
0	1	1	
1	0	0	
1	0	1	
1	1	0	
1	1	1	

Abbildung 6.59: *Testen Sie die Schaltung. Denken Sie daran, dass der Inverter nur dazu da ist, die LED auf positive Logik zu trimmen.*

Die hier bearbeitete Aufgabe hat Ihnen den strukturellen Entwurf näher gebracht. Der strukturelle Entwurf ist jedoch für so kleine Einheiten, wie Grundgatter sie darstellen, wenig sinnvoll. Der strukturelle Entwurf wird sinnvollerweise nur für die Verschaltung größerer Einheiten verwendet, beispielsweise für die Verknüpfung einer Registerbank mit einem Rechenwerk. Auch der "Einbau" spezieller, vom FPGA-Hersteller bereitgestellter, Einheiten erfolgt mittels struktureller Beschreibung

Abschließend soll Ihnen der folgende Quelltext zeigen, dass Sie die Aufgabe mit boolescher Verhaltensbeschreibung einfacher hätten bewältigen können.

```
-- Kommentar: dies ist der alternative Inhalt der Datei projekt_2.vhd
entity projekt_2 is
   port (S1, S2, S3 : in bit;
         Y : out bit);
end entity projekt_2;

architecture bool_ausdruck of projekt_2 is
begin
  Y <= not ( (S1 and S2) or S3 );
end architecture bool_ausdruck;
```

Kommentieren Sie in Ihrer Top-Level-Datei die strukturelle **architecture** aus (Zeilen 7 bis 44) und fügen Sie die oben gezeigte ein. Führen Sie die Prozessschritte durch und testen Sie die Schaltung. Die Ergebnisse müssten identisch sein.

S1	S2	S3	*Y*
0	0	0	
0	0	1	
0	1	0	
0	1	1	
1	0	0	
1	0	1	
1	1	0	
1	1	1	

Abbildung 6.60: *Testen Sie die Schaltung mit der alternativen* **architecture**. *Es sollte keine Abweichung zu Abb. 6.59 auftreten.*

Kapitel 7

Schaltnetze

Die Beschäftigung mit Grundgattern und deren Kombinationen in den letzten beiden Kapiteln hatte den Sinn, eine Brücke zwischen den Grundlagen der Digitaltechnik und den systematischen Methoden des Entwurfes Digitaler Systeme zu schlagen. Die Modellierung einzelner Grundgatter und ihre Verschaltung mittels hierarchischem Entwurf ist jedoch nicht besonders effektiv, wie der Alternativvorschlag am Ende des letzten Kapitels gezeigt hat.

Schaltnetze, auch kombinatorische Schaltungen genannt, sind logische Verknüpfungen "ohne Gedächtnis", d.h. sie besitzen intern keinen Speicher. Die Veränderung der Eingangskombination führt nach einer bestimmten Verzögerungszeit zu einer entsprechenden Änderung der Ausgangswerte. Dabei führt eine bestimmte Eingangskombination, wiederholt angelegt, immer wieder nach derselben Verzögerungszeit zu derselben Ausgangskombination. Einige der nachfolgend aufgelisteten Beschreibungsformen für Schaltnetze haben Sie bereits kennengelernt:

Die Menge aller Eingangssignale einer Schaltung nennt man **Eingangsvektor**. Beim Ausgang ist es entsprechend der **Ausgangsvektor**.

- Boolesche Gleichung
- Schaltplan
- Wahrheitstabelle
- Flow-Chart
- HDL-Beschreibung

Die HDL-Beschreibung spielt dabei eine Sonderrolle, da sie es ermöglicht, die vier davor gelisteten Methoden in sich zu vereinigen. Die Umsetzung eines Schaltplans in eine strukturelle VHDL-Beschreibung haben wir schon im Kapitel 6.2 behandelt.

7.1 Boolesche Gleichungen in VHDL

Ein einfaches Beispiel für die Umsetzung boolescher Gleichungen in VHDL hat schon das Kap. 6.2 geliefert. Für die Aufstellung boolescher Gleichungen stehen in VHDL folgende Operatoren zur Verfügung:

and	UND-Funktion
or	ODER-Funktion
nand	negierte UND-Funktion
nor	negierte ODER-Funktion
xor	Exklusiv-ODER-Funktion
xnor	negierte Exklusiv-ODER-Funktion
not	Negation bzw. NICHT-Funktion

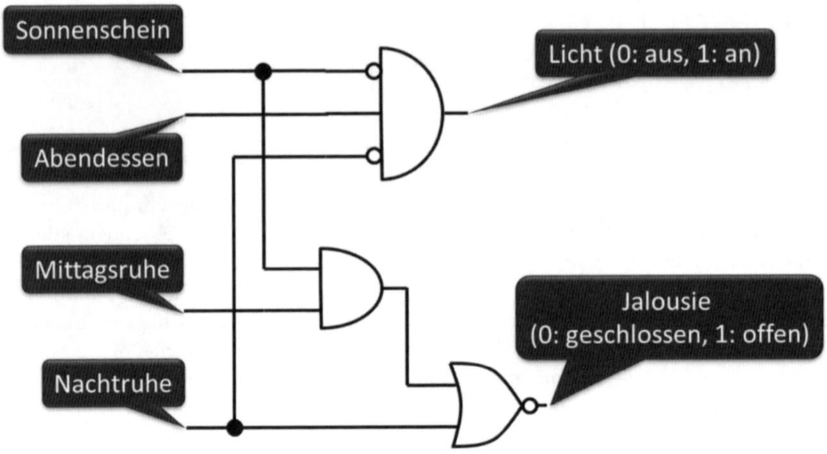

Abbildung 7.1: *Beispiel für ein Schaltnetz*

Abb. 7.1 zeigt ein Schaltnetz, das eine einfache Licht- und Beschattungssteuerung für einen Wohnraum realisieren könnte. Für sämtliche dort aufgezeichnete Schaltelemente gibt es die passende boolesche Funktion als VHDL-Operator. Somit kann man für jedes Ausgangssignal ermitteln, über welche booleschen Verknüpfungen der Eingangssignale die Schaltfunktion zu realisieren ist. In den Zeilen 13 und 14 des folgenden Listings ist das Resultat zu sehen.

```
1  -- Beispiel fuer ein einfaches Schaltnetz
2  entity elektro_plan is
3     port (sonnenschein,
4           abendessen,
5           mittagsruhe,
6           nachtruhe : in bit;
7           licht,
8           jalousie : out bit);
9  end entity elektro_plan;
10
11 architecture boolsch of elektro_plan is
12 begin
```

```
licht <= (not sonnenschein) and abendessen and (not nachtruhe);
jalousie <= nachtruhe nor (mittagsruhe and sonnenschein);
end architecture boolsch;
```

Einschub: Parallele Zuweisung

Der Anweisungsteil einer **architecture** besteht im Grunde aus einer Liste von Signalzuweisungen über <=. Wie das mit Listen nun einmal so ist: Es entsteht eine Reihenfolge. In Softwareprogrammiersprachen hat diese Reihenfolge eine ganz entscheidende Bedeutung, denn sie legt auch die Befehlsfolge fest. Sobald es Abhängigkeiten zwischen den Befehlen gibt, ist diese Reihenfolge nicht wahlfrei. Dieses implizite sequentielle Paradigma existiert in Hardwarebeschreibungssprachen nicht. Hier sind die Verhältnisse anders:

b <= *x* **or** *z;*
not (*a* **and** *b*) **or** *c*);
y <= *a* **and** *b;*

Alle drei Signalzuweisungen werden parallel bearbeitet und finden permanent und gleichzeitig statt.

d <= (**not** (*a* **and** *b*) **or** *c*);
y <= *a* **and** *b;*
b <= *x* **or** *z;*

Die Reihenfolge spielt dabei keine Rolle. Die Signalzuweisung auf *b* steht in der Reihenfolge nach Anweisungen, die *b* schon verwenden. In Softwareprogrammiersprachen wäre das problematisch. Hier ist es wegen der Parallelität absolut unproblematisch.

d <= (**not** (*a* **and** *b*) **or** *c*);
d <= *a* **and** *b;*
b <= *x* **or** *z;*

Signalzuweisungen müssen bei *unresolved*-Datentypen eindeutig sein! Mehrfachzuweisungen sind dabei nicht erlaubt. Das Signal *d* erfährt hier zwei Signalzuweisungen. Da diese gleichzeitig stattfinden, bleibt bei sich widersprechenden Ergebnissen der beiden Terme unklar, welchen Wert *d* erhalten soll.
Jede Zuweisung stellt einen Signaltreiber dar. Sollen mehrere Treiber ein Signal treiben können, wie z.B. bei Tri-State, sind *resolved*-Datentypen zu verwenden, wie z.B. std_logic.

7.2 Umsetzung von Wahrheitstabellen in VHDL

Liegt die Definition einer kombinatorischen Funktion in Form einer Wahrheitstabelle vor, so kann man daraus eine zweistufige boolesche Gleichung leicht ableiten. Das führt dann auf eine der Normalformen (disjunktiv oder konjunktiv). Diese boolesche Gleichung kann dann, wie in Kap. 7.1 beschrieben, direkt in VHDL realisiert werden. Dies stellt jedoch einen Umweg dar, denn die Wahrheitstabelle kann auch direkt in ein VHDL-Konstrukt übertragen werden, insbesondere wenn die Eingangssignale als Vektor formuliert sind.

a(3)	a(2)	a(1)	a(0)	odd parity
0	0	0	0	1
0	0	0	1	0
0	0	1	0	0
0	0	1	1	1
0	1	0	0	0
0	1	0	1	1
0	1	1	0	1
0	1	1	1	0
1	0	0	0	0
1	0	0	1	1
1	0	1	0	1
1	0	1	1	0
1	1	0	0	1
1	1	0	1	0
1	1	1	0	0
1	1	1	1	1

a	odd parity
0000	1
0001	0
0010	0
0011	1
0100	0
0101	1
0110	1
0111	0
1000	0
1001	1
1010	1
1011	0
1100	1
1101	0
1110	0
1111	1

Abbildung 7.2: *Wahrheitstabellen für einen 4-bit Paritätsgenerator mit ungerader Parität: links für vier Einzelsignale **a(0)** bis **a(3)**, rechts für den Signalvektor **a**.*

Abb. 7.2 zeigt als Beispiel die Berechnung der ungeraden Parität eines 4-bit Wortes. Die beiden dort gezeigten Wahrheitstabellen liefern identische Funktionen. Es soll jedoch verdeutlicht werden, wie sich die Zusammenfassung von Einzelsignalen zu einem Vektor auswirkt, was die Übersichtlichkeit angeht.

Parität

Der Parität liegt eine Eigenschaft in Datenwörtern oder Signalvektoren zugrunde, nämlich die Summe von Einsen. Die Parität ist eine Forderung an eine Gruppe von Datenwörtern, z.B. in einem Kommunikationspaket oder in einem Arbeitsspeicher. Gegenstand dieser Forderung ist es, dass alle Datenwörter dieser Gruppe gleichermaßen entweder eine gerade Anzahl von Einsen oder eine ungerade Anzahl von Einsen besitzen. Um diese Forderung nach Parität erfüllen zu können, muss dem Datenwort oder Signalvektor ein Bit, das Paritätsbit, hinzugefügt werden.
Man unterscheidet:

- **gerade Parität:** gerade Parität besteht dann, wenn die Summe aller Einsen im Datenwort, einschließlich Paritätsbit, gerade ist.
- **ungerade Parität:** ungerade Parität besteht dann, wenn die Summe aller Einsen im Datenwort, einschließlich Paritätsbit, ungerade ist.

Ein Paritätsgenerator berechnet aus dem ursprünglichen Datenwort das Paritätsbit, welches dann dem Datenwort hinzugefügt werden kann, so dass das resultierende Datenwort die geforderte Parität erfüllt. Die Parität wird verwendet, um Fehler in den Datenworten zu erkennen, die beispielsweise auf einer Kommunikationsstrecke entstanden sind. Dazu wird beim Empfänger die Parität geprüft. Falls die Paritätsforderung nicht erfüllt ist, geht man von einem fehlerhaften Datenwort aus. Das Prüfverfahren mittels Parität kann sog. „1-Bit-Fehler“ erkennen, aber nicht korrigieren.

Zunächst soll einmal die Umsetzung eines 4-bit Paritätsgenerators betrachtet werden, bei der die Aufstellung der booleschen Gleichungen der *disjunktiven Normalform* entspricht:

```
-- 4-bit Paritaetsgenerator mit Einzelsignalen
entity odd_parity_4 is
   port (a : in bit_vector(3 downto 0);
         parity_led : out bit);
end entity odd_parity_4;

architecture dnf of odd_parity_4 is
signal odd_parity: bit;
begin
  odd_parity <=     ((not a(3)) and (not a(2)) and (not a(1)) and (not a(0)))
                 or ((not a(3)) and (not a(2)) and      a(1)  and      a(0) )
                 or ((not a(3)) and      a(2)  and (not a(1)) and      a(0) )
                 or ((not a(3)) and      a(2)  and      a(1)  and (not a(0)))
                 or (      a(3)  and (not a(2)) and (not a(1)) and      a(0) )
                 or (      a(3)  and (not a(2)) and      a(1)  and (not a(0)))
                 or (      a(3)  and      a(2)  and (not a(1)) and (not a(0)))
                 or (      a(3)  and      a(2)  and      a(1)  and      a(0) );
  parity_led <= not odd_parity; -- damit die LED bei 1 leuchtet
end architecture dnf;
```

Für jede Zeile der Wahrheitstabelle, die eine 1 als Ergebnis hat, wird eine Konjunktion (UND-Verknüpfung) abgeleitet. Dazu wird die Bedingung, die zu dieser Zeile gehört, als boolesche UND-Funktion aufgeschrieben. Wenn dabei zu der jeweiligen Eingangsgröße eine 1 gehört, wird sie direkt in die Konjunktion genommen, andernfalls (bei 0) wird sie negiert in die Konjunktion genommen. Alle Konjunktionen werden dann disjunkt (ODER) verknüpft. Die Darstellung in VHDL wird dafür etwas unübersichtlich. Da der Eingang schon als Signalvektor definiert ist, bietet sich eine kompaktere Formulierung an:

```
-- 4-bit Paritaetsgenerator mit Signalvektor
entity odd_parity_4 is
   port (a : in bit_vector(3 downto 0);
         parity_led : out bit);
end entity odd_parity_4;

architecture wi_sel of odd_parity_4 is
signal odd_parity: bit;
begin
   with a select
   odd_parity <= '1' when "0000",
                 '0' when "0001",
                 '0' when "0010",
                 '1' when "0011",
                 '0' when "0100",
                 '1' when "0101",
                 '1' when "0110",
                 '0' when "0111",
                 '0' when "1000",
                 '1' when "1001",
                 '1' when "1010",
                 '0' when "1011",
                 '1' when "1100",
                 '0' when "1101",
                 '0' when "1110",
                 '1' when "1111",
                 '0' when others;
   parity_led <= not odd_parity; -- damit die LED bei 1 leuchtet
end architecture wi_sel;
```

Unter Verwendung der **with select** Formulierung wird der VHDL-Code besser lesbar. Da hier auch für die "0-Zeilen" der Wahrheitstabelle Einträge verarbeitet werden, lässt sich der Code 1-zu-1 mit der Wahrheitstabelle abgleichen.

Einschub: Vektoren

Eine Möglichkeit zur Abstraktion in Hardwarebeschreibungssprachen ist die zusammengefasste Verarbeitung von Signalgruppen, z.B. als sog. Vektoren. Vektoren stellen eine Erweiterung von skalaren Datentypen dar. Datentypen wurden erstmals auf Seite 120 erläutert. Zum skalaren Datentyp **bit** gehört der Vektordatentyp **bit_vector**. Er besteht aus einer Zusammenfassung von **bit**-Elementen. Ein **bit_vector** wird beispielsweise folgendermassen definiert:

signal *x: bit_vector(3* **downto** *0);*

Mit **downto** wird die Laufrichtung des Index festgelegt. Diese absteigende Laufrichtung orientiert sich daran, dass es in der Informationstechnik üblich ist, dem äußerst linken Bit-Element eines Datenwortes die höchste Wertigkeit zuzuordnen. Wir sprechen dann vom sog. **MSB**, dem "Most Significant Bit".
Auf die einzelnen Elemente des Signalvektors wird über den Signalnamen und einen Index zugegriffen:

signal *z: bit;*
...
z <= x(2);

Diese Signalzuweisung kopiert Bit No. 2 aus dem Signalvektor x auf das skalare Signal z. Es können auch Einzelsignale zu einem Vektor zusammengefasst werden:

signal *a, b, c, d: bit;*
...
x <= d & c & b & a;

Dazu wird der Verkettungsoperator **&** verwendet. Es ist darauf zu achten, dass die Zahl der Bit-Stellen auf der rechten Seite mit der Anzahl der Vektorelemente übereinstimmt. Die Reihenfolge der Zuordnung ist so, dass das zuerst genannte Einzelsignal im Vektor auf der äußerst linken Position landet. Die anderen Einzelsignale folgen dann entsprechend ihrer Position in der Verkettung. Somit werden x(3) mit d, x(2) mit c, x(1) mit b und x(o) mit a verschaltet. Mit dem Verkettungsoperator **&** können auch mehrere Vektoren zu einem größeren Vektor zusammengefasst werden.

Einschub: with-select-when-Anweisung

Die **with-select-when**-Anweisung gehört zur Gruppe der parallelen Zuweisungen in VHDL und wird somit direkt in den Anweisungsteil einer **architecture** geschrieben. Genauer gesagt ist diese Anweisung eine **bedingte** parallele Zuweisung. Es handelt sich um **eine** Zuweisung aus einer Liste von mehreren möglichen Zuweisungen. Für jede dieser möglichen Zuweisungen ist hinter **when** formuliert, unter welcher Bedingung die Zuweisung, die vor **when** steht, ausgeführt wird. Das Signal, das für die aufgestellten Bedingungen auszuwerten ist, ist zwischen **with** und **select** platziert. Beispiel:

```
signal a, b, c, d, z: bit;
signal x: bit_vector(3 downto 0);
...
with x select
   z <= a when "0001",
        b when "0010",
        c when "0100",
        d when "1000",
      '0' when others;
```

Das Signal x dient als Auswahlsignal. Ob a, b, c oder d auf z zugewiesen werden, hängt davon ab, ob ein korrespondierendes Bit in x gesetzt ist, wobei alle andern Bits 0 sein müssen. Es handelt sich hier also um einen Multiplexer. Die **with-select-when**-Anweisung verlangt für jede(!) mögliche Kombination des Auswahlsignals eine eindeutige Zuweisung. Fällt Ihnen etwas auf? Für den 4-Bit Signalvektor x gibt es 16 mögliche Kombinationen von Einsen und Nullen. Hier sind jedoch nur 5 mögliche Zuweisungen formuliert worden. Des Rätsels Lösung liegt in dem Schlüsselwort **others**. Hiermit wird die Restmenge an Kombinationen, die zuvor nicht genannt worden sind, zum Ausdruck gebracht. Gerade wenn es nur wenige „aktive“ Zeilen in einer Wahrheitstabelle gibt, spart das eine Menge Tipparbeit, man behält einen besseren Überblick und ein versehentliches Auslassen einer „nicht aktiven“ Zeile wird verhindert. Deshalb steht die **others**-Auswahl am Ende der **with-select-when**-Anweisung und trägt wesentlich mit dazu bei, den Quellcode lesbarer und besser wartbar zu machen.

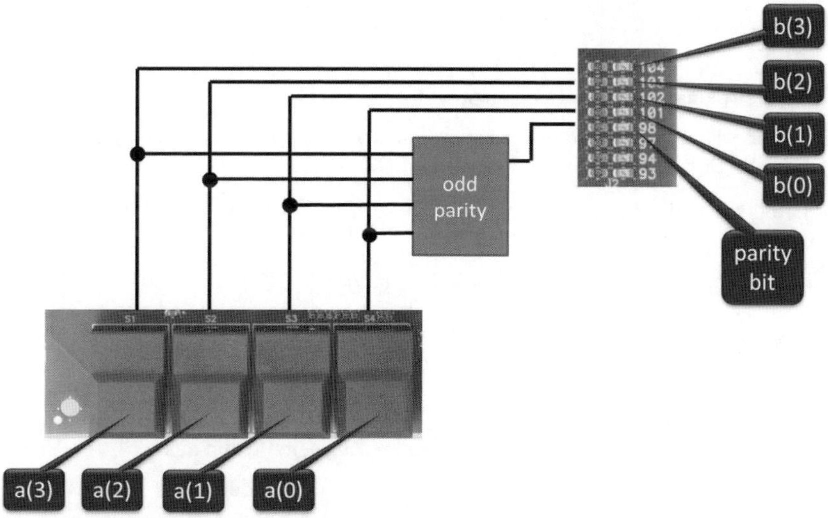

Abbildung 7.3: *FPGA-Projekt zum Paritätsgenerator*

Abschließend zum Kapitel Schaltnetze sollen Sie noch eine praktische Aufgabe bewältigen, die jetzt anhand von Abb. 7.3 erläutert werden soll. Mit den vier Tastern soll ein 4-bit Datenwort eingegeben werden. Es soll unverändert auf vier LEDs weitergeleitet, also eigentlich nur "durchgeschleift" werden. Trotzdem erhält das Datenwort zum Ausgang hin einen anderen Namen, weil sonst Mehrdeutigkeiten in der **entity** entstehen würden. Eine fünfte LED soll die ungerade Parität anzeigen.

1. Wählen Sie eine der oben gezeigten Varianten des 4-bit Paritätsgenerators aus.
2. Legen Sie ein neues Projekt an.
3. Vergeben Sie Projekt- und Dateinamen nach eigenem Wunsch.
4. Der VHDL-Text ist zu erweitern:
   - In der **entity** kommt der **bit_vector** *b* hinzu.
   - In der **architecture** kommt eine Signalzuweisung von *a* nach *b* hinzu.
5. Die vom Projekt angelegte *.lpf*-Datei ist zu ergänzen.
   - Wir haben jetzt **bit_vector**-Datentypen in der **port**-Liste. Die zugehörigen Signalnamen können nicht direkt in der *.lpf*-Datei verwendet werden. Für jedes einzelne Element muss eine eigene *SITE*-Eintragung vorgenommen werden. Leider kann man dabei das Element nicht wie in VHDL beispielsweise als *a(3)* schreiben, sondern muss die Klammerung durch einen Unterstrich ersetzen. Beispiel:

     Für das Signal *a(3)* lautet der Eintrag:
     ```
     LOCATE COMP "a_3" SITE "18";
     ```

- Die Taste S4 kommt neu hinzu, finden Sie den FPGA-Anschlusspin heraus. (s.o. Schaltplanauszug zur Tastengruppe)
- Vier weitere LEDs kommen hinzu, auch hierzu finden Sie die Anschlüsse heraus. (siehe Bestückungsdruck neben den LEDs)
- Wenn Sie eine vorhandene *.lpf*-Datei als Vorlage nehmen: Beachten Sie, dass sich die **port**-Namen geändert haben.

6. Führen Sie den gesamten Diamond-Prozess durch.
7. Programmieren Sie das FPGA.
8. Testen Sie die Schaltung:
   - Füllen Sie beim Testen die nachfolgende Wahrheitstabelle aus.
   - Die Anzahl der leuchtenden LEDs muss immer ungerade sein.

a	odd parity
0000	
0001	
0010	
0011	
0100	
0101	
0110	
0111	
1000	
1001	
1010	
1011	
1100	
1101	
1110	
1111	

Wahrheitstabellen in abgekürzter Form

Seit dem Einschub **with-select-when**-Anweisung wissen wir etwas genauer über die Formulierung mit **others** Bescheid. Damit kann sichergestellt werden, dass keine Eingangskombination unberücksichtigt bleibt. Diese Eigenschaft kann man dazu nutzen, die Umsetzung einer Wahrheitstabelle abzukürzen. Das folgende Listing greift das Thema Paritätsgenerator unter diesem Gesichtspunkt noch einmal auf.

```
-- 4-bit Paritaetsgenerator mit Signalvektor
entity odd_parity_4 is
   port (a : in bit_vector(3 downto 0);
         parity_led : out bit);
end entity odd_parity_4;

architecture wi_sel of odd_parity_4 is
signal odd_parity: bit;
begin
with a select
odd_parity <= '1' when "0000",
              '1' when "0011",
              '1' when "0101",
              '1' when "0110",
              '1' when "1001",
              '1' when "1010",
              '1' when "1100",
              '1' when "1111",
              '0' when others;
parity_led <= not odd_parity; -- damit die LED bei 1 leuchtet
end architecture wi_sel;
```

Durch Auskommentieren aller *'0'* **when** *"...."*-Zeilen lässt sich das in Ihrem Paritätsgenerator schnell mal ausprobieren.

Generell sollte bei der Abkürzung der Wahrheitstabelle folgendermaßen verfahren werden:

- Ist die Anzahl von Einsen in der Spalte des Funktionswertes kleiner als die Anzahl von Nullen, dann weist man die Einsen einzeln abhängig von den Eingangskombinationen zu und die Nullen werden mittels **others** gemeinsam zugewiesen.
- Ist die Anzahl von Einsen in der Spalte des Funktionswertes größer als die Anzahl von Nullen, dann weist man die Nullen einzeln abhängig von den Eingangskombinationen zu und die Einsen werden mittels **others** gemeinsam zugewiesen.
- Ist die Anzahl von Einsen in der Spalte des Funktionswertes gleich der Anzahl von Nullen, dann hat man die freie Auswahl. Dies ist im Beispiel des Paritätsgenerators der Fall.

Kapitel 8

Digitale Speicherelemente

Wäre die Digitaltechnik nur ein Fach der kombinatorischen Schaltungen, so wäre sie ein langweiliges Geschäft, vergleichbar mit dem noch vor einem halben Jahrhundert üblichen Standard der Elektroinstallation, wenn wir die heutigen Möglichkeiten der Hausautomation dazu betrachten. Ohne elektronischen Speicher wäre kein Computer denkbar.

8.1 RS-Flip-Flop

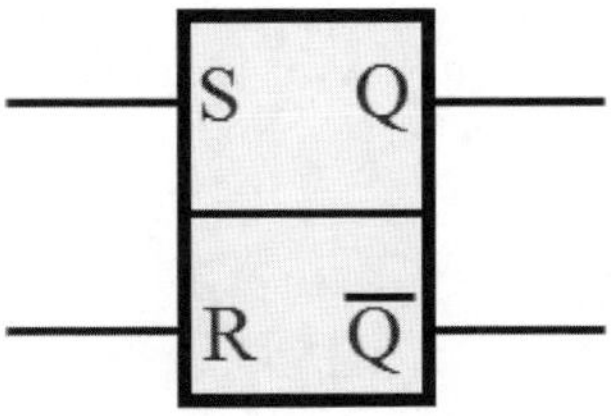

Abbildung 8.1: *Asynchrones Flip-Flop mit Setz- und Rücksetzeingang*

Das RS-Flip-Flop gilt als die einfachste Grundform eines digitalen Speichers. Es ist asynchron, weil sein Zustand unabhängig von einem Takt verändert werden kann. Mit dem Setzeingang (S) wird der Ausgang Q auf 1 geschaltet. Wird S deaktiviert, bleibt der 1-Zustand von Q erhalten bis der Rücksetzeingang (R) aktiviert wird. Die "Spielregeln" für den Einsatz des RS-Flip-Flops sehen vor, dass S und R jeweils nur kurz aktiviert werden und dass unter keinen Umständen S und R gleichzeitig aktiv sein sollten. Das gleichzeitige Setzen und Rücksetzen führt in der Regel zu einem nicht definierten Zustand. Deshalb gilt diese Situation als der sog. "verbotene Zustand". Durch Priorisierung der Eingänge kann der undefinierte Zustand vermieden werden. $\overline{Q}$ zeigt im normalen Betriebsmodus die Negation von Q an. Die Ausstattung mit einem $\overline{Q}$-Ausgang bietet die Option, bei der Weiterverarbeitung einen Inverter einsparen zu können.

RS-Flip-Flops können aus zwei NOR-Gattern mit Rückkopplung aufgebaut werden. Dabei steht $\overline{Q}$ direkt zur Verfügung.

S	R	Q_t	$\overline{Q}_t$	Q_{t+1}	$\overline{Q}_{t+1}$
0	0	0	1	0	1
0	1	0	1	0	1
1	0	0	1	1	0
1	1	0	1	nicht def.	nicht def.
0	0	1	0	1	0
0	1	1	0	0	1
1	0	1	0	1	0
1	1	1	0	nicht def.	nicht def.

Abbildung 8.2: *Übergangstabelle des RS-Flip-Flops*

Abb. 8.2 zeigt die Wahrheits- bzw. Übergangstabelle des RS-Flip-Flops. Links vom senkrechten Doppelstrich befindet sich das Flip-Flop in einem Zeitpunkt t mit einem zu diesem Zeitpunkt gültigen, gespeicherten Zustand $Q_t, \overline{Q}_t$ und einer in diesem Zeitpunkt angelegten Eingangskombination für S und R. Das besondere an dieser Art der Wahrheitstabelle ist, dass Signale, die sich eigentlich auf der Ausgangsseite des Bauelementes befinden, auf der Eingangsseite der Tabelle notiert werden. Der momentane Zustand des Speichers gehört zu den Bedingungen, aus denen sich der nächstfolgende Speicherzustand zum Zeitpunkt t+1 ergibt. Die rechte Seite der Wahrheitstabelle soll die Reaktion auf Veränderungen der Eingangsgrößen zeigen. Da diese Reaktion ein Übergang von einem Zustand auf einen nächsten sein kann, nennt man diese Art der Wahrheitstabelle auch Übergangstabelle. Die Tabelle ist durch einen horizontalen Doppelstrich geteilt. Diese Teilung soll nur eine Fallunterscheidung verdeutlichen: in der oberen Hälfte haben wir die Reaktionen auf S und R bei Momentanzustand $Q_t = 0$ und in der unteren Hälfte das Entsprechende bei Momentanzustand $Q_t = 1$.

```
-- RS-Flip-Flop Variante 1
entity RS_FF is
port ( s, r: in bit;
       q_led, q_quer_led: out bit);
end RS_FF;

architecture asynchron of RS_FF is
signal q, q_quer: bit;
begin
   process (s,r)
   begin
      if r = '1' then
         q      <= '0';     -- Reset
         q_quer <= '1';
      elsif s = '1' then
         q      <= '1';     -- Set
         q_quer <= '0';
      end if;
```

```
19     end process;
20     q_led <= not q;            -- negieren fuer die LED
21     q_quer_led <= not q_quer; -- negieren fuer die LED
22 end asynchron;
```

Der VHDL-Quelltext für das RS-Flip-Flop weist Sprachkonstrukte auf, die wir bisher nicht behandelt hatten. Im Anweisungsteil der **architecture** ist ein sog. Prozess (Schlüsselwort **process**) definiert (Zeilen 9 bis 18). Der Prozess als Einheit stellt auch eine parallele Zuweisung dar (siehe oben: Kasten "Einschub: Parallele Zuweisung"). Innerhalb des Prozesses befindet sich ein sog. *sequentieller Anweisungsblock*. Die sog. *sequentiellen Anweisungen* von VHDL müssen in Prozesse eingebettet sein. Mehr zu Prozessen erfahren Sie in den untenstehenden Kästen "Prozesse in VHDL" und "Sequentieller Anweisungsblock". Die Formulierung in Zeile 9 führt dazu, dass der Prozess nur auf die Signale *s* und *r* reagiert. Sobald also eines dieser beiden Signale seinen Zustand ändert, läuft die Sequenz los. Über die **if-elsif-end if**-Abfrage in den Zeilen 11 bis 17 wird hier geprüft, ob das Flip-Flop gesetzt oder rückgesetzt werden soll. Ist die Bedingung *r='1'* erfüllt, erhält *q* den Wert 0 und *q_quer* den Wert 1 zugewiesen und der **if-elsif-end if**-Block wird verlassen. Ist die Bedingung *r='1'* nicht erfüllt, so wird die zweite Bedingung *s='1'* abgefragt. Ist diese erfüllt, erhält *q* den Wert 1 und *q_quer* den Wert 0 zugewiesen. Die Situation, dass *s* und *r* gleichzeitig den Zustand 1 besitzen, führt hier nicht zu einem undefinierten Zustand. Warum nicht? - Wie oben schon erwähnt wurde, wird der **if-elsif-end if**-Block verlassen, sobald eine **if**-Bedingung erfüllt ist oder anders formuliert: sobald eine **if**-Bedingung erfüllt ist, werden nachfolgende Abfragen übersprungen und der Prozess wird nach **end if** fortgesetzt. Dadurch liegt in der Abfragereihenfolge eine Priorisierung. Das hier beschriebene Flip-Flop ist somit auf *Rücksetzen* priorisiert. Will man das Flip-Flop auf *Setzen* priorisieren, muss man die Abfragereihenfolge umdrehen. Der untenstehende Code-Ausschnitt zeigt dies:

q_quer wurde als Signalname gewählt, weil man $\overline{Q}$ im Quelltext nicht aufschreiben kann.

```
-- RS-Flip-Flop Variante 2 (mit Prioritaet auf Setzen)

--...
    process (s,r)
    begin
        if s = '1' then
            q      <= '1';     -- Set
            q_quer <= '0';
        elsif r = '1' then
            q      <= '0';     -- Reset
            q_quer <= '1';
        end if;
    end process;
-- ...
```

Eine Frage müsste sich Ihnen aber noch stellen: Warum beschreibt dieser Prozess überhaupt ein Speicherelement? Wenn Sie sich den **if-elsif-end if**-Block genau ansehen, werden Sie feststellen, dass die **if**-Abfrage unvollständig ist. So ist beispielsweise nicht definiert, was passieren soll, wenn *s* und *r* beide 0 sind. Der **if-elsif-end if**-Block wird dann durchlaufen, ohne eine Signalzuweisung vorzunehmen. Signalzuweisungen stellen auch Signaltreiber dar, die beim Datentypen **bit** immer eindeutig 0 oder 1 treiben müssen. Nur weil der Prozess keine Zuweisung durchläuft, heisst das noch nicht, dass der Signaltreiber abgeschaltet ist. Man könnte die unvollständige **if**-Abfrage als unzulässig erklären. Das Problem wurde aber anders gelöst: In der Simulation muss jedes **bit**-Signal immer einen definierten Wert haben. Tritt eine nicht abgefragte Bedingung auf, wird für das Signal ein Speicher angenommen, der den zuletzt zugewiesenen Wert speichert. Eine entsprechende Konvention gilt auch für die Synthese. Das Synthesewerkzeug warnt zwar vor dieser Formulierung, setzt aber auch einen Speicher dafür ein.

Unvollständige **if**-Abfragen führen zu einem Speicherverhalten, ob gewollt oder ungewollt!

Prozesse in VHDL

Ein Prozess beschreibt eine Sequenz von Anweisungen, die in der aufgeschriebenen Reihenfolge abgearbeitet werden. Das ähnelt zunächst einem Softwareprogramm, hat aber eine ganz andere Natur. Im Gegensatz zu einem Prozessor, der Softwarebefehle Schritt für Schritt, also taktgesteuert abarbeitet, ist der **process** eine Konstruktion, die die Sequenz in "Null-Zeit" ausführt ("Null-Zeit" stimmt in der Realität natürlich nicht, aber wir bewegen uns hier im Bereich kombinatorischer Durchlaufverzögerungen). Ferner wird die Sequenz nicht permanent ausgeführt, wie das bei den anderen parallelen Zuweisungen der Fall ist. Ein Prozess wartet auf das Vorliegen bestimmter Bedingungen, das könnte eine Taktflanke sein, und führt den Prozess dann genau einmal aus. Danach verhält er sich passiv, bis eine seiner Ausführungsbedingungen wieder auftritt. Diese ereignisgesteuerte Verfahrensweise spart Simulationszeit. Eine Möglichkeit, die Ausführungsbedingungen zu formulieren, ist die sog. *Sensitivitätsliste*. Sie steht in Klammern hinter **process**.
Prozesse stellen parallele Anweisungen dar und das hat zur Konsequenz, dass alle Prozesse, die innerhalb einer **architecture** aufgelistet sind, parallel ausgeführt werden.

Sequentieller Anweisungsblock

Ein Prozess dient dazu, für Signalzuweisungen auch sehr komplexe und verschachtelte Bedingungen abzufragen. Innerhalb von Prozessen können dazu **Variablen** definiert werden. Wie es auch bei Software-Programmiersprachen üblich ist, werden Zuweisungen auf Variable *unmittelbar* ausgeführt, so dass die Reihenfolge in der Sequenz hier von Bedeutung ist.
Die Zuweisungen auf **Signale** werden jedoch erst **nach Ablauf** des Prozesses wirksam! Sollten für ein Signal innerhalb des Prozesses mehrere Zuweisungen stattgefunden haben, wird nur die letzte wirksam!

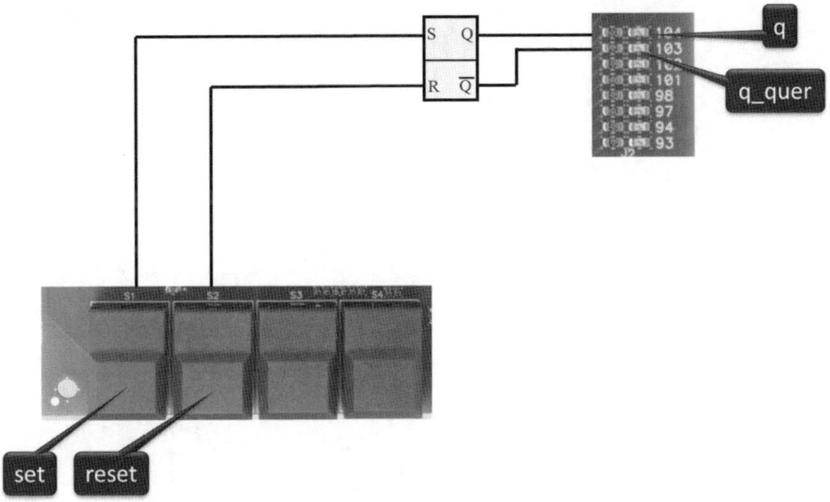

Abbildung 8.3: *FPGA-Projekt zum RS-Flip-Flop*

Abschließend wieder eine kleine Aufgabe für Sie: Realisieren Sie ein RS-Flip-Flop und schließen Sie es, wie in Abb. 8.3 gezeigt, an.

1. Legen Sie ein neues Projekt an.
2. Vergeben Sie Projekt- und Dateinamen nach eigenem Wunsch.
3. Der oben aufgelistete VHDL-Text zur Variante 1 des RS-Flip-Flops ist einzugeben.
4. Führen Sie zunächst nur die Synthese durch.
   - Schauen Sie sich nach Durchführung der Synthese die Warnmeldungen an.
   - Das Synthesewerkzeug erkennt die unvollständige **if**-Abfrage.
   - Das Synthesewerkzeug erkennt die Notwendigkeit eines Taktsignales.
5. Die vom Projekt angelegte *.lpf*-Datei ist zu ergänzen.
6. Führen Sie den gesamten Diamond-Prozess durch.
7. Programmieren Sie das FPGA.
8. Testen Sie die Schaltung:
   - Füllen Sie beim Testen die nachfolgende Übergangstabelle aus.
   - Wie stellt sich der Zustand dar, wenn Sie gleichzeitig Setzen und Rücksetzen betätigen?

S	R	Q_t	$\overline{Q_t}$	Q_{t+1}	$\overline{Q_{t+1}}$
0	0	0	1		
0	1	0	1		
1	0	0	1		
1	1	0	1		
0	0	1	0		
0	1	1	0		
1	0	1	0		
1	1	1	0		

Zusatzaufgabe

Realisieren Sie ein RS-Flip-Flop mit Priorisierung auf Setzen (Variante 2). Sie müssen nur Ihre VHDL-Quelldatei modifizieren und den Diamond-Prozess einmal neu durchlaufen. Überprüfen Sie die Funktion und tragen Sie die Ergebnisse in die untenstehende Übergangtabelle ein.

S	R	Q_t	$\overline{Q_t}$	Q_{t+1}	$\overline{Q_{t+1}}$
0	0	0	1		
0	1	0	1		
1	0	0	1		
1	1	0	1		
0	0	1	0		
0	1	1	0		
1	0	1	0		
1	1	1	0		

8.2 D-Latch

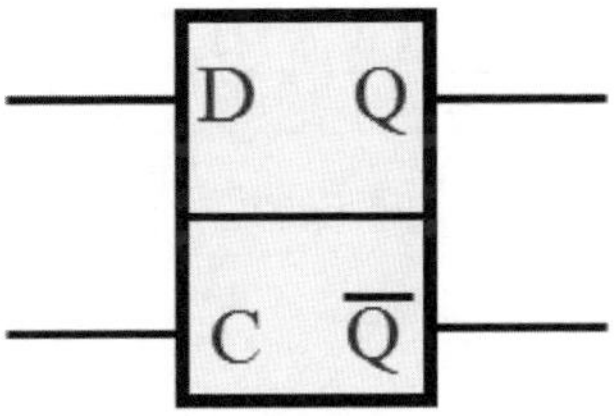

Abbildung 8.4: *Transparentes D-Latch mit D- und Takteingang*

Das D-Latch ist ein einfaches Speicherelement mit Taktpegelsteuerung. Es bietet gegenüber dem RS-Flip-Flop den Vorteil, dass es keine sich widersprechenden Eingangsbedingungen gibt. Die zu speichernde Information wird an den D-Eingang gelegt. Die Übernahme nach Q erfolgt während der aktiven Phase des Taktsignales C, was bei dem in Abb. 8.2 gezeigten D-Latch der 1-Pegel ist. Solange C=1 ist, ist das D-Latch "transparent". Das bedeutet, dass jede Änderung von D unmittelbar eine Änderung Q=D hervorruft. In dem Moment, wo C von 1 nach 0 wechselt, wird der letzte als gültig erkannte Zustand von D dauerhaft in Q gespeichert. Die transparente Phase des D-Latches ist sein größter Nachteil, da die zeitlichen Abläufe von D sorgfältig berücksichtigt werden müssen.

D	C	Q_t	$\overline{Q}_t$	Q_{t+1}	$\overline{Q}_{t+1}$
0	0	0	1	0	1
0	1	0	1	0	1
1	0	0	1	0	1
1	1	0	1	1	0
0	0	1	0	1	0
0	1	1	0	0	1
1	0	1	0	1	0
1	1	1	0	1	0

Abbildung 8.5: *Übergangstabelle des D-Latches*

Die Tabelle in Abb. 8.5 ist in Anlehnung an das RS-Flip-Flop aufgestellt worden. Für eine Realisierung ist sie etwas unübersichtlich. Deshalb orientieren wir uns an der vereinfachten Tabelle in Abb. 8.6.

C	Q_t	Q_{t+1}
0	0	0
0	1	1
1	0	D
1	1	D

Abbildung 8.6: *Vereinfachte Übergangstabelle des D-Latches*

Auch dieses Flip-Flop wird in VHDL als Prozess mit unvollständiger **if-end if** Abfrage formuliert, wie der nachfolgend abgebildete Quellcode zeigt. Der Prozess reagiert auf Änderungen von *c* oder *d* (Sensitivitätsliste in Zeile 9). Der **if - end if** Block wertet in Zeile 11 nur die Bedingung *c = '1'* aus. Für c=0 ist keine Aktion definiert, woraus sich dann das speichernde Verhalten für *q* und *q_quer* ergibt. Da der Prozess auch auf *d* reagiert, führt jede Änderung von *d* direkt, also transparent, zu den Signalzuweisungen auf *q* und *q_quer*, solange *c = '1'* gültig ist (Zeilen 12 und 13).

```
1  entity D_latch is
2  port ( d, c: in bit;
3         q_led, q_quer_led: out bit);
4  end D_latch;
5
6  architecture transparent of d_latch is
7  signal q, q_quer: bit;
8  begin
9     process (d,c)
10    begin
11       if c = '1' then    --Einstieg in die transparente Phase
12          q      <= d;
13          q_quer <= not d;
14       end if;
15    end process;
16    q_led <= not q;            -- negieren fuer die LED
17    q_quer_led <= not q_quer; -- negieren fuer die LED
18 end transparent;
```

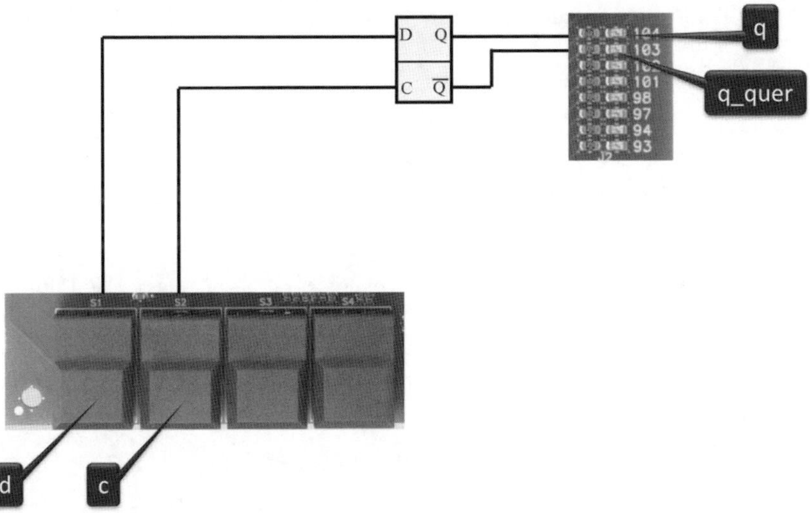

Abbildung 8.7: *FPGA-Projekt zum D-Latch*

Auch hier wartet wieder eine kleine Aufgabe auf Sie: Realisieren Sie ein D-Latch und schließen Sie es, wie in Abb. 8.7 gezeigt, an.

1. Legen Sie ein neues Projekt an.
2. Vergeben Sie Projekt- und Dateinamen nach eigenem Wunsch.
3. Der oben aufgelistete VHDL-Text ist einzugeben.
4. Führen Sie zunächst nur die Synthese durch.
   - Schauen Sie sich nach Durchführung der Synthese die Warnmeldungen an.
5. Die vom Projekt angelegte *.lpf*-Datei ist zu ergänzen.
6. Führen Sie den gesamten Diamond-Prozess durch.
7. Programmieren Sie das FPGA.
8. Testen Sie die Schaltung:
   - Transparente Phase
     - Halten Sie die Taste c gedrückt.
     - Betätigen Sie mehrmals hintereinander d. Beobachten Sie dabei die LEDs.
   - Einspeichern einer 1

  - Betätigen Sie einmal die Taste c, ohne dass d aktiviert ist. Das löscht ggf. das Flip-Flop
  - Halten Sie die Taste d gedrückt.
  - Betätigen Sie einmal die Taste c. Beobachten Sie dabei die LEDs.
  - Lösen Sie die Taste c. Der Zustand sollte sich jetzt nicht ändern.
  - Lösen Sie die Taste d. Auch jetzt sollte der Zustand erhalten bleiben.

- Einspeichern einer 0
  - Betätigen Sie einmal die Taste c, ohne dass d aktiviert ist. Das Flip-Flop wird wieder gelöscht.

8.3 D-Flip-Flop

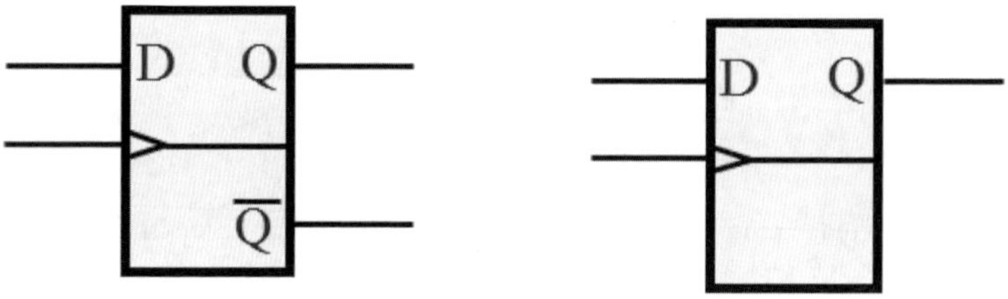

Abbildung 8.8: *Synchrones D-Flip-Flop mit D- und Takteingang (Varianten mit und ohne $\overline{Q}$)*

Das D-Flip-Flop ist ein einfaches flankengesteuertes Speicherelement. Die Bedeutung der Anschlüsse entspricht der des D-Latches, die Funktionsweise ist jedoch etwas anders. Es gibt keine transparente Phase, denn die Übernahme des D-Eingangs erfolgt hier mit der steigenden oder fallenden Taktflanke. Man spricht auch von "positiv flankengetriggert" und "negativ flankengetriggert". Im Moment der Wertübernahme muss D stabil sein, darf sich also nicht ändern. Der genaue Zeitbereich ist definiert durch die sog. "setup and hold"-Zeiten. In Abb. 8.9 ist der Sachverhalt dargestellt. Außerhalb dieses Zeitbereiches darf sich D beliebig ändern, innerhalb dieses Zeitbereiches muss D konstant, also entweder 1 oder 0 sein. Wie man dem Zeitdiagramm auch entnehmen kann, über nimmt Q nicht sofort den Wert von D sondern es vergeht eine Verzögerungszeit *clock to output delay*. Eine Änderung von D innerhalb dieses Zeitbereiches kann dazu führen, dass das Flip-Flop am Ausgang metastabil wird. Wie man am Zeitdiagramm in der Abb. 8.10 sehen kann, stellt sich bei Auftreten des metastabilen Zustands nach der Verzögerungszeit kein eindeutiger Zustand ein. Was für ein Signal dort genau auftritt, hängt von der verwendeten Schaltkreistechnologie ab. Nach einer unbekannten Zeit klingt der metastabile Zustand ab und es stell sich ein stabiler Folgezustand ein, dessen Wert man jedoch nicht kennt. Die Verletzung der *setup and hold* Bedingung führt nicht zwangsläufig zu einem metastabilen Zustand. Zur Beurteilung des Risikos wird vielmehr eine Wahrscheinlichkeit für Metastabilität angegeben.

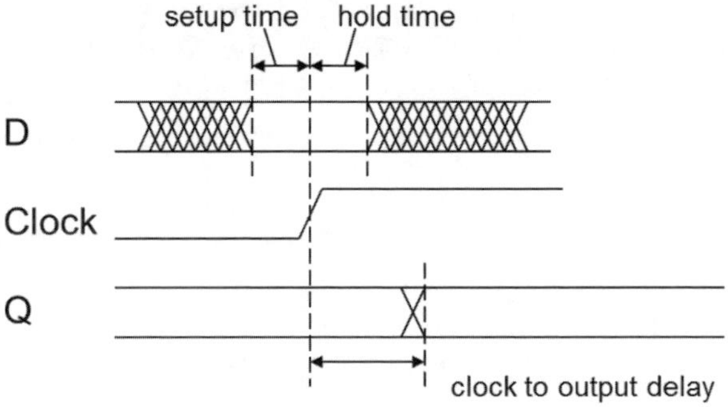

Abbildung 8.9: *Zeitdiagramm zur Erläuterung der Setup- und Hold-Zeiten*

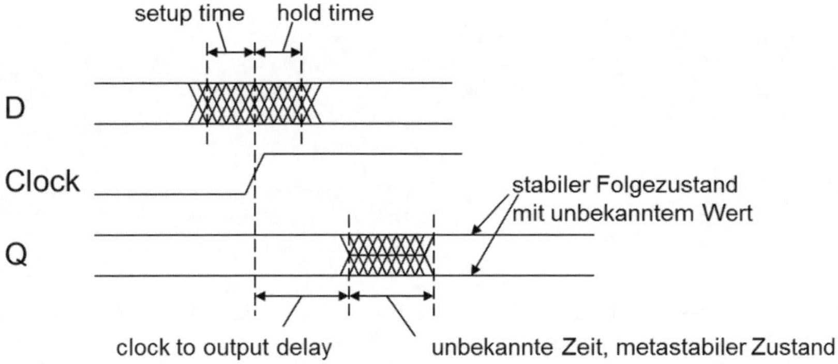

Abbildung 8.10: *Zeitdiagramm zur Erläuterung der Metastabilität*

D	Q^n	Q^{n+1}
0	0	0
0	1	0
1	0	1
1	1	1

Abbildung 8.11: *Übergangstabelle des D-Flip-Flops*

In der Übergangstabelle des D-Flip-Flops (Abb. 8.11) fehlt eine Spalte für das Taktsignal. Da es keine transparente Phase gibt, kann man das Vorhandensein eines Taktes implizit voraussetzen. Die vertikale Doppellinie trennt dabei eine Taktphase n von der nächsten Taktphase n+1. Ob das D-Flip-Flop positiv oder negativ flankengetriggert ist, spielt grundsätzlich für die Übergangstabelle keine Rolle. Da $\overline{Q}$ nur die Negation von Q darstellt, wird hier auf die separate Darstellung verzichtet. $\overline{Q}$ bietet keinen zusätzlichen Informationsgehalt, wenn Q schon vorhanden ist.

```
1  entity D_ff is
2  port ( d, clock: in bit;
3         q_led, q_quer_led: out bit);
4  end D_ff;
5
6  architecture synchron of d_ff is
7  signal q, q_quer: bit;
8  begin
9      process (clock)
10     begin
11         if (clock'event and clock = '1') then
12             q      <= d;
13             q_quer <= not d;
14         end if;
15     end process;
16     q_led <= not q;              -- negieren fuer die LED
17     q_quer_led <= not q_quer; -- negieren fuer die LED
18 end synchron;
```

Zur Erläuterung des VHDL-Modells sollen die Unterschiede und Gemeinsamkeiten zum Modell des D-Latches betrachtet werden. Die Speicherfunktion wird auch hier wieder mit einem Prozess realisiert. Die Sensitivitätsliste in Zeile 9 weist jetzt nur noch das *clock*-Signal auf. Warum muss der Prozess nicht mehr auf *d* reagieren, wo *d* doch das Eingangssignal des Flip-Flops ist? – Zur Beantwortung dieser Frage, wie das Verhältnis zwischen *d* und *c* im Latch ist und was beim Flip-Flop anders läuft. Das D-Latch hat eine transparente Phase, nämlich solange *c=1* ist. Während dieser Phase müssen Änderungen von *d* auf *q* durchgereicht werden. Also muss der Prozess in der transparenten Phase auf jede Änderung von *d* reagieren können und deshalb gehört *d* in die Sensitivitätsliste. Beim D-Flip-Flop gibt es die transparente Phase nicht und Zustandsänderungen sind nur exakt zum Zeitpunkt einer Taktflanke von *clock* definiert. Somit gehört *d* **nicht** in die Sensitivitätsliste. Kommen wir nun zur **if**-Abfrage in Zeile 11. Um sicherzustellen, dass eine Zustandsänderung genau zum Zeitpunkt einer Taktflanke stattfindet, muss es ein eindeutiges Kriterium dafür geben, welches von der **if**-Abfrage ausgewertet werden kann. In VHDL gibt es dafür die Sprachkonstruktion **clock'event**. Die **if**-Abfrage von **clock'event** ist genau zweimal während einer Taktperiode *wahr*: jeweils bei der steigenden und bei der fallenden Flanke. Ein Flip-Flop darf nur bei einer dieser beiden Flanken reagieren. Deshalb muss es neben *clock*'**event** ein weiteres Kriterium geben. Die kombinierte **if**-Abfrage auf *(clock*'**event and** *clock = '1')* ist nur *wahr*, wenn gleichzeitig mit dem Flankenwechsel *clock* den Zustand 1 eingenommen hat. Das ist nur bei steigenden Flanken der Fall. Für fallende Flanken formuliert man: *(clock*'**event and** *clock = '0')*.

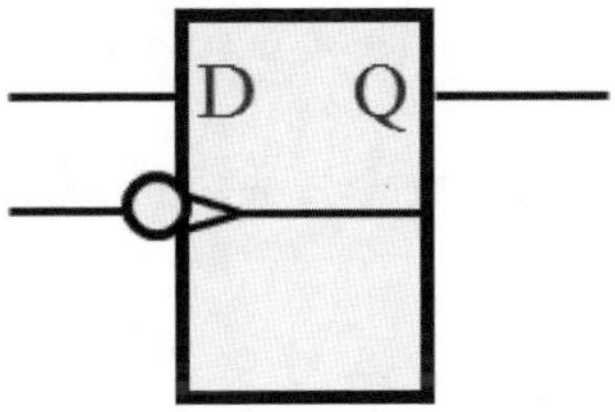

Abbildung 8.12: *Negativ flankengetriggertes D-Flip-Flop*

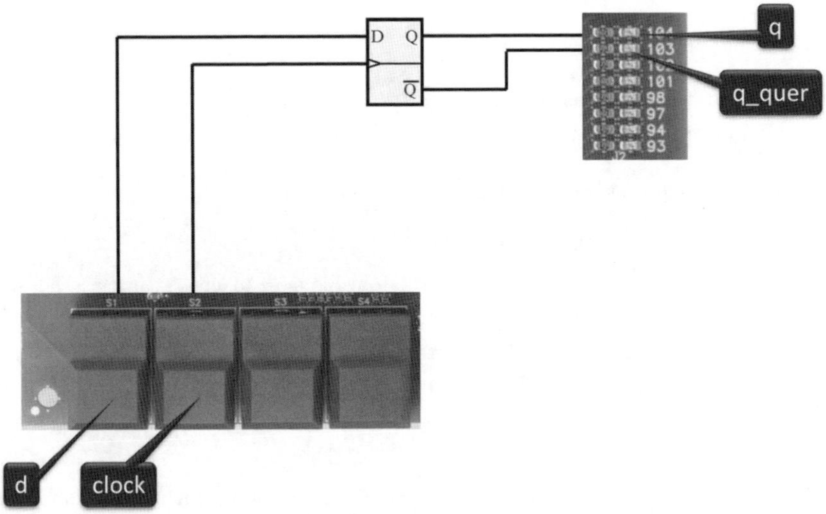

Abbildung 8.13: *FPGA-Projekt zum D-Flip-Flop*

Abb. 8.13 zeigt Ihnen Ihre neue Aufgabe: Realisieren Sie ein positiv flankengesteuertes D-Flip-Flop und testen Sie es mit dem FPGA-Board.

1. Legen Sie ein neues Projekt an.
2. Vergeben Sie Projekt- und Dateinamen nach eigenem Wunsch.
3. Der oben aufgelistete VHDL-Text ist einzugeben.
4. Führen Sie zunächst nur die Synthese durch.
   - Schauen Sie sich nach Durchführung der Synthese die Warnmeldungen an. Wie unterscheiden sie sich von den Warnmeldungen des D-Latches?

5. Die vom Projekt angelegte *.lpf*-Datei ist zu ergänzen.

6. Führen Sie den gesamten Diamond-Prozess durch.

7. Programmieren Sie das FPGA.

8. Testen Sie die Schaltung:

   - Betätigen Sie einmal kurz die Taste *clock*. Dadurch wird das Flip-Flop gelöscht.
   - Ist das Flip-Flop transparent?
     - Halten Sie die Taste *clock* gedrückt.
     - Betätigen Sie mehrmals hintereinander d. Beobachten Sie dabei die LEDs.
   - Beobachtung bei steigender Flanke von *clock*
     - Halten Sie die Taste d gedrückt.
     - Drücken Sie die Taste *clock* und halten Sie sie zunächst gedrückt. Hat sich der Zustand geändert?
     - Lösen Sie die Taste d. Beobachten Sie dabei die LEDs.
     - Die Taste *clock* bleibt gedrückt!
   - Beobachtung bei fallender Flanke von *clock*
     - Lösen Sie die Taste *clock*. Der Zustand sollte sich jetzt nicht mehr ändern.
       * Hat er sich doch geändert?
       * Überlegen Sie sich eine Erklärung.

Für das vermeintliche Fehlverhalten des Flip-Flops gibt es eine Erklärung. Mechanische Taster haben eine unerwünschte Eigenschaft, die man "Prellen" nennt. Die Tasterkontakte sind elastisch und neigen bei Beschleunigung, und das ist das Drücken oder Lösen nun mal, zum Schwingen. In diesem Schwingvorgang berühren sich die Kontaktflächen noch mehrmals, bis sie dann irgendwann zu weit voneinander entfernt sind und somit das Prellen aufhört. Die Konsequenz für den Takteingang des Flip-Flops ist die, dass es zwar nach dem Lösen der Taste zunächst eine fallende Flanke gibt, dass dieser Flanke jedoch unmittelbar durch das prellende Schließen eine steigende Flanke folgt, und das zu einem Zeitpunkt, an dem der D-Eingang bereits deaktiviert ist. Somit wird das Flip-Flop unbeabsichtigt gelöscht.

Glücklicherweise verfügt unser FPGA-Board über die prellfreie Takttaste S5. Mit dieser lässt sich der Taktgenerator ICM7555CD (Abb. 8.15) manuell triggern. Dazu muss man die Steckbrücke JP4 einmal umstecken (Abb. 8.14).

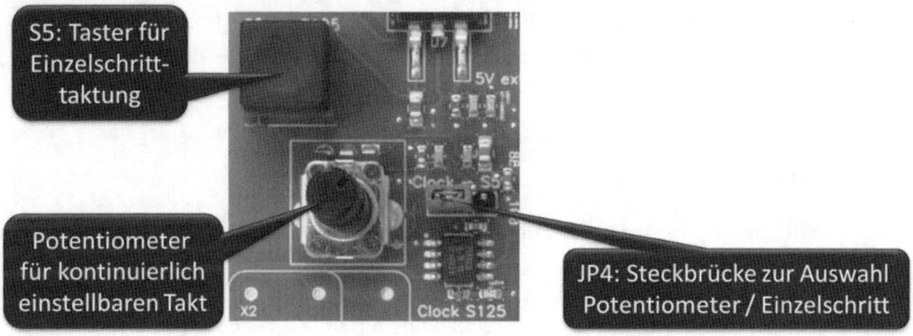

Abbildung 8.14: *Bedienelemente zum "Clock 125"*

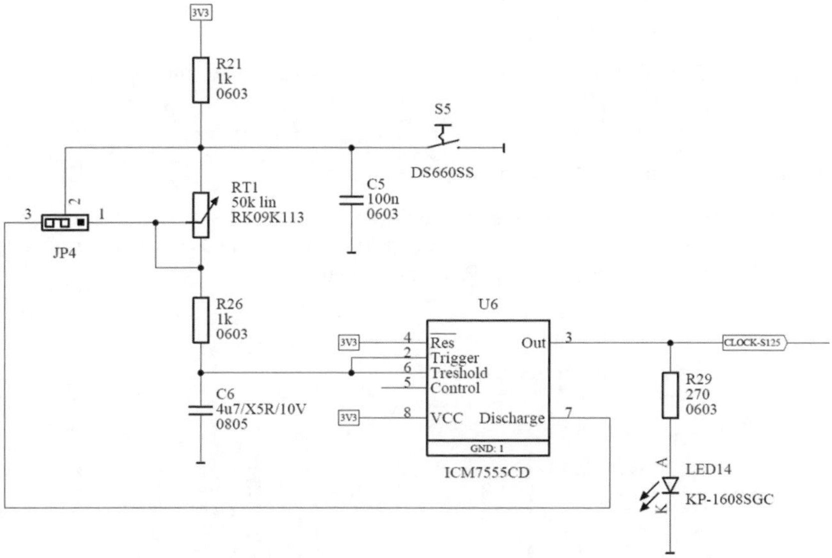

Abbildung 8.15: *Schaltplanauszug zum "Clock 125"*

Dieses Taktsignal hat den Namen CLOCK-S125 erhalten, weil es an den FPGA-Pin 125 angeschlossen ist. Um diesen Takt zu verwenden, müssen wir in der *.lpf*-Datei nur die Pin-Zuordnung für den Flip-Flop-Takt *clock* ändern:

```
LOCATE COMP "clock" SITE "125";
```

Führen Sie jetzt noch einmal die Diamond-Prozessschritte durch und prüfen Sie das D-Flip-Flop wieder anhand der obenstehenden Liste. Jetzt sollte die Funktion korrekt sein.

Weitere Flip-Flop-Typen

In der einschlägigen Literatur zu den Grundlagen der Digitaltechnik finden sich noch weitere Flip-Flop-Typen, auf die hier nicht näher eingegangen werden soll, weil sie für den FPGA-Entwurf kaum eine Rolle spielen. Das D-Flip-Flop ist das Standard-Flip-Flop in den I/O- und Logikzellen der heutigen FPGAs. Bei Bedarf kann die Funktionalität von **JK-Flip-Flops** oder **Toggle-Flip-Flops** durch eine externe Beschaltung von D-Flip-Flops nachgebildet werden.

8.3.1 Steuereingänge für Flip-Flops

Am Beispiel des D-Flip-Flops werden jetzt weitere mögliche Eingänge von Flip-Flops betrachtet.

Aufgaben in diesem Unterkapitel

In diesem Unterkapitel gibt es keine angeleiteten Aufgaben. Es steht Ihnen jedoch frei, die hier gezeigten Quelltexte selbständig zu testen, indem Sie beispielsweise eines der bereits erstellten Flip-Flop-Projekte erweitern.

Asynchroner Reset und asynchrones Preset

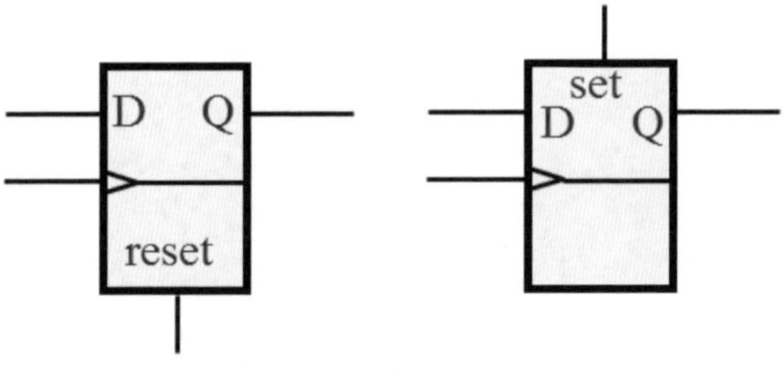

Abbildung 8.16: *Symbole für D-Flip-Flops mit Reset bzw. Preset/Set*

Asynchrone Stell- oder Rücksetzsignale (Preset/Reset) haben den Sinn, das Flip-Flop aus jeder beliebigen Situation heraus in einen definierten Zustand zu bringen. So ein definierter Zustand kann z.B. der Startzustand eines Schaltwerkes sein. Eine Situation, die einen Reset oder Preset erforderlich machen könnte, ist beispielsweise der Moment in dem der Schaltkreis eingeschaltet wird. Man kann bei einem Flip-Flop grundsätzlich nicht voraussagen, in welchem Zustand es aus dem Einschaltvorgang herauskommt. Der Zustand könnte 1 oder 0 sein. Eine weitere Notwendigkeit für Reset bzw. Preset ist das Auftreten eines seltenen Ereignisses (SEU: single event upset), bei dem spontan der Inhalt eines Speicherelementes invertiert wird. Nach einem SEU ist, bei Schaltungen die nicht dafür ausgelegt sind, eine korrekte Funktion der Schaltung nicht mehr gewährleistet. Ein Reset soll in dieser Situation zu einem definierten Neustart des Systems führen.

Asynchron bedeutet, dass das Reset- bzw. Preset-Signal unmittelbar auf den Speicherinhalt wirkt, ohne dass auf den momentanen Zustand des Taktes Rücksicht genommen wird. Das kann das Flip-Flop in den metastabilen Zustand führen. Ein Lösung diese Problems besteht darin, dass beispielsweise der Reset zwar unmittelbar wirkt, dass aber die Deaktivierung des Reset-Signals nach einer Mindestanzahl von Taktperioden synchron erfolgt. Betrachten wir jetzt mal ein VHDL Code-Beispiel für ein D-Flip-Flop mit asynchronem Reseteingang:

Reset: der Speicher wird auf 0 gesetzt. Preset: der Speicher wird auf 1 gesetzt.

```
1  entity D_ff_asyn_reset is
2  port ( d, clock, reset: in bit;
3          q_led: out bit);
4  end D_ff_asyn_reset;
5
6  architecture asynchron of d_ff_asyn_reset is
7  signal q: bit;
8  begin
9      process (clock, reset)
10     begin
11         if (reset = '1') then
12             q <= '0';
13         elsif (clock'event and clock = '1') then
14             q      <= d;
15         end if;
16     end process;
17     q_led <= not q;             -- negieren fuer die LED
18 end asynchron;
```

Das Signal *reset* soll unmittelbar auf den Speicherinhalt wirken, somit gehört es in die Sensitivitätsliste des entsprechenden Prozesses (Zeile 9). Außerdem gehört zu dieser Unmittelbarkeit, dass *reset* Priorität vor allen anderen Eingangssignalen hat. Deshalb wird die **if**-Abfrage auf das Reset-Ereignis *reset = '1'* als erste aufgeschrieben (Zeile 11). Sobald das Reset-Ereignis eintritt, wird *q* gelöscht (Zeile 12). Nach dieser Anweisung wird der **if-elsif-end if**-Block verlassen. Liegt kein Reset-Ereignis vor, funktioniert das D-Flip-Flop ganz normal und reagiert synchron auf den Takt.

Für FPGA-Schaltungen sollte asynchrones Reset vermieden werden.

Für die Implementierung im FPGA sollten die asynchronen Steuersignale keine Rolle spielen. Wegen des Problems der möglichen Metastabilität wird von den FPGA-Herstellern generell empfohlen, auf asynchrone Steuersignale zu verzichten und diese durch synchrone zu ersetzen. Ein Zustandsautomat kann auch synchron in seinen Ausgangszustand gebracht werden und für den Einschaltvorgang sind bei FPGAs andere Methoden der Initialisierung vorgesehen. Welchen

Zustand ein Flip-Flop nach dem Start einnehmen soll, ist dort in den Konfigurationsdateien festgelegt und die werden nach dem Einschalten automatisch geladen.

Synchroner Reset

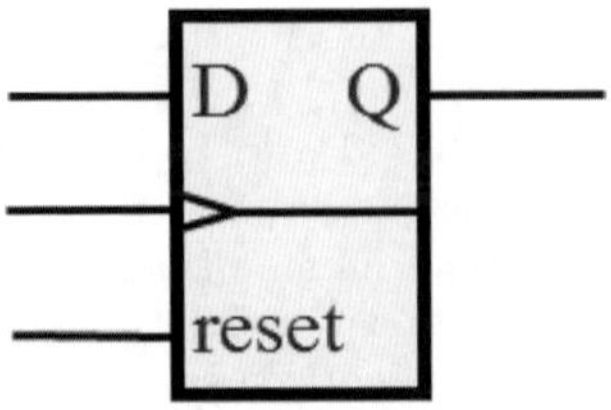

Abbildung 8.17: *D-Flip-Flop mit synchronem Reset*

Wie im Kapitel 8.3.1 schon ausgeführt wurde, haben asynchrone Reset- und Preset-Signale spezifische Nachteile, weshalb für die Verwendung innerhalb eines FPGAs die synchrone Variante gewählt werden sollte. Synchron bedeutet, dass das Steuersignal, genauso wie beispielsweise der D-Eingang, nur mit der gültigen Taktflanke ausgewertet wird. Wegen seiner Bedeutung (Einstellen eines definierten Ausgangszustandes) wird das Reset-Signal gegenüber den anderen synchronen Eingangssignalen priorisiert sein. Betrachten wir jetzt mal ein VHDL Code-Beispiel für ein D-Flip-Flop mit synchronem Reseteingang:

```
entity D_ff_syn_reset is
port ( d, clock, reset: in bit;
       q_led: out bit);
end D_ff_syn_reset;

architecture synchron of d_ff_syn_reset is
signal q: bit;
begin
    process (clock)
    begin
        if (clock'event and clock = '1') then
            if (reset = '1') then
            q <= '0';
            else
            q <= d;
            end if;
        end if;
    end process;
    q_led <= not q;              -- negieren fuer die LED
end synchron;
```

Hier haben wir nur noch *clock* in der Sensitivitätsliste. Die Abarbeitung erfolgt nun in zwei verschachtelten **if**-Blöcken. Der äußere **if**-Block dient der Feststellung, ob eine steigende Flanke von *clock* vorliegt. Der innere **if**-Block realisiert eine Fallunterscheidung. Ist die Reset-Bedingung erfüllt, wird in Zeile 13 die Speicherung einer 0 veranlasst und der **if**-Block wird verlassen. Dadurch ergibt sich die Priorisierung von *reset*. Nur wenn die Reset-Bedingung nicht erfüllt ist, kann ein Einspeichern von *d* erfolgen (Zeile 15). Man kann auch ein synchrones Preset formulieren, indem man in Zeile 13 eine 1 zuweist und sinnvollerweise den Signalnamen von *reset* nach *preset* umbenennt.

Clock Enable

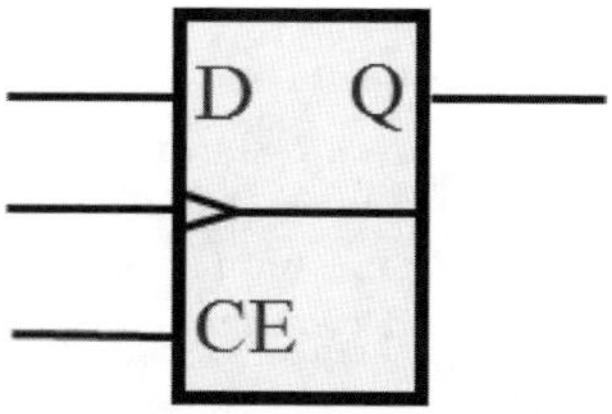

Abbildung 8.18: *D-Flip-Flop mit Taktfreigabe CE*

Zur Erklärung der Taktfreigabe (CE: Clock Enable) soll folgendes Beispiel dienen: Ein Steuergerät arbeitet mit einer Taktfrequenz von 1000 Hz. Ein Bestandteil dieses Steuergerätes ist eine Uhr, die mit der Frequenz 1 Hz arbeitet. Diese Uhr benötigt für die Fortschaltung einer Sekunde somit jeden eintausendsten Taktimpuls. Nehmen wir an, eine Schaltung, die jeden eintausendsten Taktimpuls freigeben kann, existiert bereits. Wie könnte dann eine Taktfreigabe für die Sekundenfortschaltung realisert sein? Die naheliegendste Idee wäre es doch wohl, dem Flip-Flop-Takteingang ein UND-Gatter vorzuschalten und mit dem Freigabesignal den Takt für dieses Flip-Flop ein- und auszuschalten. Für die Realisierung in einem FPGA ist das jedoch keine gute Idee. Dazu muss man wissen, dass Taktleitungen in einem FPGA schon mal hunderttausende von Takteingängen synchron und ohne Verzögerung untereinander treiben sollen. Deshalb sind die Taktressourcen im FPGA besonders realisiert: schnelle und starke Takttreiberschaltungen sowie einige wenige optimal platzierte Taktleitungen. Verlässt man mit einem Taktsignal diese optimierten Pfade, indem man die Taktleitung auf ein Logikgatter führt, so riskiert man die saubere Funktion aller von diesem Taktsignal abhängigen Elemente. Wie soll man denn dann eine Taktfreigabe erwirken? Dazu muss die Freigabelogik ein Bestandteil des Flip-Flops sein, der dem Takteingang keine weitere Last hinzufügt. Das ist bei dem CE-Signal der Fall. Betrachten wir jetzt mal ein VHDL Code-Beispiel für ein D-Flip-Flop mit Clock Enable:

```
entity D_ff_ce is
port ( d, clock, ce: in bit;
       q_led: out bit);
end D_ff_ce;

architecture clock_enable of d_ff_ce is
```

```
signal q: bit;
begin
    process (clock)
    begin
        if (clock'event and clock = '1') then
            if (ce = '1') then
            q <= d;
            end if;
        end if;
    end process;
    q_led <= not q;           -- negieren fuer die LED
end clock_enable;
```

Ähnlich wie bei dem synchronen Reset in Kap. 8.3.1 liegt hier eine verschachtelte **if**-Struktur vor. Die Abfrage des *ce*-Signals erfolgt im inneren **if**-Block. Somit ist CE ein synchrones Steuersignal. Im inneren **if**-Block ist die Zuweisung von *d* auf *q* an die Bedingung geknüpft, dass *ce* 1 sein muss. Ist *ce* 0, bleibt der alte Zustand *q* erhalten.

Entwurfsaufgabe

Alle in diesem Unterkapitel vorgestellten Steuersignale lassen sich kombinieren. Deshalb haben Sie jetzt die Aufgabe, ein Flip-Flop nach folgender Spezifikation zu entwerfen:

- Eingänge
  - Takt
  - D: synchroner Dateneingang
  - CE: Clock Enable, Freigabe aller vom Takt abhängenden Aktionen
  - Preset: synchrones Setzen auf '1'
  - Reset: asynchrones Rücksetzen auf '0'
- Ausgang
  - Q: Datenausgang

Zeichnen Sie ein passendes Symbol und entwerfen Sie ein VHDL-Modell.

8.4 Register

Kurz und knapp gesagt: **Register sind Speicher für Vektoren.** Sie enthalten so viele Speicherelemente (Flip-Flops) wie der Vektor Einzelsignale hat. Für ein Standardregister sind die

Steuersignale dieser Flip-Flop-Gruppe gleichartig anzuschließen, damit alle Elemente des Vektors identisch verarbeitet werden können. So arbeiten beispielsweise alle Flip-Flops eines Registers mit demselben Taktsignal. Register können als Parallelregister oder als Serienregister ausgelegt sein.

8.4.1 Parallelregister

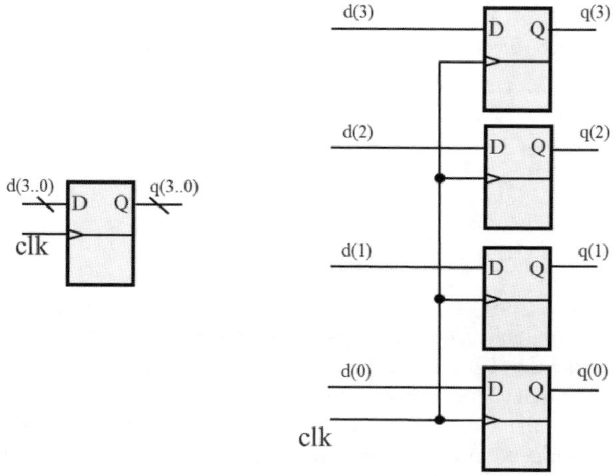

Abbildung 8.19: *Ein einfaches 4-Bit Speicherregister — links die kompakte Darstellung, rechts der Schaltplan*

Abb. 8.19 zeigt ein einfaches, aus D-Flip-Flops aufgebautes Parallelregister. Kommt Ihnen das Symbol links bekannt vor? — Es entspricht dem des D-Flip-Flops mit dem Zusatz, dass es sich bei den Datenanschlüssen um Vektoren handelt. Dazu dienen die Querstriche in den Anschlussleitungen und die Bezeichnungen in indizierter Schreibweise. Bei Parallelregistern laufen die Datenpfade der Vektorkomponenten (d(i) — q(i)) parallel und es bestehen keine Abhängigkeiten untereinander.

Für Parallelregister gibt es verschiedene Anwendungen, von denen hier einige beispielhaft aufgelistet sind:

- Eingangsspeicher bei der Datenaufnahme
- Ausgangsspeicher bei der Datenausgabe
- Operandenregister in arithmetischen Schaltungen
- Zustandsregister in Automaten
- Zählerstandsregister

Betrachten wir mal den VHDL-Code für dieses Register:

```
entity D_reg is
port ( clock: in bit;
       d: in bit_vector(3 downto 0);
       q_led: out bit_vector(3 downto 0));
end D_reg;

architecture simple of D_reg is
signal q: bit_vector(3 downto 0);
begin
    process (clock)
    begin
        if (clock'event and clock = '1') then
            q      <= d;
        end if;
    end process;
    q_led <= not q;                 -- negieren fuer die LED
end simple;
```

Der Code ist genauso strukturiert, wie des weiter oben vorgestellten D-Flip-Flops: *q_quer* fehlt, aber ansonsten ist der Prozess exakt der gleiche. Die Unterschiede zeigen sich in den Signaldeklarationen in **entity** und **architecture**. Dort stehen Bit-Vektoren anstelle von Bit. Im Grunde sind dadurch hier vier D-Flip-Flops beschrieben worden, die individuelle Datenanschlüsse haben und einen gemeinsamen Takt. Zum Thema Parallelregister bearbeiten Sie bitte die folgende Aufgabe:

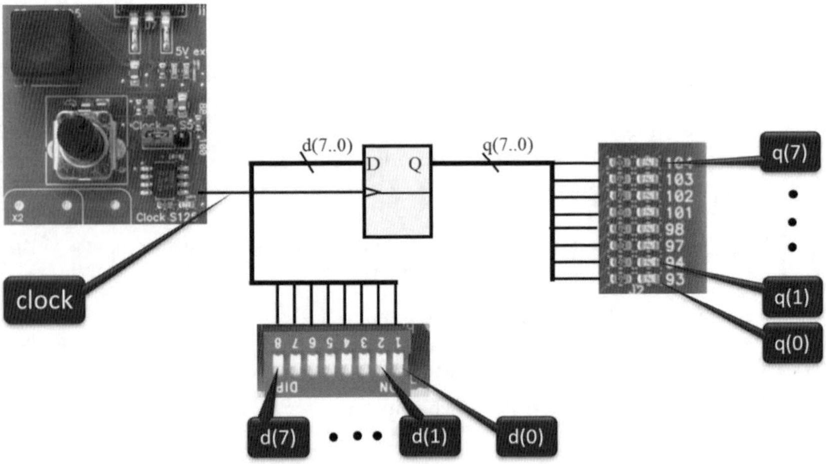

Abbildung 8.20: *FPGA-Projekt mit Parallelregister*

Grundlage für die FPGA-Schaltung ist der zuvor dargestellte VHDL-Code für das 4-Bit Register, bei dem Sie die Vektorlänge anpassen müssen. Für dieses Projekt benötigen Sie die folgenden Eintragungen in der *.lpf*-Datei:

```
BLOCK RESETPATHS;
BLOCK ASYNCPATHS;

IOBUF ALLPORTS IO_TYPE=LVCMOS33 ;

LOCATE COMP "clock"  SITE "125" ;

LOCATE COMP "q_led_0" SITE "93" ;
LOCATE COMP "q_led_1" SITE "94" ;
LOCATE COMP "q_led_2" SITE "97" ;
LOCATE COMP "q_led_3" SITE "98" ;
LOCATE COMP "q_led_4" SITE "101" ;
LOCATE COMP "q_led_5" SITE "102" ;
LOCATE COMP "q_led_6" SITE "103" ;
LOCATE COMP "q_led_7" SITE "104" ;

LOCATE COMP "d_0" SITE "41";
LOCATE COMP "d_1" SITE "40";
LOCATE COMP "d_2" SITE "39";
LOCATE COMP "d_3" SITE "36";
LOCATE COMP "d_4" SITE "35";
LOCATE COMP "d_5" SITE "34";
LOCATE COMP "d_6" SITE "33";
LOCATE COMP "d_7" SITE "32";
```

1. Legen Sie ein neues Projekt an.
2. Vergeben Sie Projekt- und Dateinamen nach eigenem Wunsch.
3. Der oben aufgelistete VHDL-Text ist anzupassen und einzugeben.
4. Geben Sie die oben gezeigten Inhalte in die *.lpf*-Datei ein.
5. Führen Sie den gesamten Diamond-Prozess durch.
6. Stellen Sie für den Takt "Clock 125" auf manuellen Betrieb ein. Dazu muss die Steckbrücke auf JP4 in der rechten Position stehen.
7. Programmieren Sie das FPGA.
8. Testen Sie die Schaltung:
   - Betätigen Sie einmal kurz die "Clock 125"-Taste. Dadurch wird das durch die DIP-Schalter eingestellte Datenwort eingespeichert und auf der LED-Gruppe angezeigt.

- Stellen Sie verschiedene Kombinationen mit den DIP-Schaltern ein und wiederholen Sie den Vorgang des Einspeicherns.

8.4.2 Serienregister

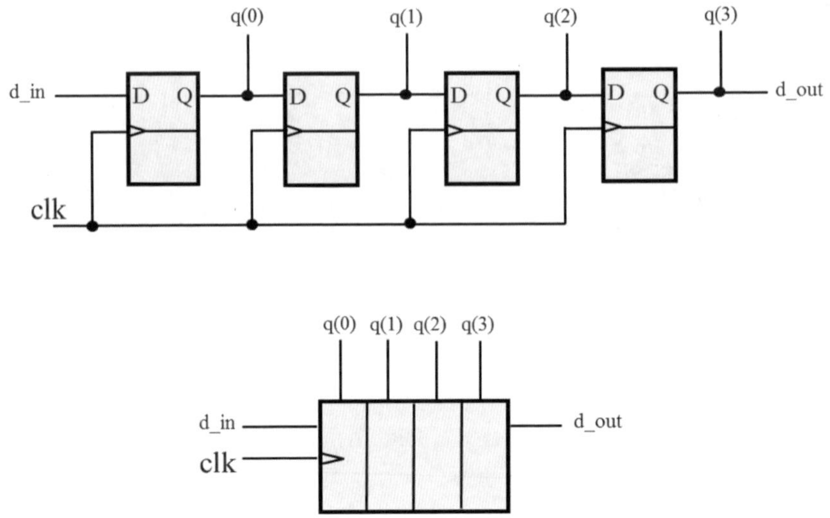

Abbildung 8.21: *4-Bit Serien- bzw. Schieberegister — oben der Schaltplan, unten eine kompakte Darstellung*

Bei einem Serienregister (auch Schieberegister genannt) sind die Flip-Flops eng verknüpft, indem jeweils der Datenausgang eines Flip-Flops mit dem Dateneingang eines Nachbar-Flip-Flops direkt verbunden ist. Im Gegensatz zu einem Parallelregister sind hier die Einzelsignale nicht unabhängig voneinander. In Abb. 8.21 ist eine gemeinsam mit *clk* getaktete, also synchrone Gruppe von D-Flip-Flops dargestellt, die in der beschriebenen Art und Weise miteinander verschaltet ist. Das signal *d_in* stellt den seriellen Dateneingang dar und *d_out* den seriellen Datenausgang. Eine 1-Bit Information, die über *d_in* eingelesen wird, erscheint mit dem 4. Takt an *d_out*. Der Vektor *q* stellt den parallelen Datenausgang dar und ist optional. Dabei ist zu beachten, dass hier *d_out* und *q(3)* identisch sind. Das gilt aber entsprechend nicht für *d_in* und *q0)*!

```
entity D_shift is
port ( clock: in bit;
       d_in: in bit;
       q_led: out bit_vector(3 downto 0));
end D_shift;

architecture simple of D_shift is
```

```
8 signal q: bit_vector(3 downto 0);
9 begin
10    process (clock)
11    begin
12       if (clock'event and clock = '1') then
13          q      <= q(2 downto 0) & d_in;
14       end if;
15    end process;
16    q_led <= not q;              -- negieren fuer die LED
17 end simple;
```

Der Aufbau des VHDL-Modells für das Serienregister ähnelt zunächst sehr stark dem des Parallelregisters. Der Unterschied findet sich in Zeile 13 bei der Signalzuweisung auf den Vektor *q*: Hier wird *q* "versetzt" auf sich selbst kopiert, mit Ausnahme der Position *q(0)*, dort wird *d_in* zugewiesen (Zuweisung von Teilvektoren mittels Verkettungsoperator &).

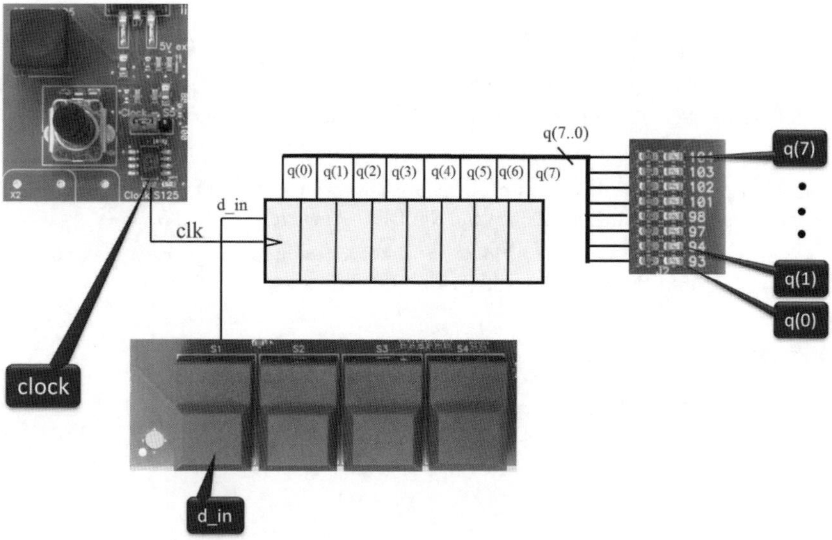

Abbildung 8.22: *FPGA-Projekt mit Schieberegister*

Abb. 8.22 zeigt Ihre nächste Aufgabe. Es ist ein 8-Bit Schieberegister aufzubauen. Die *d_in*-Taste dient als serieller Dateneingang. Getaktet wird das Schieberegister mit *Clock 125*, wobei Sie sowohl die manuelle als auch die durch Potentiometer gesteuerte Betriebsart verwenden werden.

1. Legen Sie ein neues Projekt an.

2. Vergeben Sie Projekt- und Dateinamen nach eigenem Wunsch.
3. Der oben aufgelistete VHDL-Text ist auf 8-Bit-Vektoren anzupassen und einzugeben.
4. Geben Sie die Inhalte für die *.lpf*-Datei ein. Die LED-Gruppe und den Takt haben Sie bei der Parallelregisteraufgabe schon verwendet, die Taste bei früheren Aufgaben.
5. Führen Sie den gesamten Diamond-Prozess durch.
6. Stellen Sie für den Takt "Clock 125" auf manuellen Betrieb ein. Dazu muss die Steckbrücke auf JP4 in der rechten Position stehen.
7. Programmieren Sie das FPGA.
8. Testen Sie die Schaltung:
   - Halten Sie die *d_in*-Taste gedrückt.
   - Betätigen Sie einmal kurz die "Clock 125"-Taste. Dadurch wird das durch die *d_in*-Taste eingestellte Datenbit eingespeichert und auf der LED-Gruppe bei *q(0)* angezeigt.
   - Lösen Sie die *d_in*-Taste.
   - Betätigen Sie die "Clock 125"-Taste mehrmals und beobachten Sie, wie die zuvor eingespeicherte Information durch die *q*-Positionen "wandert".
   - Stellen Sie jetzt den Taktgeber auf Automatikbetrieb um (JP 4 umstecken).
   - Betätigen Sie die *d_in*-Taste mehrmals hintereinander mit unterschiedlichen Tast- und Pausenzeiten. Beobachten Sie die LED-Anzeige.
   - Variieren Sie mit dem Potentiometer die Taktfrequenz und führen Sie den Test vom letzten Punkt dabei immer wieder durch.

Kapitel 9

Schaltwerke

Sobald kombinatorische Schaltungen und digitale Speicherelemente aufeinandertreffen, sprechen wir von Schaltwerken. Der Inhalt des Speichers repräsentiert einen bestimmten Zustand. Zustandsänderungen erfolgen durch bestimmte Kombinationen der Eingangssignale mit dem aktuellen Zustand oder autonom. Ausgangssignale werden in Abhängigkeit des Zustandes und der momentanen Eingangssignale gesetzt. Schaltwerke können asynchron oder synchron sein. Asynchrone Schaltwerke reagieren jederzeit auf ihre Eingangssignale, synchrone hingegen nur zu bestimmten Zeitpunkten, die durch ein Taktsignal festgelegt werden.

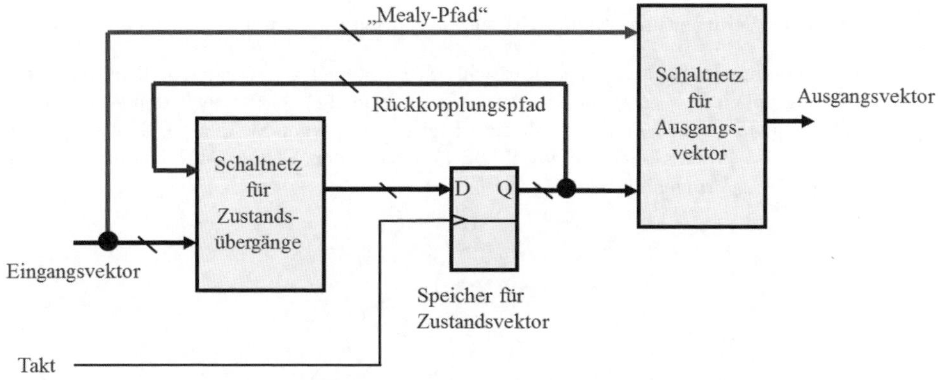

Abbildung 9.1: *Allgemeine Darstellung eines synchronen Schaltwerkes*

Schauen wir uns die Elemente eines synchronen Schaltwerkes (Abb. 9.1) einmal genauer an. Im Zentrum steht der Zustandsspeicher. Dieser kann taktsynchron verändert werden. Der dabei zu vollziehende Zustandsübergang ist in einer Zustandsübergangstabelle definiert. Wie bei einer Wahrheitstabelle (vgl. Kap. 7.2) schon gesehen, kann auch die Zustandsübergangstabelle als Schaltnetz realisiert werden. Eingangsgrößen für die Zustandsübergangstabelle sind der Eingangsvektor und der momentan gespeicherte Zustand. Die Auswertung des gespeicherten Zustands zur Erzeugung eines neuen Zustands stellt eine Rückkopplung dar. Deshalb wird der entsprechende Zweig im Schaltbild *Rückkopplungspfad* genannt. Der Ausgangsvektor ist grundsätzlich vom gespeicherten Zustand abhängig. Am Zustandsvektor vorbei kann der Eingangsvektor über den sog. *Mealy-Pfad* direkt Einfluss auf den Ausgangsvektor nehmen. Dringend ist dabei zu beachten, dass die Wirkung über den *Mealy-Pfad* unmittelbar, also ***asynchron*** erfolgt. Ohne *Mealy-Pfad* dekodiert das Ausgangsvektorschaltnetz nur den Zustandsvektor. Im einfachsten Fall wird der Zustandsvektor direkt zum Ausgangsvektor. Im Folgenden ist aufgelistet, welche Anwendungsmöglichkeiten für Schaltwerke es bezugnehmend auf Abb. 9.1 beispielhaft gibt:

- Mit "Mealy-Pfad"
  - Mealy-Automat
- Ohne "Mealy-Pfad"
  - Moore-Automat
  - Ohne Ausgangsschaltnetz: Medvedjev-Automat
- Ohne Eingangsvektor
  - Autonome Automaten (auch ohne Ausgangsschaltnetz)
    * Sequenzer
    * Zähler
- Ohne Rückkopplungspfad
  - Pipeline-Verarbeitungsstufe (Arithmetikschaltnetz + Zwischenspeicher)

Automatengraphen werden auch als "Bubble"-Diagramme bezeichnet.

Um die Übergänge in Schaltwerken übersichtlich darstellen zu können, bedient man sich sog. Automatengraphen bzw. Zustandsübergangsdiagrammen. Abb. 9.2 zeigt den Automatengraphen eines Sequenzers für eine Ampelphase. Untenstehend sehen Sie den VHDL-Code dazu. Es ist hier die sog. 3-Prozess-Variante gewählt worden, um den VHDL-Code besser mit Abb. 9.1 in Zusammenhang bringen zu können.

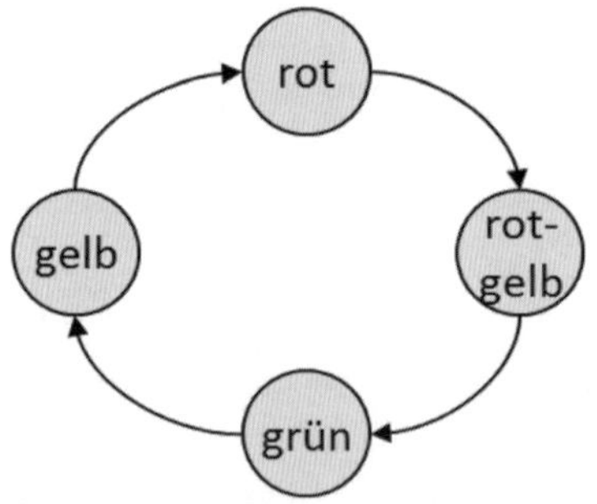

Abbildung 9.2: *Ein Ampelphasen-Sequenzer als einfaches Beispiel für einen* ***autonomen*** *Automaten*

```
entity ampel_phase is
port ( clock: in bit;
       rot_led, gelb_led, gruen_led: out bit);
end ampel_phase;

architecture simple_seq of ampel_phase is
type ampelzustand is (rot, rot_gelb, gelb, gruen);
signal zustand: ampelzustand := rot;
signal zustand_neu: ampelzustand;
begin
  process(zustand) -- Uebergaenge
  begin
    case zustand is
      when rot =>      zustand_neu <= rot_gelb;
      when rot_gelb => zustand_neu <= gruen;
      when gruen =>    zustand_neu <= gelb;
      when gelb =>     zustand_neu <= rot;
    end case;
  end process;

  process(zustand) -- Ausgangsvektor
  begin
    case zustand is
      when rot =>
        rot_led <= '0'; -- einschalten!
        gelb_led <= '1'; -- ausschalten!
        gruen_led <= '1'; -- ausschalten!
      when rot_gelb =>
        rot_led <= '0'; -- einschalten!
        gelb_led <= '0'; -- einschalten!
        gruen_led <= '1'; -- ausschalten!
      when gruen =>
        rot_led <= '1'; -- ausschalten!
        gelb_led <= '1'; -- ausschalten!
        gruen_led <= '0'; -- einschalten!
      when gelb =>
        rot_led <= '1'; -- ausschalten!
        gelb_led <= '0'; -- einschalten!
        gruen_led <= '1'; -- ausschalten!
      end case;
  end process;

  process (clock)  -- Zustandsregister
  begin
    if (clock'event and clock = '1') then
      zustand <= zustand_neu;
```

```
47     end if;
48   end process;
49 end simple_seq;
```

Die **entity** enthält nur den Takteingang sowie drei Ausgänge, die die drei Lampen einer Ampel repräsentieren. In der **architecture** sehen Sie etwas Neues, und zwar eine Typdefinition. In Zeile 7 wird mit dem Schlüsselwort **type** ein abstrakter Datentyp definiert, bei dem man die Werte, die dieser Datentyp annehmen kann in einer Liste aufschreibt. Hier ist also ein Datentyp *ampelzustand* definiert worden, der die möglichen Werte *rot, rot_gelb, gelb* und *gruen* annehmen kann. Die Verwendung selbst definierter Datentypen mit aussagekräftigen Namen macht den Code sehr viel lesbarer. Die Art und Weise, wie diese Werte codiert werden, ist hier zunächst unwichtig. Im Weiteren sind hier drei Prozesse definiert worden. In den Zeilen 11 bis 19 werden die Folgezustände ermittelt. Der aktuelle Zustand ist Argument in einem **case**-Block. Abhängig vom aktuellen Zustand wird dem Signal *zustand_neu* der nachfolgende Wert zugewiesen. Das ist hier eine Vorbereitung. Die Zustandsfortschaltung erfolgt im Prozess des Zustandsgegisters in den Zeilen 43 bis 48. Der Prozess in den Zeilen 21 bis 41 dient dazu, den aktuellen Zustand in eine Lampenkonfiguration zu dekodieren.

Sie sollen nun diese Ampelphasensteuerung implementieren. Leider haben wir außer rot keine andersfarbigen LEDs auf dem FPGA-Board. Sie müssen also die Information aus der Position der LED gewinnen. Hier noch die *.lpf*-Inhalte:

```
BLOCK RESETPATHS;
BLOCK ASYNCPATHS;

IOBUF ALLPORTS IO_TYPE=LVCMOS33 ;

LOCATE COMP "clock"  SITE "135" ;

LOCATE COMP "gruen_led" SITE "102" ;
LOCATE COMP "gelb_led" SITE "103" ;
LOCATE COMP "rot_led" SITE "104" ;
```

Es wird der *"Clock 135"* verwendet. Um den Ablauf vernünftig verfolgen zu können, müssen Sie den Auswahl-Jumper auf "1" (entspricht 1 Hz Taktfrequenz) einstellen.

Teil III

Komponenten Digitaler Systeme

Kapitel 10

Aufbau von Teil III: „Komponenten Digitaler Systeme“

Sie haben bisher die Grundlagen der Digitaltechnik soweit behandelt, dass Sie in der Lage sind, einfache VHDL-Modelle zu erstellen. Mit diesem Buchteil wird Ihnen ein Baukasten an die Hand gegeben, der Sie in die Lage versetzen soll, Lösungsansätze für Aufgabenstellungen der Digitaltechnik zu erarbeiten.

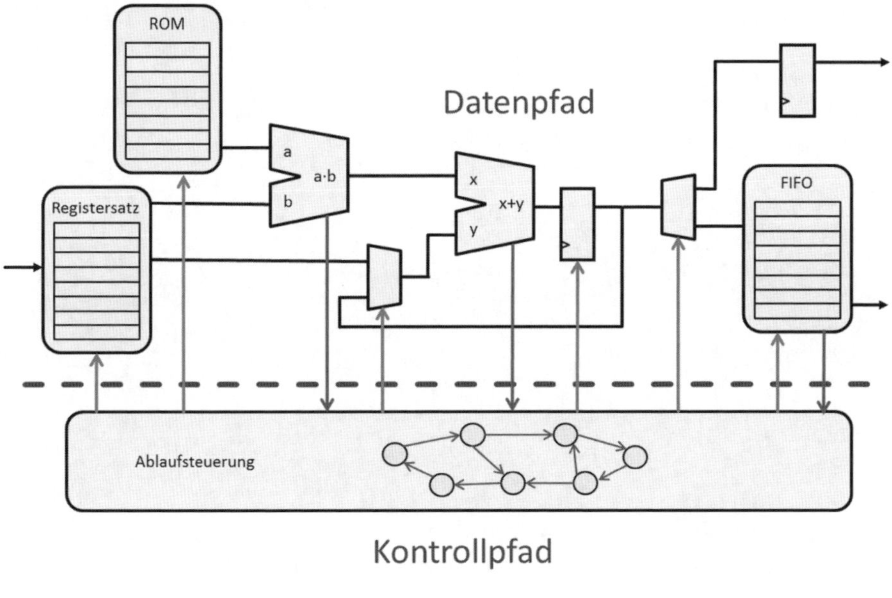

Abbildung 10.1: Die Komponenten eines digitalen Systems verteilen sich auf Datenpfad und Kontrollpfad

In Digitalen Systemen unterscheiden wir den Datenpfad vom Kontrollpfad. Im Datenpfad befinden sich Auswahl- und Verteilnetze, Verarbeitungskomponenten (in Abb 10.1 z.B. Addierer und Multiplizierer) und Datenspeicher (in der Abbildung wären das: Ein Nur-Lese-Speicher (ROM), ein Registersatz sowie ein FIFO-Speicher (First-In First-Out) zur Pufferung). Im Kontrollpfad befinden sich Schaltwerke zur Steuerung des Datenpfades und Mechanismen zur Fortschaltung von Kontrollschritten (in Abb. 10.1 symbolisiert durch den Block "Ablaufsteuerung").

Dieser Teil des Buches dient aber auch dazu, Ihren bisher erworbenen Wissenstand in VHDL zu erweitern. Es werden weitere Datentypen eingeführt: *std_logic* und die davon abgeleiteten Vektoren *std_logic_vector, signed und unsigned.* Die letzen zwei genannten sind insbesondere für die Verwendung im Datenpfad prädestiniert.

Kapitel 11

std_logic-Datentypen

Zur reinen Beschreibung boolescher Funktionen reicht die zweiwertige Logik, wie sie mit dem Datentypen *bit* abgebildet werden kann, völlig aus. Sobald man jedoch Systeme modelliert, die aus realen Schaltkreisen, beispielsweise auf einer Leiterplatte, aufgebaut sind, kommt man mit '0' und '1' nicht mehr aus. Warum ist das so? Nehmen wir als Beispiel mal ein Mikroprozessorboard, welches neben einem Mikroprozessor noch mehrere Speicherbausteine (RAM, ROM) sowie Peripherieschaltungen enthält. Diese Komponenten tauschen ihre Daten über einen sog. *Datenbus* aus. Dabei handelt es sich um ein Bündel von einzelnen Datenleitungen, die fallweise durch alle beteiligten Komponenten aktiv belegt werden können. Kommt es bei einen fehlerhaften Busprotokollablauf zu der Situation, dass zwei Komponenten gleichzeitig eine Busleitung mit '1' und mit '0' treiben sollen, so kann man den sich daraus ergebenden Zustand nicht mehr eindeutig mit '1' oder '0' beschreiben. Man formuliert auch: Das Zusammentreffen der beiden Zustände '1' und '0' kann nicht aufgelöst (engl. *resolved*) werden. Um die zeitweise Belegung einer Busleitung durch mehrere Komponenten zu ermöglichen, müssen diese für ihre Ausgänge den elektrischen Treiber abschalten können. Man spricht dann von dem sog. *hochohmigen* Zustand. Diesen Zustand kann man weder mit '1' noch mit '0' beschreiben. In Situationen, wo auf einer Busleitung alle Komponenten hochohmig geschaltet sind, kann die Busleitung einen nicht definierten Analogwert einnehmen (sog. *floaten*). Um das zu vermeiden, werden Busterminierungen mit Pull-Up- oder Pull-Down-Widerständen durchgeführt, auch kombiniert als Spannungsteiler, oder es werden sog. *weak-keeper* verwendet. Alle diese Methoden stellen einen definierten logischen Pegel ein, der aber *schwach* (engl. *weak*) ist. Mit dem Datentyp *bit* kann nicht unterschieden werden, ob ein logischer Pegel stark (elektrisch getrieben) oder nur schwach eingestellt ist. Um die bis hier angeführten Verhältnisse und weitere Systemeigenschaften modellieren zu können, wird mit dem Datentypen *std_logic* die Erweiterung von der zweiwertigen Logik ('0' und '1') auf eine neunwertige Logik vorgenommen. Der Basistyp *std_ulogic* kennt die folgenden Zustände:

- 'U': Uninitialized - Nicht initialisiert. Dieser Zustand wird ausgegeben, solange noch keine Signalzuweisung stattgefunden hat.
- 'X': Forcing Unknkown - Treiber eingeschaltet, der Zustand ist jedoch unbekannt, weil beispielsweise ein Eingang des treibenden Modells hochohmig ist.
- '0': Forcing 0 - Treiber gibt 0 aus
- '1': Forcing 1 - Treiber gibt 1 aus

- 'Z': High Impedance - Hochohmiger Zustand
- 'W': Weak Unknown - Alle Treiber sind abgeschaltet. Das Signal wird z.B. von einem Keeper gehalten, der Zustand ist jedoch unbekannt.
- 'L': Weak 0 - Alle Treiber sind abgeschaltet. Das Signal wird von einem Pull-Down-Widerstand oder einem Keeper auf 0 gehalten.
- 'H': Weak 1 - Alle Treiber sind abgeschaltet. Das Signal wird von einem Pull-Up-Widerstand oder einem Keeper auf 1 gehalten.
- '-': Don't care - Kennzeichnet einen unwichtigen Zustand, beispielsweise für Wertvergleiche.

Aus dem Basistypen *std_ulogic* wird der Typ *std_logic* abgeleitet. Letzterer unterscheidet sich vom Ersteren darin, dass er die *resolved*-Variante des ersteren darstellt. *resolved*-Datentypen erlauben mehrere Treiber auf ein Signal. Das Ergebnis derartiger Zusammenschlüsse wird dann über eine sog. Auflösungsfunktion ermittelt. Beispielsweise wird das Aufeinandertreffen von 'L' mit '1' zu einer '1' aufgelöst.

Viele der o.g. Zustände können im Rahmen der FPGA-Synthese nicht genutzt werden, jedoch kann man bzgl. der Synthese festhalten:

- '0': Forcing 0 - synthetisierbar
- '1': Forcing 1 - synthetisierbar
- 'Z': High Impedance - führt zum Einbau eines Tri-State-Buffers, bei FPGAs nur im I/O-Block
- 'L': Weak 0 - als Eingangswert: wie '0', als Ausgangswert: wird zur '0'
- 'H': Weak 1 - als Eingangswert: wie '1', als Ausgangswert: wird zur '1'
- '-': Don't care - als Eingangswert nicht zuweisbar, als Ausgangswert: Kann zur Logikminimierung dienen, wenn das Synthesewerkzeug dies unterstützt.

In der Simulation hat die Verwendung der *std_logic*-Datentypen gegenüber den *bit*-Datentypen folgende Vorteile:

- 'U': Uninitialized - Der Simulator wird beim Datentypen *bit* immer eine '0' als Startwert annehmen, solange nichts anderes definiert worden ist. Das könnte eventuelle Fehlfunktionen überdecken. Bei *std_logic*-Datentypen würde der Simulator entsprechend ein 'U' ausgeben. Das zwingt den Entwickler zur eindeutigen Initialisierung seiner Schaltung.
- 'X': Forcing Unknkown - Eine fehlende Initialisierung (s.o.) fällt beim Datentypen *bit* unter Umständen erst nach längerer Simulationszeit durch falsche Ergebnisse auf. Bei *std_logic*-Datentypen führen fehlende Initialisierungen in nachfolgenden Schaltungsstufen unmittelbar zur Ausgabe von 'X'.

Nicht unerwähnt bleiben soll jedoch der Nachteil, dass die Simulation mit *std_logic*-Datentypen deutlich längere Laufzeiten hat als mit dem Datentypen *bit*.

Um mit den *std_logic*-Datentypen arbeiten zu können, ist es erforderlich, die entsprechenden Bibliotheken zu Beginn in den VHDL-Quelltext einzubinden:

```
library ieee;
use ieee.std_logic_1164.all;
```

std_logic-Vektoren

Einen Typ von Vektoren hatten wir bereits im zweiten Teil eingeführt: *bit_vector*. Er besteht aus einer Zusammenfassung von *bit*-Elementen. Entsprechend ist auch der Datentyp *std_logic* zum Vektortyp *std_logic_vector* erweitert worden. Dieser besteht entsprechend aus einer Zusammenfassung von *std_logic*-Elementen. Ein *std_logic_vector* wird beispielsweise folgendermaßen definiert:

```
signal x: std_logic_vector(3 downto 0);
```

Mit **downto** wird die Laufrichtung des Index in der üblichen Reihenfolge vom **MSB** ("Most Significant Bit") zum **LSB** ("Least Significant Bit") festgelegt.
Auf die einzelnen Elemente des Signalvektors wird über den Signalnamen und einen Index zugegriffen:

```
signal z: std_logic;
...
z <= x(1);
```

Diese Signalzuweisung kopiert Bit No. 1 aus dem Signalvektor *x* auf das skalare Signal *z*. Mit dem Verkettungsoperator **&** können auch Einzelsignale zu einem Vektor zusammengefasst werden:

```
signal a, b, c, d: std_logic;
...
x <= d & c & b & a;
```

Es ist darauf zu achten, dass die Zahl der Bit-Stellen auf der rechten Seite mit der Anzahl der Vektorelemente übereinstimmt. Die Reihenfolge der Zuordnung ist so, dass das zuerst genannte Einzelsignal im Vektor auf der äußerst linken Position landet. Die anderen Einzelsignale folgen dann entsprechend ihrer Position in der Verkettung. Somit werden x(3) mit d, x(2) mit c, x(1) mit b und x(o) mit a verschaltet.

Kapitel 12

Transport im Datenpfad

Komplexe Digitale Systeme führen eine Vielzahl kombinatorischer und arithmetischer Operationen aus. Rechenwerke zum Beispiel nehmen einen Großteil der Schaltungsressourcen in Anspruch, so dass sie oft mehrfach in verschiedenen Datenpfaden genutzt werden. Dazu müssen Datenquellen und -senken ausgewählt werden. Wir sprechen dann vom sog. Multiplexbetrieb. Die dazu notwendigen Grundschaltungen, Multiplexer und Demultiplexer, können explizit als instanziierte Komponenten oder auch implizit, mit Geschäftslogik vermischt, vorhanden sein.

12.1 Multiplexer

Multiplexer gehören zu den elementaren Grundschaltungen digitaler Systeme. Wegen ihrer häufigen Verwendung handelt es sich um hoch optimierte Schaltkreise. Im ASIC-Bereich werden sie nicht mit Grundgattern, sondern unter Verwendung von Transmission-Gates realisiert. Dann ähnelt ihre Schaltung mehr der eines Wechselschalters aus der Elektroinstallation.

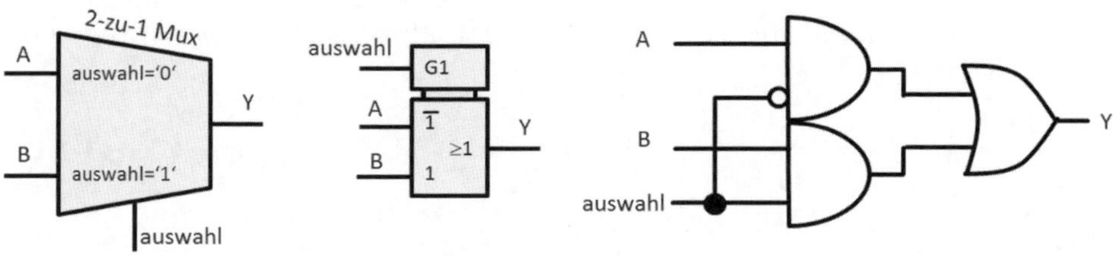

Abbildung 12.1: Multiplexer zur 1-aus-2-Auswahl. Links und Mitte mögliche Schaltsymbole, rechts Gatterschaltung.

Abb. 12.1 zeigt ein für Multiplexer typisches Schaltsymbol sowie ein äquivalentes Gattermodell. Zur Ausgabe auf Y wird mit einer '0' auf der *auswahl*-Leitung der Eingang A und mit einer '1' der Eingang B ausgewählt.

Anwendungsbeispiele für Multiplexer:

- Paralleles Laden eines Zählers

- Paralleles Laden eines Schieberegisters
- Operandenauswahl für ein Rechenwerk
- Serialisierung
- Port-Einstellung eines Mikrocontrollers

Den in 12.1 dargestellten Multiplexer kann man beispielsweise mit folgendem VHDL-Code realisieren:

```
1  entity MULTIPLEXER is
2     port (A , B, auswahl : in bit;
3           Y : out bit);
4  end entity MULTIPLEXER;
5
6  architecture select_ausdruck of MULTIPLEXER is
7  begin
8    with auswahl select
9    Y <= A when '0',
10        B when '1';
11 end architecture select_ausdruck;
```

Die Multiplexerfunktionalität wird hier (Zeilen 8 bis 10) mit der **with select when** Konstruktion realisiert. Im Teil 2 wurde dieses Sprachkonstrukt bereits erläutert und für die Modellierung von Wahrheitstabellen verwendet.

Wir haben in Kapitel 11 den Datentypen *std_logic* eingeführt. Das nachfolgende Listing enthält den gleichen Multiplexer wie zuvor, umgeschrieben auf *std_logic*. Dazu ist zunächst die Verwendung der entsprechenden IEEE-Bibliothek einzustellen. In der **entity** wird den Anschlüssen der Datentyp *std_logic* zugewiesen. Die Funktionsbeschreibung in der **architecture** ändert sich prinzipiell nicht.

```
library ieee;
use ieee.std_logic_1164.all;

entity MULTIPLEXER is
   port (A , B, auswahl : in std_logic;
         Y : out std_logic);
end entity MULTIPLEXER;

architecture select_ausdruck of MULTIPLEXER is
begin
  with auswahl select
  Y <= A when '0',
       B when '1';
       A when others;
end architecture select_ausdruck;
```

Lediglich in Zeile 14 ist eine Abfrage hinzugekommen. Das ist zunächst vielleicht überraschend, denn eigentlich sind die beiden Auswahlalternativen bereits verwendet worden. Der Multiplexer kennt nur diese zwei verschiedene Pfadeinstellungen. Die Begründung für Zeile 14 liegt im verwendeten Datentypen *std_logic* für das Signal *auswahl*. *auswahl* kann somit neun verschiedene Zustände annehmen. Ohne Zeile 14 wäre das Verhalten des Multiplexers für 7 weitere Zustände nicht definiert. Diese sieben Zustände müssen jedoch nicht einzeln aufgeführt werden. Es genügt die Abfrage auf **others** um alle bis dahin nicht abgefragten Zustände zu erfassen.

Eine etwas kompaktere Schreibweise für den 2-zu-1 Multiplexer beinhaltet das folgende Listing:

```
library ieee;
use ieee.std_logic_1164.all;

entity MULTIPLEXER is
   port (A , B, auswahl : in std_logic;
         Y : out std_logic);
end entity MULTIPLEXER;

architecture when_else_ausdruck of MULTIPLEXER is
begin
   Y <= A when auswahl = '0' else B;
end architecture when_else_ausdruck;
```

Eine **others**-Abfrage ist hier nicht notwendig, weil das durch **else** mit erledigt wird.

Zur Minimierung der Simulationszeiten ist es sinnvoll, auch kombinatorische Logik als Prozess zu modellieren. Hier die Prozess-Variante für den bisher vorgestellten Multiplexer:

```
library ieee;
use ieee.std_logic_1164.all;

entity MULTIPLEXER is
   port (A , B, auswahl : in std_logic;
         Y : out std_logic);
end entity MULTIPLEXER;

architecture case_ausdruck of MULTIPLEXER is
begin

   mx_2_1: process (auswahl, A, B) begin
      case auswahl is
         when '0'    => Y <= A;
         when '1'    => Y <= B;
         when others => Y <= A;
      end case;
   end process mx_2_1;

end architecture case_ausdruck;
```

Dabei findet hier in den Zeilen 13 bis 17 die **case**-Anweisung Anwendung.

Einschub: case-Anweisung

Die **case**-Anweisung gehört zur Gruppe der sequentiellen Anweisungen in VHDL und wird somit im sequentiellen Anweisungsblock eines **process** verwendet. Es handelt sich um **eine** Zuweisung aus einer Liste von mehreren möglichen Zuweisungen. Für jede dieser möglichen Zuweisungen ist hinter **when** formuliert, unter welcher Bedingung die Zuweisung, die nach => steht, ausgeführt wird. Das Signal, das für die aufgestellten Bedingungen auszuwerten ist, ist zwischen **case** und **is** platziert. Beispiel:

```
signal a, b, c, d, z: std_logic;
signal x: std_logic_vector(3 downto 0);
...     process
...
case x is
    when "0001" => z <= a;
    when "0010" => z <= b;
    when "0100" => z <= c;
    when "1000" => z <= d;
    when others   => z <= '0';
end case;
```

Das Signal x dient als Auswahlsignal. Ob a, b, c oder d auf z zugewiesen werden hängt davon ab, ob ein korrespondierendes Bit in x gesetzt ist, wobei alle andern Bits 0 sein müssen. Es handelt sich hier also um einen Multiplexer. Für den 4-Bit Signalvektor x gibt es 16 mögliche Kombinationen von Einsen und Nullen. Hier sind jedoch nur 5 mögliche Zuweisungen formuliert worden. Mit **others** wird die Restmenge an Kombinationen, die zuvor nicht genannt worden sind, zum Ausdruck gebracht. Deshalb steht die **others**-Auswahl am Ende der **case**-Anweisung.

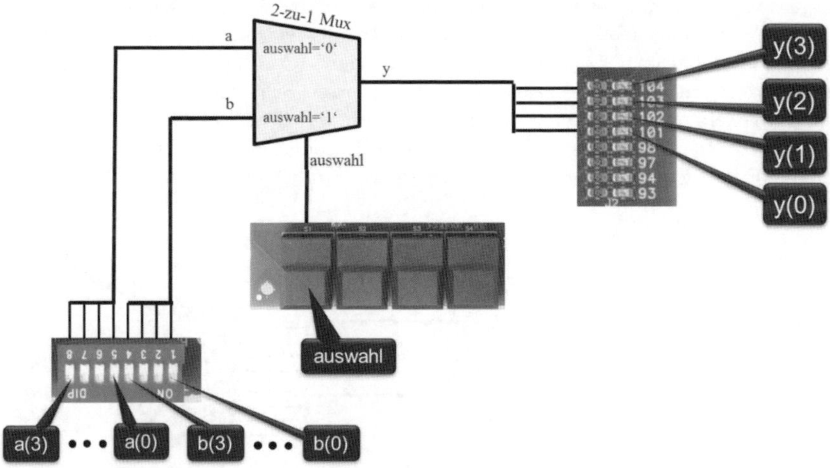

Abbildung 12.2: *FPGA-Projekt zum Thema Multiplexer*

Abschließend zum Kapitel Multiplexer sollen Sie noch eine praktische Aufgabe bewältigen, die jetzt anhand von Abb. 12.2 erläutert werden soll. Aus zwei Gruppen zu je 4 DIP-Schaltern soll ein 4-bit Datenwort ausgewählt werden. Es soll unverändert auf vier LEDs weitergeleitet werden.

12.2 Demultiplexer

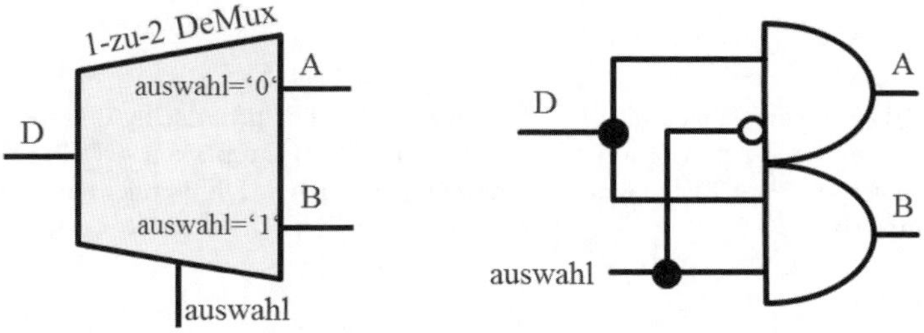

Abbildung 12.3: Demultiplexer zur 1-nach-2-Auswahl. Links Schaltsymbol, rechts Gatterschaltung.

Der Demultiplexer bildet die Gegenfunktion zum Multiplexer. Abb. 12.3 zeigt einen eins-zu-zwei Demultiplexer. Je nach Zustand des Auswahlsignales wird das Eingangssignal **D** auf einen der Ausgänge **A** oder **B** durchgeschaltet. Doch was passiert mit dem nicht ausgewählten Ausgang? In unserem Fall bleibt er auf **0**. Es gibt auch die low-aktive Variante, dort bleiben alle nicht ausgewählten Ausgänge auf **1** und nur der ausgewählte Ausgang kann Pegelwechsel der Eingangsleitung widerspiegeln. Die Demultiplexerschaltung hat eine hohe Ähnlichkeit mit einer einfachen Decoderschaltung. Tatsächlich werden Standard-ICs in dieser Doppelfunktion Decoder/Demultiplexer angeboten. Innerhalb eines Integrierten Schaltkreises kann die Bedeutung eines Demultiplexers nich an die eines Multiplexers heranreichen. So benötigt man zum Verteilen von Daten zwischen Registerstufen lediglich einen Decoder, dessen Ausgangssignale mit den Clock-Enable-Eingängen der möglichen Zielregister verbunden sind.

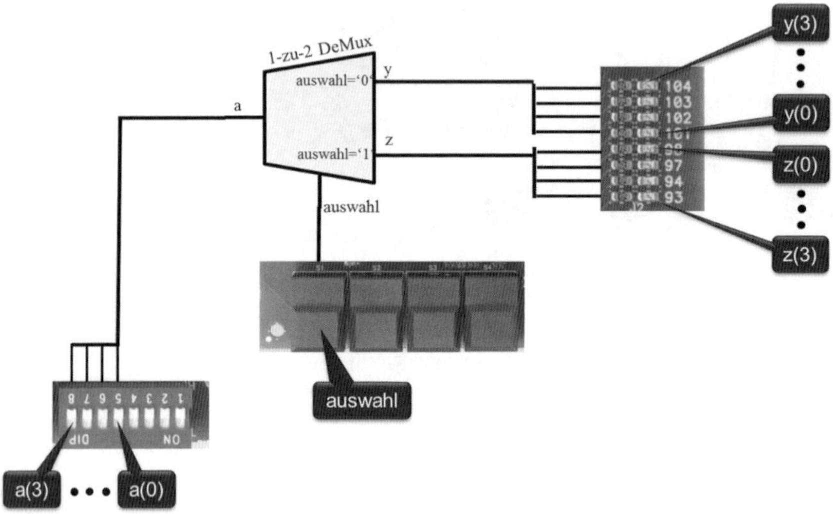

Abbildung 12.4: *FPGA-Projekt zum Thema Demultiplexer*

Abschließend zum Kapitel Demultiplexer sollen Sie noch eine praktische Aufgabe bewältigen, die jetzt anhand von Abb. 12.4 erläutert werden soll. Eine Gruppe von 4 DIP-Schaltern soll wahlweise auf eine von zwei LED-Gruppen ausgegeben werden. Die jeweils nicht ausgewählte Gruppe soll dunkel bleiben.

$n : 2^n$ Dekoder

Dekodier- bzw. Umkodierschaltungen werden später noch behandelt. Hier greifen wir den Sonderfall des $n : 2^n$ Dekoders schon einmal auf, weil dieser schaltungstechnisch eine hohe Ähnlichkeit mit Demultiplexern aufweist und weil er bei der Zuweisung von Zielen in Datenpfaden eine große Rolle spielt. Abb. 12.5 zeigt einen vollständigen Dekoder für **n=2**.

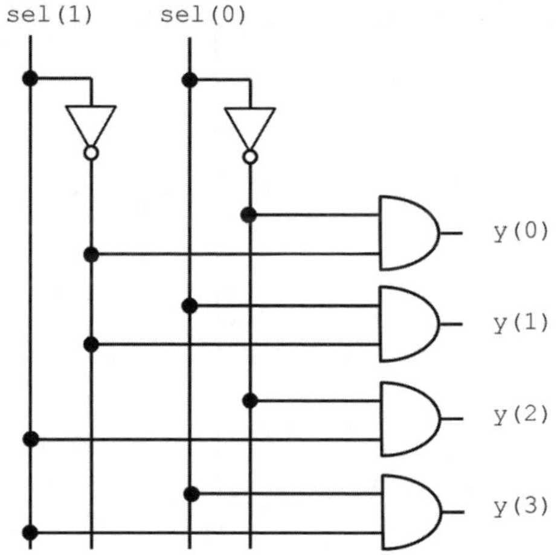

Abbildung 12.5: 2-zu-4 Dekoder

Realisieren lässt sich dieser Dekoder beispielsweise mit der *when else* Konstruktion:

```
library ieee;
use ieee.std_logic_1164.all;

entity DEKODER is
   port (sel : in std_logic_vector(1 downto 0);
         y : out std_logic_vector(3 downto 0));
end entity DEKODER;

architecture when_else_ausdruck of DEKODER is
begin
   y(0) <= '1' when sel = "00" else '0';
   y(1) <= '1' when sel = "01" else '0';
   y(2) <= '1' when sel = "10" else '0';
   y(3) <= '1' when sel = "11" else '0';
end architecture when_else_ausdruck;
```

Abb. 12.6 zeigt ein Beispiel aus einer Rechenschaltung. Das Ergebnis einer Rechenoperation wird nach Durchführung der Berechnung in einem von vier möglichen Registern abgelegt. Die Register werden mit einem gemeinsamen Takt betrieben. Der Dateninhalt wird jedoch nur dann vom D-Eingang übernommen, wenn das **clock enable** Signal (CE) aktiviert worden ist. Die CE-Aktivierung erfolgt dann über den Dekoder.

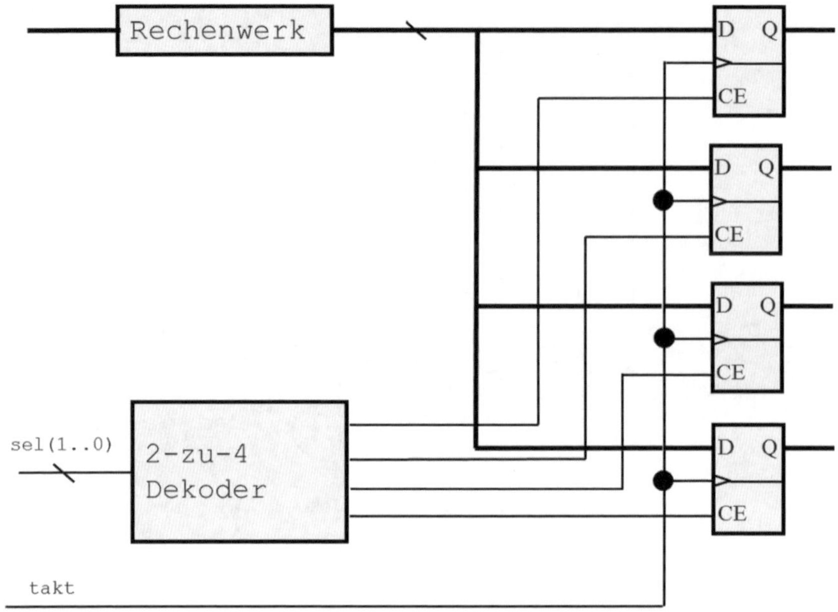

Abbildung 12.6: Zielzuweisung (Demultiplexen) mit Dekoder in Registerschaltungen

12.3 Datenbus

Der hochohmige Zustand wird bei *std_logic* mit *'Z'* bezeichnet.

Sog. Busse wurden mit der Entwicklung von Mikrorechnersystemen zur Beherrschung der Schaltungskomplexität eingeführt. Ein Bus ist eine Art Sammelschiene für Daten verschiedener Quellen. In einem klassischen Mikrorechnersystem gibt es eine Vielzahl von Komponenten, die an ein Bündel von Datenleitungen zu 8, 16 oder 32 Bit angeschlossen sind. Dieses Leitungsbündel nennt man Datenbus. Der Mikroprozessor liest und schreibt Daten auf diesen Bus. So tun es die meisten anderen Komponenten auch. In der Digitaltechnik dürfen jedoch nicht mehrere logische Ausgänge aktiv auf eine gemeinsame Leitung zugreifen da dies elektrisch einen Kurzschluss bedeuten würde. Eine Ausnahme bildet das "Wired-OR" Prinzip, für das die Logikgatter einen Ausgangstransistor mit offenem Kollektor bzw. offenem Drain-Anschluss besitzen müssen (Open-Collector bei Bipolar-Transistoren bzw. Open-Drain bei Feldeffekttransistoren). Dabei werden alle diese Ausgangsanschlüsse auf einen elektrischen Knoten geführt. Sobald auch nur einer der beteiligten Ausgangstransistoren eingeschaltet ist, wird der Knoten auf Low-Pegel (ca. 0V) "gezogen". Sind mehrere Transistoren eingeschaltet, ändert das an diesem Ergebnis nichts. Das entspricht einer logischen NOR-Funktion. Wenn alle Transistoren abgeschaltet sind, soll sich somit ein High-Pegel ergeben. Das wird mit einem Pull-Up-Widerstand an dem gemeinsamen Knoten erreicht. Ohne Pull-Up-Widerstand würde der gemeinsame Anschluss vom Pegel her "floaten", wäre also unter Umständen nicht eindeutig High oder Low.

Eine bessere Alternative zum Open-Collector-Prinzip besteht in der Verwendung sog. Three-State-Buffer. Diese kennen einen hochohmigen Zustand, bei dem sie weder eine Eins noch eine

Null treiben, sich also elektrisch passiv verhalten. In Mikrorechnersystemen sind alle Busteilnehmer, also Prozessoren, Speicher und Peripherieschaltkreise, mit bidirektionalen Datenports ausgestattet, die hochohmig geschaltet werden können.

Im Inneren von FPGA-Bausteinen sind jedoch keine Three-State-Buffer vorhanden, so dass Busse im klassischen Sinne nicht realisierbar sind. Somit gibt es FPGA-intern auch keine Komponenten mit bidirektionalen Datenports. Stattdessen haben diese Komponenten getrennte Signalbündel für die Eingangs- (Input) und die Leseseite (Output). Das Problem, mehrere Datenquellen auf bestimmte Ziele zuzuweisen, muss im FPGA mit Multiplexern gelöst werden. Manche FPGA-Synthesewerkzeuge sind in der Lage, Mehrfachzuweisungen auf *std_logic*-Signale durch Multiplexer zu realisieren, sofern zu jedem Zeitpunkt maximal eine Signalzuweisung existiert, die nicht *'Z'* ist.

Kapitel 13

Schaltungen zur Datenverarbeitung

In diesem Kapitel werden Schaltungen der Datenverarbeitung vorgestellt, wobei wir hier unter Datenverarbeitung die Durchführung von Berechnungen mit Zahlen verstehen.

13.1 Umkodieren von Daten

Während in der PC-gestützten Datenverarbeitung Gleitkommazahlen, Festkommazahlen sowie Integer-Zahlen vorherrschen, so haben wir es bei Eingebetteten Systemen mit einer Vielzahl weiterer Zahlenformate zu tun. So liefern beispielsweise Winkelkodierer ihren Messwert (absoluter Winkel) nicht im Binär- sondern im Gray-Code. Der Gray-Code ist ein sog. einschrittiger Code, bei dem sich von Winkelposition zu Winkelposition nur ein Bit im Datenwort ändert. Diese Eigenschaft verhindert uneindeutige Werte beim Übergang zweier Winkelpositionen. Weitere Beispiele sind die Zahlenformate von Analog-zu-Digital-Wandlern. Dort gibt es Offset-Binär-Formate oder Betrag mit Vorzeichen. Zur Weiterverarbeitung mit numerischen Algorithmen müssen diese Zahlen zunächst in die üblichen Fest- oder Gleitkommaformate umgewandelt werden.

Für einfache Code-Umwandlungen, bei denen ein Eingangscode immer zu demselben Ausgangscode führt, genügen Schaltnetze zur Realisierung. Die bequemste Formulierung in VHDL wäre dazu die Wahrheitstabelle (siehe Buchteil 2). In der Kommunikationstechnik beispielsweise existieren Codes, deren Ausgangswert auch von der Vergangenheit zuvor duchgeführter Codeumwandlungen abhängt (z.B. sog *Bit-Stuffing* bei HDLC, oder die Disparity-Berücksichtigung bei 8B/10B-Codierung). Bei diesen Codeumwandlungen benötigt man ein entsprechendes Schaltwerk.

Bei der Anzeige von Messwerten oder Rechenergebnissen sind ebenfalls häufig Umkodierungen notwendig. So erfordert die Anzeige auf einem Text-Display die Erzeugung einer ASCII-Zeichenfolge oder die Anzeige auf einer sog. 7-Segment-Anzeige zunächst eine Umwandlung von Binärzahlen in das sog. BCD (binary coded decimal) mit anschließender Verwendung eines BCD-zu-7-Segment Dekoders.

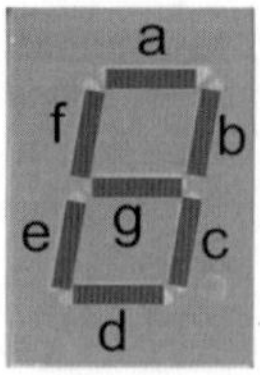

Abbildung 13.1: Bezeichnung der Elemente einer 7-Segment-Anzeige

y(3)	y(2)	y(1)	y(0)	dez.	Anz.	a	b	c	d	e	f	g
0	0	0	0	0		1	1	1	1	1	1	0
0	0	0	1	1		0	1	1	0	0	0	0
0	0	1	0	2								
0	0	1	1	3								
0	1	0	0	4								
0	1	0	1	5								
0	1	1	0	6								
0	1	1	1	7								
1	0	0	0	8								
1	0	0	1	9								
1	0	1	0	nd								
1	0	1	1	nd	dito							
1	1	0	0	nd	dito							
1	1	0	1	nd	dito							
1	1	1	0	nd	dito							
1	1	1	1	nd	dito							

Abbildung 13.2: *Wahrheitstabelle für eine 7-Segment-BCD-Anzeige. Die untersten 6 Zeilen sind nicht definiert (nd). Ergänzen Sie die Wahrheitstabelle für die Segmente (a-g) in positiver Logik.*

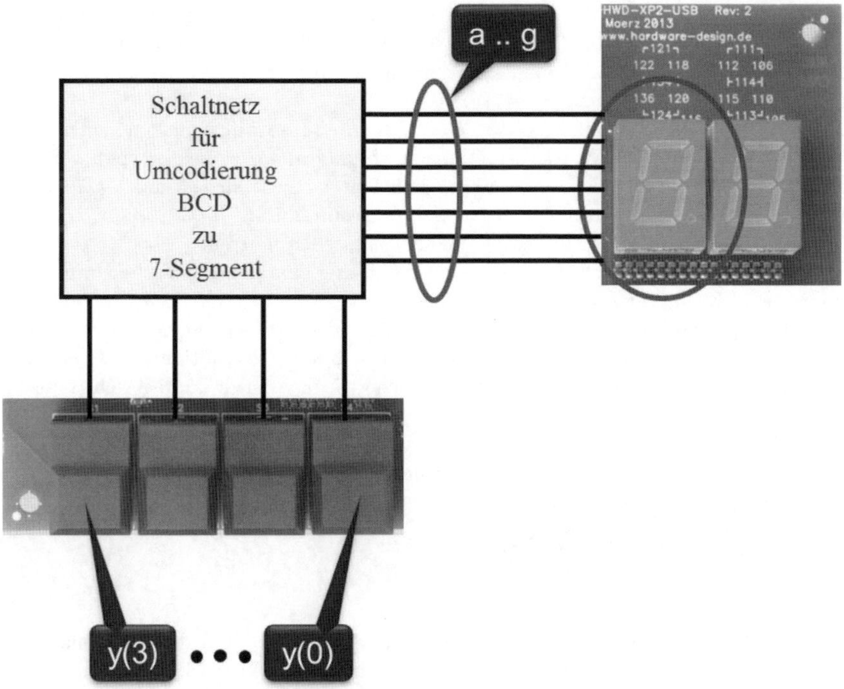

Abbildung 13.3: Testschaltung für die BCD-zu-7-Segment-Umsetzung

Aufgabe

- Entwerfen Sie ein Schaltnetz für die Umkodierung vom BCD-Code auf 7-Segment.
- Testen Sie die Schaltung gemäß Abbildung 13.3.

13.2 Rechenschaltungen

signed und *unsigned* = Vektoren zur Zahlendarstellung

Sehr viele Anwendungen für große digitale Schaltungen basieren im Kern darauf Informationen bzw. Daten mit Hilfe mathematischer Verfahren zu verarbeiten. Ohne die passende Mathematik wären so alltägliche Technologien wie Airbags in Autos, Mobiltelefone, Wireless Lan (WLAN) oder auch nur die digitale Speicherung von Musik und Filmen überhaupt nicht möglich bzw. praktikabel. Konsequenter Weise verfügen Hardware-Designsprachen wie VHDL daher über passende Mechanismen um Zahlen darzustellen und mit Zahlen umgehen zu können.

Wie in der digitalen Welt Zahlen repräsentiert werden, haben wir im Teil I ja bereits kennen gelernt: binäre Zahlen sind nichts anderes als eine Folge von Nullen und Einsen – also eine Reihe von Bits. Um Zahlen darstellen zu können, sind in VHDL zwei spezielle Datentypen geschaffen worden: *signed* und *unsigned*. Bei *signed* und *unsigned* handelt es sich dabei um Vektoren – also Felder – deren Elemente vom Typ *std_logic* sind. Der Typ *signed* repräsentiert binäre vorzeichenbehaftete Zahlen im Zweierkomplementformat während mit *unsigned* nur vorzeichenlose Zahlen dargestellt werden können.

Vielleicht fällt Ihnen jetzt auf, dass *std_logic_vector* ebenso wie *signed* und *unsigned* ebenfalls ein Vektor von *std_logic*-Werten ist. Tatsächlich sind alle drei Vektortypen vom Aufbau her identisch, mit einem kleinen aber wesentlichen Unterschied: *signed* und *unsigned* werden in VHDL zur Repräsentation von Zahlen verwendet, während *std_logic_vector* lediglich eine Sammlung von Bits ist, die nicht unbedingt Zahlen darstellen müssen.

Jetzt werden Sie sich vielleicht fragen, ob das nicht eher eine philosophische Unterscheidung ist? Nein, ist es nicht, da für *signed* und *unsigned* (im Gegensatz zu *std_logic_vector*) passende Operatoren definiert sind mit denen man direkt arithmetische Operationen zwischen Vektoren durchführen kann. Diese Operatoren stehen zusammen mit der Definition von *signed* und *unsigned* zur Verfügung und – und das ist die eigentliche wirklich wichtige Nachricht – man kann daraus auch direkt Hardware erzeugen.

Wenn man also eine Schaltung zur Addition von zwei Zahlen *a* und *b* benötigt, dann reicht es die entsprechenden Signale als *signed* oder *unsigned* zu definieren, ihnen eine passende Größe (Anzahl von Bits) zu geben und einfach den +-Operator zu nutzen:

```
signal a, b, c : unsigned(3 downto 0);
...
c <= a + b;
```

In dem obigen Beispiel werden die 4-Bit-Werte *a* und *b* addiert und das Ergebnis auf *c* zugewiesen. Sie sehen, man muss keine Addierer-Schaltungen aus Volladdierern bauen oder eine passende Addiererarchitektur auswählen. Das alles wird von den Synthesewerkzeugen automatisch gemacht! Man muss lediglich spezifizieren, welche Operation – in diesem Falle also eine Addition – durchzuführen ist.

In den folgenden Kapiteln werden wir jetzt Schritt für Schritt lernen wie man *signed*- oder *unsigned*-Vektoren erzeugt und wie man mit Ihnen umgeht.

13.2.1 Die Vektortypen *signed* und *unsigned*

Trotz der großen Bedeutung von binären Zahlen in der digitalen Schaltungswelt, sind *signed* und *unsigned* kein Grundbestandteil des VHDL-Kernsystems. Um die beiden Datentypen nutzen zu können, müssen wir vielmehr eine *use*-Anweisung im Kopf der VHDL-Module angeben.

```
1 library ieee;
2 use ieee.std_logic_1164.all;
3 use ieee.numeric_std.all; -- Hier kommen die Definitionen von signed
4                           -- und unsigned her
```

(un)signed kommen aus der Library numeric_std.

Die ersten beiden Anweisungen kennen Sie ja schon: Damit machen wir die Grundtypen *std_logic* und die davon abgeleiteten Vektoren verfügbar. Die Zeile 3 hingegen macht nun auch die Typen *signed* und *unsigned* nutzbar.

Haben wir die Zahlentypen einmal verfügbar gemacht, können wir nun beliebige *signed* und *unsigned* Vektoren generieren und mit Ihnen rechnen. Die Deklaration der Vektoren läuft dabei analog wie bei *std_logic_vector* ab. Wir müssen also untere und obere Index-Werte sowie eine Indexbereichsrichtung wählen. Mit der Ausnahme, dass keine Indexwerte kleiner als 0 erlaubt

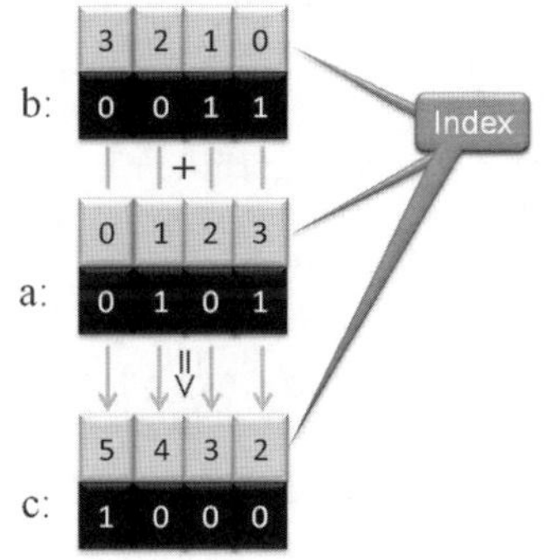

Abbildung 13.4: Addition und Zuweisung laufen unabhängig von den Indexnummern ab.

sind, sind wir dabei relativ frei in der Wahl der Indexgrenzen. Das folgende Beispiel zeigt ein paar Deklarationen, die alle 4-Bit breite, vorzeichenlose Zahlenvektoren erzeugen:

```
signal a : unsigned(0 to 3);
signal b : unsigned(3 downto 0);
signal c : unsigned(5 downto 2);
signal d : unsigned(4 to 7);
```

Alle diese eben definierten Vektoren sind zueinander „kompatibel". Das bedeutet man kann also z.B. *a* und *b* addieren und das Ergebnis auf *c* zuweisen:

```
c <= a + b;
```

Das funktioniert trotzdem obwohl weder die Indexgrenzen noch die Bereichsrichtungen der drei Vektoren übereinstimmen. Es reicht völlig aus, dass die Vektoren gleich *lang* sind!

Im Grunde genommen ignoriert VHDL nämlich bei Operationen, die ganze Vektoren betreffen, unsere Indexdefinitionen. Es nimmt an, dass das LSB der Zahl *immer* rechts und das MSB *immer* links ist. Das bedeutet für unsere Beispieldeklarationen, dass die MSBs von *a*, *b*, *c* und *d* die Indexwerte 0, 3, 5 und 4 haben (siehe Abbildung 13.4).

Zwar hat also die Indexnumerrierung keine Einfluss auf das Verhalten der arithmetischen Operationen, trotzdem sollte man sie sinnvoll wählen. In der Praxis hat sich dabei die Konvention bewährt, die Indexrichtung *downto* und die rechte Grenze auf 0 zu setzen. Die linke Grenze ergibt sich entsprechend als Vektorlänge minus 1:

Definiere Indexbereiche immer *(N downto 0)*; *N+1* ist Vektorlänge

```
signal a, b, c, d : unsigned(3 downto 0); -- 4-Bit-Vektoren
```

Diese Konvention hat den Vorteil, dass das LSB dann die Indexnummer 0 hat, so wie wir es aus der Mathematik gewohnt sind.

String-Konstanten und Initialisierung

Die Initialisierung von *signed*- und *unsigned*-Vektoren kann man ebenso wie wir es schon bei den *std_logic_vector*-Typen gesehen haben, durch in doppelte Hochkommas eingerahmte Bit-Sequenzen (in VHDL auch als *Bit-String-Literals* bezeichnet) durchführen:

```
signal a, b, c, d : unsigned(3 downto 0) := "0101";
```

String-konstanten = mit " eingerahmte Folge von 0- und 1-Werten

Auch hier wird die String-Konstante als eine von links nach rechts ausgerichtete Bit-Folge betrachtet. D.h. im oben gezeigten Beispiel ist das MSB (links) gleich 0 und das LSB (rechts) gleich 1.

Solche Vektor-Konstanten lassen sich dabei nicht nur bei der Intialisierung verwenden, sondern können genauso auch im übrigen VHDL-Code genutzt werden, um z.B. einen Vergleich oder eine Zuweisung mit einem festen Wert durchzuführen:

```
if a = "1100" then -- Ist der Wert von a gleich "1100"?
  a <= "0011"; -- Wenn ja, dann den Vektor "0011" auf a zuweisen
end if;
```

Oft haben wir es aber in der Praxis mit sehr langen Vektoren zu tun, oder möchten die Länge eines Vektors während der Entwurfsphase öfters modifizieren, um z.B. eine optimale Länge herauszubekommen. In diesen Fällen sind die String-Konstanten etwas unpraktisch, da der VHDL-Compiler sich natürlich beschwert, wenn die Anzahl der Bits in der String-Konstante nicht zur Länge des Vektors passt. So müssen wir sicherstellen, dass eine String-Konstante zur Initialisierung eines 46 Bit-Vektors auch genau 46 Bits enthält (das kann ziemlich mühsam sein)! Um diese Problematik etwas zu entschärfen, gibt es mehrere Möglichkeiten:

- **Array-Aggregate**: Insbesondere wenn alle Bits auf 0 oder 1 gesetzt werden sollen, eignen sich Aggregate ganz hervorragend:

```
signal a : unsigned(3 downto 0) := (others => '0'); -- entspricht "0000"
signal b : unsigned(10 downto 0) := (others => '1'); -- entspricht
                                                     -- "1111111111"
```

Aggregate sind nützlich, um Vektoren komplett auf 0 oder 1 zu setzen.

Das Schlüsselwort **others** legt hier fest, dass alle Elemente des Vektor auf 0 bzw. 1 gesetzt werden sollen. Dabei leitet VHDL aus der Typdefinition von *a* bzw. *b* ab, wie lang der Vektor werden soll. Modifiziert man also die Länge eines Vektors, so muss man daher hier nicht auch den Initialisierungswert anpassen: er wächst oder schrumpft automatisch mit!

Achtung: das funktioniert natürlich nur an den Stellen im Code, wo der Compiler auch in der Lage ist die Länge des betroffenen Signals (oder auch Objekts) zu bestimmen.

- **to_(un)signed**: Die Initialisierung eines Vektors mit einer Integer-Zahl ist ebenfalls sehr nützlich. Das kann aber nicht mit einer direkten Zuweisung geschehen, sondern man benötigt die speziellen Funktionen *to_signed* bzw. *to_unsigned*:

```
signal a : unsigned(3 downto 0) := to_unsigned(0, 4);
signal b : signed(10 downto 0) := to_signed(15, 11);
```

Die Funktion wandelt ihr erstes Argument in einen *signed*- oder *unsigned*-Vektor um, wobei die Länge des Vektors durch das zweite Argument angegeben wird. Noch flexibler wird es, wenn man die Länge des Vektors über die Eigenschaften des Zielobjekts festlegt:

```
signal a : unsigned(3 downto 0) := to_unsigned(0, a'length);
signal b : signed(10 downto 0) := to_signed(15, b'length);
```

a'length liefert Länge von *a*.

'length ist ein sogenannten VHDL-Attribut (das Apostroph wird in der VHDL-Welt übrigens „Tick" ausgesprochen) und liefert die Länge des Objekts auf das es angewendet wird. D.h. *a'length* gibt also die Anzahl der Feldelemente von *a* zurück. Wenn wir im Lauf der

Design-Entwicklung also die Länge von *a* verändern sollten, dann passt sich die Konstante automatisch an!

Die Funktionen *to_signed* und *to_unsigned* sind auch sonst sehr nützlich, um Vektorkonstanten zu erzeugen:

```
if a = to_unsigned(12, a'length) then -- Ist der Wert von a
                                       -- gleich "1100"?
  a <= to_unsigned(3, a'length); -- Wenn ja, dann den
                                  -- Vektor "0011" auf a zuweisen
end if;
```

Zusammenfassung:
Vektoren als Zahlen werden in VHDL mit Hilfe der Typen *signed* und *unsigned* realisiert. *signed* dient zur Darstellung von vorzeichenbehafteten Zahlen während *unsigned* zur Repräsentation von vorzeichenlosen (≥ 0) Werten genutzt wird.
Um *signed* oder *unsigned* zu nutzen, müssen die Typen zuerst „sichtbar" gemacht werden. Dazu muß im Kopf der VHDL-Moduls eine weitere **use**-Anweisung angegeben werden:

library *IEEE;*
use *IEEE.std_logic_1164.all;*
use *IEEE.numeric_std.all;*

Wie auch bei *std_logic_vector* muss bei der Deklaration ein Indexbereich und eine Indexbereichsrichtung angegeben werden. Das linke Bit ist dabei immer das MSB und das rechte immer das LSB, unabhängig von den tatsächlichen Indexwerten:

signal *a : signed(3* **downto** *0);*

Wie bei *std_logic_vector* finden dabei alle Operationen, die komplette Vektoren betreffen, unabhängig von den Indexwerten statt.
Im Prinzip kann man die Indexwerte zwar beliebig wählen, aber in der Praxis hat sich die Konvention bewährt, dem rechten Bit (LSB) den Index 0 und die Indexbereichsrichtung *downto* zu wählen. Der linke Index ergibt sich dann aus der gewünschten Bit-Auflösung.
Vektorkonstanten können wie auch bei *std_logic_vector* mit Hilfe von Bit-String-Ketten (z.B. *"001101"*) oder Aggregaten gebildet werden. Aggregate sind dabei besonders günstig, um komplette Vektoren auf 0 oder 1 zu setzen (z.B. *(others => '0')*). Dabei muss aber VHDL in der Lage sein, die Länge des Zielvektors zu erkennen. Die beiden folgenden Zeile initialisieren die Vektoren beide mit 0:

signal *a : signed(3* **downto** *0) := "0000";*
signal *b : signed(3* **downto** *0) := (***others** *=> '0');*

13.2.2 Addieren und Subtrahieren

Mit Hilfe der Typen *signed* und *unsigned* können Addition und Subtraktion einfach mit Hilfe des „+“- und „−“-Operatoren durchgeführt werden. Diese Operationen werden vom Synthesewerkzeug in entsprechende Addierer- bzw. Subtrahiererschaltungen umgesetzt. Dabei sind jedoch folgende Besonderheiten zu beachten:

- Der Ergebnisvektor hat dieselbe Länge wie der *längere* der beiden Operanden.
- Es werden keine Überläufe erkannt und behandelt. Alle vorhandenen Bits sind aber in jedem Fall korrekt.

+ und − liefern so viele Bits wie der größte Operand.

Als Konsequenz ist die Summe von zwei 4-Bit Zahlen ebenfalls eine 4-Bit breite Zahl. Ein Übertrag in die fünfte Stelle wird nicht berechnet und auch nicht erkannt. Möchte man diesen Übertrag behalten, dann muss man die Operation mit einer Bitstelle mehr durchführen. Dazu gibt es zwei Möglichkeiten:

- **Concat-Operator**: Die erste Option ist die den „Concatenation“-Operator „&“ zu nutzen, um die Operanden der Addition/Subtraktion um eine Bitstelle zu erweitern. Achtung: der Code hängt davon ab, ob man *signed* oder *unsigned*-Vektoren verarbeitet:

```
signal a, b : unsigned(3 downto 0); -- 4-Bit vorzeichenlose Vektoren
signal c : unsigned(4 downto 0); -- 5-Bit vorzeichenloser Vektoren
...
c <= ('0' & a) + ('0' & b); -- Vor Addition mit 0 erweitern
```

  Bei *signed*-Vektoren muss das MSB an die neue Stelle kopiert werden:

```
signal a, b : signed(3 downto 0); -- 4-Bit Zweierkomplementvektoren
signal c : signed(4 downto 0); -- 5-Bit Zweierkomplementvektore
...
c <= (a(3) & a) + (b(3) & b); -- Vor Addition mit Vorzeichenbit
                               -- erweitern
```

- **resize**: Alternativ kann die Funktion *resize* genutzt werden, um die Länge eines *signed* oder *unsigned*-Vektors zu verändern. *resize* hat zwei Argumente, das erste ist der Vektor, dessen Länge angepasst werden soll. Der zweite Parameter ist die gewünschte Länge:

```
signal sa, sb : signed(3 downto 0); -- 4-Bit Zweierkomplementvektoren
signal sc : signed(4 downto 0); -- 5-Bit Zweierkomplementvektoren
signal ua, ub : unsigned(7 downto 0); -- 8-Bit vorzeichenlose Vektoren
signal uc : unsigned(8 downto 0); -- 9-Bit vorzeichenloser Vektor
...
uc <= resize(ua, 9) + resize(ub, 9); -- Vor der Addition ua und ub auf
                                     -- 9 Bit Laenge erweitern
sc <= resize(sa, 5) + resize(sb, 5); -- Vor der Addition sa und sb auf
                                     -- 5 Bit Laenge erweitern
```

  resize entscheidet dabei in Abhängigkeit vom übergebenen Vektor, ob 0 oder das Vorzeichenbit in die neuen Stelle kopiert werden müssen. Bitte beachten Sie, dass *resize* den übergebenen Vektor selbst *nicht* verändert. Sie erzeugt statt dessen eine Kopie des Vektors und passt nur die Länge dieser Kopie an. D.h. der übergebene Vektor bleibt unverändert!

Die Funktion kann dabei Vektoren sowohl verlängern als auch verkürzen. Allerdings findet keine Überprüfung statt, ob die aktuelle Zahl überhaupt mit der neuen Bitauflösung darstellbar ist.

In der Praxis kommt es häufig vor, dass man eine Dezimalzahl zu einem Vektor addieren möchte. Z.B.:

```
signal a, b : signed(3 downto 0); -- 4-Bit Zweierkomplementvektoren
...
a <= a + to_signed(1, 4); -- a um eins erhoehen
b <= a - to_signed(2, 4; -- Zwei von a subtrahieren und in b abspeichern
```

Das sieht unübersichtlich aus und ist zudem mit viel „Tipparbeit“ verbunden. Daher hat man in VHDL die Möglichkeit integriert, Integer-Zahlen direkt zu addieren bzw. zu subtrahieren:

```
signal sa, sb : signed(3 downto 0); -- 4-Bit Zweierkomplementvektoren
signal ua, ub : unsigned(3 downto 0); -- 4-Bit vorzeichenlose Vektoren
...
sa <= sa + 1; -- sa um eins erhoehen
ub <= ua - 2; -- Zwei von sa subtrahieren und in ub abspeichern
ub <= 3 + ua; -- 3 + ua addieren und in ub abspeichern
```

Dabei spielt es keine Rolle, ob der Vektor in der Operation vorne oder hinten steht. Der Additionsoperator erzeugt zudem einen Ergebnisvektor, der genau so lang ist wie der Vektoroperand.

Zusammenfassung:
Addieren und Subtrahieren von *signed*- und *unsigned*-Vektoren erfolgt über die gewöhnlichen Operatoren + und −. Der Ergebnisvektor hat dabei dieselbe Länge wie der längste der beiden Operanden. Überläufe werden weder erkannt noch signalisiert.

signal *a, x, y : signed(3* **downto** *0);*
...
a <= x + y;

Neben der Möglichkeit zwei Vektoren zu addieren bzw. zu subtrahieren, ist es in VHDL ebenfalls erlaubt eine Integer-Zahl mit einem Vektor zu verknüpfen. Das Ergebnis hat dabei dieselbe Anzahl an Bits wie der Vektoroperand.

a <= x + 3;

Alternativ kann eine Zahl auch mit Hilfe der Funktion *to_signed* bzw. *to_unsigned* in einen Vektor umgewandelt werden. Der erste Parameter ist dabei die umzuwandelnde Integer-Zahl, der zweite die Länge des zu erzeugenden Vektors:

a <= x + to_signed(3, 4);

Bits a	Bits b	*unsigned* kleinstes Ergebnis	*unsigned* größtes Ergebnis	Ergebnis-bitlänge
4	3	$0 \times 0 = 0$	$15 \times 7 = 105$	7
4	4	$0 \times 0 = 0$	$15 \times 15 = 225$	8
8	4	$0 \times 0 = 0$	$255 \times 15 = 3825$	12
8	8	$0 \times 0 = 0$	$255 \times 255 = 65025$	16
10	10	$0 \times 0 = 0$	$1023 \times 1023 = 1.046.529$	20
16	16	$0 \times 0 = 0$	$65535 \times 65535 = 4.294.836.225$	32
N	M	$0 \times 0 = 0$	$2^{M+N} - 2^N - 2^M + 1$	$N + M$

Tabelle 13.1: Minimales und maximales Ergebnis bei einer Multiplikation von zwei *unsigned*-Vektoren verschiedener Länge

Bits a	Bits b	*signed* kleinstes Ergebnis	*signed* größtes Ergebnis	Ergebnis-bitlänge
4	3	$-8 \times 3 = -24$	$-8 \times (-4) = 32$	7
4	4	$-8 \times 7 = -56$	$-8 \times (-8) = 64$	8
8	4	$-128 \times 7 = -896$	$-128 \times (-8) = 1024$	12
8	8	$-128 \times 127 = -16256$	$-128 \times (-128) = 16384$	16
10	10	$-512 \times 511 = -261632$	$-512 \times (-512) = 262.144$	20
16	16	$-32768 \times 32767 = -1.073.709.056$	$-32768 \times (-32768) = 1.073.741.824$	32
N	M	$-2^{max(N,M)} \times 2^{min(N,M)}$	2^{M+N-2}	$N + M$

Tabelle 13.2: Minimales und maximales Ergebnis bei einer Multiplikation von zwei *signed*-Vektoren verschiedener Länge

13.2.3 Multiplizieren

So wie man Addition mit dem „+“-Operator beschreibt, kann man die Multiplikation von *signed*- und *unsigned*-Vektoren einfach mit „*“ realisieren. Das Synthesewerkzeug übernimmt dann die Aufgabe, die Operation mit Hilfe einer geeigneten Schaltung zu implementieren.

Im Gegensatz zur Addition hat aber der Ergebnisvektor bei der Multiplikation so viele Bits wie die Länge der beiden Operanden *zusammen*. Im ungünstigsten Fall sind nämlich tatsächlich so viele Bits erforderlich, um das Ergebnis aufzunehmen. Tabelle 13.1 zeigt ein paar Beispiele für das minimale und maximale Ergebnis bei einer Multiplikation von *unsigned*-Vektoren unterschiedlicher Bitbreite. In der letzten Zeile ist die allgemeine Formel gegeben. Die kleinste Zahl ist dabei immer $0 \times 0 = 0$ während der maximale Wert sich aus dem Produkt der größten Zahlen errechnet.

Die Multiplikation liefert so viele Bits wie die Operanden zusammen.

Bei *signed*-Vektoren ergibt sich der Minimalwert aus der kleinsten negativen Zahl und der größten positiven Zahl des anderen Operanden. Das größte Ergebnis hingegeben bekommt man, indem man die beiden kleinsten (negativen) Werte multipliziert (siehe Tabell 13.1).

Will man bei einer Multiplikation für alle theoretisch möglichen Fälle vorbereitet sein, dann muss man einen Ergebisvektor erzeugen, der so lang ist wie die Summe der beiden Operandenlängen:

```
signal a : signed(3 downto 0); -- 4-Bit Zweierkomplementvektoren
signal b : signed(4 downto 0); -- 5-Bit Zweierkomplementvektoren
signal c : signed(8 downto 0); -- 9-Bit vorzeichenlose Vektoren
...
c <= a * b; -- Ergebnisvektor ist 4 + 5 = 9 Bit lang!
```

Nicht immer sind in realen Designs aber alle Zahlenkombinationen möglich. Oft ergibt sich aus der Anwendung ein kleinerer Ergebniswertebereich. Mit der Funktion *resize* ist es dann sehr einfach, das Ergebnis auf die passende Breite „zurechtzustutzen“:

```
signal a, b, c : signed(5 downto 0); -- 6-Bit Zweierkomplementvektoren
...
c <= resize(a * b, 5); -- Abgespeicherter Wert ist 5 Bit lang! Die oberen
                       -- hoeherwertigen 7 Bits des Ergebnisses werden
                       -- ignoriert.
```

Das Synthesewerkzeug achtet darauf, dass nur die Bit-Stellen berechnet werden, die tatsächlich auch Verwendung finden (also in diesem Beispiel in den Vektor *c*) abgespeichert werden. Insofern braucht man sich also keine „Sorgen“ zu machen, wenn man Ergebnisbits „wegwirft“. Die nicht genutzten Bits werden tatsächlich auch nicht von der Hardware generiert.

Trotzdem ist natürlich zu bedenken, ob das Ergebnis auch tatsächlich mit den zur Verfügung stehenden Bitauflösung dargestellt werden kann:

```
signal a, b, c : unsigned(4 downto 0) := "00111"; -- Startwert ist 7
...
c <= resize(a * b, 5); -- Ueberlauf: 7 * 7 = 49 passt nicht in 5 Bit!
```

In dem vorangegangenen Beispiel stehen nur 5 Bits zur Speicherung des Produkts Verfügung. Das Ergebnis der Operation $7 \times 7 = 49$ ist aber binär kodiert *110001* und benötigt somit 6 Bits. Da davon nur die unteren 5 Bits abgespeichert werden, erscheint als Zahlenwert *10001* (17 Dezimal) auf *c*.

resize testet nicht, ob eine Zahl auch mit weniger Bits auskommt.

Wie schon bei der Addition und Subtraktion ist es auch bei der Multiplikation möglich einen der Operanden als Integer-Zahl zu wählen. Bitte beachten Sie, dass in diesem Fall der von der Multiplikation erzeugte Vektor doppelt so lang ist wie der Operandenvektor. Natürlich kann auch hier *resize* genutzt werden, um das Ergebnis auf die passende Länge zu bringen.

```
signal a : unsigned(4 downto 0); -- 5 Bit vorzeichenloser Vektor
signal b, c : unsigned(9 downto 0); -- 10 Bit vorzeichenlose Vektoren
signal d, e : signed(3 downto 0); -- 4 Bit Zweierkomplementvektor
...
c <= a * 3; -- Multiplikation mit 3; Ergebnis ist 10 Bit lang
b <= 2 * a; -- Multiplikation mit 2; Ergebnis ist 10 Bit lang
d <= resize(e * -2, 4); -- Multiplikation mit -2; Ergebnis wird
             -- mit resize auf 4 Bit gekuerzt
```

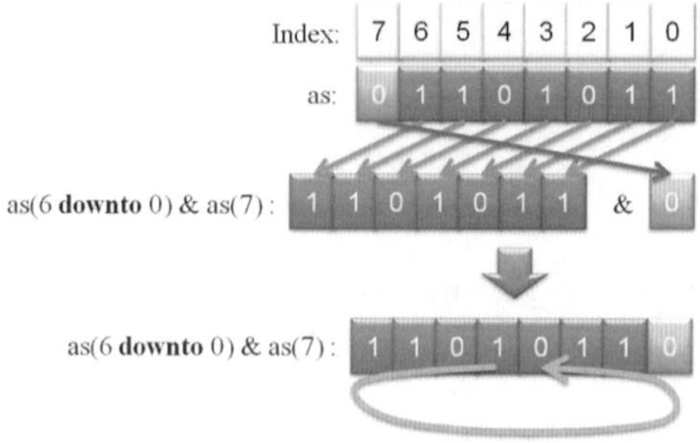

Abbildung 13.5: Links rotieren um ein Bit mit Hilfe einer Slice- und Concat-Operation

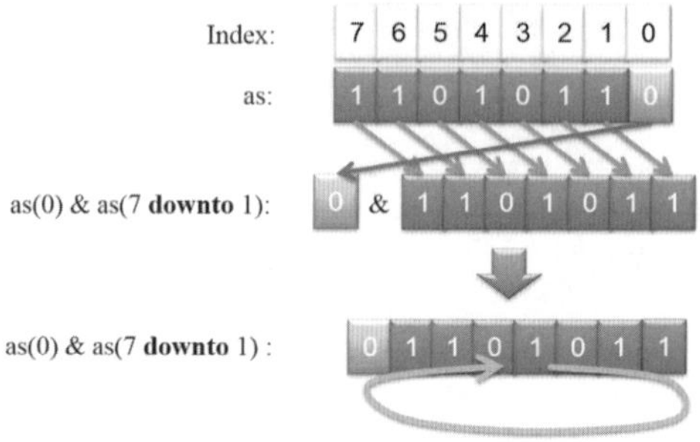

Abbildung 13.6: Rechts rotieren um ein Bit mit Hilfe einer Slice- und Concat-Operation

Zusammenfassung:
Die Multiplikation von *signed*- und *unsigned*-Vektoren erfolgt über den gewöhnlichen $*$ Operator. Der Ergebnisvektor hat dabei dieselbe Länge wie die Summe der beiden Operandenlängen. Wie auch bei der Addition kann ein Vektor direkt mit einer Integer-Zahl multipliziert werden.
Werden nicht alle Bits des Ergebnisses benötigt, dann kann man die Funktion *resize* verwenden, um einen kürzeren (oder falls gewollt auch einen längeren) Vektor zu generieren. Der erste Parameter von *resize* ist dabei der Vektorwert, der zweite die gewünschte Länge.

13.2.4 Schieben und Rotieren

Weil *signed* und *unsigned* im Prinzip nichts anderes als Bit-Vektoren sind, kann man Schiebe- und Rotationsoperationen so wie mit anderen Vektoren auch ganz einfach mit VHDL-Bordmitteln durchführen. Am einfachsten ist dabei die Rotation zu realisieren:

```
signal au, bu : unsigned(7 downto 0) := "01101011";
signal as, bs : signed(7 downto 0) := "01101011";
...
bs <= as(6 downto 0) & as(7); -- Ein Bit nach links rotieren
```

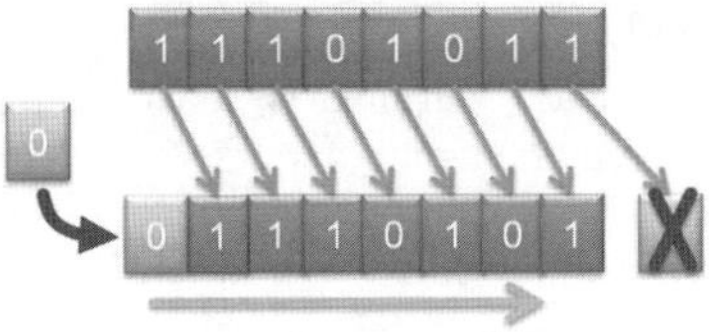

Bei einem *unsigned*-Vektor wird links eine 0 eingefügt.

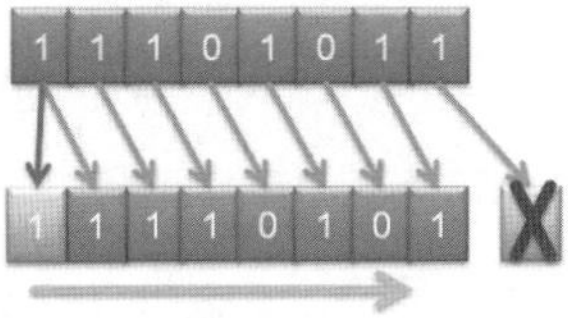

Bei einem *signed*-Vektor wird links eine Kopie des „Vorzeichenbits“ eingefügt.

Abbildung 13.7: Das Verhalten einer „Schiebeoperation nach rechts“ hängt davon ab, ob es sich im einen *unsigned* oder eine *signed* Vektor handelt.

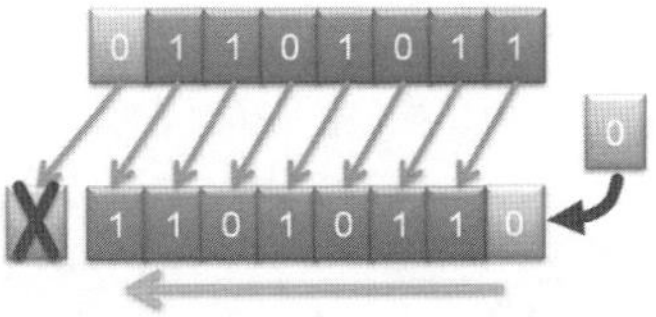

Abbildung 13.8: Beim links schieben wird an der rechten Seite immer eine 0 eingefügt (unabhängig vom Vektor-Typ).

```
5 bu <= au(5 downto 0) & au(7 downto 6); -- Zwei Bit nach links rotieren
6
7 bu <= au(0) & au(7 downto 1); -- Ein Bit nach rechts rotieren
8 bs <= as(1 downto 0) & as(7 downto 2); -- Zwei Bit nach rechts rotieren
```

Dabei spielt es keine Rolle, ob man einen *signed*- oder *unsigned*-Vektor rotiert. Die Abbildung 13.5 verdeutlicht nochmal den Ablauf der Schiebeoperation aus Zeile 4. Man kann deutlich das Zusammenspiel zwischen Slice-Operation (einen Ausschnitt aus dem Vektor *as* herausschneiden) und dem Concat-Operator (zwei Teile zu einem größeren Vektor „zusammenkleben“) erkennen.

Während mathematisch gesehen die Rotation keine „sinnvolle“ Funktion darstellt, ist das Schieben eines Vektors gleichbedeutend mit einer Multiplikation mit 2 (links schieben) bzw. einer ganzzahligen Division durch 2 (rechts schieben). Das Schieben nach links kann dabei problemlos realisiert werden, da immer nur eine 0 an der freien rechten Stelle eingefügt wird:

```
1 signal au, bu : unsigned(4 downto 0) := "01011";
2 signal as, bs : signed(4 downto 0) := "01011";
3 ...
4 bu <= au(3 downto 0) & '0'; -- Ein Bit nach links schieben
5 bs <= as(2 downto 0) & "00"; -- Zwei Bit nach links schieben
```

Beim Schieben nach rechts muss man etwas genauer aufpassen, da sich die Operationen für *signed* und *unsigned* leicht unterscheiden. Bei einem *unsigned*-Vektor muss an der freien rechten Stelle eine 0 eingefügt werden. Dagegen muss bei einem *signed*-Vektor das „Vorzeichenbit“ kopiert werden!

Rechts ist für *signed* und *unsigned* verschieden.

```
1 signal au, bu : unsigned(4 downto 0) := "01011";
```

Funktion	v	n	Anmerkungen
shift_left(v, n)	*signed* *unsigned*	Integer ≥ 0 Integer ≥ 0	v um n Bits nach links schieben, wobei links Nullen eingefügt werden
shift_right(v, n)	*signed* *unsigned*	Integer ≥ 0 Integer ≥ 0	v um n Bits nach rechts schieben, wobei rechts das alte MSB kopiert wird
shift_right(v, n)	*unsigned*	Integer ≥ 0	v um n Bits nach rechts schieben, wobei rechts Nullen eingefügt werden
rotate_left(v, n)	*signed* *unsigned*	Integer ≥ 0 Integer ≥ 0	v um n Bits nach links rotieren
rotate_right(v, n)	*signed* *unsigned*	Integer ≥ 0 Integer ≥ 0	v um n Bits nach rechts rotieren

Tabelle 13.3: Schiebe- und Rotationsfunktionen für *signed* und *unsigned*; der Ergebnisvektor hat dieselbe Länge wie v.

```
signal as, bs : signed(4 downto 0) := "01011";
...
bu <= '0' & au(4 downto 1); -- Bei unsigned wird '0' eingefuegt
bs <= as(4) & as(4 downto 1); -- Bei signed-Vektoren muss das Vorzeichen
                              -- kopiert werden!
bs <= as(4) & as(4) & as(4 downto 2); -- Schieben eines signed-Vektors um
                              -- 2 Bitstellen. Achtung: Vorzeichen kopieren!
```

Die „Spezialbehandlung“ für *signed*-Vektoren ist notwendig, da ansonsten bei einer Schiebeoperation nach rechts ein eventuell vorhandenes negatives Vorzeichen verloren gehen würde, falls man einfach eine 0 in die rechte Stelle einfügen würde: Dann würde nämlich aus der 5-Bit Zweierkomplementzahl *11010* = -6 nach der Schiebeoperation *01101* = 13. Das entspricht offensichtlich nicht einer Division durch 2. Erst wenn man das Vorzeichen kopiert, dann wird daraus der richtige Wert *11101* = -3.

Tipp: nutze *shift_left*, *shift_right*, *rotate_left* und *rotate_right*.

Weniger „Gedanken“ muss man sich machen, wenn man die spezielle für *signed*- und *unsigned*-Vektoren definierten Funktionen *shift_left*, *shift_right*, *rotate_left* und *rotate_right* nutzt. Die Funktionen akzeptieren zwei Argumente: der erste ist der Vektor und der zweite ist die Anzahl der Bitstellen, um die geschoben bzw. rotiert werden soll.

```
signal au, bu : unsigned(4 downto 0) := "01011";
signal as, bs : signed(4 downto 0) := "01011";
...
bu <= shift_left(au, 1); -- Ein Bit nach links schieben
bs <= shift_right(as, 2); -- Zwei Bit nach rechts schieben
bu <= rotate_left(au, 3); -- Rotation um 3 Bits nach links
bs <= rotate_right(as, 1); -- Rotation um 1 Bits nach rechts
```

Dabei muss man sich keine Gedanken mehr um die Besonderheiten von *signed*- und *unsigned*-Vektoren machen. Die Funktionen realisieren die Schiebeoperationen mathematisch korrekt. Beachten Sie, dass als Schiebe- bzw. Rotationsweite nur ganze Zahlen größer oder gleich 0 angegeben werden dürfen.

Tabelle 13.3 zeigt die Schiebe- und Rotationsfunktionen in der Übersicht.

> **Zusammenfassung:**
> Schieben und Rotieren von *signed*- und *unsigned*-Vektoren ist am einfachsten über die Funktionen *shift_left*, *shift_right*, *rotate_left* und *rotate_right* zu machen. Der Parameter ist dabei der Vektor, der zweite Wert (muss ≥ 0 sein) die Schiebe- bzw. Rotationsweite.
> Alternativ können die Operationen auch mit Hilfe des Slice- und Concat-Operators realisiert werden. Dabei sind aber die Unterschiede zwischen vorzeichenlosen und vorzeichenbehafteten (Zweierkomplement) Zahlen zu beachten: beim Rechtsschieben wird bei vorzeichenlosen Zahlen links eine 0 eingefügt, während bei Zweierkomplementzahlen das Vorzeichenbit kopiert werden muss.

13.2.5 Testen und Vergleichen

Natürlich müssen wir auch in der Lage sein, *signed*- und *unsigned*-Vektoren arithmetisch miteinander zu vergleichen. Dafür sind in VHDL auch gleich die passenden Operatoren vorgesehen, so dass ein Vergleich wie bei „normalen" Zahlen geschrieben werden kann:

```
signal au, bu : unsigned(4 downto 0);
signal as, bs : signed(4 downto 0);
...
if au < bu then ... -- Ist au kleiner als bu?
if au = bu then ... -- Test auf Gleichheit
if as /= bs then ... -- Test auf Ungleichheit
if as >= bs then ... -- Ist as groesser oder gleich bs?
```

Glücklicher Weise funktioniert der Vergleich auch mit Integer-Zahlenkonstanten, wobei es auch hier keine Rolle spielt, ob die Integer-Zahl links oder rechts vom Operatorsymbol zu finden ist:

Testen und Vergleichen funktionieren wie bei „normalen" Zahlen.

```
signal au, bu : unsigned(4 downto 0);
signal as, bs : signed(4 downto 0);
...
if au < 3 then ... -- Ist au kleiner als 3?
if au = 2 then ... -- Test auf Gleichheit
if 5 /= bs then ... -- Test auf Ungleichheit
if 3 >= bs then ... -- Ist 3 groesser oder gleich bs?
```

Abbildung 13.4 zeigt die verschiedenen Vergleichsoperatoren für *signed*- und *unsigned*-Vektoren in der Übersicht.

Neben der Möglichkeit ganze Vektoren zu vergleichen, ist es natürlich erlaubt sich nur einzelne Bits aus dem Vektor herauszusuchen und zu testen. Die Typen *signed* und *unsigned* sind ja im Grunde genommen gewöhnliche Vektoren, deren Elementtyp *std_logic* ist. Mit Hilfe des Index-Operators (runde Klammern) kann man also direkt auf ein beliebiges Bit des Vektors zugreifen. Im folgenden wird gezeigt, wie man testen kann, ob eine Zahl negativ oder positiv sowie gerade oder ungerade ist:

Runde Klammern *(...)* selektieren einzelne Bits eines *(un)signed*.

```
signal as : signed(4 downto 0);
...
if as(4) = '1' then -- Testen ob as negativ ist
```

Operator	Operanden	Beispiele	Anmerkungen
=	beide *signed*	$as = bs$	*as* gleich *bs*?
	signed und Zahl	$as = 4$	*as* gleich 4?
=	beide *unsigned*	$au = bu$	*au* gleich *bu*?
	unsigned und Zahl	$as = 4$	*au* gleich 4?
/=	beide *signed*	$as/ = bs$	*as* ungleich *bs*?
	signed und Zahl	$4/ = as$	4 ungleich *as*?
/=	beide *unsigned*	$au/ = bu$	*au* ungleich *bu*?
	unsigned und Zahl	$au/ = -4$	*au* ungleich -4?
<	beide *signed*	$as < bs$	*as* kleiner als *bs*?
	signed und Zahl	$as < 4$	*as* kleiner als 4?
<	beide *unsigned*	$au < bu$	*au* kleiner als *bu*?
	unsigned und Zahl	$au < 4$	*au* kleiner als 4?
>	beide *signed*	$as > bs$	*as* groesser als *bs*?
	signed und Zahl	$-1 > as$	-1 groesser als *as*?
>	beide *unsigned*	$au > bu$	*au* groesser als *bu*?
	unsigned und Zahl	$au > 1$	*au* groesser als 1?
>=	beide *signed*	$as >= bs$	*as* groesser oder gleich *bs*?
	signed und Zahl	$as >= -1$	*as* groesser oder gleich -1?
>=	beide *unsigned*	$au >= bu$	*au* groesser oder gleich *bu*?
	unsigned und Zahl	$au >= 1$	*au* groesser gleich 1?
<=	beide *signed*	$as <= bs$	*as* kleiner oder gleich *bs*?
	signed und Zahl	$as < 4$	*as* kleiner oder gleich 4?
<=	beide *unsigned*	$au <= bu$	*au* kleiner oder gleich *bu*?
	unsigned und Zahl	$4 <= au$	4 kleiner oder gleich *au*?

Tabelle 13.4: Vergleichsoperatoren für *signed* und *unsigned*; au = *unsigned*-Vektor, as = *signed*-Vektor

```
4      ...
5   end if;
6
7   if as(0) = '0' then -- Testen ob as gerade ist
8      ...
9   end if;
```

Ist eine Zahl negativ, dann hat das MSB den Wert 1 (siehe Zeile 3). Bei geraden Zahlen ist das LSB 0 (siehe Zeile 7). Somit können negative / positive Zahlen sowie gerade / ungerade Zahlen direkt durch Testen des MSB bzw. LSB identifiziert werden.

Zusammenfassung:
Testen und vergleichen von Vektorwerten erfolgt mit Hilfe der Operatoren >, >=, <, <=, = und / =. Bitte beachten Sie, dass der Operator / = in VHDL ein Test auf Ungleichheit ist.

> **signal** *as, bs : signed(3* **downto** *0);*
> ...
> **if** *as* > *bs* **then**
> ...

Natürlich können auch einzelnen Bits eines Vektors untersucht werden, um z.B. herauszufinden ob die Zahl gerade (LSB muss 0 sein) oder negativ ist (MSB muss 1 sein).

13.2.6 Häufige Probleme mit *signed* und *unsigned*

Beim Umgang mit *signed* und *unsigned* tauchen in der Praxis immer wieder Problemstellungen auf, die meist einfach zu lösen sind – wenn man denn weiß wie es geht. Die häufigsten Probleme mit den dazugehörigen Lösungen sind daher in diesem Kapitel zusammengefasst. Einige der Lösungen haben wir dabei schon in den vorangegangenen Kapiteln behandelt. Sie werden der Vollständigkeit halber hier aber nochmals aufgeführt.

- **Kopieren zwischen *signed*- und *unsigned*-Vektoren**

  Innerhalb einer Klasse (also z.B. *signed*-Vektor auf *signed*-Vektor) können Vektoren beliebig umkopiert bzw. zugewiesen werden, sofern die Länge von Quell- und Zielvektor passen. Möchte man allerdings z.B. einen *signed*-Vektor einem *unsigned*-Vektor zuweisen, so ist das nicht ohne weiteres möglich, da für VHDL *signed*- und *unsigned*-Vektoren verschiedene Typen sind. VHDL ist diesbezüglich sehr kleinlich und verhindert eine direkt Zuweisung, aber man kann die impliziten Cast-Operatoren *(un)signed(...)* verwenden, um die Zuweisung doch durchführen zu können:

```
signal u, uu : unsigned(4 downto 0) := "10001"; -- Startwert ist 17
signal s, ss : signed(4 downto 0) := "10000"; -- Startwert ist -16
...
uu <= unsigned(s); -- uu bekommt den Dezimalwert 16 zugewiesen
ss <= signed(u); -- ss bekommt den Dezimalwert -15 zugewiesen
```

Achtung: Die Cast-Operatoren führen keinerlei Überprüfung durch, ob der Quellwert überhaupt auf dem Zielvektor dargestellt werden kann. Es wird also einfach nur das Bitmuster ohne jegliche Anpassung umkopiert.

- **Umwandeln zwischen *signed*-, *unsigned*- und *std_logic_vector*-Vektoren**

Auch wenn *signed*- und *unsigned* ganz ähnlich definiert sind wie *std_logic_vector* können wir Vektoren einer Klasse nicht direkt auf die einer andere zuweisen. Auch hier kann man aber die vordefinierten Cast-Operatoren benutzen:

```
signal u : unsigned(4 downto 0);
signal s : signed(4 downto 0);
signal slv : std_logic_vector(4 downto 0);
...
u <= unsigned(slv);
s <= signed(slv);
slv <= std_logic_vector(u);
slv <= std_logic_vector(s);
```

Auch hier muss natürlich die Länge der Vektoren passen und auch bei diesen Cast-Operationen wird das Bit-Muster der Vektoren nicht verändert.

- **Länge eines *signed*- oder *unsigned*-Vektors verändern**

Die Länge (Anzahl der Bit-Stellen) eines *signed*- oder *unsigned*-Vektors kann am einfachsten mit Hilfe der *resize*-Funktion verändert werden. Die Funktion hat zwei Parameter: Der erste ist der Vektor, der zweite die neue Länge. Hier ein Beispiel für *signed*-Vektoren:

```
signal s5 : signed(4 downto 0);
signal s3 : signed(2 downto 0);
...
s3 <= resize(s5, 3); -- Einen temporaeren Vektor der Laenge 3 erzeugen
                     -- und auf s3 zuweisen. s5 wird dabei nicht
                     -- veraendert!
s5 <= resize(s3, 5);
s5 <= resize(s2, s5'length); -- Elegant, da die neue Laenge automatisch
                     -- vom Ziel abgeleitet wird
```

Bitte beachten Sie, dass die *resize*-Funktion nicht darauf achtet, ob der aktuelle Zahlenwert beim verkleinern überhaupt in der neuen Bit-Länge darstellbar ist. Es werden einfach die höherwertigsten Bits abgeschnitten.

Beim Vergrößern kommen hingegen neue höherwertige Bits dazu. Die Funktion achtet dabei selbst darauf, ob abhängig vom Vektor-Typ Nullen oder das Vorzeichenbit in die neuen Stellen kopiert werden muss.

Beachten Sie weiterhin, dass die Größe des Quellvektors *nicht* verändert wird. Vielmehr wird ein *temporärer* Vektor mit der passenden Größe und Inhalt erzeugt, während der originale Vektor unverändert bleibt!

- **Integer-Zahl in *signed* oder *unsigned* umwandeln**

Eine Integer-Zahl in einen *signed*- oder *unsigned*-Vektor umzuwandeln, ist die Aufgabe der *to_signed* bzw. *to_unsigned*-Funktion. Die Funktion hat zwei Parameter: der erste ist die umzuwandelnde Zahl, der zweite ist die Länge des zu erzeugenden Vektors:

```
signal a : unsigned(3 downto 0) := to_unsigned(0, 4);
signal b : signed(10 downto 0) := to_signed(15, 11);
```

Die Funktion wandelt ihr erstes Argument in einen *signed*- oder *unsigned*-Vektor um, wobei die Länge des Vektors durch das zweite Argument angegeben wird. Noch flexibler wird es, wenn man die Länge des Vektors über die Eigenschaften des Zielobjekts festlegt:

```
signal a : unsigned(3 downto 0) := to_unsigned(0, a'length);
signal b : signed(10 downto 0) := to_signed(15, b'length);
```

'length ist ein sogenannten VHDL-Attribut (das Apostroph wird in der VHDL-Welt übrigens „Tick" ausgesprochen) und liefert die Länge des Objekts, auf das es angewendet wird. D.h. *a'length* gibt also die Anzahl der Feldelemente von *a* zurück. Wenn wir im Lauf der Design-Entwicklung also die Länge von *a* verändern sollten, dann passt sich die Konstante automatisch an!

a'length liefert Länge von *a*.

Die Funktionen *to_signed* und *to_unsigned* sind auch sonst sehr nützlich, um Vektorkonstanten zu erzeugen:

```
if a = to_unsigned(12, a'length) then -- Ist der Wert von a
                                    -- gleich "1100"?
  a <= to_unsigned(3, a'length); -- Wenn ja, dann den
                                 -- Vektor "0011" auf a zuweisen
end if;
```

- ***signed* oder *unsigned* in eine Integer-Zahl umwandeln**

  Natürlich gibt es auch die Möglichkeit, einen *signed*- oder *unsigned*-Vektor in eine Integer-Zahl umzuwandeln. Eine solche Integer-Zahl kann man z.B. verwenden, um aus einem Vektor ein bestimmtes Element auszuwählen.

  Die Funktion *to_integer* hat als einzigen Parameter einen *signed*- oder *unsigned*-Vektor und liefert die dem Vektor entsprechende Integer-Zahl zurück. Bei *unsigned*-Vektoren ist die Zahl immer größer oder gleich 0, bei *signed* kann die Zahl auch negativ sein.

  Der nachfolgende Code-Ausschnitt zeigt die Verwendung der Funktion um einen 8 zu 1 Decoder zu realisieren:

```
signal sel : unsigned(2 downto 0); -- 3-Bit-Zahl
signal decoderOut : std_logic_vector(7 downto 0); -- Ausgang des
    Dekoders
...
process (sel) begin
  decoderOut <= "00000000"; -- Erst einmal alle Ausgangsbits loeschen
  decoderOut(to_integer(sel)) <= '1'; -- Jetzt das selektierte Bit
                          -- auf 1 setzen
end process;
```

In Zeile 5 werden dabei zunächst alle Bits in *decoderOut* mit 0 initialisiert. Dabei werden acht „Wunschzettel" – für jedes Feldelement eins – erzeugt. In der nachfolgenden Zeile wird schließlich nur das über *sel* ausgewählte Bit auf 1 gesetzt. D.h., dass durch diese Zuweisung *einer* der acht vorher generierten Wunschzettel überschrieben wird. Die anderen sieben bleiben hingegen bestehen. Die *to_integer*-Funktion wird hier genutzt, um das entsprechende Vektorelement von *decoderOut* zu bestimmen.

Zusammenfassung:
Die häufigsten Probleme tauchen bei *signed*- und *unsigned*-Vektoren meistens bei Operationen mit gemischten Vektortypen auf. *signed*-, *unsigned*- und *std_logic_vector*-Vektoren können nicht direkt aufeinander zugewiesen oder miteinander verknüpft werden, obwohl alle Vektortypen *std_logic*-Werte als Element haben.
Zu diesem Zweck kann ein Vektor *x* aber einfach mit Hilfe von *signed(x)*, *unsigned(x)* oder *std_logic_vector(x)* beliebig umgewandelt werden. Dabei wird jedoch nur das Bit-Muster kopiert. Es findet keine Überprüfung des Wertes statt. Die Vektorlänge wird auch nicht verändert.

```
signal as : signed(3 downto 0);
signal bus : unsigned(3 downto 0);
...
as <= to_signed(bus);
bus <= to_unsigned(as);
```

Die Länge eines Vektors verändert man am einfachsten mit der Funktion *resize(x, s)*. Der Erste Parameter (*x*) an die Funktion ist dabei der Quellvektor und zweite (*s*) die gewünschte Länge. Die Funktion kann den übergebenen Vektorwert sowohl vergrößern als auch verkleinern. Die Funktion gibt den veränderten Vektor als Rückgabelwert zurück.

```
x <= resize(y, 10);
```

Einen Vektor aus einer Integer-Zahl erzeugt man mit *to_unsigned(x, s)* bzw. *to_signed(x, s)*. Die Funktionen haben zwei Parameter: der erste (*x*) ist die Integer-Zahl, der zweite (*s*) die gewünschte Vektorlänge. Die Funkion erzeugt daraufhin einen passenden Vekor und liefert ihn als Rückgabewert ab.

```
as <= to_signed(-1, 4);
```

Mit Hilfe der Funktion *to_integer(x)* kann dagegen der als Parameter übergebene Vektor *x* in eine Integer-Zahl umgewandelt werden.
Bitte beachten Sie, dass alle hier aufgeführten Funktionen einen als Parameter übergebenen Vektor *nicht* verändern, sondern (falls es die Funktion erforderlich macht) lediglich mit einer Kopie des Vektors arbeiten.

Kapitel 14

Datenspeicher

Abbildung 14.1: Symbolhafte Darstellung eines Pufferregisters (links) und eines Speichers (rechts)

Wo Daten manipuliert und verarbeitet werden, wie es in Kapitel 13 gezeigt worden ist, müssen auch Daten gespeichert werden. Selbst wenn in einem digitalen Signalverarbeitungssystem Quelloperanden direkt aus der Umgebung, z.B. über einen Analog-Digital-Wandler, geholt werden und die Ergebnisse über Digital-Analog-Wandler wieder ausgegeben werden sollen, so werden doch Pufferspeicher für die Synchronisation mit der Peripherie und zum Halten von Zwischenergebnissen benötigt.

14.1 Register und Speicher

14.1.1 Universalregister

Dem Grunde nach wurden einfache Register schon im Buchteil 2 behandelt. Das einfachste Pufferregister besteht aus einer parallelen Anordnung von Flip-Flops mit individuellen Daten- und gemeinsamen Steueranschlüssen. Die Anzahl von Flip-Flops ergibt sich dabei aus der geforderten Datenwortbreite. Gerade Zwischenspeicher für Rechenoperationen müssen in einen definierten Ausgangszustand gebracht werden können, wofür ein Reset-Eingang vorzusehen ist. Beim Reset unterscheidet man grundsätzlich zwischen dem sog. '"Power-On'Reset und dem Reset zur Laufzeit. Der Power-On-Reset stellt den Grundzustand nach dem Einschalten her. Aber auch zur Laufzeit der Schaltung kann eine Neuinitialisierung notwendig werden. Bei Standard-ICs und für ASICs ist ein asynchroner Power-On-Reset vorzusehen. Als FPGA-Anwender müssen Sie sich damit jedoch nicht befassen. Bei der Konfiguration des FPGAs nach dem Einschalten erhalten alle durch die Anwenderlogik definierten Flip-Flops einen definierten Startwert. Bei modernen Synthesewerkzeugen werden dazu die Initialisierungswerte der Signaldeklarationen herangezogen. Neuinitialisierungen zur Laufzeit müssen synchron erfolgen, um Metastabilitäten zu vermeiden. In einem komplexen digitalen System müssen alle Flip-Flops, die in demselben logischen Kontext arbeiten, zeitgleich schalten, d.h. sie müssen ihre aktive Taktflanke gleichzeitig "sehen". Das erreicht man am besten dadurch, dass alle Flip-Flops, und damit auch alle Register, mit ihren Takteingängen direkt an der gemeinsamen Taktquelle angeschlossen sind. Das bedeutet jedoch, dass diese Flip-Flops mit **jeder** aktiven Taktflanke neue Daten übernehmen. Das ist funktional gesehen natürlich nicht sinnvoll, denn eine Zustandsänderung soll nicht immer pauschal mit jedem Takt, sondern eigentlich nur in bestimmten definierten Taktphasen erfolgen. Die einfachste Methode ein Flip-Flop selektiv zu takten, besteht in dem sog. "Clock-Gating". Dabei wird der Takt vor dem Flip-Flop über ein UND-Gatter geführt und kann somit freigegeben werden. Von dieser Methode ist dringend abzuraten. Glock-Gating über UND-Gatter führt zu zeitlichen Verzögerungen bei der Datenübernahme und stellt für das Taktnetz eine ungünstig konditionierte Last dar, da aus dem Taktnetz heraus ein Logikeingang versorgt werden muss. Es sollen jetzt zwei Methoden dargestellt werden, wie trotz permanent angeschlossenem Takt, selektiv geschaltet werden kann.

Clock-Gating über UND-Gatter soll vermieden werden.

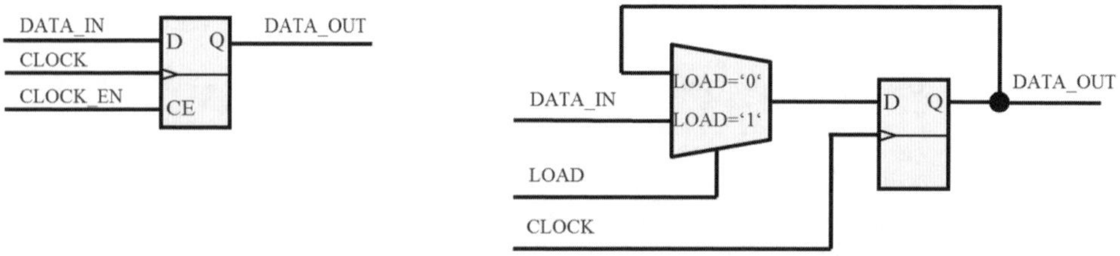

Abbildung 14.2: Zwei Möglichkeiten der selektiven Datenübernahme. Links: Flip-Flop mit Clock-Enable-Eingang, rechts: Rückkopplung des Datenausgangs über Eingangsmultiplexer.

Abb. 14.2 zeigt zwei Varianten der selektiven Datenübernahme. Links im Bild ist ein D-Flip-Flop gezeigt, welches über einen sog. Clock-Enable-Eingang (CE) verfügt. Im Prinzip handelt es sich hierbei um Clock-Gating, aber optimiert und für alle Flip-Flops im System gleich. Üblicherweise verfügen FPGA-Flip-Flops über CE-Eingänge. Sollte kein CE-Eingang zur Verfügung stehen, so kann man die rechte Variante implementieren: Hier wird über das LOAD-Signal zwischen der Rückkopplung des Datenausgangs auf den Flip-Flop-Eingang oder der Zuführung des Dateneingangs umgeschaltet. Im Falle der Rückkopplung wird das Flip-Flop bei jeder aktiven Taktflanke mit seinem eigenen Ausgangssignal wieder neu beschrieben.

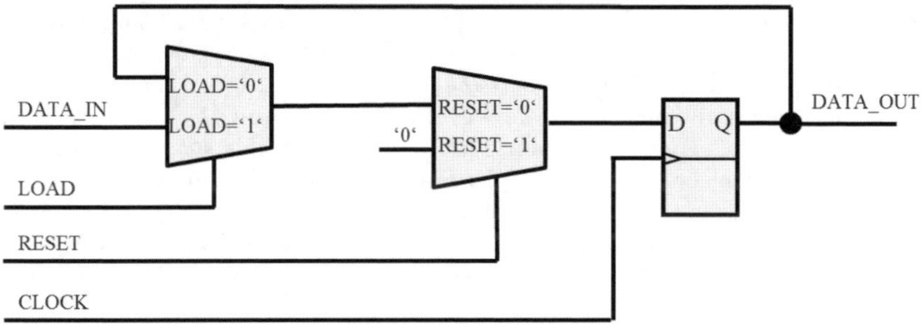

Abbildung 14.3: Erweiterung der Schaltung aus Abb. 14.2 (rechts) um ein synchrones Resetsignal.

Wie oben schon erwähnt wurde, benötigen wir für die Neuinitialisierung während der Laufzeit ein synchrones Resetsignal. Abb. 14.3 zeigt hierzu eine Lösung für den Fall, dass die originären Flip-Flops eines FPGA-Bausteins nicht über einen synchronen Reset verfügen sollten. Durch die Positionierung des Reset-Multiplexers ist hier eine Priorisierung für den Reset vorgenommen worden. Die sich ergebende Kombination aus DATA_IN, LOAD und RESET muss insgesamt die Setup-&-Hold-Bedingung des Flip-Flops einhalten. Die Multiplexerlogik wirkt dabei negativ auf das entsprechende Zeitbudget.

Der folgende VHDL-Code zeigt ein Modell für ein Register mit synchronen Steuereingängen:

```
library ieee;
use ieee.std_logic_1164.all;

entity D_reg is
port ( clock, load, reset: in std_logic;
       data_in: in std_logic_vector(15 downto 0);
       data_out: out std_logic_vector(15 downto 0));
end D_reg;

architecture synch_control of D_reg is
begin
    process (clock)
    begin
        if rising_edge(clock) then
          if reset = '1' then
            data_out <= (others => '0');
          elsif load = '1' then
            data_out <= data_in;
          end if;
        end if;
    end process;
end synch_control;
```

An dieser Stelle sei angemerkt, dass die im zweiten Teil eingeführte Flankenauswertung **if** *(clock'event* **and** *clock = '1')* **then** jetzt durch die Formulierung **if** *rising_edge(clock)* **then** ersetzt wird. Die Flankenauswertefunktion *rising_edge()* ist in der *ieee.std_logic*-Bibliothek definiert. Entsprechendes gilt für den Ersatz von **if** *(clock'event* **and** *clock = '0')* **then** durch die Formulierung **if** *falling_edge(clock)* **then**. Für Taktsignale, die als *std_logic* definiert sind, bieten diese Funktionen mehr Sicherheit bei der Simulation. Die Formulierung **if** *(clock'event* **and** *clock = '1')* **then** würde ansonsten, wird sie auf einen *std_logic*-Takt angewendet, auch auf den Wechsel von 'H' nach '1' reagieren, was aber keine Flanke wäre. Für die Synthese besteht dieses Problem nicht, weil die Signalquelle für ein 'H' Signal, also für eine „schwache Eins", nicht generiert werden kann.

14.1.2 Arbeitsspeicher

Mit Registern (Kap. 14.1.1) haben Sie bereits eine Form von Datenspeicher kennengelernt. Mit mehreren Registern kombiniert lässt sich ein Speicherblock realisieren. Man spricht dann von einem Registersatz oder von einem Register-File (siehe Kap. 14.3) oder aber auch von einer Registerbank. Derartige Registerstrukturen sind leistungsfähig und somit beispielsweise im inneren Kern eines Prozessors anzutreffen. Bezüglich ihrem Flächenbedarf sind sie jedoch wenig effizient. Bei großen Speicherblöcken, die beispielsweise als Arbeitsspeicher genutzt werden sollen, kommt es aber zunächst auf die Kosten pro Bit an. Chip-Kosten sind primär eine Funktion der Chip-Fläche. Um diese Kosten klein zu halten sind zwei Dinge notwendig: ein möglichst kompaktes Speicherelement sowie die Möglichkeit, dieses in einer extrem regulären Struktur reproduziert einzusetzen.

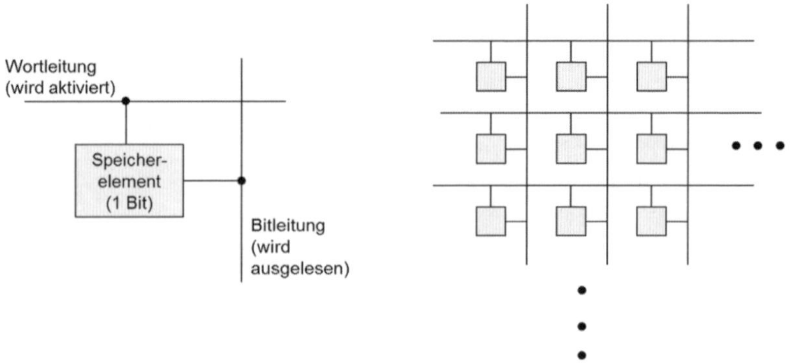

Abbildung 14.4: Links: Ein Speicherelement (1 Bit) wird über eine Wortleitung aktiviert und über eine Bitleitung ausgelesen. Rechts: Wort- und Bitleitungen bilden ein Gitter. In jedem Kreuzungspunkt befindet sich ein Speicherelement.

Abb. 14.4 zeigt schematisch, wie Speicherelemente organisiert sein müssen, um zu einer möglichst flächenoptimierten Struktur kombiniert werden zu können. Das Speicherelement selbst kann als 4-Transistorzelle (SRAM) oder Speicherkondensator (DRAM) aufgebaut sein. Der Anschluss mit jeweils einer Wort- und einer Bitleitung stellt ein Minimum dar. Es gibt auch Speicherelemente mit getrennten Wort- und/oder Bitleitungen für Lesen und Schreiben oder auch doppelte Bitleitungen für originalen und invertierten Speicherinhalt. Die Wortleitung schaltet einen Transistor, der das Verbindungselement zwischen Speicherelement und Bitleitung darstellt. Ist die Wortleitung aktiv, so sind alle Speicherelemente einer Zeile mit ihrer jeweiligen Bitleitung niederohmig verbunden. Ist die Wortleitung inaktiv, so sind alle Speicherelemente einer Zeile von ihrer jeweiligen Bitleitung hochohmig getrennt. Ist nur eine Bitleitung vorhanden, so muss sie zwischen den Betriebsarten *Lesen* und *Schreiben* umschaltbar sein. Das Speicherelement muss dann so aufgebaut sein, dass es über den Verbindungstransistor sowohl beschrieben als auch gelesen werden kann. Angesichts tausender von Speicherelementen sowohl an den Wort- als auch an den Bitleitungen sind die elektrischen Verhältnisse dort nicht ganz einfach, weshalb die Bitleitungen mit Leseverstärkern ausgestattet sind. Bei manchen Verfahren werden die Speicherelemente durch das Lesen gelöscht und müssen unmittelbar danach neu beschrieben werden. Bei dynamischen Speichern kommt noch hinzu, dass die Speicherkondensatoren kontinuierlich ihre Ladung, und damit ihren Speicherinhalt, verlieren. Deshalb müssen diese durch zyklische Lese- und Schreibprozeduren „aufgefrischt" werden.

Abb. 14.5 zeigt beispielhaft einen 128 Bit-Speicher. Es existiert eine *innere* Organisation von 8 x 16 Bit für die physikalische Speichermatrix und eine *äußere* Organisation von 32 x 4 Bit von der Anschluss- bzw. Anwendersicht her. Für die Transformation zwischen Innensicht und Außensicht sind Dekodierer und Multiplexer notwendig. Mit einem Teil der Adresse werden die Wortleitungen dekodiert. In diesem Beispiel benötigt man für 8 Wortleitungen eine 3 bit breite Teiladresse, die man **Zeilenadresse** nennt. Es ist immer genau eine Wortleitung aktiv, womit dann 16 Speicherelemente ausgewählt und über die 16 Bitleitungen ansprechbar sind. Da die Datenwortbreite in unserem Beispiel aber nur 4 bit beträgt, werden über 4 Multiplexer 4 Bitleitungen ausgewählt. Bei jedem einzelnen Multiplexer ist das eine 1-aus-4 Auswahl. Dafür wird eine 2 bit breite Teiladresse benötigt, die man **Spaltenadresse** nennt. Diese wirkt auf alle 4 Multiplexer parallel. Insgesamt wird der Speicherbaustein also mit einer 5 bit Adresse angesprochen.

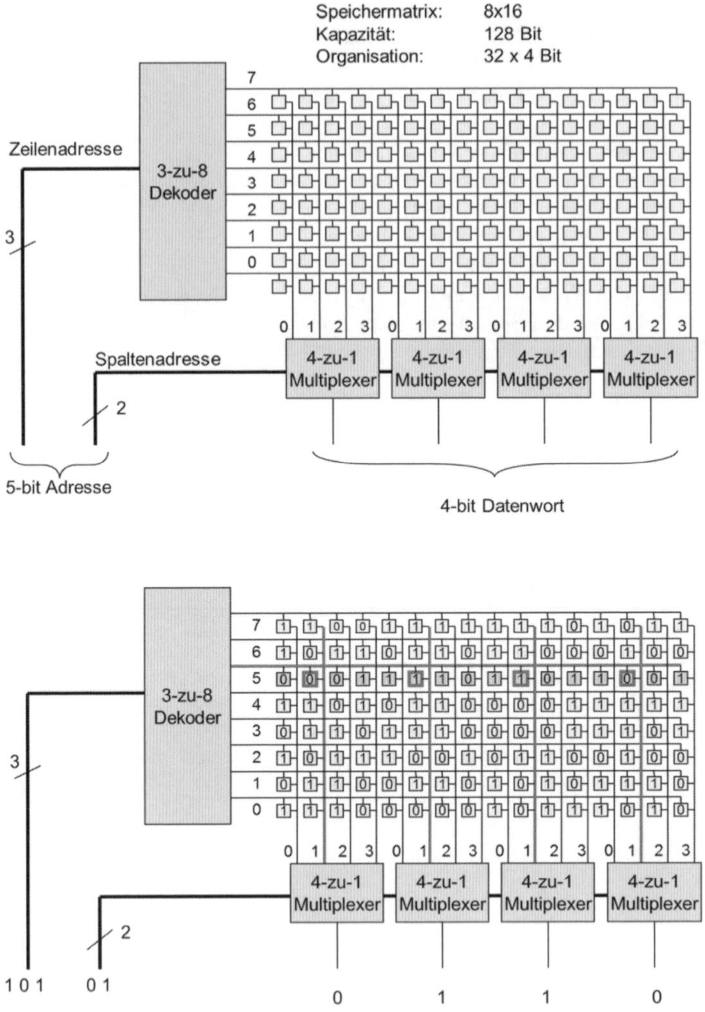

Abbildung 14.5: Oben: Darstellung eines 128-Bit Speichers. Unten: Beispiel für einen Lesezugriff auf Adresse "10101".

Welche Bedeutung hat nun das Thema Speicherbausteine für die FPGA-Projekte in diesem Buch? Es ist jedenfalls nicht besonders effektiv, die vorgestellte Struktur unter Verwendung der programmierbaren Logikzellen zu realisieren. Heutige FPGAs verfügen über eine bestimmte Anzahl fest eingebauter Speicherblöcke. Das zu diesem Buch passende FPGA-Board enthält den Baustein XP2-17. Dieser verfügt über 15 sog. *EBR SRAM* Blöcke mit jeweils 18 kBit Speicherinhalt bei variablen Außensichten von 16.384 Worte x 1 Bit bis 512 Worte x 36 Bit. Im Teil 5 des Buches wird exemplarisch gezeigt, wie verschiedene Speichertypen aus VHDL heraus synthetisiert werden können.

14.2 Zwischenspeicherung im Datenpfad

14.2.1 Pipelines

Unter einer Pipeline versteht man die Aufspaltung von kombinatorischen Datenverarbeitungschaltungen in separat ausführbare Abschnitte. Diese Maßnahme soll der Steigerung des Rechendurchsatzes dienen.

Ein Beispiel: Eine aus 4 Teiloperationen zusammengesetzte Recheneinheit benötigt 100 ns Rechenzeit. Damit ist ein getakteter Betrieb mit einer Frequenz von 10 MHz möglich. Bei entsprechend zyklisch anfallenden Eingangsdaten wird einen Durchsatz von 10 Millionen Rechenoperationen bzw. 40 Millionen Teiloperationen pro Sekunde erreicht. Nehmen wir jetzt mal an, die Teiloperationen ließen sich separat in jeweils 25 ns durchführen, dann kann man die Teiloperationen über Registerstufen voneinander trennen. Die Register erhalten von einer Teiloperation ein Zwischenergebnis und halten dies für die nachfolgende Teiloperation bereit. Die Registerstufen können dann mit der 4-fachen Frequenz, also mit 40 MHz betrieben werden. Aber wo ist dabei der Vorteil? Ein Ergebnis steht trotzdem erst nach 100 ns zur Verfügung!

Der Trick besteht darin, die Pipeline stets „gefüllt“ zu halten. Dann rechnen alle Teiloperationen parallel: die 4. Teiloperation rechnet am Endergebnis während gleichzeitig schon die 3. Teiloperation das Zwischenergebnis für die 4. Stufe berechnet. Es kommen am Ende der Pipeline also Endergebnisse mit einer Rate von 40 MHz heraus. Der Durchsatz vervierfacht sich dadurch auf 40 Millionen Rechenoperationen bzw. 160 Millionen Teiloperationen. Die Einzelrechenzeit von 100 ns bezeichnet man dabei als *Latenz*.

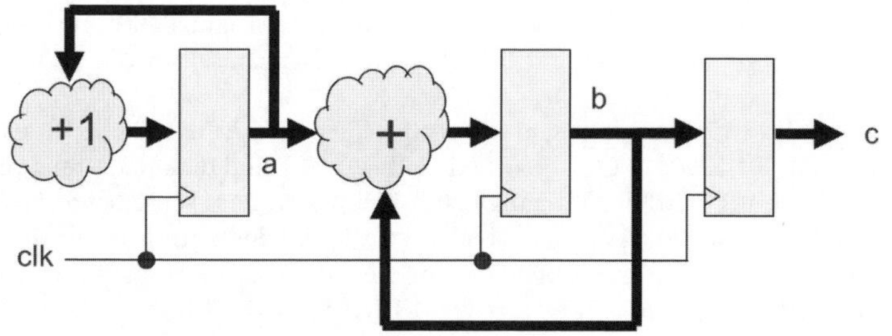

Abbildung 14.6: Pufferregister in der Pipelineverarbeitung

Pipelines werden ausführlich im 4. Teil behandelt.

14.2.2 FIFO-Speicher

FIFO-Speicher kann man als „elastische“ Pufferregister verstehen, bei denen die Schreib- und die Leseseite durch unterschiedliche Hardwareeinheiten bedient werden. Elastisch bedeutet in diesem Zusammenhang, dass die Schreibseite mehrfach Werte in das Register schreiben kann, ohne dass die Leseseite diese unmittelbar auslesen muss. Somit können die Schreib- und Lesefrequenz temporär voneinander abweichen (Elastizität), müssen aber im Mittel ausgeglichen

FIFO: First-In First-Out

sein. Das funktioniert nur, weil sich hinter dem Pufferregister weitere Zwischenregister verbergen. Je höher die Anzahl dieser Zwischenregister ist, umso elastischer ist die Pufferfunktion. Man spricht dann von der "FIFO-Tiefe". Die Zwischenregister sind nicht einzeln adressierbar, sondern verbergen sich zum Schreiben und Lesen jeweils hinter einem Registerinterface. Somit erscheint der FIFO-Speicher den angeschlossenen Hardwareeinheiten wie ein Pufferregister. Die Verschaltung der Zwischenregister ist derart gestaltet, dass die Reihenfolge, in der die Daten eingeschrieben worden sind auch beim Auslesen eingehalten wird (First-In First-Out Prinzip).

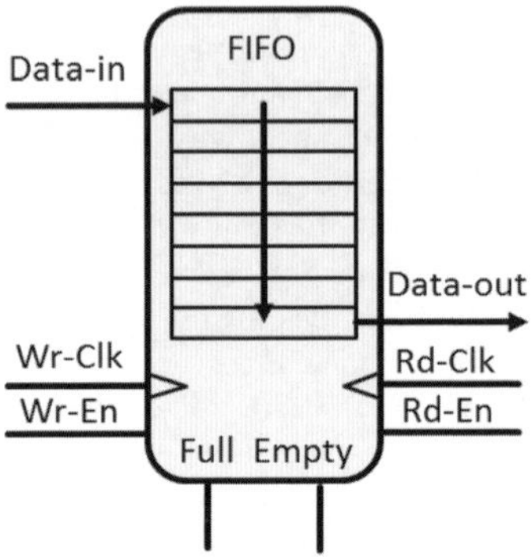

Abbildung 14.7: Symbolhafte Darstellung eines FIFOs

Wenn eingangsseitig mehr Datenworte geschrieben werden als der FIFO tief ist und wenn dabei die Ausgangsseite keine Leseaktionen durchführt, dann wird der FIFO-Speicher überlaufen. Das führt unweigerlich zu einem Datenverlust. Werden ausgangsseitig mehr Datenworte gelesen, als die Sendeseite geschrieben hat, so haben die überschüssigen Datenworte ungültige Inhalte.

Zur Vermeidung dieser Probleme zeigen FIFO-Speicher ihren Füllgrad über Statusleitungen an: LEER (bzw. NICHT-LEER), VOLL (bzw. NICHT-VOLL) sind die mindestens vorhandenen Statusleitungen. Mit VOLL wird der Eingangsseite signalisiert, dass schreibende Zugriffe sofort zu unterlassen sind. Für die Ausgangsseite bedeutet VOLL, dass dringend Daten ausgelesen werden müssen. Die Information LEER bedeutet für die Ausgangsseite, dass keine Lesevorgänge gestartet werden dürfen. Mit der Auswertung von LEER kann die Eingangsseite exakt die neu zu schreibende Datenmenge planen, vorausgesetzt, die FIFO-Tiefe ist bekannt. Die beteiligten Hardwareeinheiten haben ggf. gewisse Verzögerungszeiten bis sie auf die Statussignale reagieren können. Deshalb kann es noch weitere Informationen über den Füllgrad geben, z.B. HALB-VOLL (bzw. HALB-LEER). Manchmal werden auch der 10%- oder der 90%-Füllgrad angezeigt oder der anzuzeigende Füllgrad ist flexibel einstellbar.

Anwendung finden FIFO-Speicher bei Kommunikationsschnittstellen oder bei Peripheriebausteinen in Mikrorechnersystemen.

Bei Ansehen der Abb. 14.7 könnte man vermuten, dass ein FIFO-Speicher wie ein Schieberegister aufgebaut ist. Man muss jedoch beachten, dass ein eingeschriebener Datenwert alsbald auf der Ausgabeseite verfügbar sein muss. Bei einem Schieberegister kommen erst dann gültige Daten am Ausgang an, wenn es einmal "vollgelaufen" ist, also mit soviel Schreibzyklen Verzögerung wie das Schieberegister tief ist. Dieses Verhalten wäre also für ein FIFO nicht zu gebrauchen. Vielmehr müsste nach Einschreiben des ersten Datums dieses mittels interner Taktung unmittelbar zur Ausgangsseite hin geschoben werden. Nachfolgend geschriebene Werte müssten auf nachfolgenden Positionen 'ßtehenbleiben'". Die Auslegung des Schieberegisters und seiner Steuerung gestalten sich also sehr kompliziert. Tatsächlich werden FIFOs anders gebaut. ie bestehen aus einem sog. Dual-Port-RAM, bei dem die Adressen aus Zählern generiert werden. Der eine Zähler zeigt auf die aktuelle Schreibposition, der andere auf die aktuelle Leseposition. Erfolgt ein Schreibvorgang, wird der Schreibzähler inkrementiert. Bei einem Lesevorgang wird der Lesezähler inkrementiert. Die Zähler laufen automatisch um, d.h., dass sie nach Erreichen ihres Höchststandes wieder bei Null beginnen. Durch dieses Umlaufprinzip entsteht faktisch ein sog. Ringspeicher. Sobald in der Schreibzähler den Lesezähler einholt, ist das FIFO voll. Umgekehrt bedeutet bei ein Einholen des Schreibzählers durch den Lesezähler, dass der FIFO-Speicher leer ist. Durch Vergleich der Adresszähler werden die entsprechenden Statussignale VOLL und LEER erzeugt.

RAM: Random Access Memory

Konkret wird man als FPGA-Programmierer ein FIFO-Modul nicht selbst erstellen sondern einen sog. Core-Generator verwenden. Dieses Thema greifen wir im 6. Teil noch einmal auf, wenn wir den konkreten Aufbau moderner FPGAs besprechen.

14.2.3 LIFO-Speicher

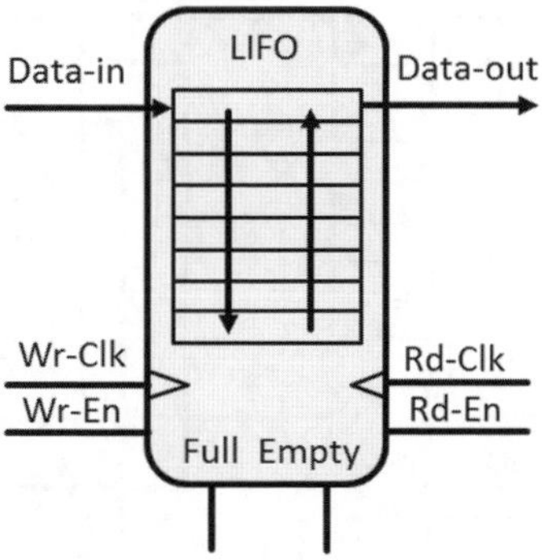

Abbildung 14.8: Symbolhafte Darstellung eines LIFOs

LIFO-Speicher sind sog. Stapelspeicher. Sie dienen der Zwischenspeicherung von Daten, wobei die Auslesereihenfolge umgekehrt zur Einschreibereihenfolge ist. Anwendung finden LIFO-Speicher in Prozessoren zum Aufbewahren der Rücksprungadressen bei Unterprogrammaufrufen. Sind Unterprogramme verschachtelt, so müssen die Adressen in umgekehrter Reihenfolge rekonstruiert werden.

LIFO: Last-In First-Out

14.3 Register-File

Eine Eigenschaft von Prozessoren ist das Vorhandensein eines universellen Registersatzes. Typische Assemblerbefehle verarbeiten zwei Operanden in einem Befehlszyklus und erzeugen dabei ein Ergebnis. Die Operanden können aus dem Hauptspeicher, einem Input-Port oder einem Register kommen. Das Ergebnis wird nach Durchführung des Assemblerbefehls in den Speicher, auf einen Output-Port oder in ein Register geschrieben. Wenn bei diesem Befehl ein Rechenwerk involviert ist, so müssen beide Operanden gleichzeitig dort anliegen. Nur so ist eine optimale Rechenleistung erreichbar.

Untenstehende Abbildung zeigt einen Registersatz, wie er in einem Prozessor anzutreffen sein könnte. Der Registersatz verfügt über einen Daten-Port zum Schreiben und zwei Datenports zum Lesen. Die Lese-Ports arbeiten unabhängig voneinander und können somit gleichzeitig ausgelesen werden. Deshalb gibt es zwei unabhängige Gruppen (X und Y) von Auswahlleitungen, die in den Multiplexern dekodiert werden. Dabei können beide Lese-Ports auch auf dasselbe Register zugreifen, ohne sich gegenseitig zu stören. Da der typische Assemblerbefehl nur ein Ergebnis speichern muss, genügt auch der einzelne Schreib-Port. Die Auswahlleitungen zum Schreiben sind nicht dekodiert. Dadurch können auch mehrere Register in nur einem Zyklus beschrieben werden, wenn sie denn dieselben Daten benötigen.

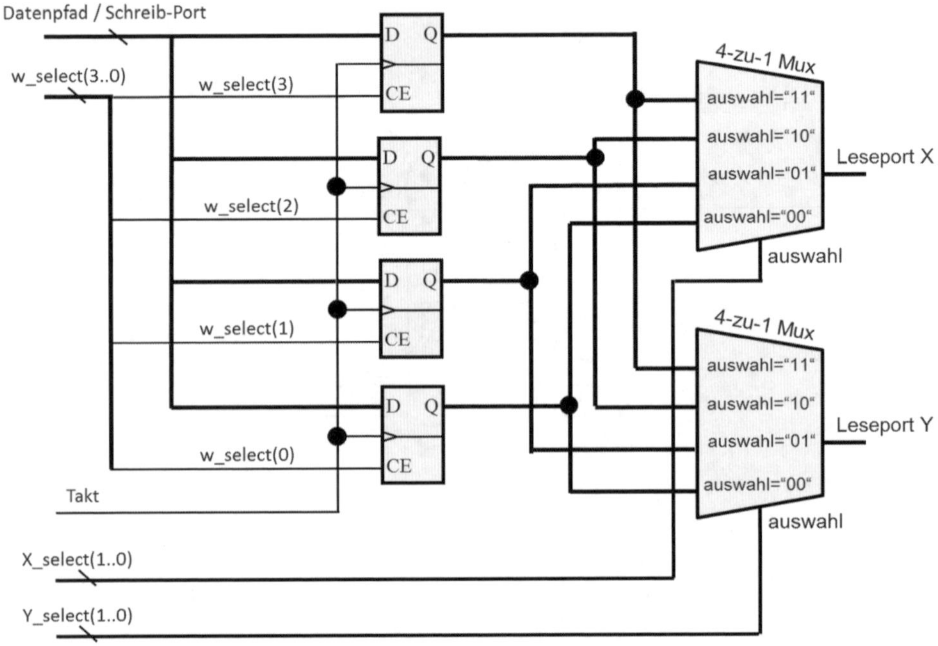

Abbildung 14.9: Registersatz mit vier Registern und zwei Lese-Ports

Der nachfolgend abgebildete VHDL-Code beschreibt eine Realisierungsmöglichkeit des in Abb. 14.9 gezeigten Registersatzes mit einem 8-bit Datenpfad. Die **entity** hält keine großen Überraschungen für uns bereit. Zur **architecture** hingegen gibt es einiges anzumerken. Eine genaue Betrachtung des Schaltbildes in Abb. 14.9 ergibt, dass ein oder mehrere getaktete Prozesse zur Realisierung der vier Register notwendig sind. Ein möglicher Ansatz besteht darin, ein 8-bit Register als eigenes Modul zu entwerfen und dieses als Komponente vier mal zu instanziieren. Die Erzeugung von mehreren identischen Registern ist aber auch durch einen Replikationsmechanismus erreichbar. Dazu wird in der Typdeklaration in Zeile 13 eine besondere Struktur namens *reg4_array* angelegt. Es handelt sich um ein **array** mit vier Elementen. Jedes Element ist ein *std_logic_vector* mit jeweils 8 Einzelsignalen. Mit diesem Typen lässt sich somit eine zweidimensional angelegte Gruppe von 4x8 Signalen erzeugen. In Zeile 14 wird so eine Signalgruppe unter dem Namen *reg4* instanziiert. Im getakteten Prozess *write* (Zeilen 16 bis 24) wird aus dieser Signalgruppe unter Verwendung der **loop**-Anweisung die gewünschte Registeranordnung erzeugt. Zeile 20 beschreibt das eigentliche Register, welches unter der Bedingung, dass das zugehörige *w_select*-Signal aktiv ist, den Speichervorgang *reg4(i) <= write_data* auslöst. Der dabei verwendete Iterationsparameter *i* ist weder ein Signal noch eine Variable und ist durch die **loop**-Anweisung implizit deklariert. Alles, was zwischen **loop** und **end loop** beschrieben ist, wird viermal „aufgebaut“.

```
1  library ieee;
2  use ieee.std_logic_1164.all;
3
4  entity reg_4_file is
5  port (  clock: in std_logic;
6      -- 4 unabhaengige Select-Leitungen ermoeglichen
7      -- eine Mehrfachauswahl von Registern beim Schreiben:
8      w_select: in std_logic_vector(3 downto 0);
9      -- 2 unabhaengige Select-Gruppen ermoeglichen
10     -- das gleichzeitige Auslesen von 2 Registern:
11     x_select, y_select: in std_logic_vector(1 downto 0);
12     -- 8-Bit Datenpfade fuer Schreiben und Lesen:
13     write_data: in std_logic_vector(7 downto 0);
14     x_read_data, y_read_data: out std_logic_vector(7 downto 0));
15 end entity reg_4_file;
16
17 architecture fixed of reg_4_file is
18     -- Typdeklaration fuer einen Registersatz von 4 x 8 Bit:
19     type reg4_array is array (3 downto 0) of std_logic_vector(7 downto 0);
20     signal reg4: reg4_array;    -- reg4 bezeichnet den Registersatz
21 begin
22
23   -- im write-Prozess werden die eigentlichen Register erzeugt:
24   write: process(clock)
25   begin
26     if rising_edge(clock) then
27       -- fuer 4 Register benoetigen wir 4 loop-Durchlaeufe
28       for i in 0 to 3 loop
29         if w_select(i) = '1' then reg4(i) <= write_data; -- Register i
30         end if;
31       end loop;
32     end if;
33   end process write;
34
35   -- Multiplexer fuer Auslesen von Port X:
```

```
  read_x: process( reg4, x_select)
  begin
    case x_select is -- Dekodierung der 2-bit Registeradressen
      when "00" => x_read_data <= reg4(0);
      when "01" => x_read_data <= reg4(1);
      when "10" => x_read_data <= reg4(2);
      when "11" => x_read_data <= reg4(3);
      when others => x_read_data <= reg4(0);
    end case;
  end process read_x;

  -- Multiplexer fuer Auslesen von Port Y:
  read_y: process( reg4, y_select)
  begin
    case y_select is -- Dekodierung der 2-bit Registeradressen
      when "00" => y_read_data <= reg4(0);
      when "01" => y_read_data <= reg4(1);
      when "10" => y_read_data <= reg4(2);
      when "11" => y_read_data <= reg4(3);
      when others => y_read_data <= reg4(0);
    end case;
  end process read_y;

end architecture fixed;
```

Für das gleichzeitige Auslesen zweier Register werden zwei Multiplexer benötigt. Dazu dienen die beiden kombinatorischen Prozesse *read_x* und *read_y*. Register-Files werden weitergehend im fünften Teil des Buches behandelt.

Kapitel 15

Ablaufsteuerung

In den seltensten Fällen erfolgt eine Datenverarbeitung in einem statisch eingestellten Datenpfad. Komplexe Berechnungsverfahren führen zu verzweigten Algorithmen mit wechselnder Belegung von Registern und Verarbeitungseinheiten. Zwar ist eine FPGA-implementierte Datenverarbeitung hochgradig parallel realisierbar, jedoch gebietet die begrenzte Anzahl bestimmter Ressourcen, wie z.B. Speicherblöcke oder Multiplizierwerke, eine variable Verwendung dieser während der Laufzeit. Die Verzweigung von Algorithmen ergibt sich beispielsweise aus Fallunterscheidungen, die zur Laufzeit von Zwischenergebnissen abhängen. Das ist bei iterativen Näherungsberechnungen der Fall. Dabei kommt es zu rekursiven Rechenschritten mit einer möglicherweise zuvor nicht bestimmbaren Anzahl von Schleifendurchläufen. Derlei lässt sich mit parallel ausgeführten Recheneinheiten nicht vorab planen. Somit ist es besser, die betreffende Verarbeitungseinheit nur einmal zu implementieren und sie dann mehrfach zu nutzen, wobei die Häufigkeit dann zur Laufzeit variieren kann. Sollte dann die Rechenleistung nicht ausreichen, kann man Teil-Parallelisierungen vornehmen, z.B. die Belegung zweier Recheneinheiten pro Schleifendurchlauf zur Halbierung der Schrittanzahl. Hinzu kommt die Tatsache, dass in eingebetteten Echtzeitsystemen ein zyklischer, aber über die Zeit verteilter Datenstrom zu verarbeiten und zu erzeugen ist. Dabei liegen die Daten nicht statisch in einem Block vor, sondern sind wiederkehrend als Einzelwert oder in segmentierten Abschnitten zu bearbeiten. In allen oben dargestellten Fällen ergeben sich Zustandswechsel über der Zeit und das führt zu der Notwendigkeit, Ablaufsteuerungen vorzusehen.

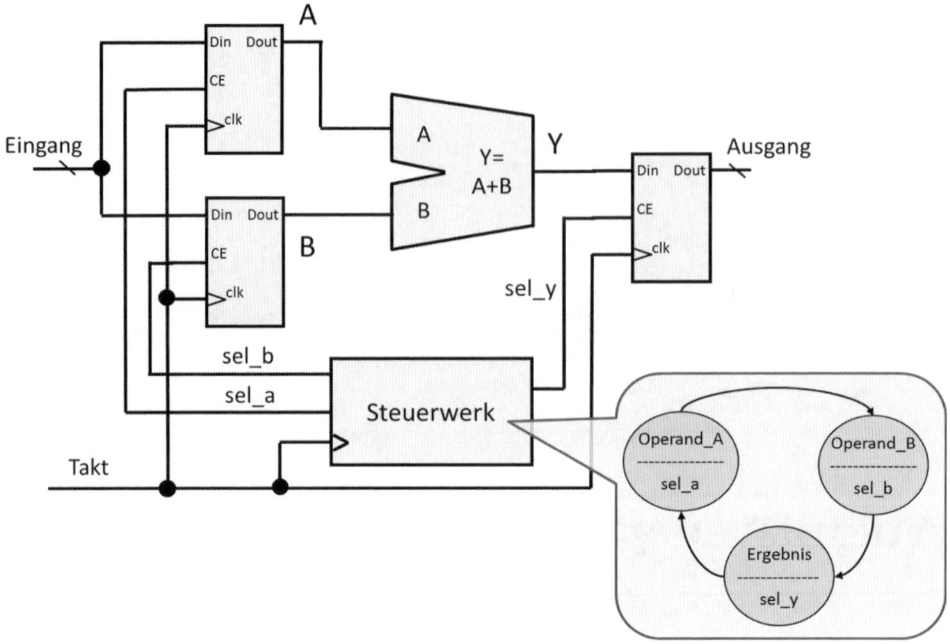

Abbildung 15.1: Einfacher Datenpfad mit Ablaufsteuerung. Das Zustandsdiagramm unten rechts verdeutlicht die mit dem Steuerwerk realisierte Ablauffolge.

Eine einfache Ablaufsteuerung ist in Abb. 15.1 dargestellt. Im Datenpfad befinden sich zwei Operandenregister A und B, ein Addierer und ein Ergebnisregister Y. Die Operanden erhalten ihre Daten aus einem gemeinsamen Eingangssignal. Deshalb müssen die Operandenregister zu unterschiedlichen Zeiten Daten übernehmen (Zeitmultiplexverfahren). Nach Ablauf einer weiteren Taktphase kann das Ergebnis abgespeichert werden. Die minimal einstellbare Taktphase richtet sich nach der Verzögerungszeit des Addierers. Alle Register und das Steuerwerk sind synchron getaktet. Die Ausgänge des Steuerwerkes (*sel_a*, *sel_b* und *sel_y*) schalten für jedes Register individuell den Takt frei (CE: *Clock Enable*). Die zu realisierende Steuerungssequenz ist durch den Zustandsgraphen beschrieben. In diesem Fall handelt es sich um einen autonomen Automaten, da das Steuerwerk keine Eingangssignale besitzt. Deshalb wird diese Steuersequenz zyklisch wiederholt. Mit jedem Taktimpuls schaltet die Steuerung einen Zustand weiter. Die Darstellung des Zustandsgraphen folgt der Notation eines *Moore*-Automaten: Jeder Kreis repräsentiert einen Zustand. Der Name des jeweiligen Zustands steht innerhalb des Kreises oberhalb der waagerechten Linie. Unterhalb dieser Linie steht der, dem jeweiligen Zustand zugeordnete Ausgabewert. Die Schreibweise ist etwas abgekürzt. So müssten beispielsweise im Zustand *Operand_A* alle Ausgänge definiert sein. Stattdessen steht dort nur *sel_a*. Bei der hier vereinfachten Darstellung ist in jedem Zustand nur der jeweils zu aktivierende Ausgang aufgeschrieben. Die nicht genannten Ausgänge gelten als deaktiviert. Die Zustandsübergänge sind durch die Verbindungspfeile definiert.

15.1 Endliche Automaten

Die allgemeine Einführung in das Thema *Endliche Automaten* erfolgt zunächst am Beispiel des sog. „Mealy"-Automaten. Man spricht von endlichen Automaten, weil die Menge möglicher Zustände begrenzt ist.

15.1.1 Mealy-Automat

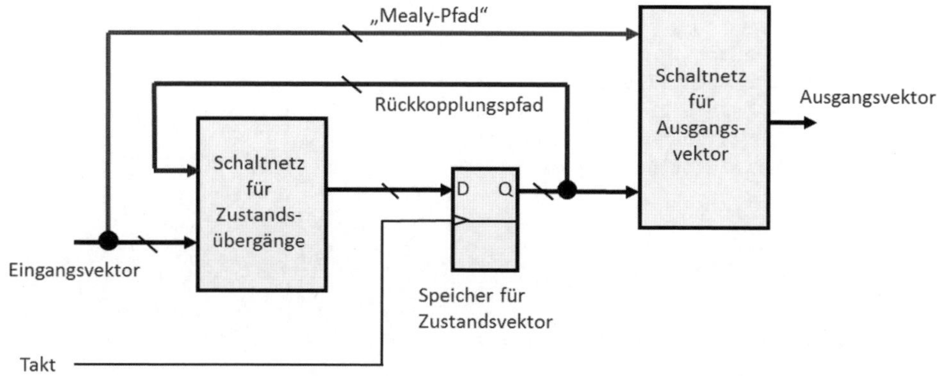

Abbildung 15.2: Allgemeines Steuerwerk, wie es schon in Teil 2 eingeführt worden ist.

Der sog. „Mealy"-Automat (Abb. 15.2) repräsentiert eine sehr allgemeine Form des Steuerwerkes. Er ist schon kurz in Teil 2 vorgestellt worden. Der Eingangsvektor und der aktuelle Zustandsvektor bestimmen den aktuellen Ausgangsvektor und den nachfolgenden Zustandsvektor. Dabei meint „nachfolgend" die Situation nach der nächsten aktiven Taktflanke des Zustandsspeichers. Der Eingangsvektor einer Datenpfadsteuerung kann beispielhaft folgende Informationen enthalten: Statusinformationen aus Rechenwerken (Überlauf, Übertrag, Vorzeichen, Nullergebnis), Füllgrad von Zwischenspeichern (FIFO full, FIFO empty), Unterbrechungsanforderungen (Interrupts) und Zeitgebersignale, um nur einige Möglichkeiten zu nennen. Der Ausgangsvektor einer Ablaufsteuerung sorgt beispielsweise für die Einstellung von Auswahlsignalen für Multiplexer, für die Freigabe von Ergebnisregistern hinter einem Rechenwerk, wie in Abb. 15.1 gezeigt, oder für die Befehlsauswahl einer ALU (Arithmetisch Logische Einheit). Der folgende VHDL-Code stellt einen Rahmen dar, dessen Struktur der von Abb. 15.2 entspricht.

```
library ieee;
use ieee.std_logic_1164.all;

entity automat is
 port ( takt: in std_logic;
        eingangsvektor: in std_logic_vector( ... );
        ausgangsvektor: out std_logic_vector( ... ));
end entity automat;
```

```
9
10 architecture allgemein of automat is
11  type zustand is (z0, z1, z2, z3 ...);    -- Typdeklaration fuer Zustandsnamen
12  signal zustandsvektor: zustand := z0);   -- Signal fuer Zustandsspeicher
13                                           -- z0 ist initialer Zustand
14  signal zustandsfolgevektor: zustand;     -- Signal fuer Zustandsuebergang
15
16 begin
17  process(zustand, eingangsvektor)         -- Schaltnetz f. Zustandsuebergaenge
18   begin
19    case zustandsvektor is
20     when z0 => zustandsfolgevektor <= z1;      -- unbedingter Uebergang
21     when z1 => if eingangsvektor = "0011....."   -- bedingter Uebergang
22                 then zustandsfolgevektor <= z2;
23                else zustandsfolgevektor <= z3;
24                end if;
25     ...                                   -- Auswertung weiterer Zustaende
26    end case;
27  end process;
28
29  process(zustandsvektor, eingangsvektor) -- Schaltnetz fuer Ausgangsvektor
30   begin
31    if (zustandsvektor = z0 and eingangsvektor = "0101...")
32     then ausgangsvektor <= "1100....";
33    elsif (zustandsvektor = z1 and eingangsvektor = "0110...")
34     then ausgangsvektor <= "0100....";
35    ...                                    -- Auswertung weiterer Kombinationen
36    else ....                              -- Defaultzuweisung
37  end process;
38
39  process(takt) -- Speicher fuer Zustandvektor
40   begin
41    if rising_edge(takt) then
42     zustandsvektor <= zustandsfolgevektor;
43    end if;
44  end process;
45
46 end architecture allgemein;
```

Betrachten wir zunächst die **entity**. Ein Automat steht mit der Außenwelt über einen Eingangs- und einen Ausgangsvektor in Kontakt. Der Automat arbeitet synchron, weshalb es hier auch noch einen Taktanschluss gibt. Es gibt zwar auch asynchrone Automaten, aber die lassen wir hier wegen ihrer Nachteile außer Betracht. Reset- und Enable-Signale sind optional und im Code-Beispiel nicht enthalten. Die **architecture** enthält in Zeile 11 zunächst eine Typdeklaration für die Beschreibung der Zustände. Es ist außerordentlich sinnvoll, den einzelnen möglichen Zuständen selbsterklärende Namen zu geben, die etwas über den Steuerungsablauf aussagen. In Abb. 15.2 sieht man zwei interne Signalpfade, die außen nicht sichtbar sind. Das sind der sog. „Rückkopplungspfad“ sowie die Verbindung zwischen dem *Schaltnetz für Zustandsübergänge* und dem *Speicher für Zustandsvektor*. Diese Signale werden im Deklarationsteil der **architecture** definiert (*zustandsfolgevektor, zustandsvektor*). Der Anweisungsteil der **architecture** (Zeilen 16-46) enthält drei Prozesse. Diese Struktur folgt der Darstellung des allgemeinen Steuerwerkes aus Abb. 15.2, die drei Komponenten zeigt. Die Zustandsfolge wird im Prozess zwischen den Zeilen 17 und 27 definiert. Dieser Prozess ist kombinatorisch und enthält deswegen alle sein Eingangssignale auch in der Sensitivitätsliste. Die **case**-Anweisung fragt den momentanen Zustand ab und ermittelt den, mit der nächsten Taktphase einzunehmenden Folgezustand. Zustandsübergänge können *unbedingt* erfolgen, wie es in Zeile 20 zu sehen ist. Durch Auswertung des Eingangsvektors kann fallweise auf unterschiedliche Folgezustände verzweigt werden (Zeilen 21 bis 24). Der zweite Prozess (Zeilen 29 bis 37) ist ebenfalls kombinatorisch und berechnet den Ausgangsvektor abhängig vom aktuellen Zustand und dem Eingangsvektor. Jede relevante Kombination von aktuellem Zustand und Eingangsvektor wird abgefragt. Dadurch, dass die Eingangssignale einbezogen sind, ist der sog. „Mealy-Pfad“ aktiv. Es ist hier wichtig anzumerken, dass dadurch das Steuerwerk **asynchron** werden kann. Das ist insbesondere dann der Fall, wenn der Eingangsvektor Signale beinhaltet, die aus anderen Takt-Domänen oder einer unbekannten „Außenwelt“ stammen. Der dritte Prozess (Zeilen 39 bis 44) ist getaktet und stellt ein einfaches Register dar, welches den *zustandsfolgevektor* in den *zustandsvektor* überträgt. Bei Bedarf kann dieses Register noch um *Reset-* und/oder *Clock-Enable* ergänzt werden.

Die Belegung des „Mealy-Pfades“ kann zu asynchronem Verhalten führen.

Alternativ zu dem hier vorgestellten „Drei-Prozess-Schema“ können Automaten auch noch als „Zwei-Prozess“- oder „Ein-Prozess“-Variante entworfen werden. Drei Prozesse folgen dem Blockschaltbild des allgemeinen Automaten und liefern dadurch den besten Überblick.

Die im Folgenden dargestellten Typen von Automaten werden aus den bisherigen Betrachtungen abgeleitet.

15.1.2 Moore-Automat

Der sog. „Moore“-Automat entspricht der in Abb. 15.2 dargestellten Struktur, wobei der „Mealy-Pfad“ nicht existiert. Dadurch ist dieser Automatentyp voll synchron und wird deshalb im Bereich des FPGA-Entwurfes bevorzugt. Der Ausgabevektor hängt nur vom Zustandsvektor ab. Da letzterer synchron fortgeschaltet wird, sind auch die Ausgabewerte synchron.

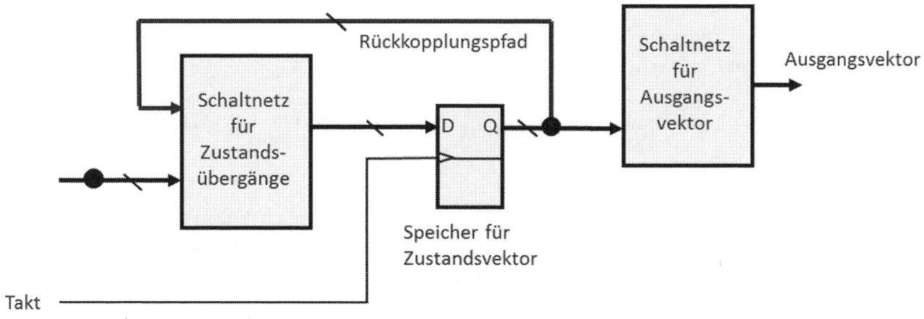

Abbildung 15.3: Moore-Automat

Medvedjew-Automat

Der sog. „Medvedjew"-Automat ist eine Sonderform des „Moore"-Automaten. Hier wird auf das Ausgabenetzwerk verzichtet. Somit müssen die möglichen Inhalte des Ausgabevektors direkt im Zustandsregister kodiert sein.

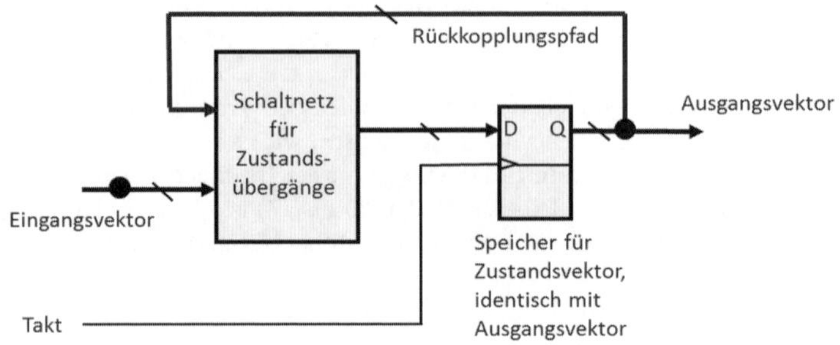

Abbildung 15.4: Medvedjew-Automat

15.2 Endliche autonome Automaten

Die einfachste Form von Ablaufsteuerungen stellen autonome Automaten dar. Autonom bedeutet, dass die realisierten Zustandsfolgen nicht von Eingangsbedingungen abhängen. Autonome Automaten wiederholen eine *endliche* Folge von Zuständen zyklisch. Sie sind somit geeignet für die Steuerung periodischer Berechnungsfolgen ohne Verzweigungen.

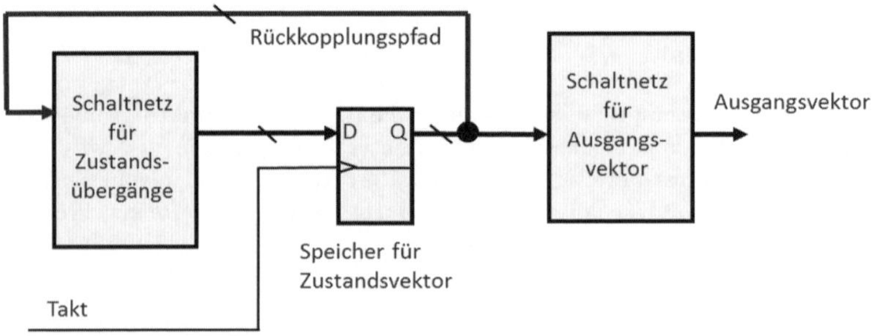

Abbildung 15.5: Ein Automat ohne Eingangsvektor ist **autonom**.

15.2.1 Zähler

Der Gray-Code ist ein einschrittiger Code.

Die einfachste Form autonomer Automaten stellen Zähler dar. Die Zustandsfolge eines Zählers ist, wie der Name schon sagt, eine Zählfolge. Dabei können verschiedene Codierungen verwendet werden, wobei der Binärcode die allgemeinste ist. Zähler mit Binärcode haben den Nachteil, dass es bei der asynchronen Dekodierung bestimmter Zählerzustände zu Fehlern kommen kann, wenn die einzelnen Bitstellen der Zählvariable Laufzeitunterschiede aufweisen. Soll ein Zählerstand asynchron ausgewertet werden, so sollte die Codierung einschrittig erfolgen. Bei einschrittigen Codes ändert sich zwischen zwei Zuständen, sofern die vorgesehene Schrittfolge eingehalten wird, immer nur ein Bit im Codewort. Das bedeutet, dass eine nachgeschaltete, asynchrone Dekodierstufe keine ungültigen Zwischenzustände angeboten bekommt.

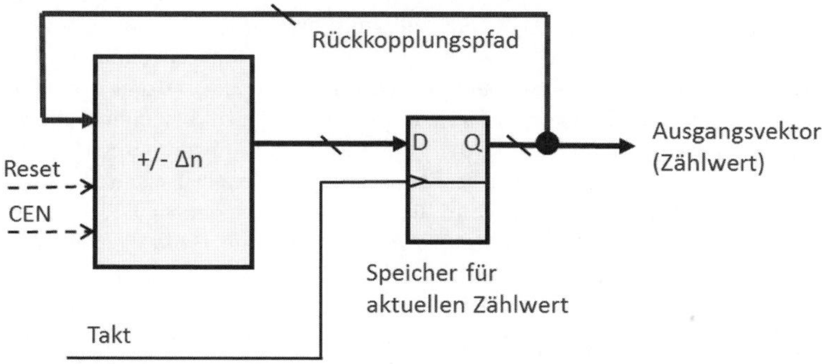

Abbildung 15.6: Das Rückkopplungsnetzwerk eines Zählers ist ein Rechenwerk, welches zu dem aktuellen Zählwert ein Inkrement addiert bzw. ein Dekrement subtrahiert. Die Steuersignale *Reset* und *CEN* (Clock Enable) sind optional.

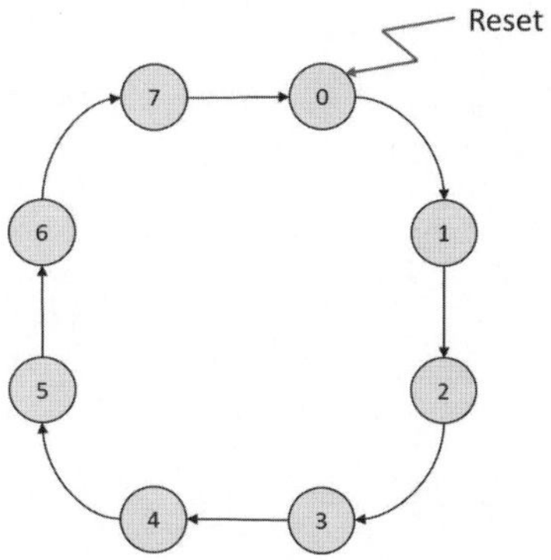

Abbildung 15.7: Zustandsgraph („Bubble-Diagramm“) eines 3-Bit Binärzählers. Jeder Kreis stellt einen Zählwert dar.

Abb. 15.6 zeigt die allgemeine Form eines Zählers. Die Signale *Reset* und *CEN* sind optional. *Reset* initialisiert den Zähler, gilt aber nicht als Bestandteil des Eingangsvektors, ist also ein Ausnahmesignal. Es findet deshalb normalerweise bei der Definition der Zustandsübergänge keine Berücksichtigung. Der nach dem Einschalten eingenommene Initialzustand (sog. „Power-On Reset“ wird jedoch als solcher markiert, wie dies am Beispiel eines 3-bit Binärzählers in Abb. 15.7 dargestellt ist. Auch das Signal *CEN (Clock Enable)* gilt normalerweise nicht als Eingangssignal, obwohl es zwar den *zeitlichen* Ablauf, aber nicht den *Inhalt* der Zählsequenz beeinflusst. Das Rückkopplungsnetzwerk ist entweder ein Addierer oder ein Subtrahierer. Die

Operanden dieses Rechenwerkes sind der aktuelle Zählwert und eine Konstante, das Inkrement oder das Dekrement. Inkrement bzw. Dekrement sind eine positive ganze Zahl. Da beim Zähler der Zählerstand üblicherweise identisch mit dem Ausgabewert ist, verzichtet man im Zustandsübergangsdiagramm auf die Eintragung des Ausgangsvektors.

Das nachfolgend aufgelistete VHDL-Modul realisiert den durch das Bubble-Diagramm (Abb. 15.7) beschriebenen 3-bit Zähler. Um das Rückkopplungsnetzwerk als arithmetische Recheneinheit beschreiben zu können, muss die *ieee.numeric_std*-Bibliothek eingebunden werden. Das ermöglicht die Verwendung der *signed*- und *unsigned*-Datentypen und der für sie definierten arithmetischen Operationen. Da wir uns hier zunächst für die denkbar einfachste Variante interessieren, enthält die **entity** nur zwei Ports: Takt (*clk*) und Zählwert (*countOut*). Ein Reset-Signal ist explizit nicht vorgesehen, weil der Startwert nach dem Einschalten Bestandteil der Bausteinkonfiguration ist. Dafür wird der Initialisierungswert aus der Signaldeklaration in Zeile 11 verwendet. So kann man allerdings nur bei FPGAs verfahren. Beim eigenen Chip-Entwurf (ASIC) funktioniert diese Art der Initialisierung nicht.

```
1  library ieee;
2  use ieee.std_logic_1164.all;
3  use ieee.numeric_std.all; -- Aus dieser Bibliothek benoetigen wir "unsigned"
4
5  entity counter_3bit is
6     port (clk : in std_logic;
7           countOut : out std_logic_vector(2 downto 0));
8  end counter_3bit;
9
10 architecture simple of counter_3bit is
11 signal count : unsigned(2 downto 0) := "000";
12 begin
13    process (clk)
14    begin
15       if rising_edge(clk) then
16          count <= count + 1;
17       end if;
18    end process;
19    countOut <= std_logic_vector(count);
20 end simple;
```

Im Deklarationsteil der **architecture** wird das Signal *count* als *unsigned* deklariert. Es soll das Zählregister bilden. Warum kann nicht direkt schon das Signal *countOut* als Zählregister verwendet werden? Ein offensichtlicher Grund besteht darin, dass *countOut* vom Typ *std_logic_vector* ist und *count* vom Typ *unsigned*. Deshalb wird in Zeile 19 bei der Signalzuweisung vom Zählregister auf den Ausgang eine Typumwandlung vorgenommen. Man hätte allerdings in der Port-Liste direkt schon *countOut* als *unsigned* deklarieren können. Somit wäre die Typumwandlung entfallen. Im Sinne der Wiederverwendbarkeit von VHDL-Code macht es allerdings auch Sinn, sich an gewisse Regeln zu halten. Es ist nämlich nicht unüblich, dass für Modulbibliotheken standardmäßig die Verwendung von *std_logic* in den **entity**-Port-Listen vorgesehen ist.

Die Richtungsangabe *inout* verlangt einen bidirektionalen Buffer.

Es gibt auch einen weniger offensichtlichen Grund für die Trennung von Zählregister und Zählerausgang: Würde man dies über ein gemeinsames Signal regeln, so müsste es in der Port-Liste von der Richtungszuordnung nicht als *out* sondern als *inout* oder *buffer* deklariert werden. Das liegt daran, dass die in Zeile 16 formulierte Rückkopplung lesend auf den Zählerstand zugreifen können muss. Das wäre bei der Richtungszuordnung *out* nicht möglich. Die Richtungsangaben *inout* oder *buffer* ermöglichn es nämlich, dass der vom VHDL-Modul ausgegebene Wert eines Signals auch innerhalb des Moduls zugewiesen werden kann. Was zunächst wie eine nützliche Eigenschaft erscheint, entpuppt sich im Fall von *inout* als Fallstrick für die Synthese und Implementierung für FPGA-Bausteine. Die *inout*-Richtung ist in VHDL bidirektional definiert. So kann auch von extern dieses Signal getrieben werden, um im Modul dann als Eingangssignal zu wirken. Nun hätten wir mehrere mögliche Quellen auf der *inout*-Leitung: eine interne und eine externe. Um hier keinen Kurzschluss zu generieren, wird das Synthesewerkzeug die modulinterne Quelle über einen Three-State-Puffer an das Port-Signal weiterleiten, sofern denn auch externe Signalquellen zugewiesen sind. Üblicherweise haben FPGAs heute keine internen Three-State-Ressourcen, weshalb diese Sprachkonstruktion zu vermeiden ist.

Das *inout*-Problem

In strukturellen Entwürfen werden Module über ihre Schnittstellen und interne Signale miteinander verknüpft. Wenn ein Schnittstellensignal mit *inout* deklariert ist, also beispielsweise folgendermaßen:

port (countOut: **inout** std_logic_vector(3 **downto** 0));

so ergeben sich möglicherweise die folgenden Implementierungsvarianten:

- Die Three-State-Funktion wird durch einen Multiplexer nachgebildet. Dadurch werden unnötigerweise zusätzliche Logikressourcen belegt.
- Es werden tatsächlich Three-State-Puffer verwendet. Die gibt es bei den meisten FPGA-Typen nur in den Input-/Output-Zellen. Im Klartext: Das Synthesewerkzeug verwendet I/O-Zellen im Three-State-Modus und schließt dadurch den Zählerausgang ungeplant an FPGA-Pins an.

Wie die Handhabung genau ist, kann von verschiedenen Faktoren abhängen:

- dem verwendeten VHDL-Standard
- dem VHDL-Simulator, je nach Hersteller und/oder eingestellten Optionen
- dem Synthesewerkzeug, je nach Hersteller und/oder eingestellten Optionen

Die Deklaration als *buffer* würde eigentlich das Problem gut lösen, denn diese Richtungsangabe ist für genau den Zweck, dass man ein Ausgabesignal intern lesen möchte, eingerichtet worden. In der Literatur wird jedoch von der Verwendung der Richtungsangabe *buffer* abgeraten, wegen der wohl unterschiedlichen Handhabung bei Simulations- und Synthesewerkzeugen im Zusammenhang mit strukturellen Entwürfen. Derartige Aussagen beziehen sich oft auf einen bestimmte Version des VHDL-Standards und können aktuell schon wieder überholt sein. Wir wollen das Thema in diesem Buch nicht vertiefen, gehen deshalb auf „Nummer sicher“ und deklarieren unsere Schnittstellen immer als entweder *in* oder *out*.

Kommen wir nun zum Kern des Zählers. Es gibt nur einen taktgesteuerten Prozess, der das Zählregister und das Rückkopplungsnetzwerk miteinander vereint. Die Rückkopplung besteht darin, dass *count* auf beiden Seiten der Zuweisung in Zeile 16 steht. Die Berechnung des nächsten Wertes in der Zählfolge leistet der Code-Teil *+ 1*. Das Pluszeichen bewirkt den Einbau einer Addiererschaltung, wobei der eine Operand das rückgeführte *count*-Signal ist und der andere Operand ist einfach die Konstante 1. Dadurch, dass das alles nur passiert, wenn die *rising_edge()*-Funktion erfüllt ist, wird für das Signal *count* ein Register implementiert.

Was passiert eigentlich bei einer weiteren Taktflanke, wenn *count* bereits den Maximalwert 7 enthält? In der Zählfolge käme dann eigentlich eine 8, also die Binärfolge 1000. Dieser Wert ist mit 3 Bit jedoch nicht darstellbar. Die unteren 3 Bits der Binärzahl 1000 sind dann 000. Da keine vierte Stelle vorhanden ist und keine Konsequenz aus dem Überlauf erfolgt, wird der Zähler also einfach von 7 nach 0 umschalten und somit die Zählsequenz erneut starten. So sieht es ja auch das Zustandsübergangsdiagramm in Abb. 15.7 vor.

Der vorgesehene Zyklus wird implizit dadurch erreicht, dass der komplette, mit 3 Bit darstellbare, Zahlenraum Bestandteil der Zählfolge ist. Das wäre beispielsweise bei der 10-er Sekundenstelle einer Digitaluhr nicht der Fall. Die Zählfolge geht dabei von 0 bis 5 und springt nach Erreichen der 5 wieder auf 0 zurück. Für diese Zählerstelle ist ein 3 bit breites Zählregister notwendig, bei dem der Rücksprung auf Null explizit programmiert werden muss. Die Ausführung dazu zeigt das folgende Listing.

```
library ieee;
use ieee.std_logic_1164.all;
use ieee.numeric_std.all; -- Aus dieser Bibliothek benoetigen wir "unsigned"

entity counter_bis_5 is
 port (clk : in std_logic;
       countOut : out std_logic_vector(2 downto 0));
end counter_bis_5;

architecture simple of counter_bis_5 is
 signal count : unsigned(2 downto 0) := "000";
begin
 process (clk)
  begin
   if rising_edge(clk) then
    if count = 5 then
     count <= "000";
    else
     count <= count + 1;
    end if;
   end if;
 end process;
 countOut <= std_logic_vector(count);
end simple;
```

Die Zeilen 16 bis 18 stellen hier den Unterschied zum vorangegangenen Listing dar. Die **if**-Abfrage prüft, ob der derzeitige Zählerstand *5* ist. Ist das zutreffend, wird dem Zählregister der Initialwert *"000"* zugewiesen und der **if**-Block wird verlassen, ohne die Inkrementierung auszuführen. Ist der Zählerstand von *5* verschieden, wird die Inkrementierung im **else**-Zweig ausgeführt.

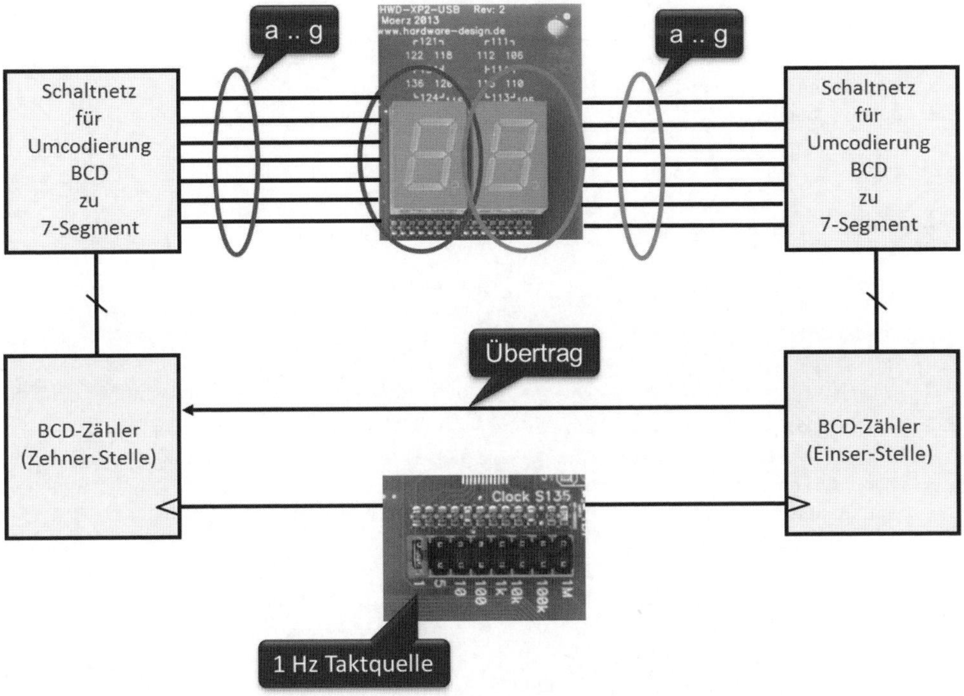

Abbildung 15.8: Testschaltung zur „Sekundenuhr"

Aufgabe

- Entwerfen Sie eine „Sekundenuhr". Der Zählbereich ist von 00 bis 59. Nach 59 springt sie wieder zurück auf 00. Verwenden Sie Ihr Schaltnetz für die Umkodierung vom BCD-Code auf 7-Segment, welches Gegenstand der Aufgabe in Kapitel 13.1 war.
- Testen Sie die Schaltung gemäß Abbildung 15.8.

Nachfolgend ein Lösungsvorschlag für den zweistelligen BCD-Zähler bis 59. Der Code ist mit Kommentaren angereichert. Deshalb wird auf eine eingehende Erklärung verzichtet.

```
library ieee;
use ieee.std_logic_1164.all;
use ieee.numeric_std.all;

entity counter_bcd_59 is
 port (clk : in std_logic;
 -- BCD-Ausgang fuer Einser-Stelle:
 countOutEinser : out std_logic_vector(3 downto 0);
 -- BCD-Ausgang fuer Zehner-Stelle:
 countOutZehner: out std_logic_vector(3 downto 0));
end counter_bcd_59;

architecture combo of counter_bcd_59 is
-- Zaehlbereich 0 bis 9 benoetigt 4 Bit:
signal countEinser : unsigned(3 downto 0) := "0000";
-- Zaehlbereich 0 bis 5 benoetigt 3 Bit:
signal countZehner : unsigned(2 downto 0) := "000";

begin
 process (clk)
  begin
   if rising_edge(clk) then
  -- Zaehlschritte fuer Einser und Zehner-Stelle:
    if countEinser = 9 then -- Ueberlauf in Zehner-Stelle
     countEinser <= "0000"; -- Einser-Stelle laeuft um auf 0
     countZehner <= countZehner + 1; -- Zehner-Stelle inkrementiert
    else              -- Einser-Stelle zaehlt ohne Ueberlauf
     countEinser <= countEinser + 1; -- Einser-Stelle wird inkrementiert
    end if;
  -- Ueberlauf der Zehner-Stelle:
    if countZehner = 5 and countEinser = 9 then -- nach 59 kommt 0
   -- Zuweisung Zaehlschritt von oben wird ueberschrieben:
     countZehner <= "000"; -- Zehner-Stelle lauft um auf 0, Einser-Stelle s.o.
    end if;
   end if;
 end process;
 countOutEinser <= std_logic_vector(countEinser);
 -- Zehnnerstelle hat 3 Bit, BCD benoetigt 4 Bit:
 countOutZehner <= '0' & std_logic_vector(countZehner);
end combo;
```

15.2.2 Sequenzer

Sequenzer sind autonome Automaten, die im Prinzip genauso funktionieren wie Zähler. Die Ausgabefolgen sind jedoch nicht unbedingt Zählfolgen. Vielmehr wird eine bestimmte, fest einprogrammierte Sequenz zyklisch wiederholt. Der Ampelautomat aus Buchteil 2 ist ein Beispiel für einen Sequenzer.

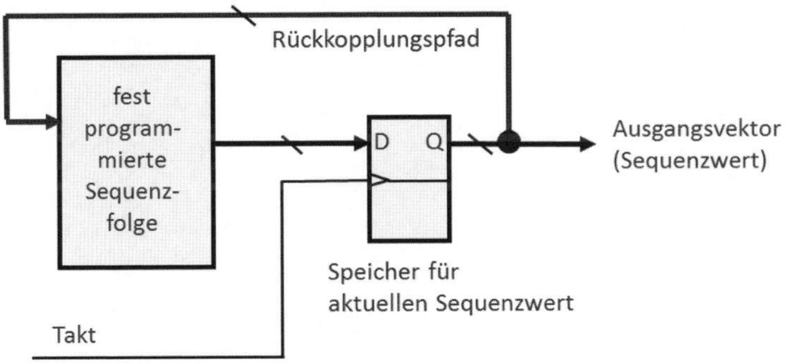

Abbildung 15.9: Bei dieser Variante enthält der Zustandsvektor direkt die Sequenzfolgenwerte. Die Berechung der Sequenzwerte erfolgt im Rückkopplungsnetzwerk.

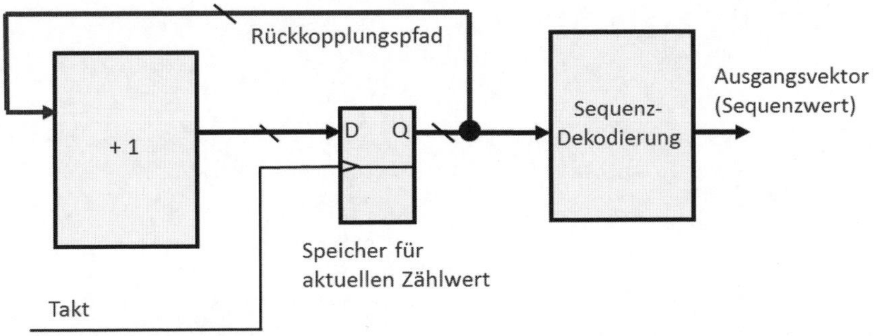

Abbildung 15.10: Bei dieser Variante wird ein Zähler verwendet. Die Berechung der Sequenzwerte erfolgt durch Dekodierung der Zählwerte im Ausgabenetzwerk.

Teil IV

Hardwarebeschreibung mit VHDL auf RTL-Ebene

Kapitel 16

Aufbau von Teil IV: „Hardwarebeschreibung mit VHDL auf RTL-Ebene"

Im ersten Teil des Buchs haben wir die mathematischen Grundlagen kennengelernt, auf dem die binäre Arithmetik basiert. Letztlich stehen hinter allen digitalen Funktionen mathematische Operationen. Digitale Schaltungen sind dabei nichts anderes als eine technische Modellierung der booleschen Mathematik mit Hilfe von elektronischen Bauteilen.

Um den Entwurf digitaler Schaltungen zu vereinfachen, hat man schon früh digitale Komponenten für die grundlegenden booleschen Operationen geschaffen. Diese Komponenten kann man einfach miteinander verdrahten und damit Schritt für Schritt immer kompliziertere Funktionen erzeugen. Um die dazu benötigten Entwurfsarbeiten zu systematisieren, haben wir einige zentrale Techniken im Teil II kennen gelernt. Außerdem wurden dort noch eine bis dahin fehlende Gruppe von Bausteinen – die Flipflops – eingeführt. Davon ausgehend wurden weitere zentrale Grundkomponenten digitaler Schaltungen vorgestellt (Teil III). Damit haben wir nun alle Mittel in der Hand, auch komplizierteste Funktionen zu realisieren.

In der Praxis hat sich aber erwiesen, dass man mit der herkömmlichen Methode – also Schaltungen aus Grundkomponenten aufbauen, die dann Schritt für Schritt zu größeren Modulen miteinander verdrahtet werden – ab einer gewissen Komplexität an Grenzen stößt. Gleichzeitig hatte sich die Technologie so stark weiter entwickelt, so dass man prinzipiell über immer mehr und mehr Grundkomponenten in einer einzigen Schaltung verfügt – wenn man sie nur effizient nutzen könnte.

Hardware-Beschreibungssprachen: Programmiersprachen für den Hardware-Entwurf

Um diese Herausforderung zu lösen, wurde ein Entwurfskonzept entwickelt: Anstatt Komponenten miteinander zu verdrahten, wird das *Verhalten* der Schaltung mittels eines Programmiersprache beschrieben und dann mit einem so genannten Synthese-Werkzeug automatisch in entsprechende Hardware-Komponenten übersetzt. Die Entwicklung ist hier vergleichbar mit der Programmierung von Computern. Während man die ersten Computer noch von Hand in Maschinensprache programmiert hat, um die begrenzt zur Verfügung stehenden Rechen- und Speicherressourcen möglichst optimal ausnutzen zu können, werden Programme heute überwiegend in Hochsprachen entwickelt. Compiler übersetzen dann die Hochsprachenprogramme in die Maschinenebene. Das hat natürlich entsprechende Leistungsverluste zur Folge – ein sorgsam von Hand entworfenes Maschinenprogramm wäre vermutlich schneller und kleiner –, aber man ist dank der Hochsprachen in der Lage, viel kompliziertere Programme in kürzerer Zeit zu schreiben.

Hardware-Synthese: Automatische Generierung von Schaltungen

Um das Verhalten einer Schaltung zu beschrieben, werden meist besondere Programmiersprachen, die sogenannten Hardware-Beschreibungssprachen (oder auch Hardware-Design-Sprachen) eingesetzt. Im Teil IV werden nun die zentralen Konzepte des Designs digitaler Schaltungen mit der Hardware-Beschreibungssprache VHDL eingeführt. Zunächst werden dazu die Prinzipien der VHDL-Simulation vorgestellt, da die Arbeit von Synthesewerkzeugen auf diesen Prinzipien basiert. Danach wird die zurzeit vorherrschende Schaltungsmethodik, die synchronen Schaltungen, vorgestellt und erläutert. Diese synchronen Schaltungskonzepte bilden die Grundlagen für VHDL-Designs auf Register-Transfer-Ebene. Danach vermittelt dieser Buchteil, nach welchen Regeln Synthesewerkzeuge aus einer VHDL-Beschreibung auf Register-Transfer-Ebene passende Hardware generieren. Diese Regeln bilden den Kern moderner Entwurfsmethodiken. Sie zu erklären und ihre Anwendung anhand von Beispielen zu trainieren ist daher das zentrale Ziel dieses Buchabschnittes.

Kapitel 17

Simulation von VHDL-Modellen

17.1 Warum simulieren?

Bevor wir uns im Detail mit der Synthese von Schaltungen beschäftigen, werfen wir zunächst einen Blick auf die *Simulation* von Schaltungen. Vielleicht werden Sie sich jetzt an dieser Stelle fragen, warum wir uns überhaupt damit beschäftigen. Schließlich können wir unsere VHDL-Modelle ja auch direkt synthetisieren, also den FPGA-Baustein programmieren und einfach ausprobieren, ob es läuft! Tatsächlich kann man das bei einfachen Modellen so machen. Wenn die Modelle aber komplexer werden, ist das nicht mehr möglich: Komplizierte Modelle haben meist auch schwierig zu entdeckende Fehler. Das sind Fehler, die nur in ganz bestimmten Situationen auftreten und sich sonst nicht bemerkbar machen. Zudem können wir in einer realen Schaltung nicht einfach in den FPGA „hineinschauen“, um interne Signale zu analysieren: Wir müssen statt dessen irgendwie aus den Signalen, die das Modell uns nach außen liefert, „schlau“ werden.

VDHL-Simulation: Nachbilden des Modellverhaltens mit einem Computer

Die „Jagd“ nach Fehlern ist heutzutage so aufwändig und wichtig geworden, dass man einen eigenen Begriff dafür geprägt hat: *Verifikation.* Tatsächlich ist in großen Designs die Verifikation einer der zeitraubenden Tätigkeiten. Bis zu 70% der Entwicklungszeit und mehr werden bei komplizierten Designs mit Suchen und Beheben von Fehlern verbracht!

Verifikation: Testen, ob das Modell korrekt arbeitet.

Das wichtigste Werkzeug für die Fehlerjagd ist heute die Simulation. Die VHDL-Simulation erlaubt es dem Designer, das Verhalten der Schaltung basierend auf dem VHDL-Modell mit einem Computer nachzuempfinden, ohne sie konkret aufbauen zu müssen. Damit ist er in der Lage, die Funktion der Schaltung zu überprüfen, noch bevor sie tatsächlich fertig ist. Als einen weiteren Vorteil kann man bei der Simulation jedes Signal – auch die tief im Design „vergrabenen“ – anschauen und beobachten. Das ist in einer realen Schaltung nicht ohne weiteres möglich.

Wie immer im Leben hat die „Medaille zwei Seiten“: Die Simulation hat natürlich auch ihre Probleme bzw. Nachteile. Der größte Nachteil ist die Geschwindigkeit: Im Vergleich zu einer Schaltung ist die Simulation im Normalfall um viele viele Größenordnungen langsamer als die reale Schaltung. Das mag auf den ersten Blick verwundern, wo wir heute doch Prozessoren mit einer Taktfrequenz von mehreren Gigahertz nutzen können. FPGAs werden zwar meist nur mit ein paar 100MHz getaktet, aber mit *jedem* Takt können in einem FPGA viele viele – hunderte, tausende oder auch hunderttausende – Operationen *gleichzeitig* durchgeführt werden. Ein moderner Prozessor läuft zwar mit mehreren GHz, aber in jedem dieser Takte führt er – wenn es gut „läuft“ – nur eine bis ein paar Operationen durch. Damit ist klar, dass auch ein schneller Prozessor eine komplexe Schaltung nur vergleichsweise langsam simulieren kann.

Simulation ist viel viel langsamer als die reale Hardware.

Vielleicht werden Sie jetzt sagen: „Aber unsere Modelle sind hier doch meist sehr klein. Da brauche ich nicht zwingend die Simulation!“. Im Prinzip ist das auch richtig. Tatsächlich ist es aber sehr wichtig zu verstehen, wie der Simulator arbeitet, auch wenn man gar simulieren möchte! Der Grund dafür liegt in der Art und Weise wie das Synthesewerkzeug ein VHDL-Modell in Hardware umsetzt: das Synthesewerkzeug erzeugt eine Hardware, die sich – grob gesehen – genauso verhält wie das VHDL-Modell. Wenn wir also verstehen wollen, welche Hardware aus einem Modell abgeleitet wird, müssen wir letztlich wissen, wie dieses Modell sich in der Simulation verhält! Diese Verhalten ist nämlich die Basis für die Arbeit des Synthesewerkzeugs.

Synthese basiert auf Simulationsverhalten.

Die Simulation eines VHDL-Modell findet dabei anhand von festen Regeln statt, die wir in den nachfolgenden Kapiteln kennen lernen werden.

Zusammenfassung:
„Schaltungsverifikation“ oder auch nur „Verifikation“ bezeichnet die Überprüfung, ob ein Design entsprechen den Vorgaben und Anforderungen funktioniert. Die Verifikation beginnt im Normalfall schon in der Entwurfsphase, wenn das Design lediglich als VHDL-Modell vorliegt.
Das zur Zeit gängigste Verfahren zur Verifikation eines VHDL-Modells ist dabei die Simulation. Während der Simulation wird das Verhalten der Schaltung mit einem Computer-Programm – dem VHDL-Simulator – nachempfunden.
Auch für die Synthese ist das Simulationsverhalten wichtig, da das Synthesewerkzeug immer versucht, eine eine Hardware zu erzeugen, die sich – in Grenzen – zeitlich genauso verhält wie das VHDL-Modell.

17.2 Die zwei Phasen der VHDL-Simulation

Die Simulation eines VHDL-Modells ist wie „Auto fahren“: zuerst muss das Auto einschließlich aller Extras gebaut werden, danach kann man einsteigen, den Motor starten und losfahren. Die Phase „Auto bauen“ nennt man in VHDL „Elaboration“, während das „Auto fahren“ dann die eigentliche Simulation – im folgenden *Simulationslauf* genannt – ist:

1. **Elaboration**: In der Elaborations-Phase wird das Modell aufgebaut. D.h. Es werden beginnend mit der Hauptkomponente rekursiv alle Komponenteninstanzen erzeugt und alle darin enthaltenen Signale sowie Prozesse generiert und initialisiert. Am Ende der Elaborations-Phase ist das Modell bereit für den Simulationslauf.

2. **Simulationslauf**: Der Simulationslauf beginnt damit, dass *alle* Prozesse einmal ausgeführt werden. Anschließend werden die Prozesse in Abhängigkeit von den Signalwechseln ausgeführt, bis entweder keine Aktivitäten (Signalwechsel) mehr im Modell vorhanden sind oder die gewünschte Simulationszeit (simulierte Zeit) erreicht ist.

   Prozesse sind im VHDL-Modell dabei die „aktiven Elemente“. Sie werden benutzt um das Verhalten von z.B. Gattern, Flipflops oder auch anderen informationsverarbeitenden Elementen zu modellieren.

Elaboration: Schaltungsstruktur erzeugen

Die *Elaboration* ist also nur die Startphase der Simulation. Ist sie abgeschlossen, dann findet erst der eigentliche *Simulationslauf* statt. Erst während des *Simulationslaufs* wird daher das Verhalten der Schaltung nachempfunden.

Typischer Weise werden während des *Simulationslaufs* ein paar oder auch alle Signale des Designs aufgezeichnet, so dass sich der Designer am Ende der Simulation die zeitlichen Verläufe auf den Signalen in der Retrospektive anschauen kann. *Alle* Signale komplett aufzuzeichnen gelingt leider meist nur bei kleinen Modellen. Werden die Modelle hingegen komplex, dann wird die „Flut" an Signalwechseln leicht zu einem „Flaschenhals" für die Simulation: die Aufzeichnung der vielen Signalwechsel verlangsamt die Simulation. Um diesen Flaschenhals zu weiten, bekommt der Designer somit eine weitere knifflige Aufgabe: er muss *vor* Beginn der Simulation die für ihn relevanten bzw. interessanten Signale auswählen, die *während des Simulationslaufs* aufgezeichnet werden sollen. Wie so oft im Leben ist es eine schwierige Aufgabe in die Zukunft zu sehen: wählt er zu viele Signale aus, dann verlangsamt sich die Simulation. Wählt er zu wenige oder die falschen aus, dann kann er möglicher Weise nicht mehr nachvollziehen, warum die Schaltung z.B. ein bestimmtes Fehlverhalten gezeigt hat.

Simulationslauf: Nachbilden des zeitlichen Modellverhaltens

Zusammenfassung:
Die VHDL-Simulation besteht aus zwei Phasen:

1. In der ersten Phase, der *Elaboration*, wird das Modell aufgebaut. Dazu werden alle benötigten Komponenteninstanzen mit den dazugehörigen Signalen und Prozessen generiert. Die Elaboration beginnt mit der Hauptkomponente (Top-Level-Komponente) und pflanzt sich rekursiv zu den darin enthaltenen Komponenten fort. Ist die Elaboration beendet, dann tritt die Simulation in die zweite Phase ein.

2. In der zweiten Phase findet der eigentliche *Simulationslauf statt.* Während des Simulationslauf wird das zeitliche Verhalten der Schaltung nachempfunden. Auf Wunsch können dabei die Signalwechsel aufgezeichnet werden, so dass sich der Designer am Ende der Simulation das (zeitliche) Verhalten des Modells anhand der Signalverläufe nachvollziehen kann.

17.3 Das „Weihnachtsmannprinzip"

Prozesse sind in VHDL die eigentlichen aktiven Elemente. Ein VHDL-Modell enthält typischer Weise eine sehr große Anzahl von Prozessen, die miteinander interagieren und so das Verhalten des Modells bestimmen. Ein Prozess kann z.B. ein Gatter, ein Flipflop oder auch kompliziertere Schaltungselemente repräsentieren. Während der Simulation wird dann das zeitliche Verhalten der Prozesse nach bestimmten Regeln nachgebildet.

Prozesse: Aktive Elemente eines VHDL-Modells

Das eigentliche Simulationsverfahren in VHDL ist nicht ganz unkompliziert. Um es uns etwas einfacher merken zu können, benutzen wir im Folgenden eine kleine Analogie: „Die Kinder und der Weihnachtsmann" (siehe rechts). Die Kinder sind dabei die Prozesse in unserem VHDL-Modell, während der Weihnachtsmann der Koordinator – auch Simulations-Kernel genannt – des Simulationssystems ist (siehe Abbildung 17.1).

Weihnachten und Kinder haben natürlich immer auch etwas mit „Geschenken" zu tun. Die Kinder (Prozesse) spielen mit den Geschenken (Signalwer-

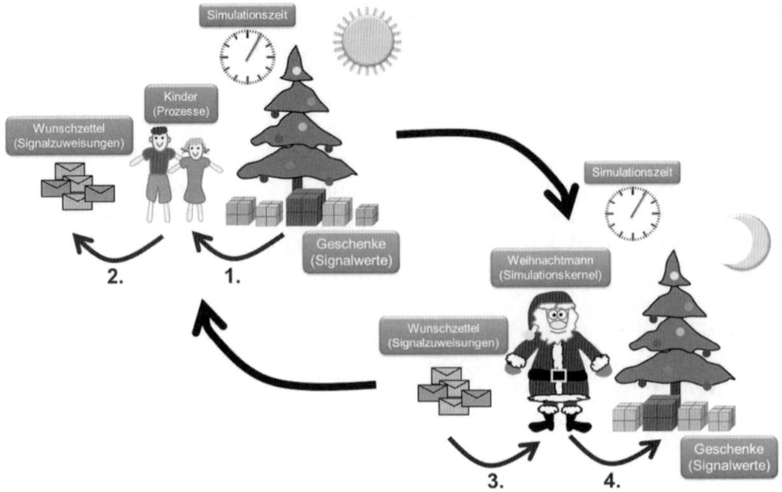

Abbildung 17.1: Der Simulationsuyklus von VHDL: Am Tag lesen Prozesse Signale (1.) und erzeugen Signalzuweisungen (2.), in der Nacht liest der Simulationskernel die Zuweisungen (3.) und weist den Signalen ihre neuen Werte zu (4.)

te), möchten aber natürlich jeden Tag neue Geschenke bekommen. Dazu füllen sie am „Tag“ Wunschzettel aus, um dem Weihnachtsmann darüber zu informieren, welche Geschenke (Signalwerte) sie demnächst haben möchten. In der „Nacht“ schlafen alle Kinder und der Weihnachtsmann liest die Wunschzettel und stellt die Geschenke dann unter den Tannenbaum (weist die Signalwerte auf die Signale zu). Am nächsten Tag wachen die Kinder (Prozesse) wieder auf, „spielen“ mit den Geschenken und schreiben neue Wunschzettel usw. Wichtig an diesem Ablauf ist, dass Geschenke (= neue Signalwerte) nur in der Nacht ausgeliefert werden, wenn alle Kinder schlafen! So ein Tag-Nacht-Wechsel wird *Simulationszyklus* genannt. Der Simulationslauf besteht dabei aus einer Folge solcher Zyklen.

„Tag“ und „Nacht“: Phasen des Simulationszyklus

Grob gesehen kennen wir jetzt also den Ablauf. Nun schauen wir uns das Verfahren im Detail an. Jeder Zyklus besteht aus zwei Phasen: „Tag“ und „Nacht“ (siehe Abbildung 17.1). Prozesse sind in VHDL dabei nichts anderes als (kleine) Programmsequenzen – also Folgen von Befehlen –, die immer und immer wieder ausgeführt werden. So eine Befehlssequenz kann z.B. sein: lese die beiden Signale a und b, verknüpfe sie mit einer boolschen Oder-Operation und weise das Ergebnis dem Signal c zu.

Während der Tag-Phase sind die Prozesse (Kinder) aktiv: sie führen ihren Programm-Code aus und erzeugen dabei gegebenenfalls neue Zuweisungen (Wunschzettel) für Signale. Während der Nacht schlafen dann alle Prozesse (Kinder) und die Signale bekommen ihre neuen Werte.

- **Tag**: Während des Tages werden (ein, mehrere oder auch alle) Prozesse ausgeführt. Welcher Prozess überhaupt ausgeführt wird, entscheidet jeder Prozess individuell mit Hilfe seiner Sensitivitätsliste. In dieser Liste sind alle Signale aufgeführt, durch die er aktiviert werden kann. Hat einer der Signale von der Liste einen Wechsel, dann wird der Prozess in dem jeweiligen Zyklus aktiviert.

Wird ein Prozess aktiviert, dann führt er seinen Prozesscode sequentiell – das heist Anweisung für Anweisung hintereinander – aus. Dabei sind einige Besonderheiten zu beachten:

- Ein Prozess kann in einem Simulationsszklus entweder keinmal oder einmal ausgeführt werden.
- Der Prozess wird *ununterbrochen* ausgeführt bis er einschläft. Er schläft ein, sobald er bei der Ausführung seiner Anweisungen auf **end process** (bzw. bis er auf die Spezialanweisung **wait**) stößt. Mehr dazu lernen wir im nächsten Kapitel. Beachten Sie, dass während der Prozessausführung keine simulierte Zeit verstreicht! D.h., ein Prozess arbeitet unendlich schnell – zumindest was die simulierte Zeit betrifft.
- Während der Prozessausführung kann der Prozess von Signalen lesen und neue Zuweisungen für Signale erzeugen. Diese Zuweisungen werden allerdings *nicht* direkt auf dem Signal sichtbar sondern es wird lediglich eine Art „Wunschzettel" erzeugt, der den neuen Wert enthält.

Die Tag-Phase dauert solange an, bis alle Prozesse, deren Sensitivitätssignale einen Signalwechsel hatten, ausgeführt worden sind. Am Ende des Tages sind alle Prozesse wieder eingeschlafen und es existieren schließlich eine ganze Reihe von Wunschzetteln, die die neuen Werte für die verschiedenen Signale tragen.

- **Nacht**: In der Nacht schlafen alle Prozesse und der „Weihnachtsmann" sammelt alle Wunschzettel ein und liefert neue Signalwerte aus: d.h., es erscheinen jetzt neue Werte auf den Signalen. Dabei können mehrere Fälle auftreten:
  - Für ein Signal gibt es *keinen* Wunschzettel: Das ist ganz einfach, dann behält das Signal einfach seinen alten Wert.
  - Für ein Signal gibt es *genau einen* Wunschzettel: Dann wird der neue Wert auf das Signal kopiert. Dadurch kann sich das Signal ändern (d.h. der alte und der neue Wert waren verschieden) oder aber auch gleich bleiben (alter und neuer Wert waren gleich).
  - Für ein Signal gibt es *mehrere Wunschzettel*: Das ist dann wie im echten Leben, der Wunschzettel der zuletzt erzeugt worden ist, überschreibt die älteren. D.h. es wird nur der letzte „Wunsch" des Prozesses vom Weihnachtsmann umgesetzt.

Signale ändern sich am „Tag" nie!

Das „Weihnachtmannprinzip" hat eine ganz wichtige Konsequenz zur Folge: Signale sind während der Prozessausführung (also am „Tag") konstant! Sie ändern sich nur in der „Nacht", wenn alle Prozesse schlafen! Wenn also ein Prozess ein Signal beschreibt und danach sofort wieder ließt (ohne dazwischen zu schlafen), dann wird er immer den *alten* Wert lesen! Erst wenn der Simulationszyklus beendet ist (und es Nacht wird), bekommen die Signale ihre neuen Werte!

17.3.1 Prozessausführung

VHDL ist im Kern ein massiv paralleles Systems. Die Prozesse sind dabei ähnlich zu Prozessen oder auch Tasks in einem Betriebssystem mit Multitasking. Wie in einem solchen Betriebssystem gibt es auch in VHDL eine zentrale Kontrollinstanz (Kernel bzw. der Weihnachtsmann), die die Ausführung der Prozesse kontrolliert und überwacht.

Bei der Aktivierung von Prozessen muss man zwei Fälle unterscheiden:

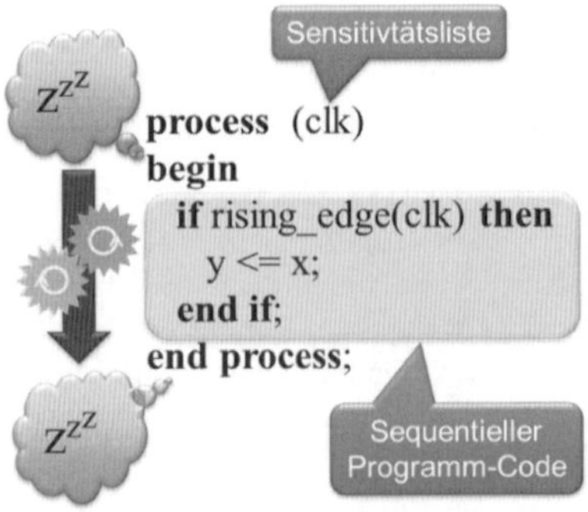

Abbildung 17.2: Prozess mit Sensitivitätsliste: Bei Aktivierung wird Programmcode von **begin** bis **end process** ausgeführt.

- **Prozesse mit Sensitivitätsliste**: In den vorangegangenen Kapiteln haben wir gelernt, wie die Prozesse in VHDL angestoßen werden: Über die Sensitivitätsliste legen Prozesse fest, wann sie aktiviert werden möchten. Findet auf mindestens einem der Signale in der Sensitivitätsliste eine Änderung statt, dann wird der Prozess von Simulations-Kernel in der folgenden „Tag“-Phase aktiviert (siehe Abbildung 17.2). Dabei arbeitet der Prozess seinen Prozess-Code ab **begin** ab, bis er auf **end process** stößt und schläft daraufhin ein. Achtung: unter Umständen können dabei sehr sehr viele Anweisungen ausgeführt werden (z.B. im Falle von Schleifen).

- **Prozesse ohne Sensitivitätsliste**: In VHDL gibt es auch die Möglichkeit Prozesse *ohne* Sensitivitätsliste zu definieren. Über eine spezielle Anweisung – die **wait**-Anweisung – gibt der Prozess dann an, auf welche Signale er sensitiv sein möchte.

  Wird ein solcher Prozess aktiviert, dann wacht er direkt hinter der zuletzt ausgeführten **wait**-Anweisung auf und führt seine Anweisungen aus, bis er wieder auf eine **wait**-Anweisung stößt. Trifft er während der Abarbeitung auf **end process**, dann springt er direkt wieder zu **begin** und macht von dort aus sofort – ohne einzuschlafen – weiter (siehe Abbildung 17.3).

VHDL-Prozess = Endlosschleife

Im Prinzip sind VHDL-Prozesse also Endlosschleifen, die irgendwann einschlafen und dann durch den Kernel gezielt angestoßen werden. Achtung: in VHDL werden die Prozesse nicht wirklich zeitlich parallel vom Computer ausgeführt, sondern hintereinander Prozess für Prozess abgearbeitet. Aufgrund des „Weihnachtmannprinzips“ spielt es aber keine Rolle, in welcher tatsächlichen Reihenfolge der Simulations-Kernel die Prozesse ausführt. Das Ergebnis ist am Ende dasselbe.

Bitte beachten Sie außerdem, dass der VHDL-Simulator einen Prozess ausführt, bis dieser „freiwillig“ einschläft. Schickt man also den Prozess in eine Endlosschleife – wie es im nachfolgenden Beispiel gezeigt wird –, dann „hängt“ sich der Simulator auf, da der Prozess seine „Rechenleistung“ nicht abgibt:

```
process (sig) begin -- Ein Prozess der den Simulator aufhaengt!
 while sig = '1' loop -- Wiederhole die Schleife solange sig = '1' ist...
   sig <= '0'; -- Neuer Wert erscheint nicht auf sig bevor
```

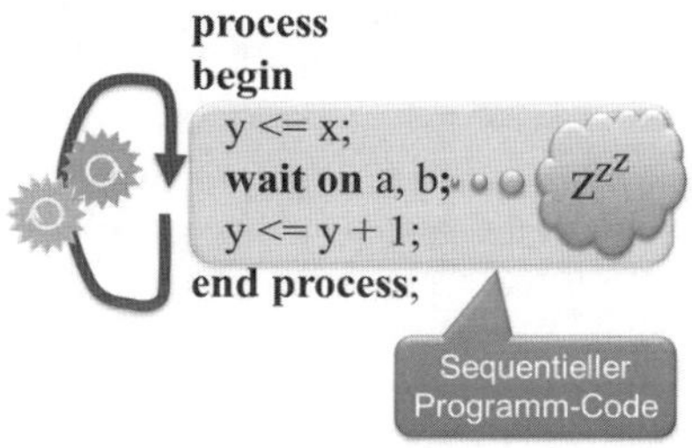

Abbildung 17.3: Prozess *ohne* Sensitivitätsliste: Bei Aktivierung wird Programmcode vom der zuletzt ausgeführten **wait**-Anweisung bis zur nächsten ausgeführten **wait**-Anweisung ausgeführt; trifft der Prozess auf **end process**, dann macht er sofort bei **begin** weiter!

```
4                      -- der Prozess einschlaeft!
5   end loop;
6 end process;
```

Sollte in dem Beispiel oben während der Simulation das Signal *sig* jemals 1 werden, dann bleibt der Prozess in der Schleife hängen! Jetzt werden Sie sich vielleicht fragen: "aber warum? Im Schleifenkörper wird *sig* doch eine 0 zugewiesen?! Danach müsste der Prozess die Schleife doch wieder verlassen!". Genau das macht er leider nicht: der Grund dafür ist das „Weihnachtsmannprinzip"! Während der Prozess aktiv ist, ändern die Signale – und damit auch *sig* – ihren Wert nicht! Auch wenn in Zeile 3 also eine Zuweisung durchgeführt wird, so wirkt sie sich noch nicht auf das Signal aus, solange der Prozess aktiv ist. Und hier ist das Problem: der Prozess kann nicht einschlafen, da die **while**-Bedingung nicht mehr *falsch* werden kann und er somit in der Schleife gefangen bleibt. Damit hat er keine Gelegenheit **end process** zu erreichen. Da er aber nicht „einschlafen" kann, ändert sich auch *sig* nicht!

VHDL-Prozesse nutzen kooperatives Mutlitasking.

17.3.2 Zeit in der Simulation

Jetzt wissen wir also, wie in VHDL der Simulationszyklus abläuft. Was wir aber noch nicht geklärt haben, ist, wie in der Simulation die simulierte Zeit (auch „Simulationszeit" genannt) überhaupt voranschreitet. Für die Simulation nutzt VHDL ein ganz spezielles Verfahren, dass in der Fachwelt „Diskrete Event-Simulation" genannt wird. Bei der diskreten Event-Simulation springt der Simulator von einem Simulationszeitpunkt zum nächsten. Das ist auf den ersten Blick ziemlich verwirrend, ist aber sehr effizient: es werden nämlich nur die Zeiten im Modell untersucht, an denen überhaupt etwas passiert. Das wollen wir an einem einfachen VHDL-Prozess untersuchen:

```
process (sig)
begin
  sig <= not sig after 10 ns; -- Eine Signalzuweisung mit Zeitverzoegerung
end process;
```

Dieser Prozess ist sensitiv auf das Signal *sig* und wird daher aktiviert, sobald *sig* seinen Wert ändert. Soweit ist das noch nichts neues. Aber die Signalzuweisung sieht etwas anders aus als bisher: hinter dem neuen Zuweisungswert finden wir noch „**after** *10 ns*". Die Wirkung dieses

Prozesse sind unendlich schnell.

Zusatzes ist, dass der invertierte Wert von *sig* nicht für den aktuellen Simulationszeitpunkt, sondern erst in *10 ns* (simulierte Zeit) auf dem Signal erscheinen soll. Wir haben hier also eine *Zeitverzögerung* angegeben.

Wie wird das nun in der Simulation realisiert? Eigentlich ganz einfach: Auf dem „Wunschzettel" steht nicht nur das Zielsignal und der neue Wert sondern auch der (simulierte) Zeitpunkt, an dem dieser Wert auf dem Signal erscheinen soll. Dieser Zeitpunkt wird auch *Zeitstempel* (engl. Timestamp) genannt. Der neue Zeitpunkt (Zeitstempel) ergibt sich einfach aus dem *aktuellen Simulationszeitpunkt* + der in der Zuweisung angegebenen Zeitverzögerung. Den aktuellen Zeitpunkt können wir dabei von der Simulationszeituhr ablesen.

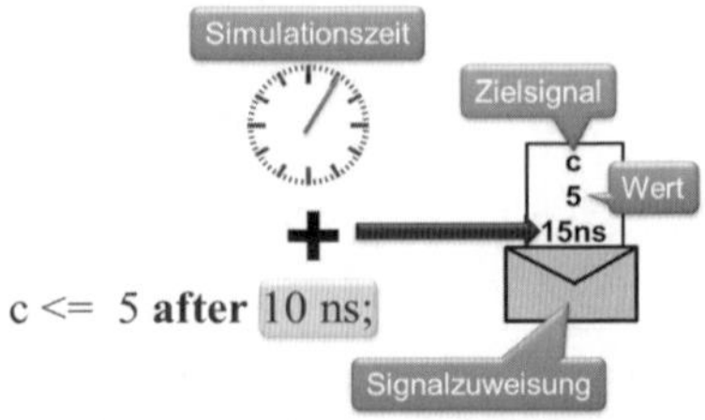

Simulierte Zeit schreitet nur „Nachts" voran.

Der „Weihnachtsmann" (Simulationskernel) hat die Aufgabe die Simulationszeituhr zu verwalten. Dazu durchsucht er in der Nacht alle Wunschzettel nach der Zuweisung mit dem kleinsten Zeitstempelwert und stellt dann die Simulationszeituhr auf diesen Wert. Anschließend werden nur diejenigen Wunschzettel bearbeitet, die für diese neue Simulationszeit gelten. Die übrigen Wunschzettel werden aber *nicht* weggeworfen, sondern für einen späteren Zeitpunkt aufbewahrt. Nur die Zuweisungen, die auch tatsächlich ausgeführt worden sind, werden gelöscht.

Das ist ein sehr effizientes Simulationsverfahren, da die Simulationszeit in Sprüngen – abhängig von den Zeitsempeln auf den Wunschzetteln – voranschreitet. Zeiten, an denen kein Wunschzettel „erfüllt" werden soll, werden daher übersprungen! Zeitpunkte an denen nichts passiert, werden also auch nicht simuliert.

Zusammenfassung:
Der Simulationszyklus besteht in VHDL aus zwei Phasen:

1. In der ersten Phase werden die zur Aktivierung vorgesehenen Prozesse (siehe Phase 2) ausgeführt. Sie lesen dabei Signale und erzeugen Signalzuweisungen. Der Zeitstempel einer neu erzeugten Zuweisung ergibt sich aus der aktuellen Simulationszeit plus dem in der Signalzuweisung angegebenen Verzögerungswert (= 0, falls keine Verzögerung angegeben ist). Die Zuweisungen werden zunächst nur gesammelt, d.h. die neuen Werte erscheinen noch *nicht* auf den Signalen. Die Phase ist abgeschlossen, wenn alle Prozesse in den schlafenden Zustand übergegangen sind.

2. In der zweiten Phase wird die Zuweisung mit dem kleinsten Zeitstempel bestimmt. Die aktuelle Simulationszeit wird auf diesen Zeitstempelwert gesetzt und alle Zuweisungen, die diesen Zeitstempel tragen, auf die entsprechenden Signale zugewiesen. Wechselt dadurch ein Signal seinen Wert und ist dieses Signal in der Sensitivitätsliste eines oder auch mehrere Prozesse, so werden diese Prozesse zur Aktivierung im nächsten Simulationszyklus vorgesehen.

Dieser Ablauf wird zyklisch wiederholt, bis es keine Aktivitäten (Signalzuweisungen) mehr im Modell gibt oder bis das Ende der Simulationszeit erreicht worden ist.

17.3.3 ALDEC VHDL-Simulator

In diesem Kapitel soll das bis jetzt gelesene in der Praxis umgesetzt werden. Dazu werden wir den VHDL-Simulator von ALDEC verwenden. Bitte beachten Sie, dass dieser Simulator nur für Windows-basierte PCs zu Verfügung steht.

Bitte beachten Sie zudem, dass das Modell, das wir nun erstellen werden, nicht für die Synthese vorgesehen ist! Es soll hier lediglich simuliert werden. Gehen Sie dazu wie folgt vor:

1. Starten Sie die Diamond Entwicklungssoftware (IDE) und öffnen Sie im Verzeichnis **'DigiSysFpga\Teil4\SimpleSim** die Projektdatei **SimpleSim.ldf**.

2. Aktivieren Sie in der IDE die „File List"-Ansicht und öffnen Sie die VHDL-Datei **SimpleSim.vhd**.

3. Die Datei **SimpleSim.vhd** enthält bereits Definitionen für die **entity** *SimpleSim* und die **architecture** *behave*. Ergänzen Sie nun die **architecture** um den folgenden Prozess:

```
process (sig)
begin
   sig <= not sig after 10 ns;
end process;
```

   Achtung: Vergessen Sie bitte nicht das Leerzeichen zwischen *10* und *ns*!

4. Als nächstes werden wir ein Simulationsprojekt erzeugen. Klicken Sie dazu auf den „Simulation Wizard" Button. Als Ergebnis wird sich ein „Wizard" öffnen, mit dem sie die benötigten Simulationsparameter festlegen können. Drücken Sie „Next".

5. In dem sich jetzt öffenden Fenster klicken Sie bitte auf „Next", um mit den Vorbereitungen für die Simulation zu beginnen.

6. Geben Sie **SimpleSimSimulator** als Projektname für die Simulation ein und drücken Sie auf „Next".

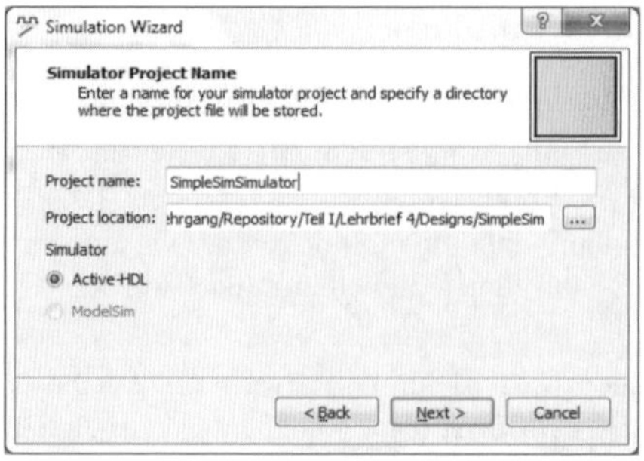

7. Wählen Sie „RTL“ als „Process Stage“ aus und drücken Sie „Next“.

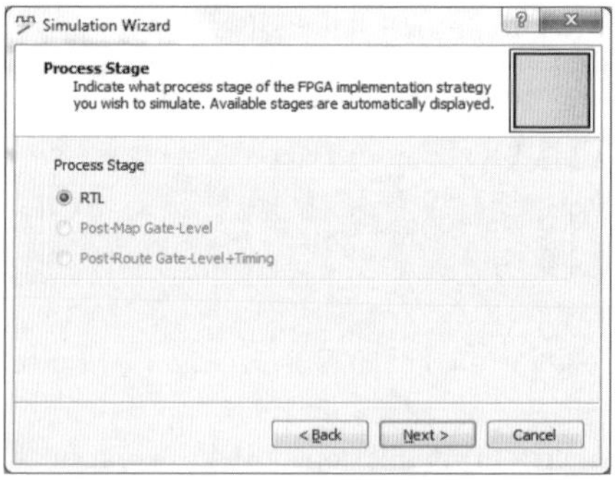

8. Deaktivieren Sie „Copy Source to Simulation Directory“ (ansonsten wird eine lokale Kopie der VHDL-Dateien im Simulator-Projekt angelegt) und aktivieren Sie „Automatically set simulation compilation file order“. Drücken Sie „Next“.

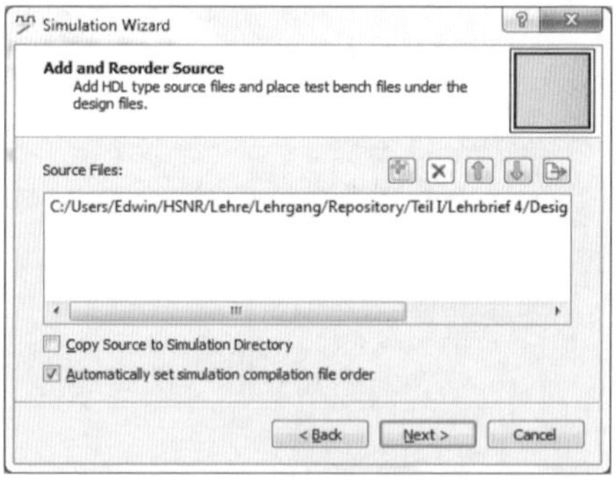

9. Auf der nächsten Seite müssen Sie nichts verändern. Drücken Sie „Next“.

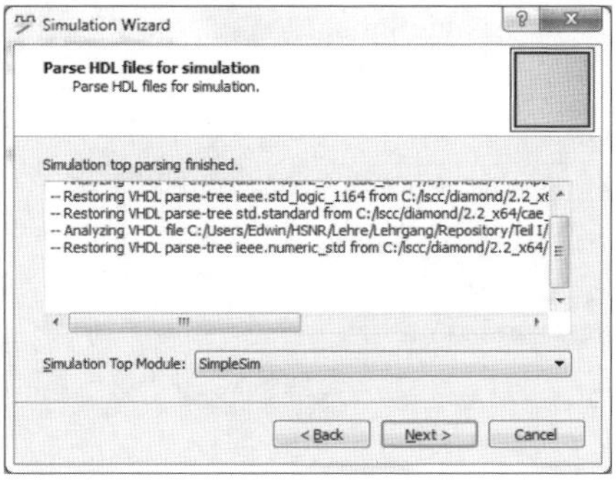

10. Achten Sie auf der nächsten Seite darauf, den Haken vor „Run simulation“ zu entfernen. Drücken Sie „Finish“.

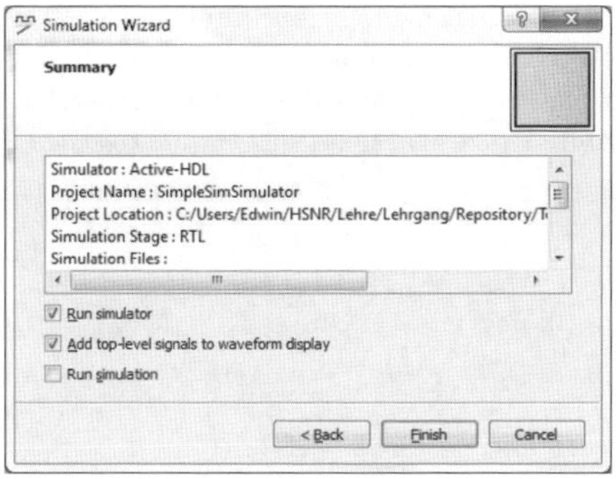

Daraufhin öffnet sich das Simulationsfenster, das Design wird geladen und elaboriert.

11. Nun kann die Simulation gestartet werden. Drücken Sie dazu die Schaltfläche um das Modell bis zum Zeitpunkt *100 ns* zu simulieren. Zur Kontrolle der Simulation stehen weiter Buttons zu Verfügung:

   - Mit der Schaltfläche starten Sie die Simulation ohne zeitliche Beschränkungen. Achtung: Der Simulator wird erst dann aufhören, wenn sie den Stop-Knopf (■) drücken.
   - Die Schaltfläche lässt den Simulator bis zu einen festgelegten Zeitpunkt simulieren. Den Simulationszeitpunkt müssen Sie dabei über ein neues Fenster eingeben.
   - Mit können Sie – vom aktuellen Zeitpunkt aus gemessen – für die durch das „Simulationszeit“-Feld (rechts von der Schaltfläche) festgelegten Zeitspanne *weiter simulieren.*
   - Der Knopf „fährt“ die Simulation zurück an den Anfang (Zeitpunkt 0).
   - Mit dem Stop-Knopf ■ wird schließlich die Simulation unterbrochen. Das ist z.B. notwendig, wenn die der Simulator durch ein Fehler im Modell in einer Endlosschleife hängt.

12. Nach ein paar Sekunden ist die Simulation abgeschlossen und wir können uns die Aufzeichnung für das Signal *sig* anschauen:

Wie erwartet wechselt *sig* alle *10 ns* seinen Wert. Als Ergebnis bekommt man ein Art Taktsignal. **Achtung: Bitte schließen Sie nicht den Simulator.**

Die 1 und 0 Phasen des Signals *sig* sind gleich lang. Erweitern Sie den Prozess-Code nun so, dass die 0 Phasen 20 ns, die 1 Phasen hingegen immer noch 10 ns lang sind. Nutzen Sie dazu im Prozess eine **if-then-else**-Anweisung um zu überprüfen, ob der aktuelle Wert auf *sig* gerade 0 oder 1 ist und erzeugen Sie in den verschiedenen Fällen passende Signalzuweisungen.

Hinweis: der nachfolgende Prozess erzeugt ein *symmetrisches* Taktsignal.

```
process (sig)
begin
   if sig = '1' then
      sig <= '0' after 10 ns; -- Wenn sig '1' ist, wuenschen wir uns in 10 ns
                              -- ein Wechsel auf '0'
   else
      sig <= '1' after 10 ns; -- Wenn sig '0' ist, wuenschen wir uns in 10 ns
                              -- ein Wechsel auf '1'
   end if;
end process;
```

Gehen Sie wie folgt vor:

1. Ändern Sie den Prozess-Code mit Hilfe des Editors in der Diamond-IDE.
2. Wechseln Sie zum Simulatorfenster (sollten Sie es geschlossen haben, dann starten Sie am einfachsten den Simulator-Wizard von der Diamond-ISE über die Schaltfläche und erzeugen Sie das Simulator-Projekt **SimpleSimSimulator** nochmal). Übersetzen Sie das VHDL-Modell indem Sie den „Compile-All"-Button drücken.
3. Setzen Sie die Simulation auf den Anfang zurück, indem Sie auf klicken.
4. Simulieren Sie das Modell indem Sie die Schaltfläche drücken. Überprüfen Sie den Signalverlauf von *sig*. Ist er wie erwartet?

   Sollten Sie vergessen haben, das Modell neu zu übersetzen, dann wird Sie der Simulator darauf hinweisen und fragen, ob er es jetzt für Sie tun soll. Beantworten Sie die Frage dann einfach mit „Ja".

17.3.4 Deltazyklen

Wir haben im vorangegangenen Kapitel Signalzuweisungen mit Zeitverzögerung kennengelernt und uns auch angeschaut, wie diese Verzögerungen in der Simulation umgesetzt werden. Möglicher Weise werden Sie sich jetzt fragen, wie die Signalzuweisungen *ohne* Zeitverzögerung, die wir bis dahin ja intensiv genutzt haben, denn eigentliche simuliert werden? Dazu schauen wir uns das folgende Beispiel bestehend aus zwei Prozessen an:

```
process (a) begin -- Prozess 1
   a <= not a after 50 ns;
end process;

process (a) begin -- Prozess 2
   b <= not a;
end process;
```

Wir simulieren diese beiden Prozesse im „Kopf" und nehmen dazu an, dass *a* zu Beginn der Simulation den Wert 0 und *b* den Wert 1 haben. Wie Prozess 1 sich verhält, haben wir ja im vorangegangenen Kapitel schon einmal durchgespielt. Als Ergebnis werden wir auf *a* ein Taktsignal sehen, das alle *50 ns* seinen Wert wechselt.

Prozess 2 wird nun durch die Wechsel auf *a* aktiviert und erzeugt bei jedem Lauf eine Zuweisung, die *b* den negierten Wert von *a* zuweist. Diese Zuweisung hat aber *keine* Zeitverzögerung! Sie müsste also eigentlich – so hätten wir es zumindest gerne – zum selben Zeitpunkt geschehen wie der Wechsel auf *a*. Auf der anderen Seite wird der Prozess 2 ja erst angestoßen, wenn *a* seinen Wert gewechselt hat! Das erscheint Ihnen jetzt vielleicht wie ein unauflösbarer Konflikt, aber durch einen kleinen Trick können wir das Problem lösen: bei Bedarf wird ein und derselbe Zeitpunkt einfach *mehrfach* simuliert!

Um das zu verstehen, simulieren wir das Modell noch einmal von „Hand" (die Bilder am Rand des Textes zeigen den aktuellen Wert der beiden Signale sowie die Zuweisungen – also die „Wunschzettel" – am Ende des Zyklusses):

- **Zeit = 0 ns**: Zu Beginn der Simulation werden alle Prozesse einmal ausgeführt (unabhängig davon was die Sensitivitätsliste sagt). Als Ergebnis werden zwei Wunschzettel von den Prozessen generiert. Prozess 1 erzeugt einen für *a* mit dem Wert 1 und dem Zeitstempel *50 ns*. Prozess 2 erzeugt einen Wunschzettel für *b* mit dem Wert 1 und dem Zeitpunkt *0 ns* (Zeitstempel = aktuelle Simulationszeit + Verzögerung = *0 ns* + *0 ns* = *0 ns*).

  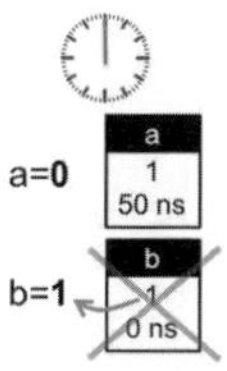

  Die nächste Simulationszeit ist nun der kleinste Zeitstempel aller Wunschzettel, in unserem Fall also *0 ns*. Wir simuliern also den Zeitpunkt *0 ns* nochmal! Um rein technisch den aktuellen Simulationszyklus von dem nachfolgenden unterscheiden zu können, addieren wir zu den *0 ns* einen virtuellen winzigen Zeitschritt *1 d* – auch Delta genannt. Somit ist also der nächste Simulationszeitpunkt *0 ns + 1 d*.

- **Zeit = 0 ns + 1 d**: Das Signal *b* ist bereits vorher 1 gewesen, deswegen löst die Zuweisung auf *b* auch keine Veränderung aus. Zudem gibt es ja auch keinen Prozess, der auf *b* sensitiv ist.

  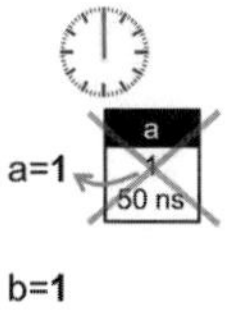

  Der nächste Simulationszeitpunkt ergibt sich jetzt aus dem letzten noch verbliebenen Wunschzettel und ist somit *50 ns*. Die aktuelle Simulationzeit ist daher *50 ns*. Als nächstes wird jetzt also diese Zuweisung ausgeführt und *a* ändert seinen Wert von 0 nach 1.

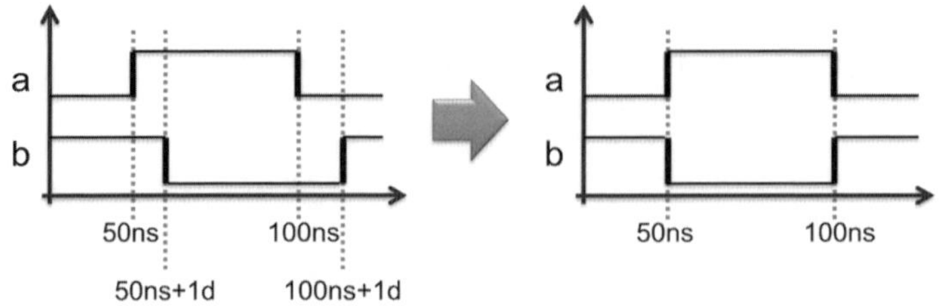

Abbildung 17.4: Signalverlauf mit (links) und ohne sichtbare Delta-Zyklen (rechts)

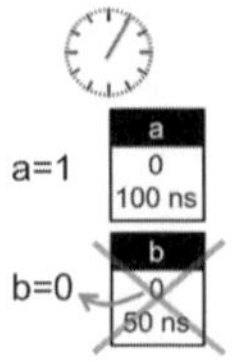

- **Zeit = 50 ns**: Weil *a* sich geändert hat, werden beide Prozesse ausgeführt. Als Ergebnis erzeugt Prozess 1 eine Zuweisung mit dem Wert 0 und dem Zeitstempel *100 ns* für *a*. Prozess 2 generiert eine Zuweisung mit Wert 0 und Zeitstempel *50 ns* für *b*.

  Der kleinste Zeitstempel aller Zuweisungen ist *50 ns*, somit bleibt die Simulationszeit (zumindest der „nicht"-Delta-Anteil) bei *50 ns*. Als Ergebnis wird die Zuweisung für *b* durchgeführt und wir müssen im nächsten Zyklus den Zeitpunkt *50 ns* noch einmal simulieren! Um dass deutlich zu machen, addieren wir wieder *1 d* zu der Zeit hinzu.

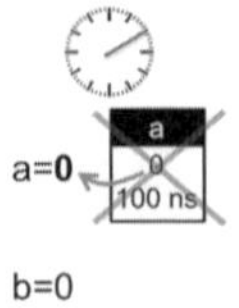

- **Zeit = 50 ns + 1 d**: Das Signal *b* ist jetzt 1, weil aber kein Prozess auf *b* sensitiv ist, wird auch keiner aktiviert.

  Der nächste Simulationszeitpunkt ergibt sich jetzt aus dem verbliebenen Wunschzettel und ist somit *100 ns*. Die verbliebene Zuweisung wird daher ausgeführt und *a* ändert seinen Wert von 1 nach 0.

- ...

Abbildung 17.4 zeigt den Verlauf der Signale *a* und *b*. Auf der linken Seite sind dabei die Delta-Schritte explizit gezeigt. Normaler Weise sind die aber nicht zu sehen. Reale Simualtoren werden in der Waveform statt dessen alle Delta-Schritte zu *einem* Simulationszeitpunkt zusammenschieben und man bekommt eine Verlaufsansicht wie sie auf der rechten Seite von Abbildung 17.4 zu sehen ist. In dieser Ansicht wechseln *a* und *b* tatsächlich zu demselben Zeitpunkt ihre Pegel!

Delta-Zyklus: Simulierte Zeit ändert sich nicht.

Letztlich haben wir das Simulationsverfahren also eigentlich gar nicht verändert, sondern nur konsequent durchgeführt. Bei der Auswahl des nächsten Simulationszeitpunktes wird einfach der jüngste (kleinste) Zeitstempel aller noch vorhandenen Zuweisungen verwendet, auch wenn der Zeitstempel identisch zur aktuellen Simulationszeit ist. Als Ergebnis simulieren wir also gegebenenfalls denselben Zeitpunkt einfach noch einmal.

Bei komplizierteren Modellen kann es übrigens vorkommen, dass ein Simulationszeitpunkt nicht nur ein oder zweimal, sondern ganz oft hintereinander simuliert wird. Jedes mal wird dabei der Delta-Wert hochgezählt. Um so einen Effekt zu erzwingen, erweitern wir das vorangegangenen Beispiel etwas:

```
process (a) begin -- Prozess 1
   a <= not a after 50 ns;
end process;
```

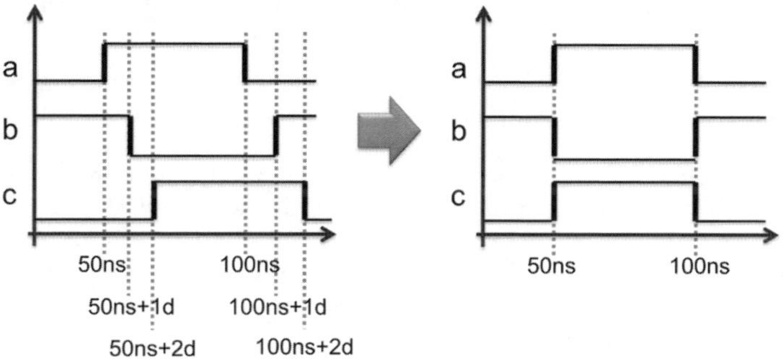

Abbildung 17.5: Signalverlauf des 3-Prozess Modells mit (links) und ohne sichtbare Delta-Zyklen (rechts)

```

process (a) begin -- Prozess 2 ist sensitiv auf a
   b <= not a; -- Prozess schreibt b
end process;

process (b) begin -- Prozess 3 ist sensitiv auf b
   c <= not b; -- Prozess schreibt c
end process;
```

Abbildung 17.5 zeigt den Signalverlauf für das neue Modell einmal mit und einmal ohne sichtbare Delta-Zyklen. Mit einem realen Simulator werden Sie dabei nur die rechte Ansicht zu Gesicht bekommen. Die linke ist für praktische Anwendungen nicht geeignet, da sich hier reale Zeit und Delta-Zeit auf einer Achse wiederfinden.

Zusammenfassung:
Delta-Zyklen sind ein besonders Konzept, mit denen der VHDL-Simulator auch Signalzuweisungen *ohne* zeitliche Verzögerung simulieren kann. Am Ablauf des Simulationszyklusses wird dabei nichts verändert, lediglich der „Zeitbegriff“ wird etwas erweitert: hat der nächste Simulationszyklus bei der Simulation *denselben* Zeitstempel wie der aktuelle, dann wird er nächste Zyklus „Delta-Zyklus“ genannt. Als Ergebnis wird derselbe Zeitpunkt *noch einmal* simuliert. Der Delta-Zyklus wird dabei wie ein „normaler“ Zyklus vom Simulator abgearbeitet!
In komplexen Modellen kann es dabei vorkommen, dass Zeitpunkte mehrfach hintereinander simuliert werden, bevor die Simulationszeit tatsächlich weiter voranschreitet.

17.3.5 VHDL-Modell eines RS-Flipflops

Mit Delta-Zyklen kann man also Modelle simulieren, die Signalzuweisungen ohne Zeitverzögerungen enthalten. In der folgenden praktischen Übung wollen wir die Möglichkeiten aber auch die Grenzen und Probleme solcher Modelle etwas näher beleuchten. Gehen Sie dazu wie folgt vor:

1. Starten Sie die Diamond Entwicklungsumgebung, und öffnen im Verzeichnis **DigiSysFpga\Teil4\DeltaSim** die Projektdatei **DeltaSim.ldf**.

2. Wie immer im Leben „hat jede Medaille zwei Seiten". So ist es auch mit den Delta-Zyklen: wenn man nicht aufpasst kann man Modelle erzeugen, die nicht richtig simulieren. Um das zu verdeutlichen, öffnen Sie im Diamond-Editor die Datei **DeltaSim.vhd** und ergänzen Sie den Code wie folgt:

```
library ieee;
use ieee.std_logic_1164.all;

entity DeltaSim is
end DeltaSim;

architecture behave of DeltaSim is
  signal a : std_logic := '0';
begin
  process (a) begin
    a <= not a;
  end process;
end behave;
```

   Der Prozess im Modell ist sensitiv auf *a* und weist bei jedem Prozesslauf den invertierten Wert von *a* auf *a* zu.

3. Erzeugen Sie als nächstes mit Hilfe des „Simulation Wizards" ( ) ein Simulationsprojekt. Geben Sie dem Projekt den Namen "DeltaSimSimulator". Gehen Sie dabei analog wie in Kapitel 17.3.3 beschrieben vor.

4. Übersetzen Sie im ALDEC-Fenster das VHDL-Modell mit Hilfe des „Compile-All"-Buttons ( ).

5. Starten Sie die Simulation, indem Sie die Schaltfläche drücken. Das Ergebnis wird eine Fehlermeldung sein, die Sie im Console-Bereich des Simulatorfensters (unten) sehen können:

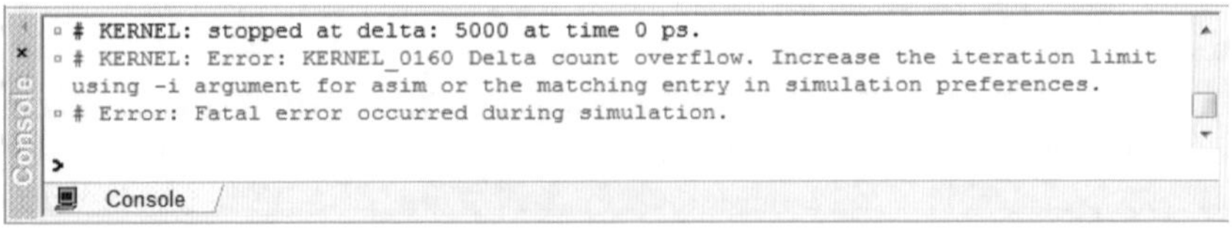

   Was ist passiert? Wenn Sie sich das Modell noch einmal genauer anschauen, dann fällt Ihnen vielleicht auf, dass der Prozess sich durch die Zuweisung *a <= not a* immer wieder selbst aktiviert. Da die Zuweisung aber ohne Zeitverzögerung operiert, wird der Simulator für jede Zuweisung einen eigenen Delta-Zyklus verwenden. Als Ergebnis bekommen

Sie eine Simulation mit unendlich viele Delta-Zyklen. Allerdings hat der Simulator eine eingebaute Schwelle, ab der er die Simulation abbricht und eine Fehlermeldung ausgibt. Im Moment ist diese Schwelle auf maximal 5000 hintereinander folgende Delta-Zyklen eingestellt.

Immer dann, wenn wir eine solche „Feedback“-Schleife ohne Verzögerung in unserem Modell haben, müssen wir also vorsichtig sein. Dabei spielt es keine Rolle, ob sich der Prozess direkt selbst aktiviert oder eine Kette von anderen Prozessen anstößt, die am Ende wieder den ersten aktivieren: Sobald eine solche Aktivierungskette ohne Zeitverzögerungen entsteht, können sich solche „Endlosschleifen“ ergeben!

6. Jetzt könnte man vielleicht meinen, dass Modelle mit verzögerungslosen Feedback-Schleifen grundsätzlich nicht sinnvoll sind. Das wiederum stimmt so auch nicht! Es ist durchaus möglich, sinnvolle Modelle mit solchen Eigenschaften zu konstruieren. Dazu ein Beispiel:

```
library ieee;
use ieee.std_logic_1164.all;

entity DeltaSim is
end DeltaSim;

architecture behave of DeltaSim is
  signal r, s, q : std_logic := '0';
  signal qn : std_logic := '1';
begin
  process (r, qn) begin -- Prozess 1
    q <= r nor qn;
  end process;

  process (s, q) begin -- Prozess 2
    qn <= s nor q;
  end process;
end behave;
```

Prozess 1 schreibt *q* und kann damit Prozess 2 aktivieren, da dieser auf *q* sensitiv ist. Auf der anderen Seite schreibt Prozess 2 *qn* worauf Prozess 1 wiederum sensitiv ist. Wir haben hier also eine Feedback-Schleife über zwei Prozesse hinweg.

Versuchen wir doch einfach mal, dieses Modell zu simulieren!

7. Ersetzen Sie den Code in der Datei **DeltaSim.vhd** mit Hilfe des Diamond-Editors durch das neue Modell (Speichern nicht vergessen!), wechseln Sie dann in das ALDEC-Fenster und übersetzen Sie es mit dem Simulator ( ). Achten Sie bitte darauf, den Code genau so wie im Beispiel gezeigt, einzugeben!

8. „Spulen“ Sie die Simulation mit dem Button auf den Anfang zurück.

9. Das Modell hat sich jetzt ja stark verändert. So gibt es nun z.B. neue Signale (*r, s, q, qn*), die im Waveform-Fenster noch nicht auftauchen. Daher müssen wir zunächst die neuen Signale ins Waveform-Fenster übertragen: Aktivieren dazu Sie bitte die Struktursicht

auf das Modell. Dann können Sie im Signal-Browser die gewünschten Signale markieren und bei gedrückter linken Maustaste in den Waveform-Bereich herüberziehen (siehe auch Abbildung 17.6).

Nicht mehr benötigte Signale können ebenso einfach über das Kontextmenü – rechte Maustaste klicken und dann „Delete“ auswählen oder die „Entfernen“-Taste drücken – aus dem Fenster entfernt werden.

Achtung: Sollten Sie eine Fehlermeldung der Art „Error: Accelerated Waveform: Simulation database is not connected ...“ bekommen, dann initialisieren Sie die Simulation nochmal: Stellen Sie dazu zunächst sicher, dass die richtige Hauptkomponente ausgewählt ist (siehe Abbildung 18.11 „Top-Level-Komponente auswählen“) und wählen Sie dann „Simulation → Initialize Simulation“ aus dem Hauptmenü des Simulatorfensters aus.

10. Simulieren Sie das Modell für 100 ns ( ). Vielleicht sind Sie jetzt überrascht, dass es keine Fehlermeldung gibt. Statt dessen kann man im Waveform-Bereich die Signalwerte für die ersten *100 ns* betrachten.

    Die Signalverläufe sehen zwar nicht sehr spannend aus – alle Signale bis auf *qn* sind 0 – aber das ist auch nicht verwunderlich: wir haben ja gar keine Stimuli angelegt!

11. Lassen Sie uns nun ein paar Stimuli für unser Modell erzeugen. Ergänzen Sie die **architecture** daher um folgende Code-Sequenz:

```
architecture behave of DeltaSim is
    ...
begin
    s <= '1' after 10 ns, '0' after 20 ns;
    r <= '1' after 50 ns, '0' after 70 ns;

    ...
end behave;
```

    Das ist die einfachste Art um für ein (oder auch mehrere) Signal einen „komplizierten“ Signalverlauf zu erzeugen. Letztlich haben wir hier zwei einfache parallele Signalzuweisungen generiert, die einen festen „Wellenzug“ auf die Signale einprägen. Für *s* soll eine 1 nach *10 ns* erscheinen, die dann bis zum Zeitpunkt *20 ns* bleibt. Dann wechselt das Signal auf 0 und bleibt bis zum Ende auch dort. Bitte beachten Sie, dass alle Zeiten hier absolut zur Zeit 0 angegeben werden!

12. Übersetzen Sie das Modell ( ), spulen Sie die Simulation zurück ( ) und simulieren Sie nochmal für *100 ns* ( ).

    Wenn Sie alles richtig gemacht haben, wird folgender Signalverlauf zu sehen sein:

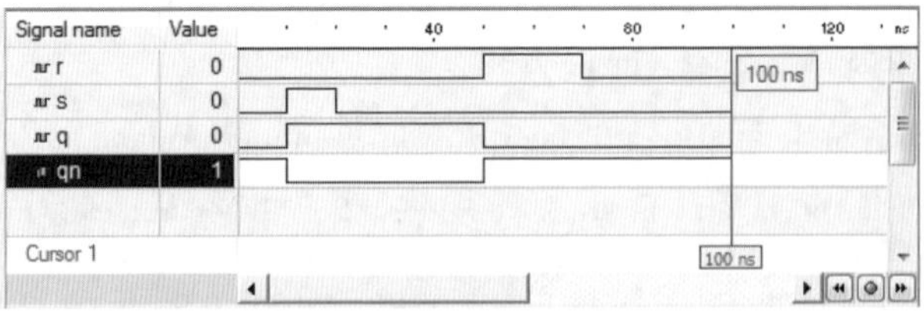

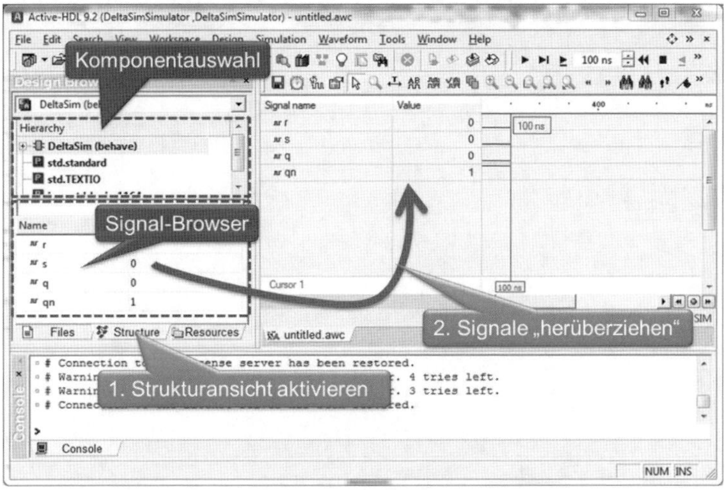

Abbildung 17.6: Neue Signale im Waveform-Bereich sichtbar machen: 1. Strukturansicht aktivieren, 2. Gewünschte Signale aus dem Signal-Browser per „Drag-and-Drop“ in die Waveform herüberziehen.

Wir haben hier ein RS-Flipflop in VHDL modelliert. Zum Zeitpunkt *10 ns* wird der Set-Eingang aktiviert, was den Ausgang *q* des Flipflop's auf 1 setzt. Diesen Wert behält das Flipflop, bis wir es über den Reset-Eingang *r* wieder zurücksetzen.

Wie man dem Timing-Diagramm entnehmen kann, reagiert das RS-Flipflop *ohne Verzögerung* auf den *s*- und *r*-Eingang. Wir hier somit also ein Beispiel für ein sinnvolles VHDL-Modell mit verzögerungsfreien Feedback-Schleifen!

Kapitel 18

Synchrone Schaltungen

18.1 Warum Hardware-Synthese?

Die Beschreibung digitaler Schaltungen mit Hilfe von booleschen Gleichungen ist zwar möglich, aber für größere Schaltung nicht praktikabel. Besser ist es, die Schaltungen aus Grundkomponenten aufzubauen und dann zu immer größeren Designs zu erweitern.

Synthese: Erzeugung von Schaltungen aus Programm-Code

In der Praxis hat sich aber gezeigt, dass man ab einer gewissen Komplexität des Gesamt-Designs, auch mit diesem Verfahren an Grenzen stößt. Gleichzeitig hat sich die Schaltungstechnologie so stark weiter entwickelt, dass man über immer mehr und mehr Grundkomponenten in einer einzigen Schaltung verfügen kann.

Synthese erlaubt Design großer Schaltungen.

Als Ergebnis wurde ein Entwurfstechnik entwickelt, bei der man nicht mehr Komponenten miteinander verdrahtet, sondern das Verhalten der Schaltung mittels eines Programms modelliert und dann mit einem so genannten „Synthese-Tool" (Synthesewerkzeug) automatisch in entsprechende Hardware-Komponenten übersetzt. Dieser Weg ist vergleichbar mit der Programmierung von Computern. Während man die ersten Computer noch von Hand in Maschinensprache programmiert hat, um die begrenzt zur Verfügung stehenden Rechen- und Speicherressourcen möglichst optimal ausnutzen zu können, werden Programme heute überwiegend in Hochsprachen entwickelt. Compiler übersetzen dann die Hochsprachenprogramme in die Maschinenebene. Das hat natürlich entsprechende Leistungsverluste zur Folge – ein sorgsam von Hand entworfenes Maschinenprogramm wäre vermutlich schneller und kleiner –, aber man ist dank der Hochsprachen in der Lage viel kompliziertere Programme in kürzerer Zeit zu schreiben als man es je auf Maschinenebene könnte.

Die wachsende Leistungsfähigkeit der Computer gestattet es uns also diese Zwischenebene „Hochsprache" zu verwenden: die Computer sind einfach schnell genug, so dass die „Verluste" durch eine Hochsprache nicht mehr wesentlich sind. Genau so verhält es sich bei der Hardware-Synthese auch: ein sorgsam auf Gatterebene von Hand entworfenes Design wäre zwar prinzipiell schneller und kleiner, allerdings wäre der Preis dafür ein um Größenordnungen höher Entwicklungsaufwand.

Preis der Synthese: Verzicht auf Designfreiheiten

Um den Entwurf von digitalen Systemen weitgehend mit Hilfe von Synthese-Tools automatisieren zu können, musste man allerdings ein paar Einschränkungen bezüglich der Entwurfsfreiheit machen: nicht alles was man prinzipiell aus Gattern und Flipflops bauen kann, wird auch so direkt von den Synthese-Tools unterstützt. Vielmehr muss man sich an gewisse Regeln und Einschränkungen halten, um mit einem Synthese-Tool effizient arbeiten zu können. Damit beraubt man sich zwar der Möglichkeit die eine oder andere Funktion besonders effizient zu rea-

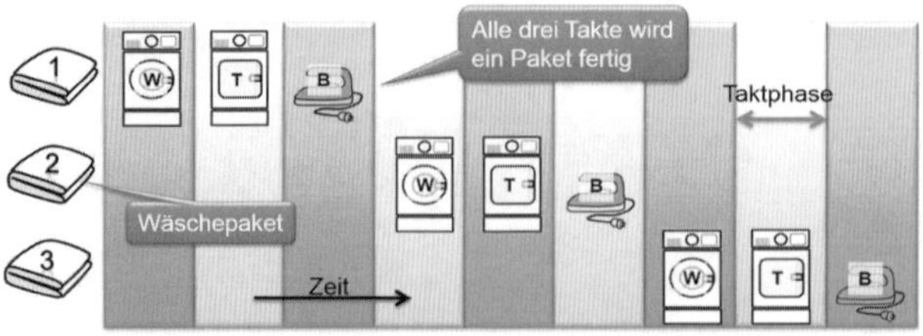

Abbildung 18.1: Eine Wäscherei mit den Arbeitschritten Waschen, Trocknen und Bügeln

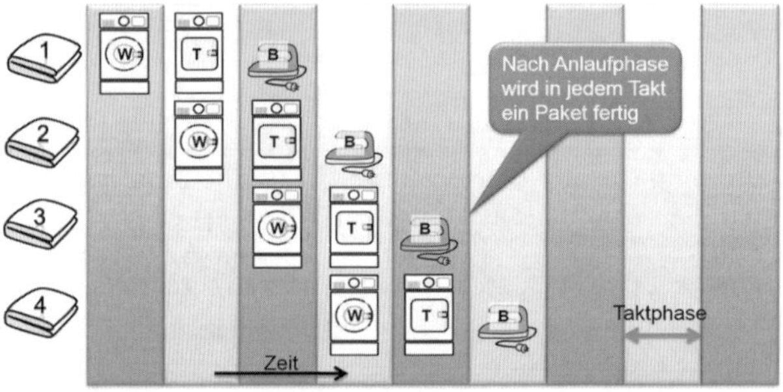

Abbildung 18.2: Eine Wäscherei im Pipeline-Betrieb

lisieren, aber man gewinnt eine um ein vielfaches höhere Produktivität im Vergleich zu einem Entwurfsverfahren auf Gatter-Ebene.

Die Basis auf der die heutigen Synthesewerkzeuge operieren, sind die sogenannte „synchronen Schaltungen“. Eine synchrone Schaltung ist dabei eine spezielle Untergruppe von digitalen Schaltungen, bei der die Flipflops eine besondere Eigenschaft aufweisen: alle Flipflops werden von *demselben* Takt angetrieben!

18.2 Was sind synchrone Schaltungen?

Wesentlich für synchrone Schaltungen ist, dass alle Flipflops von einem *einzigen gemeinsamen* Taktsignal angesteuert werden. D.h. in einem synchronen Design schalten alle Flipflops zu demselben Zeitpunkt.

Charakteristisch für synchrone Schaltungen ist daher die *gemeinsame* Taktleitung, an die die Takteingänge aller Flipflops angebunden sind. Tatsächlich ist diese Anforderung in der Praxis nicht ganz so restriktiv: viele reale Schaltungen haben durchaus mehrere Taktsignale, aber deren Anzahl ist meist sehr klein. Zum anderen sind sie meist voneinander abgeleitet, d.h. es gibt eine feste zeitliche Beziehung zwischen den einzelnen Taktsignalen.

Ein klassischer Vertreter synchroner Schaltungen sind pipeline-basierte Designs. Dieses Schaltungsprinzip werden wir uns im nächsten Kapitel etwas näher anschauen.

18.2.1 Pipelining

Das Prinzip des Pipelinings soll am Beispiel eines „Wäschereibetriebs“ erläutert werden. Die Arbeiten in unserer Modellwäscherei sind „Waschen“, „Trocknen“ und „Bügeln“. Abbildung 18.1 zeigt den zeitlichen Ablauf der Arbeiten bei der Bearbeitung von drei Wäschepaketen. Zur Vereinfachung nehmen wir einfach an, dass jeder Arbeitsschritt dieselbe Zeit, nämlich einen „Taktzyklus“ benötigt.

Offensichtlich braucht dann jedes Wäschepaket drei Takte zur Bearbeitung. Also kann erst jeden dritten Takten mit der Verarbeitung eines neuen Wäschepakets begonnen werden. Leider sind die „Arbeitsmittel“ dabei nicht effizient ausgelastet, da jedes Gerät (Waschmaschine, Trockner und Bügeleisen) nur in jedem dritten Taktzyklus genutzt wird. Somit hat unsere Wäscherei folgende „Leistungskennzahlen“:

- Die Bearbeitung eines Pakets – also die Zeit zwischen dem Start des Waschvorgang und Ende des Bügelns – benötigt drei Takte. Dabei spricht man auch von einer Latenzzeit von drei Takten.
- Jedes Gerät (Arbeitsmittel) ist nur in jedem dritten Takt aktiv.
- Jeden dritten Takt wird ein Wäschepaket fertig. Das ergibt im Durchschnitt also einen *Durchsatz* von $\frac{1}{3}$ Wäschepaket pro Takt.

Pipelining: gleichzeitiger Betrieb mehrerer „Produktionsphasen“

Geht das vielleicht besser? Ja, es geht! Und das sogar ohne mehr Geräte kaufen und betreiben zu müssen. Die Idee ist dabei, die einzelnen Arbeitsschritte ineinander zu verschachteln. Während also das erste Wäschepaket im Trockner ist, kann man das zweite schon Waschen. Wenn das erste Paket dann gebügelt wird, kann das zweite getrocknet und ein drittes gewaschen werden. Dieser zeitliche Ablauf ist in Abbildung 18.2 zu sehen. Das dahinter stehende Prinzip wird „Pipelining“ genannt.

Pipelining: höherer Durchsatz, aber keine verbesserte Latenz.

Man kann deutlich erkennen, wie das Pipelining die Leistung unserer Modell-Wäscherei verbessert: nach einer Anlaufphase (und wenn genug zu tun ist), wird in jedem Taktzyklus jetzt ein Wäschepaket fertig. Insgesamt erreicht unsere Wäscherei nun folgende „Leistungskennzahlen“:

- Die Bearbeitung eines *bestimmten* Pakets – also die Zeit zwischen dem Start des Waschvorgangs und Ende des Bügelns – benötigt immer noch drei Takte. D.h. die Latenzzeit ist durch das Pipelining nicht verbessert worden.
- Jedes Gerät ist jetzt in jedem Takt aktiv.
- In jedem Takt wird ein Wäschepaket fertig. Wir haben den Durchsatz also im Vergleich zum normalen Betrieb auf 1 Paket pro Takt verdreifacht.

Dieses Konzept ist einer der zentralen „Tricks“ mit denen man heute die Verarbeitungsleistung von digitale Schaltungen steigert. Auch und gerade moderne Mikroprozessoren nutzen diese Konzept massiv um ihre Verarbeitungsgeschwindigkeit zu erhöhen.

18.2.2 „MinMax8“: Minimum und Maximum von acht Zahlen

Aufgrund der großen Bedeutung von „Pipelining“ für moderne Schaltungen wollen wir das Prinzip anhand eines weiteren – diesmal mehr technischen Beispiels – untersuchen. Als Aufgabe sollen die größte und kleinste von 8 Zahlen durch eine Schaltung bestimmt werden. Diese Schaltung nennen wir im Folgenden „MinMax8“.

Um die Aufgabe zu bewältigen, fangen wir „klein“ an und entwerfen zunächst eine Modul, das Minimum und Maximum von zwei Zahlen bestimmt. Das ist deutlich einfacher, so dass wir den dazugehörigen VHDL-Code realtiv einfach entwerfen können. Für das Beispiel nehmen wir an, dass die Eingangs- und Ausgangszahlen 4 Bit breit und vorzeichenlos sind (also vom Typ „unsigned“).

```
1  entity MM is
2     port (x , y : in unsigned(3 downto 0);
3           min, max : out unsigned(3 downto 0));
4  end MM;
5
6  architecture behave of MM is
7  begin
8    min <= x when x < y else y;
9    max <= y when x < y else x;
10 end behave;
```

Die Entity-Definition in den Zeilen 1 bis 4 legt dabei fest, dass unser Modul den Namen MM trägt, x und y die Eingangsignale und *min* sowie *max* die Ausgangssignale sind. Als Indexbereichsrichtung haben wir auch hier „downto“ gewählt, da dadurch das MSB den Index 3 und das LSB den Index 0 bekommt. So sind wir es von der Mathematik auch gewohnt. Achtung: wir hätten die Vektoren auch als „0 to 3“ definieren können, ohne das hierdurch die Funktionalität verändert wird: das MSB wäre dabei immer noch das linke und das LSB das rechte Bit. Nur hätte das MSB dann den Index 0 und das LSB den Index 3 – also etwas ungewohnt.

Die eigentliche Funktion der Schaltung ist innerhalb der architecture in den Zeilen 8 und 9 definiert:

```
  min <= x when x < y else y;
  max <= y when x < y else x;
```

VHDL wurde so entworfen, dass man mit etwas „gesundem Menschenverstand“ und Programmiererfahrung die Bedeutung vieler Sprachkonstrukte ganz gut erraten kann. Die sogenannte „bedingte Signalzuweisung“, die für diese beiden Signalzuweisungen genutzt wurden, macht hier keine Ausnahme: *min* wird der Wert x zugewiesen, wenn die Bedingung $x < y$ erfüllt ist. Ist die Bedingung nicht erfüllt, dann bekommt *min* den Wert y. Analog arbeitet die Zuweisung für *max*. Als Ergebnis bekommt *min* immer den kleineren und *max* immer den größeren der beiden Werte x und y zugewiesen.

Basierend auf dem Modul MM ist es gar nicht mehr so schwierig, eine Schaltung für $MinMax8$ zu entwerfen. Um *acht* Zahlen zu untersuchen reicht natürlich ein MM-Modul nicht aus! Aber wir können Schrittweise vorgehen und zunächst acht Eingangsdaten in vier Zweiergruppen unterteilen. Für jede der Gruppen bestimmen mir dann den größten und kleinsten Wert. Somit bekommen wir vier „Max“-Kandidaten und vier „Min“ Kandidaten. Diese Kandidaten-Gruppen verkleinern wir dann Schritt für Schritt mit Hilfe von weiteren MM-Modulen bis schließlich die kleinste und die größte Zahl übrig bleiben. Eine graphische Darstellung der Schaltung ist in Abbildung 18.4 zu sehen. Jedes der Quadrate stellt dabei ein Modul MM dar. Um die Min/Max-Bestimmung von den anderen (hier nicht gezeigten) Schaltungsteilen abzutrennen, wurden zudem vor und hinter der eigentlichen Schaltung Register eingefügt.

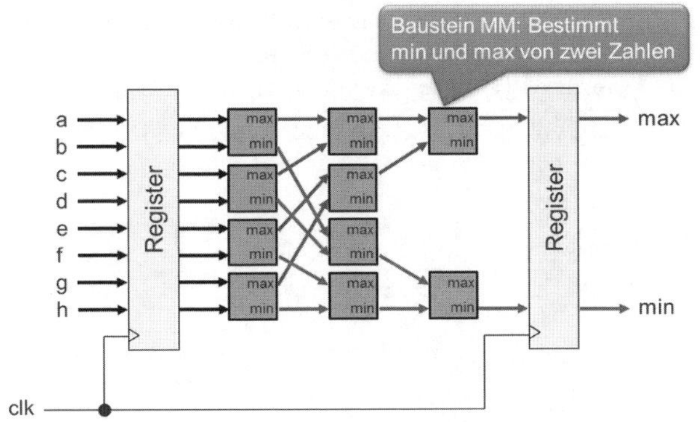

Abbildung 18.4: Eine synchrone Schaltung zur Bestimmung des Maxi- und Minimums von acht Zahlen

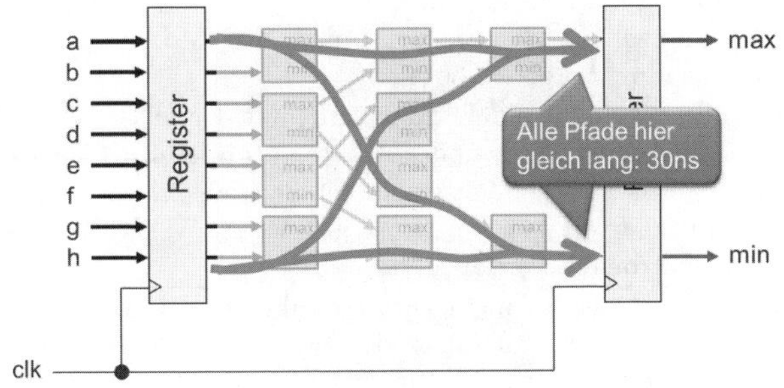

Abbildung 18.5: Signalausbreitungspfade der Schaltung

Die Register arbeiten synchron, d.h. sie werden von demselben Takt angetrieben: Mit dem ersten Takt werden die Daten an den Eingängen a bis h in das Eingangsregister übernommen und dann von der eigentlichen Schaltung verarbeitet. Mit dem nachfolgenden Takt werden dann die Ergebnisse – also Min und Max – im Ausgangsregister gespeichert. Gleichzeitig werden mit diesem Takt aber auch schon die nächsten Daten in die Eingangsregister übernommen. Somit wird also in *jedem* Taktzyklus ein neues Ergebnis am Ausgangsregister zur Verfügung gestellt wobei eine vollständige Min/Max-Bestimmung zwei Takte benötigt. Der Durchsatz ist also 1 und die Latenz 2.

Die VHDL-Beschreibung des Moduls aus Abbildung 18.4 werden wir später entwickeln. Jetzt wollen wir uns zuerst das zeitliche Verhalten der Schaltung untersuchen. Dazu nehmen wir an, dass jedes MM-Modul im ungünstigsten Fall 10 ns für seine Berechnungen benötigt. D.h. nach spätestens 10 ns hat MM den minimalen und maximalen Wert aus seinen beiden Eingangswerten bestimmt und an den Ausgängen zur Verfügung gestellt.

Wir wollen uns als erstes mit der Frage beschäftigen, wie lange unsere Schaltung zwischen den Registern im ungünstigsten Fall benötigt, um die kleinste und größte Zahlen zu finden. Um das zu berechnen, muss man lediglich von jedem Ausgang eines *Eingangsregisters* alle möglichen

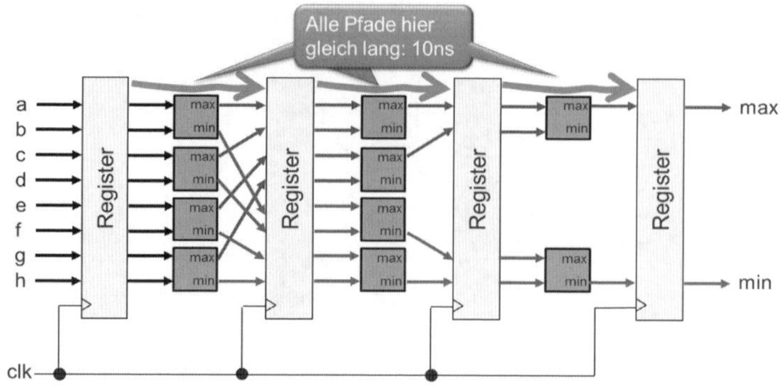

Abbildung 18.6: Min/Max-8 mit Pipelining

Signalausbreitungspfade zu einem Eingang eines *Ausgangsregisters* entlanglaufen und die dabei durchlaufenen MM-Module zählen. Hier werden immer drei Module durchlaufen. Somit sind alle diese Pfade gleich „lang" und ergeben 30 ns.

Daraus können wir nun die maximale Taktfrequenz, mit der unsere Register betrieben werden können, relativ einfach abschätzen. Damit die *Ausgangs*register die korrekten Ergebnisse an ihren Eingängen „sehen", müssen wir mindestens 30 ns nach einem Taktimpuls warten. Solange dauert es ja, bis die Daten, die von den *Eingangs*registern zur Verfügung gestellt wurden, von unserer Min/Max-Kette verarbeitet worden sind.

Die Taktperiode – also der Abstand zwischen zwei „aktiven" Taktflanken – muss daher mindestens der Verzögerungszeit unserer Min/Max-8-Schaltung – also 30 ns – entsprechen (Achtung: dabei haben wir die Zeitverzögerung der Eingangsregister und die Setup-Zeit der Ausgangsregister vernachlässigt). Das ergibt dann eine Taktfrequenz von

$$f = \frac{1}{30ns} \approx 33MHz.$$

Geht es auch schneller?

Was können wir tun, wenn uns diese Taktfrequenz nicht ausreicht? Nun, das Lösungskonzept haben wir ja schon kennen gelernt: Pipelining. Dazu fügen wir einfach zwei weitere Register-Stufen in die Schaltung ein (siehe Abbildung 18.6) und isolieren so die einzelnen MM-Stufen voneinander. Als Ergebnis sind die Pfade von einem Registerausgangs zu einem Registereingang maximal lediglich 10 ns lang. Somit erhalten wir also in diesem Fall

$$f = \frac{1}{10ns} \approx 100MHz$$

als maximale Taktfrequenz. Aber Vorsicht, das ganze hat auch einen Preis:

1. Wir müssen zusätzliche Register in die Schaltung einfügen.

2. Die Latenzzeit ist jetzt auf 4 Takte angewachsen.

Dem gegenüber steht der hohe Durchsatz: alle 10 ns wird ein Min/Max-Zahlenpaar von unserer Schaltung bestimmt! Das ist somit eine Verdreifachung des Durchsatzes.

Nun ist es in der Praxis nicht immer so leicht, wie in diesem stark vereinfachten Beispiel, den bzw. die maximalen Signalausbreitungspfad(e) zu bestimmen. Meist sind die Verzögerungen in den einzelnen Stufen unser Pipeline unterschiedlich lang und ziemlich kompliziert zu berechnen. Gesucht ist dabei immer die *größte* Laufzeit beginnend von einem Registerausgang zu einem Registereingang. Dafür müssen in der Praxis viele Tausende oder gar Millionen Signalausbreitungspfade untersucht werden. Glücklicher Weise müssen wir das aber nicht selbst von Hand machen: diese mühsame Arbeit wird vom Synthesewerkzeug erledigt. Unsere Aufgabe ist es eventuelle Überschreitungen der gewünschten Taktperiode durch Änderungen an der Schaltung zu beheben.

Meistens ist nämlich die Taktfrequenz bzw. Taktperiode *vorgegeben* und wir haben dann die Aufgabe die Schaltung so zu entwerfen, dass sie fehlerfrei mit dieser Taktperiode arbeiten kann. Gelingt dies nicht, so weist uns das Synthesewerkzeug auf die problematischen Signalpfade hin und wir können dann gezielt die kritischen Teile der Schaltung optimieren bis es passt.

Soweit die Theorie, aber lassen Sie uns das ganze mal an einem realen VHDL-Modell ausprobieren. Dabei fangen wir zunächst mit der „normalen“ Version des Min/Max-Bausteins an. Danach machen wir aus dem einfachen Modell eine Version mit Pipelining.

Das VHDL-Modell von $MinMax8$

Die Struktur unsere Schaltung haben wir ja bereits entworfen. Nun müssen wir $MinMax8$ nur noch als VHDL-Modell formulieren. Beginnen wir zunächst mit der Entity, also der Schnittstelle unsere Schaltung:

```
entity MinMax8 is
  port (clk : in std_logic; -- Das Taktsignal
        a, b, c, d, e, f, g, h: in unsigned(3 downto 0);
        min, max: out unsigned(3 downto 0));
end MinMax8;
```

Wir haben jetzt also unseren 8 Eingangssignale a bis f und die beiden Ausgänge min und max, alle jeweils 4 Bit groß und vorzeichenlos. Außerdem benötigen wir natürlich noch ein Taktsignal – hier mit Namen clk.

Realisieren wir zunächst das einfache Modell ohne die internen Pipeline-Register. Dazu bauen wir die **architecture** von *MinMax8* Schritt für Schritt auf. Als erstes benötigen den VHDL-Code um die Eingangsregister zu generieren. Diese Eingangsregister sollen unsere Komponente von dem „Rest“ der Schaltung abtrennen.

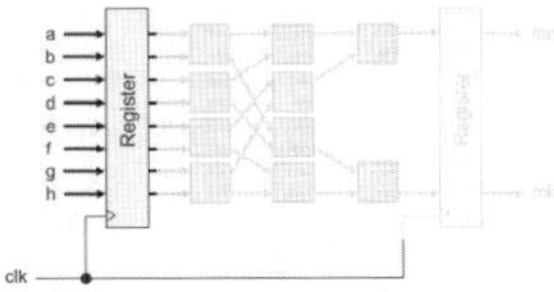


```
  process (clk) begin
    if rising_edge(clk) then
      aa <= a; bb <= b; cc <= c; dd <= d;
      ee <= e; ff <= f; gg <= g; hh <= h;
    end if;
  end process;
```

Damit aus dem Prozess auch taktflankengesteuerte Register abgeleitet werden, muss er eine ganze bestimmte Struktur besitzen: er muss sensitiv auf *clk* sein (Zeile 1) und als erste Anweisung eine **If**-Anweisung (Zeile 2) besitzen, die die passende Taktflanke – hier die steigende Flanke von *clk* – herausfiltert. Solche Prozesse werden auch *synchrone Prozesse* genannt!

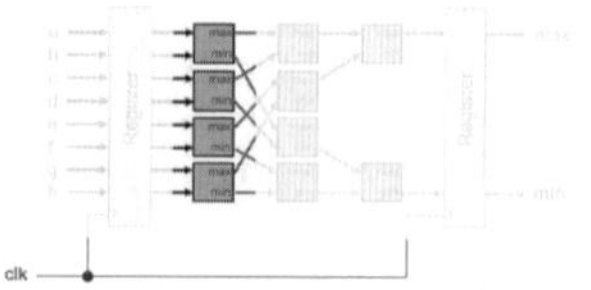

Erfüllt der Prozess diese Anforderungen (ist also ein synchroner Prozess), dann wird für jedes im Prozess zugewiesene Signal ein Register erzeugt. Warum das so ist, werden wir später im Kapitel 19.1.1 genauer kennenlernen. Der Prozess oben generiert somit Register für die Signale *aa* bis *hh*.

Als nächstes bauen wir die vier *MM*-Module der ersten Stufe ein: die Ausgangswerte der Module legen wir auf die Signale *mi1* bis *mi4* (die vier min-Werte) sowie *ma1* bis *ma4* (die vier max-Werte). Bitte beachten Sie, dass jede der instantiierten Komponenten einen separaten Namen (hier *St1_1* bis *St1_4*) benötigt.

```
St1_1: entity work.MM port map(x => aa, y => bb, min => mi1, max => ma1);
St1_2: entity work.MM port map(x => cc, y => dd, min => mi2, max => ma2);
St1_3: entity work.MM port map(x => ee, y => ff, min => mi3, max => ma3);
St1_4: entity work.MM port map(x => gg, y => hh, min => mi4, max => ma4);
```

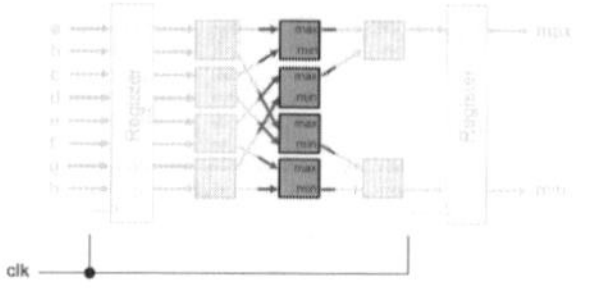

Jetzt kommt die nächste Stufe, in der die bisher gefundenen maximalen und minimalen Werte weiter untersucht werden, dran. Auch diese Stufe besteht aus vier *MM*-Modulen, wobei aber nicht alle Ausgangswerte benötigt werden. Dazu lässt man in VHDL einfach die entsprechende „Verdrahtung“ weg. Alternativ kann man den „Pin“ des Moduls auch mit *open* “verbinden“, was den Ausgangs dann letztlich offen (nicht verbunden) lässt.

```
St2_1: entity work.MM port map(x => ma1, y => ma2, max => mma1);
St2_2: entity work.MM port map(x => ma3, y => ma4, max => mma2);
St2_3: entity work.MM port map(x => mi1, y => mi2, min => mmi1);
St2_4: entity work.MM port map(x => mi3, y => mi4, min => mmi2);
```

Für die Verdrahtung müssen einige neue Signale erzeugt werden, die die Ergebnisse der *MM*-Module aufnehmen (*mma1*, *mma2*, *mmi1*, *mmi2*).

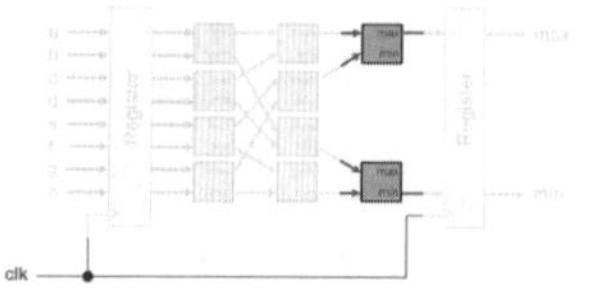

Schließlich gilt es die letzte Stufe zu realisieren, die die finalen minimalen und maximalen Werte errechnet. Da die Ergebnisse der Berechnung noch in einem Ausgangsregister abgelegt werden sollen, werden nochmals zwei Zwischensignale *mmax* und *mmin* benötigt.

Das Synthesewerkzeug entfernt nicht benötigte Schaltungsteile.

Wie schon in der Stufe davor, wird hier auch nur *ein Teil* der Ausgangssignale der *MM*-Module verwendet. Auf den ersten Blick erscheint dies als eine Verschwendung. Man könnte den Eindruck bekommen, dass hier Schaltungskomponenten erzeugt werden, die letztlich nicht genutzt werden. Tatsächlich ist dies aber nicht der Fall. Das Synthesewerkzeug ist sehr geschickt darin, nicht genutzte Schaltungsteile zu identifizieren und diese Teile daraufhin zu entfernen! Somit brauchen wir uns darüber also keine Sorgen zu machen: alles was nicht gebraucht wird, wird vom Synthesewerkzeug auch automatisch entfernen. Das kann Teile einer Komponente aber auch ganze Komponenten betreffen. In unserem Fall wird es also unter Anderem alle Schaltungsteile vom oberen rechten MM-Modul, die zur Erzeugung des min-Ausgangs erforderlich sind, entfernen.

```
St3_1: entity work.MM port map(x => mma1, y => mma2, max => mmax);
St3_2: entity work.MM port map(x => mmi1, y => mmi2, min => mmin);
```

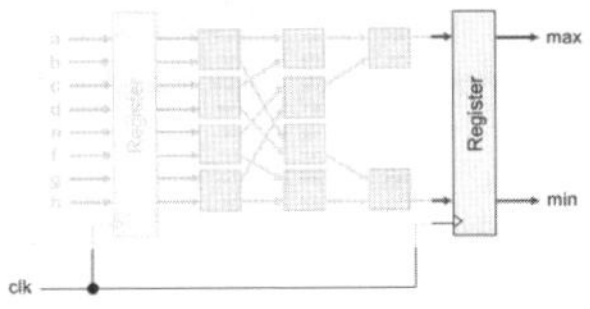

Abschließend müssen wir nur noch die Ausgangsregister für min und max generieren. Das erfolgt wie schon beim Eingangsregister wieder mit Hilfe eines synchronen Prozesses. Diesmal sind aber nur zwei Signalzuweisungen für min und max enthalten.

Bitte beachten Sie, dass das Synthesewerkzeug automatisch ermittelt, wie viele Flipflops im einzelnen für die Speicherung eines Signals benötigt werden. In unserem Beispiel würden für die beiden Signale jeweils 4 Bit breite Register generiert. Somit ist die Ableitung der Register aus einem synchronen Prozess sehr bequem. Wir sagen einfach nur für welches Signal wir ein Register benötigen, um die Details kümmert sich dann das Synthesewerkzeug!

```
-- Der folgende Prozess erzeugt die Ausgangsregister
process (clk) begin
   if rising_edge(clk) then
      min <= mmin;
      max <= mmax;
   end if;
end process;
```

Abbildung 18.8 zeigt das VHDL-Modell für unsere Schaltung nochmal in der Übersicht. Beachten Sie, dass wir für die Verdrahtung der MM-Module ein paar lokale Signale erzeugen mussten, da man in VHDL die „Pins“ von instantiierten Komponenten nicht direkt miteinander verbinden kann. Dasselbe gilt im Übrigen auch für reale Platinen: zwei Pins von einem oder mehreren IC's verbindet man immer über eine Signalleitung. Die dafür benötigten Signaldeklaration findet man im Deklarationsteil der Architecture (Zeilen 8 bis 11 in der Abbildung 18.8). Diese Signale sind nur *innerhalb* von *MinMax8* sichtbar. In Abbildung 18.7 sind diese Signale in den Verschaltungsplan eingezeichnet worden.

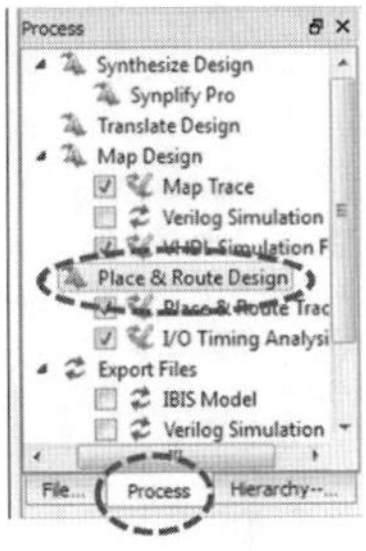

Wir wollen als nächstes untersuchen, welche Taktfrequenz mit einem realen FPGA-Baustein hier erreicht werden kann. Dazu ist im Begleitmaterial ein entsprechendes Diamond-Projekt vorbereitet worden. Starten Sie die Diamond Entwicklungssoftware und öffnen sie Über „File -> Open -> Project“ den Projekt-Browser. Wechseln Sie dann in das Verzeichnis mit dem Begleitmaterial und dort nach **DigiSysFpga\Teil4\MinMax8** und wählen sie die Datei **MinMax8.ldf** aus. Über den Files-Reiter können Sie nun zu den im Projekt enthaltenen Dateien navigieren und z.B. **MinMax8.vhd** in den Editor holen.

Das Projekt enthält bereits den kompletten VHDL-Code und kann daher sofort synthetisiert werden. Aktivieren Sie die Prozess-Sicht auf das Design und danach das Feld „Place & Route Design“ (siehe Abbildung rechts). Anschließend können sie über das Kontextmenü (rechte Mausstaste) oder über „Process -> Rerun All“ den Übersetzungslauf starten. Nach einer Weile ist das Design übersetzt und wir können uns die Ergebnisse anschauen.

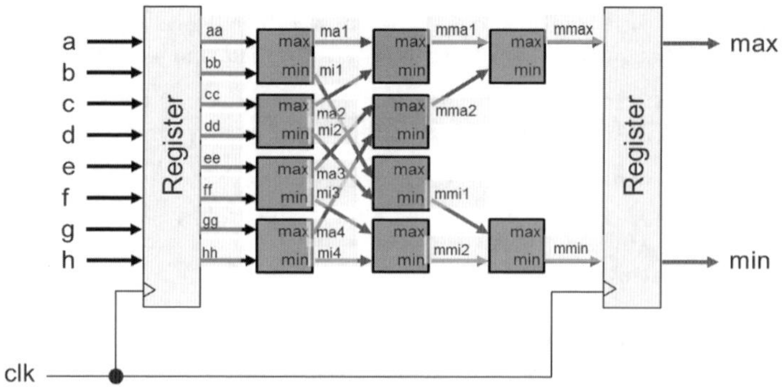

Abbildung 18.7: Gesamtschaltung Min/Max-8 mit Pipelining und lokalen Verbindungssignalen

Zunächst wollen wir herausbekommen, mit welcher maximalen Taktfrequenz unser Schaltung betrieben werden kann: Abbildung 18.9 zeigt wie man an die entsprechende Stelle im Synthese-Report findet. Er besagt, dass unsere Schaltung mit einer maximalen Taktfrequenz von 76MHz betrieben werden kann, wobei in der Konfiguration eigentlich 100MHz als Ziel angegeben worden ist. Bitte beachten Sie, dass ihr Ergebnis möglicher Weise von der hier genannten Zahl abweicht. Das liegt daran, dass Syntheseprogramme zum Teil zufallsgesteuert arbeiten und unter Umständen selbst bei identischen Eingangsbedingungen unterschiedliche Ergebnisse liefern können.

Das VHDL-Modell von *MinMax8Pipe*

Die Taktfrequenz unseres Min/Max-Baustein ist zu gering! Eine Pipeline-Version davon zu erzeugen ist daher unser nächstes Ziel. Die Schaltung verfügt schon am Anfang und am Ende über Register, um den Baustein vom Rest der Schaltung abzutrennen. Eine Pipleine-Version davon können wir eigentlich ganz einfach generieren, indem wir in der „Mitte“ noch ein paar zusätzliche Registerstufen einfügen. Das ist relativ unproblematisch, die einzige Hürde ist lediglich, dass wir ein paar weitere temporäre Zwischensignale benötigen um die zusätzlichen Register einsetzen zu können (Abbildung 18.10 zeigt den Schaltplan von *MinMax8Pipe* einschließlicher den Zwischensignale). Die Register selbst können wir analog zu den Registern am Anfang und Ende mit Hilfe von synchronen Prozesse erzeugen.

Durch die zusätzlichen Register ist das komplette Modell jetzt leider zu groß geworden, um es noch komplett hier abdrucken zu können. Daher sind in Abbildung 18.14 auch nur die zusätzlichen Signaldeklarationen sowie das erste Pipeline-Register gezeigt. Das vollständige Modell finden Sie im Begleitmaterial (**DigiSysFpga\Teil4\MinMax8Pipe**).

Jetzt wollen wir als nächstes untersuchen, wie schnell unsere Pipeline-Version der Schaltung ist. Öffnen Sie dazu das Projekt **DigiSysFpga\Teil4\MinMax8Pipe\MinMax8Pipe.ldf** in Diamond und starten Sie analog zum vorangegangenen Kapitel die Synthese. Als Ergebnis haben wir jetzt ein Design, das mit 187MHz getaktet werden kann – also mehr als doppelt so schnell wie die Version ohne Pipelining.

Um das Verhalten der neuen Schaltung besser zu verstehen, starten wir als nächstes eine VHDL-Simulation: das kann man bequem von der Diamond-IDE aus über den Simulator-Button

```
entity MinMax8 is
  port (clk : in std_logic; -- Das Taktsignal
        a, b, c, d, e, f, g, h: in unsigned(3 downto 0);
        min, max: out unsigned(3 downto 0));
end MinMax8;

architecture behave of MinMax8 is
  -- Ein paar lokale Signale, die wir fuer die Verdrahtung benoetigen
  signal aa, bb, cc, dd, ee, ff, gg, hh : unsigned(3 downto 0);
  signal mi1, mi2, mi3, mi4, ma1, ma2, ma3, ma4 : unsigned(3 downto 0);
  signal mmi1, mmi2, mma1, mma2, mmax, mmin : unsigned(3 downto 0);
begin
  -- Der folgende Prozess erzeugt die Eingangsregister
  process (clk) begin
    if rising_edge(clk) then
      aa <= a; bb <= b; cc <= c; dd <= d;
      ee <= e; ff <= f; gg <= g; hh <= h;
    end if;
  end process;

  -- Die erste Stufe
  St1_1: entity work.MM port map(x => aa, y => bb, min => mi1, max => ma1);
  St1_2: entity work.MM port map(x => cc, y => dd, min => mi2, max => ma2);
  St1_3: entity work.MM port map(x => ee, y => ff, min => mi3, max => ma3);
  St1_4: entity work.MM port map(x => gg, y => hh, min => mi4, max => ma4);

  -- Die zweite Stufe
  St2_1: entity work.MM port map(x => ma1, y => ma2, max => mma1);
  St2_2: entity work.MM port map(x => ma3, y => ma4, max => mma2);
  St2_3: entity work.MM port map(x => mi1, y => mi2, min => mmi1);
  St2_4: entity work.MM port map(x => mi3, y => mi4, min => mmi2);

  -- Die dritte Stufe
  St3_1: entity work.MM port map(x => mma1, y => mma2, max => mmax);
  St3_2: entity work.MM port map(x => mmi1, y => mmi2, min => mmin);

  -- Der folgende Prozess erzeugt die Ausgangsregister
  process (clk) begin
    if rising_edge(clk) then
      min <= mmin;
      max <= mmax;
    end if;
  end process;

end behave;
```

Abbildung 18.8: Das VHDL-Modul $MinMax8$ in der Übersicht

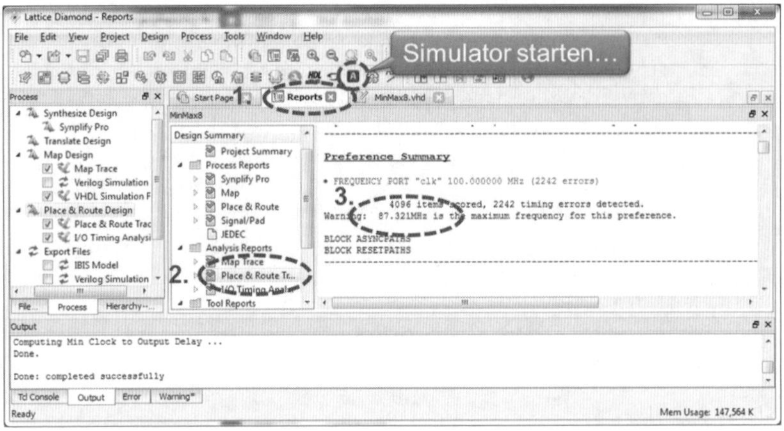

Abbildung 18.9: Die maximale Betriebsfrequenz von *MinMax8* herausbekommen

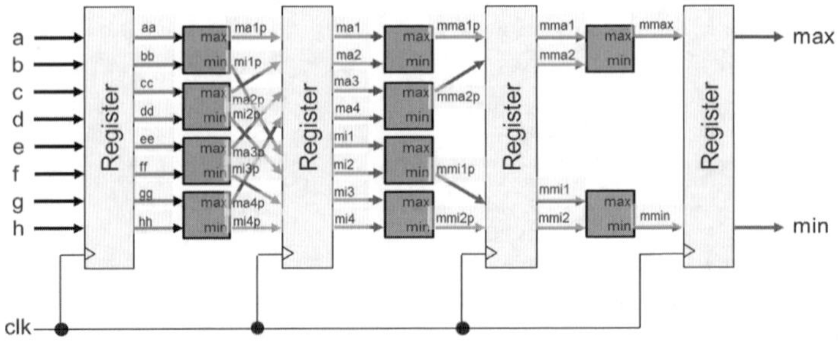

Abbildung 18.10: Schaltplan von *MinMax8Pipe* mit Zwischensignalen

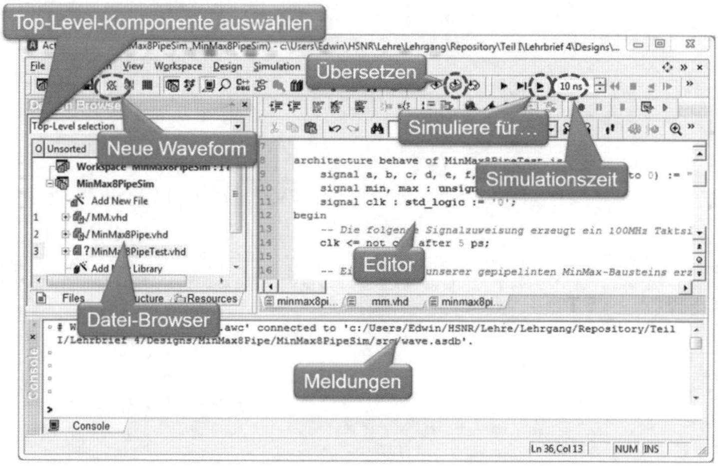

Abbildung 18.11: Oberfläche des Active-HDL Simulator

durchführen (siehe Abbildung 18.9), da schon ein passenden Simulationsprojekt vorbereitet worden ist. Sollte in dem Fenster schon **minmax8pipesim** als Auswahl zur Verfügung stehen, wählen Sie es bitte aus und drücken Sie „OK". Anderenfalls brechen Sie das Auswahlmenü in dem sich öffnenden Fenster ab, indem Sie auf „Cancel" drücken:

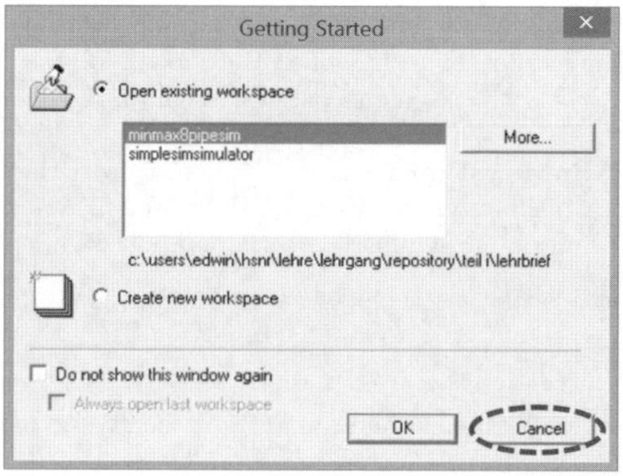

Danach öffnen Sie bitte über das File-Menü im Simulator „File → Open" die Auswahlbox zum Laden von Dateien und gehen bitte in das Verzeichnis **DigiSysFpga\Teil4\MinMax8Pipe \MinMax8PipeSim**. Dort laden Sie dann die Datei **MinMax8PipeSim.aws**. Bitte achten Sie auf die korrekte Endung „.aws" (Active-HDL Workspace) der Datei.

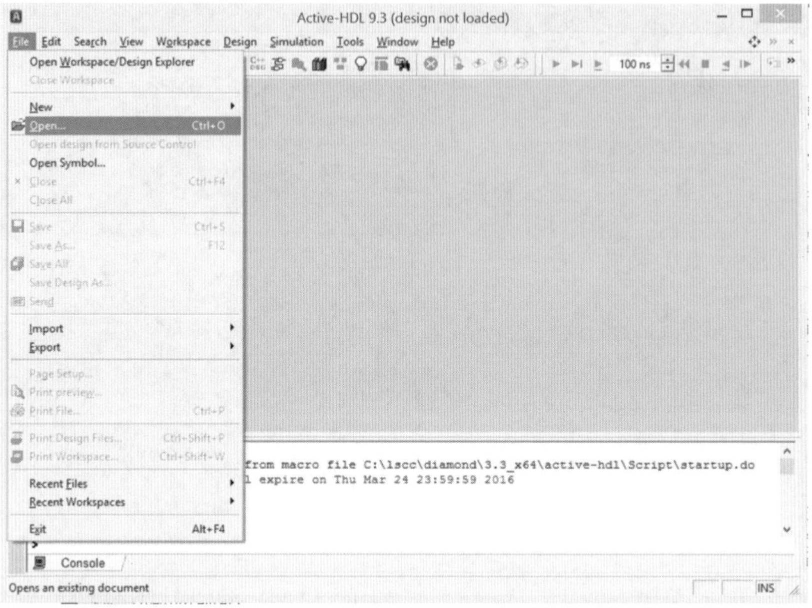

Als Ergebnis öffnet Active-HDL das vorbereitete Simulationsprojekt (siehe Abbildung 18.11) und im Datei-Browser-Bereich sehen Sie die VHDL-Dateien.

Vielleicht fällt Ihnen auf, dass eine weitere, bisher noch nicht erwähnte Datei vorhanden ist: **MinMax8PipeTest.vhd**. Diese Datei ist eine sogenannte *Testbench*. Sie versorgt unser eigentliches Modell *MinMax8Pipe* während der Simulation mit geeigneten Eingangsdaten. Wenn wir unser Modell *MinMax8Pipe* direkt simulieren würden, dann würde nicht viel zu sehen sein! Unser Modell benötigt nämlich für einen sinnvollen Betrieb ein Taktsignal und sinnvolle Werte auf den Eingangssignalen *a* bis *h*. Ansonsten passiert nichts interessantes an den Ausgängen *min* und *max*!

Laden Sie die Datei **MinMax8PipeTest.vhd** in den Editor. Das dort definierte Modell *MinMax8PipeTest* ist auch nichts anderes als ein VHDL-Modell, wenn auch ein etwas ungewöhnliches: die **entity**-Definition ist nämlich leer, wie man hier sieht:

```
entity MinMax8PipeTest is
  -- Die Testbench hat keine Schnittstellensignale!
end MinMax8PipeTest;
```

In der **architecture** einer Testbench findet man typischer Weise mehrere Komponenten:

- Ein Prozess bzw. eine parallele Signalzuweisung, die ein passendes Taktsignal generiert:

  ```
  clk <= not clk after 5 ns;
  ```

  Damit generieren wir einen Takt mit der Periode *10 ns*, was *100 MHz* entspricht.

- Die Instanziierung unseres eigentlichen Modells. Dieses Modell wird oft mit *UUT* bezeichnet, was eine Abkürzung für *Unit Under Test* ist:

```
uut: entity work.MinMax8Pipe port map (clk => clk,
    a => a, b => b, c => c, d => d, e => e, f => f, g => g, h => h,
    min => min, max => max);
```

- Ein oder mehrere Prozesse, die Stimuli (Werte für die Eingangssignale) liefern. Hier benutzen wir einen synchronen Prozess, der aber im Gegensatz zum unserem eigentlichen Modell mit der fallenden Taktflanke arbeitet:

```
process (clk) begin
  if falling_edge(clk) then
    a <= a + 3;
    b <= b + 5;
    c <= c + 7;
    d <= d + 9;
    e <= e + 11;
    f <= f + 13;
    g <= g + 15;
    h <= h + 1;
  end if;
end process;
```

  Im Prozess werden mit jeder fallenden Taktflanke konstante Werte zu den Eingangssignalen addiert. Dadurch, dass wir für jedes Signal eine andere (ungerade) Konstante verwenden, ergibt sich über die Taktzyklen hinweg ein „wildes“ Muster von Werten.

  Beachten Sie, dass *a* bis *h* vom Typ **unsigned**(*3* **downto** *0)* sind und wir immer nur etwas addieren. Daher werden die Additionen also häufig überlaufen. Das ist in unserem Fall durchaus gewollt und ist letztlich auch der Grund, dass wir ein zufällig aussehendes Muster auf den Eingängen sehen werden.

Beachten Sie bitte, dass die Testbench zwar auch ein VHDL-Modell ist, aber im Gegensatz zu *MinMax8Pipe* wird es *nicht* synthetisiert! D.h. es soll keine Hardware daraus generiert werden. Statt dessen wird das Modell *nur* für die Simulation benötigt. Daher können wir in der Testbench ohne Probleme auch Anweisungen nutzen, die *nicht synthetisierbar* sind. Wir können also z.B. Meldungen auf den Bildschirm ausgeben oder Eingangsstimuli aus einer Datei auslesen usw. Tatsächlich besitzt VHDL eine ganze Reihe solcher Anweisungen, die sich nicht in Hardware umsetzen lassen, aber sehr nützlich für das Testen von Schaltungen sind.

Jetzt wollen wir aber testen, ob *MinMax8Pipe* wie gewünscht funktioniert. Gehen Sie dazu wie folgt vor:

- **Modell kompilieren**: Übersetzen Sie das gesamte Modell (einschließlich der Testbench *MinMax8PipeTest*) indem Sie auf den „Übersetzen“-Button drücken (siehe Abbildung 18.11).

- **Neues Waveform-Fenster öffnen**: Erzeugen Sie ein neues Fenster, das die Signalverläufe aufnehmen soll. Drücken Sie dazu den „Neue Waveform“-Button (siehe Abbildung 18.11). Damit wird eine leere Waveform-Seite generiert.

- **Top-Level-Komponente wählen**: Legen Sie als nächstes fest, welche Haupt-Komponente der Simulator aktivieren soll. Oft sind die Designs sehr komplex und der Simulator weiß daher nicht welche Komponente die „Hauptkomponente“ (Top-Level-Komponente) ist. Mit Hilfe des Design-Browser können wir das dem Simulator mitteilen: Wählen Sie dazu in dem oberen Auswahlfeld die Top-Level-Komponente *MinMax8PipeTest (behave)* (siehe Abbildung 18.12).

- **Simulation initialisieren**: Wählen Sie dann „Simulation → Initialize Simulation“ aus dem Hauptmenü des Simulatorfensters aus. Damit wird die Simulation initialisiert und mit dem Waveform-Fenster verbunden.

- **Strukturansicht aktivieren**: Wählen Sie die Strukturansicht auf das Design (siehe Abbildung 18.12). Jetzt erscheinen im Design-Browser zwei Hauptbereiche: Komponentenauswahl und Signal-Browser. Mit der Komponentenauswahl können sie alle Instanzen des aktuellen Designs sehen und durch „anklicken“ aktivieren. Im Signal-Browser erscheinen dann die in der ausgewählten Instanz vorhandenen Signale.

- **Signale für Waveform auswählen**: Durch „anklicken“ und in die Wavefrom-Seite „herüberziehen“ legt man fest, welche Signale während der Simulation aufgezeichnet werden sollen. Alternativ kann man auch das Kontextmenü (rechte Maustaste) und „Add to Waveform“ verwenden. Sie können auch mit den in Windows üblichen Mechanismen mehrere Signale markieren und dann alle auf einmal in die Waveform transferieren.

  Da wir die gesamte Testbench beobachten möchten, übertragen Sie alle Signale in die Waveform!

  Achtung: Sollten Sie eine Fehlermeldung der Art „Error: Accelerated Waveform: Simulation database is not connected ...“ bekommen, dann initialisieren Sie die Simulation nochmal: stellen Sie dazu zunächst sicher, dass die richtige Hauptkomponente ausgewählt ist (siehe Abbildung 18.11 „Top-Level-Komponente auswählen“) und wählen Sie dann „Simulation → Initialize Simulation“ aus dem Hauptmenü des Simulatorfensters aus.

- **Simulation starten**: Drücken Sie den Knopf ▶| um das Modell bis zum Zeitpunkt 100 ns simulieren zu lassen. Nach ein paar Sekunden wird der Simulator automatisch stoppen und Sie können sich die Signalverläufe nun im Detail anschauen.

  Es gibt eine Reihe von Möglichkeiten die Simulation zu kontrollieren:

  – Mit der Schaltfläche ▶ starten Sie die Simulation ohne zeitliche Beschränkungen. Achtung: der Simulator wird erst dann aufhören, wenn es keine Aktivitäten mehr im Modell gibt oder sie den Stop-Knopf (■) drücken.

  – Die Schaltfläche ▶| lässt den Simulator bis zu einen festgelegten Zeitpunkt simulieren. Den Simulationszeitpunkt müssen Sie dabei über ein neues Fenster eingeben.

  – Mit ▶̲ können Sie – vom aktuellen Zeitpunkt aus gemessen – für die durch das „Simulationszeit“-Feld festgelegten Zeitspanne *weiter simulieren*. Die Zeitdauer können Sie im Feld rechts des Symbols ▶̲ eingeben.

  – Der Knopf ◀◀ „fährt“ startet die Simulation neu und fährt sie zurück an den Anfang (Zeitpunkt 0).

  – Mit dem Stop-Knopf ■ wird schließlich die Simulation unterbrochen. Das ist z.B. notwendig, wenn die der Simulator durch ein Fehler im Modell in einer Endlosschleife hängt.

- **Signale analysieren**: Vielleicht werden Sie jetzt statt der erhofften Signalwerte nur „graue“ Balken sehen. Das liegt dann daran, dass die Signalwechsel so dicht sind, dass sie auf dem Bildschirm nicht mehr angezeigt werden können. Drücken Sie mehrfach den Zoom-In-Knopf um in den Zeitverlauf „hinein-zu-zoomen“. Mit dem entsprechenden Zoom-Out-Knopf können Sie hingegen wieder die Ansicht „heraus-zoomen“.

Am Ende der Simulation erhalten Sie eine Waveform-Ansicht wie sie in Abbildung 18.13 gezeigt ist. Am interessantesten ist aber der Anfang der Simulation. Um dahin zu kommen, müssen wir den angezeigten Zeitausschnitt verändern. Benutzen Sie dabei die „Scroll-Bar“ für die Simulationszeit und gehen Sie damit an den Anfang der Simulation (also ganz nach links).

Abbildung 18.13 zeigt das Waveform-Fenster mit den Eingangsignalen *a* bis *h*, dem Taktsignal *clk* sowie den Ausgangssignalen *min* und *max*. Klicken Sie in die Waveform, um den Cursor an eine bestimme Stelle zu positionieren. Damit kann man sehr bequem alle Signalwerte zu einem bestimmten Zeitpunkt überprüfen: die entsprechenden Werte sind rechts neben dem Signalnamen zu erkennen.

Ganz unten im Fenster sehen Sie das Taktsignal. Mit jeder fallenden Flanke werden dabei neue Eingangswerte auf *a* bis *h* angelegt (so wie wir es in der Testbench *MinMax8PipeTest* ja auch festgelegt haben). Mit jeder steigenden Taktflanke erscheint auf *min* und *max* neue Ausgangswerte. Beachten Sie, dass die Ausgangswerte erst vier Takte *nach* den dazugehörigen Eingangsdaten erscheinen – entsprechend der Latenz von vier Takten. Überprüfen Sie die *min*/*max* Werte! Entsprechen Sie Ihren Erwartungen?

An dieser Beispielschaltung kann man sehr schön sehen, wie sich das Pipelining auf die Gesamtleistung des Designs auswirkt: in jedem Taktzyklus werden neue *min*- und *max*-Werte fertig. Allerdings dauert es vier Takte bis die zu einem bestimmten Eingangsdatensatz gehörigen Ausgangswerte erscheinen. Die Latenz ist also vier Takte.

Vielleicht ist Ihnen aufgefallen, dass *min* und *max* die ersten drei Takte lang den Wert „U“ tragen! „U“ steht dabei für *nicht initialisiert* oder auch *unbekannt*. Dies ist ein spezielles Feature der Simulation und zeigt uns, dass die Signalwerte in diesen Zeitbereichen nicht gültig sind!

In der Hardware gibt es natürlich keine „U“-Werte auf den Signalen. Reale Signale sind immer 0 oder 1. In der wirklichen Schaltungen würde also auch zu diesen Zeiten „normale“ Werte zu sehen sein. Diese Werte sind aber zufällig bzw. durch die Technologie vorgegeben. Ein „U“ ist also ein Hinweis, dass der Signalwert nicht durch das VHDL-Modell bestimmmt ist, sondern in der realen Schaltung zufällig 0 oder 1 sein würde. Wir müssen dann entscheiden, ob wir das akzeptieren können, oder ob das ein Fehler bzw. Problem ist.

Alternative Version von *MinMax8Pipe*

Aus der „normalen“ Version von *MinMax8* eine Version mit Pipelining zu machen ist zwar nicht kompliziert aber erfordert doch relativ viel Tipparbeit. Mit einem einfachen Trick können wir aber dieselbe Schaltung mit deutlich weniger Editieraufwand generieren: anstatt die Register auf der Hauptebene (*MinMax8Pipe.vhd*) einzufügen könnten wir sie ja auch einfach direkt in die Komponenten *MM* integrieren. Dann „bringt“ jedes *MM*-Modul seine eigenen Ausgangsregister

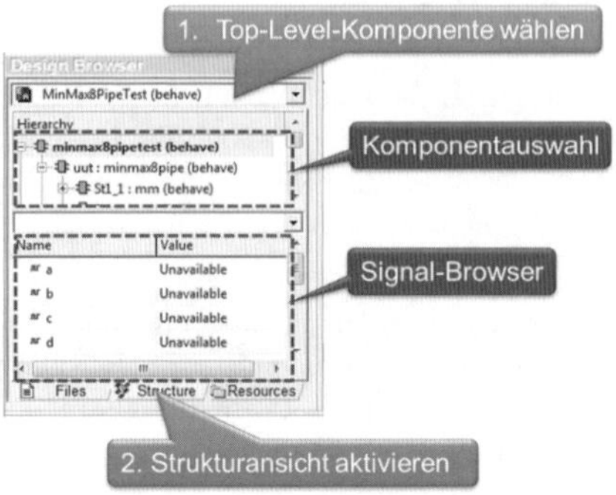

Abbildung 18.12: Design-Browser des Aldec-Simulators

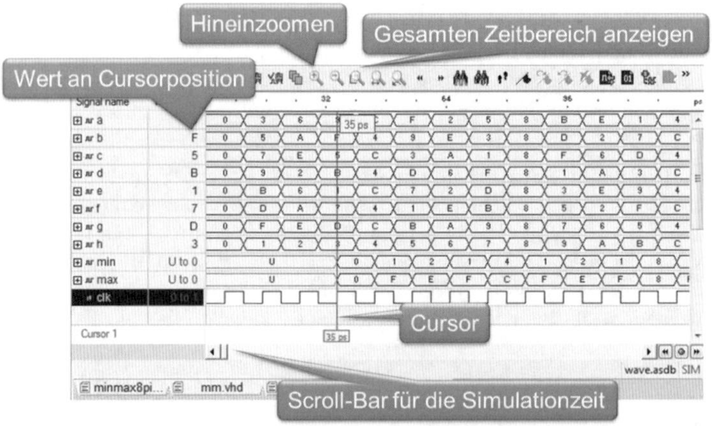

Abbildung 18.13: Waveform-Fenster am Ende der Simulation

```
...
architecture behave of MinMax8Pipe is
  -- Ein paar lokale Signale, die wir fuer die Verdrahtung benoetigen
  ...
  signal mi1p, mi2p, mi3p, mi4p, ma1p, ma2p, ma3p, ma4p :
                                            unsigned(3 downto 0);
  signal mmi1p, mmi2p, mma1p, mma2p : unsigned(3 downto 0);
  ...
begin
  ...

  -- Die erste Stufe
  St1_1: entity work.MM port map(x => aa, y => bb, min => mi1p, max => ma1p);
  St1_2: entity work.MM port map(x => cc, y => dd, min => mi2p, max => ma2p);
  St1_3: entity work.MM port map(x => ee, y => ee, min => mi3p, max => ma3p);
  St1_4: entity work.MM port map(x => gg, y => hh, min => mi4p, max => ma4p);

  -- Pipeline-Register nach der ersten Stufe
  process (clk) begin
    if rising_edge(clk) then
      mi1 <= mi1p; ma1 <= ma1p; mi2 <= mi2p; ma2 <= ma2p;
      mi3 <= mi3p; ma3 <= ma3p; mi4 <= mi4p; ma4 <= ma4p;
    end if;
  end process;

  ...
end behave;
```

Abbildung 18.14: Auschnitt aus dem VHDL-Modul *MinMax8Pipe*

für die Signale *min* und *max* mit. Das soll im Rahmen einer Übung einmal durchgespielt werden. Gehen Sie dazu wie folgt vor:

1. Öffnen Sie mit Diamond das Projektfile **DigiSysFpga\Teil4\MinMax8PipeSlim\MinMax8PipeSlim.ldf**.

2. Laden Sie die Datei **MMReg.vhd** in den Editor der Entwicklungsumgebung und erweitern sie den VHDL Code wie folgt:

   (a) Erweitern Sie die **entity**-Deklaration um ein Signal *clk* vom Type *std_logic*:

```
entity MMReg is
  port (clk : in std_logic; -- Das Taktsignal fuer die Register
        x , y : in unsigned(3 downto 0);
        min, max : out unsigned(3 downto 0));
end MMReg;
```

   (b) Erweitern Sie die **architecture** des Modells: Fügen Sie im Deklarationsbereich zwei Signale *minP* und *maxP* hinzu. Erweitern Sie dann den VHDL-Code um einen synchronen Prozess, der für die Ausgangssignale *min* und *max* entsprechende Register generiert. Achtung: passen Sie auch die parallelen Signalzuweisungen an!

   Nach den Anpassungen sieht die **architecture** von *MMReg* z.B. wie folgt aus:

```
architecture behave of MMReg is
  signal minP, maxP : unsigned(3 downto 0);
begin
  minP <= x when x < y else y; -- Achtung: minP als Zuweisungsziel!
  maxP <= y when x < y else x; -- Achtung: maxP als Zuweisungsziel!

  process (clk) begin
    if rising_edge(clk) then
      min <= minP;
      max <= maxP;
    end if;
  end process;
end behave;
```

3. Nun müssen noch im Modul *MinMaxPipeSlim* alle **port map** Anweisungen der *MMReg*-Instanzen so erweitert werden, so dass das *clk*-Signal an die *MMReg*-Module weitergegeben wird. Der nachfolgende Code-Ausschnitt deutet dies für die beiden Instanzen *ST1_1* und *St1_2* an:

```
-- Die erste Stufe
St1_1: entity work.MMReg port map(clk => clk, x => aa, ...);
St1_2: entity work.MMReg port map(clk => clk, x => cc, ...);
```

   Bitte passen Sie alle weiteren Instanzen entsprechend an. Beachten Sie, dass wir in allen Modulen das Taktsignal *clk* genannt haben.

4. Auch für dieses Design gibt es schon ein vorbereitetes Simulationsprojekt. Starten Sie den Simulator über den Simulator-Button der Diamon-IDE () und brechen Sie die Auswahl des Simulationsprojekts ab, indem Sie auf „Cancel" drücken:

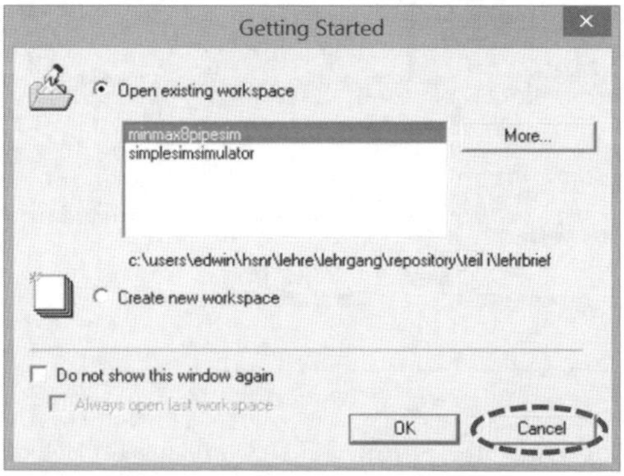

Danach öffnen Sie bitte über das File-Menü im Simulator „File → Open" die Auswahlbox zum Laden von Dateien und gehen in das Verzeichnis **DigiSysFpga\Teil4\MinMax8PipeSlim\MinMax8PipeSlimSim**. Dort laden Sie dann die Datei **MinMax8PipeSlimSim.aws**. Bitte achten Sie auf die korrekte Endung „.aws" (Active-HDL Workspace) der Datei.

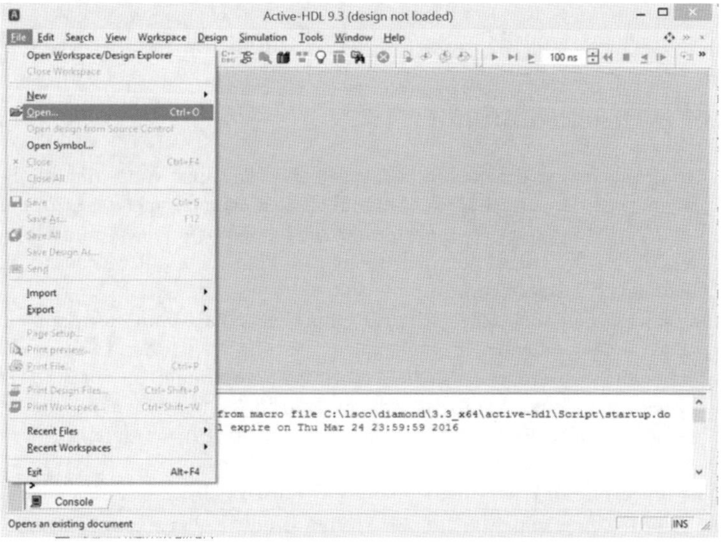

Als Ergebnis öffnet Active-HDL das vorbereitete Simulationsprojekt.

5. Wählen Sie als Top-Level-Modell wieder die Testbench *MinMax8PipeTest (behave)*.

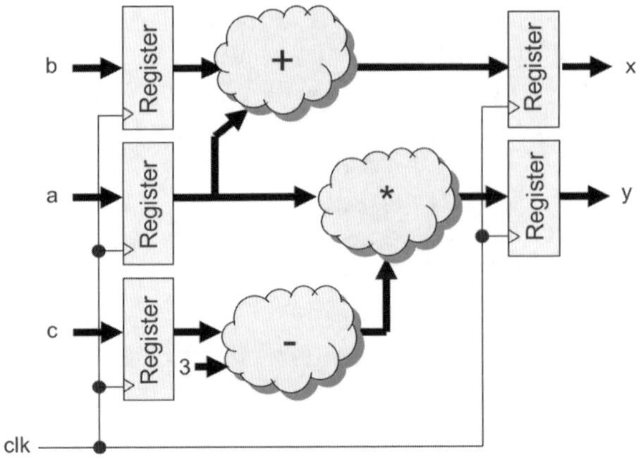

Abbildung 18.15: Eine RTL-Schaltung als Schaltplan

6. Erzeugen Sie ein neues Waveform-Fenster.

7. Initialisieren Sie die Simulation mit „Simulation → Initialize Simulation“ aus dem Hauptmenü des Simulatorfensters.

8. Fügen Sie dann die Signale der Testbench hinzu.

9. Simulieren Sie das Modell für *1000 ns* und überprüfen Sie die Signalverläufe!

18.3 RTL-Beschreibungen

RTL: Register-Transfer-Level

Synchrone Schaltungen sind die zurzeit vorherrschende Art und Weise digitale Schaltungen zu bauen. *RTL* nennt man dabei die heute gebräuchlichste Methode, solche synchronen Schaltungen zu beschreiben. Die Abkürzung RTL seht für *Register Transfer Logik* und gibt einen Hinweis darauf, welche Art von Informationen wir in einem RTL-Design auf welche Art und Weise und in welcher Genauigkeit beschreiben.

Abbildung 18.15 zeigt eine RTL-Schaltung als Schaltplan. Zunächst kann man erkennen, dass eine RTL-Schaltung eine synchrone Schaltung ist, da alle Register von einer gemeinsamen Taktleitung angetrieben werden – das haben wir ja bereits auch so vorausgesetzt. Was man in der Abbildung auch sehen kann, ist, welche Informationen in einem Register gespeichert werden: hier sind das z.B. die Signale *a*, *b* und *c* aber auch die Ergebnisse der Addition und Multiplikation.

RTL: konkrete Register, abstrakte Operationen

Was man hingegen *nicht* aus dem Schaltbild auslesen kann, ist der genaue Aufbau der Additions-, Subtraktions- und Multiplikationsoperationen. Diese Komponenten bestehen aus reiner Gatterlogik und wir haben bereits gelernt, dass es z.B. für die Addition eine Vielzahl von verschiedenen Realisierungen gibt, die sich bezüglich ihrer Geschwindigkeit aber auch Aufwand (Anzahl Gattern) unterscheiden. Grob kann man sagen, dass man für eine höhere Geschwindigkeit immer auch mit mehr Gattern „bezahlen“ muss – wie im richtigen Leben: mehr Leistung

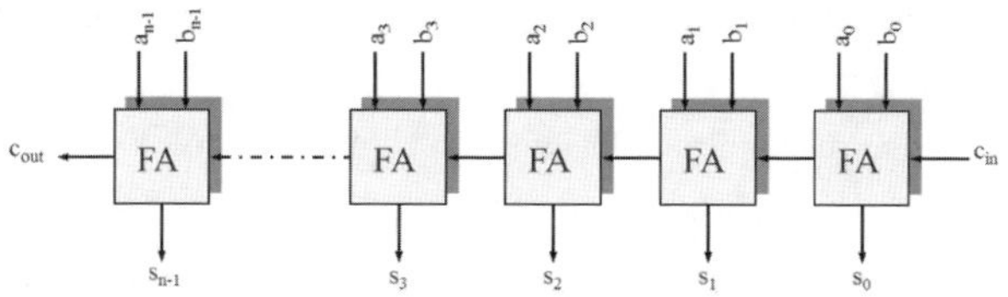

Abbildung 18.16: Der Ripple-Carry-Addierer – einfach aber langsam

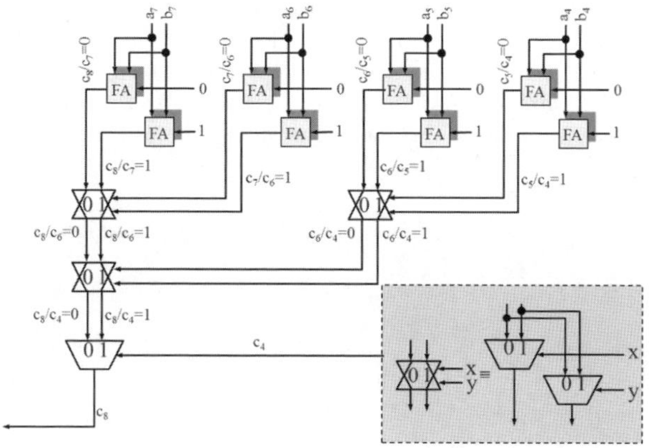

Abbildung 18.17: Dargestellt ist hier nur die Carry-Verarbeitung eines COSA-Addierers – kompliziert aber schnell.

ist meist auch teurer. Aus dem Schaltbild ist aber nicht abzulesen, welche Wahl (also schnell und „teuer" oder langsam und „billig") hier getroffen werden soll.

RTL: Synthese implementiert Operationen.

Und tatsächlich treffen wir diese Wahl auch gar nicht: Wir überlassen sie dem Synthesewerkzeug! Wir bestimmen nur, *dass* wir einen Addierer benötigen und welche Signale er addieren soll. In dem Schaltbild wird das in Form einer „Wolke" mit einem Operatorsymbol visualisiert. Wie der Addierer konkret realisiert werden soll, dass entscheidet dann das Synthesewerkzeug anhand der Randbedingungen wie z.B. der Taktfrequenz, die erreicht werden soll. Dabei berücksichtigt es z.B. auch, wann die Eingangsignale für den Addierer im ungünstigsten Fall gültig sind, mit vielen Bits gerechnet werden soll, ob einer oder auch beider Summanden Konstanten sind usw.

Das der Lösungsraum selbst für eine simple Addition nicht unerheblich ist, sollen die beiden Beispielarchitekturen in Abbildung 18.16 und 18.17 zeigen. Beides sind Addierer, aber sie unterscheiden sich gewaltig im Gatteraufwand und der Geschwindigkeit.

Tatsächlich wären wir daher bei komplizierten Schaltungen kaum in der Lage, eine optimale Entscheidung selbst zu treffen. Dafür gibt es einfach zu viel zu Berücksichtigen und zu viele Entscheidungen zu treffen.

Die genaue Entscheidung wie eine Operation realisiert wird, überlassen wir also in RTL-Designs dem Synthese-Tool. Bei RTL-Designs wird also

- genau definiert, welche Informationen / Signale in Registern gespeichert werden,
- die eigentliche Datenverarbeitung (Gatterlogik) wird hingegen nur auf einem hohen Abstraktionsniveau (also relativ grob) festgelegt.

Die Operation, die wir hier im Schaltbild als „Wolke“ auf einer abstrakten Ebene beschrieben haben, können wir natürlich auch in VHDL genauso abstrakt angeben. In VHDL nutzen wir dazu einfach den „+“-Operator. Das Synthesewerkzeug wird dann entscheiden, wie diese Addition letztlich realisiert werden soll.

Zusammenfassung:
Bei einem Design auf RTL-Ebene (RTL = Register Transfer Logik), definiert der Designer genau, welche Informationen bzw. Signale in Registern gespeichert werden. Die Verarbeitung der Daten bzw. Signale wird hingegen nur abstrakt beschrieben. Dem Synthesewerkzeug kommt dabei die Aufgabe zu, die abstrakt definierten Operationen in entsprechende Gatterfunktionen zu übersetzen.

Kapitel 19

VHDL-Beschreibungen von RTL-Designs

Digitale Designs werden heutzutage überwiegend auf RTL-Ebene beschrieben. Wie man das effizient macht und was dabei zu beachten ist, werden wir daher ein ganzes Kapitel lang untersuchen und anhand von praktischen Übungen trainieren! Die dabei gewonnenen Erkenntnisse werden in ein paar Regeln „gegossen“, die wir dann später heranziehen können, um das Verhalten des Synthesewerkzeugs zu verstehen. Hat man die Regeln einmal verstanden, dann fällt mit etwas Übung auch der Entwurf von komplexen Funktionen nicht mehr schwer.

19.1 Getrennte Beschreibung von Registern und kombinatorischer Logik

19.1.1 Register

Eigentlich haben wir ja schon alles kennen gelernt, um in VHDL Schaltungen auf RTL-Ebene zu beschreiben: wir können mit VHDL Register erzeugen und wir können kombinatorische Logik – also reine Gatterlogik – generieren.

Betrachten wir dafür einmal den folgenden Beispiel-Code (bitte beachten Sie, dass hier nur der entsprechende Prozess, nicht aber der Code „darumherum“ zu sehen ist):

```
1  process (clk) begin
2     if rising_edge(clk) then
3        y <= x;
4     end if;
5  end process;
```

Synchrone Prozesse sind Kern von RTL-Designs.

Wie wir schon gelernt haben, handelt es sich hier um einen synchronen Prozess. Wenn wir das Synthesewerkzeug auf diesen Prozess ansetzen, dann versucht es eine Schaltung zu generieren, die sich – grob gesehen – zeitlich genauso verhält wie unser VHDL-Prozess bei der Simulation.

Aber wie verhält sich denn der Prozess? Nun, lassen Sie uns dazu sein Verhalten von „Hand“ simulieren: jedes mal, wenn auf *clk* ein Signalwechsel stattfindet, dann wird der Prozess aufgerufen und führt die im Prozesskörper enthaltenen Operationen sequentiell durch. Als erstes wird dabei überprüft, ob auf *clk* gerade eine steigende Flanke stattfindet (Zeile 2). Ist das nicht der Fall, so wird der „then“-Teil übersprungen und der Prozess schläft direkt wieder ein. Haben wir auf *clk* aber eine steigende Flanke, dann wird die Zuweisung $y <= x$ ausgeführt, d.h. der aktuelle Wert auf Signal x wird auf das Signal y zugewiesen (Zeile 3).

Was passiert aber eigentlich mit y, wenn auf *clk* keine steigende Flanke war? Nun, in VHDL behält y dann einfach seinen alten Wert. Dieses Verhalten kennen wir auch von anderen Programmiersprachen: ein Informationsträger (Variable, Signal oder ähnliches) behält seinen aktuellen Wert, bis er explizit überschrieben wird.

Als nächstes zeichnen wir den Verlauf der Signale für dieses Modell auf (siehe rechts). Wir haben dafür eine beispielhaften Verlauf auf dem Signal x angenommen. Entsprechend dem VHDL-Modell wird dabei der aktuelle Wert auf dem Signal x bei einer steigenden Flanke auf *clk* auf das Signal y kopiert. Daher kann y nur an den steigenden Taktflanken seinen Wert verändern. Dazwischen ist y hingegen stabil und verändert sich somit nicht.

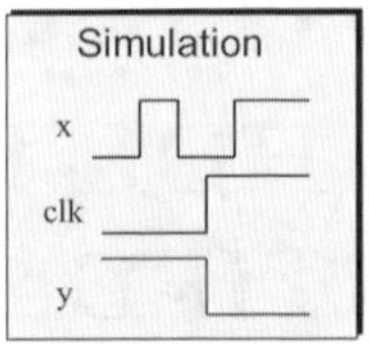

Ok, aber wie sieht nun eine Hardware aus, die dasselbe Verhalten aufweist? Kommt Ihnen das Verhalten vielleicht bekannt vor? Tatsächlich haben wir einen solchen Baustein schon kennen gelernt: so verhält sich ein positiv flankengetriggertes Flipflop! Konsequenter Weise wird also das Synthesewerkzeug auch genau so ein Flipflop aus unserem VHDL-Prozess erzeugen.

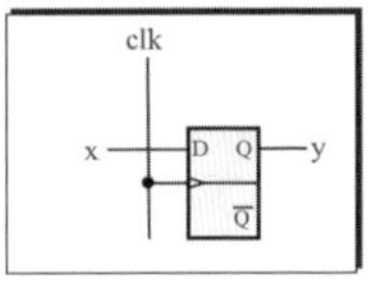

Bitte beachten Sie dabei, dass das zeitliche Verhalten hier idealisiert gezeichnet ist: natürlich dauert es eine Weile, bis nach einer aktiven Taktflanke tatsächlich die neuen Daten am Ausgang des Flipflops anliegen – ein reales Flipflop ist ja (leider) nicht unendlich schnell. Insofern stellt das VHDL-Simulationsmodell also eine idealisierte Sicht auf die Schaltung dar: im VHDL-Modell haben wird den Wechsel auf y sofort nach der steigenden Flanke auf *clk*. Das zeitliche Verhalten des VHDL-Modells wird sich von dem der realen Schaltung also im Detail immer etwas unterscheiden. Wenn man aber die Zeitverzögerungen durch Gatter und Flipflops weglässt, dann verhalten sich VHDL-Modell und die daraus erzeugte Schaltung identisch.

Das bringt uns letztlich zur „goldenen Syntheseregel“:

> **Syntheseregel 1**: – Die goldene Regel –
> Das Synthesewerkzeug versucht aus einem VHDL-Modell eine Schaltung zu erzeugen, die sich zeitlich betrachtet *genauso verhält* wie das simulierte VHDL-Modell – wenn man die Verzögerungszeiten von Gattern, Flipflops und Leitungen vernachlässigt.

Wir nennen diese Regel die „goldene“ Regel, weil sich die meisten anderen Regeln daraus ableiten lassen. Im Zweifel können wir diese Regel immer heranziehen, um das Verhalten des Synthesewerkzeugs zu verstehen.

Eine erste abgeleitete Regel können wir auch direkt aus dem Beispiel oben gewinnen. Diese Regel legt fest, wie Register durch einen synchronen Prozess generiert werden.

> **Syntheseregel 2**: – Erzeugung von Registern –
> Das Synthesewerkzeug erzeugt für jedes Signal, das in einem *synchronen Prozess beschrieben* wird, ein entsprechendes Register. Die Größe des Registers (Anzahl der Flipflops) richtet sich dabei nach dem Typ des Signals.

Wir benötigen also noch ein weiteres Flipflop / Register für ein Signal *b* (siehe Schaltung rechts)? Kein Problem, eine weitere Zeile in unserem synchronen Prozess erledigt das für uns. Dabei spielt es keine Rolle ob *x* oder *b* jetzt binäre Signale oder auch Bit-Vektoren sind. Das Synthesewerkzeug wird automatisch die passende Anzahl von Flipflops – d.h. bei Vektoren für jedes Bit des Vektors eines – erzeugen. Das macht den „Charme“ der Synthese aus! Haben wir einmal festgelegt, wie die Signale aussehen, dann kümmert sich das Synthesewerkzeug darum, dass die Register auch passend groß gewählt werden. Der VHDL-Prozess für diesen Fall würde also wie folgt aussehen:

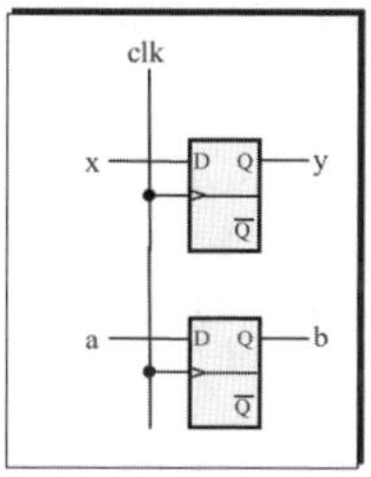


```
1 process (clk) begin
2    if rising_edge(clk) then
3       y <= x;
4       b <= a;
5    end if;
6 end process;
```

Was passiert übrigens bei der Synthese, wenn man die Reihenfolge der Zuweisungen in dem Prozess vertauscht? Also den Prozess-Code verändert zu:

```
1 process (clk) begin
2    if rising_edge(clk) then
3       b <= a; -- War urspruenglich in Zeile 4
4       y <= x; -- War urspruenglich in Zeile 3
5    end if;
6 end process;
```

Das Synthesewerkzeug wird exakt dieselbe Hardware daraus generieren! Überrascht? Die Reihenfolge der Zuweisungen spielt hier keine Rolle, da in VHDL der Prozess-Code unendlich schnell ausgeführt wird. Wenn wir das Modell simulieren, dann würde also an der steigenden Taktflanke *b* und *y* in beiden Prozessvarianten gleichzeitig ihren Wert ändern!

Soweit war das vermutlich doch noch keine Überraschung. Aber wie verhält es sich bei dem nachfolgenden VHDL-Code:

```
1 process (clk) begin
2    if rising_edge(clk) then
3       y <= x;
4       b <= y; -- Achtung, das Signal y wird hier auf b geschrieben
5    end if;
6 end process;
```

Das Simulationsverhalten ist Entscheidend für das Syntheseergebnis.

Als Besonderheit wird hier in Zeile 3 das Signal y beschrieben und in Zeile 4 Signal y wieder gelesen und auf b zugewiesen. Die daraus synthetisierte Hardware ist in der Abbildung rechts zu erkennen. Auf den ersten Blick ist es sehr erstaunlich, dass der Eingang des unteren Flipflops vom Ausgang des oberen abgegriffen wird. Wir haben hier also eine Art Schieberegister erzeugt! Aber warum ist das so? Müsste der Eingang für das untere Flipflop vielmehr nicht auch x sein? Tatsächlich ist das nicht der Fall und warum das Modell genau diese Hardware erzeugt ist kein Zufall.

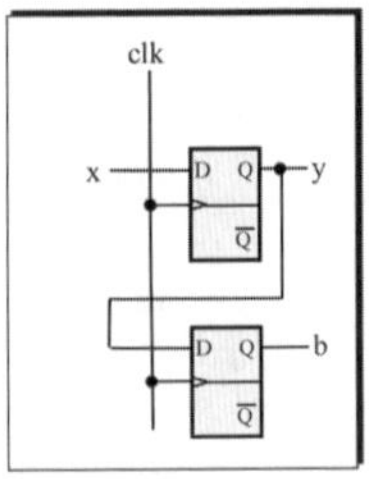

Um zu verstehen, warum hier ein Schieberegister erzeugt wird, muss man sich das Verhalten des VHDL-Modells näher ansehen. Wenn der Prozess zum Zeitpunkt der steigenden Taktflanke ausgeführt wird, dann wird tatsächlich zuerst die erste Zuweisung in Zeile 3 ausgeführt. Ein Prozess enthält ja sequentiell auszuführenden Code (der wie gewohnt von oben nach unten und von links nach rechts ausgeführt wird). Aber: Diese Zuweisung ist eine *Signalzuweisung*! D.h. es gilt das „Weihnachtsmannprinzip“: die Zuweisung selbst generiert nur einen „Wunschzettel“ an den Simulator (Weihnachtmann). Dieser „Wunschzettel“ enthält den neuen Wert und das Zielsignal. Der „Wunschzettel“ wird aber nicht sofort umgesetzt sondern – wie es sich gehört – erst wenn alle Prozesse („Kinder“) „schlafen“! Daher ließt der Prozess in Zeile 4 nicht den neuen bzw. zukünftigen sondern den *alten* Wert von y. Und wo bekommt man den alten Wert von y her? Nun, den kann man am Ausgang des entsprechenden Flipflops lesen! Das Flipflop arbeitet ja auf den Takt bezogen wie eine Verzögerung.

Somit entsteht dieses Schieberegister nur aufgrund des Modellverhaltens. Das Synthesewerkzeug versucht dabei entsprechend der goldenen Syntheseregel dieses Verhalten mit Hilfe einer geeigneten synchronen Schaltung „nachzuempfinden“. Daher spielt die Reihenfolge, in der die Signalzuweisungen in dem Beispiel angegeben sind, auch hier keine Rolle! Der Prozess

```
process (clk) begin
   if rising_edge(clk) then
      b <= y; -- Die Reihenfolge der Zuweisungen spielt hier keine Rolle!
      y <= x;
   end if;
end process;
```

verhält sich aufgrund des „Weihnachtsmannprinzips“ genauso wie der Prozess davor. Das identische zeitliche Verhalten wird somit auch dieselbe Hardware zur Folge haben.

19.1.2 Schleifen

Basierend auf den soeben identifizierten Prinzipen können wir nun versuchen die aus folgendem VHDL-Modell generierte Hardware abzuleiten:

```
signal y : std_logic_vector(3 downto 0);
...
process (clk) begin
   if rising_edge(clk) then
      y(0) <= x;
      for i in 1 to 3 loop -- Schleifenanfang
         y(i) <= y(i - 1); -- Schleifenkoerper
      end loop;            -- Schleifenende
```

```
    end if;
  end process;
```

Eine Schleife ist zunächst ja etwas, was man mit gewöhnlichen Programmiersprachen, aber sicher nicht mir einer Schaltung in Verbindung bringen möchte. Tatsächlich können wir hier jedoch einen Trick anwenden, der die Schleife näher in Richtung „Hardware“ bringt: wir entrollen die Schleife. D.h. wir schreiben den Schleifenköper N-mal hin und setzen die entsprechenden Werte der Iterationsvariablen ein:

Auch Schleifen sind synthetisierbar.

```
  process (clk) begin
    if rising_edge(clk) then
      y(0) <= x;
      y(1) <= y(0);
      y(2) <= y(1);
      y(3) <= y(2);
    end if;
  end process;
```

Achtung: dieses Prinzip können wir natürlich nicht in jedem Fall anwenden! Das geht nur dann, wenn die Anzahl der Iterationen sich über die Zeit nicht verändert und zudem bekannt ist.

Auf das „entrollte“ Modell können wir jetzt wieder unsere Regeln und Erkenntnisse anwenden. Aus jeder Signalzuweisung wird ein Register generiert. Dabei kann sich die Zuweisung durchaus auch nur auf ein Element eines Vektorsignals beziehen: dann wird für eben dieses Element ein Register generiert. Aufgrund des „Weihnachtsmannprinzips“ ließt der Prozess dabei die *alten* Werte der y-Signale. Damit ergibt sich analog zu den vorangegangenen Beispielen eine Kette von Flipflops, oder anders gesagt: ein Schieberegister (siehe Abbildung rechts).

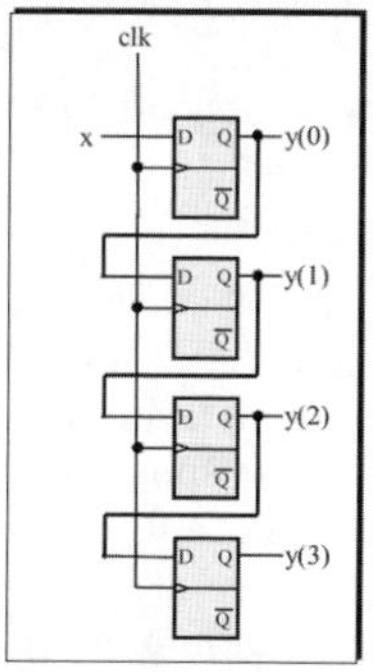

Benötigen wir ein Schieberegistern mit einer größeren Tiefe? Kein Problem, dann müssen wir nur den Vektor y vergrößern und die Iterationsgrenzen entsprechend anpassen. Diese Flexibilität macht die Synthese so interessant für den Entwurf von großen und komplexen Schaltungen. Der Designer kann sich dabei auf die eigentliche Funktion der Schaltung konzentrieren, während das Synthesewerkzeug sich um die zahllosen Implementierungsdetails kümmert.

Syntheseregel 3: – Schleifen –
Das Synthesewerkzeug entrollt Schleifen, d.h. es ersetzt Schleifen durch einen entsprechend oft kopierten Schleifenkörper, bei dem für jede Kopie die Schleifenvariable durch eine passende Zahlenkonstante ersetzt wird. Dieses Verfahren setzt allerdings voraus, dass die Anzahl der Schleifeniterationen zeitlich konstant und dem Synthesewerkzeug bekannt sind.

19.2 Kombinatorische Logik

Kombinatorische Logik – d.h. reine Gatterfunktionen ohne speichernde Elemente – kann in VHDL auf viele verschiedene Arten erzeugt werden. Die einfachst Methode ist die parallele Signalzuweisung. Eine parallele Signalzuweisung ist dabei nichts anderes als eine Signalzuweisung, die im parallelen (concurrent) Teil der Architecture angegeben ist. Im parallelen Bereich spielt die Reihenfolge der Anweisungen keine Rolle. Sie können also beliebig umsortiert werden, ohne einen Einfluss auf das Verhalten des Modells zu haben. Dies ist ein großer Unterschied zu dem sequentiellen Bereich in einem Prozess, in dem die Anweisungen nach einer festen Reihenfolge (von oben nach unten und von links nach rechts) ausgeführt werden.

Ein Beispiel für eine parallele Signalzuweisung ist:

```
architecture behave of test is
begin
  a <= (b and c) xor d; -- Eine parallele Signalzuweisung!
end behave;
```

Parallele Signalzuweisungen werden in Gatterlogik umgesetzt.

Während der Simulation „wartet“ diese Zuweisung darauf, dass auf den Signalen, die auf der rechten Seite der Zuweisung zu finden sind (hier: *b*, *c* und *d*) etwas passiert – sie also ihren Werte ändern. Dann wird die Gleichung neu berechnet und auf das Zielsignal zugewiesen.

So verhalten sich im Prinzip auch Gatter. Die Synthese setzt solche parallele Zuweisungen daher in reine Gatterlogik um.

Natürlich können wir hier auch mehrere Signalzuweisungen angeben, die dann alle für sich gesehen zeitlich parallel operieren. Wie ist es aber eigentlich, wenn die eine Zuweisung ein Signal schreibt, die die andere ließt?

```
1 architecture behave of test is
2 begin
3   a <= (b and c) xor d; -- Parallele Signalzuweisung Nr. 1 schreibt a
4   x <= not a;           -- Parallele Signalzuweisung Nr. 2 liesst a
5 end behave;
```

Auch hier warten beide Zuweisungen auf eine Änderungen der gelesenen Signale: die Zuweisung in Zeile 3 wartet darauf dass auf *b*, *c* und *d* etwas passiert, während die Zuweisung in Zeile 4 auf eine Änderung von *a* lauert. Wenn sich also z.B. *c* ändert, dann wird die Neuberechnung von Zuweisung Nr. 1 angestoßen. Hat das zur Folge, dass sich *a* ändert, so wird anschließend auch die Neuberechnung von Zuweisung Nr. 2 initiiert. Da diese Operationen keine simulierte Zeit verbrauchen, sieht das dann bei der Simulation so aus, als ob sich *a* und *x* gleichzeitig und sofort auf ihre neuen Werte ändern. Wie das in VHDL gemacht wird (Delta-Zyklen) haben wir ja bereits im Kapitel 17 besprochen.

Die Synthese erzeugt aus so einem Modell dem entsprechend eine Gruppe von miteinander verbundenen Gattern.

Befindet sich die Signalzuweisung in einem Prozess, dann ist sie hingegen automatisch eine sequentielle Signalzuweisung und wird nur dann ausgeführt, wenn der Prozesskörper abgearbeitet wird und der Programmfluss auf die Anweisung stößt. Bei der nachfolgenden Signalzuweisung handelt es sich daher um eine sequentielle Zuweisung:

```
architecture behave of test is
begin
  process (b, c, d) begin
    a <= (b and c) xor d; -- Eine sequentielle Signalzuweisung!
  end process;
end behave;
```

Einen solchen Prozess nennt man einen *kombinatorischen* Prozess. Er erzeugt bei der Synthese reine Gatterlogik – also keine speichernden Elemente wie z.B. Register. Achtung: damit der Prozess auch wirklich kombinatorisch ist, muss man ihn jedoch sorgfältig entwerfen:

- Er muss sensitiv auf *alle* Signale sein, die im Prozesskörper *gelesen* werden.
- Wird im Prozess ein Signal beschrieben, dann muss bei *jedem* Prozesslauf das Signal beschreiben werden.

Kombinatorische Prozesse erzeugen Gatter-Logik.

Letztlich können wir Gatterlogik mit einer parallelen Signalzuweisung oder auch mit einem kombinatorischen Prozess generieren. Für das Synthesewerkzeug spielt es keine Rolle, welche der Optionen wir wählen. Allerdings hat man bei einem kombinatorischen Prozess selbst dafür zu sorgen, dass er die Anforderungen an einen kombinatorischen Prozess auch tatsächlich erfüllt sind. Bei einer parallelen Signalzuweisung ist das automatisch der Fall.

Sollten wir aus Versehen einen fehlerhaften kombinatorischen Prozess anlegen, dann kann dies sehr subtile und unangenehme Effekte zur Folge haben. Das Synthesewerkzeug wird eine Warnung generieren und dann versuchen zu erraten, was wir wohl gemeint haben. Das kann dazu führen, dass es wie gewünscht eine kombinatorische Schaltung generiert wird, aber das Ergebnis kann ebenso auch die Integration eines speichernden Schaltungselements in unserer Schaltung sein. Selbst wenn die gewollte kombinatorische Schaltung synthetisiert wird, lauert aber immer noch eine „Gefahr“: wenn wir das VHDL-Modell simulieren, so wird es sich anders verhalten als die Schaltung.

Syntheseregel 4: – Kombinatorische Logik –
Gatterlogik kann mit Hilfe einer parallelen Signalzuweisung oder einem kombinatorischen Prozesses realisiert werden.
Bei kombinatorischen Prozesses ist darauf zu achten, dass

- alle Signale, die im Prozess gelesen werden, auch in der Sensitivitätsliste aufgeführt sind und dass
- ein beschriebenes Signal bei jedem Prozesslauf auch eine Zuweisung bekommt.

19.3 Gemeinsame Beschreibung von Registern und kombinatorischer Logik

Bisher haben wir Register mit einem synchronen Prozess und Gatter in Form einer parallelen Signalzuweisung oder eines kombinatorischen Prozesses definiert. Diese Aufteilung macht das Modell leider realtiv komplex. Aber es gibt eine Alternative: die gemeinsame Beschreibung von Registern *und* Gatterlogik mit *einem* synchronen Prozess. Das Konzept, das hinter diesem Ansatz steht, soll an einem einfachen Beispiel verdeutlicht werden:

```
signal a, b, c : unsigned(3 downto 0);
...
process (clk) begin
   if falling_edge(clk) then
      c <= a + b;
   end if;
end process;
```

Um zu bestimmen, welche Hardware daraus entsteht, nutzen wir die *goldene* Syntheseregel. Dazu simulieren wir das Modell im „Kopf“. Eine beispielhafter Signalverlauf ist weiter unten zu sehen.

Der Prozess im VHDL-Modell wird ja nur aktiv, wenn etwas auf dem Taktsignal *clk* passiert, und nur bei einer fallenden Flanke wird die Zuweisung in Zeile 5 auch tatsächlich ausgeführt. Dazu ließt der Prozess die aktuellen Werte auf *a* und *b*, addiert sie und weist das Ergebnis auf *c* zu. Somit kann *c* nur bei den fallenden Taktflanken seinen Wert verändern, die andere Zeit ist das Signal stabil. Das kann man im Zeitdiagramm auch gut erkennen: zum Zeitpunkt der fallenden Taktflanke wechselt der Wert von *c* auf 7.

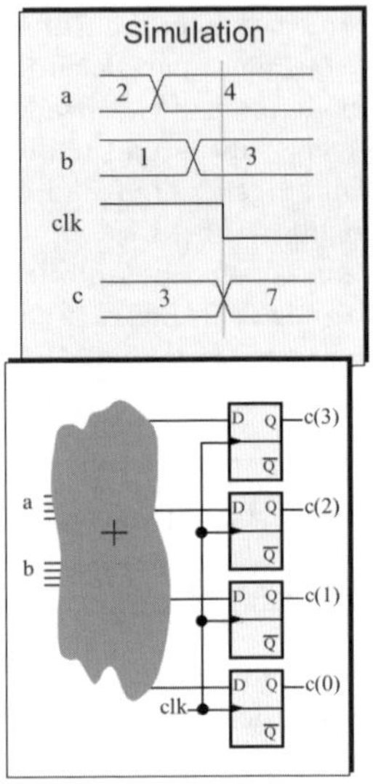

Nun wissen wir, wie sich das Modell zeitlich verhält. Das ist der Schlüssel, um die bei einer Synthese erzeugte Hardware abzuleiten. Die zentrale Frage ist nämlich: welche Hardware hat dasselbe Verhalten? Das wir für *c* ein Register benötigen, ist offensichtlich – und letztlich auch aus der Syntheseregel 2 ableitbar. Aber dass alleine reicht nicht aus: wir benötigen noch einen Addierer, um die Summe von *a* und *b* zu berechnen, denn auf *c* erscheint ja die Summe von *a* und *b*. Das

Ergebnis der Addition wird dann schließlich im Register gespeichert, damit es während des gesamten nachfolgenden Taktzyklusses auf *c* zur Verfügung stehen kann. Somit ergibt sich die rechts gezeigte Gesamtschaltung.

Bemerkenswert daran ist, dass wir mit nur *einem* Prozess sowohl den Addierer (= Gatterlogik) als auch das Register erzeugt haben. Natürlich hätten wir das auch getrennt in zwei Prozessen machen können. Ein Prozess ist dann für die Addition und ein anderer für das Speichern des Additionsergebnisses im Register zuständig. Dies mach das Modell aber komplizierter wie man am nachfolgenden Beispiel leicht sehen kann:

```
signal a, b, c, sum : unsigned(3 downto 0);
...
process (a, b) begin -- Dieser Prozess erzeugt das Additionsergebnis
    sum <= a + b;
end process;

process (clk) begin -- Dieser Prozess generiert das Register zum Speichern
                    -- des Ergebnisses
   if falling_edge(clk) then
      c <= sum;
   end if;
end process;
```

Nicht nur, dass wir zwei Prozesse anlegen müssen, es wird zudem auch noch ein zusätzliches lokales Signal benötigt, um den Summenwert vom kombinatorischen zum synchronen Prozess zu transportieren. Natürlich könnte man den ersten Prozess auch mit Hilfe einer einfachen parallelen Signalzuweisung realisieren. Viel kompakter und übersichtlicher wird das Modell dadurch aber trotzdem nicht.

19.3.1 Synthese einer if-then-else-Anweisung

Bisher haben wir lediglich einfache arithmetische Operationen und Signalzuweisungen in unseren VHDL-Modellen genutzt. Programmiersprachen haben aber noch eine besondere Gruppe von Anweisungstypen, die sogenannten Kontrollstrukturen. Kontrollstrukturen sind dazu da, den normalen Ablauf des Programms – also von oben nach unten und von links nach rechts – zu verändern. Die bekannteste Kontrollstruktur ist sicher die „if-then-else“-Anweisung.

Kontroll-stukturen beeinflussen Reihenfolge von Anweisungen.

Tatsächlich haben wir die einfache Variante davon, nämlich die ohne den **else**-Teil, auch schon genutzt um in einem synchronen Prozess die Art der Taktflanke zu überprüfen. Aber auch innerhalb der synchronen Abschnitts können wir solche **if-then-else**-Anweisungen einsetzen. Dazu ein kleines Beispiel:

```
1   signal a, b, c : unsigned(3 downto 0);
2   ...
3   process (clk) begin
4      if falling_edge(clk) then
5         if x = '1' then
6            c <= a + b;
7         else
8            c <= a - b;
9         end if;
10     end if;
11  end process;
```

In dem Beispielmodell wird die **if-then-else**-Anweisung genutzt, um abhängig vom Signal x entweder die Summe oder die Differenz von a und b auf das Signal c zuzuweisen. Die Anweisungen verhalten sich hier wie in einer gewöhnlichen Programmiersprache. Dabei wird Zeile für Zeile von oben nach unten *sequentiell* abgearbeitet! Für das hier gezeigte Beispiel bedeutet das:

a. Wird der Prozess aktiviert, dann überprüft er als erstes die Flanke des Taktsignals (Zeile 4): haben wir gerade eine steigende Flanke auf *clk*, dann werden die nachfolgenden Anweisungen übersprungen und der Prozess springt direkt zur Zeile 11 und „schläft“ daraufhin ein. Haben wir dagegen eine fallende Flanke auf *clk*, dann geht es weiter mit Zeile 5.

b. In Zeile 5 wird überprüft, ob x gleich 1 ist. Ist dass der Fall, dann geht es weiter mit der Anweisung, die zwischen **then** und **else** zu finden ist: a und b werden addiert und c zugewiesen. Anderenfalls, wird der Code nach **else** (bis zum **end if**) ausgeführt: a und b werden subtrahiert und c zugewiesen. In beiden Fällen geht es anschließend weiter zu **end process**, wo der Prozess schließlich wieder „einschläft“.

Das VHDL-Modell verhält sich wie eine normale Programmsequenz. Das kommt uns Menschen entgegen, da wir so das „Verhalten“ des Modells – also was der Prozess unter welchen Randbedingungen macht – gut nachvollziehen können.

Auch **if-then-else** kann in Hardware übersetzt werden.

Die wichtige Frage ist nun: kann man dieses Modell in Hardware synthetisieren? Und wenn ja, wie sieht die generierte Hardware aus? Die erste Frage können wir direkt mit einem „Ja“ beantworten. Tatsächlich können auch programmtypische Konstrukte wie die **if-then-else**-Anweisung in eine passende digitale Schaltung übersetzt werden! Das ist auf den ersten (und vielleicht auch auf den zweiten) Blick erstaunlich, aber tatsächlich ist das gar nicht so schwer zu bewerkstelligen. Wir werden gleich sehen, dass die Regeln dazu eigentlich relativ einfach sind.

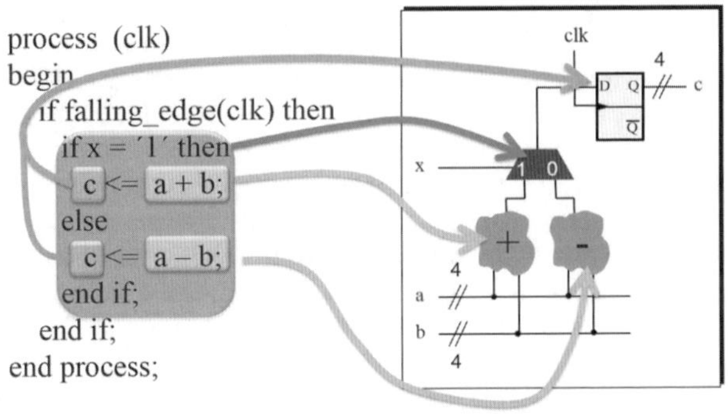

Abbildung 19.1: Synthese einer „if-then-else"-Anweisung

Das Ergebnis der Synthese ist in der Abbildung rechts zu sehen. Bei der Übersetzung des Modells in Hardware können wir zuerst die Syntheseregel 2 anwenden: c wird innerhalb eines *synchronen* Prozesses etwas zugewiesen. Daher wird für das Signal ein Register generiert – so lautet die Regel. Soweit ist das noch nicht überraschend.

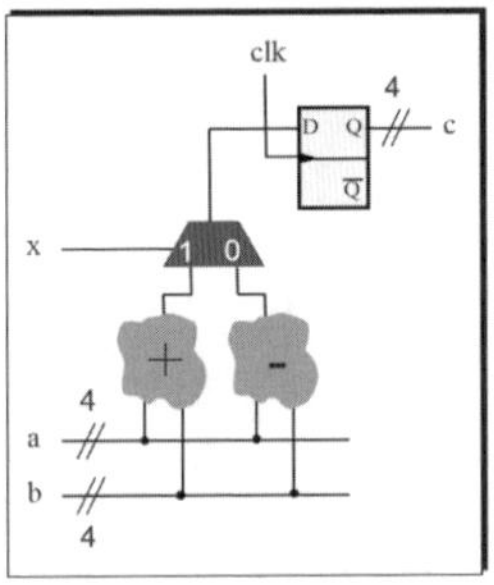

Aber was entsteht aus der **if-then-else**-Anweisung? Abhängig vom Wert auf x soll ja im VHDL-Modell entweder die Summe oder die Differenz auf c gespeichert werden. Zunächst müssen wir dazu also die Summe oder Differenz von a und b berechnen. Wir benötigen also sowohl einen Addierer als auch einen Subtrahierer in unserer Schaltung. Dann muss *entweder* das Summenergebnis *oder* die Differenz im Register gespeichert werden. Daher brauchen wir hier außerdem eine Art „Weiche", die entweder das eine oder das andere Rechenergebnis auswählt.

Tatsächlich gibt es in der Digitaltechnik solche eine Weiche und wir haben sie auch bereits kennen gelernt: der Multiplexer (im folgenden auch einfach nur „Mux" genannt). Ist der Steuereingang x des Mux gleich 1, dann wird das Ergebnis des Addierers auf den Ausgang des Mux geleitet. Ist x dagegen gleich 0, dann wird das Ergebnis des Subtrahierers gewählt. Bitte beachten Sie, dass der Mux hier 4 Bit breite Daten verarbeiten muss. Das bedeutet, dass alle Datenein- und Ausgänge 4 Bit breit sein müssen. In Wahrheit verbergen sich also in diesem Beispiel hinter dem Mux-Symbol vier parallelgeschaltete Multiplexer – einer für jedes Datenbit.

Abbildung 19.1 zeigt den Zusammenhang zwischen den einzelnen Teilen im VHDL-Modell und ihrer Repräsentation in der Schaltung nochmals in der Übersicht. Aus der if-then-else-Anweisung ist also letztendlich ein Multiplexer geworden, womit wir eine weitere Syntheseregel gewonnen haben:

Syntheseregel 4: – if-then-else-Anweisungen –
If-then-else-Anweisungen werden mit Hilfe von Mutliplexern realisiert. Die Bedingung der Anweisung bildet dabei den Kontrolleingang des Multiplexers während die Dateneingänge die verschiedenen Alternativen für das Ausgangssignal aufnehmen.

19.3.2 Synthese einer „if-then"-Anweisung

Wie Sie möglicher Weise schon wissen, muss nicht immer ein **else**-Zweig bei einer **if**-Anweisung existieren. Das wirft natürlich die Frage auf, was in einem solchen Fall für eine Hardware erzeugt wird. Um das zu klären, modifizieren wir das Modell von gerade indem wir den **else**-Anteil weglassen:

```
signal a, b, c : unsigned(3 downto 0);
...
process (clk) begin
   if falling_edge(clk) then
      if x = '1' then
         c <= a + b;
      end if;
   end if;
end process;
```

Wie verhält sich das VHDL-Modell jetzt? Fast genauso wie vorher: bei einer fallenden Flanke auf *clk* wird x überprüft. Wenn x gleich 1 ist, dann wird die Summe von a und b auf c zugewiesen – das hat sich also nicht verändert.

Wenn aber x gleich 0 ist, dann passiert *nichts*! Es wird keine Zuweisung erzeugt! Wenn aber keine neue Zuweisung für c generiert wird, dann muss c seinen alten Wert behalten – so schreibt es VHDL für Signale vor!

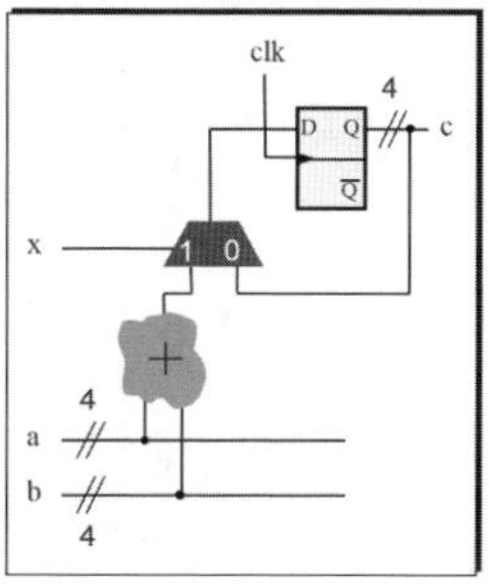

Die Schaltung rechts zeigt eine mögliche Variante, mit der man das Verhalten in Hardware nachempfinden kann. Ist x gleich 0, dann wird der rechte Eingang des Mux ausgewählt und auf den Ausgang geschaltet. Als Ergebnis wird mit einer fallenden Taktflanke daher der aktuelle Wert des Registers nochmals gespeichert. Das hat natürlich zur Folge, dass sich der Wert des Registers nicht verändert.

An diesem Beispiel kann man übrigens sehr gut den Unterschied zwischen einer Schaltung und einem Programm erkennen: im Programm wird einfach keine neue Zuweisung für c erzeugt, damit der alte Wert bestehen bleibt. In der Schaltung speichern wir in diesem Fall dagegen den aktuellen Wert einfach nochmal im Register ab. Die Wirkung ist in beiden Fällen dieselbe: der Wert von c verändert sich nicht! Aber der Weg dahin ist offensichtlich verschieden!

19.3.3 Synthese von „if-then-else"-Ketten

Von herkömmlichen Programmiersprachen kennt man die Möglichkeit beliebig lange Ketten von **if-then-else**-Anweisungen generieren zu können. Das kann man tatsächlich auch in VHDL so machen und auch das ist synthetisierbar!

Eine syntaktische Besonderheit gibt es in VHDL diesbezüglich aber doch: der **else**-Teil mit einer nachfolgenden **if**-Anweisung wird zu einem **elsif** verschmolzen. Beachten Sie dabei das fehlende „e" in dem neuen Wort! Das ist tatsächlich kein Schreibfehler sondern so gewollt.

```
1  signal a, b, c : unsigned(3 downto 0);
2  ...
3  process (clk) begin
4     if falling_edge(clk) then
5        if x = '1' then
6           c <= a + b;
7        elsif a = "1001" then
8           c <= a - b;
9        end if;
10    end if;
11 end process;
```

Wird der Prozess bei einer fallenden Flanke von *clk* ausgeführt, dann wird zunächst x auf 1 überprüft. Ist das der Fall, dann wird die Summe von a und b auf c zugewiesen und der Prozess spring danach in Zeile 10 und schließlich Zeile 11. Ist aber x ungleich 1, dann erfolgt ein Vergleich von a mit dem Bit-Muster 1001. Ist der Vergleich zutreffend, dann wird die Differenz von a und b auf c zugewiesen. Ergibt der Vergleich hingegen ein „falsch“, so erfolgt keine Zuweisung und c behält seinen aktuellen Wert. Somit hat also der Vergleich $x = 1$ Priorität vor dem Test $a = 1001$.

In einer Schaltung kann man eine solche Entscheidungskette durch eine entsprechend verschachtelte Sequenz von Multiplexern realisieren (siehe rechts). Beachten Sie, dass wir einen zusätzlichen Block mit kombinatorischer Logik benötigen, um den Vergleich mit dem Bitmuster 1001 zu realisieren. Das Ergebnis des Vergleichs steuert dabei den zweiten Mux und bestimmt so ob die Differenz von a und b oder der aktuellen Wert von c auf den rechten Eingang des oberen Mux zu geben ist.

Schaltungen machen viel gleichzeitig.

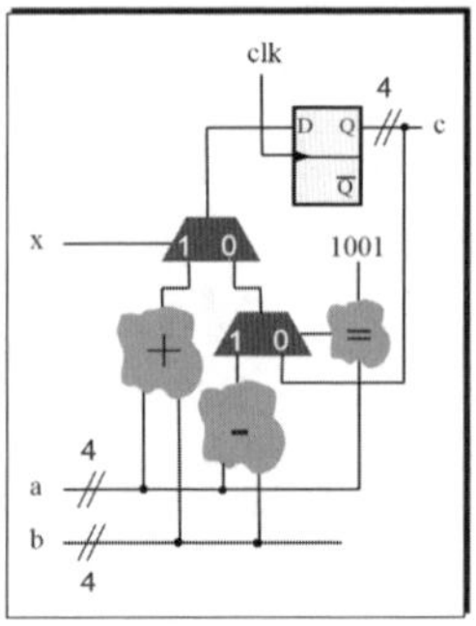

An diesem Beispiel kann man sehr gut sehen, wieso eine Schaltung im Normalfall schneller als ein entsprechendes, auf einem Prozessor ausgeführtes Programm ist: in einem Programm bearbeitet der Prozessor Anweisung für Anweisung bis er an das Ende der Programmsequenz gekommen ist. In diesem Beispiel hangelt sich also das Programm die **if-then-elsif**-Kette entlang, bis entweder eine Bedingung erfüllt ist oder das Ende der Kette erreicht ist. In der Hardware läuft das anders ab: sobald neue Daten an a oder b ankommen, berechnen alle kombinatorischen Blöcke ihre Ergebnisse. D.h., es wird gleichzeitig die Summe und die Differenz berechnet sowie a mit 1001 verglichen. Dann müssen nur noch die Multiplexer den richtigen Weg selektieren und das Ergebnis steht am Eingang des Registers zu Verfügung: so spart man Zeit indem möglichst vieles gleichzeitig gemacht wird.

Das bedeutet natürlich auch, dass die Hardware unter Umständen Ergebnisse berechnet, die eigentlich gar nicht verwendet werden. Ist also z.B. x gleich 1, dann wird der *Summenwert* vom oberen Mux selektiert. Weder die Differenz noch der Vergleich von a mit 1001 haben daher in diesem speziellen Fall einen Einfluss auf den neuen Wert für c.

Das wäre nicht weiter tragisch, wenn nicht jede Berechnung – auch die unnötigen – Energie „verbrauchen“ würde. Wir erkaufen hier also die hohe Verarbeitungsgeschwindikeit mit einem entsprechend hohen Energieverbrauch.

19.3.4 Mehrere Zuweisungen in einer „if-then"-Anweisung

In den bisherigen Beispielen wurde immer dasselbe Signal in den alternativen Zweigen der **if-then**-Anweisung verändert. Was ist aber, wenn es verschiedene Signale, wie in dem nachfolgenden Beispiel gezeigt, sind?

```
1  signal a, b, c, d : unsigned(3 downto 0);
2  ...
3  process (clk) begin
4     if falling_edge(clk) then
5        if x = '1' then
6           c <= a + b;
7           d <= a - b;
8        end if;
9     end if;
10 end process;
```

Eigentlich haben die beiden Zuweisungen in den Zeilen 6 und 7 nichts miteinander zu tun (mal abgesehen davon, dass in beiden Fällen *a* und *b* zur Berechnung der neuen Werte benötigt werden). D.h. wir könnten die beiden Zuweisungen in zwei getrennte **if-then**-Anweisung aufbrechen:

```
process (clk) begin
   if falling_edge(clk) then
      if x = '1' then
         c <= a + b;
      end if;
      if x = '1' then
         d <= a - b;
      end if;
   end if;
end process;
```

Natürlich verändert sich die Abarbeitung des Prozesses jetzt etwas – es sind ja nun auch *zwei* **if-then**-Anweisungen, die bearbeitet werden müssen. Das *Ergebnis*, also das, was am Ende auf die Signale *c* und *d* zugewiesen wird, ändert sich aber dadurch nicht! Daher liefert dieser Prozess dasselbe Syntheseergebnis wie der vorangegangene.

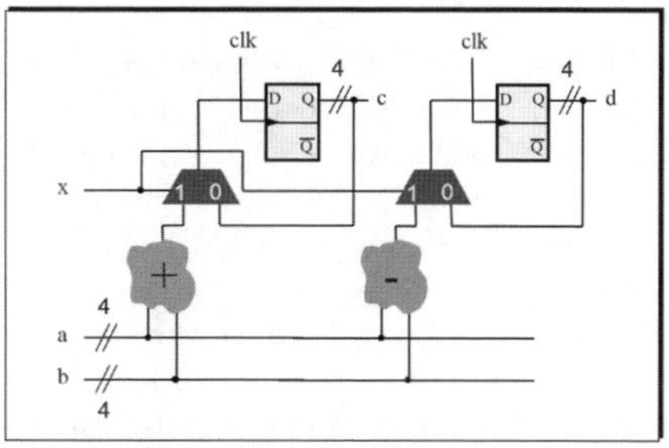

Dank dieses kleinen Tricks fällt es uns nicht mehr schwer, die dabei entstehende Hardware abzuschätzen: Jede der **if-then**-Anweisungen erzeugt einen separaten Multiplexer, die aber beide mit *x* gesteuert werden. Der eine Mux regelt dabei welcher Wert in das Register für *c* geschrieben werden soll während der andere sich um den Wert für *d* kümmert.

19.3.5 Verschiedene Signale in den Alternativen einer if-then-else-Anweisung

Das nächste Beispiel ist eine Variante des vorangegangenen. Anstatt die zwei verschiedenen Signale im **then**-Teil der Anweisung zu platzieren, verteilen wir sie aber jetzt auf den **then**- und den **else**-Teil:

```
1  signal a, b, c, d : unsigned(3 downto 0);
2  ...
3  process (clk) begin
4     if falling_edge(clk) then
5        if x = '1' then
6           c <= a + b;
7        else
8           d <= a - b;
9        end if;
10    end if;
11 end process;
```

Hier wird in Zeile 6 dem Signal *c* und in Zeile *8* dem Signal *d* etwas zugewiesen. Was entsteht jetzt für eine Hardware? Um das zu verstehen, hilft es auch in diesem Fall, den Code etwas umzuschreiben:

```
signal a, b, c, d : unsigned(3 downto 0);
...
process (clk) begin
   if falling_edge(clk) then
      if x = '1' then
         c <= a + b;
      end if;
      if x /= '1' then
         d <= a - b;
      end if;
   end if;
end process;
```

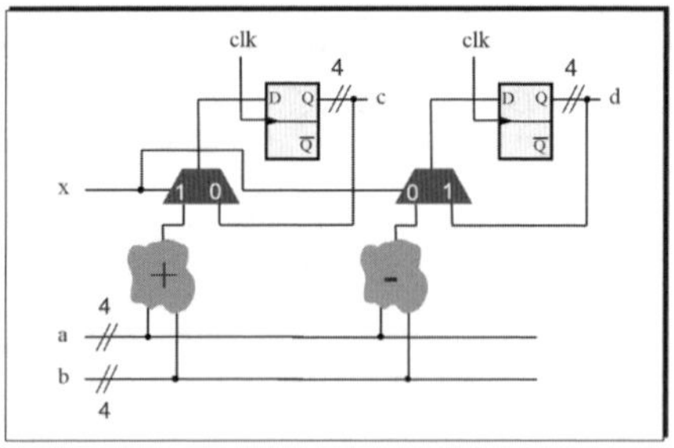

Wir haben die **if-then-else**-Anweisung einfach in zwei Teile aufgebrochen. Damit sieht der umgeformte Code fast aus wie im vorangegangenen Beispiel. Lediglich die Bedingung der zweiten **if-then**-Anweisung ist im aktuellen Beispiel invertiert.

Wenn Sie die erzeugte Hardware für beiden Beispiele vergleichen (siehe rechts), dann werden sie möglicher Weise auf den ersten Blick keinen Unterschied erkennen. Tatsächlich ist aber ein kleiner Unterschied vorhanden: beachten Sie die Bezeichnungen innerhalb des rechten Mux! Sie sind im Vergleich zum vorhergehenden Beispiel vertauscht. Wenn also *x* gleich 1 ist, dann wird vom *linken* Mux die Summe ausgewählt, während der *rechte* Mux das alte Signal d selektiert. Ist hingegen x gleich 0, dann wählt der *linke* Mux das alte Signal für c und der *rechte* Mux die Differenz.

Das bedeutet, die Inversion der Bedingung in Zeile 8 des VHDL-Codes haben wir durch eine geschickte Wahl der Eingänge des (*rechten*) Mux realisiert. Alternativ hätten wir natürlich auch einen Inverter nutzen können, um x zu negieren, aber das Vertauschen der Mux-Eingänge ist natürlich sowohl schneller als auch einfacher und damit effizienter.

19.3.6 Case-Anweisung

Eine der **if-then-else**-Kette verwandte Anweisung ist die **case**-Anweisung. **Case**-Anweisung können wir immer dann einsetzen, wenn in Abhängigkeit von einem Wert verschiedenen Alternativen ausgeführt werden sollen:

```
1  signal a, b, c, x : unsigned(3 downto 0);
2  ...
3  process (clk) begin
4     if falling_edge(clk) then
5        case x is
6        when "0000" => c <= a + b;
7        when "0010" => c <= a - b;
8        when "0100" => null;
9        when others => c <= a + 1;
10       end case;
11    end if;
12 end process;
```

In dem Beispiel oben werden in Abhängigkeit von „Selektionsausdruck" x verschiedenen arithmetische Operationen durchgeführt.

Wie arbeitet die „case"-Anweisung? Nach dem Schlüsselwort „case" ist ein Ausdruck gegeben – das kann sowohl einfach nur ein Signalname oder auch komplizierter Ausdruck sein –, der in den folgenden Zeilen gegen entsprechende alternative Werte getestet wird.

Case in VHDL ist wie „switch" in C/C++.

In Zeile 5 wird x auf den Wert 0000 getestet. Ist x gleich 0000, dann werden die Anweisungen nach der Zeichenfolge „=>" ausgeführt, bis man auf das nächste „when" der „case"-Anweisung stößt. In diesem Beispiel wird die Summe von a und b berechnet und auf c zugewiesen. Anschließend wird die „case"-Anweisung beendet!

Ist x ungleich 0000, dann geht die Suche weiter: ist x gleich 0010, dann wird die Differenz der Werte auf c erscheinen (Zeile 7). Ist der Wert hingegen 0100, dann wird keine neue Zuweisung für c erzeugt, was somit zur Folge hat, dass der alte Wert auf c bleibt (Zeile 8). „Tue nichts" haben wir hier mit Hilfe der sogenannten Nullanweisung *null* – die eben auch nichts macht – realisiert.

In allen anderen Fällen, also z.B. falls x gleich 1000 oder 1111 oder auch 0110 ist, dann wird a +1 auf c zugewiesen. Dafür ist die Zeile 9 im Code verantwortlich. Das Schlüsselwort **others** deckt dabei alle anderen, bisher nicht aufgeführten Fälle ab.

So einfach und klar wie die Case-Anweisung aufgebaut ist, so tückisch sind manchmal die einen oder anderen Details, die beim Einsatz der Anweisung zu Beachten sind:

- Die Auswahl der Alternativen muss eindeutig sein! Das bedeutet, dass es keine zwei **when**-Alternativen geben darf, die denselben Testwert enthalten. Damit ist auch klar, das die

Reihenfolge in der die verschiedenen Alternativen aufgelistet sind, keinen Einfluss auf das Verhalten der Anweisung haben können!

- Die VHDL-Regeln erfordern, dass für alle Fälle, die sich durch den *Typ* des Selektionsausdruck ergeben, auch tatsächlich eine entsprechende Alternative existiert. Das birgt oft die eine oder andere Überraschung, da in VHDL ein *std_logic*-Wert in Wirklichkeit nicht nur aus '0' und '1' besteht sondern noch weitere Werte wie z.B. 'Z' oder 'U' oder 'X' ... annehmen kann. Diese zusätzlichen Werte sind für die Simulation gedacht und spielen für die Synthese zwar meist keine Rolle, VHDL möchte aber auch für alle diese Fälle wissen, was die Case-Anweisung machen soll.

  Case muss alle möglichen Fällen abdecken.

  Elemente eines *std_logic_vector* oder auch von *signed* und *unsigned* können nun auch diese „komischen" Werte 'Z' oder 'U' oder 'X' ... annehmen. Für unser Beispiel bedeutet dies, dass x theoretisch die Werte X000, ZX01, 011X, ZZZZ, XXXX ... annehmen könnte. Daher muss auch für diese Fälle in der Alternativenliste eine Zuordnung existieren, auch wenn das eigentlich für die Synthese nicht von Bedeutung ist.

  Am einfachsten kann man dieses Problem umgehen, indem man eine **others**-Alterantive verwendet um „alle übrigen Fälle" abzudecken. Dann hat man den VHDL-Regeln genüge getan und alle Fälle abgedeckt und das Synthesewerkzeug kümmert sich sowieso nur um die für die Hardware relevanten Fälle mit '0' und '1'.

- Die beiden ersten Punkte machen es erforderlich, dass die zu überprüfenden Werte in den **when**-Alternativen zum Zeitpunkt der Übersetzung fest stehen müssen. Es können daher im wesentlichen nur Konstanten für diese Ausdrücke verwendet werden. Das bedeutet, dass z.B. kein Signal in der **when**-Alternative auftauchen darf. Dabei spielt es keine Rolle, ob das Signal sich auch tatsächlich während der Laufzeit ändern kann oder vielleicht konstant ist (weil z.B. es z.B. keine Zuweisungen auf das Signal gibt).

- Nach den Schlüsselzeichen „=>" können keine, eine oder auch mehrere Anweisungen folgen. Diese Anweisungen werden ausgeführt, wenn der entsprechende Alternativenwert passt. Hier können nahezu beliebige Operationen stehen, also auch komplette **if-then-else**-Anweisungen oder auch weitere **case**-Anweisungen.

Wie Sie gelesen haben, kann also das eine oder andere Problem bei der Nutzung von **case**-Anweisungen auftauchen. Der nachfolgende Code-Ausschnitt zeig exemplarisch, was alles so „schief" gehen kann:

```
signal a, b, c, x : unsigned(1 downto 0) := "00"; --
...
process (clk) begin
   if falling_edge(clk) then
      case x is
      when a => c <= a + b; -- FEHLER! a ist ein Signal und darf
                            -- daher nicht in einer Auswahl auftauchen!
      when "01" => c <= a - b;
      when "01" => null; -- FEHLER! Auswahl "01" wurde schon aufgelistet!
      end case; -- FEHLER! Nicht alle Moeglichkeiten wurden aufgelistet. Es
                -- fehlen z.B. 10, 11 aber auch "seltsame" Werte wie XX,
                -- OX, XO, 1X, X1, ZZ, ZX, Z1, ...
```

```
      end if;
   end process;
```

Die Einschränkung, dass die Alternativenwerte konstant sein müssen, macht es manchmal unmöglich, die Case-Anweisung zu benutzen. Um dieses Problem zu umgehen, kann man aber immer eine entsprechende **if-then-elsif**-Kette einsetzen. Es folgt eine beispielhafte Umsetzung der ursprünglichen **case**-Anweisung:

```
signal a, b, c, x : unsigned(3 downto 0);
...
process (clk) begin
   if falling_edge(clk) then
      if x = "0000" then c <= a + b;
      elsif x = "0010" then c <= a - b;
      elsif x = "0100" then null;
      else c <= a + 1;
      end if;
   end if;
end process;
```

Wie man an der Umsetzung leicht erkennen kann, ist die **case**-Anweisung deutlich „schöner" und übersichtlicher als eine gleichwertige **if-then-elsif**-Kette.

19.4 Übungen zur RTL-Synthese Teil I

In den vorangegangenen Kapiteln wurden viele neue Konzepte eingeführt. Damit wir sie auch effizient und elegant in unseren Designs nutzen können, bedarf es etwas Übung. Deswegen werden Ihnen in diesem Kapitel einige Aufgaben gestellt, die Sie bitte mit „Bleistift und Papier" zu lösen versuchen. Sollten Sie einmal doch nicht weiter kommen, dann finden Sie sich die Lösungen zu den Aufgaben im Kapitel 20.

1. Skizzieren Sie die Hardware (Schaltung), die bei der Synthese des folgenden Modells entsteht. Die mathematischen Operationen brauchen bei dieser und bei den folgenden Aufgaben nicht detailliert ausgeführt werden. Es reicht also aus, z.B. die Additionsoperationen als „Wolke" anzudeuten. Bitte beachten Sie, dass *clk* das Taktsignal ist.

```
signal a, b, c : unsigned(3 downto 0) := "0000";
...
process (clk)
begin
   if rising_edge(clk) then
      a <= a + 1;
      b <= a + b;
      c <= b;
   end if;
end process;
```

2. Skizzieren Sie die Hardware (Schaltung), die bei der Synthese des folgenden Modells entsteht:

```
signal a, aa, aaa, b, bb, c, cc, x, xx, y : unsigned(15 downto 0);
...
process (clk)
begin
   if rising_edge(clk) then
      bb <= b;
      aa <= a;
      aaa <= aa;
      cc <= c;
      xx <= bb + aa;
      x <= xx;
      y <= resize((cc + 3) * aaa, 16); -- Das Ergebnis von * soll
                                       -- wieder 16 Bit lang sein
   end if;
end process;
```

3. Skizzieren Sie die Hardware (Schaltung), die bei der Synthese des folgenden Modells entsteht. Beachten Sie, dass im VHDL-Modell abhängig von den aktuellen Werten auf *a* und *b* entweder eine oder auch zwei Signalzuweisungen für *c* generiert werden. Beachten Sie dabei, dass der spätere „Wunschzettel" den früheren überschreibt. Was hat das dann letztlich für den auf *c* zugewiesenen Wert zur Folge und wie sieht die Hardware dafür aus?

```
signal a, b, c : unsigned(15 downto 0);
...
process (clk)
begin
   if falling_edge(clk) then
      c <= a - b;
      if b > a then
         c <= b - a;
      end if;
   end if;
end process;
```

4. Skizzieren Sie nun die Hardware (Schaltung) für das folgende Modell. Beachten Sie, das das Modell sehr ähnlich zu dem aus der vorangegangenen Aufgabe ist!

```
signal a, b, c : unsigned(15 downto 0);
...
process (clk)
begin
   if falling_edge(clk) then
      if b > a then
         c <= b - a;
      else
         c <= a - b;
      end if;
   end if;
```

```
end process;
```

5. Welche Hardware ergibt sich für das folgende Modell? Beachten Sie bei diesem Modell, dass die beiden **if-then-else**-Anweisung im synchronen Teil im Prinzip unabhängig voneinander operieren! Zwar wird x in der einen Anweisung gelesen und in der anderen geschrieben, aber der „Weihnachtsmannmechanismus“ stellt sicher, dass x sich während des Prozesslaufs nicht verändert.

```
signal a, b, c, x, y, z: unsigned(15 downto 0);
...
process (clk)
begin
   if rising_edge(clk) then
      z <= a;

      if ctrl = '1' then
         y <= a;
      else
         y <= x;
      end if;

      if x = y then
         x <= c;
      else
         x <= z - b;
      end if;
   end if;
end process;
```

6. Welche Hardware ergibt sich für das folgende Modell? Beachten Sie, dass das synchrone Modell Zuweisungen für x und y enthält.

```
signal a, b, x, y: unsigned(15 downto 0);
...
process (clk)
begin
   if rising_edge(clk) then
      if a = b then
         x <= a;
      else
         x <= b;
         y <= a + b;
      end if;
end process;
```

7. Bis jetzt haben wir VHDL-Modelle in entsprechende Schaltpläne umgewandelt. Jetzt versuchen wir es anders herum! Wandeln Sie die folgende Schaltung in *einen* synchronen Prozess um:

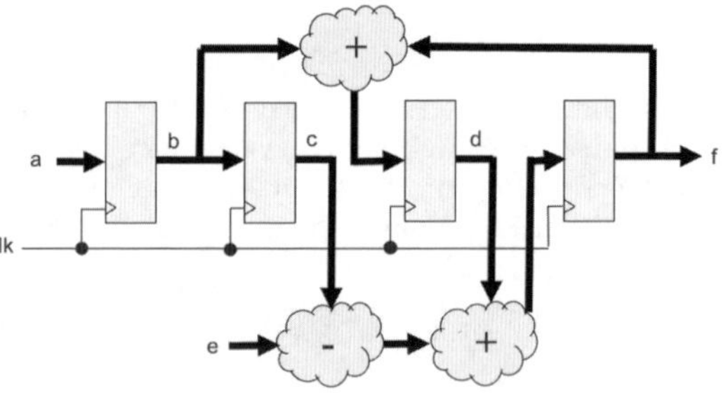

8. Wandeln Sie die folgende Schaltung in *einen kombinatorischen* Prozess um, der die Signalwerte für *d* generiert.

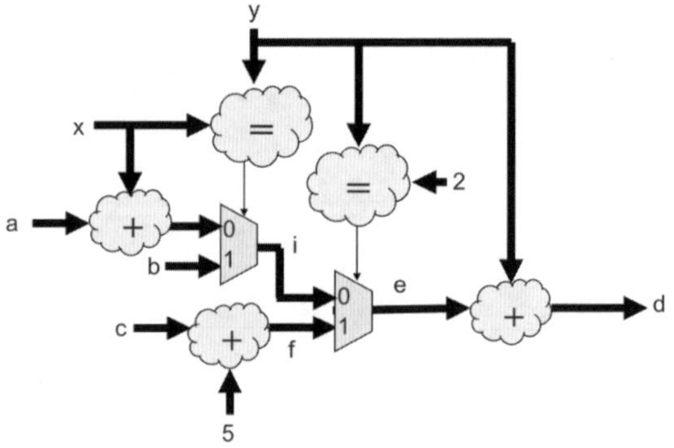

9. Wandeln Sie die folgende Schaltung in *einen* synchronen Prozess um.

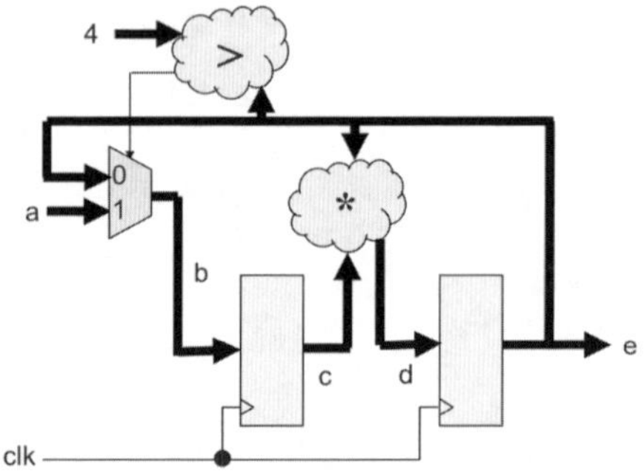

19.5 Variablen

Variablen? Ja, Variablen! In VHDL gibt es auch Variablen und mit ihnen kann man tatsächlich auch Hardware erzeugen! Auf den ersten Blick könnte man meinen, das so etwas typisch „sequentielles“ wie Variablen in einer Hardware-Beschreibungssprache nichts zu suchen hätten. Aber wir haben ja schon gelernt, dass es bei der Übersetzung von VHDL-Modellen in entsprechende Hardware nur darauf ankommt, wie sich die Modelle verhalten!

Bevor wir uns aber der Übersetzung von Variablen in Schaltungselemente widmen, betrachten wir zuerst das Verhalten von Variablen in VHDL. Zunächst, wie werden Variablen generiert:

```
process (clk)
   variable a, b : unsigned(3 downto 0);
   variable x : std_logic := '0';
begin
   x := not x;
   a := a + b;
end process;
```

Variablen „leben im Sequentiellen“.

Die Variablendeklaration sieht an sich wie eine Signaldeklaration aus, statt „Signal“ müssen wir lediglich „Variable“ schreiben. Alles andere ist wie bei Signalen. D.h., wir können also alle möglichen Typen für Variablen wählen und auch passende Startwerte für Variablen vorsehen. In diesem Beispiel haben wir drei Variablen *a*, *b* und *x* erzeugt, wobei die ersten eine 4-Bit breite vorzeichenlose Zahl repräsentieren und *x* ein *std_logic*-Wert ist. Des weiteren haben wir *x* den Startwert ′0′ gegeben.

Vielleicht ist es Ihnen aufgefallen: wir haben die Variablen im Deklarationsbereich eines Prozesses erzeugt. Das ist kein Zufall! Tatsächlich dürfen wir Variablen (zumindest herkömmliche) nur in sequentiellen Bereichen definieren: also im Deklarationsbereich von Prozessen. Im Deklarationsbereich einer Architecture sind hingegen keine Variablen erlaubt! Genau umgekehrt verhält es sich mit Signalen: Signale können wir in einer Architecture definieren, nicht aber in einem Prozess.

Damit ist auch eine weitere Einschränkung von Variablen offensichtlich: Variablen existieren nur in Prozessen, daher können wir außerhalb von Prozessen nicht darauf zugreifen. Folglich kann auch nur der erzeugende Prozess auf die Variablen zugreifen. Da Variablen also immer fest an *einen* Prozess – nämlich den, der sie erzeugt hat – gebunden sind, können wir sie auch nicht nutzen um zwischen *verschiedenen* Prozessen Informationen auszutauschen. Dazu müssten ja *beide* Prozesse auf dieselbe Variable zugreifen können – der eine zumindest schreibend und der andere zumindest lesend – und das ist nicht erlaubt.

Im Rumpf des Beispielprozesses kann man sehen, was alles mit Variablen gemacht werden kann: im Prinzip alles, was wir auch mit Signalen gemacht haben: Wir können sie lesen, wir können sie beschreiben und wir können Operationen mit ihnen durchführen. Bedeutet das nun, dass es keinen Unterschied zwischen Variablen und Signalen gibt? Doch, den gibt es! Zunächst gibt es einen offensichtlichen Unterschied: der Zuweisungsoperator für ein Signal ist „<=“ für eine Variable hingegen „:=“. Am Zuweisungsoperator können wir also direkt erkennen, ob das Ziel ein Signal oder eine Variable ist!

Zuweisungen auf Variablen wirken sofort!

Viel wichtiger ist aber der Unterschied im Verhalten der Variablen im Vergleich zu Signalen: Eine Variablenzuweisung wirkt sich *sofort* auf den Variablenwert aus! D.h. für Variablen gilt das „Weihnachtsmannprinzip“ nicht! Wenn wir einen neuen Wert in eine Variable speichern, so können wir diesen neuen Wert mit der *nächsten* Anweisung auch sofort lesen. Ansonsten verhalten sich Variablen aber ähnlich wie Signale: sie behalten ihren Wert bis ein neuer Wert zugewiesen wird und das auch über Prozessläufe hinweg. Schläft also ein Prozess ein und wacht dann wieder auf, so haben seine Variablen noch den Wert den sie vorm Einschlafen hatten. Der Initialisierungswert in einer Variablendeklaration ist also nur der Wert beim *ersten* Start des Prozesses.

Variablen sind syntheisierbar.

Zur Kommunikation zwischen Prozessen können wir Variablen also nicht nutzen, also wozu *kann* man sie denn eigentlich gebrauchen? Im wesentlichen gibt es zwei Einsatzszenarien:

- Speichern von „flüchtigen" Zwischenergebnissen. Damit wollen wir hier Zwischenergebnisse bezeichnen, die nur innerhalb eines Prozesslaufs verwendet werden.
- Erzeugen von Register, die nur innerhalb des Prozesses genutzt werden. Ja, Sie haben richtig gelesen! Wir können mit Variablen tatsächlich auch Register erzeugen. Dazu benötigen wir nicht mehr als einen synchronen Prozess, genauso wie auch bei Signalen.

Zusammenfassung:
Variablen in VHDL sind ähnlich wie Variablen in anderen Programmiersprachen Informationsspeicher. Für Variablen gelten dabei folgenden Besonderheiten:

- Variablen können nur innerhalb des Deklarationsbereichs von sequentiellen Abschnitten wie z.B. Prozessen definiert werden.
- Variablen können nur vom deklarierenden Prozess gelesen und beschreiben werden.
- Variablenzuweisungen werden mit „:=" durchgeführt. Der neue Wert erscheint dabei *sofort* auf der Variablen und kann somit schon in der nächsten Anweisung gelesen werden.
- Variablen behalten ihren Wert bis er überschrieben wird. Wacht ein Prozess auf, so haben seine Variablen den Wert, den sie vorm Einschlafen hatten.
- Der Initialisierungswert legt den Wert einer Variablen für den ersten Prozesstart fest.

19.5.1 Variablen als flüchtiger Zwischenspeicher

Wenden wir uns zunächst der offensichtlichen Anwendung für Variablen zu: manchmal muss man komplizierte Berechnungen durchführen, um einen neuen Wert für ein Signal zu ermitteln. Das geht aber nicht immer mit einem einfachen Ausdruck oder der wird so kompliziert, dass der Code dadurch unleserlich wird. Dazu ein Beispiel:

```
   signal sa, sb, sx : unsigned(3 downto 0);
   ...
process (clk)
   variable va, vb : unsigned(3 downto 0);
begin
   if falling_edge(clk) then
      va := (sa - sb) / 2; -- Neuer Wert fuer va wird berechnet
      vb := resize(sa * sb, 4); -- Neuer Wert fuer vb wird berechnet
      sx <= va + vb; -- Hier werden bereits die *neuen* Werte von
                -- va und vb genutzt
   end if;
end process;
```

In dem Beispiel sind *va* und *vb* nur zum Ablegen von Zwischenergebnissen einer komplizierteren Berechnung genutzt worden. Wir hätten also statt dessen auch direkt folgendes schreiben können:

```
  signal sa, sb, sx : unsigned(3 downto 0);
  ...
process (clk)
begin
  if falling_edge(clk) then
    sx <= (sa - sb) / 2 + resize(sa * sb, 4);
  end if;
end process;
```

Für dieses einfache Beispiel ist der Gewinn an Übersichtlichkeit dabei noch recht bescheiden, deswegen werden wir als nächstes ein etwas komplizierteres Beispiel zeigen, wo der Nutzen von Variablen etwas deutlicher ist.

In dem Beispiel wird ein synchroner Prozess gezeigt, der *x* auf '1' setzt, falls mindestens die Hälfte der Bits eines Signalvektors *sa* 1 sind. Dazu werden in einer Schleife alle Bits von *sa* untersucht und ein Zähler hochgezählt, wenn eine 1 gefunden wird.

In dem Beispiel wurde der Zähler als eine Variable realisiert. Hätte man statt dessen ein Signal verwendet, könnte man den Zählvorgang nicht innerhalb eines Taktsyklusses abschließen.

```
1    signal sa : unsigned(3 downto 0);
2    signal x : std_logic;
3    ...
4  process (clk)
5    -- counter hat 3 Bit, da wir Werte von 0 bis 4 speichern muessen
6    variable counter: unsigned(2 downto 0);
7  begin
8    if falling_edge(clk) then
9      -- Diese Schleife zaehlt die Einsen von sa
10     counter := "000"; -- Zaehlvariable initialisieren
11     for i in 3 downto 0 loop
12       if sa(i) = '1' then
13         counter := counter + 1;
14       end if;
15     end loop;
16     -- Die if-Anweisung tested schliesslich die Anzahl der Einsen und
17     -- setzt x entsprechend
18     if counter >= 2 then
19       x <= '1';
20     else
21       x <= '0';
22     end if;
23   end if;
24 end process;
```

Beachten Sie, das *counter* hier eine Variable ist. Das heisst, wenn in Zeile 18 der Zählerwert untersucht wird, dann wird der Vergleich mit dem aktuellen Zählerstand durchgeführt.

Mit etwas Übung kann man die Funktion des VHDL-Codes relativ einfach verstehen. VHDL erlaubt es uns somit auf eine einfache Art und Weise komplizierte Verfahren zu beschreiben. Die zentrale Frage ist natürlich ob aus einem solchen Modell auch Hardware entstehen kann? Und tatsächlich, ja, dieses Modell ist synthetisierbar!

Jetzt werden Sie sich möglicherweise als nächstes fragen, was für eine Hardware daraus entstehen wird. Um das zu ergründen schreiben wir den Code als erstes etwas um: wir entrollen die Schleife:

```
   signal sa : unsigned(3 downto 0);
   signal x : std_logic;
   ...
process (clk)
   -- counter hat 3 Bit, da wir Werte von 0 bis 4 speichern muessen
   variable counter: unsigned(2 downto 0);
begin
   if falling_edge(clk) then
      -- Diese Sequenz zaehlt die Einsen von sa
      counter := "000"; -- Zaehlvariable initialisieren
      if sa(3) = '1' then counter := counter + 1; end if;
      if sa(2) = '1' then counter := counter + 1; end if;
      if sa(1) = '1' then counter := counter + 1; end if;
      if sa(0) = '1' then counter := counter + 1; end if;
      -- Die if-Anweisung tested schliesslich die Anzahl der Einsen und
      -- setzt x entsprechend
      if counter >= 2 then x <= '1'; else x <= '0';
      end if;
   end if;
end process;
```

Als Ergebnis haben wir nun 4 **if-then**-Anweisungen, die alle die Variable *counter* manipulieren. Der neue Wert für *counter*, der bei einer **if-then**-Anweisung entsteht, ist dabei der Eingangswert für die folgende Abfrage.

Mit welcher Hardware könnte man dieses Verhalten nun nachbilden? **if-then**-Anweisungen hatten wir ja bisher als Multiplexer realisiert. Das machen wir hier im Grunde genauso: in Abhängigkeit von der Abfrage „sa(3) = '1'“ wird dabei der *counter*-Wert um 1 erhöht oder oder so gelassen wie er ist. Der neue *counter*-Wert wird dann an die nachfolgende Stufe weitergeleitet, die „sa(2) = '1'“ überprüft und ihrerseits *counter* passend manipuliert. Das wird so fortgesetzt, bis alle Bits von *sa* untersucht worden sind.

Abbildung 19.2 zeigt die erzeugte Hardware als Schaltplan. Deutlich ist die Kette von Multiplexern zu sehen, die mit den verschiedenen Bits des Signals *sa* gesteuert werden. Die Eingänge des ersten Multiplexer können dabei fest auf die Werte 0 bzw. 1 gelegt werden, da *counter* ja laut VHDL-Code zu Beginn der Schleife den Wert 0 hat.

Bitte beachten Sie, dass dieser Schaltplan noch nicht optimiert worden ist. So kann man z.B. den linken Mux eigentlich eliminieren und direkt durch einen 3-Bit Vektor *0 0 sa(3)* ersetzen: die oberen beiden Bits sind ja immer 0 und das LSB ist identisch mit *sa(3)*. Weiterhin kann man genau analysieren, welchen Zahlenwerte nach jeder Additionsstufe überhaupt möglich sind: am Ausgang des linken Addierers kann nur 0, 1 oder 2 herauskommen. Das Ergebnis am mittleren kann maximal 3 sein. Dem entsprechend muss bis dahin daher auch nur mit 2 Bit Genauigkeit

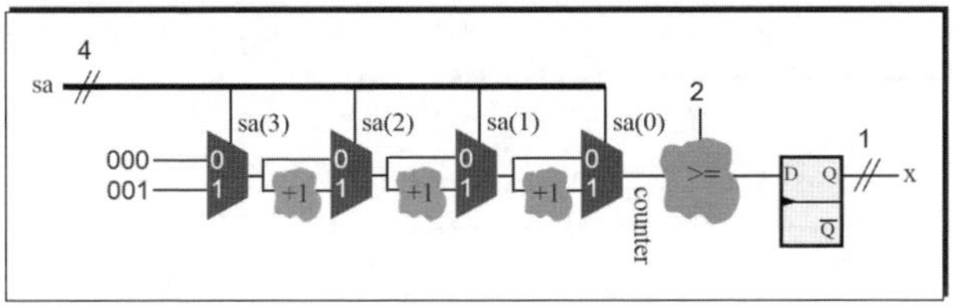

Abbildung 19.2: Die Schaltung testet ob mehr als ein Element eines Bitvektors 1 ist (Achtung: Taktleitung ist nicht gezeigt).

gerechnet werden. Es sind also noch so einige Vereinfachungen der Schaltung möglich.

Optimierungen des Synthesewerkzeugs

An dieser Stelle könnte man sich fragen, was herauskommen würde, hätten wir *counter* nicht als Variable sondern als Signal deklariert. Versuchen Sie einmal für ein paar Minuten die Antwort auf diese Frage selbst zu finden, bevor sie im Text weiter lesen!

Zunächst soll der umgeschriebene Code diskutiert werden. Beachten Sie, dass *counter* jetzt nicht im Deklarationsbereich des Prozesses angegeben werden kann. Weiterhin müssen wir die Variablenzuweisungen in Signalzuweisungen umschreiben.

```
   signal sa : unsigned(3 downto 0);
   signal counter: unsigned(2 downto 0);
   signal x : std_logic;
   ...
process (clk)
begin
   if falling_edge(clk) then
      -- Diese Schleife zaehlt die Einsen von sa
      counter <= "000"; -- Zaehlvariable initialisieren
      for i in 3 downto 0 loop
         if sa(i) = '1' then counter <= counter + 1; end if;
      end loop;
      -- Die if-Anweisung tested schliesslich die Anzahl der Einsen und
      -- setzt x entsprechend
      if counter >= 2 then x <= '1'; else x <= '0'; end if;
   end if;
end process;
```

Um zu verstehen welche Hardware jetzt erzeugt wird, müssen wir uns das Verhalten des Prozesses im Detail anschauen: da *counter* jetzt ein Signal ist, wird der synchrone Prozess für *counter* ein Register erzeugen. Alle lesenden Zugriffe auf *counter* beziehen sich dabei auf den Ausgang dieses Registers!

Wenn also ein fallende Flanke auf *clk* stattfindet, dann wird zuerst eine Zuweisung mit dem Wert 000 für *counter* erzeugt. Danach werden die einzelnen Bits von *sa* untersucht. Wenn keines der Bits 1 war, dann bleibt es bei der Zuweisung 000 für *counter*. Ist mindestens einer der Bits hingegen 1, dann wird eine Zuweisung generiert, die den aktuellen Wert von *counter* vom

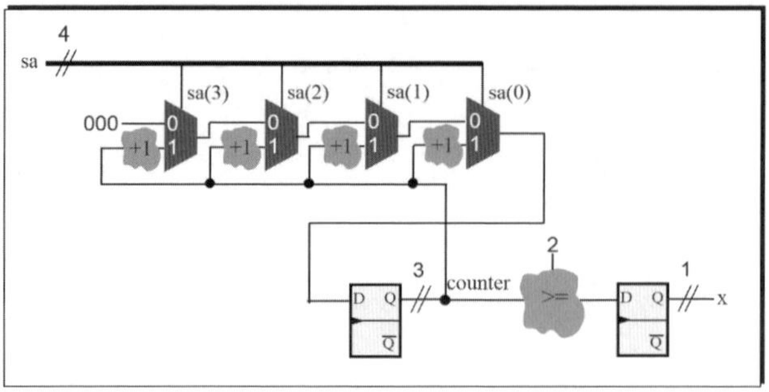

Abbildung 19.3: Syntheseergebnis des VHDL-Modells mit *counter* als Signal

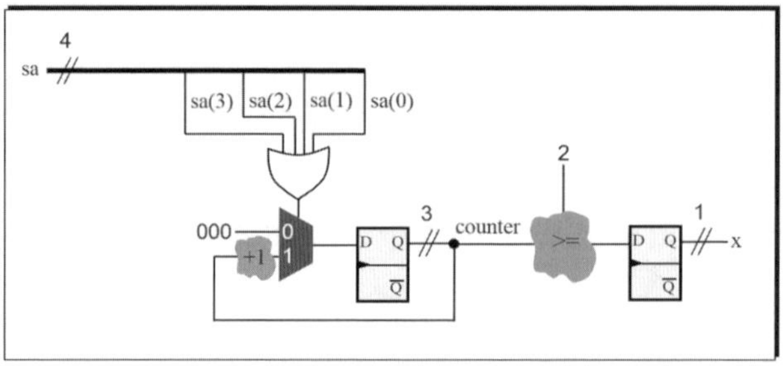

Abbildung 19.4: Optimiertes Syntheseergebnis des VHDL-Modells. Ist einer der Bits von *sa* eins, dann wird der Inkrementierte Wert auf *counter* zugewiesen.

Registerausgang ließt, eine 1 addiert und als neuen Wert für *counter* an den „Weihnachtsmann" übergibt.

Bitte beachten Sie: dabei spielt es keine Rolle ob mehr als eine 1 gefunden wird. Bei jeder Zuweisung wird der aktuelle (alte) *counter*-Wert genommen! Ebenso wird im anschließenden Vergleich von *counter* mit 2 auch der Wert des Registerausgangs genommen.

Abbildung 19.3 zeigt das Syntheseergebnis des Modells. Es wird Sie vermutlich überraschen, dass die Hardware so völlig anders aussieht wie das, was wir eigentlich gerne erzeugen wollten. Wir bekommen eine Kette von Multiplexern, die letztlich den „Wunschzettel"-Mechanismus in VHDL realisieren: Wenn wir innerhalb eines Prozesslaufs mehrere Zuweisungen auf *dasselbe* Signal erzeugen, dann „gewinnt" die zuletzt erzeugte – sie überschriebt sozusagen die vorher generierten.

In unserem Beispiel in Abbildung 19.3 hat dabei der Mux, der von *sa(0)* gesteuert wird die höchste Priorität, da die dazugehörige Zuweisung zuletzt in der Schleife ausgeführt wird. Ist *sa(0)* also 1, dann bestimmt diese Zuweisung den Wert von *counter*. Ist *sa(0)* hingegen 0, dann ist *sa(1)* von Bedeutung usw.

Überraschend ist zudem, dass der neue Zuweisungswert für *counter* immer nur der aktuelle Wert von *counter* + 1 ist. Somit sind die mehrfachen Inkrementierbausteine „+1" in unserem Design eigentlich überflüssig, da sie alle dasselbe Ergebnis produzieren: *ein* Inkrementierer reicht aus.

Weiterhin brauchen wir eigentlich auch keine vier Mux-Bausteine. Die Schaltung hat ja letztlich eine nur eingeschränkte Funktion: sie inkrementiert *counter* in jedem Taktzyklus falls *sa* mindestens eine 1 enthält und setzt *counter* auf 000 zurück, wenn alle Bits von *sa* gleich 0 sind. Abbildung 19.4 zeigt diese optimierte Schaltungsvariante.

Jetzt werden Sie sich möglicher Wiese fragen: oh je, muss ich als Designer im Detail wissen, was für eine optimierte Hardware aus meinem Modell generiert wird? Die beruhigende Antwort ist: nein, im Normalfall müssen wir uns keine Gedanken um die Optimierungen machen. Die Synthesewerkzeuge sind inzwischen sehr gut darin geworden, solche Optimierungspotentiale selbständig zu entdecken und zu nutzen. Dabei kann das Synthesewerkzeug auch sein Wissen über die Zieltechnologie einsetzen, um besonders kompakte und schnelle Schaltungen zu erzeugen.

Falls aber die ganzen automatischen Optimierungen nicht mehr ausreichen um z.B. die geforderte Taktfrequenz zu erreichen – und das ist bei komplexen Designs eigentlich immer irgendwann der Fall –, dann ist es wieder am Designer, sich Gedanken um geeignete Modifikationen des Modells zu machen. Diese Modifikationen betreffen dann aber meist nur kleine Teile des Gesamt-Designs, nämlich die, die besonders kritisch sind. Wir können also den größten Teil unserer Schaltung einfach „herunterkodieren“ und müssen dann nur an den kritischen Stellen, die vom Synthesewerkzeug identifiziert worden sind, weitergehende Optimierungen durchführen. Trotzdem müssen wir immer eine (grobe) Vorstellung vom Gesamtdesign haben.

Ein Beispiel wie das Synthesewerkzeug technologische Besonderheiten für die Optimierung nutzen kann, ist in Abbildung 19.5 gezeigt. Hier wurde ausgehend von der Schaltung aus Abbildung 19.4 eine weitere Optimierung durchgeführt, wobei zur Speicherung von *counter* jetzt spezielle Flipflops mit einem synchronen „Clear“-Eingang (*CD*) zum Einsatz kommen. Ist dieser Clear-Eingang 1, dann wird mit der nächsten aktiven Flanke das Flipflop auf 0 gesetzt, unabhängig davon welcher Wert auf *D* gerade anliegt.

Dieser spezielle Flipflop-Eingang wurde hier genutzt, um *counter* entweder Zählen zu lassen oder auf 000 zurückzusetzen: ist mindestens einer der Bits von *sa* 1, dann bewirkt die Negation und das Und-Gatter, dass *CD* auf 0 gesetzt wird. Sind hingegen alle Bits 0, dann wird *CD* auf 1 gesetzt und das Register mit der nächsten negativen Flanke zurückgesetzt.

Die tiefgehenden Kenntnisse des Synthesewerkzeugs über die einsetzbaren Komponenten – und die sind meist für verschiedenen FPGA-Bausteine unterschiedlich – versetzt es also in die Lage weitergehende Optimierungen durchzuführen, die man manuell nur mit hohem zeitlichen Aufwand und mit einem detaillierten Wissen über die Zieltechnologie kopieren könnte. Größtenteils können wir uns als Designer aber glücklicher Weise darauf beschränken, die generelle Funktion des Designs zu modellieren und die eigentliche „Knochenarbeit“, nämlich dieses Modell in eine Schaltung zu übersetzen, dem Synthesewerkzeug überlassen.

19.5.2 Variablen als Register

Wie die Überschrift schon erahnen lässt, kann man Variablen tatsächlich auch dazu verwenden, Register zu erzeugen. Dies soll das nachfolgende Beispiel verdeutlichen:

```
   signal sa, sb : unsigned(3 downto 0);
   ...
process (clk)
   variable vx, vy : unsigned(3 downto 0) := "0000";
begin
```

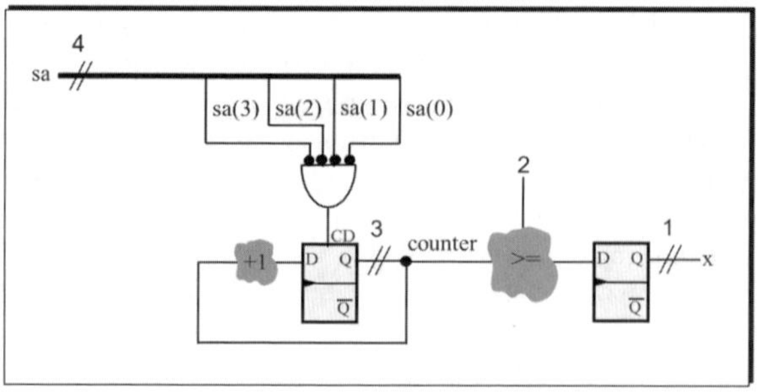

Abbildung 19.5: Optimierungsergebnis unter Nutzung eines Flipflops mit synchronem Clear-Eingang

```
6      if falling_edge(clk) then
7         vy := sa + vx;
8         vx := sb + vy;
9      end if;
10   end process;
```

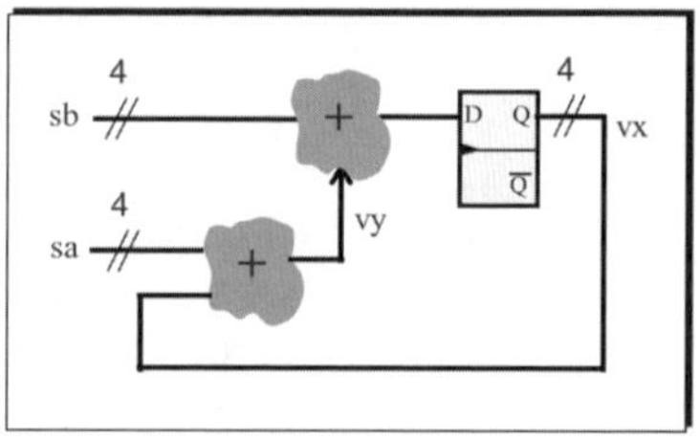

Innerhalb des synchronen Prozesses werden zwei Variablen (*vx* und *vy*) beschrieben. *vy* wird dabei in Zeile 7 geschrieben und in der nachfolgenden Zeile gelesen. Insofern nutzen wir *vy* also wie in vorhergehenden Kapitel beschreiben als temporärer Zwischenspeicher.

Bei *vx* ist es etwas anders: *vx* wird in Zeile 7 gelesen und eine Zeile darunter erst beschrieben. Wenn der neue Wert aber erst in Zeile 8 geschrieben wird, welcher Wert wird dann vorher in Zeile 7 gelesen? Nun, es ist der *alte* Wert, also der Wert, der im *vorhergehenden* Taktzyklus in *vx* geschrieben worden ist.

Wie kann man das mit digitaler Hardware realisieren? Ganz einfach: dazu brauchen wir ein Register, das uns den Wert für den nächsten Taktzyklus speichert. Was noch fehlt ist der allererste Wert zu Beginn der Simulation. Dieser Wert wird durch den Initialisierungswert in Zeile 4 definiert. Wenn wir hier kein Startwert vorgeben, dann greifen feste Regeln, die einen Startwert auswählen. Trotzdem: wenn auch hier nichts dem Zufall überlassen ist, sollten wir uns nicht auf diese automatischen Regeln verlassen und selbst einen Startwert festlegen!

Die Abbildung auf der rechten Seite zeigt nun die resultierende Schaltung. Deutlich ist zu erkennen, dass für *vx* ein Register erzeugt worden ist, wohingegen *vy* nur als Verbindungssignal erscheint.

Damit ist also klar, dass die Umsetzung von Variablen in VHDL von der Art und Weise abhängen, wie auf diese Variablen zugegriffen wird! Wir können sie dabei durchaus für die taktsynchrone Speicherung von Informationen verwenden und so Daten eines Prozesslaufes für nachfolgende Prozessläufe zur Verfügung stellen. Oder wir können sie einfach nur zur „Verschönerung“ des Codes nutzen. Dies soll in der fünften Syntheseregel zusammengefasst werden:

> **Syntheseregel 5**: – Variablen in synchronen Prozessen –
> Variablen in synchronen Prozessen können auch für die Synthese genutzt werden. Wie eine Variable dabei in Hardware umgesetzt wird, hängt von der Art und Reihenfolge der Zugriffe im (Prozess-)Code ab: Wird eine Variable bei einem Lauf des synchronen Prozesses beschrieben *bevor* sie gelesen wird, so wirkt sie nur als temporärer Zwischenspeicher und wird meist in eine einfache Signalleitung transformiert. Wird sie hingegen gelesen *bevor* sie beschrieben wird, dann wird für die Variable ein entsprechendes Register erzeugt.

19.6 Vereinfachtes *MM*-Modul für *MinMax8PipeSlim*

Im Kapitel 18.2.2 auf Seite 309 haben wir eine alternative Version der *MinMax8*-Schaltung mit Pipelining erzeugt, bei der die (meisten) Pipeline-Register in die *MM*-Module integriert worden sind. Das hatten wir dort mit Hilfe eines synchrones Prozesses erreicht, der Register für die *min*- und *max*-Ausgänge erzeugt. Die eigentliche Minimum- und Maximum-Bestimmung fand hingegen mit Hilfe von zwei parallelen Signalzuweisungen statt:

```
1  architecture behave of MMReg is
2     signal minP, maxP : unsigned(3 downto 0);
3  begin
4     minP <= x when x < y else y; -- Bestimmung des Minimums!
5     maxP <= y when x < y else x; -- Bestimmung des Maximums!
6
7     process (clk) begin -- Der synchrone Prozess zum Erzeugen der
8        if rising_edge(clk) then -- Register fuer min und max
9           min <= minP;
10          max <= maxP;
11       end if;
12    end process;
13 end behave;
```

Nun wollen wir diese beiden Funktionen (min/max-Bestimmung und Register-Generierung) nur mit Hilfe eines synchronen Prozesses erreichen.

Gehen Sie dazu wie folgt vor (falls Sie Probleme mit der Umsetzung haben sollten, finden Sie die Lösung unter **DigiSysFpga\Teil4\MinMax8PipeSlimV2**):

1. Öffnen Sie mit Diamond das Projektfile **DigiSysFpga\Teil4\MinMax8\MinMax8PipeSlim\MinMax8PipeSlim.ldf**.

2. Laden Sie die Datei **MMReg.vhd** in den Editor der Entwicklungsumgebung und verändern sie den VHDL Code in der **architecture** entsprechend den nachfolgenden Anweisungen:

   (a) Entfernen Sie die beiden parallelen Signalzuweisungen (Zeilen 4 und 5). Die Berechnung der minimalen und maximalen Werte wird ja nun vom synchronen Prozess selbst erledigt.

   (b) Entfernen Sie die Signaldeklarationen für *minP* und *maxP* in der **architecture** (Zeile 2). Das ist zwar nicht zwingend erforderlich, macht den Code aber übersichtlicher.

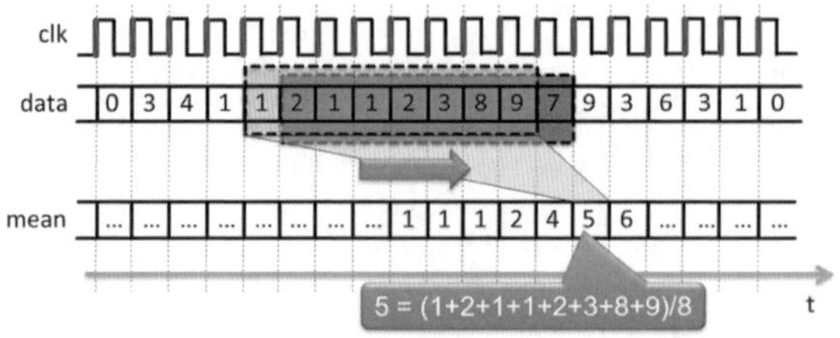

Abbildung 19.6: Funktion eines Mittelwertfilters mit einer Fensterbreite von 8

(c) Modifizieren Sie nun den Code im synchronen Prozess, so dass die beiden Eingänge x und y miteinander vergleichen und abhängig vom Ergebnis *min* und *max* entsprechend beschrieben werden. Benutzen Sie hierzu eine **if-then-else**-Anweisung innerhalb des synchronen Prozessteils:

```
process (clk) begin
  if rising_edge(clk) then
    if x < y then
      min <= ...  -- Bitte ergaenzen!
      max <= ...  -- Bitte ergaenzen!
    else
      ...         -- Bitte ergaenzen!
    end if;
  end if;
end process;
```

3. Simulieren Sie die modifizierte Schaltung analog zum Kapitel 18.2.2 ab Seite 309. **Achten Sie darauf, das Modell *MinMax8PipeTest* als Top-Level-Komponente für die Simulation auszuwählen!** Das Modell sollte sich genauso wie das ursprüngliche Modell verhalten.

19.7 Beispiel 1: Mittelwertfilter

Um die verschiedenen Aspekte des Hardware-Designs auf RTL-Ebene auszuprobieren, werden wir im folgenden ein „Mittelwertfilter" entwerfen und realisieren.

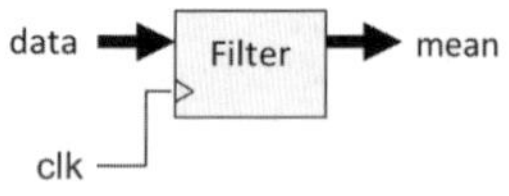

Die Funktion des Mittelwertfilters ist in Abbildung 19.6 zu sehen, in der Abbildung rechts sind die Anschlüsse des Filters zu erkennen. In jedem Taktzyklus ließt das Filter einen neuen Datenwert auf *data* ein, bildet den Mittelwert aus den letzten 8 empfangenen Werten und gibt diesen berechneten Wert auf *mean* aus. Im nächsten Taktzyklus wird ein weiterer Wert eingelesen und auch hier wieder die letzten 8 Werte zur Mittelwertberechnung verwendet. Sowohl *data* als auch *mean* sollen hierbei vorzeichenlose 8-Bit-Zahlen sein. Da das Filter immer die letzten 8 Werte in der Berechnung berücksichtigt, spricht man hier auch von einem „sich verschiebenden Fenster" (engl.: sliding window) der Größe 8.

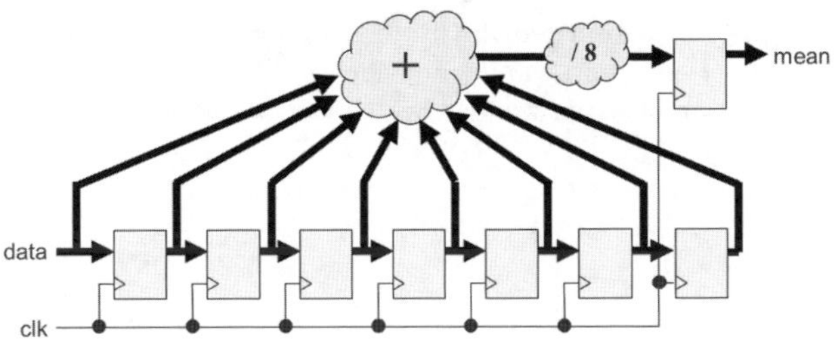

Abbildung 19.7: Erster Schaltungsentwurf für das Mittelwertfilter

Bevor wir das Filter in VHDL realisieren, machen wir uns zunächst Gedanken darüber, wie die Schaltung denn grob gesehen überhaupt aussehen könnte. Offensichtlich müssen wir uns immer die 8 zuletzt empfangenen Eingangswerte merken. Das kann man am besten mit Hilfe eines Schieberegisters realisieren, wobei jetzt aber nicht ein einzelnes Bit sondern jeweils 8 Bits gleichzeitig von Stufe zu Stufe verschoben werden. Dann müssen die 8 gespeicherten Zahlenwerte summiert und schließlich durch 8 dividiert werden. Die Division ist eigentlich eine teure – also nur mit relativ viel Hardware-Aufwand realisierbare – Operation. Glücklicherweise müssen wir hier durch 8 dividieren, was ja im Binärsystem durch eine einfache Verschiebung um 3 Bitstellen nach rechts realisiert werden kann. Nochmals zu Erinnerung: eine Verschiebung um eine Bitstelle nach rechts entspricht im Binärsystem einer ganzzahligen Division durch 2. Verschieben wir also den Wert dreimal nach rechts, so ergibt sich eine ganzzahlige Division durch $2 \times 2 \times 2 = 8$.

Die entsprechende Filterschaltung ist in Abbildung 19.7 zu sehen. Sie werden wir jetzt in VHDL modellieren. Gehen Sie dazu wie folgt vor (Hinweis: Sollten Sie Probleme bei der Erstellung des VHDL-Codes haben, dann finden Sie unter **DigiSysFpga\Teil4\Loesungen\MeanFilter** den kompletten Quellcode des Modells):

1. Starten Sie die Diamond-Entwicklungsumgebung und öffnen Sie im Begleitmaterial im Verzeichnis **DigiSysFpga\Teil4\MeanFilter** die Projektdatei **MeanFilter.ldf**.

2. Öffnen Sie in der Diamond-Oberfläche das Design-File **MeanFilter.vhd**. Die Datei enthält bereits ein leere **entity**- und **architecture**-Deklaration. Diese muss nun entsprechend ergänzt werden.

3. Zunächst wird die Schnittstelle (**entity**) unseres Filters generiert. Ergänzen Sie dazu die **entity** wie folgt:

```
entity MeanFilter is
  port (clk : in std_logic;
        data : in unsigned(7 downto 0);
        mean : out unsigned(7 downto 0));
end MeanFilter;
```

   clk ist unser Taktsignal, *data* der 8-Bit breite Eingangswert und *mean* der ebenfalls 8-Bit große Mittelwert. Alle Zahlenwerte werden dabei als vorzeichenlose Zahlen (*unsigned*) interpretiert. Achten Sie darauf die Namen der Ports genauso anzugeben, wie es hier in der Anleitung vorgegeben ist!

4. Nun können wir die **architecture** des Filters implementieren. Dazu nutzen wir einen synchronen Prozess. Der Prozessrumpf für einen solchen synchronen Prozess ist bereits vorbereitet. Als erstes realisieren wir das Schieberegister:

```
process (clk)
begin
  if rising_edge(clk) then
    a1 <= data;
    a2 <= a1;
    a3 <= a2;
    a4 <= a3;
    a5 <= a4;
    a6 <= a5;
    a7 <= a6;
  end if;
end process;
```

Dafür haben wir neue Signale *a1* bis *a7* benötigt. Die sind natürlich bis jetzt noch unbekannt, deshalb müssen wir die **architecture** um eine passende Deklaration ergänzen:

```
architecture behave of MeanFilter is
  signal a1, a2, a3, a4, a5, a6, a7 : unsigned(7 downto 0) := "00000000";
begin
```

Beachten Sie, dass wir als Starwert für die Signale den Dezimalwert 0 (also alle Bits 0) definiert haben.

5. Lassen Sie uns als erstes Testen, ob das Schieberegister denn überhaupt so funktioniert, wie wir uns das vorstellen. Dazu leiten wir einfach mal den Ausgang der letzten Registers auf den Ausgang des Filters weiter. Im Code existiert dazu bereits eine vorbereitete Zeile (am Ende der **architecture**-Deklaration):

```
-- mean <= a7;
```

Entfernen Sie die beiden Kommentarzeichen -- vor der Zuweisung!

6. Jetzt können wir das Design übersetzen. Aktivieren Sie dazu die Prozess-Sicht im Diamond-Fenster und markieren Sie die einzelnen Auswahlboxen wie hier gezeigt:

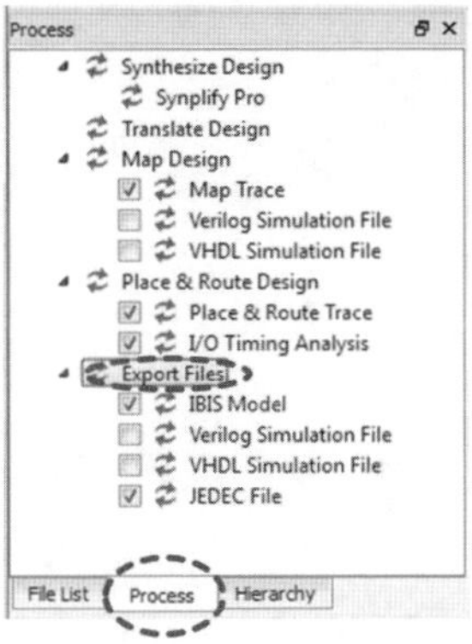

Vielleicht ist Ihnen aufgefallen, dass es da ein VHDL-File gibt, das noch nicht vorgestellt wurde: **MeanFilterTop.vhd**. Diese Komponenten ist das Top-Level-Design in unserer Schaltung. Es wird Ihnen hier der Einfachheit halber zur Verfügung gestellt und hat nur die Aufgabe die Schalter und Anzeige auf dem Board mit dem Filter zu verbinden (siehe auch Abbildung 19.9). Die Datei **MeanFilterSlim.vhd** spielt in dieser Aufgabe keine Rolle: sie ist im Moment von der Synthese ausgeschlossen (mehr dazu im nächsten Kapitel).

7. Klicken Sie „Export Files“ mit der rechten Maustaste an und wählen Sie „Rerun All“ aus dem sich öffnenden Kontextmenü aus. Damit starten Sie eine komplette Neuübersetzung des Designs.

   Wenn das fehlerfrei gelungen ist (überprüfen Sie dazu, ob der „Error“-Anzeigebereich der Entwicklungsumgebung leer ist), können wir uns an die Programmierung des Entwicklungs-Boards machen.

8. Um den FPGA „bei der Arbeit beobachten“ zu können, werden wir die Schaltung mit 1Hz Taktfrequenz betreiben. Bevor Sie das Board in Betrieb nehmen, sollten Sie daher überprüfen, ob die einstellbare Taktfrequenz des Entwicklungs-Boards auf 1Hz gesetzt ist (ist das nicht der Fall, dann den „Jumper“ bitte umstecken). Dazu muss der „Jumper“ wie in der nachfolgenden Abbildung gezeigt, positioniert sein:

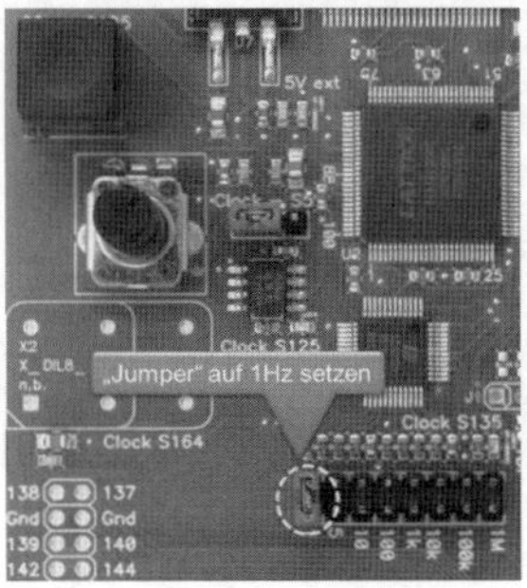

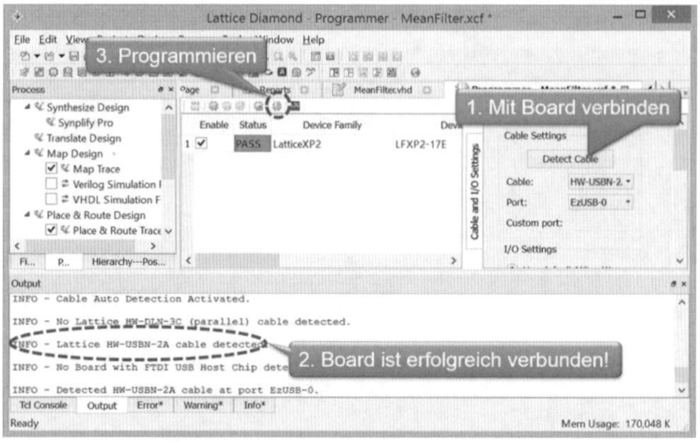

Abbildung 19.8: Verbinden und Programmieren des Entwicklungs-Boards

9. Verbinden Sie nun das Entwicklungs-Board mit dem PC und starten Sie danach den „Programmer“ über das „Tools“-Menü:

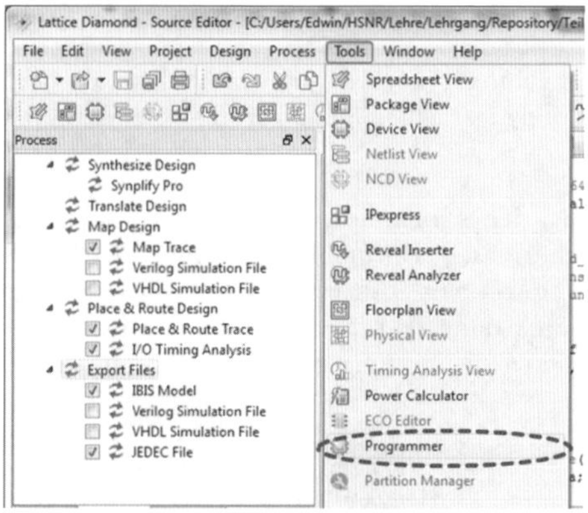

10. In dem sich öffnenden „Programmer: Getting Started“ Dialog wählen Sie bitte „Create a new blank project“ und bestätigen Sie die Auswahl mit „OK“. Bitte beachten Sie, dass dieser Dialog nur angezeigt wird, wenn sie das *erste mal* in dem Projekt das „Programmer“-Tool starten.

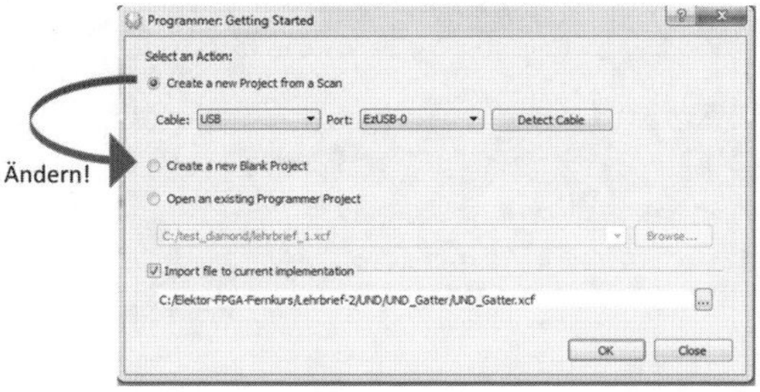

11. Stellen Sie sicher, dass das Board mit dem PC-Verbunden ist: drücken Sie auf die Schaltfläche „Detect Cable“ (siehe Abbildung 19.8 Punkt 1). Daraufhin sollte im Ausgabebereich der Entwicklungsumgebung die Meldung “INFO - Lattice HW-USBN-2A cable detected“ erscheinen (siehe Abbildung 19.8 Punkt 2).

12. Führen Sie ein „Doppelclick“ auf das Feld „SRAM Programm, Verify“ aus

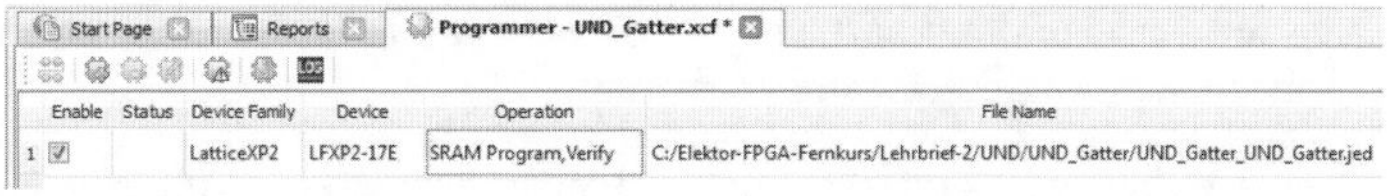

und ändern Sie die Einstellung in dem sich daraufhin öffnenden Menü auf „Static RAM Cell Mode“. Drücken Sie abschließend „OK“:

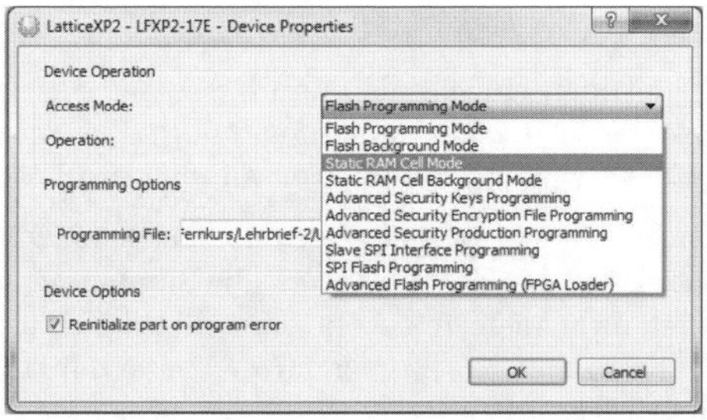

13. Programmieren Sie den FPGA-Baustein mit Hilfe der des Program-Buttons (siehe Abbildung 19.8 Punkt 3). Bitte haben Sie etwas Geduld, die Programmierung dauert ca. 20 Sekunden.

14. Sobald die Programmierung abgeschlossen ist, erscheint auf der Siebensegmentanzeige „00“. Sie können nun an den Schiebeschaltern (DIP-Switches) auf dem Board die Eingangswerte festlegen, die mit jedem Takt in das Schieberegister eingefügt werden. Das linke Bit mit der Nummer 8 ist dabei das MSB und das rechte mit der Nummer 1 das LSB. Die Verbindungen zwischen Schaltern, dem Filter und der Anzeige sind in Abbildung 19.9 gezeigt.

    Stellen Sie jetzt verschiedenen Zahlen am Schieberegister ein. Bitte beachten Sie, dass jede Sekunde die gerade eingestellte Bitkombination übernommen wird. Die eingestellte Zahl

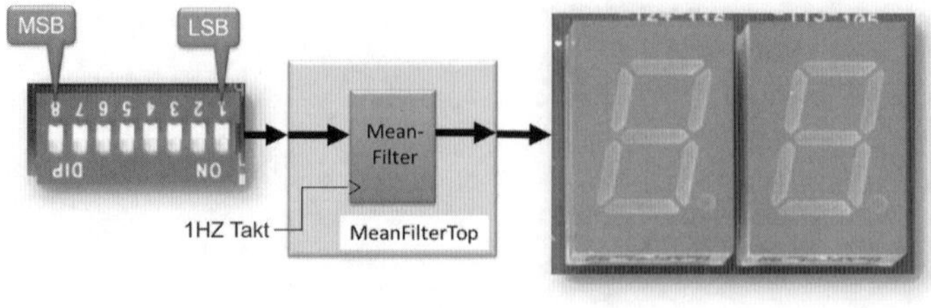

Abbildung 19.9: Datenverbindungen zwischen den Schiebeschaltern, dem Filter und der Siebensegmentanzeige; *MeanFilterTop* ist die Top-Level-Komponente des Designs und verbindet Schalter und Anzeige mit dem Filter

wird dann nach sieben Taktzyklen am Ausgang und damit an der Siebensegmentanzeige erscheinen – wenn Sie alles richtig gemacht haben. Beachten Sie, dass die Anzeige die 8-Bit-Zahl im *hexadezimalformat* anzeigt!

Sollte sich die Anzeige dauerhaft bei „00“ bleiben, dann haben Sie vermutlich vergessen die Zeile *mean <= a7* zu „ent-kommentieren“.

15. Als nächstes wollen wir jetzt die Funktion unseres Mittelwertfilters komplettieren. Als erstes müssen wir aber die Zeile mit dem Code *mean <= a7* wieder „auskommentieren“: fügen sie dazu zwei Minuszeichen -- am Anfang der Zeile ein.

16. Im Anschluss fügen wir einen weiteren *synchronen* Prozess in die **architecture** ein, der den Mittelwert aus den acht Signalwerten berechnen soll.

    Zur Berechnung bildet man einfach die Summe aus den Signalen *a1* bis *a7* und *data* und dividiert durch 8: *(a1 + a2 + a3 + a4 + a5 + a6 + a7 + data) / 8.* Aber Achtung: wenn wir das so machen, dann wird die Summation mit einer Auflösung von 8 Bit durchgeführt!

    Sehen Sie das Problem? Wenn z.B. alle Signale den maximalen Wert 255 haben (das ist die größte vorzeichenlose 8-Bit Zahl), dann ist die Summe $8 \times 255 = 2040$. Dieses Ergebnis ist ganz offensichtlich nicht mehr mit 8 Bit darstellbar! VHDL passt die Auflösung für die Addition aber *nicht* automatisch an, sondern arbeitet mit der Auflösung die durch die Operanden vorgegeben ist – hier also 8 Bit! Wir würden also abhängig von tatsächlichen Eingangswerten Überläufe bei der Summenbildung bekommen.

    Was kann man tun? Zunächst müssen wir bestimmen, wie viele Bits wir denn im ungünstigsten Fall benötigen: für die (vorzeichenlose) Darstellung der größt möglichen Zahl 2040 benötigen wir 11 Bits.

    Als nächstes müssen wir VHDL klar machen, dass es die Additionen mit 11 Bit Auflösung machen soll. Da VHDL das von den Operanden ableitet, erweitern wir einfach temporär die Additionsoperanden um die fehlenden Bits. Das passiert mit Hilfe der VHDL-Funktion *resize*. Der Aufruf *resize(a1, 11)* nimmt dabei den Zahlenwert von *a1* und erweitert die Bit-Auflösung auf 11 Bits. In unserem Fall werden *resize* links einfach 3 Nullen vorangestellt. Bitte beachten Sie, dass nicht das Signal *a1* selbst erweitert wird, sondern lediglich eine temporärer Zwischenwert mit 11 Bit Auflösung erzeugt wird. Das müssen bzw. sollten wir dann nur noch mit allen Summanden machen:

```
        resize(a1, 11) + resize(a2, 11) + resize(a3, 11) +
         resize(a4, 11) + resize(a5, 11) + resize(a6, 11) +
         resize(a7, 11) + resize(data,11);
```

Es fehlt aber noch die Division durch 8. Das können wir ganz einfach mit dem normalen Divisionsoperator „/“ realisieren. Das Synthesewerkzeug ist so intelligent, diese Division als eine Rechtsverschiebung um 3 Bitstellen zu realisieren.

```
        (resize(a1, 11) + resize(a2, 11) + resize(a3, 11) +
          resize(a4, 11) + resize(a5, 11) + resize(a6, 11) +
          resize(a7, 11) + resize(data,11)) / 8;
```

Vergessen Sie nicht die Summe zu klammern, da sich die Division ansonsten nur auf den letzten Summanden beziehen würde!

Jetzt sind wir schon fast fertig, wir haben nur noch übersehen, dass das Ergebnis der Division nicht 8 Bit breit ist und daher nicht direkt auf *mean* (das ja 8 Bit groß ist) zugewiesen werden kann! Angenehmer Weise können wir dafür ebenfalls *resize* nutzen: die Funktion kann einen Vektor nämlich nicht nur vergrößern sondern ebenso auch verkleinern. Damit ist unsere Berechnung jetzt komplett und wir können das Ergebnis auf *mean* zuweisen:

```
mean <= resize(resize(a1, 11) + resize(a2, 11) + resize(a3, 11) +
                 resize(a4, 11) + resize(a5, 11) + resize(a6, 11) +
                 resize(a7, 11) + resize(data,11)) / 8, 8);
```

Wenn man einen Vektor-Wert mit *resize* verkleinert, dann werden einfach die entsprechenden Bits links abgeschnitten. Man muss sich daher selbst darum kümmern, ob dadurch eventuell wichtige Bits verloren gehen.

Bitte beachten Sie außerdem, dass die *resize*-Funktion in der Hardware nicht als „Unterprogrammaufruf“ oder etwas ähnliches umgesetzt wird! Sie gibt dem Synthesewerkzeug statt dessen nur Hinweise, mit wie vielen Bits die arithmetischen Operationen durchgeführt werden sollen und daher wie groß z.B. die Addierer auszulegen sind.

Der komplette Code ist im Verzeichnis **Loesungen** zu finden.

Jetzt müssen wir diese Signalzuweisung nur noch in den neuen synchronen Prozess einfügen und unser Modell ist fertig.

17. Nachdem Sie das VHDL-Modell um den zweiten synchronen Prozess erweitert und die Zuweisung auf *mean* (siehe Schritt 16) eingefügt haben, synthetisieren sie es wie im Schritt 6 beschrieben und programmieren Sie das Board ( ).

18. Stellen Sie eine 0 (dezimal) als Eingangswert ein und warten Sie, bis das Display „00“ anzeigt. Legen Sie jetzt das MSB der Eingangszahl auf 1. Nun können Sie beobachten, wie sich der gefilterte Wert langsam der Zahl „80“ (hexadezimal; entspricht 128 im Dezimalsystem) nähert.

    Legen Sie das MSB zurück auf 0, so sinken die Zahlen allmählich wieder auf „00“.

19. Bevor wir uns im nächsten Kapitel einer verbesserten Version unseres Mittelwert-Filters zuwenden, werfen wir zunächst einen Blick auf die von der Schaltung benutzten Hardware-Ressourcen. Wählen Sie dazu den „Reports“-Reiter (Abbildung 19.10 Punkt 1) und klicken Sie dann auf „Map“ (Abbildung 19.10 Punkt 2).

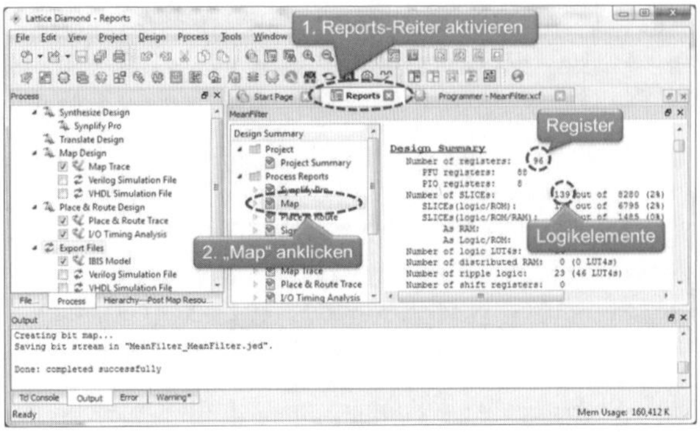

Abbildung 19.10: Anzeigen der vom Design verbrauchten Hardware-Komponenten

Daraufhin wird im rechten Fenster ein Bericht über die verwenden Hardware-Komponenten angezeigt. Interessant sind die unter „Design Summary" gelisteten Zahlen und dort besonders die Anzahl der verwendeten Flipflops (Register genannt) und die Logikelemente (SLICEs genannt). Merken Sie sich die dort aufgeführten Werte: 96 Register und 139 SLICEs. Bitte beachten Sie, dass *Ihre* Zahlen möglicher Weise leicht davon abweichen können.

19.8 Beispiel 2: Optimierte Mittelwertfilter

Im vorangegangenen Kapitel haben wir einen einfachen Mittelwertfilter mit einer Fensterbreite von acht Werten entworfen und implementiert. In diesem Kapitel werden wir eine verbesserte Version davon erzeugen, die mit *wesentlich* weniger Flipflops und Logikelementen auskommt. Der Schlüssel zu dieser Verbesserung liegt wie so oft nicht in einer graduellen Optimierung des bereits vorhandenen Konzeptes sondern in einer völlig neuen Sicht auf die Aufgabe!

Nehmen wir einmal an, wir wissen – woher auch immer – wie die Summe der letzten acht Werte zu einem Zeitpunkt ist:

In dem Bild oben ist die Summe 27. Wenn wir den farbigen Kasten jetzt um einen Wert nach rechts verschieben wollen, wie groß ist dann der neue Summenwert? Sicher können wir dazu die einzelnen Werte in dem Kasten addieren, aber das ist eigentlich gar nicht notwendig! Wenn wir den Kasten um eine Stelle nach rechts verschieben, dann kommt auf der rechten Seite ein neues Element dazu – hier eine 9 – und auf der linken Seite fällt ein Element aus dem Kasten heraus – hier die 2.

Wenn wir das nächste Element (*neues*) vor dem Kasten und das letzte Element (*altes*) in dem Kasten wissen, dann können wir daher die Summe direkt berechnen zu: $Summe_{neu} = Summe_{alt} + neues - letztes$. Sie sehen, die mathematische Operation reduziert sich auf eine

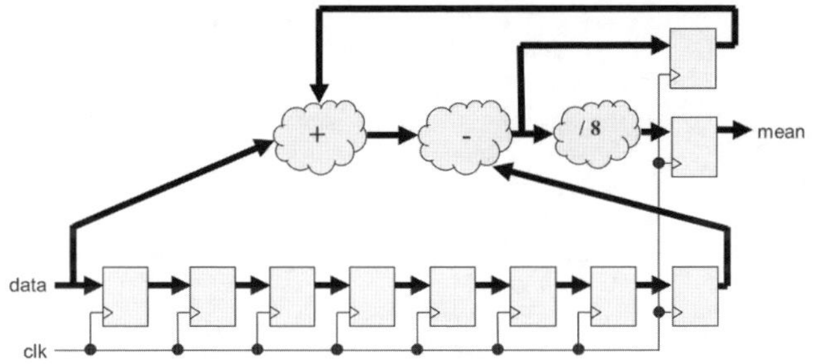

Abbildung 19.11: Optimierte Schaltung zur Mittelwertberechnung

Addition und eine Subtraktion! Interessanter Weise funktioniert dieser Trick sogar unabhängig davon wie viele Elemente das Fenster enthält.

Kennt man also einmal die Summe des Fensters, dann lässt sich eine Verschiebung mit dem Verfahren sehr einfach berechnen. Jetzt gilt es eigentlich nur noch zu klären, wie man am Anfang denn die Summe bekommt. Das ist relativ einfach zu bestimmen, wenn wir davon ausgehen, dass zu Beginn alle Werte 0 sind. Dann ist nämlich auch die Summe des Fensters offensichtlich ebenfalls 0.

Die dazugehörige Schaltung ist in Abbildung 19.11 zu sehen. Bitte beachten Sie, dass wir das Schieberegister immer noch benötigen, da wir ja wissen müssen, welcher Wert als nächstes aus dem „Fenster“ herausfällt. Außerdem wird jetzt ein Stufe mehr benötigt, damit die korrekte Summe berechnet werden kann. Schließlich benötigen wir noch ein zusätzliches Register um den aktuellen Summenwert zwischenzuspeichern.

Da wir nun eine grobe Vorstellung von der Schaltung haben, können wir uns als nächstes an ihre Modellierung in VHDL machen:

1. Starten Sie die Diamond-Entwicklungsumgebung und öffnen Sie im Begleitmaterial im Verzeichnis **‘DigiSysFpga\Teil4\MeanFilter** die Projektdatei **MeanFilter.ldf**. Das ist dasselbe Design, welches wir auch schon im vorangegangen Kapitel benutzt haben.

   Damit wir das alte Filter-Modell nicht überschreiben müssen, nutzen wir die Funktion der Entwicklungsumgebung Design-Files gezielt in die Synthese aufnehmen oder auch davon ausschließen zu können. Unser neues Filter soll in der Datei **MeanFilterSlim.vhd** entstehen.

2. Zunächst müssen wir das alte Filtermodell (**MeanFilter.vhd**) von der Synthese ausschließen: aktivieren Sie dazu die Struktur-Ansicht und klicken Sie mit der rechten Maustaste auf die Datei **MeanFilter.vhd**. In dem sich öffnenden Kontextmenü wählen Sie bitte „Exclude from Implementation“. Damit wird das Design-File für die Synthese nicht mehr verwendet und erscheint in der Strukturansicht nur noch „ausgegraut“.

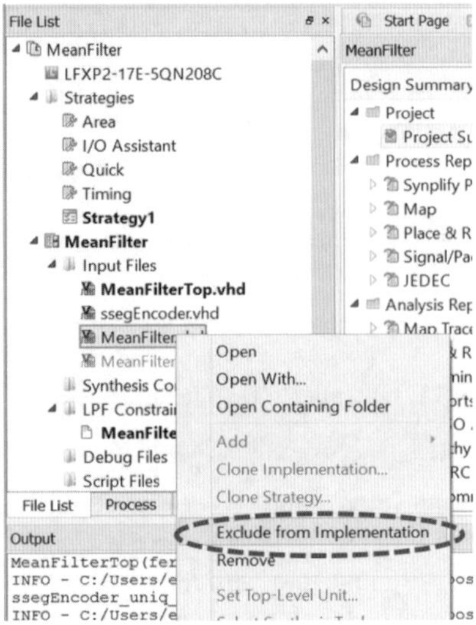

3. Jetzt aktivieren wir das neue Design-File **MeanFilterSlim.vhd**: Klicken Sie mit der rechten Maustaste auf die Datei **MeanFilterSlim.vhd**. In dem sich öffnenden Kontextmenü wählen Sie bitte „Include in Implementation".

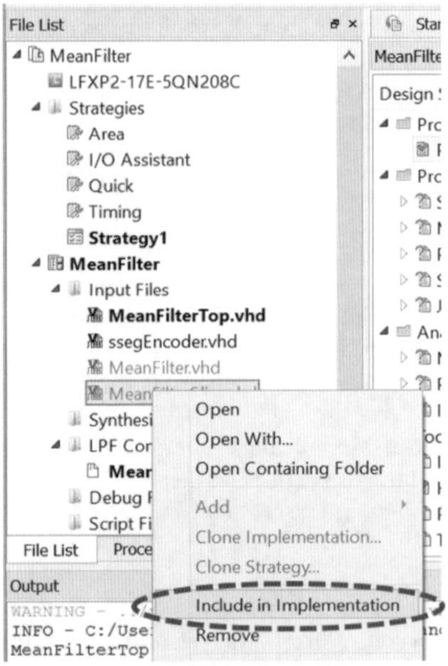

4. Öffnen Sie **MeanFilterSlim.vhd** im Editor und erstellen Sie die **entity** des neuen Modells. Bitte verwenden Sie exakt dieselbe Definition wie schon beim Modell aus dem vorangegangenen Kapitel:

```
entity MeanFilter is
  port (clk : in std_logic;
        data : in unsigned(7 downto 0);
        mean : out unsigned(7 downto 0));
end MeanFilter;
```

5. Erstellen Sie als nächstes einen synchronen Prozess, der das Schieberegister realisiert. Vergessen Sie nicht die entsprechende Anzahl von lokalen Signalen in der **architecture** anzulegen! Achten Sie darauf, dass das Schieberegister jetzt eine Stufe mehr haben muss als im vorangegangenen Kapitel. Vergessen Sie nicht die Signale mit 0 zu initialisieren!

6. Erstellen Sie einen neuen *synchronen* Prozess, der die Mittelwertberechnung durchführt. Dieser Prozess muss dabei sowohl den aktuellen Summenwert als auch den Mittelwert berechnen. Der Prozess-Code soll daher wie folgt aussehen:

```
1 process (clk)
2   variable sum : unsigned(10 downto 0) := "00000000000";
3 begin
4   if rising_edge(clk) then
5     sum := sum - ??? + ??? ; -- neue Summe berechnen
6     mean <= ???; -- neuen Mittelwert aus der Summe berechnen
7   end if;
8 end process;
```

Ersetzen Sie die ??? durch entsprechende Ausdrücke. Achten Sie darauf, dass die Operanden auf die passende Bit-Breite erweitert bzw. geschrumpft werden müssen (mit der Funktion *resize*).

Der komplette Code ist im Verzeichnis **Loesungen** zu finden.

Beachten Sie außerdem, dass *sum* als *Variable* definiert worden ist, damit wir den *neuen* Wert aus Zeile 5 direkt in Zeile 6 nutzen können. Mit einem Signal würde das so nicht gehen (siehe das „Weihnachtsmannprinzip“)! Wichtig ist auch die Variable mit 0 zu initialisieren, damit das Modell mit dem richtigen Zahlenwerten startet.

7. Synthetisieren Sie das Modell.

8. Verbinden Sie nun das Entwicklungs-Board mit dem PC und starten Sie danach den „Programmer“ über das „Tools“-Menü. **Konfigurieren Sie das Programmierwerkzeug daraufhin wie in Kapitel 19.7 Schritte 9 bis 12 beschrieben (Seite 349)!**

9. Programmieren Sie den FPGA-Baustein und testen Sie die Funktion des Modells.

10. Lassen Sie uns nun die von dem optimierten Modell verbrauchten Hardware-Ressourcen anschauen: aktivieren Sie dazu den „Report“-Reiter und wählen sie „Map“ aus (siehe Abbildung 19.10). Das neue Modell kommt mit wesentlich weniger Registern und SLICEs aus – 22 und 38 im Vergleich zu 96 und 139!

    Das die Registeranzahl so stark gesunken ist, liegt an besonderen Schieberegisterprimitiven, die im FPGA zu Verfügung stehen. Die SLICEs sind so stark gesunken, weil im neuen Modell viel weniger Additionen durchgeführt werden müssen. Verblüffend, oder?

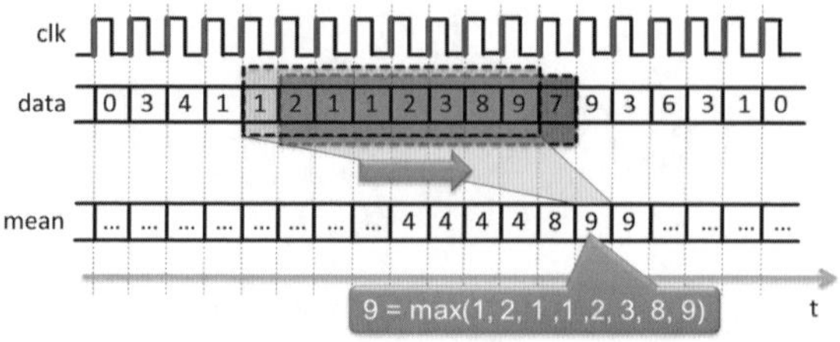

Abbildung 19.12: Funktion der „Größter Wert im Fenster“ Funktion bei einer Fensterbreite von 8

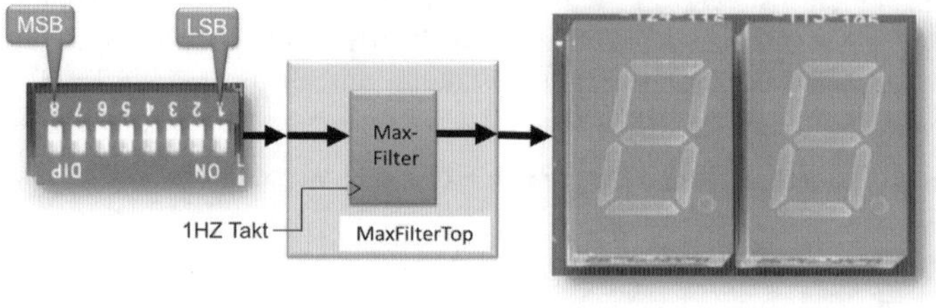

Abbildung 19.13: Datenverbindungen zwischen den Schiebeschaltern, dem Filter und der Siebensegmentanzeige; *MaxFilterTop* ist die Top-Level-Komponente des Designs und verbindet Schalter und Anzeige mit *MaxFilter*.

19.9 Beispiel 3: Größter Wert im Fenster

In der folgenden praktischen Übung soll eine Schaltung entwickelt werden, welche den jeweils maximalen Wert innerhalb des „sich verschiebenden Fensters“ bestimmt und auf den Ausgang gibt. Wie schon in den vorangegangenen beiden praktischen Übungen sollen Eingangs- und Ausgangsdaten jeweils 8 Bit groß und vorzeichenlos sein. Die Funktion der Schaltung ist in Abbildung 19.12 zu sehen.

Führen Sie die Implementierung der Schaltung wie folgt durch:

1. Starten Sie die Diamond-Entwicklungsumgebung und öffnen Sie im Begleitmaterial im Verzeichnis **DigiSysFpga\Teil4\MaxFilter** die Projektdatei **MaxFilter.ldf**. In dem Projekt sind einige VHDL-Modelle vordefiniert, die für die Verbindung des Filters mit den Schiebeschaltern und der Anzeige benötigt werden. Das eigentliche Filter soll in **MaxFilter.vhd** entstehen. Die Verschaltung der Komponenten ist in Abbildung 19.13 zu sehen.

2. Öffnen Sie **MaxFilter.vhd** und tragen Sie die folgende **entity**-Definition ein:

```
library ieee;
use ieee.std_logic_1164.all; -- Basisdefinitionen
use ieee.numeric_std.all; -- Wird fuer Typen signed und
                          -- unsigned benoetigt
entity MaxFilter is
  port (clk : in std_logic;
```

```
        data : in unsigned(7 downto 0);
        max : out unsigned(7 downto 0));
end MaxFilter;
```

Achten Sie bitte darauf, die Namen und Typen der Signale genau so anzugeben wie hier gefordert. Anderenfalls entstehen Probleme beim Zusammenfügen der Top-Level-Komponente *MaxFilterTop* und dem eigentlichen Filterbaustein *MaxFilter*.

3. Generieren Sie jetzt eine **architecture** für die **entity** *MaxFilter*.

4. Auch in diesem Design benötigen wir das Schieberegister, um die acht zuletzt empfangenen Eingangswerte zu speichern. Legen Sie daher innerhalb der **architecture** einen *synchronen* Prozess an, der das benötigte Schieberegister realisieren soll.

5. Fügen Sie einen weiteren *synchronen* Prozess in die **architecture** ein, der das Maximum der acht Werte ermittelt und auf das Signal *max* ausgibt.

   Gehen Sie dabei wie folgt vor:

   (a) Legen Sie im Deklarationsbereich des Prozesses eine Variable an, die wir für die schrittweise Berechnung des Maximums benötigen. Im folgenden gehen wir davon aus, dass diese Variable den Namen *value* hat.

   (b) Mit Hilfe der Variable können wir nun Schritt für Schritt jede Stufe des Schieberegisters überprüfen. Der folgende Code-Ausschnitt zeigt die Überprüfung des Wertes aus der ersten Schieberegisterstufe. Wir nehmen dabei an, dass der Ausgang der ersten Stufe *a1* heißt.

```
process (clk)
   ... -- Hier bitte die Variable value anlegen!
begin
   if rising_edge(clk) then
      value := data;
      if value < a1 then -- Vergleich mit Ausgang der ersten Stufe
         value := a1;
      end if;
      if value < a2 then -- Vergleich mit Ausgang der zweiten Stufe
         value := ...
      ...
   end if;
end process;
```

   Setzen Sie den Code fort, bis alle acht Werte des Schieberegisters überprüft worden sind. In *value* ist dann der maximale Wert.

   (c) Jetzt muss noch das Ergebnis auf den Ausgang *max* zugewiesen werden. Ergänzen Sie den entsprechenden Code.

Der komplette Code ist im Verzeichnis **Loesungen** zu finden.

Bitte beachten Sie, dass *value* als *Variable* deklariert werden muss (und nicht als Signal), da wir bei jeder **if**-Abfrage den bisher berechneten neuen *value*-Wert lesen wollen! Würden wir dafür ein Signal nutzen, würde sich *value* frühestens mit dem nächsten Taktzyklus ändern!

6. Stellen Sie sicher, dass der Takt-Jumper des Entwicklungs-Boards auf 1Hz gesetzt ist.

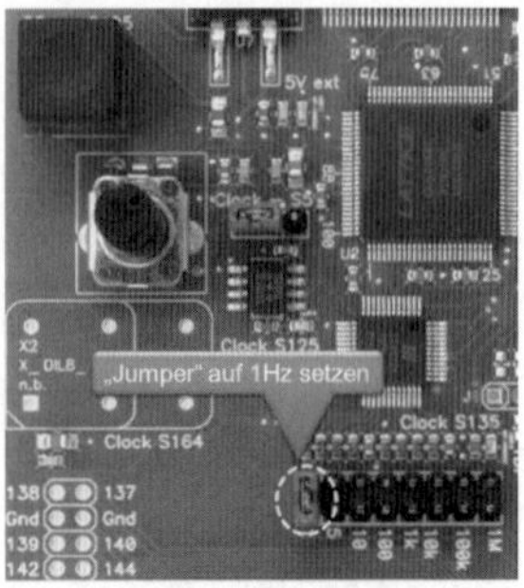

7. Synthetisieren und Implementieren Sie das Design. Achten Sie dabei darauf, die Check-Boxen entsprechend der nachfolgenden Abbildung zu setzen:

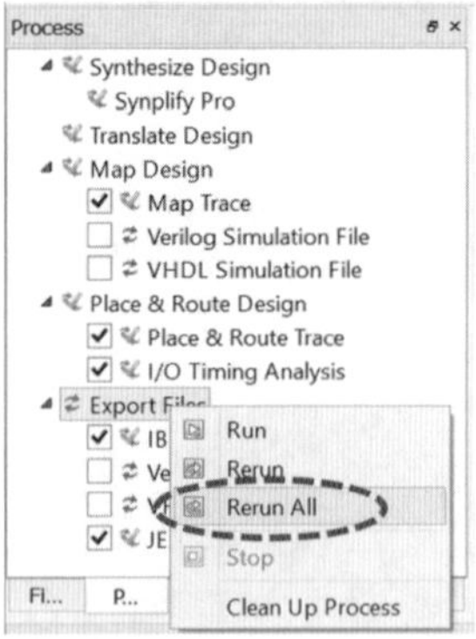

8. Verbinden Sie nun das Entwicklungs-Board mit dem PC und starten Sie danach den „Programmer" über das „Tools"-Menü. **Konfigurieren Sie das Programmierwerkzeug daraufhin wie in Kapitel 19.7 Schritte 9 bis 12 beschrieben (Seite 349)!**

9. Programmieren Sie den FPGA-Baustein und testen Sie die Funktion der Schaltung, indem Sie Werte am Schieberegister einstellen und den Ausgang des Filters beobachten.

10. Überlegen Sie sich, wie die Hardware für den synchronen Prozess, der den maximalen Wert ermittelt, wohl aussehen könnte.

Kapitel 20

Lösungen zu den Übungsaufgaben

Lösungen zu Kapitel 19.4

1. Das VHDL-Modell ist synchron, daher wird für jedes Ziel einer Signalzuweisung ein passendes Register generiert. Beachten Sie bitte, dass – typisch für ein RTL-Design – die Realisierung der Additions- und Inkrement-Operationen im Modell nicht näher spezifiziert worden sind. Welche Hardware das Synthesewerkzeug im Einzelfall daraus erzeugt, hängt von Parametern wie der Zieltechnologie oder der angestrebten Taktfrequenz ab.

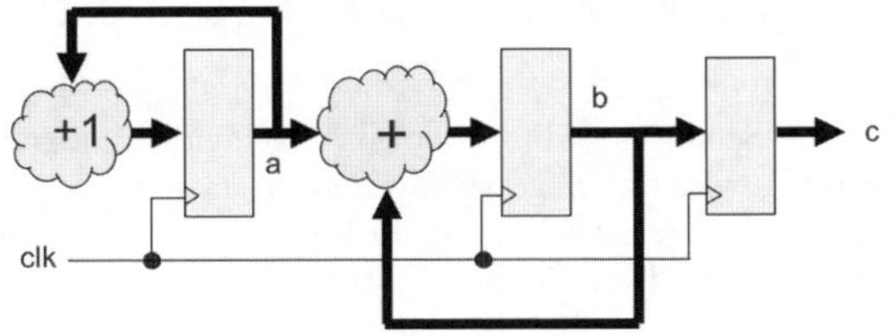

2. Auch bei dieser Aufgabe handelt es sich um einen synchronen Prozess. Daher werden für alle Signale, die in dem synchronen Teil zugewiesen werden, passende Register erzeugt. Damit ergibt sich:

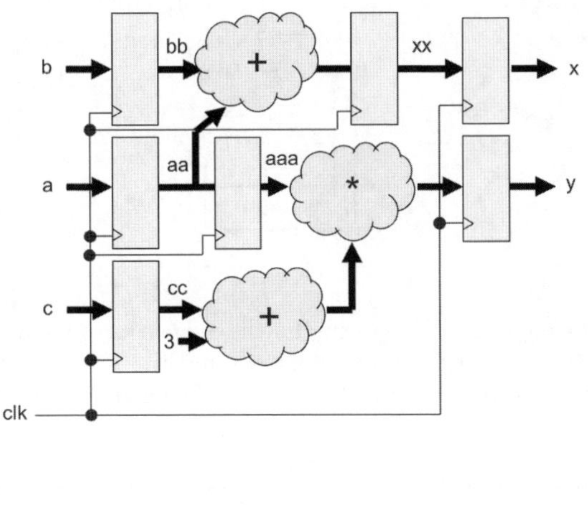

3. Das Syntheseergebnis wird Sie vielleicht auf den ersten Blick überraschen. Bitte beachten Sie, dass das Synthesewerkzeug nicht versucht das genaue Verhalten der Simulation nachzubilden. Vielmehr betrachtet es nur das *Ergebnis*, welches sich am Ende auf den Signalen zu den aktiven Taktflanken einstellt.

   Das bedeutet für unser Modell: wenn $b > a$ gilt, dann ist die Zuweisung, die sich letztlich auf c durchsetzt: c <= b - a. Anderenfalls wird nur die Zuweisung c <= a - b ausgeführt. Das können wir in Hardware wiederum ganz einfach mit Hilfe eines Multiplexers realisieren.

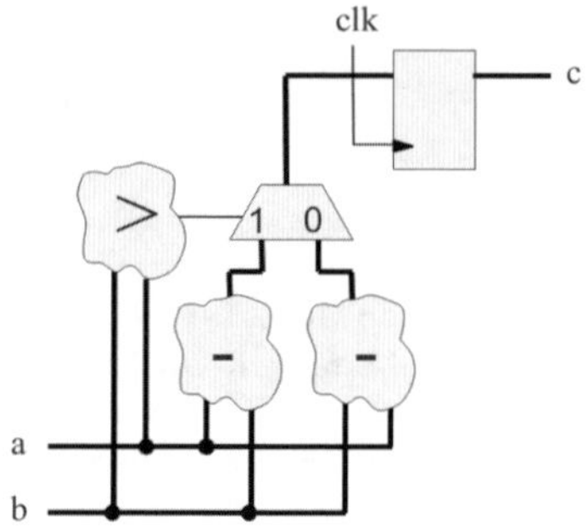

4. Es entsteht dieselbe Schaltung wie in der vorhergehenden Aufgabe! Wenn man genauer darüber nachdenkt, ist das gar nicht so erstaunlich, da in beiden Modellen die Zuweisungen, die letztlich für c übrig bleiben, dieselben sind. Da die Wirkung auf c also gleich ist, muss auch die erzeuge Hardware identisch sein!

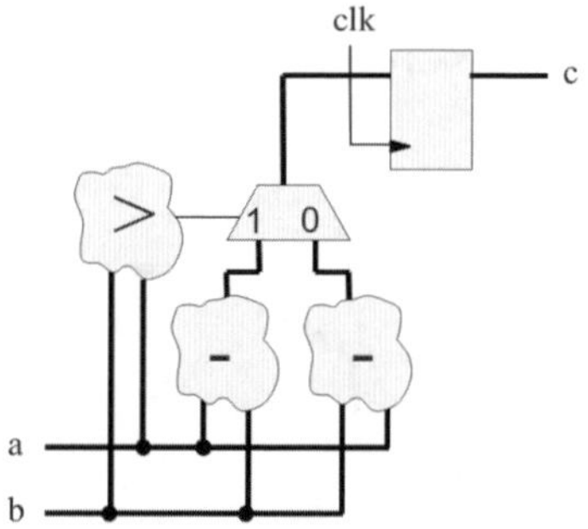

5. Das VHDL-Modell erzeugt Zuweisung für die Signale z, y und x. Daher entstehen für alle drei Signale passende Register in der Schaltung. Die beiden **if-then-else**-Anweisungen generieren zwei Multiplexer, einmal von *ctrl* und einmal vom Ergebnis des Vergleichs x=y gesteuert.

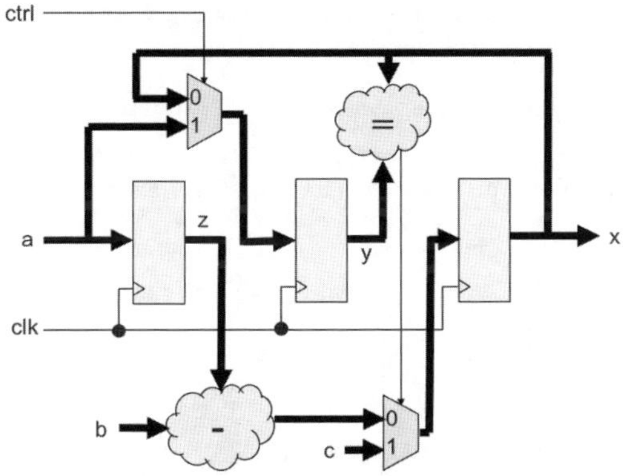

6. Beachten Sie, dass zwei Multiplexer generiert werden: einer für x und einer für b. Beide werden vom Vergleichsergebnis von a mit b gesteuert.

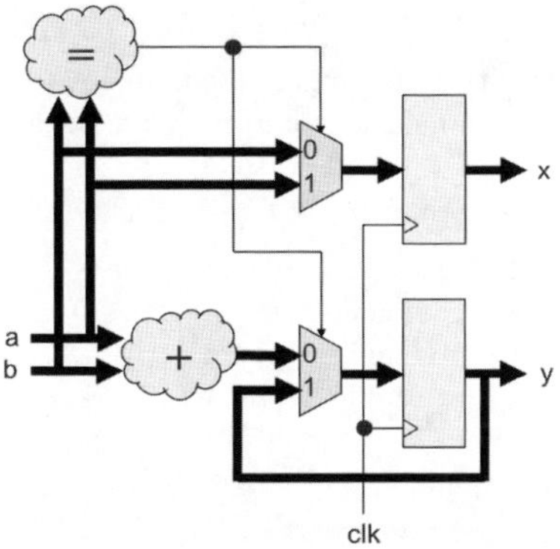

7. Für jedes Register aus der Schaltung müssen wir eine passende Signalzuweisung erzeugen. Das ergibt:

```
process (clk)
begin
  if rising_edge(clk) then
    b <= a;
    c <= b;
    d <= b + f;
    f <= e - c + d;
  end if;
end process;
```

8. Im Gegensatz zu den vorangegangen Aufgaben handelt es sich hier um eine kombinatorische Schaltung. Dem entsprechend müssen wir jetzt ein kombinatorischen Prozess gene-

rieren. Achten Sie darauf, dass ein solcher Prozess zwei wesentliche Eigenschaften erfüllen muss, um eine korrekte Synthese sicherzustellen:

- Alle Signale, die im Prozess gelesen werden, müssen in der Sensitivitätsliste erscheinen.
- Allen Zielsignalen muss bei *jedem* Prozesslauf etwas zugewiesen werden.

Damit ergibt sich folgender Code:

```
process (c, a, b, x, y) -- Achtung: Dies ist ein KOMBINATORISCHER Prozess
begin
   if y = 2 then
      d <= c + 5 + y;
   elsif y = x then
      d <= b + y;
   else
      d <= x + a + y;
   end if;
end process;
```

9. Beachten Sie, dass wir für diese Aufgabe keine **else**-Alternative benötigen, weil für den Fall $4 <= e$ das Signal e einfach seinen alten Wert behält.

```
process (clk)
begin
   if rising_edge(clk) then
      e <= resize(c * e, e'length); -- Die resize-Operation stellt
                                    -- sicher, dass das Produkt auf die passende
                                    -- Anzahl von Bit-Stellen reduziert wird!
      if 4 > e then
         e <= a;
      end if;
   end if;
end process;
```

Teil V

Ein FPGA-Projekt step-by-step

Kapitel 21

Aufbau von Teil V: „Ein FPGA-Projekt step-by-step“

In den vorangegangenen Buchabschnitten haben wir gelernt, wie man in der „digitalen Welt“ rechnet, welche grundlegenden Bausteine wir zum Aufbau von Schaltungen zur Verfügung haben und wie man sie in VHDL beschreibt. Im Teil V werden wir nun Schritt für Schritt aus diesen Grundkomponenten eine kompliziertere Schaltung – einen kleinen Prozessor – aufbauen. Dieser Buchabschnitt beginnt aber nicht direkt mit dem Design des Prozessors, sondern stellt zunächst noch ein paar weitere, für den Entwurf von großen Schaltungen nützliche VHDL-Features vor. Diese Features sind in realen Designs von großer Bedeutung und sollen daher auch in diesem Buch nicht zu kurz kommen.

Heutige Designs werden selten von Grund auf neu erzeugt, sondern enthalten oft viele in anderen Projekten erstellte oder extern eingekaufte Komponenten. Das verspricht den Entwicklungsaufwand und vor allen Dingen die Entwicklungszeit zu reduzieren, ohne Abstriche bei der Funktionalität der Gesamtschaltung machen zu müssen.

Bereits erstellte Module in nachfolgenden Projekten wiederzuverwenden, ist nun keine neu Idee und in der Software-Entwicklung seit vielen Jahren verbreitet. Deswegen hat man auch in VHDL Sprachkonstrukte aufgenommen, die speziell die Wiederverwendung von bereits erstellten Komponenten unterstützen.

„Wiederverwendung“ ist auch im Hardware-Design wichtig.

Ein zentrales Problem beim Einsatz von „alten“ Komponenten ist meist, dass die Komponenten zwar im Groben das machen, was man benötigt, aber oft einige Details nicht zur aktuellen Aufgabenstellung passen. Möchte man z.B. die $MinMax8$-Schaltung aus dem Teil IV wiederverwenden, dann könnte es sich als ein Problem herausstellen, dass der Baustein dort für 4-Bit weite Zahlen gebaut worden ist. Wenn man nun 8-Bit breite Zahlen verarbeiten möchte, dann muss man das ursprüngliche Design anpassen. Das ist natürlich eine mühsame und vor allen Dingen fehleranfällige Aufgabe, die man nach Möglichkeit gerne vermeiden würde. In den folgenden Kapiteln werden wir daher ein paar VHDL-Sprachkonstrukte kennen lernen, die genau dieses Problem adressieren.

Sobald das benötigte Know-How zum Entwurf von komplexen Schaltungen vorhanden ist, werden wir innerhalb des Buchabschnitts dann Schritt für Schritt einen kleinen Prozessor entwerfen, simulieren und auf dem Entwicklungsboard testen.

Kapitel 22

Konstanten, Subtypes, Packages und Generics

In diesem Kapitel werden vier sich ergänzende Sprachkonstrukte von VHDL vorgestellt, mit denen Modelle konfigurierbar gemacht werden können. „Konfigurierbar“ bedeutet hier, dass man ein Modell an die konkrete Aufgabe (zumindest in Grenzen) anpassen kann.

Das erste neue Sprachkonstrukt sind *Konstanten.* Konstanten sind im Prinzip Variablen, deren einmal bei der Initialisierung zugewiesene Wert allerdings nicht mehr verändert werden kann. Das nächste Sprachkonstrukt sind *Subtypes.* Mit Subtypes kann man in VHDL neue Typen von bereits existierenden Typen ableiten. Damit kann man sich eine Menge Tipparbeit sparen, wenn man z.B. eine Vielzahl von Vektor-Signalen oder Variablen mit denselben Indexbereichen generieren möchte.

Legt man solche Konstanten oder Subtypes in einem *Package* ab, dann kann man sie mehreren VHDL-Modulen *gleichzeitig* verfügbar machen. Mit einem*Package* kann man also dieselben „Konfigurationsinformationen“ an mehrere VHDL-Module weiterreichen.

Möchte man hingegen *verschiedene* Instanzen desselben Moduls *unterschiedlich* konfigurieren, so sind *Generics* das Mittel der Wahl. *Generics* sind wie Konstanten, die aber für jede Instanz eines Moduls individuell festgelegt werden können.

22.1 Konstanten

Konstanten sind wie Variablen, deren Wert nicht verändert wird.

Konstanten sind wie Variablen, deren Initialisierungswert nicht verändert werden kann. Im Gegensatz zu Variablen können Konstanten überall dort deklariert werden, wo überhaupt etwas in VHDL deklariert werden kann: also z.B. sowohl in Deklarationsbereich einer **architecture** als auch in dem eines Prozesses. Eine Konstantendeklaration besteht aus einem Namen, einer Typangabe und dem Initialisierungswert:

```
constant high : std_logic := '1';
constant low : std_logic := '0';
constant nullNibble : unsigned(3 downto 0) := "0000";
constant maxByteVal : integer := 255;
-- Die nachfolgende Konstantendefinition nutzt die zuvor angelegte
-- Konstante "maxByteVal"
constant maxWordVal : integer := (maxByteVal + 1) * maxByteVal + maxByteVal;
```

An der letzten Beispieldeklaration kann man sehen, dass der Wert einer Konstanten auch über eine Berechnung bestimmt werden kann. Wichtig ist jedoch, dass im Initialisierungswert nur andere Konstanten oder Werte vorkommen, die sich während der Modellausführung nicht ändern (können). D.h. es darf dort z.B. kein Signal auftauchen!

Konstante Werte im Vorfeld auszurechnen heißt „constant folding“.

Bitte beachten Sie, dass das Synthese-Tool den Wert der Konstante im Vorfeld ausrechnet. In dem Beispiel oben, würde es also als Initialisierungwert für *maxWordVal* den Wert 65535 ausrechnen und verwenden (und nicht etwa passende Mutliplizierer und Addierer in die Schaltung einfügen).

Konstanten dienen im Wesentlichen zwei Zwecken:

- Sie verbessern die Lesbarkeit des VHDL-Codes. Im Allgemeinen ist ein passend gewählter Konstantenname viel aussagekräftiger als z.B. ein bloßer Zahlenwert oder auch Bitmuster.

- Sie vereinfachen die Konfiguration von VHDL-Modulen. In Kombination mit einem **package** können Konstanten genutzt werden, um *verschiedene* VHDL-Module zu Konfigurieren. Dazu deklariert man die Konstanten in einem **package** und macht dann den Inhalt des **package** in allen betroffenen Modulen sicht- und damit nutzbar (mehr dazu im Kapitel 22.3).

Konstanten verbessern die Les- und Wartbarkeit.

Hat man einmal eine Konstante deklariert, dann kann man sie nun statt des Intialisierungswertes verwenden. Das nachfolgende Beispiel zeigt einen mit Hilfe eines Prozesses realisierten Zähler, bei dem über entsprechende Konstanten Startwert, Endwert und Schrittweite eingestellt werden können. Außerdem wird mit Hilfe einer Konstante kontrolliert, wie viele Bits für die Zählvariable verwendet werden sollen.

```
process (clk)
   constant size : integer := 16; -- die Groesse des Zaehlers in Bit.
   -- Achtung: die Groesse des Zaehlers muss man hier "von Hand" so
   -- anpassen, dass der Zaheler den Endwert ueberhaupt erreicht kann.
   -- Hier: fuer die Kodierung des Endwerts 44563 benoetigt man 16 Bit!
   constant start : integer := 10; -- Startwert des Zaehlers
   constant stop : integer := 44563; -- Endwert des Zaehlers
   constant step : integer := 3; -- Schrittweise des Zaehlers
   -- Als naechstes wird eine Zaehlervariable mit passender Bit-Breite erzeugt
   -- und mit dem Wert "start" initialisiert
   variable counter : unsigned(size-1 downto 0) := to_unsigned(start, size);
begin
  if rising_edge(clk) then
    if counter >= to_unsigned(stop, size) then
      counter := start;
    else
      counter <= counter + step;
    end if;
  end if;
end process;
```

Um einen anderen Startwert einzustellen, muss jetzt lediglich die Konstante *start* angepasst werden. Das reduziert nicht nur den Modifikationsaufwand sondern hat zudem den Vorteil, dass *alle* für die Veränderung des Startwertes notwendigen Stellen im Quellcode automatisch angepasst werden (hier: Zeilen 11 und 15).

> **Zusammenfassung:**
> Konstanten sind – wie in anderen Programmiersprachen auch – Informationsträger, deren Wert zur Laufzeit nicht verändert werden kann. Eine Konstantendeklaration beginnt mit dem Schlüsselwort **constant** und sieht wie folgt aus:
>
> **constant** *name : typ := wert;*
>
> Dabei ist *name* der Name der Konstanten, *typ* ihr Typ und *wert* der Initialisierungswert. Konstanten können in jedem Deklarationsteil (z.B. einer *architecture*, eines *process*, ...) erzeugt werden. Die wichtigsten Einsatzszenarien für Konstanten sind die Verbesserung der Les- und Wartbarkeit von Designs.

22.2 Subtypes

Subtypes sind von anderen Typdefinitionen abgeleitete Typen, bei denen man die Eigenschaften des (Grund-)Typen näher eingrenzt. *Subtypes* sind insbesondere für die Erzeugung von Vektoren sehr nützlich. Das soll anhand eines Beispiels verdeutlicht werden:

```
constant vecSize : integer := 8; -- Die Laenge der Vektoren
-- Die nachfolgenden Signaldefinitionen koennen wir nicht in einem
-- "Rutsch" machen, da jeder der Vektoren ein anderen Initalisierungs-
-- wert hat!
signal a : unsigned(vecSize - 1 downto 0) := "00000000"; -- Startwert = 0
signal b : unsigned(vecSize - 1 downto 0) := "00000001"; -- Startwert = 1
signal b : unsigned(vecSize - 1 downto 0) := "00000010"; -- Startwert = 2
```

Offensichtlich müssen wir einiges an Tipparbeit leisten, um die Vektorgröße für jedes einzelne Signal festzulegen. Das ist nicht nur mühsam sondern auch sehr fehleranfällig und unübersichtlich.

Nutze Subtypes zum Erzeugen von Vektortypen mit festen Indexgrenzen.

Subtypes erlauben es uns nun, diese Signaldeklarationen sehr viel einfacher zu schreiben. Dazu erzeugen wir zuerst einen von *unsigned* abgeleiteten Typen *vecType*:

```
constant vecSize : integer := 8; -- Die Laenge der Vektoren
-- Wir erzeugen nun einen von "unsigned" abgeleiteten Typen "vecType",
-- bei dem die Indexgrenzen fest auf den Bereich "7 downto 0" gelegt sind
subtype vecType is unsigned(vecSize - 1 downto 0);
```

vecType kann nun wie ein herkömmlicher Typ genutzt werden, d.h. wir können damit Signale, Variablen oder auch Konstanten anlegen:

```
-- Nun koennen Signale deklariert werden, wobei wir den neuen
-- Typ "vecType" nutzen
signal a : vecType := "00000000"; -- Startwert = 0
signal b : vecType := "00000001"; -- Startwert = 1
signal b : vecType := "00000010"; -- Startwert = 2
```

Die Signaldeklarationen werden durch die Einführung des neuen abgeleiteten Typen *vecType* offensichtlich deutlich kompakter und übersichtlicher.

Eine kleines Problem ist allerdings noch in diesem Beispiel-Code versteckt: wenn wir die Vektorlänge z.B. von 8 auf 9 Bits vergrößern möchten, dann reicht es nicht aus, einfach nur *vecSize* auf 9 zu setzen! Tatsächlich müssen wir auch die Initialisierungswerte für die Signale anpassen: die sind ja im Moment nur 8 Bit lang. Der VHDL-Compiler würde sich daher über „nicht passende Vektorlängen" beschweren, wenn wir lediglich die Signale *a*, *b* und *c* auf 9 Bits vergrößern, nicht aber auch die Initialisierungswerte anpassen. Diese Herausforderung können wir aber sehr leicht mit Hilfe der Funktion *to_unsigned* meistern:

```
...
signal a : vecType := to_unsigned(0, vecSize); -- Startwert = 0
signal b : vecType := to_unsigned(1, vecSize); -- Startwert = 1
signal b : vecType := to_unsigned(2, vecSize); -- Startwert = 2
```

Attribute liefern Eigenschaften von Typen und Objekten.

to_unsgined liefert uns die Vektorwerte in der benötigten Länge *vecSize*. Der erste Parameter von *to_unsgined* gibt dabei den umzuwandelnden Zahlenwert und der zweite die zu verwendende Bit-Länge an.

Noch eleganter kann man das formulieren, wenn man das VHDL-Attribut *length* verwendet. Mit Hilfe von Attributen können in VHDL Eigenschaften von Objekten (Signalen, Variablen Konstanten) oder Typen abfragt werden. *vecType'length* gibt z.B. die Länge des Feldtypen *vecType* zurück. Damit kann man dann schreiben:

```
...
signal a : vecType := to_unsigned(0, vecType'length); -- Startwert = 0
signal b : vecType := to_unsigned(1, vecType'length); -- Startwert = 1
signal b : vecType := to_unsigned(2, vecType'length); -- Startwert = 2
```

Neben dem Attribut *length* existiert in VHDL noch eine lange Liste weiterer Attribute, um eine Vielzahl von Objekt- und Typeigenschaften abzufragen.

Subtypes sind in VHDL ein sehr zentrales Konzept, dass man auf alle möglichen Typen anwenden kann. Es ist somit auch erlaubt abgeleitete Integer-Typen oder auch Fließkommatypen zu erzeugen. Auch diese Typen haben im Vergleich zu den Grundtypen einen eingeschränkten Wertebereich. Solche eingeschränkten Typen ermöglichen dem Simulator z.B. Zahlenbereichsüberläufe zu erkennen.

22.2.1 Unterschied zwischen *type* und *subtype*

Neben *subtypes* existiert in VHDL auch die Möglichkeit grundlegend neue Typen mit Hilfe einer **type**-Definition zu erzeugen. Dabei ist aber eine Besonderheit zu beachten: zwei Typen sind *immer* inkompatibel zueinander, d.h. man kann Objekte des einen Typs nicht auf Objekte des anderen zuweisen! Dieses Verbot gilt auch dann, wenn die beiden Typdefinitionen an sich *identisch* sind:

```
-- Zwei ganzzahlige Typen mit einem Wertebereich von 1 bis 200
type myInt1 is range 1 to 200;
type myInt2 is range 1 to 200;
signal a : myInt1;
signal b : myInt2;
..
```

```
a <= b; -- ACHTUNG: FEHLER!!!
```

Trotzdem in diesem Beispiel *myInt1* und *myInt2* identisch definiert worden sind, kann man *a* und *b* nicht aufeinander zuweisen! VHDL betrachtet diese beiden Typen als grundverschieden und verbietet daher „gemischte“ Zuweisungen oder auch Operationen.

Nutzt man hingegen **subtypes**, dann haben wir damit keine Probleme mehr: Alle von einem Typ „X“ abgeleitete Typen sind mit „X“ und auch untereinander „verwandt“. Operationen und Zuweisungen zwischen „verwandten“ Typen sind aber erlaubt! Folglich ist dieser Code einwandfrei:

Subtypes sind mit dem Grundtypen „verwandt“.

```
1  -- Zwei ganzzahlige von "integer" abgeleitete Typen mit einem Wertebereich
2  -- von 1 bis 200. Da es sich um subtypes handelt, sind myInt1 und myInt2
3  -- miteinander "verwandt".
4  subtype myInt1 is integer range 1 to 200;
5  subtype myInt2 is integer range 1 to 200;
6  signal a : myInt1;
7  signal b : myInt2;
8  ..
9  a <= b; -- Diese Zuweisung ist daher erlaubt...
10 a <= a + b; -- ... ebenso wir arithmetische Operationen zwischen a und b
```

Da *myInt1* und *myInt2* beide verwandt mit *Integer* sind (= **subtype** von *Integer*), sind sie auch *miteinander* verwandt. Deswegen sind die Zuweisungen (Zeile 9 und 10) sowie die Addition (Zeile 10) zulässig!

Es können von allen Typen **subtypes** erzeugt werden!

Aufgrund dieser „verwandschaftlichen“ Bande zwischen abgeleiteten Typen werden daher – falls es möglich ist – lieber *subtype*- als *type*-Definitionen verwendet.

Zusammenfassung:
Subtypes sind in VHDL von anderen (Sub-)Typen abgeleitete Typen mit gegebenenfalls einschränkenden Eigenschaften. Subtypes können von allen Typen (also auch Integer, Real) erzeugt werden. Das häufigste Einsatzszenario ist aber die Deklaration von Vektortypen, bei denen der Indexbereich auf einen festen Wert gelegt wird:

subtype *typName* **is** *arrayTyp(indexBereich);*

Dabei ist *typName* der Name des neuen Subtypes, *arrayTyp* der Name des existierenden Feld(-Sub)-Typs (meist ist dies *std_logic_vector*, *signed* oder *unsigned*) und *indexBereich* der Indexbereich (also z.B. *0 to 7*). Als Ergebnis erhält man einen abgeleiteten Feldtypen mit einem bereits *vordefinierten Indexbereich.* Daher reicht es dann aus, z.B. bei einer Signaldeklaration lediglich den Typnamen anzugeben:

signal *sigName : typName;*

Im Vergleich zu herkömmlichen Typdeklarationen sind Subtypes mit dem Grundtypen sowie mit allen anderen, von diesem Typen abgeleiteten Typen „verwandt". Verwandte Typen sind kompatibel zueinander, d.h. es ist gestattet Objekte von verwandten Typen aufeinander zuzuweisen oder auch Operationen zwischen den Objekten durchzuführen. Dies ist bei separaten Typdeklarationen nicht der Fall.

22.3 Packages

Größere Schaltungen bestehen aus einer Vielzahl von VHDL-Modulen. Oft haben diese Module gemeinsame Eigenschaften (z.B. die Länge von bestimmten Vektoren), die man über Konstanten oder auch **subtypes** beschreiben bzw. einstellen möchte. Man kann natürlich in jedem Modul z.B. eine Konstante mit demselben Namen deklarieren. Diese Konstanten sind aber für VHDL verschieden, auch wenn Sie den gleichen Namen haben. Verändert man den Wert einer der Konstanten in einem der Module, so hat dies keinen Einfluss auf die gleichnamigen Konstanten der anderen Module. Für eine übergreifende Konfiguration aller oder mehrere VHDL-Module ist dieser Ansatz also nicht gut geeignet.

„Packages" sind Sammlungen von Deklarationen.

Um das Problem zu lösen, existieren in VHDL sogenannte „packages": das sind eigenständige Module, in denen Konstanten und (sub)type-Definitionen (aber auch andere Deklarationen) angelegt werden, um sie von verschiedenen Modulen aus gemeinsam zu nutzen. Ein **package** enthält also Deklarationen, auf die man von mehreren anderen VHDL-Modulen aus zugreifen kann.

Die Nutzung von **packages** ist dabei immer zweistufig:

1. Zunächst muss ein **package** und sein Inhalt deklariert werden,

2. dann kann man das **package** in anderen VHDL-Modulen sichtbar machen und die darin enthaltenen Deklarationen nutzen.

Wenden wir uns zunächst der **package**-Deklaration zu:

```
package myPack is
  constant high : std_logic := '1';
  constant low : std_logic := '0';
  constant nibbleMax : integer := 3;
  constant nibbleMin : integer := 0;
  subtype nibble is std_logic_vector(nibbleMax downto nibbleMin);
  constant nullNibble : nibble := "0000";
end myPack;
```

myPack ist der Name des **package**. Über diesen Namen können wir später das **package** und seinen Inhalt ansprechen. Innerhalb des **package** kann man nun z.B. Konstanten deklarieren, genau so wir es schon vorher an anderer Stelle gemacht haben.

use-Anweisung macht Package sichtbar.

Ist ein **package** einmal erzeugt worden, dann kann man die darin enthaltenen Deklarationen in beliebig vielen VHDL-Modulen nutzen. Die Nutzung von *myPack* beginnt dabei immer mit einer entsprechenden **use**-Anweisung, die man am einfachsten im Kopf der Moduldatei (noch vor der **entity**-Deklaration) platziert:

```
1  use IEEE.std_logic_1164.ALL;
2  use WORK.myPack.ALL; -- Hier werden alle Dekalartionen aus myPack
3                       -- sichtbar gemacht
4  entity ent1 is
5    port (a : in std_logic := low; -- low, nibbleMax und nibbleMin kommen jetzt
6          vec : nibble); -- aus myPack
7  end ent1;
8  -- Der Package-Inhalt von myPack bleibt bis zum Ende der architecture
9  -- nutzbar!
10 architecture Behave of ent1 is
11   -- Deklaration eines Signals mySig mit Hilfe von nibble
12   signal mySig : nibble := nullNibble;
13   ...
14 end Behave;
```

In Zeile 2 wird der Inhalt des **package** *mypack* mit Hilfe der **use**-Anweisung sichtbar gemacht. *WORK* bezeichnet dabei die Bibliothek (Library), in der das aktuelle Design enthalten ist. In VHDL sind alle Module einer Library zugeordnet, wobei *WORK* eine Abkürzung für die „aktuelle Library“ ist.

.ALL macht alle Deklarationen des **package** sichtbar.

Der Text *.ALL* legt fest, dass alle Deklarationen des **package** sichtbar gemacht werden sollen. Tatsächlich kann man sich nämlich auch gezielt nur eine Definition „herauspicken“ und zur weiteren Verwendung freigeben. Die **use**-Anweisung

```
use WORK.myPack.high;
```

macht z.B. nur die Deklaration der Konstante *high* von *myPack* sicht- und damit nutzbar. Dies ist immer dann nützlich, wenn man mehrere **package**s nutzen möchte, die aber Deklarationen mit gleichen Namen enthalten. Damit kann man dann gezielt nur die Deklarationen aussuchen und sichtbar machen, die auch „gemeint“ sind.

In Zeilen 5 und 6 werden schließlich Konstanten und der **subtype** *nibble* aus *myPack* bei der Deklaration der Port-Signale genutzt. Der Inhalt von *mypack* ist dabei bis zum Ende des Moduls *ent1*, also auch innerhalb der **architecture** von *ent1* nutzbar.

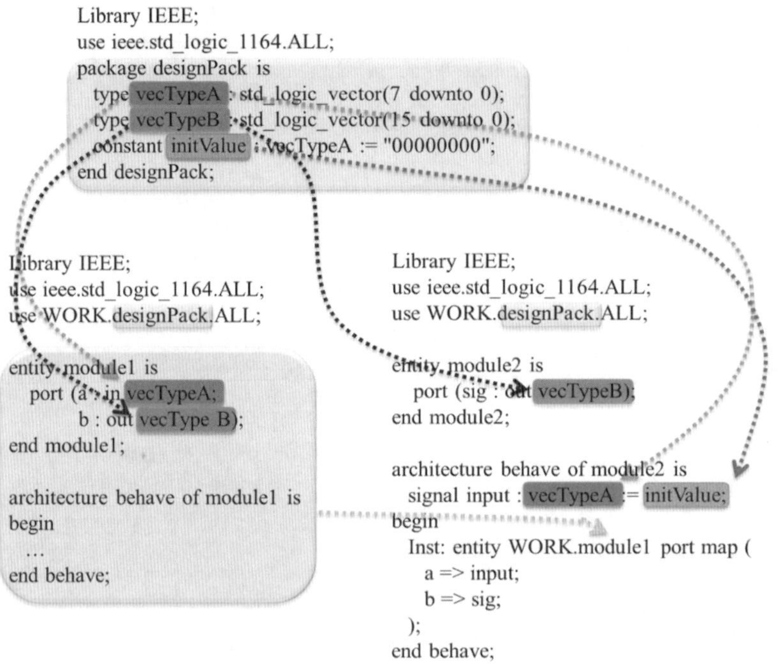

Abbildung 22.1: Das Bild zeigt die Nuztung eines **package** *designPack* um zwei Module *module1* und *module2* zu konfigurieren. *designPack* definiert dazu zwei Typen *vecTypeA* und *vecTypeB* sowie eine Konstante *initValue*. *module1* und *module2* binden beide *designPack* ein und können dadurch bereits in der **entity**-Definition dieselben Vektorytypen *vecTypeA* und *vecTypeB* zur Definition ihrer Port-Signale nutzen.

myPack kann nun in beliebig vielen anderen VHDL-Module genutzt werden und erlaubt es somit ein komplettes Design über einen Satz von gemeinsam genutzten Deklarationen zu konfigurieren. Abbildung 22.1 zeigt beispielhaft wie man z.B. Port-Signale über **package**s flexibel deklarieren kann. Muss man nun die Bit-Breite des Ports *sig* von Modul *module2* verändern, dann reicht es aus die entsprechende Deklaration von *vecTypeA* im **package** *designPack* anzupassen. Die ebenfalls benötigten Änderungen an *module1* geschehen automatisch bei der nächsten Übersetzung des Moduls.

Jetzt wo wir die Bedeutung von **package**s und den **use**-Anweisungen kennen, kommt Ihnen vielleicht eine **use**-Anweisungen in Erinnerung, die wir bereits häufig benutzt haben:

```
use IEEE.std_logic_1164.ALL;
use IEEE.numeric_std.ALL;
```

Tatsächlich wird durch diese Anweisung nämlich einfach nur der Inhalt der bereits vordefinierten **package**s *std_logic_1164* und *numeric_std* nutzbar gemacht. Die Typdefinitionen von *std_logic*, *std_logic_vector*, *signed*, *unsigned* zusammen mit den ganzen nützlichen Operatoren und Funktionen sind nämlich in diesen **package**s deklariert. Vergisst man die dazugehörigen **use**-Anweisungen, dann kennt VHDL die darin enthaltenen Typen und Funktionen nicht und „beschwert“ sich daher, wenn man versucht sie zu nutzen.

Zusammenfassung:
Packages sind Pakete, in denen ein oder mehrere Deklarationen gebündelt angelegt werden können. Ein **package** wird mit

> **package** *packageName* **is**
> ...
> **end** *packageName;*

erzeugt. Hierbei ist *packageName* der Name des **package**. Innherhalb eines **package** – also zwischen dem Schlüsselwort **is** und dem dazugehörigen **end** – kann man z.B. Konstanten, Typen oder Subtypen deklarieren.
Der Inhalt des **package** (also die darin enthaltenen Deklarationen) können nun in anderen VHDL-Modulen genutzt werden. Dazu muss man aber in den anderen Modulen das **package** erst einmal *sichtbar* machen. Dies geschieht mit Hilfe einer **use**-Anweisung im Kopf des VHDL-Moduls (noch vor der **entity**-Deklaration):

> **use** *WORK.packageName.***ALL***;*

Das Schlüsselwort **ALL** macht dabei alle Deklarationen von *packageName* sichtbar. Alternativ kann man statt dessen auch gezielt den Namen des Typen oder der Konstante angeben, die genutzt werden soll.
packages dienen primär dazu, ein und dieselben Deklarationen *mehreren* VHDL-Modulen verfügbar zu machen. In **package**s deklarierte Konstanten und Subtypen können somit genutzt werden, um ein Design zu parametrisieren und so die Les- und Wartbarkeit zu verbessern.

22.4 Generics

Konstanten in Kombination mit Packages haben wir in den vorangegangenen Kapiteln als effektives Mittel kennen gelernt, um verschiedenen VHDL-Module über ein gemeinsames Design-File – das **package** – zu konfigurieren. Andererseits kommt es aber auch häufig vor, dass unterschiedliche Instanzen eines VHDL-Moduls *verschieden* konfiguriert werden sollen. Wenn man aber z.B. in einem Design zwei *MinMax*8-Bausteine, einmal für 4 Bit-Werte und einmal für 8-Bit-Werte benötigt, dann kann man den Baustein nicht über in einem **package** definierte Konstanten konfigurieren!

Generics sind auf Instanzebene einstellbare Konstanten.

Hier sind die sogenannten **generics** sehr nützlich. Auch **generics** sind so etwas wie Konstanten, werden also nur einmal festgelegt und können danach nicht mehr verändert werden. Im Gegensatz zu herkömmlichen Konstanten werden **generics** aber in der **entity** eines VHDL-Moduls deklariert, gehören also zur Schnittstelle eines Designs. Dazu das folgende Beispiel:

```
entity genExample is
  -- Als erstes werden zwei Generic-Konstanten "vecSize" und "start"
  -- vom Typ integer und std_logic angelegt. ACHTUNG: die generic-Answeisung
  -- wird mit ";" abgeschlossen!
  generic (vecSize : integer; -- Definiert Generic "vecSize" vom Typ Integer
           start : std_logic); -- Definiert Generic "start" vom Typ std_logic
  -- Bereits in der Port-Deklaration koennen die Generic-Konstanten genutzt
  -- werden um z.B. das Port-Signal "vec" zu deklarieren
  port (vec : in std_logic_vector(vecSize-1 downto 0);
        b : out std_logic);
end genExample;
```

Generics haben keine Datenflussrichtung.

Eine Generic-Deklaration besteht dabei aus dem Schlüsselwort **generic**, gefolgt von einer eingeklammerten Liste von Parameter-Deklarationen, die durch „;“ voneinander abgetrennt sind – ähnlich wie bei Port-Signalen. Die Deklaration eines Generic-Parameters selbst ist schließlich aus dem Namen des Parameters und dem Typ – getrennt durch „:“ – aufgebaut. Eine Datenflussrichtung wie bei Ports gibt es für Generic-Konstanten nicht! Letzteres ist nicht verwunderlich, da Generics bei der Instanzierung des Moduls einen Wert zugewiesen bekommen, der dann innerhalb des Moduls nicht mehr geändert werden kann. So gesehen haben Generics also immer eine (implizite) Datenflussrichtung „in“.

Wenn man möchte, dann kann man auch sogenannte Default-Werte für Generics definieren, wie es im nachfolgenden Beispiel für *vecSize* gezeigt wird:

```
entity genExampleB is
  generic (vecSize : integer := 8; start : std_logic);
  port (vec : in std_logic_vector(vecSize-1 downto 0);
        b : out std_logic);
end genExampleB;
```

Dieser Default-Wert wirkt sich aber nur dann aus, wenn bei der Instanzierung des VHDL-Moduls kein Wert für *vecSize* spezifiziert wird, der Generic-Parameter also „offen“ gelassen wird.

Wie in dem Beispiel gezeigt, können *Generic*-Konstanten bereits in der **entity**-Deklaration genutzt werden. Natürlich können *vecSize* und *start* aber auch in der *architecture* von *genExampleB* verwendet werden:

```
architecture Behave of genExampleB is
  -- "vecSize" und "start" werden hier fuer die Deklaration von
  -- lokalen Signalen genutzt
  signal mySig : std_logic_vector(vecSize-1 downto 0);
  signal b : std_logic := start;
begin
  process (b) begin
     if b = start then ... -- Generics koennen im gesamten Modul verwendet
                          -- werden!
     end if;
  end process;
end Behave;
```

Dabei ist ihre Nutzung bei Weitem nicht nur auf die Deklaration von Signalen beschränkt. Vielmehr können die Generic-Konstanten ähnlich wie herkömmliche Konstanten überall im VHDL-Modul zur Anwendung kommen (siehe auch Abbildung 22.2).

Generics bekommen ihren Wert bei der Instanziierung.

Abschließend gilt es nun zu klären, wie *generics* denn nun überhaupt zu ihrem Wert kommen. Da sie in der *entity* definiert sind, werden sie konsequenter Weise auch bei der Instanziierung mit Werten belegt. Das soll an zwei beispielhaften Instanziierungen des Modules *genExampleB* gezeigt werden:

```
entity test is
  ... -- Im Modul "test" werden zwei Instanzen von "genExample" erzeugt.
      -- Die Port-Signale von "test" sind hier nicht weiter von Interesse.
end test;

architecture Behave of test is
  -- Zuerst werden zwei unterschiedlich lange Vektoren
  -- "longVec" und "shortVec" generiert
  signal longVec : std_logic_vector(31 downto 0);
  signal shortVec : std_logic_vector(15 downto 0);
  -- "v" und "w" sollen die Ausgangswerte der Instanzen von "genExampleB"
  -- aufnehmen
  signal v, w : std_logic;
begin
-- Die erste Instanz von "genExampleB" wird mit dem langen Vektor verbunden.
-- Der Generic-Parameter "vecSize" wird dabei auf die Laenge dieses Vektors
-- gesetzt. Der Parameter "start" wird hier auf '0' gesetzt.
inst1: entity WORK.genExampleB
   generic map(vecSize => 32, start => '0')
   port map(vec => longVec, b => v);

-- Bei der zweiten Instanz wird hingegen nur ein 16-Bit Vektor mit "vec"
-- verbunden. Daher muss fuer diese Instanz die Generic-Konstante "vecSize"
-- auf 16 gesetzt werden. Der Parameter "start" wird hier auf '1' gesetzt.
inst2: entity WORK.genExampleB
   generic map(vecSize => 16, start => '1')
   port map(vec => shortVec, b => w);
```

```
end Behave;
```

Die Belegung der Generic-Parameter mit Werten geschieht also mit Hilfe einer **generic map**-Anweisung – analog zu der Verknüpfung der Port-Signale über **port map**. Achten Sie bitte darauf, die **generic map**-Anweisung nicht mit einem Semikolon abzuschließen (außer es gibt kein **port map**). Die **generic map**-Anweisung ist genauso wie eine **port map**-Anweisung aufgebaut: In den Klammern folgt eine durch Kommas getrennte Liste von Zuweisungen bzw. Verknüpfungen.

In dem vorangegangenen Beispiel wird in der ersten Instanz *vecSize* auf 32 gesetzt und *vec* daher dann mit einem 32-Bit-Vektor-Signal verbunden. *start* bekommt hier den Wert 0. In der zweiten Instanz wird *vec* mit einem 16-Bit-Vektor-Signal verbunden und *vecSize* muss daher auf 16 gesetzt werden. *start* bekommt hier den Wert 1.

Hat ein Generic-Parameter einen Default-Wert, dann kann bei der Instanziierung diesem Generic auch *kein* Wert zugewiesen werden – man spricht in VHDL auch davon, den Generic „offen" zu lassen. In unserem Beispiel darf man also schreiben:

```
  signal veryShortVec : std_logic_vector(7 downto 0);
  ...
  -- Da "vecSize" in der Generic-Map-Anweisung nicht mit einem Wert
  -- belegt wird, greift hier der Default-Mechanismus von VHDL.
  -- Daher wird "vecSize" mit 8 belegt (wie es in der Entity von
  -- "genExampleB" festgelegt worden ist).
  inst3: entity WORK.genExampleB
    generic map(start => '1')
    port map(vec => veryShortVec, b => w); -- ACHTUNG: "veryShortVec muss
                                           -- jetzt 8 Bit lang sein!
end Behave;
```

In diesem Fall wird die Generic-Konstante „vecSize" auf den dazugehörigen Default-Wert, hier also auf 8 gesetzt. Das bedeutet natürlich auch, dass „veryShortVec" in unserem Beispiel ein 8-Bit-Vektor sein muss, damit das Modell erfolgreich übersetzt werden kann.

Ist hingegen kein Default-Wert vorhanden, so muss in jedem Fall ein Wert bei der Instanziierung angegeben werden. Anderenfalls führt dies zu einer Fehlermeldung.

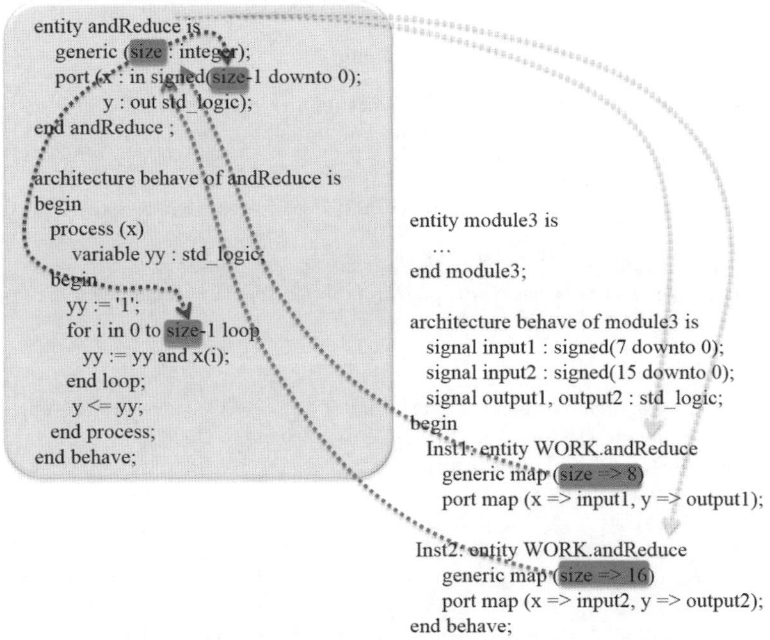

Abbildung 22.2: *andReduce* „verundet" die Bits des Port-Vectors x und gibt das Ergebnis auf y zurück. Die Generic-Konstante *size* legt fest, wie lang x ist. Im Design *module3* werden schließlich zwei Instanzen von *andReduce* generiert: einmal für einen 8- und einmal für einen 16-Bit weiten Eingangsvektor.

Zusammenfassung:
Generics sind Konfigurationselemente eines VHDL-Moduls, mit denen *verschiedene* Instanzen *desselben* Moduls *unterschiedlich* parametrisiert werden können. Generics haben folgende Eigenschaften:

- Sie werden in der **entity** deklariert und besitzen einen Namen und einen Typ.
- Optional können sie einen Default-Wert haben, der den Wert der Generic-Konstanten festlegt, wenn ihr bei der Instanziierung kein expliziter Wert zugewiesen wird. Hat eine Generic-Konstante hingegen *keinen* Default-Wert, dann muss bei der Instanziierung immer ein Wert für sie angegeben werden!
- Sie können innerhalb eines VHDL-Moduls nur gelesen werden.
- Sie bekommen ihren Wert bei der Instanziierung des Moduls zugewiesen, wobei die Generic-Konstanten jeder Instanz individuell auf einen anderen Wert gesetzt werden können.

Eine **generic**-Deklaration erfolgt in der **entity** und sieht folgendermaßen aus:

```
entity eineEntity is
    generic (genName1 : genTyp1; genName2 : genTyp2 := defaultWert ...);
    port (...);
end eineEntity;
```

genNameX und *genTypX* sind dabei die Namen und Typen der Generic-Konstanten, *defaultWert* der optionale Default-Wert für den entsprechenden Generic.
Wird das Modul instanziiert, dann müssen seine Generic-Werte festgelegt werden:

```
instanzName: entity WORK.eineEntity
    generic map (genName1 => Wert1, genName2 => Wert2, ...)
    port map (...);
```

WertX sind hier die Werte, auf die die Generic-Parameter für diese Instanz gesetzt werden. Beachten Sie, dass das Semikolon erst *am Ende* der Instanziierungsanweisung angegeben werden darf (d.h. *kein* Semikolon hinter **generic map**)!

Kapitel 23

HNR16 – ein einfacher RISC-Mikroprozessor

Der Prozessor, den wir im folgenden Schritt für Schritt entwerfen werden, gehört zur Klasse der sogenannten „RISC"-Prozessoren. RISC ist dabei die Abkürzung für Reduced Instruction Set Computer und weist auf eine der wesentlichen Eigenschaften dieser Klasse hin: einen im Vergleich zu herkömmlichen Prozessorarchitekturen einfachen Befehlssatz. Die vermutlich zurzeit bekanntesten RISC-Prozessoren sind die aus der ARM®-Familie, welche den „Motor" der meisten Smartphones bilden. Auf der anderen Seite bilden die PC-Prozessoren von Intel® und AMD® die bekannteste Familie von „herkömmlichen" (also nicht RISC) Prozessoren. Analog zur Definition von RISC nennt man diese Prozessoren auch CISC = Complex Instruction Set Computer – also Prozessoren mit einem komplexen Befehlssatz.

Unser Prozessor heißt HNR16 und gehört also der RISC-Klasse an. Daneben hat er noch ein paar weitere wichtige Eigenschaften:

- Der Prozessor verarbeitet 16 Bit große Daten.
- Der Prozessor kennt 16 verschiedenen Befehle, wobei jeder Befehl aus 16 Bit besteht. Jeder Befehl wird in einem Taktzyklus ausgeführt.
- Er besitzt einen getrennten Daten- und Programmspeicher (Havard-Architektur), wobei der Datenspeicher sowohl gelesen und geschrieben, der Programmspeicher hingegen nur gelesen werden kann. Beide Speicher haben jeweils 16 Adressleitungen, folglich können $2^{16} = 65536$ verschiedene Speicheradressen angesprochen werden.
- Dem Prozessor stehen 16 allgemeine Register R0, R1, R2 bis R15 zur Verfügung, wobei das Register R15 der Programmzähler (im englischen *Program Counter*, oder auch nur „PC" genannt) ist. Der PC enthält die Speicheradresse des momentan verarbeiteten Befehls.
- Er besitzt eine „Load-Store-Architektur". D.h. Zugriff auf den Datenspeicher finden ausschließlich über entsprechende Lade- und Speicherbefehle statt. Die Verarbeitung von Daten (Addition, Verundung, usw.) findet dahingegen ausschließlich zwischen Registern statt.

Abbildung 23.1 zeigt die grobe Systemarchitektur des HNR16. Der eigentliche Prozessorkern (HNR16-Core) wird von einem zentralen Taktsignal *clk* angetrieben und ist mit einen Programmspeicher (Programm-ROM) und einen Datenspeicher (Daten-RAM) verbunden. Daten-

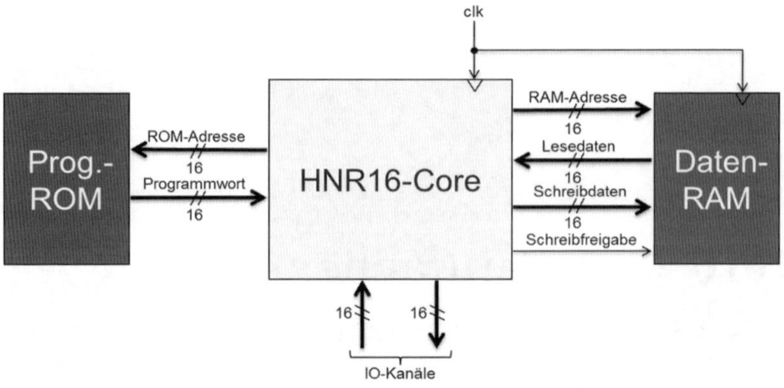

Abbildung 23.1: Grobarchitektur des HNR16 RISC-Prozessor-Systems

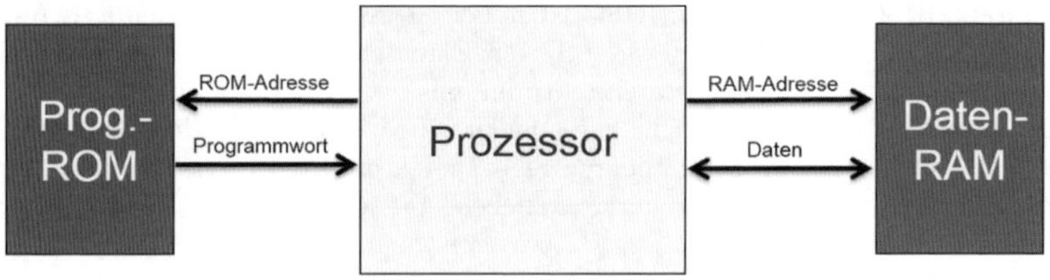

Abbildung 23.2: Funktionsprinzip eines Prozessors

und Programmwortbreite sind beide 16 Bit. Die Adresswortbreite ist ebenfalls 16 Bit, daher können maximal 2^{16} Speicheradressen angesprochen werden.

Der Programmspeicher ist als ROM (= Read-Only-Memory) ausgelegt, d.h. er kann nur gelesen werden. Der Inhalt des ROM wird dabei im Vorfeld initialisiert. Das ROM arbeitet asynchron, d.h. sobald eine neue Adresse angelegt wird, liefert das ROM sofort das dazugehörige Programmwort.

Das RAM (= Random-Access-Memory) ist als Schreib-/Lesespeicher ausgelegt. Der Lesevorgang findet dabei asynchron wie beim ROM statt. Zum Schreiben von Daten muss hingegen über eine „Schreibfreigabe“ der Schreibzugriff aktiviert werden. Der eigentliche Schreibvorgang findet dann mit der steigenden Taktflanke von *clk* statt.

Zusätzlich besitzt der Prozessor noch einen „Input“- und einen „Output“-Kanal (IO), worüber die Schiebeschalter und die Leuchtdioden des Entwicklungs-Boards abgefragt bzw. angesteuert werden können. Diese IO-Kanäle werden über einen besonderen Befehl des Prozessor angesprochen.

23.1 Grundsätzliche Arbeitsweise eines Prozessors

Die prinzipielle Arbeitsweise eines Prozessors ist eigentlich ganz simpel: Ein Prozessor arbeitet Befehl für Befehl hintereinander (also sequentiell) ab. Erst wenn ein Befehl beendet worden ist, wird der nächste ausgeführt. Die Folge von Befehlen bestimmt dabei was der Prozessor eigentlich macht bzw. welche Aufgabe er löst. Typische Befehle können z.B. arithmetische Operationen oder auch Speicher- oder Ladekommandos sein.

Die Befehle stehen im sogenannten Programmspeicher oder auch Programm-ROM (siehe Abbildung 23.2), wobei jeder Befehl einer eigenen Speicheradresse (ROM-Adresse) zugeordnet ist. Eine Adresse ist hier nichts anderes als eine Zahl – vergleichbar einer Hausnummer. Ein Befehl wird auch als Programmwort bezeichnet und ist bei unserem Prozessor immer 16 Bit groß. Im Normalfall beginnt der Prozessor an einer bestimmten Programmspeicheradresse (ROM-Adresse) mit der Abarbeitung der Befehle. Ist ein Befehl abgearbeitet, dann wird die Programmspeicheradresse um Eins hochgezählt und von dieser neuen Adresse das nächste Programmwort geholt. Eine Ausnahme von diesem Ablauf bilden die Sprungbefehle. Sprungbefehle können dazu führen, dass nicht der Befehl von der nächsten Programmspeicheradresse, sondern von einer beliebigen (im Befehl festgelegten) Adresse ausgewählt wird. Der Prozessor „springt“ dann an diese Adresse – daher auch der Name *Sprungbefehl* – und fährt mit der Programmausführung von dort aus fort.

Eine weitere wichtige Gruppe von Befehlen sind die Speicher- und Ladebefehle. Mit diesen Befehlen wird auf den Datenspeicher (hier auch RAM-Speicher genannt) zugegriffen. Der Datenspeicher ist ein vom Programmspeicher verschiedener Speicher, der nur Daten enthält. Der Speicher ist dabei in gleich große Gruppen von Bits unterteilt, wobei jeder Gruppe eine eigene Adresse zugeordnet ist. Beim HNR16 beseht jede Gruppe aus 16 Bit – im folgenden auch 16-Bit-Wort genannt. Über die Datenspeicheradresse kann der Prozessor jedes 16-Bit-Wort gezielt ansprechen und so z.B. Zahlen im Speicher ablegen oder lesen. Mit Hilfe eines Speicherbefehls wird dabei eine im Befehl festgelegte Adresse des Datenspeichers verändert. Der Ladebefehl hingegen liest entsprechend ein 16-Bit-Wort aus dem Datenspeicher. Jedes Datenwort des Datenspeichers bleibt unverändert, bis es überschrieben wird (und solange der Speicher mit Strom versorgt wird).

Die Aufgabe eines Programmierers ist es nun, eine Folge von Befehlen festzulegen, so dass der Prozessor ein bestimmtes Problem löst (z.B. ein Feld von Zahlen sortieren). Die zur Verfügung stehenden Befehle sind dabei im Normalfall fest vorgegeben, d.h. der Programmierer muss mit den Befehlen auskommen, die ihm der Prozessor zur Verfügung stellt. Wir haben im Gegensatz dazu hier aber die Gelegenheit unseren *eigenen* Prozessor zu entwerfen und somit den Satz von Befehlen selbst festzulegen.

23.2 Architektur des HNR16

Abbildung 23.3 zeigt eine detailliertere Sicht auf die Prozessorarchitektur. Anhand dieser Übersicht soll die Funktion der verschiedenen Baugruppen grob erläutert werden. Die detaillierte Beschreibung wird dann später erfolgen.

Der zentrale „Motor“ des Prozessor ist der Takt. Er steuert die Verarbeitung der Prozessors und synchronisiert seine Baugruppen. Der HNR16 verfügt dabei über folgende Baugruppen:

- **Programm-ROM**: der Speicher, der das Programm des Prozessors enthält. Jeder Befehl ist dabei 16 Bit groß. Der Programmspeicher wird durch den PC (= Register R15) adressiert, d.h. ausgewählt. Das aus dem Speicher ausgelesene Programmwort wird an den Decoder weitergeleitet.

- **Decoder**: Der Decoder analysiert das aus dem Programm-ROM ausgelesene Programm-

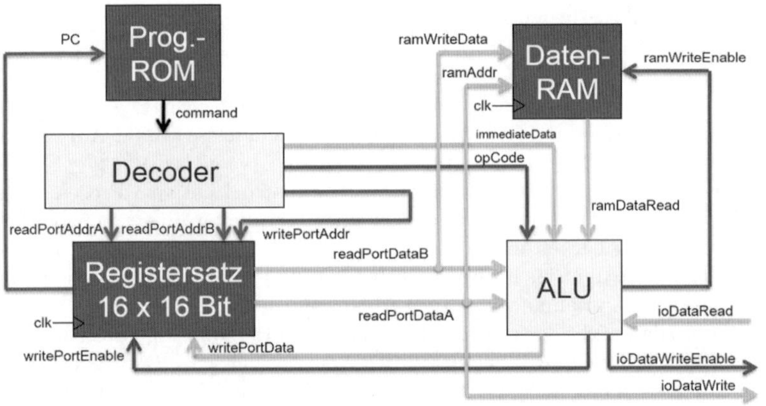

Abbildung 23.3: Architektur des HNR16 RISC-Prozessors

wort, extrahiert daraus Information darüber welche Register vom Befehl gelesen und geschrieben werden müssen und legt die entsprechenden Registernummern an den Registersatz an. Zusätzlich informiert er die ALU darüber, welche Operationen sie durchführen soll.

- **Registersatz**: Der HNR16 besitzt 16 Register R0, R1 bis R15, die er für die Speicherung von Zwischenergebnissen verwenden kann. Befehle können dabei bis zu zwei beliebige Register lesen und ein Register beschreiben. Leseoperationen auf den Registersatz erfolgenden asynchron, das Schreiben dagegen mit der steigenden Taktflanke von *clk*.

  Zusätzlich liest der Registersatz in jedem Takt R15 und gibt seinen Wert über die Leitung *PC* an das Programm-ROM weiter. Außerdem wird mit jedem Taktzyklus der Inhalt von R15 um eins erhöht.

- **ALU**: Die ALU (= Arihtmetic Logical Unit) ist das eigentliche „Herz" des Prozessors. Sie führt die arithmetischen und logischen Operationen durch. Die dazu benötigten Daten bekommt sie über mehrere Dateneingänge (*A*, *B*, *ioDataRead*, *ramReadData* und *immediateDataReg*). Die Auswahl der Operation wird über das Signal *opCode* getroffen. *opCode* bestimmt also, *welche* Daten *wie* miteinander verknüpft werden sollen.

- **Daten-RAM**: Daten-RAM ist der Schreib-/Lesepeicher des Prozessors. Er liest die an *ramAddr* angelegte Adresse aus und schickt die Daten über *ramReadData* an die ALU. Soll etwas ins RAM geschrieben werden, so muss das entsprechenden Datum an *ramWriteData* angelegt, die passende Adresse auf *ramAddr* gelegt und *ramWriteEnable* auf 1 gesetzt werden. Mit dem folgenden steigenden Taktzyklus auf *clk* findet dann die eigentliche Schreiboperation statt.

Durch das Zusammenspiel der Komponenten arbeitet der HNR16 nun Befehl für Befehl aus dem Programmspeicher ab und kann so komplizierte Berechnungen oder Steuerungen durchführen.

23.3 Ein einfaches Beispielprogramm

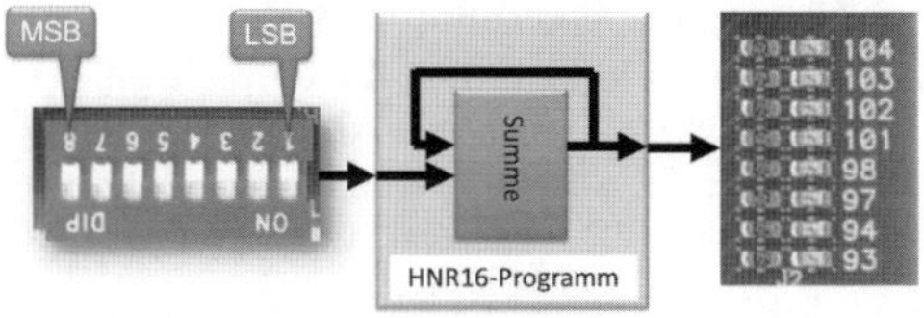

Abbildung 23.4: Funktion des einfachen Beispielprogramms

Um die Funktion unseres Prozessors besser kennenzulernen, soll ein Beispielprogramm betrachtet werden. Für unser erstes Beispielprogramm wollen wir dem Prozessor eine ganz einfache Aufgabe geben: Er soll in einer Schleife die Schiebeschalter auslesen, den dort angelegten Zahlenwert zu einer laufenden Summe aufaddieren und auf den Leuchtdioden (binär) ausgeben. Die Funktion des Programms ist in der Abbildung 23.4 zu sehen. Bitte beachten Sie, dass die Funktion *diesmal* aber durch ein auf einem Prozessor ausgeführtes Programm und nicht direkt als Schaltung realisiert werden soll.

Die nachfolgende Code-Sequenz zeigt das zu der Aufgabe passende Maschinenprogramm in Assembler-Format. Wie wir später noch sehen werden, versteht der Prozessor eigentlich nur Bitmuster, die er als Befehle interpretiert. Weil solche Folgen von Mustern aber für den Menschen nicht einfach zu lesen sind, hat man sich eine andere Darstellung dafür ausgedacht: das Assembler-Programm. In einem Assembler-Programm wird jeder Maschinenbefehl in Form einer einfachen textuellen Beschreibung festgelegt. Hier ein Beispiel für ein Assembler-Programm:

```
0  IMMU R2, #1            ; R1 = 0
1  IMMU R3, #0            ; R3 = 0
2  IO R2, R3              ; Lese R2 von IO-Kanal, schreibe R3 auf IO-Kanal
3  ADD R3, R3, R2         ; R3 = R3 + R2
4  IMMU PC, #2            ; Springe nach Adresse 2
```

Die linke Zahl ist die Adresse des Befehls, gefolgt von einem Befehlskürzel – auch Mnenomic genannt – mit seinen Parametern. Auf der rechten Seite nach dem Semikolon sind erläuternde Kommentare zu sehen.

Wird der Prozessor gestartet, dann arbeitet er sein Programm grundsätzlich beginnend mit der Adresse 0 ab (Achtung: dies gilt nur für unseren HNR16). Die Befehle in der Liste haben dabei folgende Bedeutungen:

- Adresse 0: „*IMMU R2, #0*" setzt das Register *R2* auf 0. IMMU steht dabei für „Lade Immediate unsigned", das Zeichen # weist auf eine Zahlenkonstante hin. Dieser Befehl sorgt also dafür, dass das Register *R2* den Startwert 0 bekommt.

- Adresse 1: „*IMMU R3, #0*" lädt das Register *R3* mit 0.

- Adresse 2: „*IO R2, R3*" liest die Schiebeschalter des Entwicklungs-Boards aus und speichert das Ergebnis in *R2* ab. Gleichzeitig wird der Inhalt von *R3* auf die Leuchtdioden des Boards ausgegeben. Der Befehle holt also den Zahlenwert an den Schiebeschaltern und gibt gleichzeitig die bisher ermittelte Summe auf die Leuchtdioden aus.

- Adresse 3: „*ADD R3, R3, R2*" addiert *R3* und *R2* und speichert das Ergebnis wieder in *R3* ab. Dieser Befehl berechnet also die laufende Summe.

- Adresse 4: „*IMMU PC, #2*" lädt den PC (= Register *R15*) mit dem Wert 2. Da *R15* die Adresse des aktuellen Programmbefehls speichert, hat dies zur Folge, dass der Prozessor an die Programmadresse 2 zurückspringt und von dort aus weiter macht.

Wird der Prozessor also gestartet, dann führt der die Befehlssequenz mit den Adressen 0 → 1 → 2 → 3 → 4 → 2 → 3 → 4 → 2 → 3 → 4 · · · aus. Die Befehle an den Adressen 2 bis 4 bilden somit eine Schleife, die der Prozessor solange ausführt, bis er abgeschaltet wird.

Damit ist klar, dass unser Programm seine Aufgabe tatsächlich erfüllt: Es liest die an den Schiebeschaltern angelegte Zahlen in einer Schleife und addiert die gelesenen Zahlen aufeinander auf. Die Summe wird dabei bei jedem Schleifendurchlauf auf die Leuchtdioden ausgegeben.

23.3.1 Befehlsformat der verwendeten Befehle

Nachdem wir also das Programm für den HNR16 kennen gelernt haben, werden wir als nächstes die darin verwendeten Befehle etwas näher betrachten.

Jeder der Befehle des HNR16 ist 16 Bit lang, wobei der eigentliche Befehlstyp immer durch die oberen 4 Bits (Bits 12 bis 15) definiert wird. Diese 4 Bits nennt man auch den „OpCode“ (Operation Code) des Befehls. Die übrigen Bits eines Befehlsworts werden abhängig vom Befehlstyp unterschiedlich interpretiert:

- *IMMU*: (OpCode = 1010) Im Zielregister wird ein konstanter Wert abgelegt. Der Wert wird dabei aus dem Befehlswort extrahiert. Da das Zielregister 16 Bit breit ist, im Befehlswort aber aus Platzgründen nur ein 8 Bit-Wert kodiert werden kann, werden die fehlenden (oberen) 8 Bits durch Nullen aufgefüllt. Das Befehlsformat für *IMMU* ist:

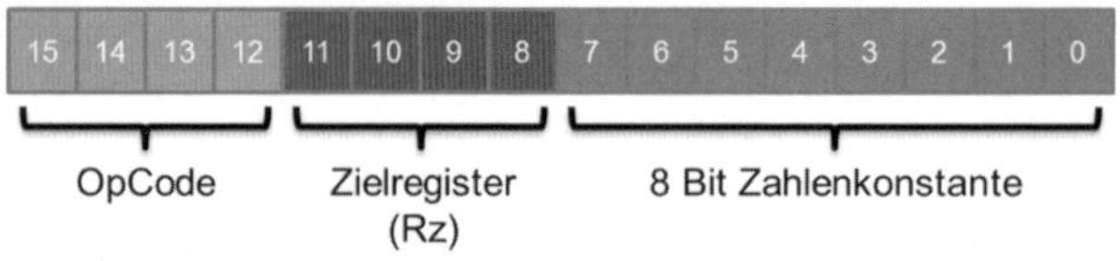

  Die Bits 8 bis 11 legen das Zielregister fest: Mit den 4 Bits können 16 verschiedene Zahlenwerte kodiert werden, wobei jeder der möglichen Werte genau einem bestimmten Register entspricht. Die Bitkombination *0000* ist dem Register *R0* zugeordnet, *0001* entspricht Register *R1*, . . . und das Muster *1111* dem Register *R15*.

  Die zu ladende Zahlenkonstante wird aus den unteren 8 Bits des Befehlswortes gebildet.

- *IO*: (OpCode = 0011) Der IO-Befehl ließt die Schiebeschalter ein und steuert die Leuchtdioden auf dem Entwicklungs-Board an. Der Zustand der Schiebeschalter gelangt hierbei ins Register Rz (da nur 8 Schalter existieren, werden die oberen 8 Bits auf 0 gesetzt), die unteren 8 Bits des Quellregisters A werden auf den Leuchtdioden ausgegeben.

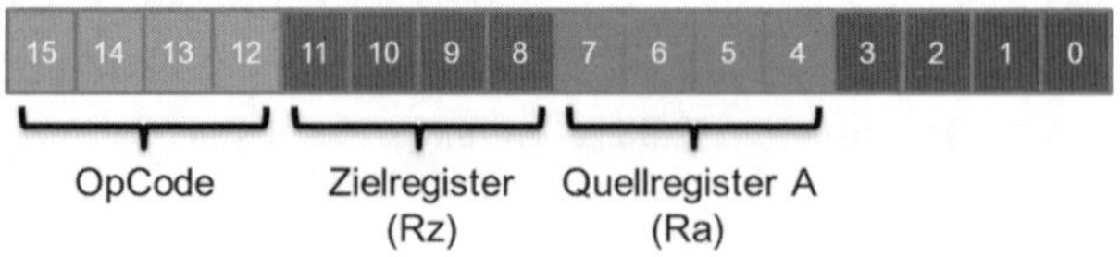

  Bitte beachten Sie, dass die untersten 4 Bits bei diesem Befehl nicht genutzt werden.

- *ADD*: (OpCode = 0001) Addiert zwei Registerwerte: Mit diesen Befehlen können Additionen zwischen Registern durchgeführt werden. Der Prozessor verarbeitet dabei immer die Werte von zwei Registern (Quellregister A und B) und legt das Ergebnis in ein weiteres Register (Zielregister) ab. Das Format des Befehls ist:

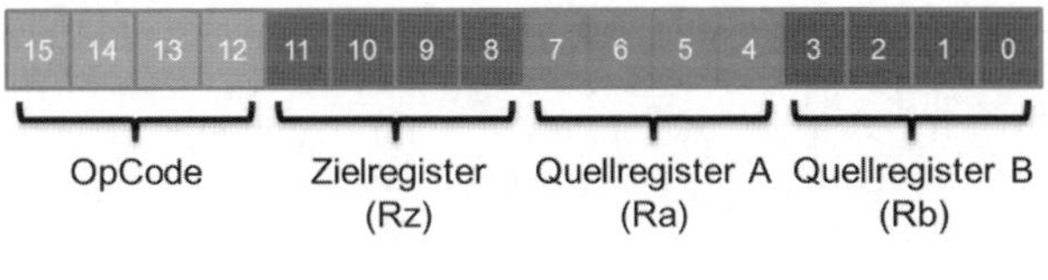

Bitte beachten Sie, dass es keine Einschränkungen bezüglich der gleichzeitig verwendbaren Register gibt. Dem entsprechend können z.B. also auch Quell- und Zielregister bei einem ADD-Befehl identisch sein (z.B. `ADD R3, R3, R3`).

23.3.2 Das Maschinenprogramm

Jetzt, wo wir das Befehlsformat für die in unserem kleinen Beispielprogramm verwendeten Befehle kennen, können wir das eigentliche Maschinenprogramm aus dem Assembleranweisungen generieren. Dazu müssen wir jeden Befehl in das entsprechende Befehlsmuster übersetzen:

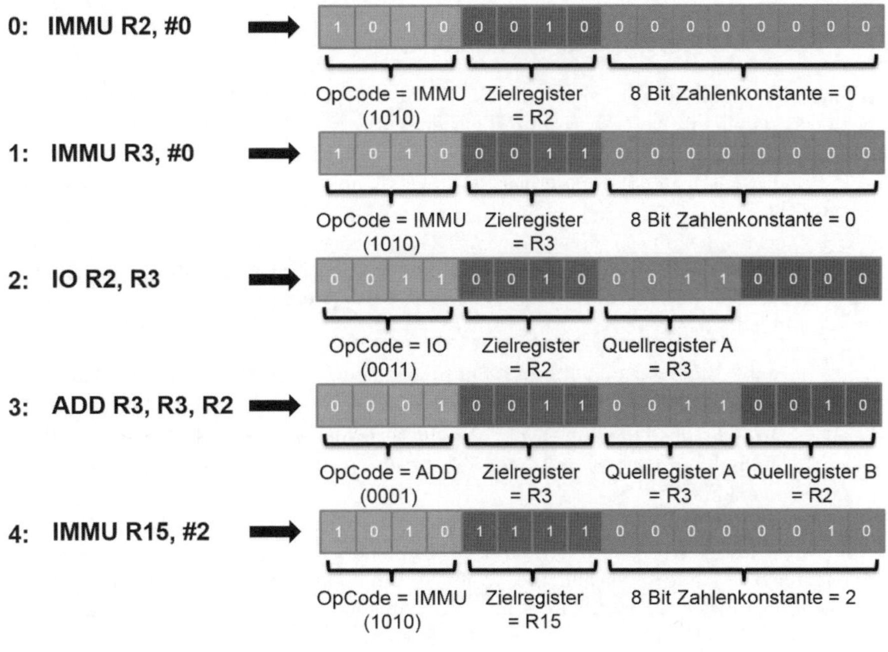

Die Interpretation der Bitmuster ist für den Prozessor relativ einfach: anhand des *OpCodes* in den Bits 12 bis 15 erkennt der Prozessor, welcher Befehl ausgeführt werden soll und welche

Bedeutung die restlichen Bits des Befehlsworts haben. In den Registerfeldern wird dabei einfach die Nummer der entsprechenden Register als (vorzeichenlose) Zahl abgelegt.

Beispielhaft für alle Befehle sei hier die Umsetzung des ersten Kommandos an der Adresse 0 erläutert: Der Befehl *IMMU* hat den OpCode 1010. Dieses Muster wird daher in die Bits 12 bis 15 (obere 4 Bits) gesetzt. Das Zielregister des Befehls wird in den Bits 8 bis 11 eingetragen: da R2 Ziel der Operation ist, muss dem entsprechend 0010 (= 2) in das Feld eingesetzt werden. Für die zu ladende Zahlenkonstante stehen im Befehlswort die Bits 0 bis 7 zur Verfügung. Aus dem Wert 0 ergibt sich daher das Muster 00000000 für die unteren 8 Bits des Befehlswortes.

Führt man diese Übersetzung für jeden der Befehle durch, so ergibt sich abschließend das folgende Maschinenprogramm:

```
0:  1010 0010 0000 0000
1:  1010 0011 0000 0000
2:  0011 0010 0011 0000
3:  0001 0011 0011 0010
4:  1010 1111 0000 0010
```

Um die Lesbarkeit zu verbessern, sind die 16-Bit Worte in Nibble aufgeteilt und durch Leerzeichen voneinander getrennt worden.

An dieser Stelle ist auch noch einmal deutlich zu sehen, dass Maschinenprogramme in „Bitmusterdarstellung“ für den Menschen nur schwer zu lesen und zu verstehen sind. Nichts desto weniger, sind es genau solche Bitmuster, die ein Prozessor als Programm ausführt!

23.4 VHDL-Design des HNR16

In den folgenden Kapiteln werden wir den HNR16 nun Schritt für Schritt in VHDL designen. Wir beginnen dabei mit dem Programmspeicher, entwerfen danach den Datenspeicher, den Registersatz und schließlich den Dekoder und die ALU des Prozessors. Im letzten Schritt werden dann alle Komponenten in ein Gesamtdesign integriert und auf dem Entwicklungs-Board zum Laufen gebracht.

> Hinweis: Sollten Sie Probleme bei der Erstellung des VHDL-Codes haben, dann finden Sie im Begleitmaterial unter **DigiSysFpga\Teil5\Loesungen** Musterlösungen für alle Modelle!

23.4.1 Der Programmspeicher

Speicher kann man sich am einfachsten als eine Ansammlung von „Schubladen“ vorstellen, die alle von 0 an durchnummeriert sind. Jede Schublade hat also eine eigene, eindeutige Nummer – auch Adresse genannt.

In den Schubladen können Informationen abgelegt werden. Typischer Weise sind das (ganze) Zahlen mit einer festen Wortbreite (z.B. 16 Bit). Um eine Zahl in den Speicher abzulegen, muss man zuerst eine Schublade aussuchen und sie öffnen. Dann kann man die Zahl in diese Schublade ablegen. Beachten Sie, dass dadurch die in der Schublade vorher abgelegte Zahl gelöscht wird – es ist also nur Platz für *eine* Zahl pro Schublade vorhanden!

Will man den Speicher lesen, dann ist der Ablauf sehr ähnlich: man such sich eine Schublade aus, öffnet sie und holt die Zahl heraus. Durch den Lesevorgang bleibt aber die Zahl in der Schublade erhalten. D.h. man kann sie beliebig oft auslesen!

Die Auswahl einer Schublade geschieht im technische Sinne durch anlegen einer Adresse (= Nummer) an den Speicher: damit wird dem Speicher mitgeteilt, welche Schublade „gemeint“ ist. Im Allgemeinen wird immer *nur eine* Schublade gleichzeitig geöffnet, d.h. man kann also immer nur eine Adresse zur selben Zeit ansprechen.

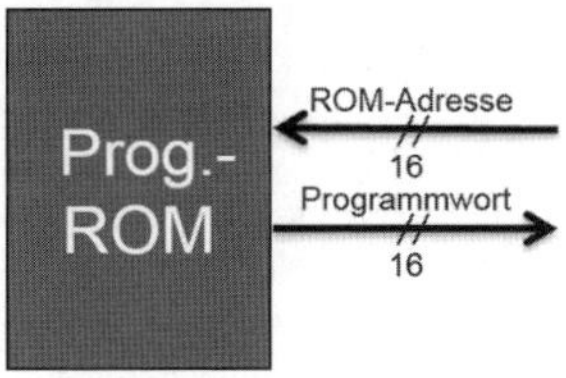

In der aktuellen Aufgabe wollen wir einen Speicher designen, der nur gelesen, nicht aber beschrieben werden kann. Einen solchen Speicher nennt man auch ROM, was die Abkürzung für Read Only Memory ist (nur lesbarer Speicher). Der Speichereinhalt wird dabei zur Entwurfszeit fest vorgegeben und kann somit im Betrieb nicht mehr verändert werden.

Eine weitere Besonderheit des ROMs ist die zeitliche Reaktion des Speichers auf Änderung an der Adresse: das ROM reagiert „asynchron“, d.h. sobald eine neue Adresse angelegt wird, gibt der Speicher den dazugehörigen Wert aus. Es gibt hier also kein Taktsignal, welches die Abläufe des ROMs synchronisiert.

Ein solches ROM soll nun entworfen werden. Gehen Sie dazu wie folgt vor:

1. Starten Sie die Diamond-Entwicklungsumgebung und öffnen Sie im Begleitmaterial im Verzeichnis **DigiSysFpga\Teil5\Rom** die Projektdatei **Rom.ldf** mit „File → Open → Project“.

2. Öffnen Sie in der Diamond-Oberfläche das Design-File **Rom.vhd**. Die Datei enthält bereits ein leere **entity**- und **architecture**-Deklaration. Diese muss nun entsprechend ergänzt werden.

3. Zunächst soll die Schnittstelle (**entity**) unseres ROM-Bausteins erstellt werden. Ergänzen Sie dazu die **entity** um eine **generic**-Deklaration: erzeugen sie dabei zwei Generic-Konstanten *addressWidth* und *dataWidth* vom Typ *Integer*, mit denen die Anzahl der Adress- und Datenleitungen des ROMs festgelegt werden können.

4. Legen Sie nun eine *port*-Deklaration mit zwei Signalen an:

   - *address*: die Adresse, auf die zugegriffen werden soll. Verwenden Sie *unsigned* als Datentyp und wählen Sie die Indexgrenzen in Abhängigkeit von *addressWidth*. Wählen Sie dabei die Indexbreichsrichtung als **downto** und die rechte (untere) Grenze als 0. Setzen Sie die linke Grenze in Abhängigkeit von *addressWidth*: wie muss die linke Grenze gesetzt werden, damit *address* aus genau *addressWidth* Bits besteht?
   - *data*: die Ausgabedaten des Speichers. Nutzen Sie *std_logic_vector* als Datentyp und setzen Sie die Indexgrenzen nun in Abhängigkeit von *dataWidth*. Gehen Sie dazu analog wie bei *address* vor, d.h. wählen Sie **downto** als Indexbereichsrichtung und 0 als rechte Grenze.

   Achten Sie darauf, die richtigen Datenflussrichtungen (also **in** oder **out**) für *address* und *data* zu verwenden (Adressen gehen in das ROM *hinein* während Daten aus dem ROM *herauskommen*)!

5. Nun können wir die **architecture** des ROMs implementieren. Als erstes deklarieren wir das Signal, dass den Speicherinhalt repräsentieren soll.

   In VHDL wird Speicher als ein Feld realisiert, bei dem jedes Feldelement einer „Schublade“ entspricht. Jede Schublade kann nun z.B. ein kompletten Vektor enthalten. Das Prinzip ist ähnlich wie bei Vektoren selbst, nur das Vektoren ja Bit-Werte (*std_logic*) als Feldelemente besitzen, während jetzt jedes Element selbst wieder ein kompletter Vektor sein soll.

Am einfachsten lässt sich ein solches Feld in VHDL mit Hilfe einer Typ-Definition erreichen. Deklarieren Sie dazu im Deklarationsteil der **architecture** folgenden Feldtypen:

```
type memoryContentType is array(0 to 2**addressWidth-1) of
   std_logic_vector(dataWidth-1 downto 0);
```

Das Schlüsselwort **type** erzeugt dabei einen neuen Typen mit Namen *memoryContentType*. Die Schlüsselwörter **is array** legen fest, dass der neue Typ ein Feldtyp ist und die Klammern hinter **array** definiert die Indexbereichsgrenzen und Richtung des Feldes. Beachten Sie, dass wir hier die untere Grenze auf 0 und die obere Grenze in Abhängigkeit von *addressWidth* setzen. Tatsächlich nutzen wir sogar eine mathematische Formel, um die obere Grenze festzulegen: $2^{addressWidth} - 1$. Der Potzenoperator wird dabei in VHDL als `**` geschrieben.

Warum ist jetzt aber die obere Grenze $2^{addressWidth} - 1$? Nun, das liegt daran, dass man ja mit $addressWidth$ Adressleitungen insgesamt $2^{addressWidth}$ verschiedene Zahlenwerte kodieren kann, und zwar Zahlen von 0 bis $2^{addressWidth} - 1$. Somit ist klar, das unser Feld Adresswerte von 0 bis $2^{addressWidth} - 1$ akzeptieren muss.

Nach dem Schlüsselwort **of** geben wir schließlich an, woraus jedes Feldelement bestehen soll: `std_logic_vector(dataWidth-1 downto 0)`. In diesem Fall erzeugen wir also ein Feld aus *std_logic_vector*-Vektoren mit *dataWidth* Bits.

Ist der Typ *memoryContentType* einmal deklariert worden, können wir nun beliebig viele Objekte (Signale, Konstanten, ...) damit erzeugen.

6. Erzeugen Sie als nächstes ein Signal, das die Speichermatrix des ROMs repräsentieren soll.

```
signal memoryContent : memoryContentType;
```

Tatsächlich ist diese Deklaration aber noch nicht komplett! Wir haben nämlich noch gar nicht beschrieben, wie das ROM eigentlich zu seinem Inhalt kommt. In VHDL wird das über den *Initialisierungswert* des Feldsignals realisiert. Wenn wir sicherstellen, dass dem Feldsignal niemals etwas zugewiesen wird (mit Ausnahme des Initialisierungswerts), dann behält es diesen Anfangswert auch für immer!

Daher müssen wir jetzt die obere Signaldeklaration um eine solche Initialisierung *erweitern*. Wie das für ein solches Feldsignal geschrieben wird, zeigt der folgende Ausschnitt:

```
singal memoryContent : memoryContentType := (
      0 => "1010001000000000", -- Adresse 0
      1 => "1010001100000000", -- Adresse 1
      ... -- ACHTUNG: die ... durch die fehlenden Werte ersetzen!
      others => "0000000000000000" -- Alle uebrigen Adressen auf
                                   -- 00...0 setzen
   );
```

Den Speicherinhalt können wir nun Adresse für Adresse eintragen, wobei die Adressnummer als Zahl links vom Map-Operator=> angegeben wird und der Inhalt rechts.

Das ROM soll nun das Programm aus Kapitel 23.3.2 enthalten, wobei die ersten beiden Einträge (für Adresse 0 und Adresse 1 schon in dem Beispiel gezeigt sind). Bitte Ergänzen Sie die fehlenden Speichereinträge um das Programm aus Kapitel 23.3.2 komplett im Speicher abzulegen. Achtung: vergessen Sie nicht jede „Adresszeile“ mit einem Komma von der nachfolgenden zu trennen!

Mit **others** als Adresswert sprechen wir abschließend alle anderen, bisher nicht explizit aufgeführten Adressen an und legen fest, dass der dazugehörige Inhalt *00...0* sein soll. Diese Anweisung ist wichtig, da VHDL darauf besteht, dass *allen* möglichen Adressen ein Wert zugeordnet wird. Achtung: hinter der letzten Adresszeile darf kein Komma folgen!

7. Um die Speichermatrix auszulesen, nutzen wir eine parallele Signalzuweisung in der **architecture**:

```
data <= memoryContent(to_integer(address));
```

Der eigentliche Auslesevorgang wird als ein einfacher Zugriff auf die Feldvariable *memoryContent* realisiert. Als Indexwert wird *address* verwendet. Allerdings erwartet VHDL als Index eine Integer-Zahl (= ganze Zahl) und keinen *unsigned*- oder *signed*-Vektor. Glücklicher Weise gibt es aber die Funktion *to_integer(...)*, die einen *(un)signed*-Vektor in den entsprechenden Integer-Wert umwandelt. Auf die Synthese hat *to_integer(...)* keinen Einfluss. Es sorgt einfach nur dafür das der VHDL-Compiler mit dem Code „zufrieden“ ist.

8. Jetzt können wir das Design übersetzen. Aktivieren Sie dazu die Prozess-Sicht im Diamond-Fenster und markieren Sie die einzelnen Auswahlboxen, wie hier gezeigt:

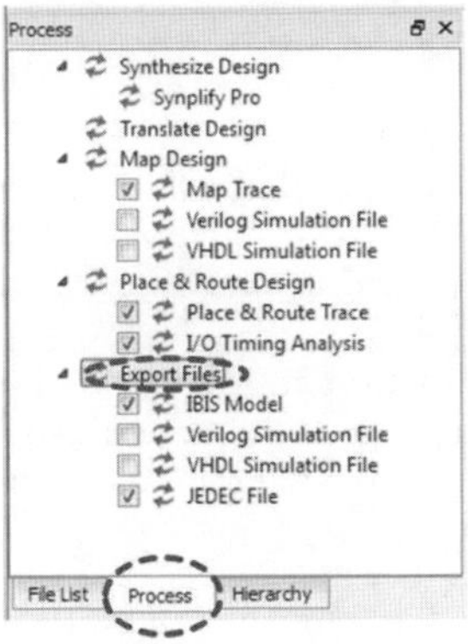

Um das ROM zu testen, gibt es eine bereits vorgefertigte VHDL-Datei **RomTop.vhd**. Diese Datei enthält die Top-Level-Komponente in unserer Schaltung und übernimmt die Aufgabe, die Schalter und Anzeige auf dem Board mit dem ROM zu verbinden. Dadurch können wir beim Testen verschiedenen Adressen an das ROM anlegen und seine Ausgaben auf den Siebensegmentanzeigen betrachten.

9. Klicken Sie „Export Files“ mit der rechten Maustaste an und wählen Sie „Rerun All“ aus dem sich öffnenden Kontextmenü aus. Damit starten Sie eine komplette Neuübersetzung des Designs.

Wenn das fehlerfrei (überprüfen Sie dazu, ob der „Error"-Anzeigebereich der Enticklungsumgebung leer ist) gelungen ist, können wir uns an die Programmierung des Entwicklungs-Boards machen.

10. Verbinden Sie nun das Entwicklungs-Board mit dem PC und starten Sie danach den „Programmer" über das „Tools"-Menü:

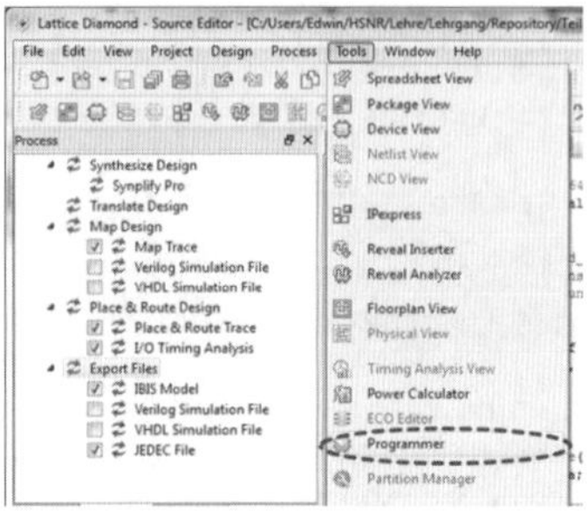

11. Daraufhin startet der Dialog, der die Konfiguration für die Programmierung erzeugt. Ändern Sie die Einstellung auf „Create a new Blank Project" und drücken Sie „OK":

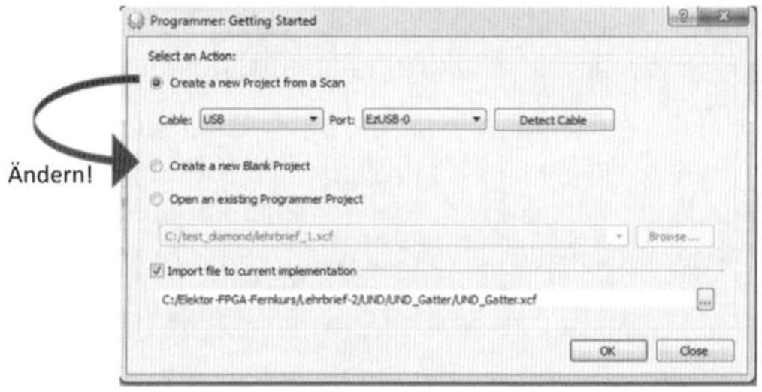

12. Stellen Sie sicher, dass das Board mit dem PC-Verbunden ist: Drücken Sie auf die Schaltfläche „Detect Cable". Daraufhin sollte im Ausgabebereich der Entwicklungsumgebung die Meldung "LSC USB ispDOWNLOAD Cable Detected" erscheinen.

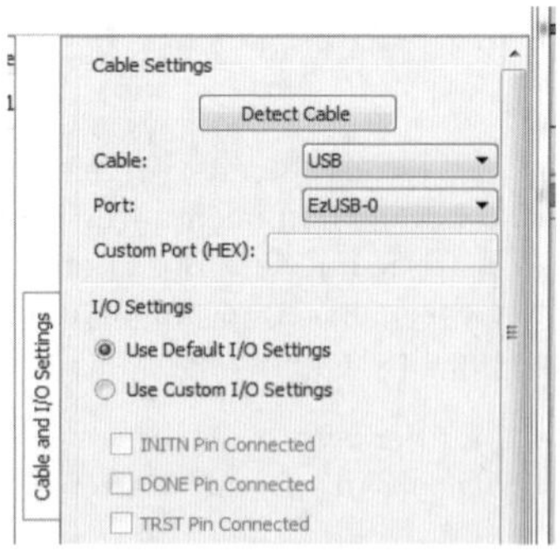

13. Führen Sie ein „Doppelclick" auf das Feld „SRAM Programm, Verify" aus

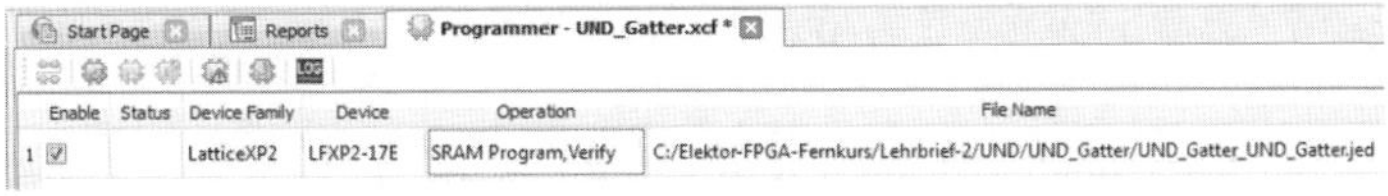

und ändern Sie die Einstellung in dem sich daraufhin öffnenden Menü auf „Static RAM Cell Mode". Drücken Sie abschließend „OK":

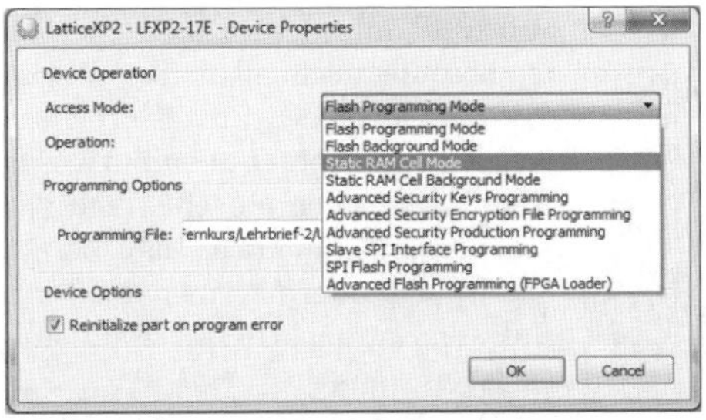

14. Programmieren Sie den FPGA-Baustein mit Hilfe des Program-Buttons. Bitte haben Sie etwas Geduld, die Programmierung dauert ca. 20 Sekunden.

15. Sobald die Programmierung abgeschlossen ist, können Sie über die Schiebeschalter verschiedene Adressen einstellen und auf der Siebensegmentanzeige die gespeicherten Daten ablesen. Da die Ausgabedaten 16 Bit breit sind, jedoch nur 2 Segmente zur Anzeige zur Verfügung stehen, können Sie über den linken Taster zwischen dem High- (obere 8 Bit) und Low-Byte (untere 8 Bit) der Daten hin und herschalten: bei gedrückter Taste erscheint das Low-Byte, während sonst das High-Byte zu auf den beiden Segmenten zu sehen ist.

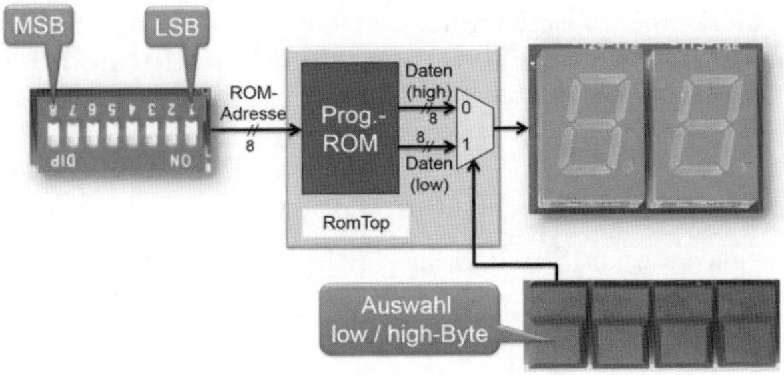

Stellen Sie nun nacheinander die Adressen 0 bis 4 ein und überprüfen Sie, ob die richtigen Daten zu sehen sind. Beachten Sie, dass auf der Anzeige die Daten im Hexadezimalformat kodiert sind. Zur Vereinfachung ist hier nochmal das Programm im Binär- und Hexadezimalformat abgedruckt:

```
0:   1010 0010 0000 0000 = A200
1:   1010 0011 0000 0000 = A300
```

```
2:  0011 0010 0011 0000 = 3230
3:  0001 0011 0011 0010 = 1332
4:  1010 1111 0000 0010 = AF02
```

Welche Daten bekommen Sie, wenn Adressen größer als 4 eingestellt werden?

23.4.2 Der Datenspeicher

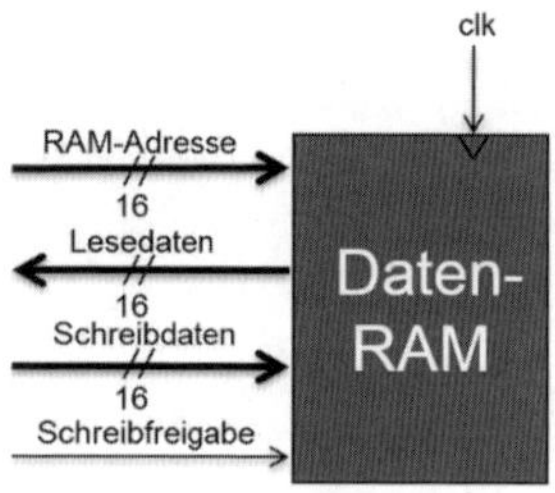

Informationen werden vorzugsweise in den Registern eines Prozessors abgelegt. Das ist besonders effizient, weil Prozessoren besonders schnell auf ihre Register zugreifen können. Außerdem können RISC-Prozessoren wie der HNR16 arithmetische und logische Operationen nur zwischen Registern durchführen. Allerdings stehen nur eine relativ kleine Anzahl von Registern zur Verfügung, so dass man bei größeren Programmen früher oder später Informationen aus Platzgründen in den Datenspeicher – meist auch RAM (Random Access Memory) genannt – auslagern muss.

Der Datenspeicher des HNR16 ist im Kern ganz ähnlich aufgebaut wie das Programm-ROM. Im Unterschied zum ROM kann er aber nicht nur gelesen sondern auch im Betrieb beschrieben werden. Daher benötigt er zusätzliche Schnittstellensignale: neben den Adressleitungen und den Datenausgängen sind auch Dateneingänge, eine Schreibfreigabeleitung sowie eine Taktsignal notwendig. Das Schreiben findet hier synchron mit dem Takt statt, während- der Lesezugriff aber – wie auch schon beim ROM – asynchron erfolgt.

Ebenso wie das ROM wollen wir den RAM-Baustein flexibel gestalten, damit er sich nachträglich leicht an unterschiedliche Anforderungen anpassen lässt. Dabei soll insbesondere die Anzahl der möglichen Adressen sowie die Datenwortbreite konfigurierbar sein.

Im Begleitmaterial finden Sie ein vorbereitetes Projekt, mit dem wir den RAM-Baustein entwerfen und testen werden:

1. Starten Sie die Diamond-Entwicklungsumgebung und öffnen Sie im Begleitmaterial im Verzeichnis **DigiSysFpga\Teil5\Ram** die Projektdatei **Ram.ldf** mit „File → Open → Project“.

2. Öffnen Sie in der Diamond-Oberfläche das Design-File **Ram.vhd**. Die Datei enthält bereits eine leere **entity**- und **architecture**-Deklaration.

   Ergänzen Sie als erstes die Schnittstelle (**entity**) unseres RAM-Bausteins. Fügen Sie dazu eine **generic**-Deklaration mit zwei Generic-Konstanten *addressWidth* und *dataWidth* vom Typ *Integer* – genauso wie schon beim ROM – in die **entity** ein.

3. Erstellen Sie nun eine **port**-Deklaration mit den Signalen

   - *clk* vom Typ *std_logic*: das Taktsignal, mit dem die Schreibzugriffe auf das RAM synchronisiert werden sollen.
   - *address*: die Adresse, auf die zugegriffen werden soll. Verwenden Sie *unsigned* als Datentyp und wählen Sie die Indexgrenzen in Abhängigkeit von der Generic-Konstanten *addressWidth*. Gehen Sie dabei wie beim ROM vor!

- *dataOut*: die Ausgabedaten des Speichers. Nutzen Sie *std_logic_vector* als Datentyp und setzen Sie die Indexgrenzen in Abhängigkeit von der Generic-Konstanten *dataWidth*. Gehen Sie dabei wie beim ROM vor!
- *dataIn*: die Eingangsdaten des Speichers. Nutzen Sie *std_logic_vector* als Datentyp und setzen Sie die Indexgrenzen wie bei *dataOut*.
- *writeEnable*: Mit diesem Signal wird dem Baustein mitgeteilt, dass an *dataIn* gültige Daten anliegen, die mit der nächsten steigenden Flanke auf *clk* in die Speichermatrix geschrieben werden sollen (*writeEnable* = 1). *writeEnable* ist dem entsprechend ein binäres Eingangssignal vom Typ *std_logic*.

Achten Sie auf passende Datenflussrichtungen für die Signale!

4. Nun können wir die **architecture** des RAMs entwerfen. Wie beim ROM benötigen wir hier ein Signal, das den Speicherinhalt aufnimmt. Dazu müssen wir zuerst einen passenden Feld-Typen erschaffen:

```
type memoryContentType is array(0 to 2**addressWidth-1) of
   std_logic_vector(dataWidth-1 downto 0);
```

Diese Deklaration erzeugt einen Feldtypen *memoryContentType* mit einem Indexbereich von 0 bis $2^{addressWidth} - 1$. Ist *addressWidth* z.B. 4 Bit, dann reicht der Indexbereich von 0 bis $2^4 - 1 = 15$, das sind also insgesamt 16 Feldelemente. Jedes Feldelement ist hierbei ein *std_logic_vector*-Vektor mit *dataWidth* Bits.

5. Als nächstes legen wir ein Signal an, das die Speichermatrix des RAMs sein wird:

```
singal memoryContent : memoryContentType := (others => (others => '0'));
```

Der etwas „exotisch" anmutende Ausdruck `(others => (others => '0'))` übernimmt hier die Aufgabe, die Matrix komplett mit Nullen zu füllen, so dass wir einen definierten Startwert für den Speicher haben.

6. Um die Speichermatrix auszulesen, nutzen wir wie beim ROM eine parallele Signalzuweisung in der **architecture**:

```
data <= memoryContent(to_integer(address));
```

Bitte beachten Sie, dass wir *address* nicht direkt zum Indizieren des Felds *memoryContent* verwenden können, da als Index ein *Integer* erwartet wird. Wir können aber die Funktion *to_integer(...)* nutzen, um den *unsigned*-Wert in einen *Integer* umzuwandeln.

7. Der Schreibzugriff wird hingegen mit Hilfe eines *synchronen* Prozesses realisiert, da er ja synchron mit dem Taktsignal erfolgen soll. Erstellen Sie dazu in der **architecture** einen *synchronen* Prozess:

```
process (clk)
begin
  if rising_edge(clk) then
    ... -- hier ist der synchrone Code zu ergaenzen!
  end if;
end process;
```

Ergänzen Sie nun den Code um eine **if-then**-Anweisung, die testet, ob *writeEnable* gesetzt ist und gegebenenfalls die entsprechende Stelle in der Speichermatrix *memoryContent* auf den neuen Wert, der am Dateneingang *dataIn* anliegt, setzt. Hinweis: Wie beim Auslesen können Sie auch beim Schreiben mit Hilfe des „Indexmechanismus" auf ein Element des Feldsignals *memoryContent* zugreifen. Nutzen Sie auch hier die Funktion *to_integer(...)*, um den Adressvektor in eine Integer-Zahl umzuwandeln.

8. Jetzt können wir das Design übersetzen. Aktivieren Sie dazu die Prozess-Sicht im Diamond-Fenster und markieren Sie die einzelnen Auswahlboxen wie hier gezeigt:

Um das RAM zu testen, gibt es eine bereits vorgefertigte VHDL-Datei **RamTop.vhd**. Diese Datei enthält die Top-Level-Komponente in unserer Schaltung und übernimmt die Aufgabe, die Schalter und Anzeige auf dem Board mit dem RAM zu verbinden. Der Speicher wird dabei als 16x4-RAM konfiguriert, d.h. es verfügt über 16 Adressen unter denen jeweils ein 4 Bit breites Wort abgespeichert werden kann.

9. Klicken Sie „Export Files" mit der rechten Maustaste an und wählen Sie „Rerun All" aus dem sich öffnenden Kontextmenü aus. Damit starten Sie eine komplette Neuübersetzung des Designs.

   Wenn das fehlerfrei (überprüfen Sie dazu, ob der „Error"-Anzeigebereich der Enticklungsumgebung leer ist) gelungen ist, können wir uns an die Programmierung des Entwicklungs-Boards machen.

10. Um den FPGA „bei der Arbeit beobachten" zu können, werden wir die Schaltung mit 1Hz Taktfrequenz betreiben. Bevor Sie das Board in Betrieb nehmen, sollten Sie daher überprüfen, ob die einstellbare Taktfrequenz des Entwicklungs-Boards auf 1Hz gesetzt ist. Dazu muss der „Jumper" wie in der nachfolgenden Abbildung gezeigt, positioniert sein (ist das nicht der Fall, dann den „Jumper" bitte umstecken):

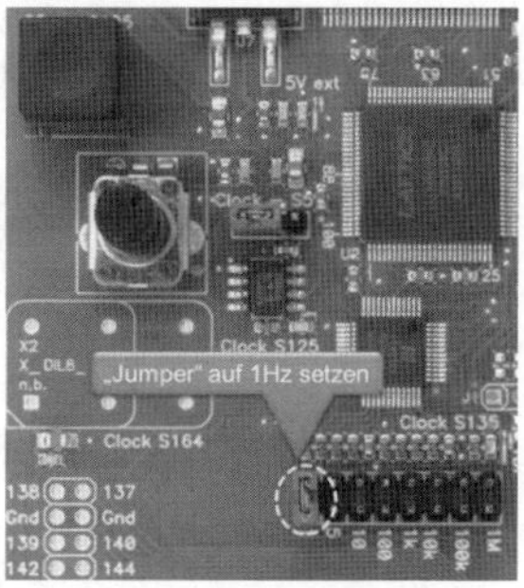

11. Verbinden Sie nun das Entwicklungs-Board mit dem PC und starten Sie danach den „Programmer“ über das „Tools“-Menü:

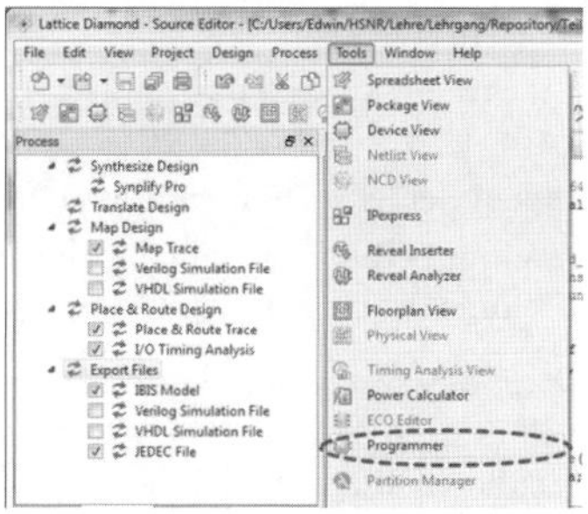

Konfigurieren Sie das Programmierwerkzeug daraufhin wie in Kapitel 23.4.1 Schritte 11 bis 13 beschrieben!

12. Programmieren Sie den FPGA-Baustein mit Hilfe des Program-Buttons. Bitte haben Sie etwas Geduld, die Programmierung dauert ca. 20 Sekunden.

13. Nun können wir unser Design testen. Die rechten vier Schiebeschalter dienen zur Adresseingabe. Die eingestellte Adresse wird parallel auf der rechten Siebensegmentanzeige im Hexadezimalformat angezeigt.

    Um das synchrone Schreiben beobachten zu können, wird das RAM mit einem 1Hz Takt betrieben. Die Dezimalpunkte der Siebensegmentanzeige leuchten dabei synchron mit dem Takt auf.

    Die Schreibdaten werden über die linken vier Schiebeschalter eingestellt. Die Schreibfreigabe erfolgt durch den linken Taster: bei gedrückter Taste werden die Schreibdaten mit der folgenden Taktflanke in das RAM geschrieben. Achten Sie darauf den Schreibtaster mindestens einen Taktzyklus lang (d.h. 1 Sekunde) zu drücken, damit die Daten vom RAM auch übernommen werden.

    Die Ausgangsdaten werden schließlich auf der linken Siebensegmentanzeige dargestellt. Das Strukturbild der Testschaltung ist in der nachfolgenden Abbildung zu sehen:

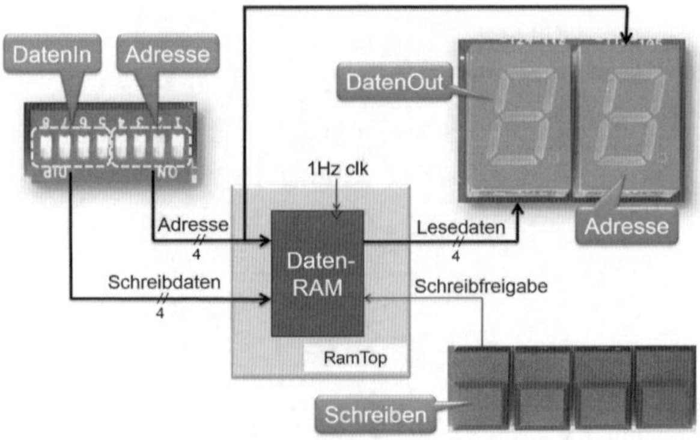

Um das RAM zu testen, schreiben Sie ein paar Daten in den Speicher. Gehen Sie dazu für jeden Schreibzugriff wie folgt vor:

- Stellen Sie an den rechten vier Schiebeschalter eine Adresse ein, die beschrieben werden soll.
- Stellen Sie an den linken Schiebeschaltern die zu schreibenden Daten ein.
- Drücken Sie die „Schreiben“-Taste solange, bis die Dezimalpunkte der Siebensegmentanzeige mindestens einmal von „aus“ nach „an“ gewechselt sind.

Führen Sie nach dem oben beschriebenen Verfahren die in der nachfolgenden Tabelle angegebenen Schreibzugriffe durch (zur Vereinfachung sind Adressen und Daten sowohl im Binär- als auch im Hexadezimalformat gezeigt).

Adresse		Schreibdaten	
0	0000	F	1111
1	0001	2	0010
A	1010	6	0110
3	0011	B	1011
F	1111	9	1001
2	0010	7	0111
B	1011	1	0001

Lesen Sie nun das RAM wieder aus und tragen Sie die Ergebnisse in die untere Tabelle ein. Zum Auslesen des RAMs müssen lediglich die gewünschten Adressen eingestellt werden. Das RAM gibt sofort die dazugehörigen Daten auf dem Ausgang aus.

Adresse		Lesedaten
0	0000	
1	0001	
2	0010	
3	0011	
A	1010	
B	1011	
F	1111	

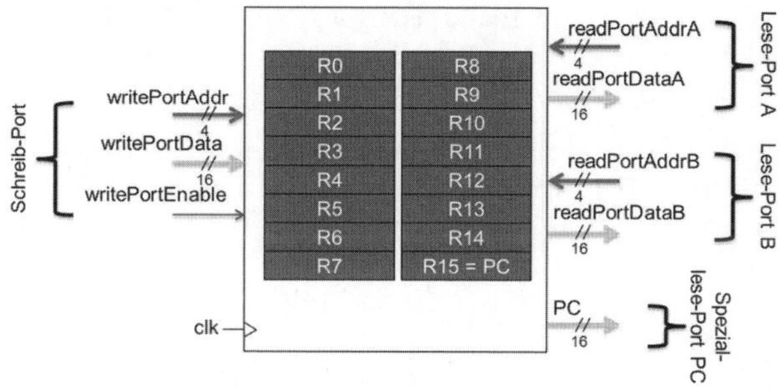

Abbildung 23.5: Schnittellen des Registersatzes

Vergleichen Sie die gelesenen mit den an dieselbe Adresse geschriebenen Daten. Stimmen sie überein?

23.4.3 Der Registersatz

Jetzt ist es an der Zeit, den Registersatz des HNR16 zu entwerfen. Wie im vorangegangenen Kapitel beschreiben, sind die Register der bevorzugte Informationsspeicher von Prozessoren, da sie meist deutlich schneller als der „normale Datenspeicher" (RAM) sind. Außerdem kann der Prozessor mehrere Zugriffe auf die Register gleichzeitig durchführen. Davon abgesehen kann der HNR16 auch nur *Register*daten direkt miteinander verknüpfen, wohingegen auf das RAM nur in Form von Lese- oder Schreiboperationen zugegriffen werden kann.

Im Detail hat der Registersatz des HNR16 folgende Eigenschaften (siehe auch Abbildung 23.5):

- **16 Register**: Der Registersatz beinhaltet 16 Register R0, R1, bis R15. Jedes der Regster ist 16 Bit breit. Alle Register sind gleichwertig, mit einer Ausnahme: R15 ist der Programmzähler (*PC*).
- **Allgemeine Lese-Ports**: Der Registersatz verfügt über 2 allgemeine Lese-Ports A und B. Jeder Port besitzt dabei eine 4-Bit breite Adresse (*readPortAddrA* bzw. *readPortAddrB*), mit der eines der 16 Register ausgewählt wird sowie den dazugehörigen Datenausgang (*readPortDataA* bzw. *readPortDataB*). Lesezugriffe finden dabei asynchron statt: sobald eine neue Adresse angelegt wird, gibt der Registersatz die dazugehörigen Daten aus.
- **Spezieller PC-Lese-Ports**: Dieser besondere Lese-Port gibt nur den aktuellen Wert des PC (= Register R15) auf dem Datenausgang *PC* aus. Auch hier findet der Lesezugriffe asynchron statt: sobald sich der Inhalt von R15 ändert, wird er direkt auf dem *PC*-Ausgang ausgegeben.

  Zusätzlich wird in jedem Taktzyklus der Wert von R15 automatisch um Eins erhöht, wobei es dabei eine Ausnahme gibt: sollte R15 Ziel einer Schreiboperation über den Schreib-Port sein, so wird anstatt R15+1 der Wert an *writePortData* in R15 abgespeichert.
- **Allgemeiner Schreib-Port**: Der HNR16 besitzt einen allgemeine Schreib-Port. Die 4-Bit breite Adresse *writePortAddr* legt das zu schreibende Register fest, *writePortData* ist der

dazugehörigen Dateneingang (16 Bit). Das Signal *writePortEnable* zeigt an, ob geschrieben werden soll (*writePortEnable* = 1), wobei der eigentliche Schreibvorgang synchron mit der steigenden Taktflanke durchgeführt wird.

Der Registersatz kann somit gleichzeitig zwei Register lesen, das Register R15 ausgeben und ein Register schreiben. In VHDL wird der Registersatz genauso wie ein RAM realisiert: Ein entsprechendes Feldsignal wird zu Implementierung der Speichermatrix benutzt (siehe Kapitel 23.4.2), wobei mehrere Zugriffe gleichzeitig auf das Signal erfolgen.

Im Begleitmaterial finden Sie ein vorbereitetes Projekt, um den Registersatz zu entwerfen und zu testen:

1. Starten Sie die Diamond-Entwicklungsumgebung und öffnen Sie im Begleitmaterial im Verzeichnis **DigiSysFpga\Teil5\Registers** die Projektdatei **Registers.ldf** mit „File → Open → Project".

2. Öffnen Sie in der Diamond-Oberfläche das Design-File **Registers.vhd**. Die Datei enthält bereits eine leere **entity**- und **architecture**-Deklaration.

   Ergänzen Sie als erstes die Schnittstelle (**entity**) des Bausteins. Fügen Sie dazu eine **generic**-Deklaration mit zwei Generic-Konstanten *regAddressWidth* und *dataWidth* vom Typ *Integer* – so ähnlich wie wir es auch beim RAM gemacht haben – in die **entity** ein.

3. Erstellen Sie nun eine **port**-Deklaration. Benennen Sie die Signale wie in Abbildung 23.5 gezeigt. Achten Sie darauf, *alle* in der Abbildung dargestellten Schnittstellensignale in ein entsprechendes Port-Signal zu überführen. Die Adressleitungen sowie das Signal *PC* sollen als *unsigned* und die Datenleitungen als *std_logic_vector* definiert werden. Nutzen Sie dabei die eben deklarierten Generic-Konstanten um die Indexbereichsgrenzen möglichst flexibel einstellen zu können. Das Signal *writePortEnable* ist von Typ *std_logic*.

   Achten Sie auch hier wieder auf passende Datenflussrichtungen für die Signale!

4. Nun können wir die **architecture** des Bausteins entwerfen. Wie beim RAM benötigen wir hier ein Signal, das den Speicherinhalt aufnimmt. Dazu müssen wir zuerst einen passenden Feld-Typen anlegen:

```
type regContentType is array(0 to 2**regAddressWidth-1) of
    std_logic_vector(dataWidth-1 downto 0);
```

   Diese Deklaration erzeugt einen Feldtypen *regContentType* mit einem Indexbereich von 0 bis $2^{regAddressWidth} - 1$. Ist *regAddressWidth* also wie beim HNR16 4 Bit, dann umfasst der Indexbereich somit 0 bis $2^4 - 1 = 15$, das sind also insgesamt 16 Feldelemente. Jedes Feldelement ist hierbei ein *std_logic_vector*-Vektor mit *dataWidth* Bits.

5. Als nächstes legen wir ein Signal an, das die Speichermatrix der Registersatzes sein wird:

```
signal regContent : regContentType := (others => (others => '0'));
```

   Auch hier sorgt `(others => (others => '0'))` dafür, die Matrix mit Nullen zu initialisierten.

6. Um die Speichermatrix auszulesen, nutzen wir diesmal mehrere parallele Signalzuweisung in der **architecture**, jeweils eine für die beiden Lese-Ports *A* und *B* sowie den Ausgang *PC*:

```
readPortDataA <= regContent(to_integer(readPortAddrA));
...
```

Ergänzen Sie die fehlenden Signalzuweisungen für den Port B sowie den *PC*-Ausgang. Achten Sie darauf, dass auf *PC* immer das Register R15 ausgegeben wird!

7. Als nächstes werden wir die schreibenden Zugriffe auf die Speichermatrix realisieren. Da der Schreibzugriff synchron mit dem Taktsignal erfolgt, nutzen wir einen *synchronen* Prozess:

```
process (clk)
begin
  if rising_edge(clk) then
    ... -- hier ist der synchrone Code zu ergaenzen!
  end if;
end process;
```

Erweitern Sie nun den synchronen Prozess um eine Zuweisung, die R15 in jedem Taktzyklus erhöht! Beachten Sie, dass R15 ein *std_logic_vector* ist. Daher müssen Sie den Wert erst einmal in ein *unsigned* umwandeln, bevor sie eine 1 hinzu addieren können. Anschließend müssen Sie das Ergebnis wieder zurück wandeln, um den neuen Wert in den Registersatz ablegen zu können.

8. Ergänzen Sie als nächstes den synchronen Teil des Prozesses um eine **if-then**-Anweisung, die testet, ob *writePortEnable* gesetzt ist. Ist dies der Fall, so soll die entsprechende Stelle in der Speichermatrix *regContent* auf den neuen Wert, der am Dateneingang *writePortData* anliegt, gesetzt werden. Gehen Sie dazu wie beim RAM vor!

Beachten Sie, dass über den allgemeinen Schreib-Port auch R15 beschrieben werden kann. In einem solchen Fall gilt es natürlich zu klären, was mit R15 passiert: Setzt sich die „plus 1"-Operation oder der Zugriff über den allgemeinen Schreib-Port durch? Sinnvoller Weise soll in einem solchen Fall der Schreibzugriff über den allgemeinen Port Priorität besitzen! Um das zu realisieren gibt es verschiedene Optionen:

- Man kann die Inkrementanweisung (+1) in eine **if-then**-Anweisung einbetten, die nur dann eine Erhöhung durchführt, wenn die Adresse nicht 15 ist oder *writePortEnable* = 0 (also kein Zugriff über den Schreib-Port) gilt.
- Einfacher geht es, wenn man die Inkrementanweisung für R15 im Prozessablauf *vor* den *allgemeinen* Schreibzugriff auf die Speichermatrix anordnet. Das „Weihnachtsmannprinzip" stellt in diesem Fall sicher, dass gegebenenfalls die zweite Zuweisung auf R15 die erste (die Erhöhung um Eins) überschreibt – falls das Ziel des allgemeinen Schreibzugriffs tatsächlich R15 ist. Sollte das allgemeine Schreibziel hingegen nicht R15 sein, dann haben die beiden Schreiboperationen für VHDL verschiedene Ziele und können somit beide gleichzeitig statt finden.

Sie können sich eine der Optionen für die Implementierung aussuchen. Wichtig ist dabei aber, dass Sie beide schreibenden Zugriffe auf die Speichermatrix in *demselben* Prozess realisieren! Wenn Sie die Zuweisungen auf zwei Prozesse verteilen, dann wird VHDL die Speichermatrix als ein „Tri-State"-Signal ansehen und die beiden Schreibzugriffe führen zu einer Kollision.

9. Da der Registersatz über eine relativ hohe Anzahl von Schnittstellensignalen verfügt, werden wir das Design mit Hilfe einer Simulation testen. Damit man dabei etwas „sieht“, benötigen wir noch eine sogenannte „Testbench“. Die Testbench bindet unseren Registersatz ein und versorgt es mit passenden Eingangsdaten.

   In VHDL ist eine Testbench zunächst ein gewöhnliches Modell, das aber nicht zur Synthese vorgesehen ist. D.h. dort können alle Anweisungsarten und Varianten genutzt werden, auch wenn sie nicht in Hardware übersetzt werden können. Solch eine Testbench werden wir jetzt erzeugen. Starten Sie über das File-Menü der Diamond Entwicklungsumgebung „File → New → File“ den File-Wizard, wählen Sie „VHDL Files“ als Dateityp, **RegistersSim** als Dateiname und klicken Sie auf „New“:

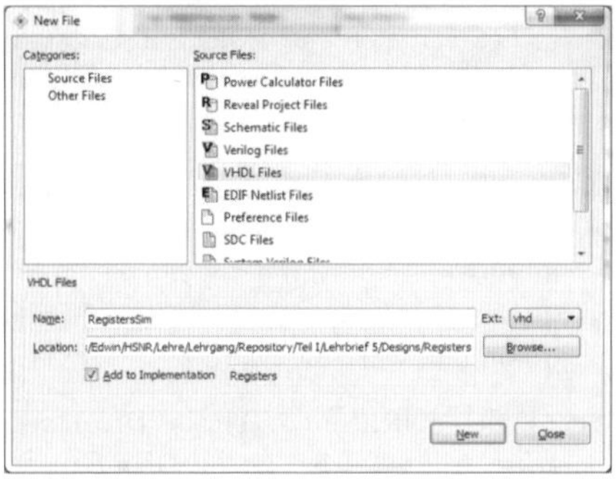

10. Tragen Sie nun in die im Editor neu geöffnete Datei als aller erstes die erforderlichen **library**- und **use**-Anweisungen ein:

```
library ieee;
use ieee.std_logic_1164.all;
use ieee.numeric_std.all;
```

11. Nun können Sie darunter eine leere **entity**-Deklaration sowie den **architecture**-Rumpf für die Testbench erzeugen. Am besten nennen wir die **entity** dabei genauso wie die Datei:

```
entity RegistersSim is
end RegistersSim;

architecture behave of RegistersSim is
begin
   ...
end behave;
```

   Auf den ersten Blick erscheint eine leere **entity** etwas ungewöhnlich, ist aber für Testbenches ganz typisch: Sie müssen nicht nach außen kommunizieren.

12. Als nächstes müssen wir eine Instanz des Modells erzeugen, welches untersucht werden soll. Oft nennt man dieses Modell *DUT* oder auch *UUT* (Design under Test oder Unit under Test). Wir nennen es hier einmal *RegisterSet*:

```
RegisterSet: entity work.Registers
 generic map (regAddressWidth => regAddressWidth, ...)
 port map (clk => clk, ...);
```

Bitte ergänzen Sie die oben gezeigt Instanzanweisung. Verbinden Sie die Generic-Konstanten von *Registers* mit einer Konstanten gleichen Namens. Um das Identifizieren der Signale einfacher zu machen, nennen Sie auch die Signale genauso wie die entsprechenden Ports von *Registers*. Die Konstanten und Signale werden in den nächsten beiden Schritten erzeugt.

13. Als nächstes müssen nun im Deklarationsbereich der *architecture* die Konstanten *regAddressWidth* und *dataWidth* (beide vom Typ *Integer*) angelegt und initialisiert werden. Setzen Sie dabei *regAddressWidth* auf 4 und *dataWidth* auf 16 (so wie wir es später im HNR16 benötigen werden).

14. Im nächsten Schritt werden die Signale, die wir in der Instanziierung verwendet haben, erzeugt. Achten Sie darauf die richtigen Typen zu nutzen: *std_logic_vector* für die Daten-Schnittstellen und *unsigned* für die Adressen. Legen Sie die Grenzen der Vektorsignale mit Hilfe der Konstanten *regAddressWidth* und *dataWidth* fest, damit wir später ganz einfach die Anzahl an Register oder die Registerbreite verändern können.

    Vergessen Sie nicht, auch das Taktsignal *clk* und das Schreibfreigabesignal *writePortEnable* jeweils vom Typ *std_logic* anzulegen.

    Initialisieren Sie bitte *alle* Signale mit 0 bzw. Null-Vektoren! Solche Vektoren kann man z.B. mit einer passend langen Folge von Nullen, eingerahmt mit doppelten Anführungsstrichen, erzeugen:

```
signal someSignal : std_logic_vector(3 downto 0) := "0000";
```

    Flexibler ist es aber die sogenannten Aggregate von VHDL zu benutzen:

```
signal someSignal : std_logic_vector(3 downto 0) := (others => '0');
```

    Der Ausdruck `(others => '0')` – in VHDL „Aggregat“ genannt – erzeugt automatisch einen Vektor aus Nullen mit einer *passenden* Länge. Das hat den Vorteil, dass wir den Ausdruck nicht anpassen müssen, wenn wir einmal die Größe des Vektors verändern.

15. Jetzt fehlen nur noch die Stimuli für die Eingangsignale. Als erstes generieren wir ein Taktsignal, was sehr einfach mit einer parallelen Signalzuweisungen zu erzielen ist:

```
clk <= not clk after 10 ns;
```

    Achtung: Damit das wirklich funktioniert, muss *clk* bei seiner Deklaration mit 0 initialisiert werden:

```
signal clk : std_logic := '0';
```

    Als Ergebnis erhalten wir ein Taktsignal, das alle *10 ns* seinen Pegel wechselt, also eine Frequenz von *50 MHz* hat.

16. Abschließend müssen wir noch für die übrigen Eingangssignale des Registersatzes passende Eingangsstimuli generieren. Dafür bietet sich ein synchronen Prozess an, der im Gegensatz zum Registersatz aber mit der fallende Flanke von *clk* angetrieben werden soll. Durch diesen künstlichen Versatz zwischen dem Stimuligenerator und unserem Testobjekt (der Registersatz) wird uns später die Inspektion der Signalverläufe etwas einfacher fallen.

    Fügen Sie folgenden Prozess in die **architecture** ein:

```
process (clk)
begin
  if falling_edge(clk) then -- Achtung: synchron mit der FALLENDEN Flanke

    -- Erzeugen von Testsignalen fuer den Schreib-Port
    writePortAddr <= writePortAddr + 3;
    writePortData <= std_logic_vector(unsigned(writePortData) + 9);
    writePortEnable <= '1'; -- Ein Schreibzugriff in jedem Taktzyklus

    -- Erzeugen von Testadressen fuer die Lese-Ports A und B
    readPortAddrA <= readPortAddrA + 11;
    readPortAddrB <= readPortAddrB + 7;
  end if;
end process;
```

    Dieser Prozess erzeugt ein relativ „wildes“ Muster von Adressen und Daten auf den Eingängen des Registersatzes, indem er einfach in jedem Zyklus eine Konstante zum jeweiligen Signalwert addiert. Damit die Signale verschiedene Werte haben, nutzen wir für jedes Signal eine andere Konstante: z.B. 3 für *writePortAddr* oder 11 für *readPortAddrA*. Wir nutzen hier außerdem aus, dass die Adressen nur aus 4 Bits bestehen und daher schnell überlaufen, wenn man immer wieder etwas hinzu addiert. Das erzeugt dann das zufällig aussehende Muster auf den Signalen, aber in Wahrheit sind die Werte natürlich nicht zufällig.

    Der Datenkanal des Schreib-Ports ist 16 Bit breit. Hier dauert es entsprechend länger, bis es zu einem Überlauf kommt. Dies ist aber nicht weiter tragisch, wir benötigen einfach nur eine lange Folge von unterschiedlichen Daten, um die Funktion der Speichermatrix besser beobachten zu können.

17. Um das erste Mal für dieses Modell eine Simulation zu starten, klicken Sie bitte auf den „Simulation Wizard“-Button . Daraufhin startet ein Programm zur Konfiguration der Simulation. Diese Konfiguration müssen Sie nur einmal für dieses Modell durchführen.

    Tragen Sie als Projektname „RegistersSim“ ein. Den Pfad zum Projekt können Sie so wie vorgeschlagen lassen. Drücken Sie „Next“:

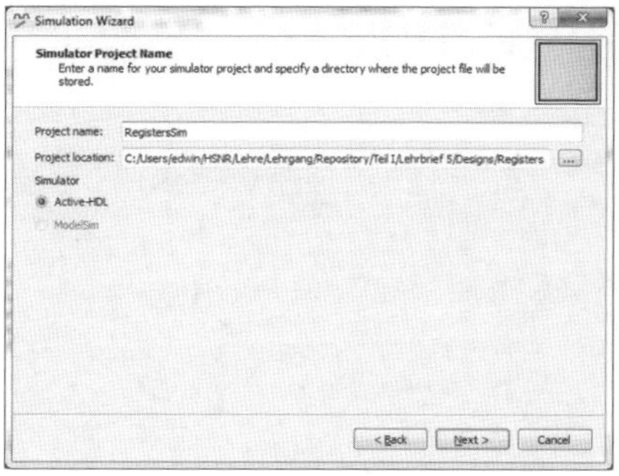

18. Wählen Sie „RTL“ als „Process Stage“ aus und drücken Sie „Next“.

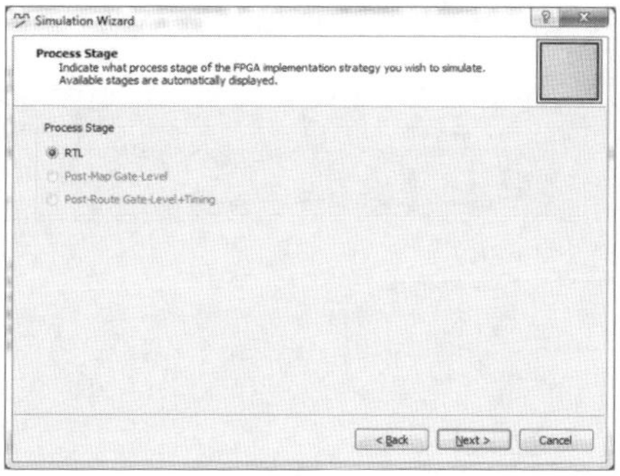

19. Deaktivieren Sie „Copy Source to Simulation Directory“ und aktivieren Sie „Automatically set simulation compilation file order“. Drücken Sie „Next“.

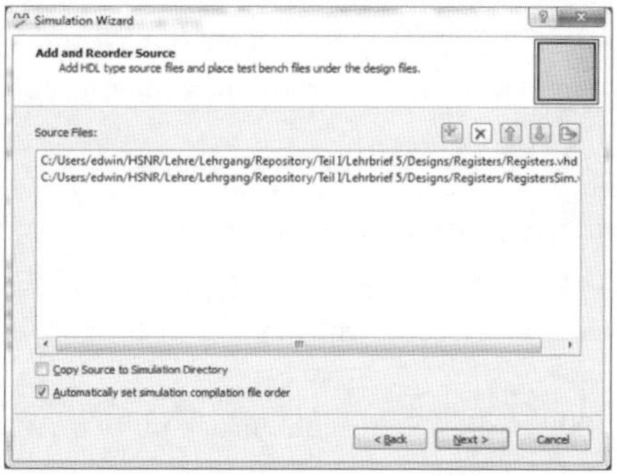

20. Auf der nächsten Seite müssen Sie nichts verändern. Drücken Sie „Next“.

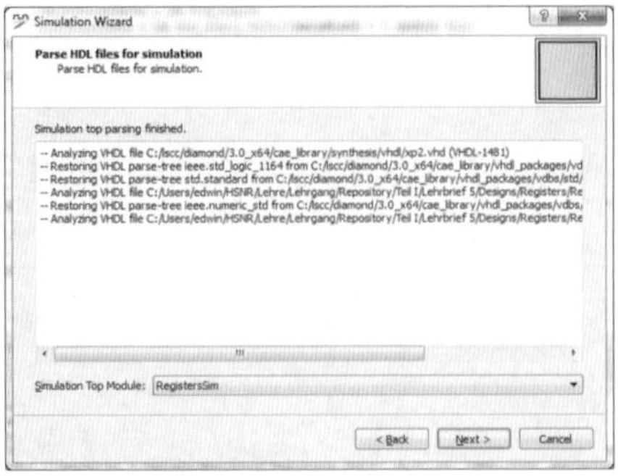

21. Auf der nächsten Seite drücken Sie auf „Finish“.

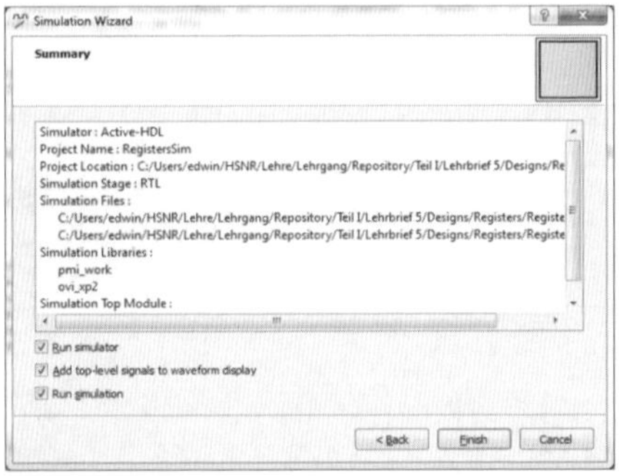

Daraufhin öffnet sich das Simulationsfenster, das Design wird geladen, elaboriert und für *100 ns* simuliert. Bei Bedarf können Sei das Design weiter simulieren. Drücken Sie dazu die Schaltfläche um das Modell weitere *100 ns* zu simulieren. Zur Kontrolle der Simulation stehen weiter Buttons zu Verfügung:

- Mit der Schaltfläche starten Sie die Simulation ohne zeitliche Beschränkungen. Achtung: der Simulator wird erst dann aufhören, wenn sie den Stop-Knopf ( ) drücken.
- Die Schaltfläche lässt den Simulator bis zu einen festgelegten Zeitpunkt simulieren. Den Simulationszeitpunkt müssen Sie dabei über ein neues Fenster eingeben.
- Mit können Sie – vom aktuellen Zeitpunkt aus gesehen – für die durch das „Simulationszeit“-Feld (rechts von der Schaltfläche) festgelegten Zeitspanne *weiter simulieren.*
- Der Knopf „fährt“ die Simulation zurück an den Anfang (Zeitpunkt 0).
- Mit dem Stop-Knopf wird schließlich die Simulation unterbrochen. Das ist z.B. notwendig, wenn die der Simulator durch ein Fehler im Modell in einer Endlosschleife hängt.

22. Nach ein paar Sekunden ist die Simulation abgeschlossen und wir können uns die aufgezeichneten Signale anschauen:

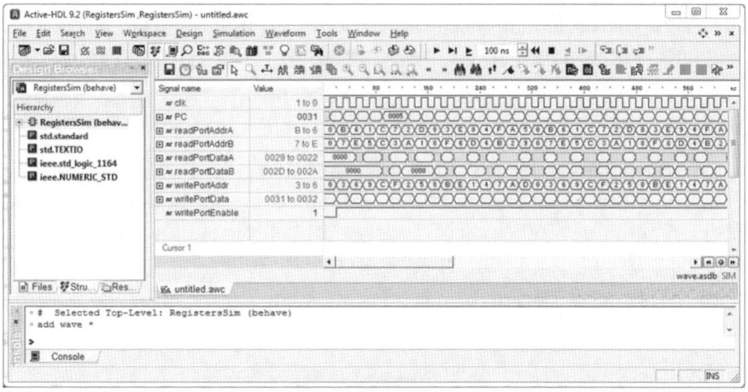

23. Für die Überprüfung der Signalverläufe wäre es ganz nützlich, wenn man auch die Speichermatrix *regContent* des Registers betrachten könnte. Die folgende Beschreibung zeigt, wie man ein oder mehrere Signal(e) dem „Waveform“-Fenster hinzufügen kann:

   (a) Aktivieren Sie die „Strukturansicht“ auf das Design.

   (b) Navigieren Sie in die gewünschte Instanz, hier: *RegisterSet*.

   (c) Im unteren Bereich der „Strukturansicht“ finden Sie die Liste der Schnittstellen und lokalen Signale der Instanz (hier: *RegisterSet*). Klicken Sie dort auf das gewünschte Signal (hier: *regContent*) und ziehen Sie es bei gedrückter linker Maustaste in den „Waveform“-Bereich herüber. Diesen Vorgang können Sie natürlich mit beliebigen anderen Signalen wiederholen.

   (d) Nun wird das Signal in der „Waveform“-Liste angezeigt, allerdings sind noch keine Werte zu sehen. Fahren Sie dazu die Simulation auf den Anfang zurück ( ).

   (e) Simulieren Sie für *100 ns* ( ). Jetzt sind auch Signalverläufe für das neue Signal zu sehen.

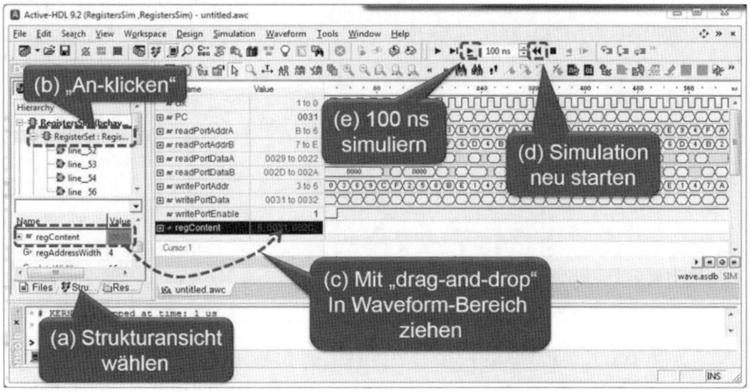

Dieses Verfahren kann man übrigens auch nutzen, wenn man einen neuen Waveform-Bereich erstellt hat (z.B. mit Hilfe des Buttons) und sich nun ein paar Signale für die Beobachtung zusammenstellen möchte. In der Strukturansicht können Sie dazu beliebig in der Design-Hierarchie „umherwandern", sich im unteren Teil die interessanten Signale heraussuchen und schließlich der Waveform hinzufügen.

Hinweise:

- **Top-Level-Design für Simulation festlegen**: Stellen Sie sicher, dass das richtige Top-Level-Design für die Simulation ausgewählt ist! Eigentlich weiß der Simulator nämlich nicht, welches Modell Sie simulieren möchten. In einem großen Design muss das nicht notwendiger Weise die Hauptkomponente sein!

  Das Top-Level-Design können Sie oben im Design-Browser über die „Drop-Down-Box" aber ganz einfach auswählen.

  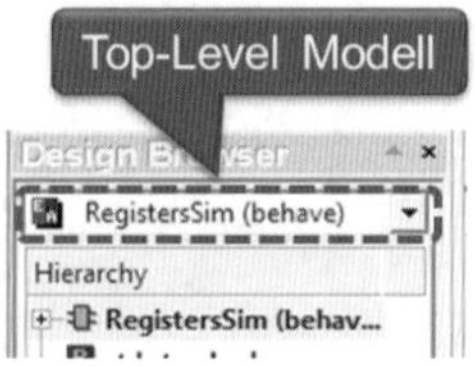

  Alternativ kann man auch das Design neu Übersetzen mit „Compile All with File Reorder" . Dann versucht der Simulator das Top-Level-Design zu erraten.

- **Probleme beim Hinzufügen von Signalen**: Falls beim Hinzufügen von Signalen zur Waveform Fehlermeldungen erscheinen, dann starten Sie die Simulation einmal mit und fahren Sie sie dann an den Anfang zurück (). Nun sollten Sie Signale wieder ohne Probleme hinzufügen können.

24. Nachdem wir *regContent* zur Waveform hinzugefügt haben, können wir das Signal „aufklappen" und den Verlauf jedes einzelnen Feldelements beobachten. Klicken Sie dazu auf das „+"-Zeichen vor *regContent* in der Waveform-Anzeige:

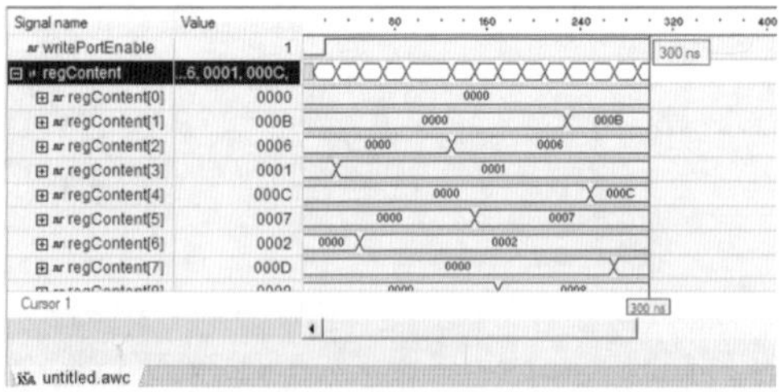

25. Um das Verhalten des Registersatzes zu überprüfen, müsste man jetzt eigentlich testen, ob die Daten, die aus den Lese-Ports herauskommen, auch tatsächlich korrekt sind. Suchen

Sie einmal im Signalverlauf nach einem Lesezugriff, der Daten ungleich 0 geliefert hat, heraus. Überprüfen Sie nun, wann diese Daten in den Registersatz geschrieben worden sind. Das ist ziemlich mühsam, oder?

Etwas einfacher wird die Aufgabe, wenn man zusätzlich die Speichermatrix beobachtet. Dann kann man direkt sehen, wann ein Wert an eine bestimmte Adresse in der Matrix geschrieben wurde und ob der Lesezugriff somit ein korrektes Ergebnis geliefert hat. Aber auch dies ist immer noch sehr mühsam!

Im Prinzip müsste man diese Überprüfungen nämlich für ganz viele Lesezugriffe durchführen, um halbwegs sicher sein zu können, dass das Modell auch korrekt arbeitet. Wie man leicht einsieht, ist das von Hand kaum möglich. Das ist der Grund, warum man in der Praxis oft sogenannte „self-checking testbenches“ verwendet: das sind Testumgebungen, die nicht nur Stimuli für das Testmodell generieren, sondern auch noch gleichzeitig die Ausgaben des Modells auf Korrektheit überprüfen. Das Entwickeln einer solchen Testbench würde aber den Rahmen dieses Buches sprengen und wir wollen uns daher hier damit begnügen, das Verhalten des Bausteins manuell für ein paar ausgewählte Fälle zu verifizieren.

23.4.4 Der Decoder

Der Decoder hat die Aufgabe das Befehlswort, welches vom Programmspeicher geliefert wird, zu analysieren und in seine Bestandteile aufzuspalten. Diese Aufgabe ist hier nicht allzu schwer, da die Befehlsworte ja alle 16 Bit lang sind und die Befehlsformate der Befehle sehr ähnlich sind (siehe Kapitel 23.3.1). So ist z.B. der eigentliche Befehl über die oberen 4 Bits definiert und die Registernummern sind ebenfalls im Befehlswort unabhängig vom eigentlichen Befehl immer an denselben Stellen abgelegt.

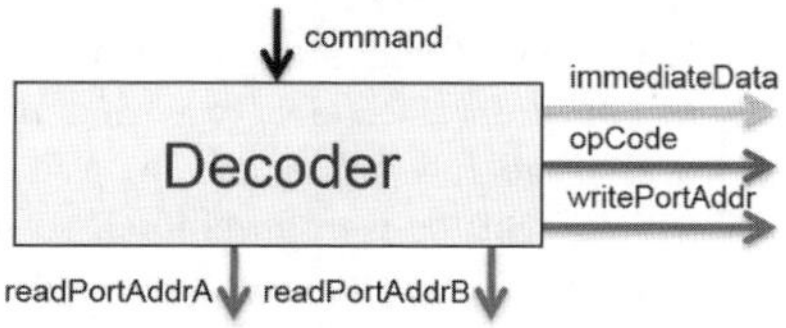

Abbildung 23.6: Schnittstellen des Decoders

Die Schnittstellensignale des Decoders sind:

- *command*: Das vom Programmspeicher gelieferte Befehlswort.
- *opCode*: Der Operations-Code, der der *ALU* sagt, welche mathematische oder logische Operation sie durchführen soll. Die *ALU* ist dabei die Recheneinheit des Prozessors. Beim HNR16 ist der *opCode* nichts anderes als die oberen 4 Bits des Befehlswortes.
- *readPortAddrA*: Die Nummer des Registers für den Lese-Port A. Die Nummer des Quellregisters A ist dabei an den Stellen 4 bis 7 des Befehlsworts abgelegt (siehe Kapitel 23.3.1).
- *readPortAddrB*: Die Nummer des Registers für den Lese-Port B. Diese Registernummer ist an den Stellen 0 bis 3 des Befehlsworts abgelegt (siehe Kapitel 23.3.1).
- *writePortAddr*: Die Nummer des Zielregisters. Diese Registernummer ist an den Stellen 8 bis 11 des Befehlsworts abgelegt (siehe Kapitel 23.3.1).
- *immediateData*: Der eventuell in den unteren 8 Bits des Befehlswort abgelegte Konstantenwert. Beachten Sie, dass nur einige der Befehle diese unteren 8 Bits als Konstante verwenden.

Im Allgemeinen ist die Dekodierung eines Befehls eine komplexe Angelegenheit. Wenn man allerdings die Befehlsformate geschickt wählt, dann wird die Aufgabe insbesondere bei RISC-Prozessoren deutlich einfacher. So ist es auch beim HNR16: Im Prinzip ist die Dekodierung nämlich durch eine einfache Aufspaltung des Befehlswortes möglich:

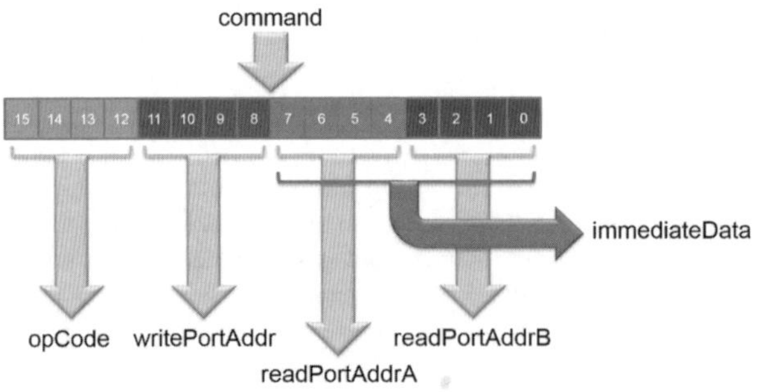

Dabei gibt es aber offensichtlich Überlappungen: So können die unteren 8 Bits sowohl als Konstantenwert (*immediateData*) oder als Quellregisternummern A und B (*readPortAddrA* und *readPortAddrB*) betrachtet werden. Was dabei genau zutrifft, ist abhängig vom jeweiligen Befehl, also von dem Bitmuster in *opCode*.

Nun könnte der Decoder zwar den *opCode*-Wert zu Rate ziehen, um zu entscheiden, was denn die richtige Interpretation ist. Wir wählen hier jedoch einen alternativen Weg, der das Design vereinfacht: es werden einfach sowohl *readPortAddrA* und *readPortAddrB* als auch *immediateData* ohne weitere Bearbeitung weiter gegeben. Das kann dann zur Folge haben, dass z.B. der Registersatz unnötig Register ließt, da die Registernummern für die Lese-Ports A und B in Wirklichkeit ein Konstantenwert war. Das ist aber nicht weiter „tragisch“, weil diese unnötigen Register-Leseoperationen ja letztlich „nichts kaputt machen“. Es wird höchstens etwas Energie verschwendet!

Um den Decoder zu designen, gehen Sie bitte wie folgt vor:

1. Starten Sie die Diamond-Entwicklungsumgebung und öffnen Sie im Begleitmaterial im Verzeichnis **DigiSysFpga\Teil5\HNR16** die Projektdatei **HNR16.ldf** mit „File → Open → Project“.

2. Erzeugen Sie als erstes mit Hilfe des Wizards (Aufruf mit „File → New → File“) eine neue VHDL-Datei **Decoder.vhd**. Diese Datei ergänzen Sie bitte zunächst um eine leere **entity**- und **architecture** mit passendem Namen:

```
library ieee;
use ieee.std_logic_1164.all;
use ieee.numeric_std.all;

entity Decoder is

end Decoder;

architecture behave of Decoder is
```

```
begin

end behave;
```

3. Ergänzen Sie nun die **entity** um die entsprechenden Schittstellensignale. Die Namen für die Ports entnehmen Sie bitte der Abbildung 23.6. Für die Register-Port-Adressen nutzen Sie bitte den Typ *unsigned*, für alle anderen Vektoren hingegen *std_logic_vector*. Setzen Sie bei den Indexbereichen die rechte (untere) Grenze auf 0 und die Bereichsrichtung auf **downto**. Achten Sie außerdem auf passende Datenflussrichtungen für die Signale!

4. Nun können wir die **architecture** des Bausteins entwerfen. Die Aufteilung des Befehlswortes in die entsprechenden Bestandteile kann man hier am einfachsten durch parallele Signalzuweisungen realisieren. Das soll am Beispiel von *opCode* gezeigt werden:

   ```
   opCode <= command(15 downto 12);
   ```

   Die Zuweisung extrahiert die Bits 15 bis 12 aus dem Signal *command* und weist Sie *opCode* zu. Diese Ausschnittsbildung nennt man in VHDL auch eine „Slice"-Operation. Damit diese Operation aber reibungslos klappt, müssen zwei Bedingungen erfüllt sein:

   - Das (Port-)Signal *command* muss die Indexbereichsrichtung **downto** besitzen (tatsächlich müssen die Indexbereichsrichtung von Signal und Slice identisch, also beide **to** oder beide **downto** sein).
   - Das Ziel der Zuweisung (*opCode*) muss passend (hier: 4 Bits) groß sein.

   Sollten Sie den vorangegangenen Anweisungen gewissenhaft gefolgt sein, dann sind diese beiden Bedingungen aber automatisch erfüllt.

Hinweis: Vielleicht wundern Sie sich, dass von *command* die Bits 12 bis 15 extrahiert werden, aber *opCode* als `(3 downto 0)` definiert ist. Das spielt in VHDL keine Rolle, da die Zuweisung einfach einen 4 Bit-Vektor nimmt und auf einen anderen 4-Bit Vektor zuweist (das linke Bit der Quelle kommt in das linke Bit des Ziels, usw.). Der Indexbereich ist dabei egal – Quelle und Ziel müssen nur gleich lang sein!

5. Erzeugen Sie nun passende parallele Signalzuweisungen für die Ports *readPortAddrA*, *readPortAddrB* und *writePortAddr*. Beachten Sie aber dabei, dass *command* vom Typ *std_logic_vector* ist während die Zielsignale den Typ *unsigned* besitzen. D.h. Sie können die extrahierten Bits nicht direkt auf die Ziele zuweisen! Da aber *std_logic_vector* und *unsigned* sehr ähnlich sind, können Sie den Typumwandlungsoperator *unsigned(...)* nutzen um die ausgeschnittenen Vektoren an das Ziel anzupassen.

6. Legen Sie schließlich die parallelen Signalzuweisung für das Ziel *immediateData* an.

Damit ist der Entwurf der Komponenten zunächst beendet. Wir werden Sie später zusammen mit dem Gesamtdesign testen.

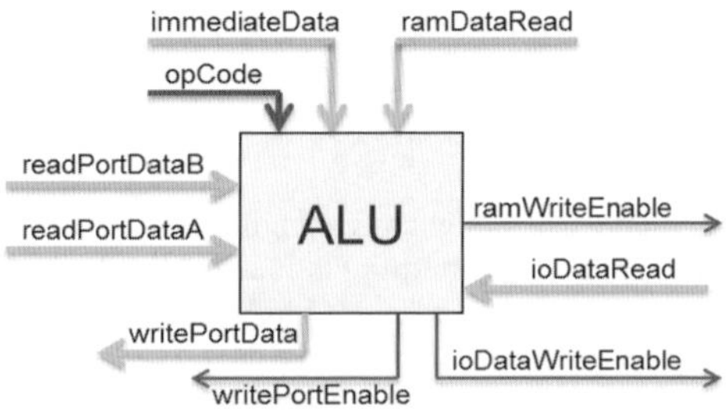

Abbildung 23.7: Schnittellen der ALU

23.4.5 Die ALU

Die ALU ist das „Herz“ des Prozessor. Sie führt die eigentlichen arithmetischen oder logischen Verknüpfungen durch. Sie kommuniziert dabei mit den anderen Komponenten des Prozessors (RAM, ROM, Decoder, Registersatz) und steuert deren Verhalten in Abhängigkeit von den Befehlen.

Gesteuert wird die ALU vom *opCode* – dem Operations-Code. Dieser *opCode* legt fest, wie die von den anderen Komponenten angelieferten Daten verarbeitet werden sollen. In VHDL wird eine ALU mit Hilfe eines asynchronen Prozesses mit einer zentralen **case**-Anweisung realisiert. Die **case**-Anweisung wird dabei vom *opCode* kontrolliert. Jede Alternative in der Anweisung entspricht dann einem bestimmten Befehl (z.B. *IMMU* oder *ADD*).

Die Schnittstellen der ALU sind in Abbildung 23.7 dargestellt. Ihre Funktionen sind:

- *readPortDataA*: Die aus dem Registersatz über den Port A gelesenen Daten.
- *readPortDataB*: Die aus dem Registersatz über den Port B gelesenen Daten.
- *writePortData*: Die Daten, die in den Registersatz geschrieben werden sollen.
- *writePortEnable*: Das Signal informiert den Registersatz darüber, dass an seinem Schreib-Port gültige Daten und Adressen anliegen, die mit der nächsten steigenden Taktflanke in den Registersatz geschrieben werden sollen.
- *ioDataWriteEnable*: Ist dieses Ausgangssignal 1, dann wird mit der nächsten steigenden Taktflanke der Zustand der 8 Leuchtdioden auf dem Entwicklungs-Board festgelegt. Der Zustand ergibt sich dabei aus den unteren 8 Bits der Daten vom Lese-Port A des Registersatzes.
- *ioDataRead*: Dieses Eingangssignal liefert den Zustand der 8 Schiebeschalter auf dem Board. Die oberen 8 Bits sind fest auf 0 gesetzt.
- *ramWriteEnable*: Kontrolliert den Schreibzugriff auf das Daten-RAM. Ist *ramWriteEnable* 1, dann liegen gültige Adressen und Daten am RAM an, die mit der folgenden steigenden Taktflanke geschrieben werden sollen. Die Adresse bekommt das RAM vom Lese-Port A, die zu Schreibenden Daten vom Lese-Port B des Registersatzes.

- *ramDataRead*: Die vom RAM gelesenen Daten.
- *immediateData*: Der aus dem Befehlswort extrahierte Konstantenwert.

Die *Enable*-Leitungen kontrollieren die taktsynchronen Speicheroperationen im Prozessor. Sie werden in jedem Taktzyklus von der ALU berechnet und müssen rechtzeitig vor der steigenden Taktflanke gültig und stabil anliegen. Angenehmer Weise müssen wir uns nicht selbst um das korrekte Timing der Leitungen kümmern: Das macht das Synthesewerkzeug für uns.

1. Starten Sie die Diamond-Entwicklungsumgebung und öffnen Sie im Begleitmaterial im Verzeichnis **DigiSysFpga\Teil5\HNR16** die Projektdatei **HNR16.ldf** mit „File → Open → Project“.

2. Erzeugen Sie nun mit Hilfe des Wizards (Aufruf mit „File → New → File“) eine neue VHDL-Datei **ALU.vhd**. Diese Datei ergänzen Sie bitte zunächst um eine leere **entity**- und **architecture** für ein Modell mit Namen *ALU*:

```
library ieee;
use ieee.std_logic_1164.all;
use ieee.numeric_std.all;

entity ALU is
end ALU;

architecture behave of ALU is
begin
end behave;
```

3. Ergänzen Sie die **entity** um die Schittstellensignale. Die Namen und Datenflussrichtungen für die Ports entnehmen Sie bitte der Abbildung 23.7. Verwenden Sie für alle Vektoren den Typ *std_logic_vector*. Setzen Sie den Indexbereichen entsprechend dem Muster `(X downto 0)`, wobei *X* der obere Indexwert ist. Für die binären Signale verwenden Sie bitte wie gewohnt *std_logic*.

4. Als nächstes füllen wir die **architecture** der ALU auf. Die ALU-Funktionen für die drei Befehle *IMMU*, *IO* und *ADD* werden mit Hilfe eines *asynchronen* Prozesses realisiert, der eine **case**-Anweisung mit *opCode* als Auswahlausdruck enthält. Fügen Sie folgenden Prozess in die *architecture* ein:

```
process (...) -- Achtung: Sensitivitaetsliste muss noch gefuellt werden
begin
   case opCode is

   -- Der Befehl IMMU: erweitert die 8 Bit Konstante aus Befehlswort
   -- um 8 fuehrende Nullen und legt das Ergebnis an den Schreib-Port
   when "1010" => writePortData <= "00000000" & immediateData;
                  writePortEnable <= '1'; -- Schreib-Port aktivieren

   -- Der Befehl IO: Werte von ioDataRead an Schreib-Port anlegen.
```

```
    -- Schreibleitung zum setzen der LEDs aktivieren (Daten werden
    -- direkt vom Lese-Port A abgegriffen).
    when "0011" => writePortData <= ioDataRead;
                   writePortEnable <= '1'; -- Schreib-Port aktivieren
                   ioDataWriteEnable <= '1'; -- LEDs setzen

    -- Der Befehl ADD: Daten der Lese-Ports A und B addieren.
    -- Achtung: Port-Daten muessen erst nach "unsigned"
    -- und das Ergebnis dann wieder zurueck nach
    -- "std_logic_vector" konvertiert werden!
    when "0001" => writePortData <= std_logic_vector(
              unsigned(readPortDataA) + unsigned(readPortDataB));
                   writePortEnable <= '1'; -- Schreib-Port aktivieren

    -- Letzte Alternative deckt alle anderen, noch nicht genannten
    -- Faelle ab! Dies ist hier notwendig, damit der VHDL-Compiler
    -- "zufrieden" ist.
    when others =>
    end case;
  end process;
```

Bitte beachten Sie, dass der Prozess so noch nicht fehlerfrei übersetzt werden kann!

Die verschiedenen Alternativen in der **case**-Anweisung haben folgende Bedeutungen:

- Die erste Alternative wird ausgeführt, wenn *opCode* das Muster 1010 – entsprechend dem Befehl *IMMU* (siehe dazu Kapitel 23.3.2) – hat. *IMMU* nimmt die vom *Decoder* angelieferte 8-Bit-Konstante aus dem Befehlswort (*immediateData*) und erweitert sie um 8 führende Nullen. Das 16-Bit breite Ergebnis wird dann an auf den Datenkanal des Schreib-Ports gelegt. Außerdem wird *writePortEnable* auf 1 gesetzt, damit der Registersatz den Wert auch mit der nächsten steigenden Taktflanke abspeichert.
- Die zweite Alternative tested *opCode* auf das Muster 0011, was dem Befehl *IO* entspricht. Dieser Befehl legt *ioDataRead* an den Schreib-Port an. Außerdem wird *ioDataWriteEnable* gesetzt, um der LED-Ansteuerung zu signalisieren, dass die Daten vom Lese-Port A nun auf den LEDs ausgegeben werden sollen. Beachten Sie, dass der eigentliche Speichervorgang erst durch die nächste steigende Taktflanke ausgelöst wird.
- Der dritte Befehl hat das *opCode*-Muster 0001 und führt eine Addition durch: Die Daten von Lese-Port A und B werden dabei addiert und an den Schreib-Port angelegt. Die Addition erfordert einiges an Typkonversionen, da der Schreib- und die Lese-Ports vom Typ *std_logic_vector* sind. Daher müssen wir die Daten erst nach *unsigned* umwandeln um das Ergebnis dann wieder nach in *std_logic_vector* zurückzutransformieren.
- Als letzte Alternative ist noch **others** aufgeführt. VHDL erwartet, dass alle möglichen Alternativen in einer **case**-Anweisung auch angegeben sind. Das erreicht man am einfachsten, indem man mit **others** alle „übrigen“ bisher noch nicht explizit aufgeführten Fälle abfängt.

5. So wie der Prozess im Moment ist, kann er noch nicht fehlerfrei übersetzt werden. Im nächsten Schritt werden wir ihn daher vervollständigen.

   Das wichtigste ist zunächst die Ergänzung der Sensitvitätsliste: Bei *asynchronen* Prozessen muss die Sensitivitätsliste *alle* Signale enthalten, von denen im Prozess-Code *gelesen* wird. Das sind hier die Signale *opCode*, *immediateData*, *ioDataRead*, *readPortDataA* und *readPortDataB*. Ergänzen Sie bitte die Sensitivitätsliste entsprechend.

```
process (opCode, immediateData, readPortDataA, readPortDataB)
begin
   ...
end process;
```

6. Als nächstes ist dafür zu sorgen, dass im Code *beschriebene* Signale bei *jedem* Prozesslauf einen Wert zugewiesen bekommen – unabhängig davon welchen Zweig die **case**-Anweisung ausführt! Geschrieben werden hier bisher *writePortData*, *writePortEnable* und *ioDataWriteEnable*.

   Am einfachsten kann man diese Bedingung erfüllen, indem man am Anfang des Prozesscodes all diesen Signalen schon mal einen Wert zuweist:

```
process (opCode, immediateData, readPortDataA, readPortDataB)
begin
   -- Allen beschriebenen Signale einen "ersten Wert" zuweisen
   writePortData <= "0000000000000000";
   writePortEnable <= '0';
   ioDataWriteEnable <= '0';
   -- In der case-Anweisung werden diese ersten Werte dann eventuell
   -- ueberschrieben...
   case opCode is
      -- wenn opCode gleich 1010 ist, dann bekommen "writePortData"
      -- und "writePortEnable" andere Werte...
      when "1010" => writePortData <= "00000000" & immediateData;
                     writePortEnable <= '1';
      ...
   end case;
end process;
```

   Wenn man dann in der **case**-Anweisung einen neuen (anderen) Wert auf ein oder auch mehrere dieser Signale zuweist, dann überschreiben diese neuen Zuweisungen die ersten (entsprechend dem „Weihnachtsmannprinzip“). Werden hingegen keine neuen Zuweisungen erzeugt, dann bleiben eben die ursprünglichen bestehen: Der oben angesprochenen Synthese-Bedingung ist somit in jedem Fall genüge getan!

7. Jetzt ist unser Prozess vollständig, aber einige Aspekte sind noch etwas störend: z.B. sind die Konstanten, gegen die *opCode* in der **case**-Anweisung verglichen wird, wenig einprägsam. Weithin können wir den *opCode*-Wert für einen Befehl nur mit Mühe ändern. Schöner wäre es da, wenn man „sprechende“ Konstanten für die verschiedenen Befehls-*opCodes* verwenden könnte. Und genau das wollen wir als nächstes machen.

Definieren Sie im Dekalrationsbereich des Prozesses drei Konstanten für die bisher genutzten *opCode*-Werte mit Namen *IMMU*, *IO* und *ADD*. Im folgenden Ausschnitt ist dies beispielhaft für *IMMU* gezeigt:

```
process (opCode, immediateData, readPortDataA, readPortDataB)
  constant IMMU : std_logic_vector(3 downto 0) := "1010";
begin
  ...
  case opCode is
  when IMMU => writePortData <= "00000000" & immediateData;
               writePortEnable <= '1';
  ...
  end case;
end process;
```

In der **case**-Anweisung können wir diese Konstanten natürlich nutzen, um die Alternativen für die verschiedenen *opCode*-Werte auszuwählen. Ändern Sie bitte den Code entsprechend.

8. Die nächste Abbildung zeigt den Prozesscode nochmal im Überblick. Aus Platzgründen wurde dabei auf Kommentare verzichtet:

```
process (opCode, immediateData, readPortDataA, readPortDataB)
  constant IMMU : std_logic_vector(3 downto 0) := "1010";
  constant IO : std_logic_vector(3 downto 0) := "0011";
  constant ADD : std_logic_vector(3 downto 0) := "0001";
begin
  writePortData <= "0000000000000000";
  writePortEnable <= '0';
  ioDataWriteEnable <= '0';

  case opCode is
  when IMMU => writePortData <= "00000000" & immediateData;
               writePortEnable <= '1';
  when IO => writePortData <= ioDataRead;
               writePortEnable <= '1';
               ioDataWriteEnable <= '1';
  when ADD => writePortData <= std_logic_vector(
               unsigned(readPortDataA) + unsigned(readPortDataB));
               writePortEnable <= '1';
  when others =>
  end case;
end process;
```

Vergleichen Sie Ihren Code mit diesem Referenz-Modell.

23.4.6 Zusammenbau des HNR16

Im letzten Schritt werden wir die Komponenten des HNR16 jetzt zu einem kompletten Prozessor zusammenbauen. Die neue Komponente soll auch den Namen HNR16 tragen und ROM, RAM,

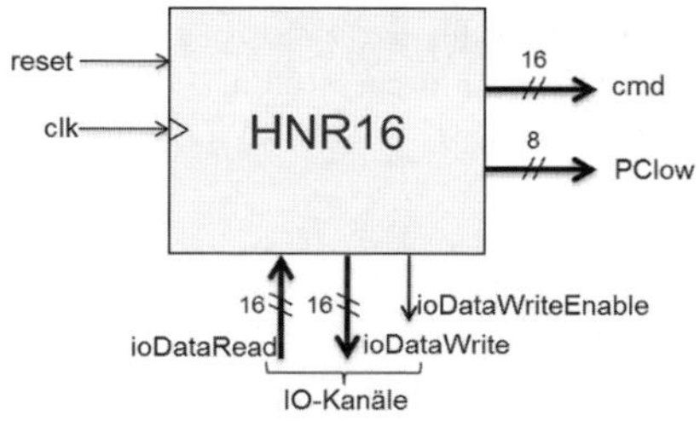

Abbildung 23.8: Schnittstellen des HNR16

die Register, den Decoder und die ALU enthalten. Als Schnittstellensignale bleiben daher nur noch das Taktsignal *clk* und die IO-Leitungen *ioDataRead* und *ioDataWrite* sowie *ioDataWriteEnable* übrig.

Damit wir dem Prozessor besser „bei der Arbeit zuschauen können", werden zusätzlich das Befehlswort (*cmd*) und die unteren 8 Bits des *PC* (= *PClow*) – also des Programmzählers – herausgeführt. Diese beiden Signale werden wir später (abwechselnd) auf die Siebensegmentanzeigen legen.

Gehen Sie bei der Erstellung des Modells wie folgt vor:

1. Starten Sie die Diamond-Entwicklungsumgebung und öffnen Sie im Begleitmaterial im Verzeichnis **DigiSysFpga\Teil5\HNR16** die Projektdatei **HNR16.ldf** mit „File → Open → Project".

2. Erzeugen Sie nun mit Hilfe des Wizards (Aufruf mit „File → New → File") eine neue VHDL-Datei **HNR16.vhd**. Diese Datei ergänzen Sie bitte zunächst um eine leere **entity**- und **architecture** für ein Modell mit Namen *HNR16*:

```
library ieee;
use ieee.std_logic_1164.all;
use ieee.numeric_std.all;

entity HNR16 is
end HNR16;

architecture behave of HNR16 is
begin
end behave;
```

3. Ergänzen Sie die **entity** um die Schittstellensignale. Die Namen und Datenflussrichtungen für die Ports entnehmen Sie bitte der Abbildung 23.8 (bitte genau diese Port-Namen verwenden!). Das Eingangssignal *reset* (Typ *std_logic*) hat im Moment noch keine Funktion. Legen Sie es aber trotzdem schon an!

   Deklarieren Sie alle Vektoren als *std_logic_vector* mit Ausnahme des Signals *PC*, welches vom Typ *unsigned* sein soll. Setzen Sie die Indexbereiche entsprechend dem Muster `(X downto 0)`, wobei *X* der obere Indexwert ist. Für *clk* verwenden Sie natürlich wie gewohnt *std_logic*.

4. Bevor wir mit dem Zusammenbau des Prozessor beginnen, kopieren wir noch die in den verschiedenen Projekten erstellten und getesteten Designs. Klicken Sie dazu in der „File List"-Ansicht mit der rechten Maustaste auf *HNR16* und wählen Sie „Add → Existing File...".

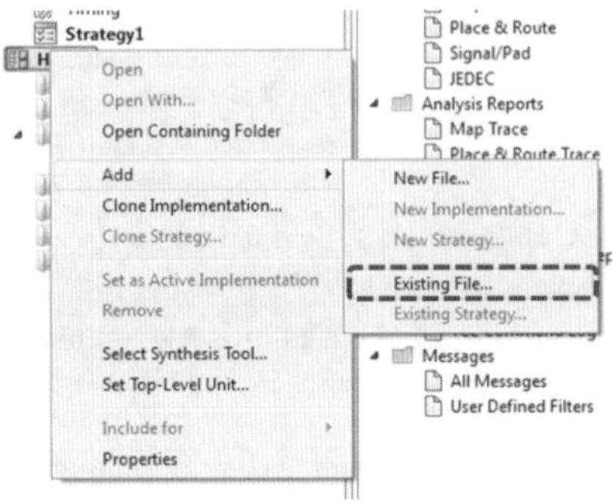

5. Daraufhin öffnet sich ein Datei-Browser. Wechseln Sie in dem Browser in das Projekt-Verzeichnis für das ROM-Design und selektieren Sie die Datei **ROM.vhd**. Wählen Sie die Option „Copy file to Implementation's Source directory" an und drücken Sie auf „Add".

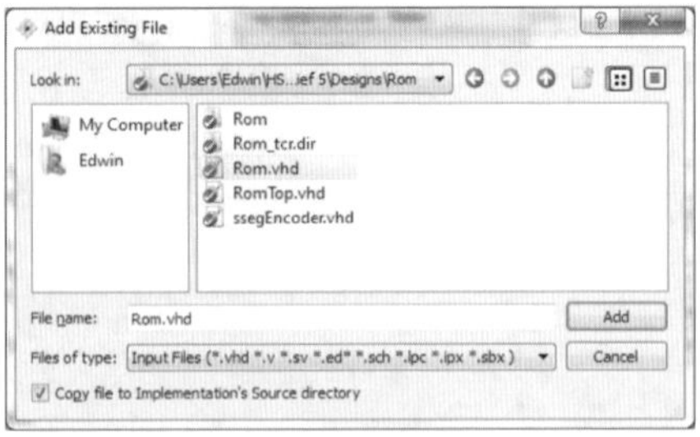

Damit steht nun das ROM-Design zur Verfügung und wir können später eine Instanz davon bilden.

6. Fügen Sie nach dem gleichen Verfahren die Komponenten *RAM* und *Registers* zum aktuellen Design hinzu!

7. Nun ist es an der Zeit, die ganzen Komponenten zusammenzufügen. Um den Vorgang etwas zu vereinfachen, ist der detaillierte Verdrahtungsplan des HNR16 nochmal in Abbildung 23.9 dargestellt.

   Beginnen Sie mit der Instanziierung des RAM-Baustein. Um nicht zu viele Ressourcen des FPGA für die Implementierung des RAMs zu verbrauchen, machen wir die Adresse nur 8 Bit weit – das entspricht dann 256 verschiedenen Wörtern, im Gegensatz zu 65536 Wörtern, wenn man 16 Bit Adressen verwendet. Dadurch wird es dann aber erforderlich, dass beim Verbinden der Adressleitungen des RAMs mit *ramAddr* nur die unteren 8 Bits verwendet werden (siehe Zeile 8 in VHDL-Code unten):

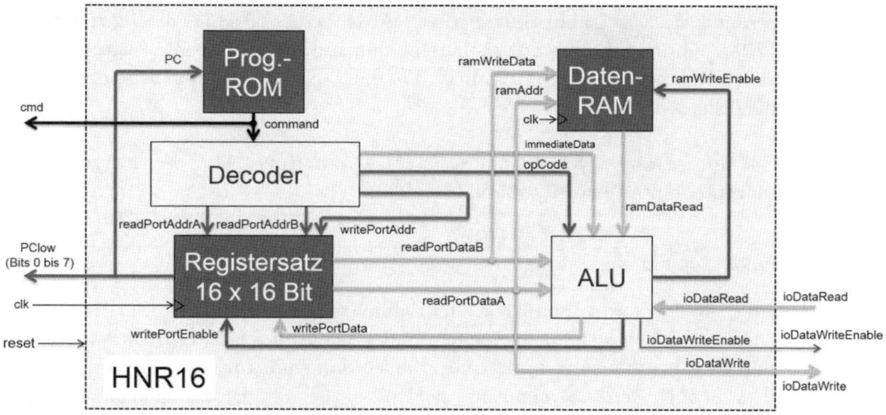

Abbildung 23.9: Detaillierter Verdrahtungsplan für den HNR16

```
myRam: entity work.Ram
   generic map (addressWidth => 8, -- ACHTUNG: die Adressen sind hier
                                   -- auf 8 Bit begrenzt, damit nicht zu
                                   -- viel unnoetiger Speicher im FPGA
                                   -- angelegt wird
            dataWidth => 16) -- Datenwortbreite ist 16 Bit
   port map (clk => clk,
        address => ramAddr(7 downto 0), -- Das RAM hat jetzt nur
                                -- 8-Bit Adressen, daher benutzen wir
                                -- nur die unteren 8 Bits von
                                -- "ramAddr" (ist eigentlich 16 Bit weit)
        dataOut => ramDataRead, -- Datenausgang des RAM
        writeEnable => ramWriteEnable, -- Schreibfreigabe
        dataIn => ramWriteData); -- Dateneingang des RAM
```

Benennen Sie dabei die Signale wie in Abbildung 23.9 angegeben. Vergessen Sie nicht, die fehlenden „Verbindungs"-Signale in der **architecture** von HNR16 zu deklarieren. Verwenden Sie die passenden Vektortypen: im allgemeinen ist das *unsigned* für alle Adressen oder Registernummern und *std_logic_vector* für alle anderen Vektoren. Auch hier sollten Sie die Indexbereiche entsprechend dem Muster `(X downto 0)` wählen, wobei *X* entsprechend dem obern Indexwert gesetzt werden muss.

Im Verdrahtungplan haben einige der Signale zwei Namen: *readPortDataB* ist z.B. auch identisch zu *ramWriteData*. Verwenden Sie in solchen Fällen bitte auch tatsächlich zwei getrennte Signale, die Sie mit einer parallelen Signalzuweisung miteinander verbinden:

```
ramWriteData <= readPortDataB; -- Spiegelt readPortDataB auf
                               -- ramWriteData
```

Dabei müssen Sie allerdings Quell- und Zielsignal sorgsam auswählen, um den Datenfluss korrekt abzubilden. In diesem Beispiel erzeugt der Registersatz den Wert für *readPort-*

DataB und *ramWriteData* ist ein Eingang des RAMs. Daher ist *readPortDataB* die Quelle und *ramWriteData* das Ziel der Zuweisung. Erzeugen Sie passende Zuweisungen für alle Signale mit mehrfachen Namen (Achtung: Dies gilt auch für Kombinationen von Port- und normalen Signalen).

8. Erzeugen Sie nun Instanzen von *ROM*, *Registers*, *Decoder* und *ALU*. Verdrahten Sie auch dieses Instanzen entsprechend der Abbildung 23.9.

Hinweise und Tips für die Instanziierung von Komponenten:

- Damit Sie beim Verdrahten keines der Signale vergessen, kopieren Sie die Port- und Generic-Deklarationen der einzubindenden Komponente in die entsprechende Instanzanweisung und bauen Sie sie dann um (aus *generic* bzw. *port* wird dann z.B. *generic map* bzw. *port map*, die Typ-Deklarationen werden gelöscht, etc.).
- Um Verdrahtungsfehler zu vermeiden, verwenden Sie bitte ausschließlich „named association“ (d.h., erzeugen Sie die Verbindungen nach dem Muster *Pin-Name => Signal-Name*) bei den „Map“-Anweisungen.
- Denken Sie daran, hinter der *generic map*-Anweisung **kein** Semikolon zu setzen!

9. Synthetisieren Sie nun das Gesamtdesign. Achten Sie aber darauf, *HNR16Top* als „Top-Level-Unit“ zu setzen. *HNR16Top* ist bereits vordefiniert und hat nur die Aufgabe den Prozessor mit den Leuchtdioden, Siebensegementanzeigen und Schiebe- sowie Druckschaltern zu verbinden.

   Sollten Sie bei der Synthese Fehler erhalten, dann klicken Sie auf den „Errors“-Reiter im Ausgabebereich der Entwicklungsumgebung (unten). Scrollen Sie zur ersten Fehlermeldung und führen Sie ein Doppelklick auf die Meldung aus. Das bringt Sie direkt zu der Stelle, an der das Synthesewerkzeug einen Fehler identifiziert hat.

10. Wenn das Design fehlerfrei übersetzt worden ist, dann können Sie es als nächstes auf das Entwicklungs-Board hinunter laden und testen. Verbinden Sie nun das Entwicklungs-Board mit dem PC und starten Sie danach den „Programmer“ über das „Tools“-Menü:

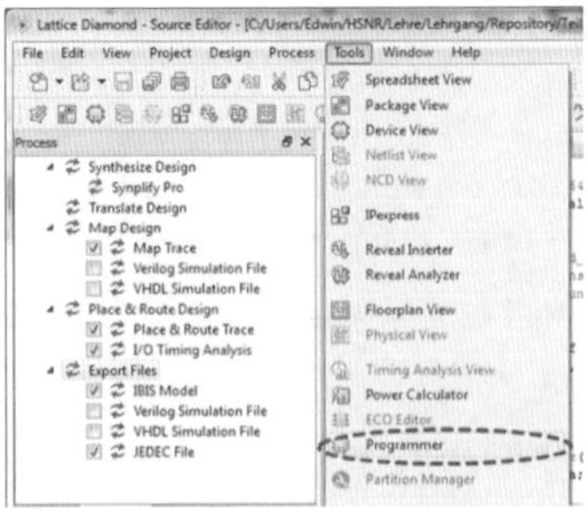

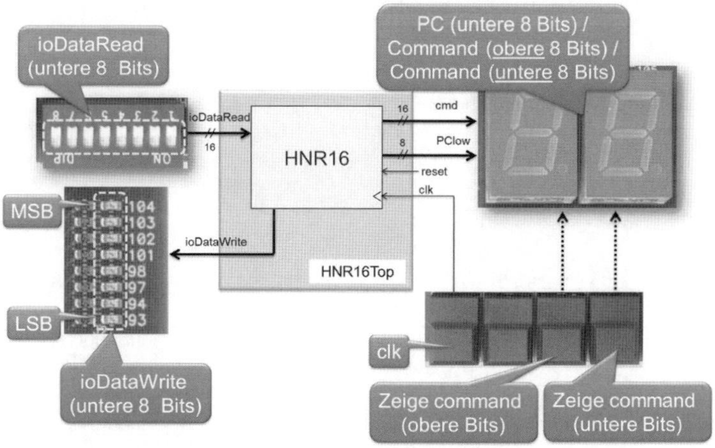

Abbildung 23.10: Verbindungen des HNR16 mit den Komponenten des Entwicklungs-Boards

Konfigurieren Sie das Programmierwerkzeug daraufhin wie in Kapitel 23.4.1 Schritte 11 bis 13 (Seite 394) beschrieben!

Nun können Sie das Design testen. Die Abbildung 23.10 verdeutlicht die Verbindung des HNR16 mit den Komponenten des Entwicklungs-Boards.

- Der Takt wird von „Hand" über den linken Taster einzeln ausgelöst. Damit können wir dem Prozessor bei der „Arbeit zusehen".
- Die rechten beiden Taster steuern die Siebensegmentanzeige:
  - Ist keine der beiden rechten Tasten gedrückt, dann zeigt die Anzeige die unteren 8 Bits des Befehlszählers (*PC*).
  - Wird die zweite Taste von rechts gedrückt, dann sind die oberen 8 Bits des Befehlswortes (*command*) auf der Anzeige zu sehen.
  - Wird die rechte Taste gedrückt, so erscheinen die unteren 8 Bits des Befehlswortes (*command*) auf der Anzeige.
- Die Schiebeschalter werden auf die unteren IO-Eingänge (*ioDataRead*) des HNR16 gelegt.
- Die Leuchtdioden werden durch die IO-Ausgänge des HNR16 angesteuert.

Stellen Sie an den Schiebeschaltern verschiedene Werte entsprechend der Tabelle 23.1 ein und drücken Sie den linken Taster (*clk*). Entsprechen die LED-Anzeige den Werten in der Tabelle? Ergänzen Sie die Tabelle.

Takt	PC	Befehl	Schiebeschalter	LED-Anzeige
1	0	IMMU R2, #1	**00000011**	00000000
2	1	IMMU R3, #0	00000011	00000000
3	2	IO R2, R3	00000011	00000000
4	3	ADD R3, R3, R2	**00000001**	00000000
5	4	IMMU PC, #2	00000001	00000000
6	2	IO R2, R3	00000001	00000000
7	3	ADD R3, R3, R2	00000001	00000011
8	4	IMMU PC, #2	00000001	00000011
9	2	IO R2, R3	00000001	00000011
10	3	ADD R3, R3, R2	00000001	00000100
11	4	IMMU PC, #2	**00000100**	00000100
12	2	IO R2, R3	00000100	00000100
13	3	ADD R3, R3, R2	00000100	00000101
14				
15				
16				
17				
18				
19				
20				
21				
22				

Tabelle 23.1: Beispielhafte Signalverläufe für die Aus- und Eingangssignale des Prozessors; die Spalten „PC“, „Schiebeschalter“ und „LED-Anzeige“ zeigen den Zustand der Siebensegmentanzeige, der Schalter und der Leuchtdioden, *bevor* der Takt ausgelöst wird

Hinweis:
Wenn Sie das Modell zwar übersetzen können, es sich beim Testen aber nicht wie erwartet verhält, bietet sich eine Simulation des Designs an. In der Simulation können wir ohne Probleme „tief in die Schaltung hineinschauen“, um eventuellen Fehlern auf die Spur zu kommen.
Nur den Prozessor allein zu simulieren ist jedoch nicht sinnvoll, da keine Stimuli und kein Taktsignal vorhanden sind: wir brauchen also eine „Testbench“. Um Ihnen das „debuggen“ zu erleichtern, ist dem Projekt bereits eine einfache „Testbench“ Namens „HNR16TopSim“ für die Simulation hinzugefügt worden.
Zum erstmaligen Starten einer Simulation führen Sie den „Simulation Wizard “ ( ) analog zu den Schritten 17 bis 22 in Kapitel 23.4.3 aus. Das Simulationsprojekt können Sie dabei z.B. *HNR16TopSim* nennen.
Vergessen Sie nicht *HNR16TopSim* als Top-Level-Komponenten für die *Simulation* anzugeben (auch wenn Sie später einmal nach der Top-Level-Komponente gefragt werden sollten!):

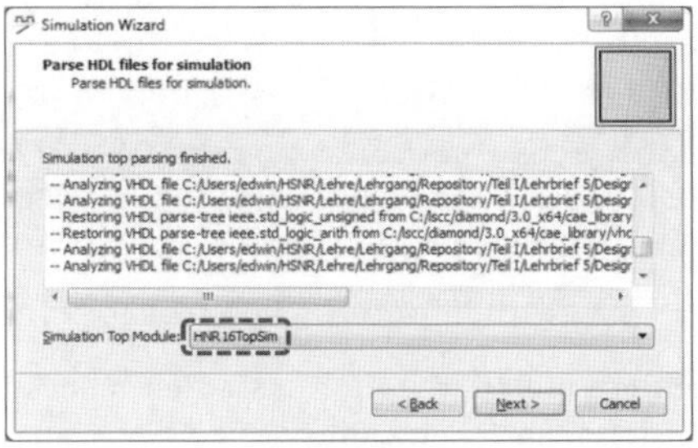

Die Testbench erzeugt dabei dieselben Stimuli wie in der Tabelle 23.1 gezeigt.
In der Simulation können Sie sich nun beliebige Signale anschauen und ihr zeitliches Verhalten untersuchen. Tatsächlich ist das auch der typische Weg, um Fehlern im Design auf die Spur zu kommen. Dabei werden Sie vielleicht verblüfft sein, wie aufwändig und mühsam es schon hier bei einem noch relativ einfachen Design ist, der Ursache für einen Fehler auf die Spur zu kommen. Dies ist auch der Grund dafür, warum die Fehlersuche in komplexen Schaltungen so zeitraubend ist.

23.4.7 Optimierung des HNR16

Nachdem wir jetzt erfolgreich einen ersten einfachen RISC-Prozessor entworfen und in VHDL implementiert haben, werden wir nun das Design verbessern und erweitern. Als erstes wenden wir uns der Kodierung von Programmen zu.

Konstanten zur Programmdefinition

Wie Sie vielleicht gemerkt haben, ist das Schreiben und Kodieren von Programmen für den HNR16 ziemlich mühsam und die abgelegten Programme sind dann nur schwer zu lesen. Das wollen wir nun etwas verbessern, indem wir ein paar Konstanten in einem **package** definieren, mit denen sich die entsprechenden Maschinenbefehle deutlich angenehmer kodieren lassen. Gehen Sie dazu wie folgt vor:

1. Starten Sie die Diamond-Entwicklungsumgebung und öffnen Sie im Begleitmaterial im Verzeichnis **DigiSysFpga\Teil5\HNR16** die Projektdatei **HNR16.ldf** mit „File → Open → Project“.

2. Erzeugen Sie mit Hilfe des Wizards (Aufruf mit „File → New → File“) eine neue VHDL-Datei **HNR16Pack.vhd**. Fügen Sie eine leere **package**-Definition hinzu:

```
library ieee;
use ieee.std_logic_1164.all;
use ieee.numeric_std.all;

package HNR16Pack is

end HNR16Pack;
```

3. Entfernen (nicht vergessen!) Sie aus dem Design *ALU* die Konstantendefinitionen für *IMMU*, *IO* und *ADD* und fügen Sie sie in das **package** ein:

```
...
package HNR16Pack is
   constant IMMU : std_logic_vector(3 downto 0) := "1010";
   constant IO : std_logic_vector(3 downto 0) := "0011";
   constant ADD : std_logic_vector(3 downto 0) := "0001";
end HNR16Pack;
```

4. Erweitern Sie das **package** um 16 weitere Konstanten, über die man später ganz einfach die verschiedenen Register ansprechen kann:

```
   constant R0 : std_logic_vector(3 downto 0) := "0000";
   constant R1 : std_logic_vector(3 downto 0) := "0001";
   constant R2 : std_logic_vector(3 downto 0) := "0010";
   ... -- Bitte weiterfuehren ...
   constant R15 : std_logic_vector(3 downto 0) := "1111";
```

5. Machen Sie das **package** im Design *ALU* und *ROM* sichtbar, indem Sie den Dateikopf der entsprechenden Module um die passende **use**-Anweisung ergänzen:

```
library ieee;
use ieee.std_logic_1164.all;
use ieee.numeric_std.all;
use work.HNR16Pack.all; -- Macht Deklarationen aus HNR16Pack sichtbar
```

6. Als nächstes können wir im Design *ROM* den Initialisierungsausdruck für den Speicherinhalt umschreiben. Dabei verwenden wir die eben definierten Konstanten um die Lesbarkeit des Codes zu verbessern:

```
  signal memContent : memContentType := (
    0 => IMMU & R2 & "00000000",
    1 => IMMU & R3 & "00000000",
    2 => IO   & R2 & R3 & "0000",
```

```
    3 => ADD  & R3 & R3 & R2,
    4 => IMMU & R15 & "00000010",
    others => "0000000000000000"
);
```

Der VHDL-Compiler ersetzt die Konstanten durch die entsprechenden Bitketten und „klebt" die Teilstücke schließlich zu jeweils 16 Bit langen Vektoren zusammen. Aus `IMMU & R2 & "00000000"` wird daher z.B. das Bitmuster 1010001000000000 – so wie es vorher auch da stand. Das Ergebnis ist also dasselbe wie vorher, aber man kann jetzt viel einfacher erkennen, was der Befehl bedeutet!

Ein weiterer Vorteil ist, dass wir jetzt ohne großen Aufwand die Kodierung der *opCodes* ändern können. Wenn wir den *ADD*-Befehl durch den OpCode-Wert 1000 anstatt durch 0001 kodieren möchten, dann müssen wir nur *HNR16Pack* geeignet anpassen!

Reset

Um den Prozessor von der Adresse 0 aus loslaufen zu lassen, müssen wir das FPGA-Board leider erst neu programmieren. Das ist natürlich etwas lästig. Daher werden wir das Design jetzt so anpassen, dass wir den Prozessor über ein Reset-Signal gezielt zurücksetzen können.

1. Starten Sie die Diamond-Entwicklungsumgebung und öffnen Sie im Begleitmaterial im Verzeichnis **DigiSysFpga\Teil5\HNR16** die Projektdatei **HNR16.ldf** mit „File → Open → Project".
2. Im Modul *HSNR* existiert bereits ein Signal mit dem passenden Namen *reset*. Dieses Signal werden wir benutzen, um den Programmzähler gezielt auf 0 zu setzen. Öffnen Sie als erstes in der Entwicklungsumgebung das Modul *Registers* und erweitern Sie die **entity** um ein Eingangssignal *reset* vom Typ *std_logic*.
3. Ergänzen Sie als nächstes den synchronen Prozess, der in dem Design die Schreiboperationen auf die Speichermatrix des Registers durchführt: Fügen Sie eine **if-then**-Anweisung hinzu, die `regContent(15)` auf 000...0 setzt, wenn *reset* gleich 1 ist. Achten Sie darauf diese Anweisungen als letzte Zuweisung im synchronen Teil des Prozesses zu platzieren, damit das *reset*-Signal die höchste Priorität bekommt. So wird sichergestellt, dass bei einem Reset R15 auf 0 gesetzt wird, auch wenn der Prozessor vielleicht gerade einen Befehl ausführt, der R15 ebenfalls beschreibt.
4. Verdrahten Sie schließlich im Modul *HNR16* das neue Port-Signal *reset* von *Registers* mit dem von *HNR16*.
5. Synthetisieren Sie nun das Design und laden es auf das Entwicklung-Board. Nun können Sie den Prozessor zurücksetzen, indem Sie zuerst die *Reset*-Taste drücken *und gedrückt halten* und dann die *Takt*-Taste drücken. Danach können Sie beide Tasten wieder loslassen (siehe dazu auch Abbildung 23.11).

Vollständiger Befehlssatz

Bis jetzt haben wir nur die Befehle des HNR16 implementiert, die wir für die Ausführung des Programms aus Kapitel 23.3 auch benötigt haben. Für einen kompletten Prozessor fehlen aber

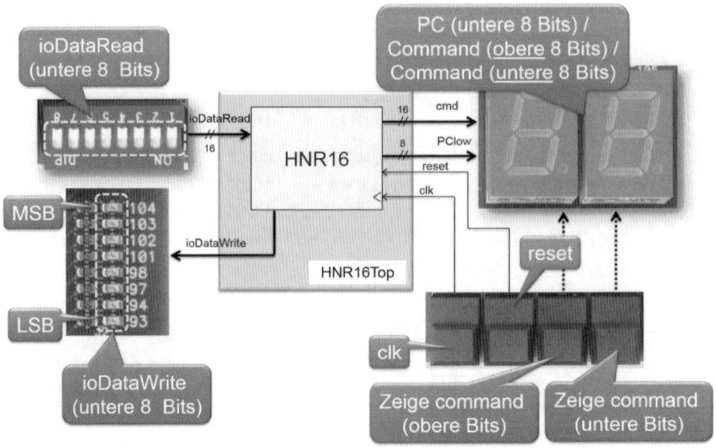

Abbildung 23.11: Testumgebung für den HNR16 mit „Reset"-Knopf

noch einiges an weiteren Befehlen z.B. zur Subtraktion, zur logischen Verknüpfung von Daten, zum Zugriff auf den Datenspeicher und für die Programmflusskontrolle. Diese Befehle sollen im folgenden ergänzt werden.

1. Starten Sie wie gewohnt die Diamond-Entwicklungsumgebung und öffnen Sie im Begleitmaterial im Verzeichnis **DigiSysFpga\Teil5\HNR16** die Projektdatei **HNR16.ldf** mit „File → Open → Project".

2. Fügen Sie die fehlenden Befehle zum Prozessor-Design hinzu. Eine vollständige Liste der Befehle finden Sie in Kapitel 23.5. Beginnen Sie mit den Befehlen *SUB*, *LAND*, *LOR*, *LXOR* und *LNOT*. Gehen Sie bei jedem neuen Befehl wie folgt vor:

   - Fügen Sie in das **package** *HNR16Pack* eine Konstante für den entsprechenden Opcode hinzu.
   - Erweitern Sie die *ALU* des Prozessors um den entsprechenden Befehl. Achten Sie immer darauf,
     – dass der asynchrone Prozess allen Signale, die „irgendwo" im Prozess beschrieben werden, in jedem Fall etwas zuweist und vergessen Sie nicht
     – gegebenenfalls die Sensitivitätsliste zu erweitern (in die Liste gehören alle Signale, von denen im Prozess *gelesen* wird)!
   - Testen Sie den neuen Befehl, indem Sie sich ein kleines Testprogramm ausdenken, im ROM kodieren und dann den Prozessor mit Hilfe der Simulations-Testbench *HNR16TopSim* simulieren. Beobachten Sie die entsprechenden Signale des Prozessor, um die Funktion des neuen Befehls zu überprüfen.

     Hinweis: Der Prozessor kann an sich nicht „anhalten". Er führt immer einen Befehl aus, auch wenn er dabei nichts „sinnvolles" macht. Aber man kann ihn in eine Art endlose „Warteschleife" schicken: führen Sie einfach den Befehl

```
...
10 => IMMU & R15 & "00001010", -- Achtung: Zieladresse anpassen!
...
```

aus, wobei die Zieladresse identisch zur Adresse des Befehls selbst sein muss. Als Ergebnis wird in diesem Beispiel der Befehlszähler immer wieder auf 10 gesetzt und der Prozessor bleibt praktisch dort stehen.

3. Implementieren Sie als nächstes die Verzweigungsbefehle *BEQZ* und *BNEG*. Erweitern Sie dazu zunächst das **package** *HNR16Pack.vhd* um passende Konstanten für die beiden Befehle.

   Um die Sprungbefehle realisieren zu können, muss hier allerdings der Decoder ergänzt werden. Die Idee ist dabei den Schreib-Port des Registersatzes zu nutzen, um die Sprungzieladresse in R15 zu schreiben – falls der bedingte Sprung tatsächlich durchgeführt werden soll. Wird nicht verzweigt, so bleibt das Signal *writePortEnable* auf 0 und die Schreiboperation in R15 wird nicht ausgeführt.

   Die beiden Lese-Ports des Registers werden ebenfalls umfunktioniert: Damit der Sprungebefehl seine Sprungentscheidung treffen kann, muss er das in den Bits 8 bis 11 kodierte Register überprüfen. D.h. diese Adresse muss also an eines der Lese-Ports angelegt werden. Weiter benötigen wir den aktuellen Wert von R15 (*PC*) um im Falle eines Sprung die Zieladresse zu errechnen. Um R15 auszulesen benötigen wir daher den zweiten Lese-Port.

   Damit dieses Konzept funktioniert, müssen aber die parallelen Zuweisungen im *Decoder* angepasst werden:

   - Wenn der aktuelle Befehl *BEQZ* oder *BNEG* ist, dann muss die Zielregisteradresse (*writePortAddr*) des Schreib-Ports auf den Wert 15 gesetzt werden, anstatt sie aus dem Befehlswort zu extrahieren.

     Das kann man am einfachsten mit Hilfe einer *parallelen bedingten* Signalzuweisung implementieren:

     ```
     Ziel <= a when Bedingung1, b when Bedingung2, ... else c;
     ```

     Eine solche Zuweisung weist dem Zielsignal verschiedene Werte in Abhängigkeit von einer Liste von Bedingungen zu. In dem Beispiel wird *Ziel a* zugewiesen, wenn *Bedingung1* erfüllt ist. Ist *Bedingung1* nicht erfüllt, dann wird *Bedingung2* getestet und *b* zugewiesen, falls sie erfüllt ist. Ansonsten wird die Kette von Bedingungen weiter überprüft. Trifft keine der Bedingungen zu, dann wird der Wert nach der **else**-Alternative zugewiesen (hier: *c*).

     Mit solchen bedingten parallelen Signalzuweisungen werden wir jetzt die Funktion des Decoders erweitern:

```
branchOpCode <= '1' when (command(15 downto 12) = BEQZ) or
                (command(15 downto 12) = BNEG)
                else '0';
writePortAddr <= unsigned(command(11 downto 8))
                   when branchOpCode = '0'
                 else to_unsigned(15, 4);
...
```

Die erste Zuweisung (Zeilen 1 bis 3) ist neu: Sie erzeugt ein *std_logic*-Signal *branchOpCode*, das 1 wird, wenn der *opCode* des aktuellen Befehls gerade *BEQZ* oder *BNEG* – also ein Sprungbefehl – ist. Ansonsten ist *branchOpCode* gleich 0.

Die zweite Zuweisung (Zeilen 4 bis 6) weist `unsigned(command(11 downto 8))` auf *writePortAddr* – das ist die Adresse des zu beschreibenden Registers – zu, falls der aktuelle *opCode* kein Sprungbefehl ist. Anderenfalls wird das Signal auf 15 (entsprechend dem Register R15) gesetzt.

Fügen Sie also in das Modell des *Decoder*-Bausteins die Zuweisung für *branchOpCode* ein. Vergessen Sie nicht *branchOpCode* zu deklarieren. Erweitern Sie dann die Zuweisung für *writePortAddr* wie oben gezeigt.

- Erweitern Sie die Signalzuweisung für *readPortAddrA*. Dieser Port soll bei beiden Sprungbefehlen genutzt werden, um den Inhalt des zu testenden Registers zu liefern. Dieses Register ist dabei in den Bits 8 bis 11 des Befehls kodiert. Bei allen anderen Befehlen soll statt dessen die Bits 4 bis 7 aus dem Befehlswort als Lese-Port-Adresse genutzt werden. Entwickeln Sie eine passende parallele Signalzuweisung für *readPortAddrA*.
- Der Lese-Port B des Registersatzes soll bei Sprungbefehlen den aktuellen Wert des *PC* (also von Register R15) auslesen, damit bei einer Verzweigung die neue Zieladresse von der *ALU* errechnet werden kann. Für alle anderen Befehle soll die Adresse (also *readAddrPortB*) aus den unteren 4 Bits des Befehlswort extrahiert werden. Entwickeln Sie eine passende parallele Signalzuweisung für *readPortAddrB*.

4. Ergänzen Sie nun alle noch fehlenden Befehle nach der Auflistung aus Kapitel 23.5. Testen Sie abschließend alle Befehle, indem Sie passende Testprogramme entwickeln und ausführen.

Automatische Takterzeugung

Möchten Sie etwas längere Programm ausführen, dann ist es vielleicht etwas mühsam, den Prozessor immer von Hand „takten“ zu müssen. Im Modell *HNR16Top* gibt es daher eine Konstante *AUTO_CLOCK*, mit der Sie die automatische Taktgenerierung für den Prozessor aktivieren können:

```
constant AUTO_CLOCK : std_logic := '0';
```

Setzen Sie diese Konstante einfach auf `'1'` und es wird ein von der „Jumper“-Stellung auf dem Board abhängiger Takt erzeugt:

Mit Hilfe des „Jumpers" können Sie eine Taktfrequenz von 1Hz bis 1MHz einstellen.

Ein etwas längeres Programm

Schreiben Sie für den HNR16 ein Programm, das die Schiebeschalter einliest und die ersten 256 Wörter des RAMs mit diesem eingelesenen Wert initialisiert. Danach sollen alle 256 Wörter aus dem RAM gelesen und mit dem Sollwert verglichen werden. Wenn alle Wörter den korrekten Inhalt haben, geben Sie eine 1, ansonsten eine 3 auf den Leuchtdioden des Boards aus. Schicken Sie den Prozessor am Ende des Programms in eine „Endlosschleife".

23.5 Der vollständige Befehlssatz des HNR16

Als den „Befehlssatz" eines Prozessor bezeichnet man die Liste alle Befehle, die der Prozessor kennt. Insgesamt stehen dem HNR16 16 verschiedene Befehle zur Verfügung, die sich in 6 Gruppen unterteilen lassen. Innerhalb einer Gruppe ist dabei das Befehlsformat identisch, d.h. die Bedeutung der einzelnen Bereiche im Befehlswort sind dort gleich.

Der HNR16 verfügt also über 6 Arten von Befehlen, die im folgenden erläutert werden. Neben den Befehlen ist auch das Befehlsformat zu sehen, d.h. der Aufbau der Bitmuster, die einen Befehl bilden. Beachten Sie, dass alle Befehle 16 Bit breit sind, wobei die oberen 4 Bits den eigentlichen Befehl identifizieren. Diese Bits werden auch *OpCode* genannt.

- **Arithmetische Befehle**: Mit diesen Befehlen können arithmetische Operationen zwischen Registern durchgeführt werden. Der Prozessor verarbeitet dabei immer die Werte von zwei Registern (Quellregister A und B) und legt das Ergebnis in ein weiteres Register (Zielregister) ab. Das Format des Befehls ist:

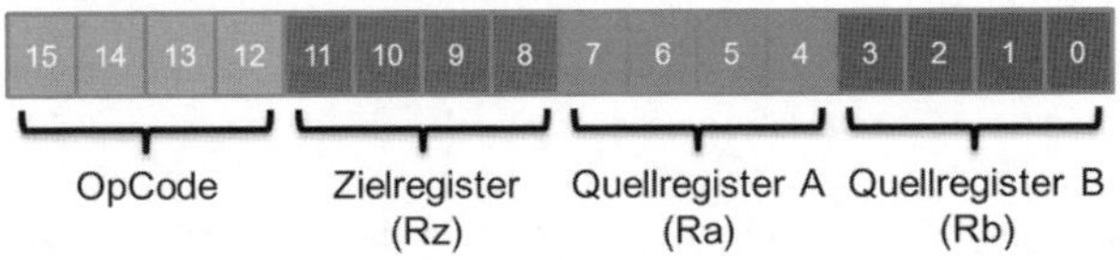

  Die Register sind dabei mit jeweils 4 Bit kodiert, da mit 4 Bits 16 verschiedene Register angesprochen werden können.

  Der Prozessor kennt zwei Varianten, die anhand des OpCodes erkannt werden:

  – *ADD*: (OpCode = 0001) Addiert zwei Registerwerte: $Rz = Ra + Rb$.
  – *SUB*: (OpCode = 0010) Subtrahiert zwei Registerwerte: $Rz = Ra - Rb$.

- **Logische Befehle**: damit können logische Operationen von (in den meisten Fällen) zwei Quellregistern durchgeführt werden. Das Ergebnis wird ins Zielregister abgelegt. Das Befehlsformat für die Befehle ist:

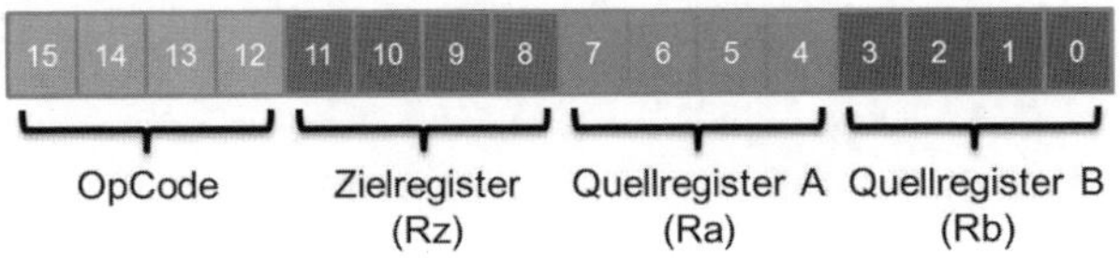

Der Prozessor kennt vier Varianten, die anhand des OpCodes erkannt werden:

- *LAND*: (OpCode = 0101) logische „Verundung“ von Register A und B.
- *LOR*: (OpCode = 0110) logische „Veroderung“ von Register A und B.
- *LXOR*: (OpCode = 0111) logisches Exclusiv-Oder von Register A und B.
- *LNOT*: (OpCode = 1000) logisches invertieren des Registers A. Im Gegensatz zu den anderen logischen Befehlen wird hier nur das Quellregister A verwendet. Das Quellregister B hat hingegen keine Funktion.

• **Datenmanipulationsbefehle**: Mit diesen Befehlen werden Daten in den Registern manipuliert.

Der Prozessor kennt:

- *MERGE*: (OpCode = 1001) bildet einen neues 16 Bit-Datenwort im Zielregister. Das untere Byte des Wort wird aus den unteren 8 Bits des Quellregisters A, das obere Byte aus den unteren 8 Bits des Quellregisters B gebildet. Das Befehlsformat ist:

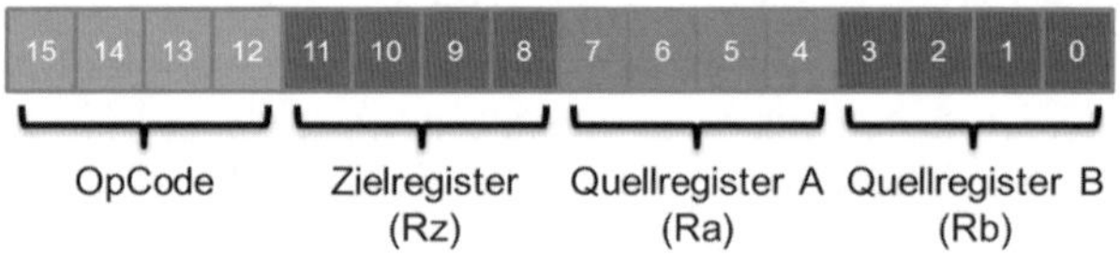

- *IMMU*: (OpCode = 1010) Im Zielregister wird ein konstanter Zahlenwert abgelegt. Der Wert wird dabei aus dem Befehlswort extrahiert. Da dort aus Platzgründen nur ein 8 Bit-Wert kodiert werden können, werden die fehlenden (oberen) 8 Bits durch Nullen aufgefüllt.
- *IMMS*: (OpCode = 1011) Im Zielregister wird ein konstanter vorzeichenbehafteter Zahlenwert (im Zweierkomplement) abgelegt. Der Wert wird dabei aus dem Befehlswort extrahiert. Da aus Platzgründen dort nur ein 8 Bit-Wert kodiert werden können, werden die fehlenden (oberen) 8 Bits vorzeichenrichtig aufgefüllt (d.h., das MSB der Konstante wird in die oberen 8 Bits kopiert).
  Das Befehlsformat für *IMMU* und *IMMS* ist:

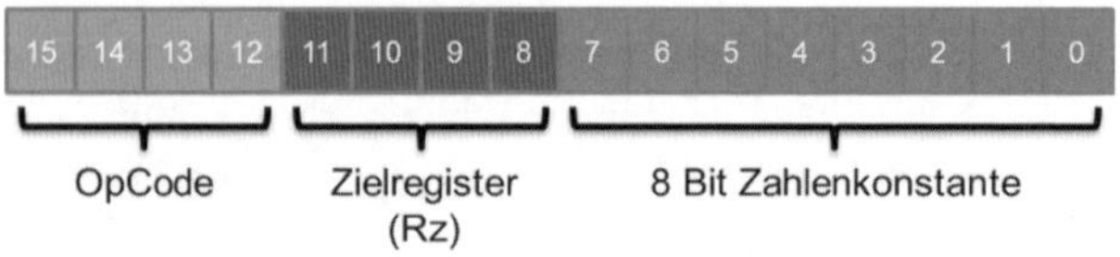

- *SHIFTR*: (OpCode = 1111) Das Quellregister wird um eine Bitstelle nach rechts geschoben und im Zielregister abgelegt. Das Befehlsformat für diesen Befehl ist (beachten Sie, dass die untersten 4 Bits nicht benötigt werden):

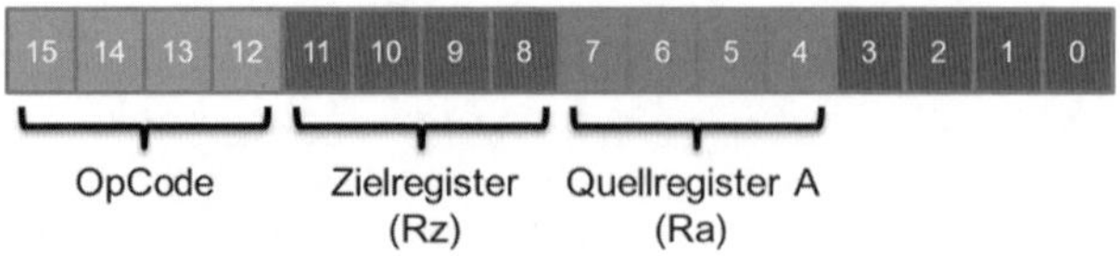

- **Verzweigungsbefehle**: Mit Verzweigungsbefehlen wird der normale Programmfluss in Abhängigkeit von einem Registerwert verändert. Der Prozessor macht dabei entweder mit dem nächsten Befehl weiter oder fährt an der Programmadresse fort, die sich aus der Summe vom aktuellen PC (Register 15) plus einer im Befehl kodierten 8-Bit-Konstante (vorzeichenbehaftet) ergibt.

  Das Befehlsformat der Verzweigungsbefehle ist wie folgt:

  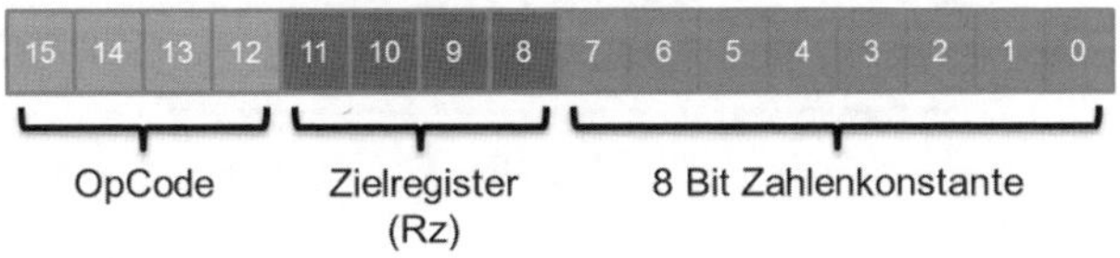

  Beachten Sie, dass die 8-Bit Zahlenkonstante aus den unteren 8 Bits des Befehlswortes extrahiert wird. Damit kann der Prozessor also maximal 128 Adressen zurück und höchstens 127 Adressen nach vorne springen (entsprechend dem Wertebereich einer 8 Bit großen Zweierkomplementzahl). Beachten Sie außerdem, dass bei den Verzweigungsbefehlen das im Befehlswort definierte Zielregister *nicht* beschreiben wird. Statt dessen wird – falls der Sprung durchgeführt wird – R15 (also der PC) auf die Sprungzieladresse gesetzt. Anderenfalls wird R15 wie gewohnt um eins erhöht.

  Der Prozessor kennt zwei Verzweigungsbefehle:

  – *BEQZ*: (OpCode = 1110) Verzweige wenn das Zielregister gleich Null ist.

  – *BNEG*: (OpCode = 0100) Verzweige wenn das Zielregister einen negativen Zahlenwert enthält.

- **Speicherzugriffsbefehle**: Die Speicherzugriffsbefehle sind die einzige Möglichkeit für den Prozessor, auf den Datenspeicher zuzugreifen. Dabei kennt er nur einen Lade- und einen Speicherbefehl.

  – *STORE*: (OpCode = 1100) der Wert aus Quellregister B wird in den Datenspeicher an die Adresse, die in Quellregister A steht, abgelegt.

  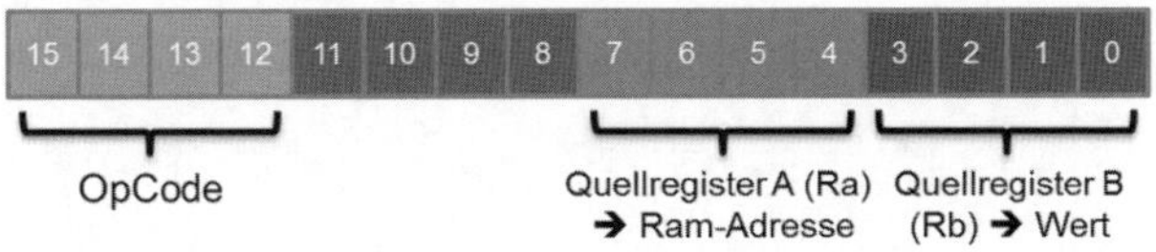

  – *LOAD*: (OpCode = 1101) Der Datenspeicherinhalt an der durch das Quellregister A festgelegten Adresse wird gelesen und ins Zielregister geschrieben.

  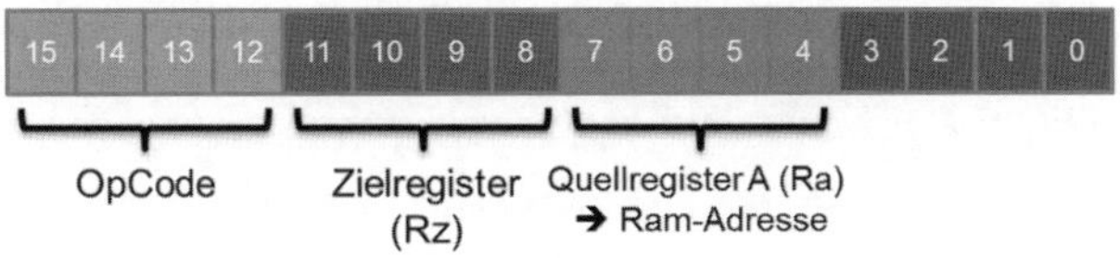

- **Spezialbefehle**: Schließlich existieren noch zwei besondere Befehle, die sich keine der Befehlsgruppen zuordnen lassen:
  - *IO*: (OpCode = 0011) Der IO-Befehl ließt die Schiebeschalter und steuert die Leuchtdioden auf dem Board an. Der Zustand der Schiebeschalter wird dabei im Register Rz (die unteren 8 Bits, oder oberen 8 Bits werden auf 0 gesetzt) gespeichert. Die unteren 8 Bits des Quellregisters A werden auf die Leuchtdioden ausgegeben.

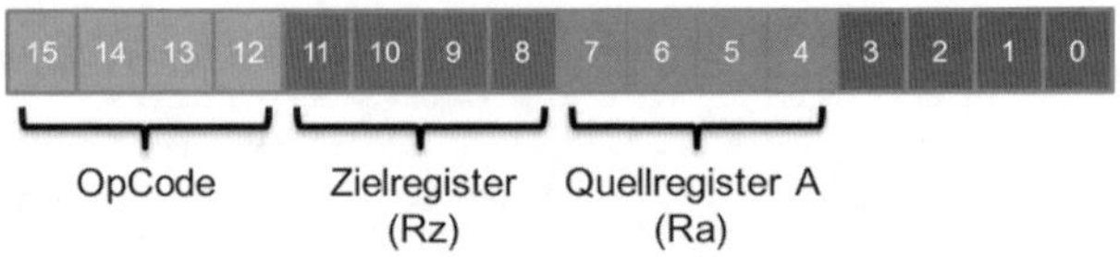

  - *NOP*: (OpCode = 0000) Dieser Befehl macht „nichts“ (no operation)

Teil VI

FPGA-Architektur

Kapitel 24

Aufbau von Teil VI: „FPGA-Architektur“

Zum Abschluss des Buches wollen wir uns mit der Architektur von FPGAs auseinandersetzen. Wir betrachten dabei ihren schaltungstechnischen Aufbau sowie einige Systemaspekte. In den vorangegangen Teilen wurde die Innensicht eines FPGA abstrakt behandelt. Die entworfenen Schaltungen wurden synthetisiert und implementiert. Simulation und Test bestätigen dann, dass im FPGA diese Schaltung "funktioniert". Aber wie wird sie im FPGA konkret realisiert? Diese Fragestellung wollen wir jetzt behandeln.

Kapitel 25

Basiskomponenten von FPGAs

Die folgende Abbildung zeigt das Modell eines sehr einfachen FPGA-Bausteins. Augenfällig ist eine 4x4-Matrix von insgesamt 16 Logikelementen (LC) umrahmt von weiteren Grundelementen. Ein derart *kleines* FPGA hat es am Markt nicht gegeben. Einer der ersten kommerziell verfügbaren FPGA-Bausteine von Xilinx, ein 2064, verfügte über 64 Logikzellen in einer 8x8-Matrix. Heute stellt Xilinx FPGAs mit bis zu 4,4 Millionen Logikzellen her (Virtex Ultra Scale). Das entspricht einer Matrix von ca. 2100x2100. Das XP2-17-FPGA von Lattice, welches auf dem zum Buch passenden Board verwendet wird, wirkt dagegen schon wieder bescheiden, da es *nur* über ca. 17.000 Logikzellen verfügt.

Die Abbildung 25.1 kann somit kaum die heutige Realität widerspiegeln. Stellen Sie sich mal vor, Sie würden die LC-Matrix aus Abbildung 25.1 nach rechts und nach unten jeweils 25 mal vervielfachen und die aufgespannte Fläche mit weiteren Teilmatrizen füllen. Das lässt erahnen, was mit einer *feingranularen Logikanordnung* gemeint sein könnte. Es handelt sich um eine reguläre Anordnung identischer Logikelemente. Jedes Logikelement kann bzgl. seiner kombinatorischen Funktion einzeln programmiert werden. Höhere Funktionen entstehen durch Verschaltung von Logikelementen über Verbindungsressourcen. Die Weichenstellungen erfolgen dabei in den sog. Schaltmatrizen.

Viele Schaltmatrizen im Verbindungsweg führen zu Verzögerungen, weshalb die zusammengesetzten höheren Funktionen sich in Clustern wiederfinden. Die kurzen Wege zu den Nachbarn spielen also eine Rolle. Alle realisierten logischen Funktionen existieren nebeneinander und werden gleichzeitig ausgeführt. Über die zuvor beschriebenen Verbindungswege findet auch der Kontakt mit der Außenwelt statt. Die Ein-/Ausgabezellen (I/O) dienen dafür als Kontaktstellen.

In den folgenden Abschnitten sollen Aufbau, Funktionsweise und Verwendung der Grundelemente im Einzelnen genauer besprochen werden.

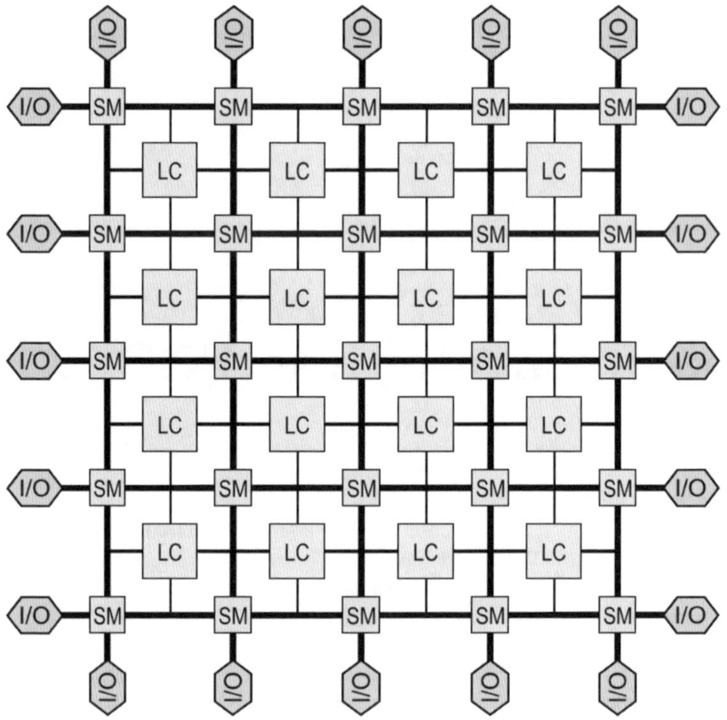

Abbildung 25.1: Modell eines einfachen FPGA-Bausteins. (LC: Logikelement, SM: Schaltmatrix, I/O: Ein-/Ausgabezelle).

25.1 Logikelemente

Vorläufer der FPGAs waren die sog. PLDs bzw. CPLDs. Die Architektur dieser Bausteine basierte auf einem zweistufigen Prinzip, welches sich an der disjunktiven Normalform orientiert: jede beliebige kombinatorische Funktion lässt sich auf die disjunktive Normalform umformen. Schaltungstechnisch lässt sich aus der disjunktiven Normalform eine zweistufige logische Schaltung ableiten. Dabei werden die Eingangssignale einem oder mehreren UND-Gattern zugeführt. Dabei erfolgt die Programmierung durch fallweise Invertierung der Eingangssignale. Die Ergebnisse der UND-Stufe werden dann mit einem ODER-Gatter ausgewertet.

Das Ergebnis der ODER-Funktion kann wahlweise auch noch in einem Flip-Flop zwischengespeichert werden. Die zweistufige logische Schaltung führt zu einer kombinatorischen Funktion mit der kürzest möglichen Verzögerungszeit, ist jedoch vom Ressourcenverbrauch her am ungünstigsten.

Um ein weites Einsatzgebiet abdecken zu können, sind PLD- bzw. CPLD-Architekturen mit einer relativ geringen Anzahl von UND-Termen für einen relativ breiten Eingangsvektor ausgestattet. Da bei der Anzahl von UND-Termen starke Kompromisse eingegangen werden müssen, sind bei weitem nicht alle denkbaren Funktionen realisierbar. Für die heute zu realisierenden Applikationen ist das bei PLDs und CPLDs anzutreffende Ressourcenverhältnis von Kombinatorik zu Flip-Flops zu unausgewogen. Die Algorithmen der Signal- und Bildverarbeitung sowie die Abarbeitung von Kommunikationsprotokollen verlangen in jeder Bitstelle kaum mehr als die kombinatorische Verarbeitung von 3 bis 5 Signalen. Die Zwischenergebnisse müssen jedoch in hochgetakteten Systemen immer wieder zwischengespeichert werden.

Es ist also eine feinere Granularität von kombinatorischen Ressourcen gefordert. Bei den FPGAs haben sich dafür zwei Lösungsansätze etabliert: die Verwendung von sog. look-up Tabellen, den sog. LUTs, oder die Verwendung von Multiplexern. Dabei dominieren die LUT-basierten Bausteine den Markt.

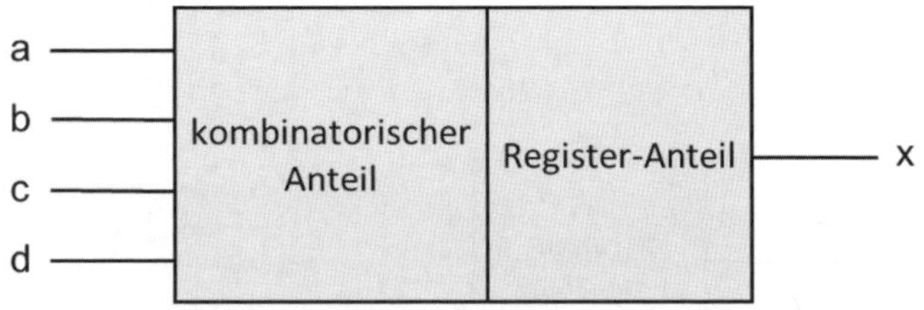

Abbildung 25.2: Blockdarstellung eines einfachen FPGA-Logikelementes

Ein *Logikelement* besteht minimal aus einer programmierbaren kombinatorischen Funktion und einem Flip-Flop. Es gibt aber auch *Logikelemente* höherer Ordnung. Im Folgenden sollen die sich ergebenden Möglichkeiten dargestellt werden.

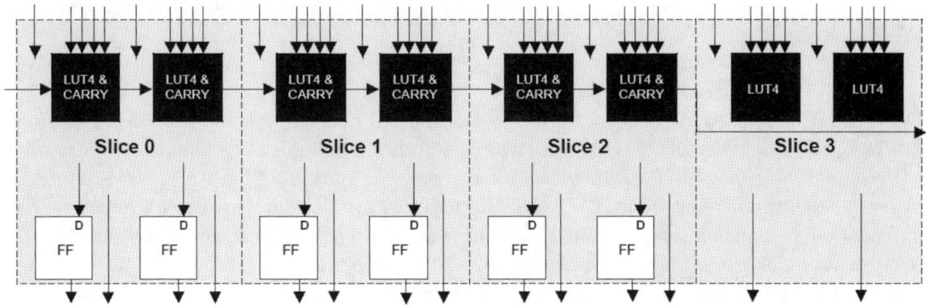

Abbildung 25.3: Logikelement höherer Ordnung, wie es in der Lattice XP2-Familie ausgeführt ist. Es wird als *Programmable Function Unit* (PFU) bezeichnet. Bildquelle: LatticeXP2 Family Data Sheet.

Wie *Logikelemente* konkret bezeichnet werden, variiert von Hersteller zu Hersteller.

25.1.1 LUT-basierte Kombinatorik

Die LUT-Kombinatorik basiert auf dem Prinzip, die komplette Wahrheitstabelle einer logischen Funktion in einem Speicher abzulegen. Der Eingangsvektor dient dann dem Adressieren dieses Speichers. Der Funktionswert wird demnach nicht ausgerechnet, sonderm nachgeschlagen!

Dieses Verfahren ist nicht neu und es wurde im Prinzip schon vor den PLDs angewandt. Dabei wurden PROM-Bausteine verwendet. So kann man mit einem PROM, welches 1024 Worte zu jeweils 8 bit Speicherkapazität besitzt, 8 unabhängige Funktionen für einen 10-bit Eingangsvektor realisieren. Das PROM-Verfahren ist für große Eingangsvektoren zu unwirtschaftlich und wurde von den PLDs abgelöst. Unter den neuen Randbedingungen heutiger Applikationen jedoch sind kleine Look-Up-Tabellen mit 4 bis 6 Eingangssignalen wieder interessant.

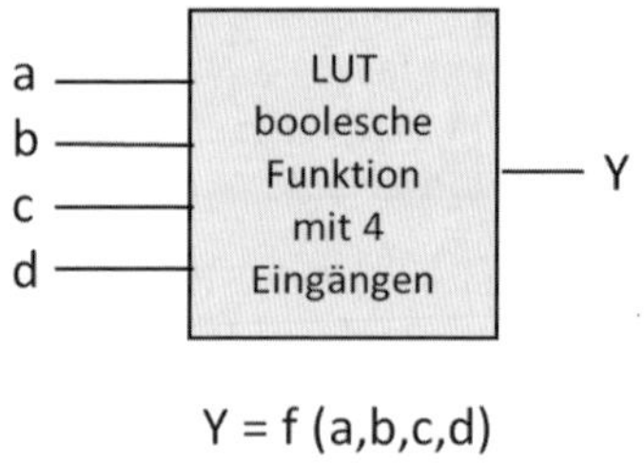

a	b	c	d	Y
0	0	0	0	0
0	0	0	1	1
0	0	1	0	1
0	0	1	1	0
0	1	0	0	1
0	1	0	1	0
0	1	1	0	0
0	1	1	1	1
1	0	0	0	1
1	0	0	1	0
1	0	1	0	0
1	0	1	1	1
1	1	0	0	0
1	1	0	1	1
1	1	1	0	1
1	1	1	1	0

Abbildung 25.4: Symbol einer Look-Up-Table (LUT) und Beispielfunktion Y in Form einer Wahrheitstabelle

Das LUT-Element in Abb. 25.4 führt eine kombinatorische Funktion von vier Eingangsgrößen (a,b,c,d) aus. Die rechts stehende Wahrheitstabelle definiert die Funktion. Es handelt sich übrigens um einen 4-bit Paritätsgenerator mit gerader Parität. Abb. 25.5 zeigte die mögliche interne Struktur einer 4-input LUT. Die Konfigurationsspeicherelemente enthalten jeweils einen Wahrheitstabelleneintrag. Diese Informationen werden während der Konfiguration des FPGA-Bausteins über eine Konfigurationslogik dort abgespeichert.

Die Konfigurationslogik besteht aus einer Verkettung von Schieberegistern. Aus Sicht einer Programmiereinrichtung stellt sich der Konfigurationsspeicher wie ein einziges, extrem langes Schieberegister dar, in das die Konfigurationsdatei Bit für Bit hineingeschoben wird. Deshalb wird diese Datei auch als "Bit-Stream" bezeichnet.

Das look-up-Verfahren wird hier folgendermassen umgesetzt: Jede der Eingangsvariablen *a*, *b*, *c* oder *d* ist für eine bestimmte Multiplexerebene zuständig. Durch das Eingangsdatenwort wird ein bestimmter Datenpfad durch die Multiplexerebenen eingestellt, der den passenden Wahrheitstabelleneintrag auf den Y-Ausgang durchleitet. Die Multiplexer realisieren dabei nichts anderes, als eine Adressdekodierung. In der Halbleiterimplementierung der FPGA-Bausteine werden die Multiplexer platzsparend mit sog. Transmission-Gates realisiert.

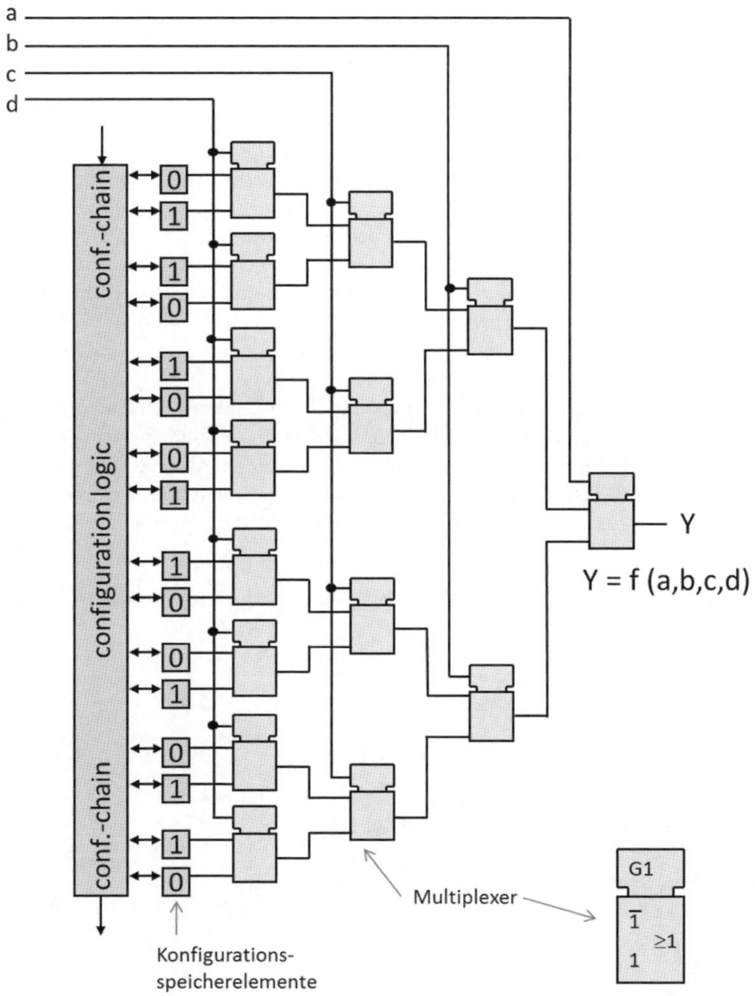

Abbildung 25.5: Aufbau einer Look-Up-Table (LUT). Die Speicherinhalte entsprechen der Wahrheitstabelle aus Abbildung 25.4.

Bei genauerer Betrachtung von Abbildung 25.5 kann man sich leicht eine Variante vorstellen, bei der die äußerst rechte Multiplexerstufe (also die von der Eingangsvariablen a gesteuerte 4. Stufe mit dem Y-Ausgang) entfällt. Man erhält dann zwei offene Multiplexerausgänge hinter der 3. Stufe. Im Ergebnis entspricht das zwei unabhängigen 3-input-LUTs. Also könnte man dann zwei unabhängige Funktionen der Eingänge *b*, *c* und *d* realisieren.

Umgekehrt kann man sich genauso gut vorstellen, dass man über Einführung einer 5. Multiplexerstufe noch eine benachbarte 4-input-LUT einbezieht und dadurch eine 5-input-LUT erhält. In der Tat machen die FPGA-Hersteller von dieser Möglichkeit Gebrauch.

Bei der Lattice XP2-Familie sind, wie man in Abb. 25.3 schon gesehen hat, je zwei 4-input LUTs in einem sog. *Slice* organisiert. Die beiden LUTs eines Slice lassen sich über einen Multiplexer zu der oben beschriebenen 5-input-LUT zusammenfassen. Auch benachbarte Slices können dann noch weiter zu einer 6-input-LUT kombiniert werden. Letztendlich lassen sich auch alle LUTs einer PFU zusammenfassen (7 Eingänge). Sogar die Kombination zweier PFUs zu einer LUT mit 8 Eingängen ist möglich.

Die gerade beschriebenen Kombinationsmöglichkeiten sind direkt mit dafür vorgesehenen Multiplexern möglich. Mit jeder Multiplexerstufe verlängert sich die kombinatorische Durchlaufzeit entsprechend. Sollen noch größere Eingangsvektoren kombinatorisch verarbeitet werden, so müssen mehrere Look-up-Tabellen durch Hintereinanderschalten kombiniert werden, was dann aber unter Einbeziehung von Routing-Ressourcen geschieht. Bei dieser Art der Erweiterung verlängern sich die Durchlaufzeiten jedoch erheblich.

In diesem Zusammenhang sei auf einen gravierenden Vorteil von CPLDs gegenüber FPGAs hingewiesen, nämlich dass bei den CPLDs die Durchlaufzeiten unabhängig von der Komplexität einer kombinatorischen Funktion, und somit besser im Vorhinein abschätzbar sind.

Wir wollen zu diesem Sachverhalt mal ein kleines Experiment durchführen. Legen Sie in Diamond ein neues Projekt an und geben Sie die folgende VHDL-Datei ein:

```
-- n-bit generischer Paritaetsgenerator mit generate-Anweisung
entity paritygeneric is
-- die Wortbreite, fuer die die Paritaet berechnet werden soll:
generic ( data_bits : integer := 4);
port ( data_in : in bit_vector(data_bits - 1 downto 0);
    parity_out : out bit);
end entity paritygeneric;

architecture using_generate of paritygeneric is
-- Wortbreite einstellbar:
signal data : bit_vector(data_bits - 1 downto 0);
signal intermediate_data : bit_vector(data_bits - 3 downto 0);
signal parity_bit : bit;
begin
  data <= data_in;

-- Bei nur zwei Eingaengen wird nur ein XOR-Gatter ausgewaehlt:
only2: if data_bits = 2 generate
  parity_bit <= (data(1) xor data(0));
end generate only2;

-- Bei mehr als zwei Eingaengen werden mehrere XOR-Gatter kaskadiert:
morethan2: if data_bits > 2 generate
```

```
24     intermediate_data(0) <= (data(1) xor data(0));
25     iterate: for i in 2 to data_bits - 2 generate
26       intermediate_data(i-1) <= data(i) xor intermediate_data(i-2);
27     end generate iterate;
28     parity_bit <= (data(data_bits -1) xor intermediate_data(data_bits - 3));
29   end generate morethan2;
30
31   parity_out <= parity_bit;
32   end architecture using_generate;
```

Es handelt sich um eine alternative Version zu dem Paritätsgenerator, den wir bereits im zweiten Teil behandelt haben. Die hier gezeigte Schaltung ist *generisch*, d.h. sie kann über einen Parameter verändert werden. Hier ist das die Datenwortbreite, für die die Parität berechnet werden soll. Die Datenwortbreite wird in der **generic**-Deklaration der **entity** als *data_bits* festgelegt und initialisiert (Zeile 3).

Zunächst wird mit 4 Bits gearbeitet, was dann der Schaltung aus Teil II entspricht. Abhängig von der **generic**-Deklaration werden alle **bit_vector**-Signale von der Länge her passend erzeugt (Zeilen 4, 9 und 10) und in der **architecture** wird der dazu passende Paritätsgenerator *generiert* (Zeilen 15 bis 25). Dabei werden zwei Fälle unterschieden:

- Bei nur 2 Datenbits wird ein einfaches XOR-Gatter mit zwei Eingängen erzeugt (Zeilen 15 bis 17). Das Signal *intermediate_data* wird nicht benötigt.

- Bei mehr als 2 Datenbits wird zunächst ein XOR-Gatter mit zwei Eingängen erzeugt und auf *intermediate_data(0)* zugewiesen. Weitere XOR-Gatter werden rekursiv erzeugt und auf die folgenden *intermediate_data*-Elemente zugewiesen. So ergibt sich eine Kaskadierung von XOR-Gattern.

Erläuterung generate:

Die **generate**-Anweisung dient dazu, Strukturen zu erzeugen. In Verbindung mit **if** lassen sich beispielsweise Konstanten auswerten, so dass die Erzeugung einer Struktur Bedingungen unterliegt. In Verbindung mit **for** lassen sich reguläre Strukturen automatisch erzeugen. In der **generate**-Schleife werden dabei vorteilhaft **generic**-Parameter ausgewertet, um eine Anzahl von Elementen beispielsweise in Abhängigkeit einer generischen Wortbreite zu erzeugen.

Wir verzichten jetzt mal auf die Realisierung eines im FPGA-Board zu testenden Paritätsgenerators und auch auf seine Simulation. Gegenstand der Übung soll nur die Analyse von Synthese und Implementierung sein. Dazu wählen Sie in der **Process**-Ansicht die in Abb. 25.6 gezeigten **Place & Route** Optionen aus und starten den Prozess mit einem Doppelklick auf **Place & Route Design**.

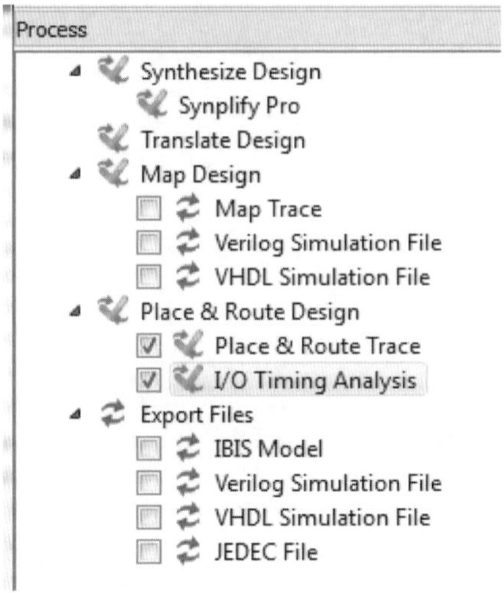

Abbildung 25.6: In dieser Übung wird nur synthetisiert und implementiert. Bitte setzen Sie Häkchen bei **Place & Route Trace** und **I/O Timing Analysis**.

Es sollten überall grüne Häkchen, wie gezeigt, gesetzt worden sein. Nun wollen wir das Ergebnis der Implementierung analysieren. Dazu klicken Sie bitte in Diamond auf den Reiter **Reports** (Abb. 25.7) und wählen anschließend den **Place & Route TRACE Report** aus (Abb. 25.8). Dieser Report dient dazu, das Zeitverhalten der Schaltung zu analysieren. Er enthält die Vezögerungszeiten einzelner Pfade mit Bezug zu den platzierten Elementen.

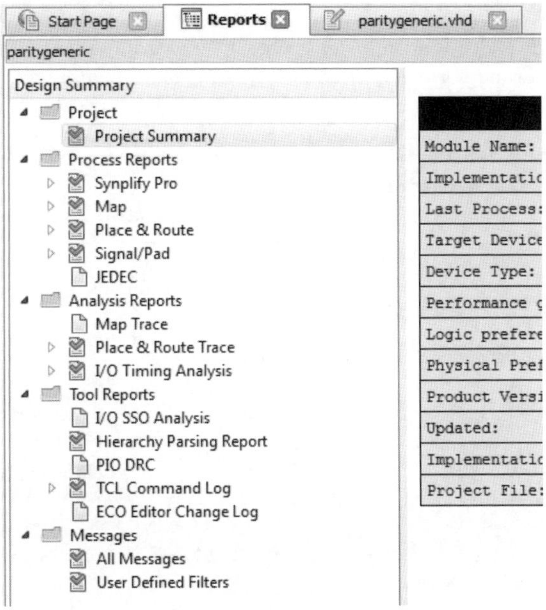

Abbildung 25.7: Nach Synthese und Implementierung stehen verschiedene Berichte (Reports) zur Verfügung.

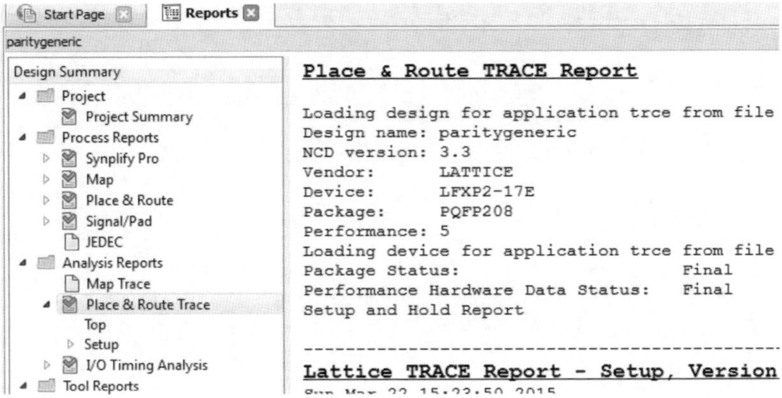

Abbildung 25.8: Aufrufen des **Place & Route TRACE Report**

Den untenstehenden Abschnitt des Reports wollen wir genauer analysieren. Er enthält die vier Pfade von den Eingangsanschlüssen der Signale *data_in[3]* bis *data_in[0]* als Quellen bis zum Abschluss ihrer Wirkung im Ausgabesignal *parity_out*. Die einzelnen Angaben dieser Sektion sind so sortiert, dass der Pfad mit der größten Verzögerung oben in der Liste steht. Hier ist das also die Verzögerung von *data_in[3]* nach *parity_out* mit insgesamt 5,473 ns.

```
======================================================================
Preference: Default path enumeration
            4 items scored, 0 timing errors detected.
----------------------------------------------------------------------

Report:    5.473ns delay data_in[3] to parity_out

   Name     Fanout    Delay (ns)          Site               Resource
PADI_DEL     ---       1.049        56.PAD to       56.PADDI data_in[3]
ROUTE          1       1.389      56.PADDI to      R49C2D.B0 data_in_c[3]
CTOF_DEL     ---       0.260     R49C2D.B0 to      R49C2D.F0 SLICE_0
ROUTE          1       0.976     R49C2D.F0 to       51.PADDO parity_out_c
DOPAD_DEL    ---       1.799      51.PADDO to         51.PAD parity_out
                      --------
                       5.473   (56.8% logic, 43.2% route), 3 logic levels.

Report:    5.356ns delay data_in[0] to parity_out

   Name     Fanout    Delay (ns)          Site               Resource
PADI_DEL     ---       1.049        53.PAD to       53.PADDI data_in[0]
ROUTE          1       1.272      53.PADDI to      R49C2D.C0 data_in_c[0]
CTOF_DEL     ---       0.260     R49C2D.C0 to      R49C2D.F0 SLICE_0
ROUTE          1       0.976     R49C2D.F0 to       51.PADDO parity_out_c
DOPAD_DEL    ---       1.799      51.PADDO to         51.PAD parity_out
                      --------
                       5.356   (58.0% logic, 42.0% route), 3 logic levels.

Report:    5.067ns delay data_in[1] to parity_out

   Name     Fanout    Delay (ns)          Site               Resource
PADI_DEL     ---       1.049        52.PAD to       52.PADDI data_in[1]
ROUTE          1       0.983      52.PADDI to      R49C2D.A0 data_in_c[1]
CTOF_DEL     ---       0.260     R49C2D.A0 to      R49C2D.F0 SLICE_0
ROUTE          1       0.976     R49C2D.F0 to       51.PADDO parity_out_c
DOPAD_DEL    ---       1.799      51.PADDO to         51.PAD parity_out
                      --------
                       5.067   (61.3% logic, 38.7% route), 3 logic levels.

Report:    5.052ns delay data_in[2] to parity_out

   Name     Fanout    Delay (ns)          Site               Resource
PADI_DEL     ---       1.049        54.PAD to       54.PADDI data_in[2]
```

```
43 ROUTE          1    0.968         54.PADDI to        R49C2D.D0 data_in_c[2]
44 CTOF_DEL     ---    0.260        R49C2D.D0 to        R49C2D.F0 SLICE_0
45 ROUTE          1    0.976        R49C2D.F0 to         51.PADDO parity_out_c
46 DOPAD_DEL    ---    1.799         51.PADDO to           51.PAD parity_out
47                  --------
48                     5.052    (61.5% logic, 38.5% route), 3 logic levels.
49
50 Report:    5.473ns is the maximum delay for this preference.
```

Die einzelnen Verzögerungszeiten sollen jetzt anhand der Zeilen 9 bis 15 erläutert werden. Hinter PADI_DEL verbirgt sich mit 1,049 ns die Verzögerung des Signals, bis es vom Anschlusspin Nr. 56 her die interne Struktur des FPGAs erreicht hat. ROUTE in Zeile 11 benennt mit 1,389 ns die Verzögerungszeit vom Eingangsblock bis zur ersten Logikressource. Hierin sind die Verzögerungszeiten aller Leitungswege und Routingelemente zusammengafasst. CTOF_DEL ist die kombinatorische Verzögerungszeit einer Look-Up-Tabelle und mit 0,26 ns hier der geringste Anteil. Die Look-Up Tabelle gehört zur PFU Nr. *R49C2*. Der an diese Nummer angehängte Buchstabe *D* bezeichnet *Slice 0*. Hinter dem Punkt steht *.B0*. Das ist Eingang Nr. *B* der Look-Up-Tabelle Nr. *0*.

Es folgt die ROUTE-Verzögerung von 0,976 ns vom Anschluss Nr. *F0* der Logikzelle bis zum Ausgabeblock PADDO von Pin Nr. 51. Dort verlässt es die interne Struktur des FPGA und erleidet dann noch die Verzögerung bis zum Anschlusspin Nr. 51 von 1,799 ns. Für die Gesamtverzögerungszeit wird dann ausgerechnet, wie die prozentuale Aufteilung auf Logik und Routing ist und wie viele logische Stufen das Signal dabei durchläuft. Man erkennt deutlich, dass in der Hauptsache das Routing und die I/O-Verzögerungen für die Leistungsfähigkeit einer FPGA-basierten Schaltung verantwortlich sind. Die drei folgenden Abschnitte unterscheiden sich vom ersten nur durch die Wege von den Eingangssignalen bis zur PFU *R49C2*.

> Fazit: Der 4-bit Paritätsgenerator wird mit nur einer 4-input LUT realisiert und besitzt eine Verzögerungszeit von 5,473 ns durch drei logische Stufen hindurch.

Jetzt wollen wir uns mal anschauen, was die Erweiterung des Paritätsgenerators auf 5 Bit bewirkt. Dazu verändern Sie bitte in Zeile 3 den Initialisierungswert für *data_bits* wie folgt:

```
1 -- n-bit generischer Paritaetsgenerator mit generate-Anweisung
2 entity paritygeneric is
3 generic ( data_bits : integer := 5);
4 port ( data_in : in bit_vector(data_bits - 1 downto 0);
5     parity_out : out bit);
6 end entity paritygeneric;
```

Nach erneuter Durchführung von Synthese und Implementierung werten wir wieder den **Place & Route TRACE Report** aus. Es soll uns hier jedoch genügen, nur den langsamsten der beteiligten Pfade zu betrachten.

```
1 ===========================================================================
2 Preference: Default path enumeration
3             5 items scored, 0 timing errors detected.
4 ---------------------------------------------------------------------------
5
6 Report:     5.403ns delay data_in[3] to parity_out
7
8    Name      Fanout    Delay (ns)          Site                 Resource
9 PADI_DEL     ---      1.049           54.PAD to          54.PADDI data_in[3]
10 ROUTE         1      0.968          54.PADDI to        R49C2D.D0 data_in_c[3]
11 CTOF_DEL     ---      0.260         R49C2D.D0 to        R49C2D.F0 SLICE_0
12 ROUTE         1      0.278         R49C2D.F0 to        R49C2D.D1 parity_out_1
13 CTOF_DEL     ---      0.260         R49C2D.D1 to        R49C2D.F1 SLICE_0
14 ROUTE         1      0.789         R49C2D.F1 to         52.PADDO parity_out_c
15 DOPAD_DEL    ---      1.799          52.PADDO to           52.PAD parity_out
16                     --------
17                      5.403    (62.3% logic, 37.7% route), 4 logic levels.
```

Jeder Routing-Durchlauf erzeugt ein anderes Ergebnis und damit auch andere Verzögerungszeiten.

Das Ergebnis hält zwei Überraschungen für uns bereit. Als erstes ist festzustellen, dass die Gesamtverzögerung mit 5,403 ns geringer ausfällt als die der 4-bit Variante. Es werden diesmal sogar vier logische Stufen durchlaufen. Am Verhältnis von *logic* zu *route* in Zeile 17 lässt sich erkennen, dass der Router diesmal offensichtlich mehr Anstrengungen unternommen hat, kurze Wege zu finden.

Die Routing-Algorithmen sind hoch-komplex und die Ergebnisse können von Routing zu Routing variieren. Diese Variation ist erwünscht und notwendig, um bei hoher Auslastung eines FPGA-Bausteins ein Optimum finden zu können. Wenn Sie dieses Experiment nachvollziehen, werden Sie vermutlich nicht die exakt gleichen ROUTE-Zeiten sehen.

Die zweite Überraschung besteht darin, dass offensichtlich die vom Lattice XP2 Baustein unterstützte Variante einer 5-input-LUT nicht verwendet wurde. Dabei werden zwei benachbarte LUTs innerhalb eines Slice über einen Multiplexer zusammengefasst. Stattdessen wird hier der *F*-Ausgang der LUT Nr. *0* auf den *D*-Eingang der LUT Nr. *1* geführt, also quasi außen herum. Was sich dabei aber bestätigt (ROUTE in Zeile 11: 0,278 ns), ist die Tatsache, dass lokale Verbindungen deutlich schneller sind, als globale.

Fazit: Der 5-bit Paritätsgenerator wird mit zwei 4-input LUTs realisiert und besitzt eine Verzögerungszeit von 5,403 ns durch 4 logische Stufen hindurch.

Um eine signifikante Veränderung zu erreichen, testen Sie mal einen Paritätsgenerator für 100 Bit!

Fazit: Der 100-bit Paritätsgenerator wird mit 34 4-input LUTs realisiert und besitzt eine Verzögerungszeit von 14,59 ns durch 6 logische Stufen hindurch. 73,4% dieser Zeit entfallen auf Routing.

Die Analyse der Verhältnisse durch *Reports* ist im professionellen Entwicklungsbetrieb normal und notwendig. Manchem hilft aber mehr die Anschauung. Von Diamond aus kann man die Programmoberfläche des Synthesewerkzeuges **Synplify** aufrufen. Dieses Programm läuft im Hintergrund, wenn es zu Beginn der Prozesskette aufgerufen wird und normalerweise ist eine explizite Bedienung von **Synplify** auch nicht notwendig. Wir wollen uns aber trotzdem mal damit auseinandersetzen, um auf andere Art Erkenntnisse über FPGAs zu gewinnen. Vom letzten Projekt, dem generischen Paritätsgenerator aus, werden wir jetzt **Synplify** starten. Stellen Sie sicher, dass Sie den Paritätsgenerator auf 4 Bit eingestellt haben.

Abbildung 25.9: Der Startknopf für Synplify Pro befindet sich in der Toolbar links neben dem Simulator.

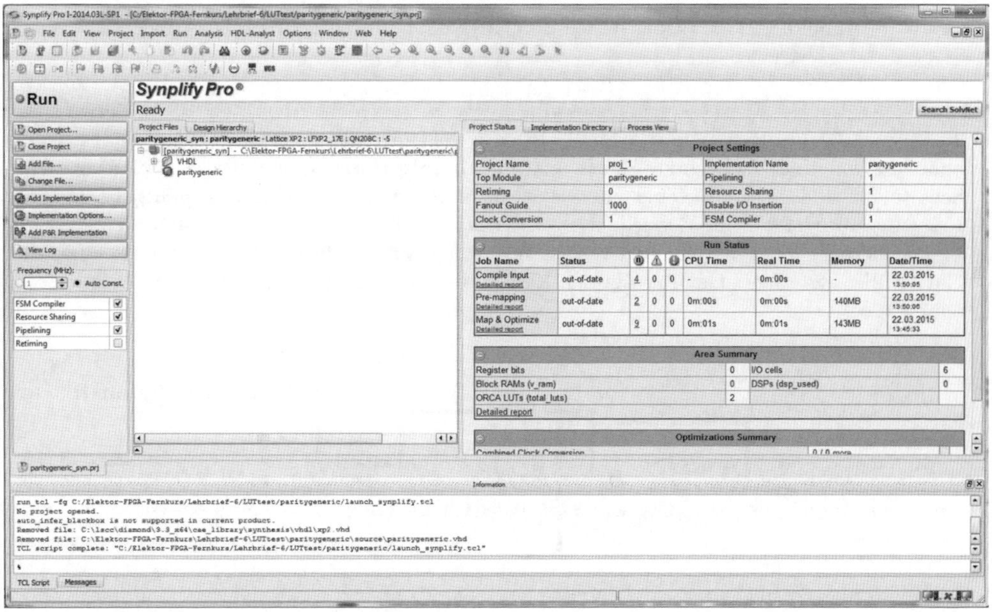

Abbildung 25.10: So startet Synplify Pro, wenn es aus Diamond heraus aufgerufen wird. Dabei werden die Projekteinstellungen von Diamond übernommen.

Synplify Pro ermöglicht es, sehr weitreichend in den Syntheseprozess einzugreifen. Eine genaue Auseinandersetzung mit diesem Werkzeug würde den Rahmen des Buches sprengen. Wir nutzen Synplify jetzt nur, um einige Eigenarten des FPGA-Entwurfs zu erläutern. Zunächst lösen wir über **Resynthesize All** eine neue Synthese aus (Abb. 25.11).

Abbildung 25.11: Eine Synthese auf die Schnelle genügt uns im Moment. Klicken Sie auf **Resynthesize All**.

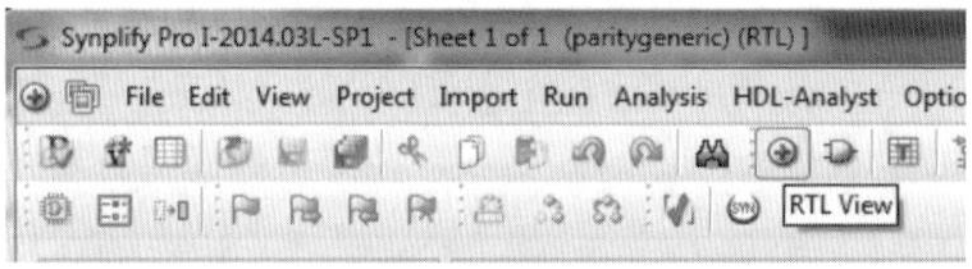

Abbildung 25.12: Über diesen Toolbar-Knopf öffnet sich die RTL-Ansicht.

Für die Berechnung einer 4-bit Parität benötigt man 3 einfache XOR-Gatter.

Zur Ansicht des Syntheseergebnisses gibt es zwei verschiedene Ansichten: **RTL View** (Abb. 25.13) und **Technology View** (Abb. 25.15). Die RTL-Ansicht zeigt einen Schaltplan, der unabhängig von einer Zieltechnologie ist und aus Grundgattern besteht. Diese Tool-generierten Schaltpläne sind nicht unbedingt gut lesbar. Schauen wir uns Abb. 25.13 genauer an. Es gibt Ein-/Ausgabesymbole, die Bezeichner aus der **entity** tragen. Vektorsignale sind durch stärkere Linien als Bus gezeichnet. Die **xor**-Ausdrücke aus dem VHDL-Quelltext wurden direkt in XOR-Gatter übersetzt. Jedes Gatter trägt den Namen des Signals, dem die **xor**-Funktion zugewiesen wurde.

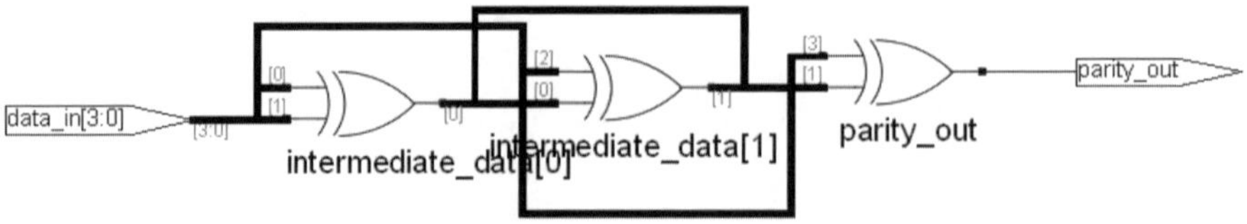

Abbildung 25.13: Die **RTL View** des 4-bit Paritätsgenerators

Auch die sich aus der **for generate** Syntax ergebende Kaskadierung wurde übernommen.

Grundsätzlich gilt diese Kaskadierung als schlechter Schaltungsentwurf, weil sich die Durchlaufzeiten der Einzelgatter ungünstig aufsummieren. Aber wir werden sehen, dass das Synthesewerkzeug bei der Abbildung auf konkrete FPGA-Ressourcen weitaus intelligenter vorgeht.

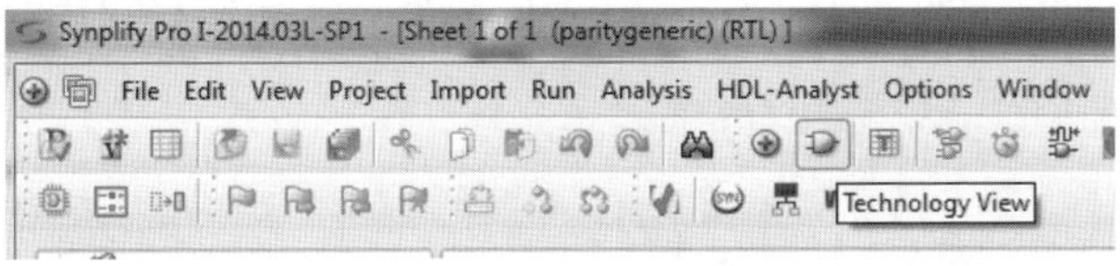

Abbildung 25.14: Über diesen Toolbar-Knopf öffnet sich die Technologieansicht.

Zur Technologieansicht kommen wir über den Toolbar-Knopf **Technology View** (Abb. 25.14). Wir bekommen wiederum einen Schaltplan zur Ansicht (Abb. 25.15). Dieser Schaltplan enthält die Verknüpfung von FPGA-Komponenten.

Der Begriff **ORCA** geht zurück auf eine FPGA-Familie, die Lattice von Lucent übernommen hat.

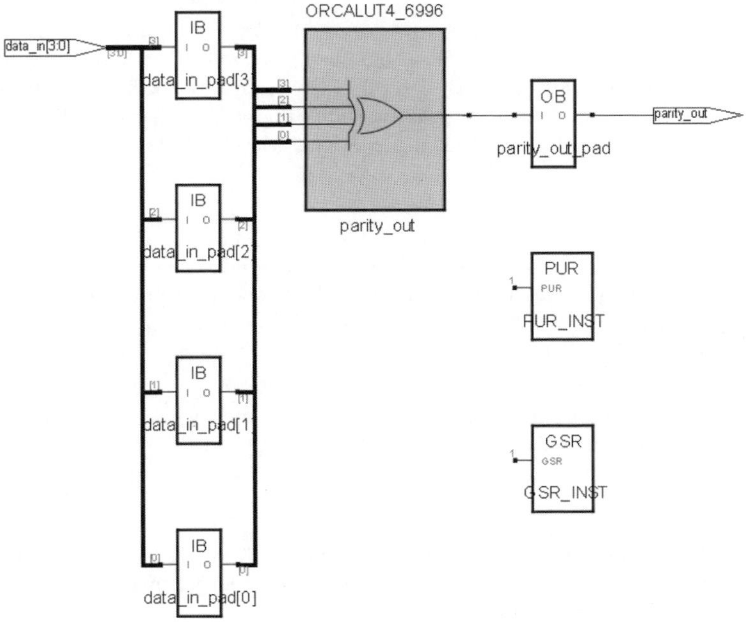

Abbildung 25.15: Die **Technology View** des 4-bit Paritätsgenerators

Im Einzelnen sind (von links nach rechts) folgende Komponenten zu sehen:

- Eingabeport, beschriftet mit den Eingangssignalen der **entity**: *data_in*. Der Eingabeport ist direkt mit einem Anschlusspin (Pad) verbunden.

- **IB**: *Input Buffer* Schaltungsblock, mit individueller Benennung, abgeleitet aus den Signalnamen. Input Buffer stellen das Bindeglied zwischen den physikalischen Anschlüssen und der eigentlichen FPGA-Logik dar.

- **ORCALUT4_6996**: *Look-Up Table* mit 4 Eingängen. Unterhalb des Symbols erfolgt eine Benennung nach dem Signal, für das diese LUT den Treiber darstellt, also *parity_out*. In das Symbol hinein ist ein XOR-Gatter gezeichnet. Das soll verdeutlichen, welche kombinatorische Funktion in die Tabelle programmiert worden ist.

- **OB**: *Output Buffer* Schaltungsblock, mit individueller Benennung, abgeleitet aus dem Signalnamen. Output Buffer stellen das Bindeglied zwischen den physikalischen Anschlüssen und der eigentlichen FPGA-Logik dar.

- **PUR**: *Power-Up-Reset* Schaltungsblock, es handelt sich um eine globale Reset-Ressource, um eine große Anzahl *(high-fan-out)* von Flip-Flops asynchron zurückzusetzen. Ausgelöst wird der Reset intern durch den Einschaltvorgang (Power-Up) des FPGA-Bausteins nachdem er konfiguriert worden ist. Wird hier nicht berücksichtigt.

- **GSR**: *Global-Set-Reset* Schaltungsblock, es handelt sich um eine globale Reset-Ressource, um eine große Anzahl *(high-fan-out)* von Flip-Flops asynchron zurückzusetzen. Ausgelöst wird der Reset durch einen separaten Außenanschluss oder durch interne Logik. Wird hier nicht verwendet.

- Ausgabeport, beschriftet mit dem Ausgangssignal der **entity**: *parity_out*. Der Ausgabeport ist direkt mit einem Anschlusspin (Pad) verbunden.

Die kaskadierte XOR-Struktur hat 4 kombinatorische Eingänge, passt also direkt in eine 4-input LUT. Somit verschwindet praktisch die kaskadierte Verschaltung der drei XOR-Gatter und damit auch der Laufzeitnachteil.

Abschließend soll nun noch das Syntheseergebnis für den 5-bit Paritätsgenerator betrachtet werden. Sie können jetzt nach Diamond zurückkehren, die Änderung auf 5 Bit vornehmen und zu Synplify zurückkehren. Sie können aber den VHDL-Quelltext auch in Synplify bearbeiten. Wenn Sie später zu Diamond zurückkehren, wird die Modifikation erkannt und Sie können den veränderten Quelltext nachladen.

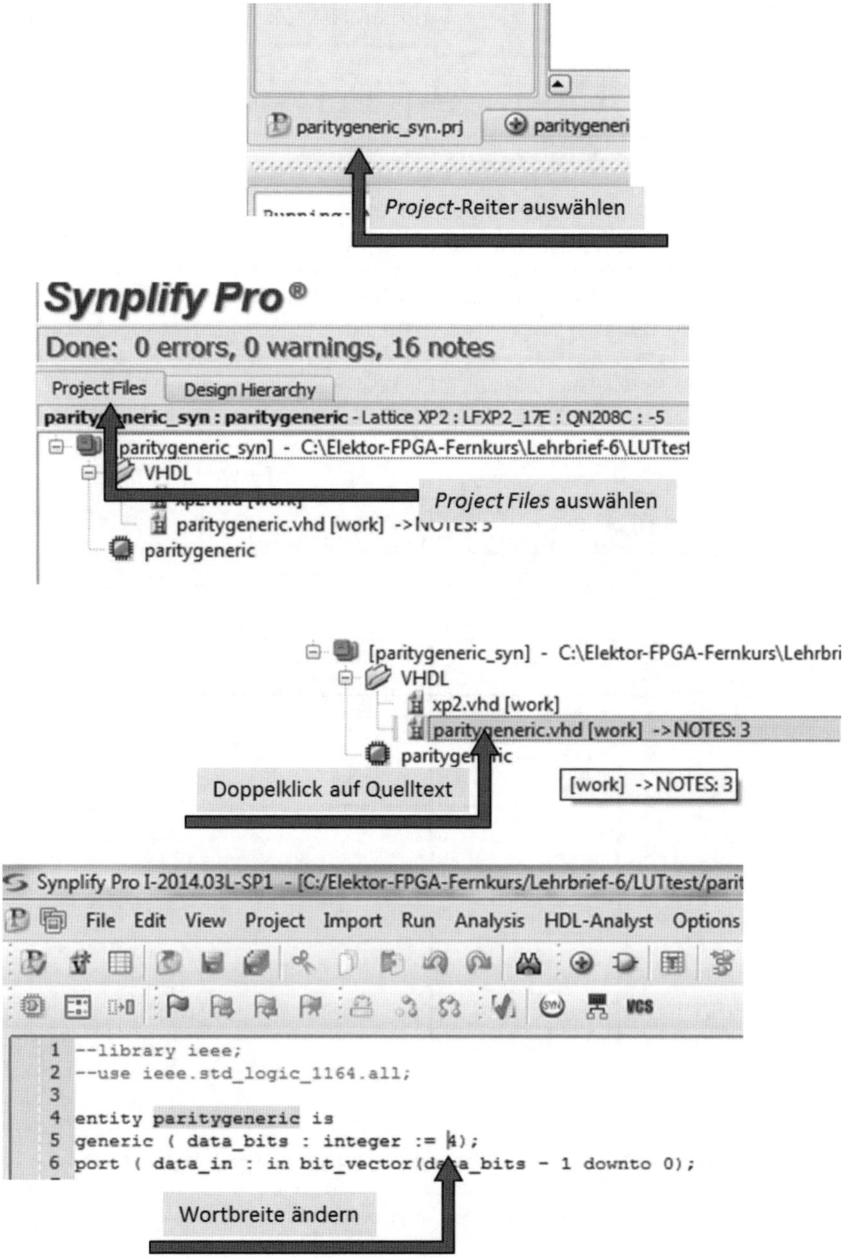

Abbildung 25.16: So ist der Ablauf, um in Synplify Quelltext zu editieren.

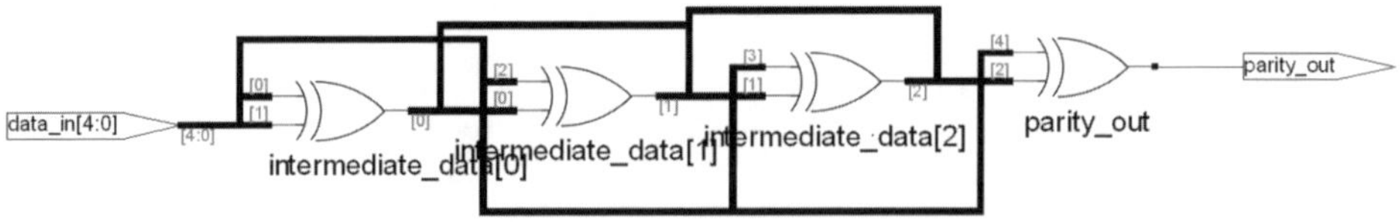

Abbildung 25.17: Die **RTL View** des 5-bit Paritätsgenerators

Die RTL-Ansicht in Abb. 25.17 zeigt vier XOR-Gatter in kaskadierter Verschaltung. Interessanter ist es jetzt jedoch, einen Blick auf die Technology-Ansicht in Abb. 25.18 zu werfen. Wie erwartet, passt die XOR-Schaltung mit 5 Eingängen nicht mehr in eine 4-input LUT.

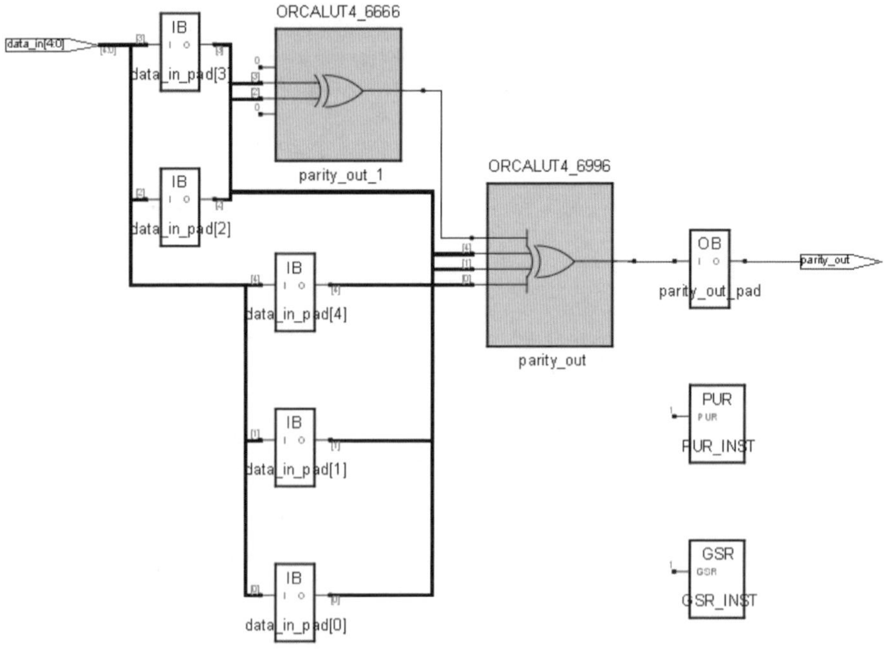

Abbildung 25.18: Die **Technology View** des 5-bit Paritätsgenerators

Eigentlich hätte man erwarten können, dass jetzt zwei 4-input LUTs zu einer 5-input LUT via Multiplexer verknüpft werden. Das ist aber nicht der Fall. Stattdessen wird eine Kaskadierung zweier 4-input LUTs vorgenommen. Vermutlich ist der Nachteil bzgl. der Verzögerungszeiten nicht so gravierend, zumal für die Synthese keine Zeitvorgaben gemacht worden sind.

25.1.2 MUX-basierte Kombinatorik

Multiplexer (MUX) führen auf den ersten Blick nur eine recht einfache Datenpfadfunktion aus, nämlich das Umschalten einer Eingangsquelle für ein Ausgangssignal. Durch geschickte Belegung der Eingangs- und Steuersignale kann man dem Multiplexer jedoch auch kombinatorische Grundfunktionen entlocken. Das erscheint zunächst aufwendig zu sein, ist aber doch recht effektiv, weil ein Multiplexer sich mit nur wenigen Transistoren realisieren lässt.

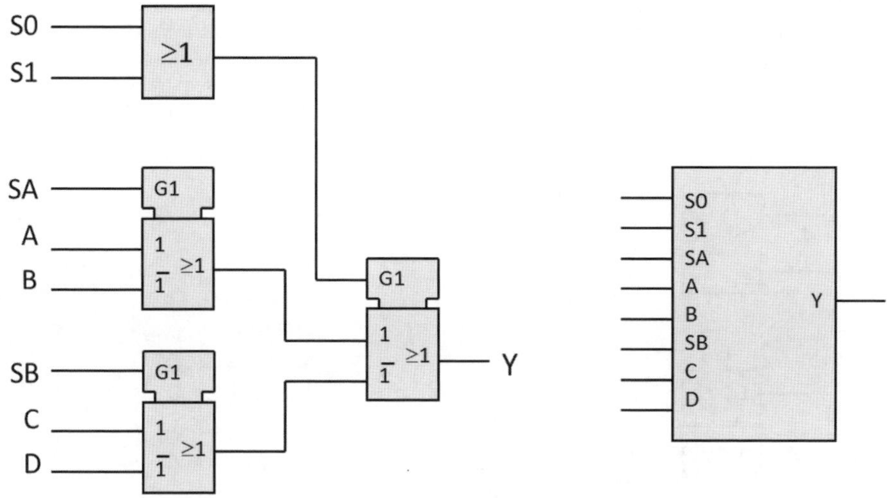

Abbildung 25.19: Multiplexeranordnung. Links: Schaltplan, rechts: Blockschaltbildelement.

Die in Abb. 25.19 gezeigte Multiplexeranordnung stellt ein programmierbares Logikelement dar. Jedoch enthält diese Schaltung keine konfigurierbaren Elemente. Vielmehr ensteht hierbei eine Konfiguration dadurch, dass man die äußere Beschaltung der Eingänge dieser Multiplexerandornung verändert. Es können äußere Signale (auch mehrfach) sowie die konstanten Werte '0' und '1' auf die Eingänge gelegt werden. Dadurch ergeben sich verschiedene logische Funktionen mit bis zu 8 Eingängen, wobei die Variante mit 8 Eingängen dann genau die vorgegebene Multiplexerstruktur an sich wäre.

Um verstehen zu können, wie eine äußere Beschaltung zu fast beliebigen Logikfunktionen führen kann, bedarf es eines Beispieles. Abb. 25.20 zeigt die externe Beschaltung der Multiplexerandordnung aus Abb. 25.19. Die vier Eingangssignale a, b, c und d werden so auf die Eingänge der Multiplexeranordnung verteilt, dass sich in einer ersten Stufe zunächst zwei Oder-Gatter mit je zwei Eingängen ergeben. Im Fall der Signale a und b ist das noch einfach, weil die Anschlüsse S0 und S1 ja direkt auf ein Oder-Gatter führen. Die Zwischengröße u ist also einfach zu ermitteln.

Bei den Signalen c und d wird es schon interessanter. Signal c wird Auswahlleitung für die Zwischengröße w. Ist c gleich '1', so bekommt w die Konstante '1' vom oberen Multiplexereingang zugewiesen. Ist c gleich '0', so kann w nur '1' werden, wenn auch d gleich '1' ist. Deshalb liegt d an dem Multiplexereingang, der bei c gleich '0' ausgewählt wird. Daß w tatsächlich eine

Oder-Funktion von c mit d darstellt, wird in Abb. 25.20 mit den booleschen Gleichungen gezeigt. Die Eingänge c und d sowie die Konstante '1' werden zunächst in die Multiplexergleichung eingesetzt. Die Vereinfachung der Gleichung zeigt dann genau die beabsichtige ODER-Funktion für w. Somit haben wir jetzt zwei 2-fach Oder-Gatter in der ersten Stufe.

Ein drittes Oder-Gatter in einer weiteren Stufe muss jetzt die ersten beiden Oder-Gatter zusammenführen. Dazu wird der Y-Multiplexer genauso als Oder-Gatter verwendet, wie es schon beim w-Multiplexer eingestellt worden ist. Die notwendige Konstante '1' kann nicht innerhalb der Multiplexerstruktur erzeugt werden. Deshalb muss der v-Multiplexer der ersten Stufe so beschaltet werden, dass die Zwischengröße v zwingend eine '1' zeigt. Das ist gegeben, weil beide Dateneingänge des v-Multiplexers auf '1' festgelegt sind, v also nur noch eine '1' annehmen kann. Die Auswertung der Multiplexergleichung für Y ergibt die Oder-Funktion u mit w. Darin eingesetzt die vier Eingangsgrößen a, b, c, d, ergibt sich die gewünschte 4-fach Oder-Funktion.

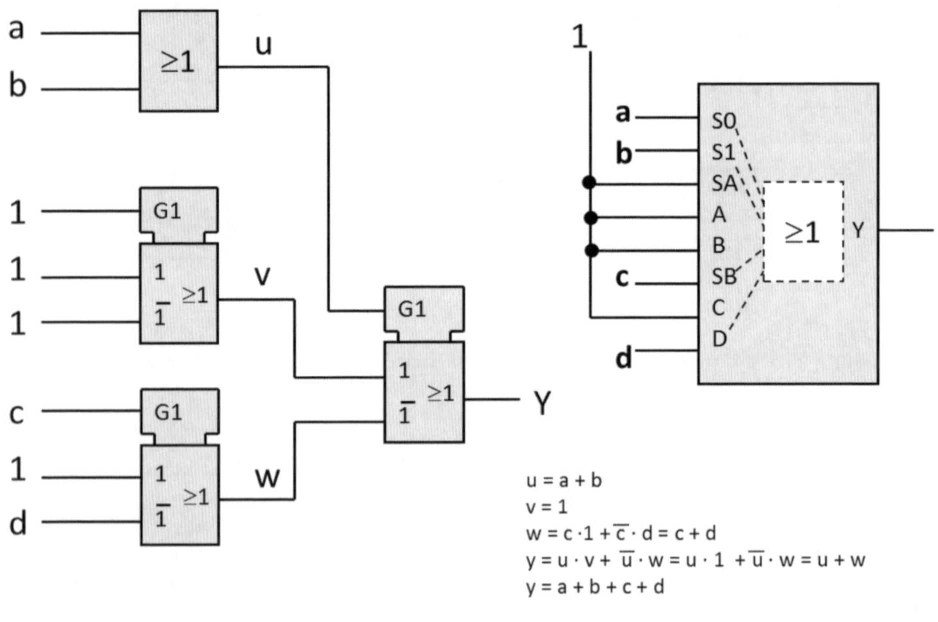

Abbildung 25.20: Links: Realisierung einer Oder-Funktion mit 4 Eingängen durch Beschaltung der Eingänge einer Multiplexerandordnung. Rechts: die gleiche Beschaltung am Symbol des Logikelementes. Unten rechts: Herleitung der 4-fach Oder-Funktion aus den Multiplexergleichungen.

Auf ähnliche Weise können weitere Grundfunktionen realisiert werden. Welche das sind und wie die Beschaltung erfolgt, kann den Datenblättern der Hersteller entnommen werden. Man muss sich darum allerdings kaum kümmern, da die passenden Grundfunktionen durch die Implementierungswerkzeuge ausgewählt werden.

25.1.3 Flip-Flops in Logikelementen

Ganz grundsätzlich kann man festhalten, daß in einem FPGA jeder kombinatorischen Funktionseinheit genau ein Flip-Flop zugeordnet ist. Abbildung 25.21 gibt dafür ein Beispiel. Die Verwendung des Flip-Flops ist dabei optional. Dadurch besteht die Auswahl, ein Logikelement rein kombinatorisch oder sequentiell, also *ohne* oder *mit* Speicherfunktion, zu verwenden. Typischerweise finden bei FPGAs D-Flip-Flops Verwendung. Sie besitzen neben den Standardsignalen (Eingang, Takt, Ausgang) eine ganze Reihe von zusätzlichen Anschlüssen, wie beispielsweise Setz- und Rücksetzeingänge (synchron oder asynchron) sowie Clock-Enable.

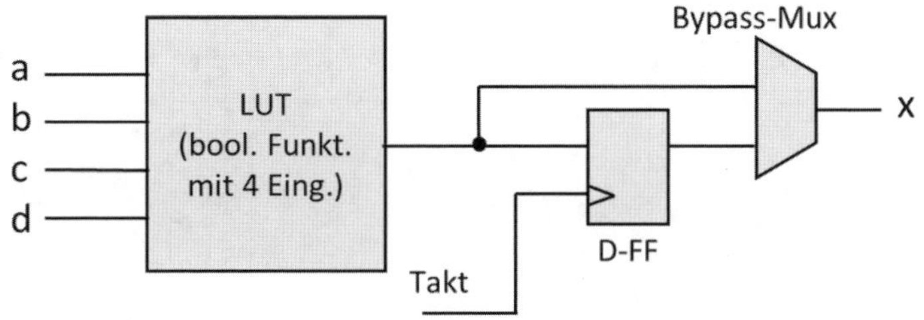

Abbildung 25.21: Einfache Logikzelle mit Flip-Flop. Über den Bypass-Multiplexer sind der kombinatorische oder der sequentielle Betrieb wählbar.

Abbildung 25.22 zeigt ein Slice der Lattice XP2-Bausteinfamilie. Das Slice enthält zwei D-Flip-Flops. Dieser Flip-Flop-Typ besitzt neben dem obligatorischen Takteingang (CLK) noch die Steuerleitungen Clock Enable (CE) und Local Set/Reset (LSR).

Mit CE können für jedes Flip-Flop individuell aktive Zeitpunkte festgelegt werden, zu denen es Daten übernehmen soll. So kann bei kontinuierlich durchlaufendem Systemtakt (CLK) auf das sog. Clock-Gating verzichtet werden. Mit LSR kann das Flip-Flop unabhängig vom Dateneingang gesetzt oder gelöscht werden, je nachdem, wie die Reaktion auf LSR jeweils konfiguriert ist.

Vor dem D-Eingang befindet sich ein Multiplexer zur Quellenauswahl. Es können kombinatorische Ergebnisse aus der lokal zugeordneten LUT oder aus zusammengeführten LUTs (z.B. LUT5) oder von einem Mehrzwekeingang (M0, M1) gespeichert werden. Die LUT-Ergebnisse können auch ungespeichert über die sog. Bypass-Ausgänge (F0, F1) herausgeführt werden. In diesem Fall lassen sich die Flip-Flops trotzdem noch nutzen, indem sie die M-Signale aufnehmen können.

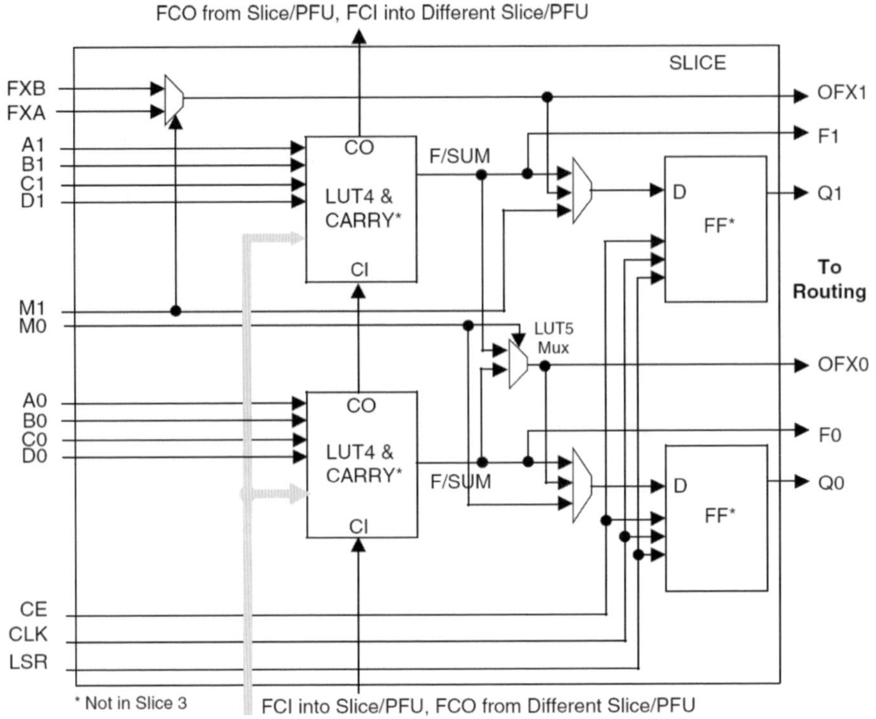

Abbildung 25.22: Slice der Lattice XP2-Familie mit 2 LUTs und 2 Flip-Flops. Bildquelle: Lattice XP2 Family Handbook.

Wie schon mit Abbildung 25.3 auf Seite 441 gezeigt wurde, gibt es auch Logikelemente höherer Ordnung, in denen ein Ensemble von kombinatorischen Funktionseinheiten mit einer bestimmten Anzahl von Flip-Flops verknüpfbar ist. Bei der Lattice XP2-Familie heissen diese Logikelemente allgemein PFU (Programmable Function Unit). Hinter der Abkürzung PFF verbirgt sich eine PFU-Variante ohne RAM. Insgesamt enthält eine PFU 8 LUTs und 6 D-Flip-Flops, organisiert in sog. Slices zu je zwei LUTs mit oder ohne Flip-Flops.

25.1.4 Sonderfunktionen in Logikelementen

Betrachten wir nochmal Abbildung 25.22 genauer. Die beiden Look-up-Tabellen tragen die Beschriftung **LUT4 & CARRY**. Carry, zu deutsch: Übertrag, scheint also eine Funktion zu sein, die zusätzlich oder alternativ zur eigentlichen LUT ausgewählt werden kann. Das bei der einfachen Übertragsbildung verwendete *Ripple*-Verfahren führt zur Aufsummierung von Verzögerungszeiten von einer Bit-Stelle zur nächsten. Wenn wir LUT-Komponenten als Arithmetikeinheit einsetzen und die Überträge aus einem Logikelement heraus via Routing-Ressourcen in das nächste Logikelement hineinbringen, so haben wir genau diesen unerwünschten Effekt.

Eine Alternative stellt das *Carry-look-ahead*-Verfahren dar, bei dem die Überträge vorausberechnet werden, bevor die eigentliche arithmetische Funktion durchgeführt wird. In beiden Fällen, ob Ripple-Carry oder Carry-look-ahead, sollte die Übertragsinformation mit möglichst geringer Verzögerung an die nächsten Bitstellen übertragen werden. Deshalb richten die FPGA-Hersteller kurze Verbindungswege zwischen benachbarten kombinatorischen Einheiten ein. In Abb. 25.22 sind dies die Verbindungen zu den CI- bzw. CO-Anschlüssen der LUTs, die ihre Fortsetzung zu benachbarten Slices via FCI und FCO finden. Intern in den LUTs werden die Übertragsinformationen separat von den Look-up-Tabellen verarbeitet und weitergeleitet.

Unter Verwendung der Carry-Ressourcen kann die **LUT4 & CARRY** Komponente der Lattice XP2-Familie für folgende Zwecke konfiguriert werden:

- 2-bit Addierer
- 2-bit Subtrahierer
- 2-bit Addierer/Subtrahierer mit dynamischer Kontrolle
- 2-bit Zählerstufe, aufwärts zählend
- 2-bit Zählerstufe, abwärts zählend
- Zählerstufe, aufwärts und abwärts zählend, mit asynchronem Löschen
- Zählerstufe, aufwärts und abwärts zählend, mit synchronem Setzen
- Ripple mode Multiplizierer-Komponente
- Multiplizierer-Unterstützungsfunktion
- Komparatorstufe

Auch die anderen FPGA-Hersteller statten ihre Logikeinheiten mit speziellen Übertragsressourcen aus.

Es gibt aber noch weitere interessante Verwendungsmöglichkeiten von Look-Up-Tabellen. Diese verfügen ja über einen Konfigurationsspeicher für die Aufnahme der Wahrheitstabelle. Eine 4-Input-LUT benötigt dazu 16 Speicherzellen. Für viele Anwendungen ist es interessant, diese Speicherzellen direkt als Anwenderspeicher und nicht als Konfigurationsspeicher zu verwenden. Diese Möglichkeit ist tatsächlich bei allen LUT-basierten FPGAs aller Hersteller gegeben.

Der Vorteil liegt klar auf der Hand: Würde man eine LUT mit angehängtem Flip-Flop als **eine einzelne** Speicherzelle konfigurieren, so hätte man eine sehr schlechtes Verhältnis von Chipfläche zu Anwenderspeicher. FPGAs sind einfach zu teuer, um daraus Speicher zu bauen! Indem man den Konfigurationsspeicher zu Anwenderspeicher macht, verbessert man das o.g. Verhältnis drastisch.

Es gibt zwei Varianten für die Verwendung von LUTs als Speicher: RAM-Modus und ROM-Modus. Beim ROM-Modus sind eingangsseitig nur Adressierungssignale vorhanden. Im Grunde stellt auch schon der LUT-Modus ein ROM dar, nämlich mit der Wahrheitstabelle als Speicherinhalt. Beim RAM-Modus sind neben den Adressen auch noch Schreibsignale und Dateneingänge vorhanden.

Bei der Lattice XP2-Familie kann innerhalb einer PFU aus zwei Slices RAM-Speicher in der Organisation 16x4 gebildet werden und als Besonderheit alternativ sogar noch ein 16x2

Pseudo-Dual-Port RAM. Im ROM-Modus können alle Slices einer PFU dann einen 128 bit großen Speicher darstellen. In allen Modi werden die Speicher bei der Konfiguration mit initialen Daten versorgt. Die Methode, LUTs als RAM zu verwenden wird **Distributed RAM** genannt.

Die Firma Xilinx hat für den Konfigurationsspeicher ihrer Logikelemente noch eine weitere Verwendungsmöglichkeit gefunden. Da der Konfigurationsspeicher als Schieberegister organisiert ist, bietet es sich an, diesen dem Anwender auch als entsprechend großes Schieberegister verfügbar zu machen. Dieser Verwendungsmodus heisst dann *SRL*-Modus. Es lassen sich damit effektiv FIFO-Strukturen oder Verzögerungs-Pipelines aufbauen.

25.2 Ein-/Ausgabeblöcke

Damit FPGAs möglichst universell einsetzbar sind, müssen sie an viele Gegebenheiten in ihrem Umfeld anpassbar sein. Dafür gibt es vielfältige Einstellmöglichkeiten, wie z.B. die Datenrichtung (Eingang oder Ausgang), den hochohmigen Zustand oder die logische Schaltschwelle.

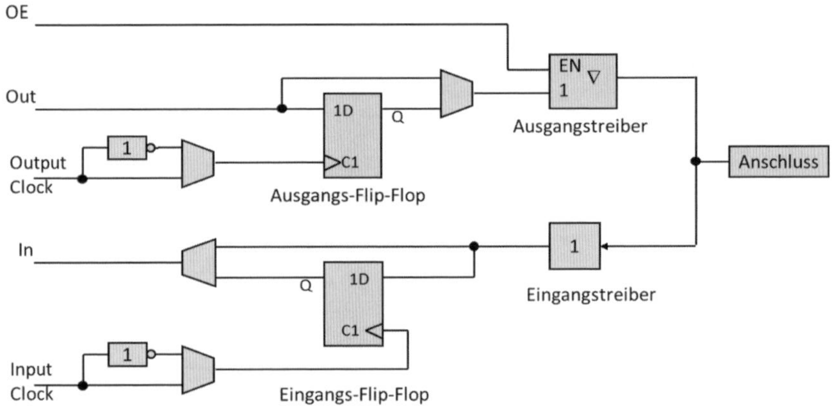

Abbildung 25.23: Einfache Ein-/Ausgabezelle

I/O-Block: Ein-/Ausgabeschaltkreis

PAD: Verbindungsfläche auf dem Chip für den Anschlussdraht

Abb. 25.23 zeigt die noch recht einfache Struktur eines I/O-Blocks. Die allermeisten Anschlüsse eines FPGAs sind universell und bidirektional. Bidirektional bedeutet, dass der Anschluss als Eingang oder als Ausgang oder als beides gleichzeitig konfiguriert werden kann. Der Anschluss (PAD) ist sowohl mit einem *Input-* als auch einem *Output-Buffer* verbunden.

Als Eingang konfiguriert, ist nur der *Input-Buffer* aktiv. Die untere Hälfte der Darstellung ist *Input-Buffer* im weitesten Sinn. Es gibt verschiedene Optionen, wie ein Signal von außerhalb in den Kern (Core) eines FPGAs gelangen kann. Zunächst einmal ist da der asynchrone bzw. kombinatorische Weg unter Umgehung des Eingangs-Flip-Flops (Bypass-Multiplexer). Soll ein Eingang zunächst synchronisiert werden, so wird das Eingangs-Flip-Flop aktiviert. Neben der dargestellten Konfigurierbarkeit der Taktflanke (Multiplexer mit Inverter) gibt es üblicherweise auch noch verschiedene Taktquellen zur Auswahl.

Als Ausgang konfiguriert, ist nur der *Output-Buffer* aktiv. Die obere Hälfte der Darstellung ist *Output-Buffer* im weitesten Sinn. Es gibt verschiedene Optionen, wie ein Signal vom

FPGA-Core nach außen gelangen kann. Auch hier gibt es zunächst die ungetaktete bzw. kombinatorische Variante mittels Bypass-Multiplexer am Ausgabe-Flip-Flop vorbei. Soll der Ausgang extern synchron weiterverarbeitet werden, so empfiehlt sich die getaktete Variante unter Einbeziehung des Flip-Flops. Für das Ausgangs-Flip-Flop bestehen die gleichen flexiblen Konfigurationsmöglichkeiten wie beim Eingangs-Flip-Flop.

Für den als reinen Ausgang konfigurierten I/O-Block kann der Ausgangstreiber dauerhaft aktiviert werden. Optional kann er auch als unidirektionaler Three-State-Treiber arbeiten und über das *OE*-Signal hochohmig geschaltet werden.

Der I/O-Block kann auch bidirektional konfiguriert werden. Dann sind *Input- und Output-Buffer* gleichzeitig aktiv. Schreib- und Lesephasen sind zeitlich zu trennen. In den Lesephasen muss der Ausgangstreiber hochohmig sein.

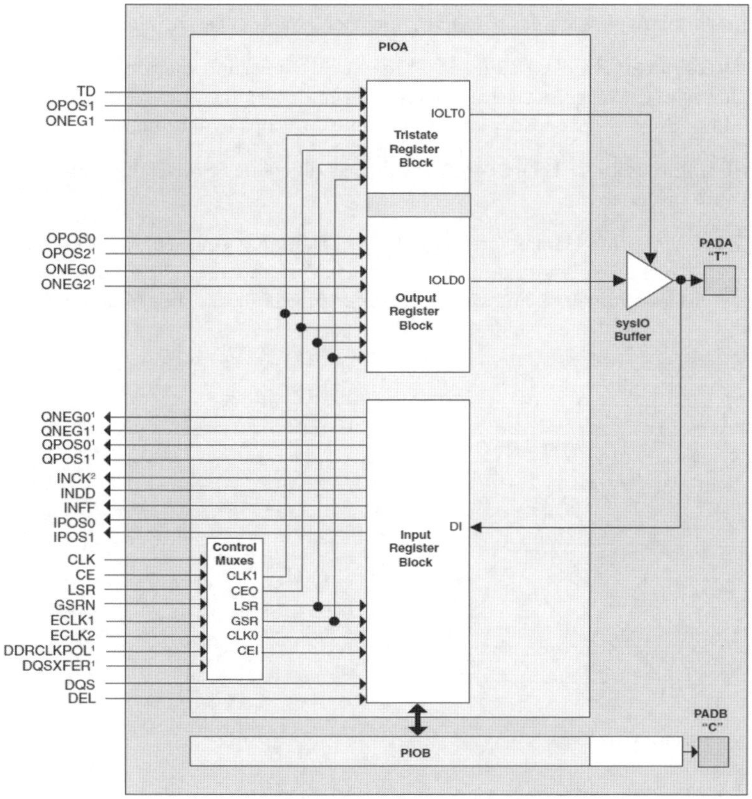

Abbildung 25.24: Programmable I/O Cell (PIC) der Lattice XP2 Familie. Bildquelle: LatticeXP2 Family Handbook.

Tatsächlich sind die I/O-Blöcke heutiger FPGAs so komplex, dass man sie schon fast nur noch als Blockschaltbild darstellen kann (Abb. 25.24). Grundsätzlich folgt die PIC-Komponente unseres XP2-FPGAs noch der Struktur, wie sie in Abb. 25.23 vorgestellt wurde. Die Konfigurationsmöglichkeiten sind jedoch deutlich vielfältiger:

- **PIC:** Eine PIC ist für zwei PADs zuständig. Dazu sind in jeder PIC zwei gleichartige PIOs enthalten. Diese benachbarten PIOs können als differentielles I/O-Paar konfiguriert werden. Eine Leitung trägt dann das T-Signal (T: True) und die andere das C-Signal (C: Complementary).
- **Input Register Block:** Enthält verschiedene feste und dynamische Verzögerungselemente sowie in mehreren Stufen organisierte Flip-Flops, um an sehr schnelle Signale, wie z.B. bei DDR-Speicher, angeschlossen werden zu können.
- **Output Register Block:** Enthält in mehreren Stufen organisierte Flip-Flops, um an sehr schnelle Signale, wie z.B. bei DDR-Speicher, angeschlossen werden zu können.
- **Tristate Register Block:** Leitet die Three-State Steuerinformation an den entsprechenden Buffer weiter. Wegen der sehr „engen" Zeitanforderungen bei schnellen Schnittstellen können diese Steuerinformationen über eigene Flip-Flops synchronisiert werden.
- **Control Logic Block:** Dient der Auswahl verschiedener Steuerungs- und Taktsignale. Kann Takte invertieren.
- **sysIO Buffer:** Sind in Bänken organisiert. Jede Bank hat eine separate Versorgungsspannung sowie diverse Referenzspannungen. Je nach Vorhandensein bestimmter Versorgungs- und Referenzspannungen können verschiedene physikalische Logikstandards eingestellt werden.

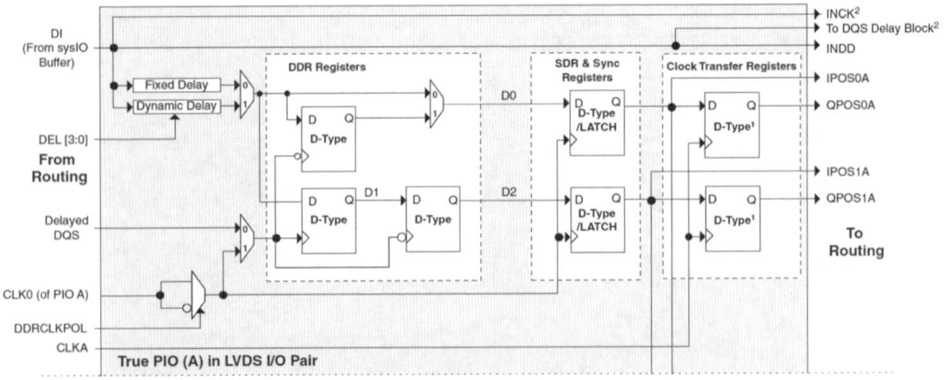

Abbildung 25.25: Der Input-Register-Block der XP2-Familie ist auf *high-speed* getrimmt. Bildquelle: LatticeXP2 Family Handbook.

Abb. 25.25 zeigt den *Input-Register-Block* der XP2-Familie. Der Block kann beispielsweise bei Verwendung des Anschlusses für ein Taktsignal völlig außer acht gelassen werden, wie man am Signalpfad nahe der Bildoberkante sehen kann.

Bevor das Eingangssignal in der Registersektion ankommt, durchläuft es einstellbare Verzögerungselemente. Die erste Gruppe von Registern dient der Aufbereitung von DDR-Signalen. Ist kein DDR-Modus eingeschaltet, können diese Register auch übergangen werden. Aus dieser ersten Stufe heraus laufen die Eingangsdaten paarweise weiter.

DDR: Double Data Rate, zwei Datenbits pro Taktperiode werden übertragen.

Es folgt eine obligatorische Synchronisationsstufe. Die letzte Registerstufe wird nur im sog. *Full Clock Transfer Mode* eingeschaltet.

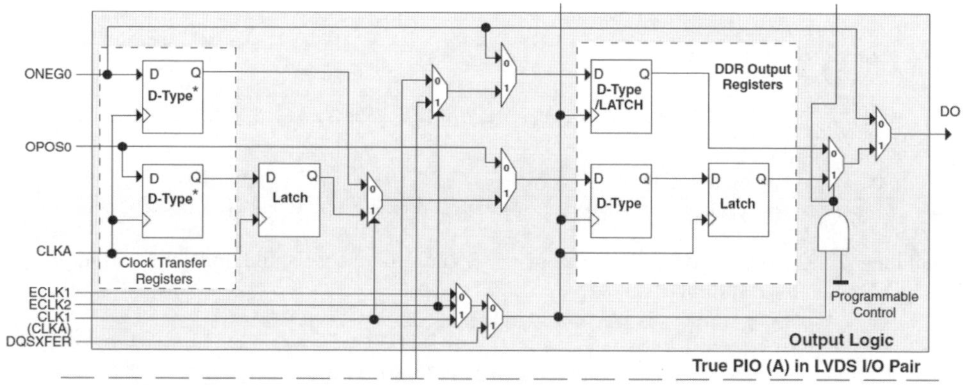

Abbildung 25.26: Auch im Output-Register-Block dominiert das Thema DDR. Bildquelle: LatticeXP2 Family Handbook.

Abb. 25.26 stellt den *Output Register Block* dar. Auch hier können Registerstufen übergangen werden. Im *Full Clock Transfer Mode* laufen die aus dem FPGA-Core kommenden Signale als Datenpaar (ONEG0, OPOS0) in die erste Stufe. Von dort oder direkt vom Blockeingang werden sie in die DDR-Stufe übernommen. In der vorletzten Multiplexerstufe vor dem Ausgang erfolgt die Zusammenfassung zu dem eigentlichen DDR-Signal.

Die *Input und Output Register* Blöcke sind mit dem *sysIO Buffer* verknüpft. Mit sysIO erfolgt die physikalische Anbindung an das PAD. Dazu sind für Eingang (Abb. 25.27) und Ausgang (Abb. 25.28) verschiedene Logikstandards einstellbar. Die Standards unterscheiden sich hauptsächlich in der Definition von High- und Low-Pegelbereichen sowie bei der Schaltschwelle (Schwellspannung).

Input Standard	V_{REF} (Nom.)	V_{CCIO}[1] (Nom.)
Single Ended Interfaces		
LVTTL	—	—
LVCMOS33	—	—
LVCMOS25	—	—
LVCMOS18	—	1.8
LVCMOS15	—	1.5
LVCMOS12	—	—
PCI33	—	—
HSTL18 Class I, II	0.9	—
HSTL15 Class I	0.75	—
SSTL33 Class I, II	1.5	—
SSTL25 Class I, II	1.25	—
SSTL18 Class I, II	0.9	—
Differential Interfaces		
Differential SSTL18 Class I, II	—	—
Differential SSTL25 Class I, II	—	—
Differential SSTL33 Class I, II	—	—
Differential HSTL15 Class I	—	—
Differential HSTL18 Class I, II	—	—
LVDS, MLVDS, LVPECL, BLVDS, RSDS	—	—

1. When not specified, V_{CCIO} can be set anywhere in the valid operating range (page 3-1).

Abbildung 25.27: Der sysIO-Buffer akzeptiert Signale diverser Logikfamilien ... (Bildquelle: LatticeXP2 Family Handbook)

Im Einzelnen werden folgende Logikstandards unterstützt:

- **LVTTL** Low Voltage TTL, (TTL: Transistor Transistor Logik)
- **LVCMOSxx** Low Voltage CMOS, xx steht für die positive Bezugsspannung: 33: 3,3V, 25: 2,5V, 18: 1,8V, 12: 1,2V (CMOS: Complementary metal-oxide-semiconductor)
- **PCI33** 3,3V PCI, (PCI: Peripheral Component Interconnect)
- **HSTLxx** High Speed Transceiver Logic, xx steht für die positive Bezugsspannung: 15: 1,5V, 18: 1,8V; entscheidend ist aber die angegebene Referenzspannung; Betriebsarten *single-ended* oder *differential*
- **SSTLxx** Stub Series Terminated Logic, xx steht für die positive Bezugsspannung: 33: 3,3V, 25: 2,5V, 18: 1,8V; Betriebsarten *single-ended* oder *differential*, Verwendung bei DDR-Speicher
- **(M/B)LVDS** (Multipoint/Bus) Low Voltage Differential Signaling
- **LVPECL** Low-Voltage Positive Emitter-Coupled Logic
- **RSDS** Reduced Swing Differential Signaling

Um einen bestimmten Logikstandard im Eingangsbereich anwenden zu können, ist zunächst sicherzustellen, dass die passende I/O-Betriebsspannung oder die benötigte Referenzspannung anliegen. Abb. 25.27 enthält einige Eintragungen für V_{REF} und V_{CCIO}. Wo die Eintragung fehlt, sind keine besonderen Voraussetzungen zu erfüllen.

Output Standard	Drive	V_{CCIO} (Nom.)
Single-ended Interfaces		
LVTTL	4mA, 8mA, 12mA, 16mA, 20mA	3.3
LVCMOS33	4mA, 8mA, 12mA 16mA, 20mA	3.3
LVCMOS25	4mA, 8mA, 12mA, 16mA, 20mA	2.5
LVCMOS18	4mA, 8mA, 12mA, 16mA	1.8
LVCMOS15	4mA, 8mA	1.5
LVCMOS12	2mA, 6mA	1.2
LVCMOS33, Open Drain	4mA, 8mA, 12mA 16mA, 20mA	—
LVCMOS25, Open Drain	4mA, 8mA, 12mA 16mA, 20mA	—
LVCMOS18, Open Drain	4mA, 8mA, 12mA 16mA	—
LVCMOS15, Open Drain	4mA, 8mA	—
LVCMOS12, Open Drain	2mA, 6mA	—
PCI33	N/A	3.3
HSTL18 Class I, II	N/A	1.8
HSTL15 Class I	N/A	1.5
SSTL33 Class I, II	N/A	3.3
SSTL25 Class I, II	N/A	2.5
SSTL18 Class I, II	N/A	1.8
Differential Interfaces		
Differential SSTL33, Class I, II	N/A	3.3
Differential SSTL25, Class I, II	N/A	2.5
Differential SSTL18, Class I, II	N/A	1.8
Differential HSTL18, Class I, II	N/A	1.8
Differential HSTL15, Class I	N/A	1.5
LVDS[1, 2]	N/A	2.5
MLVDS[1]	N/A	2.5
BLVDS[1]	N/A	2.5
LVPECL[1]	N/A	3.3
RSDS[1]	N/A	2.5
LVCMOS33D[1]	4mA, 8mA, 12mA, 16mA, 20mA	3.3

1. Emulated with external resistors.
2. On the left and right edges, LVDS outputs are supported with a dedicated differential output driver on 50% of the I/Os. This solution does not require external resistors at the driver.

Abbildung 25.28: ... und kann sie auch erzeugen. Bildquelle: LatticeXP2 Family Handbook.

Die Logikstandards der Eingangsseite gibt es auch auf der Ausgangsseite (Abb. 25.28. Hier sind für alle Standards, mit Ausnahme der Open Drain-Varianten, die notwendigen I/O-Betriebsspannungen (V_{CCIO}) definiert. Interessant ist in der Tabelle noch die Angabe von Treiberstärken (*Drive*) in mA. Jede der angegebenen Treiberstärken kann programmiert werden!

Open Drain: Ausgang wird nur nach GND getrieben, ansonsten ist er hochohmig.

Die I/O-Blöcke sind sog. *Banks* zugeordnet (Abb. 25.29) . Alle I/O-Blöcke in einer Bank werden aus derselben V_{CCIO} Betriebsspannung versorgt und haben nur zwei Referenzspannungen V_{REF} zur Verfügung. Somit ergeben sich Ausschlusskriterien für bestimmte Kombinationen von Logikstandards.

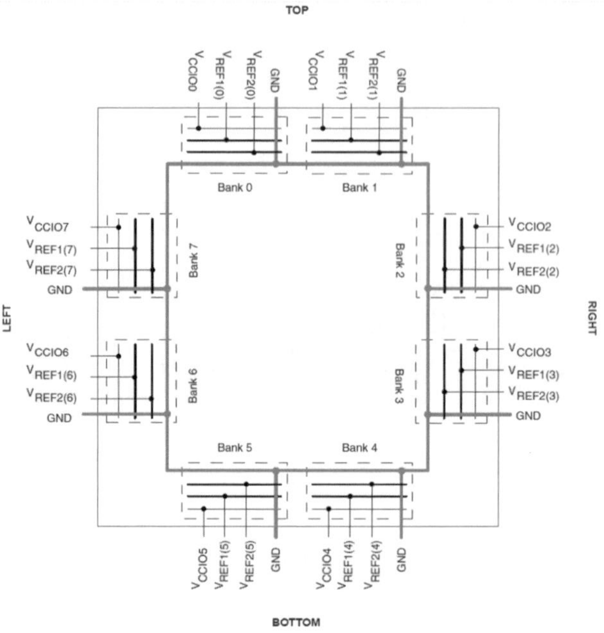

Abbildung 25.29: Die I/O-Blöcke sind *Banks* zugeordnet. Bildquelle: LatticeXP2 Family Handbook.

Floaten: Ein undefinierter Spannungspegel wird eingenommen.

Für die Standards *LVTTL, LVCMOS* und *PCI* kann noch eingestellt werden, ob ein Pull-up oder Pull-down Widerstand eingeschaltet werden soll. Nach dem Einschalten des FPGAs sind an allen Universalanschlüssen die Pull-up-Widerstände eingeschaltet. Der zugehörige Parameter *PULLMODE* kennt darüber hinaus noch den Modus *Keeper*. Der Keeper ist ein „schwaches" Latch, welches dazu dient, den letzten getriebenen Pegel zu halten, nachdem ein Anschluss hochohmig geworden ist. Damit wird vermieden, dass die angeschlossene Leitung ins *Floaten* kommt. Ebenso ist für die gerade genannten Standards die Hinzuschaltung einer Schutzdiode (PCI clamp) möglich.

Für die *LVTTL-* und *CMOS*-Ausgänge gibt es noch eine Besonderheit: eine einstellbare *SLEWRATE*, also Flankensteilheit. Die Einstellmöglichkeiten lauten auf *FAST* und *SLOW*. Wozu soll das gut sein? Wir wollen doch das Bestmögliche aus unserem FPGA herausholen, also auch schnelle Signale. Das Problem ist nur, dass viele schnelle Signale Störquellen darstellen. Die Signalfrequenz ist dabei nicht das grundlegende Problem, sondern eher die Flankensteilheit, selbst bei Signalen niedriger Frequenz. Wenn alle Ausgänge gleichzeitig von Low auf High schalten, dann ist das für den Moment ein Problem, egal ob sich das mit 100 Hz oder mit 100 MHz wiederholt.

Was passiert in so einem Moment? Die Erzeugung einer steilen Flanke bewirkt für einen sehr kurzen Moment einen entsprechend steilen Stromanstieg. Dem wirkt jedoch die Induktivität der Versorgungsanschlussleitungen entgegen, was dort einen Spannungsabfall erzeugt. Wenn sehr viele Ausgänge im selben Moment einen steilen Stromanstieg verzeichnen, dann kommt es durch den gerade genannten Spannungsabfall zu einer kurzfristigen Verschiebung des GND-Potentials auf dem Chip gegenüber dem GND-Potential der Leiterplatte. Das Chip-GND liegt dann nicht mehr bei 0V. Damit verschieben sich auch die Schaltschwellen der FPGA-Eingänge gegenüber den Signalquellen auf der Leiterplatte und umgekehrt, was bei einer größeren Potentialverschiebung zur Fehlinterpretation von logischen Pegeln und somit zur Fehlfunktion der Schaltung führen kann.

Den beschriebenen Effekt nennt man **Ground Bounce**. Um ihn zu vermeiden, sollten alle Ausgänge, die die größte Flankensteilheit nicht benötigen, auf *SLOW* eingestellt werden. Achtung: Die Standardeinstellung ist *FAST*.

Alle sysIO-Einstelungen werden in der Diamond-Software bzw. in einer **lpf**-Datei vorgenommen.

25.3 Verbindungsressourcen

Ein wesentlicher Teil der Chip-Fläche im FPGA wird durch Verdrahtungsressourcen belegt. Hinzu kommt, dass wesentliche Anteile der Verzögerungszeiten in diesem Bereich entstehen. In diesem Zusammenhang sei auf die weiter oben durchgeführten Interpretationen des **Place & Route TRACE Report** insb. zum Verhältnis *logic* zu *route* hingewiesen.

Die Abbildung logischer Funktionen auf LUT- oder MUX-Ressourcen ist im Rahmen der FPGA-Implementierung schnell erledigt. Den Großteil der Rechenzeit verbraucht jedoch der Place&Route-Vorgang, bei dem es auf die optimale Auswahl konkreter Logikelemente und deren Verbindung auf zeitlich kurzen Pfaden ankommt.

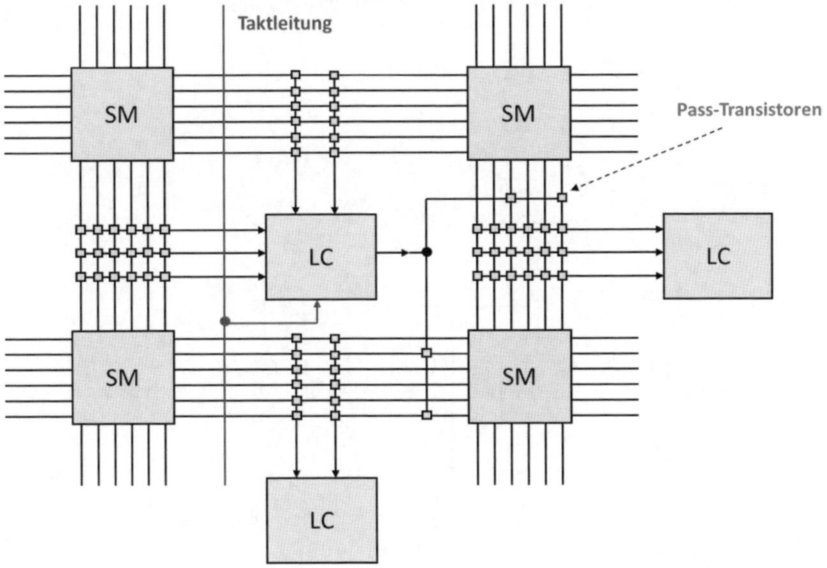

Abbildung 25.30: Ausschnitt aus einem FPGA mit Darstellung von Routing-Ressourcen

Abb. 25.30 zeigt die Verbindungsressourcen in unmittelbarer Nachbarschaft eines Logikelementes. Eingebettet in ein Netzwerk aus Leitungen erfolgt die Verknüpfung mit diesen über sog. *Pass-Transistoren.* Nicht eingezeichnet sind die direkten Verbindungen zu benachbarten Logikelementen. Mit diesen Leitungen werden u.a. schnell die CARRY-Informationen für Rechenwerke oder Zählerstufen übertragen.

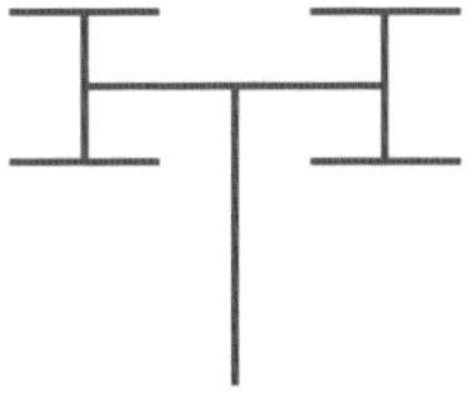

Abbildung 25.31: Der H-Baum: Vom Ursprung unten sind alle Endpunkte gleich weit entfernt.

Die Weitervermittlung der Signale erfolgt in benachbarten Schaltmatrizen. Hier kreuzen sich horizontale und vertikale Verbindungslinien. An diesen Kreuzungspunkten besteht die Möglichkeit zum Richtungswechsel über Multiplexer oder Pass-Transistoren. Wegen der Zeitverzögerungen, die jede Vermittlungsposition mit sich bringt, wäre es jedoch von Nachteil, wenn alle Verbindungsleitungen des FPGA-Kerns nur über die relativ kurzen Distanzen zwischen benachbarten Schaltmatrizen laufen würden. Man kann davon ausgehen, dass es auch eine „Überholspur“ gibt, bei der weitere Abschnitte überbrückt werden. Bei Xilinx heißen diese Leitungen *Long Lines.*

In Abb. 25.30 ist die Taktleitung des Logikelementes separat geführt. In der Tat sind die Taktressourcen die kritischsten. Die besondere Schwierigkeit besteht darin, von der Taktquelle ausgehend möglichst alle Flip-Flops zur gleichen Zeit zu erreichen. Man spricht von möglichst geringem *Skew.* Das ist wichtig zur Einhaltung von Setup- und Hold-Zeiten. Je größer die Phasenverschiebungen zwischen den Flip-Flops sind, um so geringer ist das Zeitbudget für die kombinatorische Logik zwischen ihnen. Eine Lösung dafür ist der sog. *H-Baum.* Es gibt aber auch andere dafür geeignete Netzstrukturen.

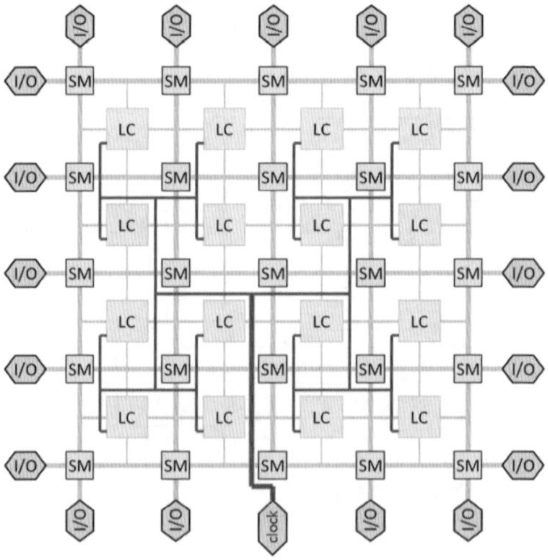

Abbildung 25.32: Anwendung des H-Baumes für die Taktverteilung am Modell des einfachen FPGA-Bausteines

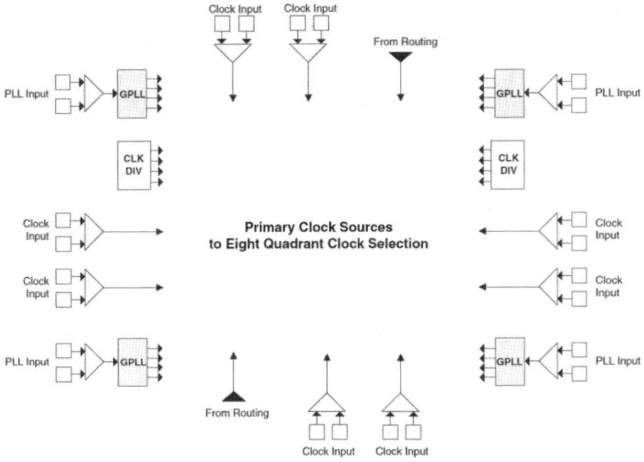

Abbildung 25.33: Die primären Takt-Ressourcen der XP2-Familie sind umfangreich ... Bildquelle: LatticeXP2 Family Handbook

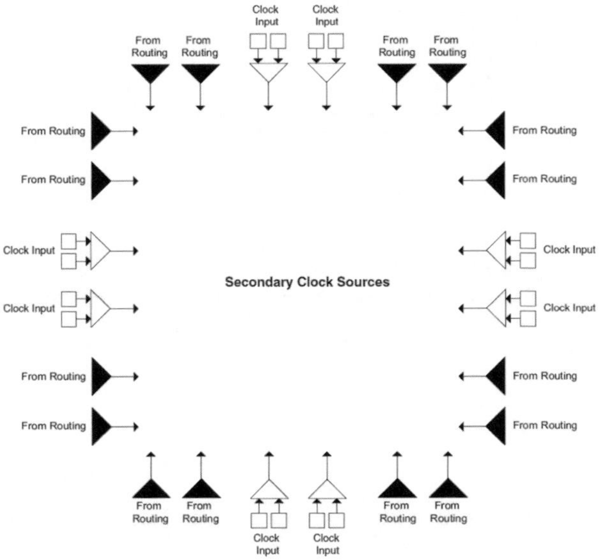

Abbildung 25.34: ... und dann kommen noch die sekundären hinzu. Bildquelle: LatticeXP2 Family Handbook.

Konkret sind bei unserem Lattice XP2 FPGA die Taktressourcen viel komplexer ausgeprägt.

Es gibt primäre und sekundäre Taktquellen (Abbildungen 25.33 und 25.34. Die primären Taktquellen versorgen den FPGA-Kern global. Gespeist werden sie aus externen Takteingängen, den PLLs (s.u.) und Taktteilern. Die Verwendbarkeit von Signalen aus den allgemeinen Verbindungsressourcen ist eingeschränkt. Die sekundären Taktquellen sind diesbezüglich flexibler und sind mehr für die lokale Verwendung in ihren Quadranten gedacht.

Das ist aber noch nicht alles. Zur Versorgung der I/O-Blöcke mit Takten gibt es noch eigene Ressourcen: Das sog. *Edge Clock* Netzwerk (ECLK). Diese Takte liegen an den verschiedenen Chip-Kanten in leicht unterschiedlicher Ausprägung vor. Sie verfügen über eine besonders geringe Zeitverzögerung und einen geringen *Skew*.

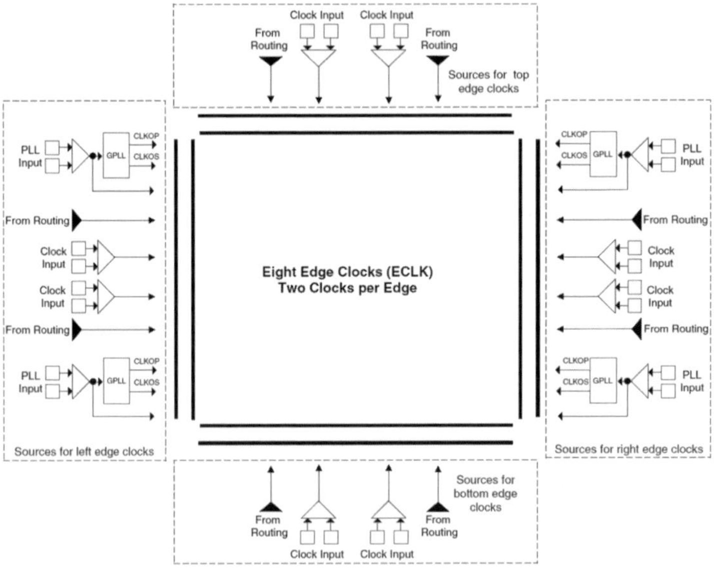

Abbildung 25.35: Das *ECLK*-Netzwerk versorgt die IO-Blöcke. Bildquelle: LatticeXP2 Family Handbook.

25.4 Programmierbare Elemente

Im Hintergrund der Logik- und Verbindungsressourcen steht der Konfigurationsspeicher. Die einzelnen Speicherelemente sind dann dafür zuständig, die Wahrheitstabellen zu realisieren, Pass-Transistoren ein- oder auszuschalten sowie Multiplexern eine Auswahlrichtung zu geben.

SRAM Konfigurationszelle

SRAM-basierte FPGAs dominieren den Markt, also fangen wir mit dem Grundprinzip der SRAM-Zelle an. In Abb. 25.36 befinden sich ein Konfigurationsspeicherelement mit Multiplexer als zugeordneter Routing-Ressource. Die SRAM-Zelle ist als rückgekoppelte Inverterkette dargestellt, der Multiplexer vereinfacht mit Pass-Transistoren. Zum Zeitpunkt der Bausteinkonfiguration wird der Schreibtransistor geöffnet und die im Bitstream an der zugehörigen Stelle platzierte Information wird eingespeichert. Zur Laufzeit der FPGA-Schaltung bleibt der Schreibtransistor geöffnet. Q und $\overline{Q}$ repräsentieren komplementäre Informationen. Dadurch ist gewährleistet, dass der Multiplexer eine eindeutige Auswahl erhält.

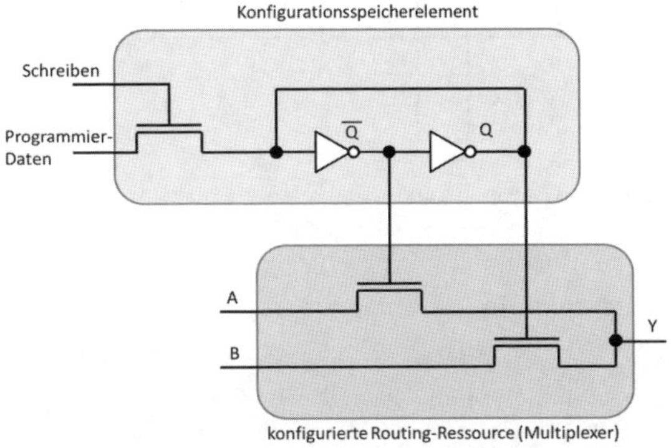

Abbildung 25.36: SRAM-basiertes Konfigurationsspeicherelement

Der große Nachteil SRAM-basierter FPGAs ist die Tatsache, dass sie nach jedem Aus- und Wiedereinschalten neu konfiguriert werden müssen.

Flash Konfigurationszelle

Flash-basierte FPGAs sind vor allem dort anzutreffen, wo die Schaltung nach dem Einschalten sofort betriebsbereit sein muss. Abb. 25.37 zeigt zwei Flash-Transistoren, zu erkennen an dem sog. *Floating-Gate*. Der linke Flash-Transistor stellt das eigentliche Konfigurationsspeicherelement dar und ist dementsprechend in ein Programmiernetzwerk eingebunden. Über die Programmier-Auswahlleitungen wird die Zelle selektiert. Dabei wird über die Wortleitung die Konfigurationsinformation übertragen. Der rechte Flash-Transistor stellt die konfigurierte Routing-Ressource dar. In diesem Fall handelt es sich nur um eine Verbindungsstelle. Der rechte Transistor erhält die Information des linken Transistors dadurch, dass die Floating-Gates der beiden Transistoren miteinander verbunden sind.

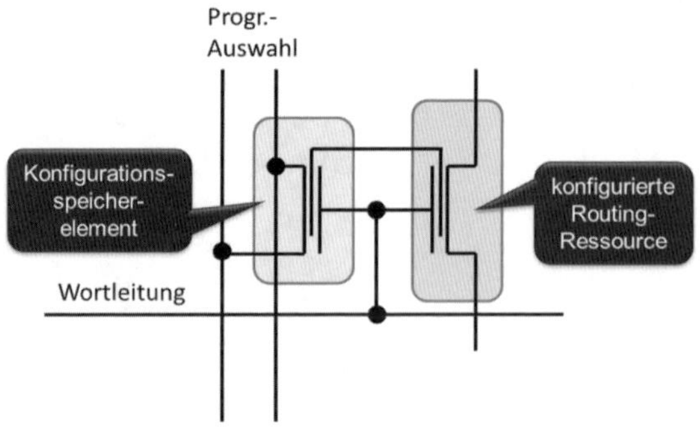

Abbildung 25.37: Flash-basiertes Konfigurationsspeicherelement

Anti-Fuse Konfigurationszelle

Der Begriff *Anti-Fuse* lässt vielleicht ahnen, worum es geht. Während es sich bei einer *Fuse* (auf deutsch: Sicherung) um eine aufzulösende leitende Verbindung handelt, bedeutet *Anti-Fuse* das Gegenteil davon, also die Schaffung einer leitenden Verbindung. Diese Verbindungsstellen dienen dann der Konfiguration des FPGA-Bausteins.

Anti-Fuse-FPGAs gelten als besonders robust, weshalb sie bevorzugt in der Luft- und Raumfahrt, aber auch für militärische Güter eingesetzt werden. So sind die Anti-Fuse-Verbindungen nicht durch Höhenstrahlung oder elektromagnetische Einstreuung veränderbar. Zur Programmierung wird ein Programmiergerät benötigt. Die Bausteine können erst nach der Programmierung getestet werden, wobei mit einem bestimmten Prozentsatz an Ausschuss zu rechnen ist.

Wie auch die Flash-Bausteine, sind die Anti-Fuse-Bausteine direkt nach dem Einschalten aktiv.

Kapitel 26

Spezielle Funktionseinheiten

Begnügten sich die FPGAs der ersten Generationen im Wesentlichen mit der Bereitstellung von Basiskomponenten, so findet man heute eine Vielzahl besonderer Ressourcen. Hier kommen Anwenderforderungen und Fortschritte in der Halbleitertechnologie zusammen. Durch die zunehmende Verwendung von FPGAs kristallisierten sich bestimmte Bedarfe heraus:

- **flexibles Takt-Management**

  Auch wenn wir in diesem Buch mehrfach hervorgehoben haben, dass unserer Schaltungsentwürfe streng synchron sein sollen, sind wir bei der Entwicklung von Digitalen Systemen gefordert, verschiedenste Takt-Domänen zu beherrschen. So arbeitet beispielsweise ein Ethernet-Controller mit anderen Frequenzen als ein Video-Chip. Um all diese externen Anforderungen erfüllbar zu machen, muss gleichzeitig mit verschiedenen Frequenzen und Phasenlagen gearbeitet werden können.

- **Speicherblöcke**

  Digitale Systeme sind ohne Speicher nicht denkbar. Kommunikationsprotokolle erfordern die Pufferung von Datenpaketen, für Signal- und Bildverarbeitung werden in verschiedenen Verarbeitungsstufen Zwischenspeicher benötigt um nur zwei Beispiele zu nennen. In den Anfangszeiten der FPGAs wurden Speicherbausteine extern angeschlossen. Deren Anzahl war begrenzt, weniger in Hinblick auf die Speicherkapazität sondern mehr bezogen auf die Parallelität der Datenpfade. Während auch heute noch die großen Speicherkapazitäten extern angeschlossen werden, so hat man doch gerade für die Zwischenspeicherung sehr viele, wenn auch verhältnismäßig kleine Speicher zur Verfügung.

- **Rechenwerke**

  Schon früh haben FPGA-Entwickler sich mit Schaltungen der Digitalen Signalverarbeitung auseinandergesetzt. Zunächst haben sie mit bescheidenen internen Speichern und begrenzten Möglichkeiten zur Realisierung von Arithmetik gekämpft. Die FPGA-Hersteller haben den Bedarf erkannt und spezielle Rechenwerke als Hard-IP bereitgestellt. Insbesondere für die Multiplikation war der Bedarf groß, verbrauchen diese doch enorme Ressourcen, wenn man sie mit LUTs selbst aufbauen will.

- **schnelle serielle Schnittstellen**

  Nicht nur für die Datenkommunikation sondern auch für die Signal- und Bildverarbeitung ist eine breitbandige Kommunikation mit der Außenwelt erforderlich. Die Standard-I/O

SERDES: SERializer DESerializer

Blöcke sind bei einigen hundert MHz schon am Ende ihrer Möglichkeiten und auch die interne Logik reicht noch nicht bis in den mehrstelligen GHz-Bereich hinein. Deshalb stellen die FPGA-Hersteller sog. SERDES-Komponenten als Hard-IP bereit, die auf verschiedenste serielle Protokolle, wie z.B. Gigabit Ethernet, PCI Express, Fiber-Channel etc. einstellbar sind. Sie sind außerdem an bestimmte PADs gebunden, die speziell für hohe Bitraten ausgelegt sind.

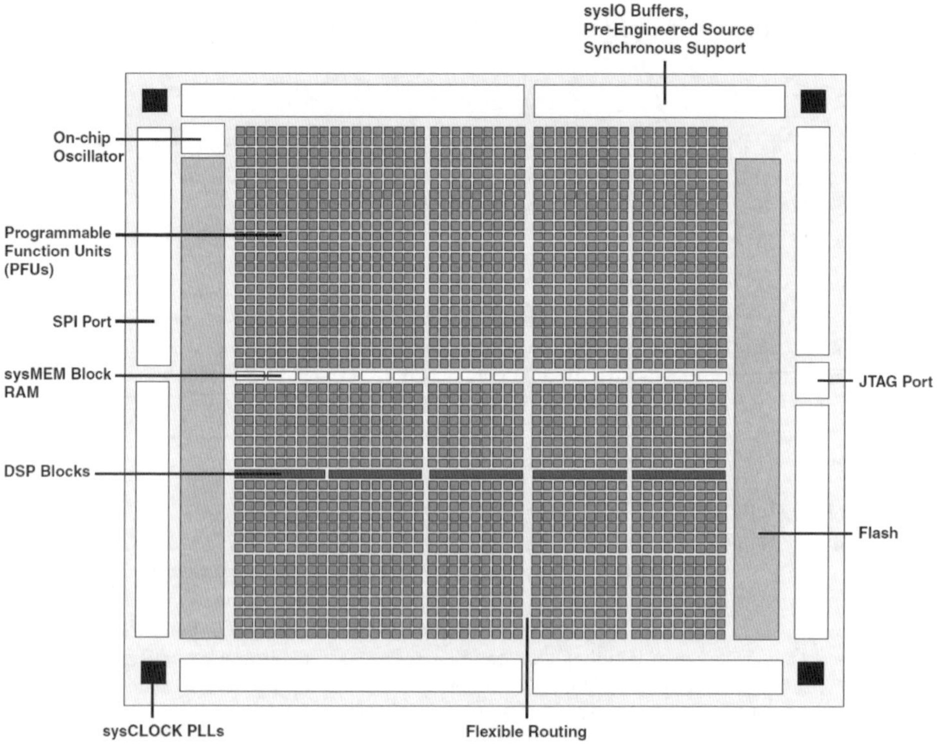

Abbildung 26.1: So ungefähr sind auf einem LatticeXP2-FPGA die Ressourcen verteilt. Bildquelle: LatticeXP2 Memory Usage Guide.

Am Beispiel der LatticeXP2 FPGA-Familie sollen jetzt einige dieser speziellen Funktionseinheiten vorgestellt werden. Abb. 26.1 zeigt grob das Layout eines FPGA-Chips. Entlang der Chip-Kanten orientieren sich alle I/O-bezogenen Komponenten einschließlich Taktmanagement. Am Rande des Kerns befinden sich dann noch relativ großflächig die nicht-flüchtigen Bereiche des Konfigurationsspeichers (Flash). Die Fläche im Kern ist zum größten Teil mit Logikzellen (PFUs) belegt. Zwischendurch befinden sich Zeilen von Hard-IPs: auf der Hälfte sind es die *sysMEM* Speicherblöcke und am unteren Drittel die DSP-Blöcke.

26.1 PLL-Schaltungen

PLL-Schaltungen sind aus den heutigen FPGAs nicht mehr wegzudenken. Sie ermöglichen es, aus einer externen Taktquelle, z.B. einem Oszillator, einen internen Takt abzuleiten. Der interne Takt kann dabei eine deutlich höhere Frequenz besitzen als der externe Takt. Außerdem kann die Phasenlage justiert werden.

PLL: Phased Locked Loop

Warum ist das wichtig? FPGAs sind heute in der Lage, intern mit mehreren hundert MHz zu arbeiten. Quarzoszillatoren mit derartig hohen Frequenzen sind nicht nur teuer, sondern verlangen auch spezielle Aufmerksamkeit beim Leiterplattenlayout. Dabei geht es nicht nur um die Signalintegrität, sondern auch um EMV-Aspekte. Ein 400 MHz Taktsignal Chip-intern strahlt mit deutlich weniger Energie als ein Signal gleicher Frequenz auf der Leiterbahn einer Leiterplatte.

EMV: Elektromagnetische Verträglichkeit

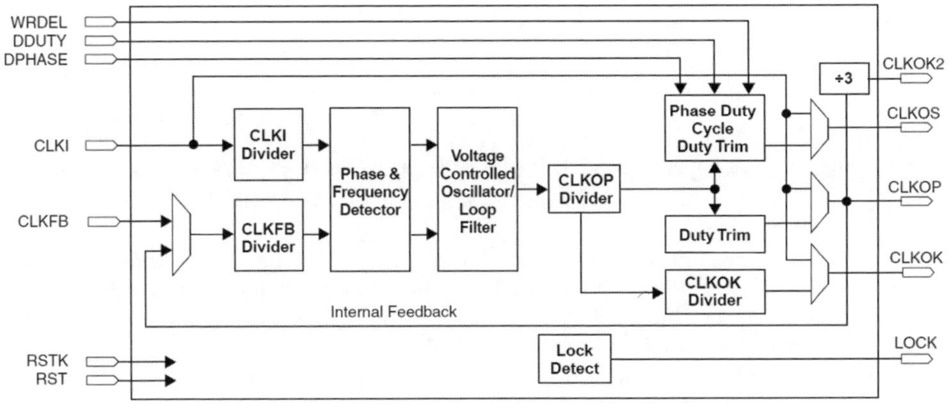

Abbildung 26.2: Phased Locked Loop (PLL). Bildquelle: LatticeXP2 sysCLOCK PLL Design and Usage Guide.

Abb. 26.2 zeigt das Blockschaltbild der PLL-Komponente der XP2 FPGA-Familie. Im Kern steht der VCO (Voltage Controlled Oscillator), der abhängig von seiner Eingangsspannung die Ausgangsfrequenz einstellt. Die Steuerspannung kommt aus einem Phasen- und Frequenzvergleicher (Phace & Frequency Detector), der die externe Taktquelle mit dem internen Takt vergleicht. Letzterer ist über die *Internal Feedback* Leitung rückgekoppelt.

VCO: Voltage Controlled Oscillator

Durch die Rückkopplung entsteht ein Regelkreis, der die Phasendifferenz an seinem Eingang zu Null zu regeln versucht. Dabei werden nicht der Eingangstakt und der Rückkopplungstakt direkt verglichen, sondern daraus abgeleitete, herunter geteilte Takte. Das Heruntertakten übernehmen die Elemente *CLKI Divider* und *CLKFB Divider*.

Taktteiler sind eigentlich Zählerschaltungen.

Die Regelung bewirkt nun, dass die Frequenz von CLKFB solange erhöht bzw. erniedrigt wird, bis die Ausgänge von *CLKI Divider* und *CLKFB Divider* in Frequenz und Phasenlage übereinstimmen. Über diese beiden Taktteiler wird dann auch das Frequenzverhältnis zwischen Eingang und Ausgang festgelegt. Dadurch sind sowohl Frequenzteilungen als auch Frequenzvervielfältigungen möglich!

Der VCO ist eine analoge Regelschaltung und muss sich nach dem Start zunächst „einschwingen“. Während der Einschwingphase ist der Ausgangstakt noch nicht nutzbar. Die Information darüber, ob der Regelkreis eingeschwungen ist (engl. *“locked“*), erhält man über das Statussignal *LOCK*. Erläuterungen zu weiteren Signalen der PLL können Sie der Aufstellung aus Abb. 26.3 entnehmen.

Signal	I/O	Description
CLKI	I	Clock input from external pin or routing
CLKFB	I	PLL feedback input from CLKOP (PLL internal), from clock net (CLKOP) or from a user clock (PIN or logic)
RST	I	“1” to reset PLL counters, VCO, charge pumps and M-dividers
RSTK	I	“1” to reset K-divider
DPHASE [3:0]	I	DPA Phase Adjust input
DDDUTY [3:0]	I	DPA Duty Cycle Select input
WRDEL	I	DPA Fine Delay Adjust input
CLKOS	O	PLL output clock to clock tree (phase shifted/duty cycle changed)
CLKOP	O	PLL output clock to clock tree (no phase shift)
CLKOK	O	PLL output to clock tree through secondary clock divider
CLKOK2	O	PLL output to clock tree (CLKOP divided by 3)
LOCK	O	“1” indicates PLL LOCK to CLKI

Abbildung 26.3: Anschlüsse des PLL-Blocks. Bildquelle: LatticeXP2 Family Handbook.

Eine mögliche Anwendung der PLL zeigt Abb. 26.4. Ohne PLL besteht folgende Problematik: zwischen dem externen Takt CLKI und dem intern daraus übernommenem Takt am sog. *Clock Tree* besteht eine bestimmte, aber konstante Phasenverschiebung aufgrund des Signalweges (PAD, Takttreiber, Taktnetz) von außen bis zu den internen Flip-Flops.

Das kann zu Problemen bei der Übernahme bzw. Übergabe von Daten führen (Verletzung von Setup- oder Hold-Time), wenn deshalb das Zeitbudget nicht mehr ausreicht. Die Lösung besteht darin, den CLKI-Takt an eine PLL anzuschließen und mit dieser die Phasendifferenz zu Null zu regeln. Der PLL-Ausgang CLKOP wird dann zum Treiben des internen *Clock Tree* verwendet.

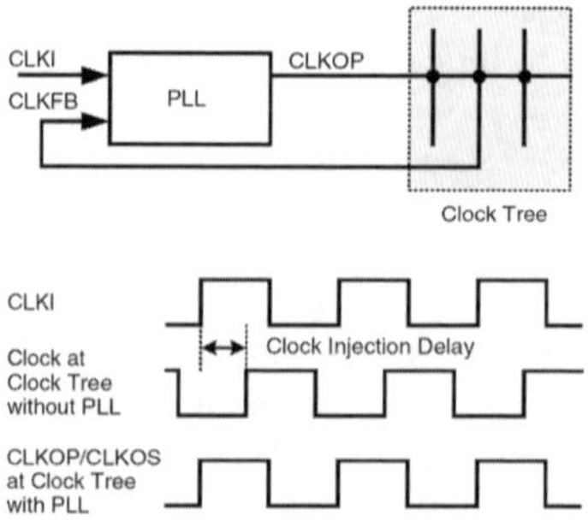

Abbildung 26.4: Anwendung einer PLL zur Angleichung von internem und externem Takt. Bildquelle: LatticeXP2 sysCLOCK PLL Design and Usage Guide.

26.2 Speicherblöcke

Fast jede heute relevante FPGA-Familie stellt dem Anwender einige bis viele RAM-Blöcke zur freien Nutzung zur Verfügung. Die nächste Abbildung enthält eine Aufstellung darüber, welche Anzahl an Speicherbits bei den LatticeXP2-Bausteinen jeweils maximal nutzbar ist. Es wird in der Tabelle zwischen *EBR (Embedded Block RAM)* und *Distributed RAM* unterschieden. Bei EBR handelt es sich um mittelgroße Blöcke zu jeweils 18.432 Bits. Die Verwendung der EBRs beeinflusst die Nutzbarkeit der Logikelemente nicht.

Das ist beim *Distributed RAM* anders. Dieser wird nämlich unter Verwendung von LUT-Konfigurationsspeicher realisiert. Je mehr Distributed RAM instanziiert wird, umso weniger Logik-Ressourcen stehen für „normale“ Schaltungen zur Verfügung.

Parameter	XP2-5	XP2-8	XP2-17	XP2-30	XP2-40
EBR Rows	1	1	1	1	2
EBR Blocks	9	12	15	21	48
EBR Bits	165888	221184	276480	387072	884736
Distributed RAM Bits	10368	18432	34560	64512	82944
Total Memory Bits	176256	239616	311040	451584	967680

Abbildung 26.5: Nicht nur die Logikkapazität nimmt mit der Bausteingröße zu. Unser Baustein (XP2-17) ist markiert. Bildquelle: LatticeXP2 Family Handbook.

Für die verschiedenen Speicherressourcen gibt es die folgenden Nutzungsmöglichkeiten:

- Single Port RAM (RAM_DQ) – basiert auf EBR
- Dual PORT RAM (RAM_DP_TRUE) – basiert auf EBR
- Pseudo Dual Port RAM (RAM_DP) – basiert auf EBR
- Read Only Memory (ROM) – basiert auf EBR
- First In First Out Memory (Dual Clock) (FIFO_DC) – basiert auf EBR
- Distributed Single Port RAM (Distributed_SPRAM) – basiert auf PFU
- Distributed Dual Port RAM (Distributed_DPRAM) – basiert auf PFU
- Distributed ROM (Distributed_ROM) – basiert auf PFU/PFF
- User TAG memory (SSPIA)

Das *User TAG memory* stellt eine Besonderheit dar. Es handelt sich um einige hundert Bytes im Flash-Konfigurationsspeicher, die durch die Anwenderschaltung belegt werden können. Das können Seriennummern, Kalibrierdaten oder sonstige Informationen sein.

Die einfachste Konfiguration eines EBR ist der *Single Port RAM*, die wir beispielhaft betrachten wollen. Abb. 26.6 zeigt ein Symbol dafür. Auffällig ist vielleicht, dass die Adress- und Datenleitungen ohne Indizes beschriftet sind. Das liegt daran, dass die Adresswortbreite und die

Datenwortbreite konfigurierbar sind. Abbildung 26.7 gibt Auskunft über die Möglichen Konstellationen. Unterhalb von 4K Speicherworten steht pro Byte noch ein zusätzliches Bit zur Verfügung, welches z.B. als Parity-Bit nutzbar ist.

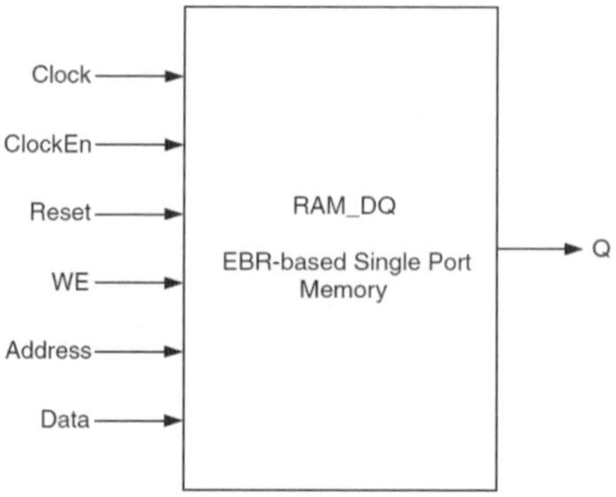

Abbildung 26.6: Konfiguration als Single-Port-RAM. Bildquelle: LatticeXP2 Family Handbook.

Single Port Memory Size	Input Data	Output Data	Address [MSB:LSB]
16K x 1	DI	DO	AD[13:0]
8K x 2	DI[1:0]	DO[1:0]	AD[12:0]
4K x 4	DI[3:0]	DO[3:0]	AD[11:0]
2K x 9	DI[8:0]	DO[8:0]	AD[10:0]
1K x 18	DI[17:0]	DO[17:0]	AD[9:0]
512 x 36	DI[35:0]	DO[35:0]	AD[8:0]

Abbildung 26.7: Die EBR-Blöcke sind in der Wortbreite einstellbar. Bildquelle: LatticeXP2 Family Handbook.

Zum Interface eines RAM-Bausteines gehört nicht nur das Layout der Anschlüsse, sondern auch das Timing. Das Zeitliniendiagramm in Abb. 26.8 stellt die einfachste Variante dar. Hier verhält sich der EBR vom Ausleseprozess her wie ein asynchrones Standard-SRAM. Ganz so asynchron ist es jedoch nicht, weil die Adressen, die Schreibdaten und das WE-Steuersignal mit Taktbezug angelegt werden.

Dargestellt sind zwei Schreibzugriffe, gefolgt von drei Lesezugriffen. Um überhaupt zugreifen zu können, muss der EBR per ClockEn aktiviert sein. Zum Schreiben müssen dann bei steigender Taktflanke WE, die Adresse und der über *Data* zu schreibende Inhalt anliegen. Die markierten Zeitbezüge sind die Setup- und Hold-Zeiten dafür. Gelesen wird bei nicht aktiviertem WE, sobald eine steigende Taktflanke vorliegt. Bezogen auf diese Taktflanke wird der adressierte Speicherinhalt dann mit der Verzögerung t_{CO_EBR} ausgegeben.

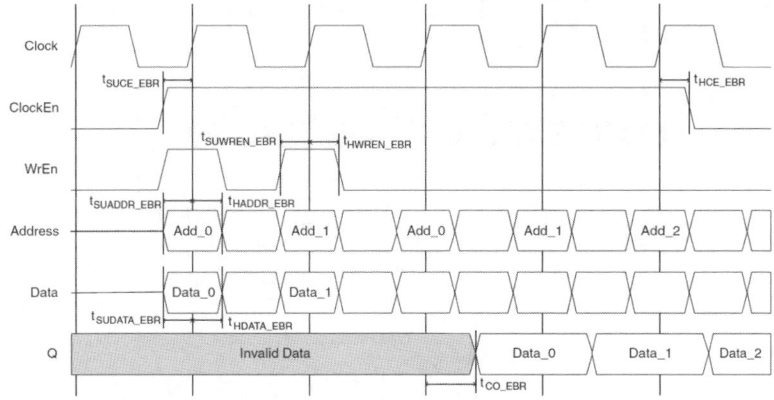

Abbildung 26.8: Zeitverhalten für Schreib- und Lesezugriffe im Single-Port-Modus ohne Ausgaberegister. Bildquelle: LatticeXP2 Family Handbook.

26.3 DSP-Einheiten

Inzwischen sind FPGAs aus der Signal- und Bildverarbeitung nicht mehr wegzudenken. Der große Vorteile gegenüber Signalprozessoren ist der Grad an Parallelität, der sich mit FPGA-Ressourcen erreichen lässt. Das betrifft die Datenpfade, die externe Kommunikation, die Rechenwerke und die Speicherblöcke. Die Ausführungen von DSP-Einheiten sind von Hersteller zu Hersteller sehr unterschiedlich. Die Beschreibung der LatticeXP2-Familie ist deshalb beispielhaft zu sehen.

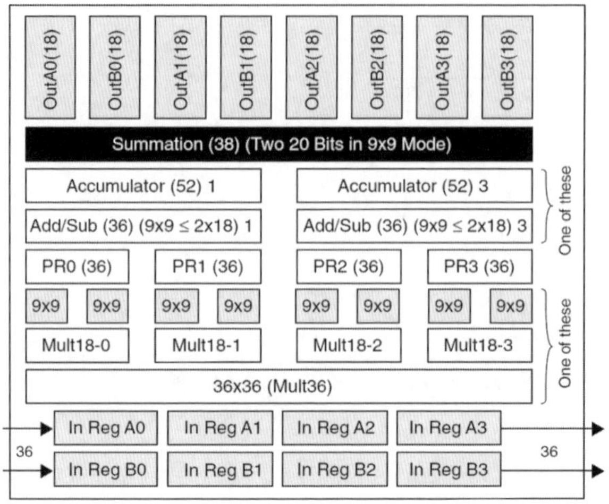

Abbildung 26.9: DSP-Block. Bildquelle: LatticeXP2 Family Handbook.

Dargestellt ist in Abb. 26.9 der sog. *sysDSP-Block*. Datenpfade fehlen in der Abbildung, es sind nur die hauptsächlichen Komponenten dargestellt: Register, Multiplizierer, Addierer/-Subtrahierer und Akkumulatoren. Das Multiplizierwerk (*Mult36*) ist so aufgebaut, dass es für kleinere Datentypen aufgeteilt werden kann. Ein sysDSP-Block kann in einem der folgenden Modi konfiguriert werden:

- Ein 36x36 bit Multiplizierer ohne Addierer/Summation
- Vier 18x18 bit Multiplizierer
  - mit zwei Addierer/Summations-Blöcken
  - mit einem Summierer-Block für vier Multiplizierer
- Acht 9x9 bit Multiplizierer
  - mit vier Addierer/Summations-Blöcken
  - mit zwei Summierer-Blöcken

Zu einem Zeitpunkt kann immer nur ein Modus aktiv sein.

Der sysDSP-Block kann mit der IPexpress-Software folgendermaßen eingestellt werden:

- MULT (Multiplier)
- MAC (Multiplier Accumulate)
- MULTADDSUB (Multiplier Add/Subtract)
- MULTADDSUBSUM (Multiply Add/Subtract und SUM)

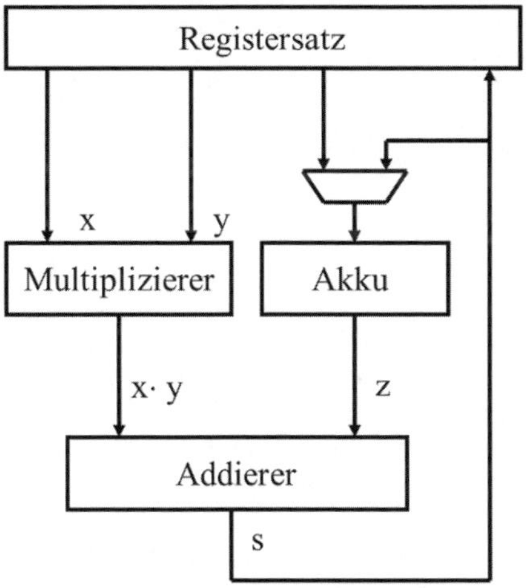

- Fast alle DSPs und viele Multimedia-prozessoren enthalten sog. MAC (Multiply/Accumulate) -Einheiten
- die Grundoperation **$s = x \cdot y + z$** wird in nur einem Zyklus ausgeführt
- optimal für Produktreihen:

  $s = \sum x_i \cdot y_i$

  $s = x_i \cdot y_i + \sum x_{i-1} \cdot y_{i-1}$

  $s = x \cdot y + z$

- Produktreihen sind Basisfunktionen für viele Signalverarbeitungsalgorithmen (Filter, DFT, etc.)

Abbildung 26.10: Die Mulitply-Accumulate-Einheit (MAC) ist für die sequentielle Bearbeitung von Produktreihen optimiert.

Beispielhaft soll jetzt mal die sog. *MAC*-Einheit erläutert werden. *MAC* steht für *Multiply-Accumulate* und bezeichnet ein Rechenwerk, welches schon früh mit den Digitalen Signalprozessoren eingeführt, und später von Standardprozessoren (Intel MMX und SSE) übernommen worden ist. In Abb. 26.10 wird auf der rechten Seite erläutert, welche Rechenoperation eine MAC-Einheit grundlegend ausführt. Bei fortgesetzter Ausführung mit Akkumulation ergibt sich die sequentielle Abarbeitung einer Produktsumme, die z.B. auch Bestandteil von digitalen Filteralgorithmen ist.

26.4 Entwurf mit Spezialressourcen

Die Ressourcen im FPGA sind teilweise so speziell, dass ein Synthesetool sie aus einen „normalen“ VHDL-Text heraus nicht instanziieren kann. Der Bedarf an Speicherblöcken und DSP-Einheiten kann noch erkannt werden, aber PLL-Einheiten und High-Speed Serial Controller bedürfen einer besonderen Konfiguration. Schauen Sie sich mal in **Diamond** um, wenn eines Ihrer XP2-Projekte offen ist.

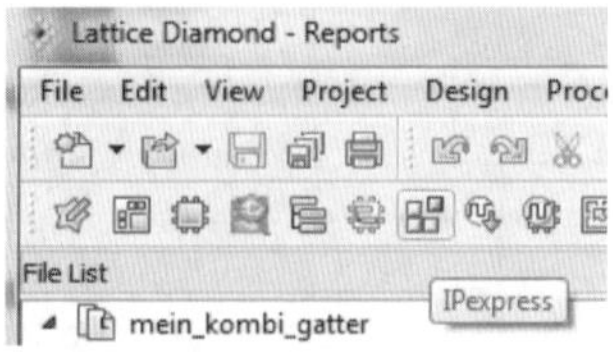

Abbildung 26.11: So wird das **IPexpress**-Tool gestartet.

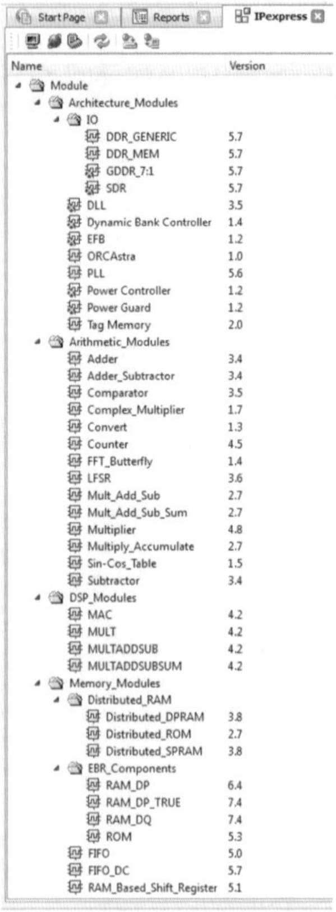

Nebenstehender Screen-Shot zeigt die Liste der standardmäßig installierten IP-Cores, wie sie nach dem Start von IPexpress präsentiert wird. Die meisten Elemente sind grün gekennzeichnet und somit einsetzbar. Die rot markierten Elemente sind nicht verfügbar. Das ist vermutlich der kostenlosen Diamond-Lizenz geschuldet. Den Hauptteil machen hier die arithmetischen Module und die Speichermodule aus.

Wenn man einen der Cores auswählt, hat man die Möglichkeit, diesen anzupassen (Customize). Nach Durchführung aller Einstellungen kann man sich die IP-Komponente generieren lassen und dem eigenen Projekt hinzufügen. Als Ergebnis erhält man ein Modell, welches bei Simulation und Synthese verwendet wird. Als Zweites erhält man ein sog. *Template File.* Dieses enthält eine beispielhafte Instanziierung des Moduls, die man in seinen eigenen VHDL-Code einfügen kann.

Die folgenden Seiten zeigen das Beispiel eines *Template Files* für einen generierten 3-Bit-Zähler sowie den Screenshot einer PLL-Konfiguration.

```
1 -- Beispiel fuer das Template-Files eines 3-bit Zaehlers
2 -- VHDL module instantiation generated by SCUBA Diamond (64-bit) 3.3.0.109
3 -- Module  Version: 4.5
4
5 -- parameterized module component declaration
6 component Teil6Counter
7     port (Clock:  in  std_logic;
8           Clk_En: in  std_logic;
9           Aclr:   in  std_logic;
10          Q:      out std_logic_vector(2 downto 0));
11 end component;
12
13 -- parameterized module component instance
14 __ : Teil6Counter
15     port map (Clock=>__,
16               Clk_En=>__,
17               Aclr=>__,
18               Q(2 downto 0)=>__);
```

Das *Template File* zeigt zunächst einmal die Deklaration der Komponente mit ihrem **entity**-Namen *Teil6Counter* und allen Anschlüssen. Diese Deklaration ist in den eigenen VHDL-Text einzubauen. Weiter unten befindet sich dann das eigentliche *Template*: In Zeile 14 ist anstelle der beiden Unterstriche ein eindeutiger Name für die Instanziierung einzutragen. In den Zeilen 15 bis 18 ist die **port map** zu vervollständigen: Auch hier sind jeweils die beiden Unterstriche durch einen Signalnamen aus dem eigenen Kontext zu ersetzen.

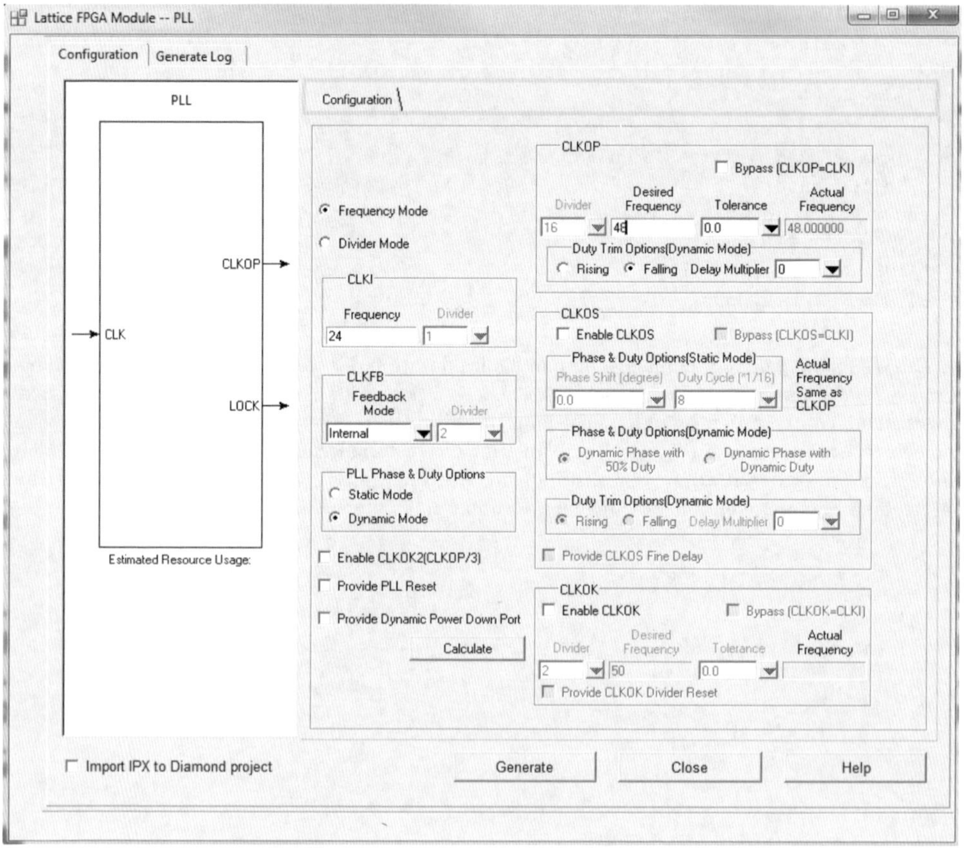

Abbildung 26.12: Beispiel einer PLL-Konfiguration

Kapitel 27

Stromversorgung und Konfiguration

Zu den Themen dieses Kapitels kann man nur wenig Allgemeingültiges beitragen. Die Entwicklung einer Leiterplatte mit einem FPGA-Baustein verlangt unbedingt nach einer eingehenden Beschäftigung mit Datenblättern und Handbüchern. Auch *Application Notes* sind wertvolle Informationsquellen.

27.1 Stromversorgung

Moderne Halbleiterbausteine benötigen oft mehrere verschiedene Spannungen. Insbesondere der FPGA-Kern arbeitet mit sehr niedriger Betriebsspannung. Im I/O-Bereich hingegen, wo Logik-Standards einzuhalten und Lasten zu treiben sind, gibt es noch Bedarf bis hinauf zu 3,3V. Eine wichtige Fragestellung, die nur ein Datenblatt beantworten kann, ist die Reihenfolge, in der die diversen Spannungen eingeschaltet werden müssen.

Supply	Voltage (Typ.)	Description
V_{CC}	1.2V	Core power supply. A typical V_{CC} device internal power up and power down trip point is between 0.7V and 0.9V.
V_{CCAUX}	3.3V	Auxiliary power supply. A 3.3V supply that provides an internal reference to the input buffers. A typical V_{CCAUX} device internal power up and power down trip point is between 2.0V and 2.8V.
V_{CCPLL}	3.3V	Power supply for PLL.
$V_{CCIO0-7}$	1.2V to 3.3V	I/O power supply. There are eight banks of I/Os and each bank has its own supply V_{CCIO0} to V_{CCIO7}.
V_{CCJ}	1.2V to 3.3V	JTAG power supply for TAP controller port.

Abbildung 27.1: Ein FPGA benötigt unterschiedliche Spannungsquellen. Bildquelle: LatticeXP2 Family Handbook.

Noch schwieriger ist die Frage nach dem Strombedarf zu beantworten. Der hängt bei FPGAs nämlich sehr davon ab, wie hoch die Logikkapazität ausgenutzt wurde und mit welchen Taktfrequenzen gearbeitet wird. Oft wird bereits eine Leiterplatte entwickelt bevor der FPGA-Entwurf abgeschlossen ist. Dann sind verlässliche Abschätzungen gefragt. Die FPGA-Hersteller stellen dafür Tools bereit. Unter Diamond gibt es den **Lattice Power Calculator**.

27.2 Konfiguration

ISP: In System Programming

Abb. 27.2 zeigt ein paar allgemeine Möglichkeiten, wie im System die Konfiguration in ein FPGA gelangen kann. In der Entwicklungsphase wird bevorzugt der ISP-Anschluss verwendet. Dazu benötigt man ein ISP-Programmiergerät. Auf der Leiterplatte muss man dafür einen passenden Steckverbinder haben. Jetzt fragen Sie sich vielleicht, warum denn für alle in diesem Buch beschriebenen praktischen Übungen das Programmieren auch ohne ISP-Programmiergerät funktioniert hat? Antwort: Die Programmierlogik ist bereits Bestandteil des FPGA-Boards.

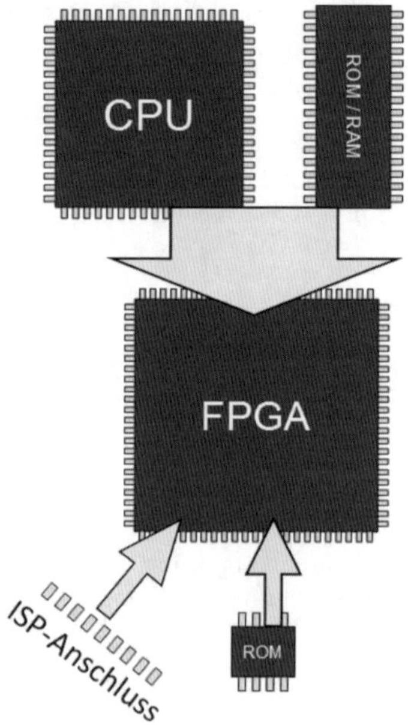

Abbildung 27.2: Darstellung verschiedener Möglichkeiten, ein FPGA *im System* zu konfigurieren.

Wenn Sie ein Seriengerät entwickeln wollen, dann werden Sie vermutlich aus Kostengründen darauf verzichten, die ISP-Programmierlogik auf Ihrer Leiterplatte vorzusehen. Dann sollten Sie den ISP-Anschluss vorsehen und sich einen ISP-Programmierer zulegen.

Wenn das Gerät dann im Einsatz ist, wird der ISP-Zugang nicht mehr benötigt, außer vielleicht zum Testen im Prüffeld. Im laufenden Betrieb muss die Konfiguration von SRAM-basierten FPGA-Bausteinen entweder aus einem extern angeschlossenen ROM oder von einem eventuell vorhandenen Mikrocontroller kommen. Im zweiten Fall müssen Sie dafür Sorge tragen, dass der Mikrocontroller auch bei noch nicht konfiguriertem FPGA schon arbeitsfähig ist!

Konfiguration der LatticeXP2-Bausteine

Die FPGAs der XP2-Familie haben eine Besonderheit: Obwohl der Konfigurationsspeicher als SRAM ausgeführt ist, sind die Bausteine nicht-flüchtig. Wie kann das sein?

Die Bausteine der XP2-Familie haben neben dem SRAM-Speicher noch zusätzlich einen Flash-Speicher auf dem Chip. Dort liegt die Konfiguration und muss nach dem Einschalten in den RAM-Bereich kopiert werden. Abbildung 27.3 zeigt das recht anschaulich. Die Verbindung zwischen Flash und SRAM ist so eng und dabei auch noch massiv parallel, dass der Kopiervorgang innerhalb von Mikrosekunden abgeschlossen ist. Das kann man praktisch schon als *Instant-On* bezeichnen.

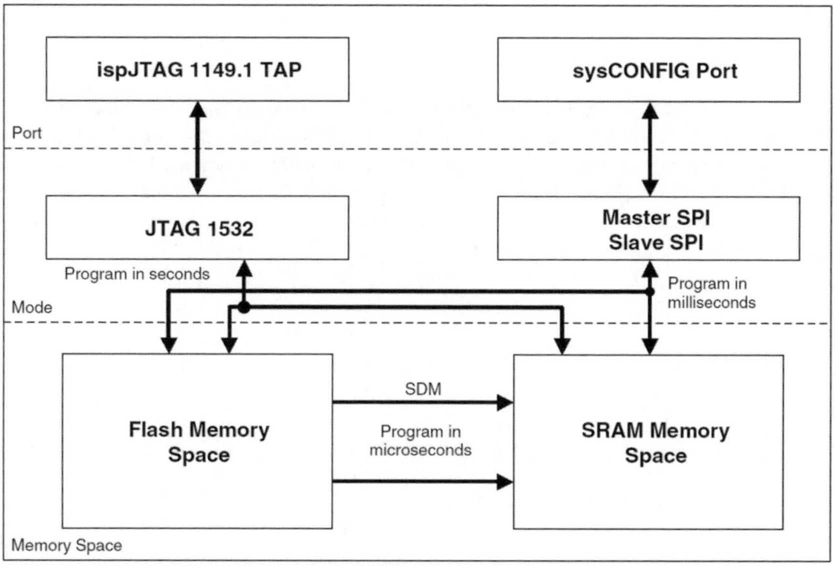

Abbildung 27.3: XP2 Konfigurationsmöglichkeiten. Bildquelle: LatticeXP2 Family Handbook.

Eine weitere Programmiermöglichkeit besteht per SPI-Schnittstelle aus einem externen ROM. SPI ist eine serielle Schnittstelle und stellt deshalb einen Flaschenhals für die Konfiguration dar. In diesem Modus dauert die Programmierung in der Größenordnung von Millisekunden.

Und zuletzt sei noch erwähnt, dass es auch noch eine ISP-Schnittstelle gibt, die über den sog. *JTAG*-Port erreichbar ist. Wie Sie schon selbst erfahren haben, ist diese Methode mit Konfigurationszeiten im Sekundenbereich die langsamste.

Pin Name	I/O Type	Pin Type	Mode Used
CFG0	Input, weak pull-up	Dedicated	All
CFG1	Input, weak pull-up	Dual-Purpose[2]	MSPI, SSPI
PROGRAMN	Input, weak pull-up	Dual-Purpose[2]	MSPI, SSPI
INITN	Bi-Directional Open Drain, weak pull-up	Dual-Purpose[2]	MSPI, SSPI
DONE	Bi-Directional Open Drain with weak pull-up or Active Drive	Dual-Purpose[2]	MSPI, SSPI
CCLK	Input or Output	Dual-Purpose	MSPI, SSPI
SISPI	Input or Output	Dual-Purpose	MSPI, SSPI
SOSPI	Input or Output	Dual-Purpose	MSPI, SSPI
CSSPISN	Input, weak pull-up	Dual-Purpose	Slave SPI
CSSPIN	Output, tri-state, weak pull-up	Dual-Purpose	Master SPI
TDI	Input, weak pull-up	JTAG	
TDO	Output	JTAG	
TCK	Input with Hysteresis	JTAG	
TMS	Input, weak pull-up	JTAG	

Abbildung 27.4: Diese Anschlüsse sind für verschiedene Konfigurationsmodi reserviert. Bildquelle: LatticeXP2 Family Handbook.

Abschließend soll noch auf die für die Konfiguration notwendigen Anschlüsse eingegangen werden. Die Signale des JTAG-Ports sind dediziert, d.h. sie können in keinem Fall für Anwenderzwecke konfiguriert werden. Somit ist sichergestellt, dass es immer einen Konfigurationszugang gibt. Die anderen Konfigurationsanschlüsse gehören zu der dafür vorgesehenen SPI-Schnittstelle. Da dieser Konfigurationsweg optional ist, sind die Anschlüsse auch anderweitig belegbar.